U0249317

教育部高等学校电子信息类专业教学指导委员会规划教材
高等学校电子信息类专业系列教材

教育部 ARM公司产学合作协同育人项目成果
教育部意法半导体产学合作协同育人项目成果

基于ARM的微机原理与接口技术

STM32嵌入式系统架构、编程与应用

主编　陈桂友

参编　邢建平　王海滨　杨修文
田　岚　王　平　丁　然
蒋阅峰　田新诚

清華大學出版社
北京

内 容 简 介

本书首先介绍微型计算机的相关概念及微型计算机的应用，接着介绍 Cortex-M3 微处理器架构及开发方法，介绍汇编语言及其程序设计。在开发应用方面，以 STM32F103 系列中的 STM32F103VET6 芯片为背景，介绍常见接口的原理及应用。STM32F103VET6 芯片是意法半导体公司推出的典型产品，采用 Cortex-M3 内核，片内集成了 512KB Flash 存储器、64KB RAM、80 根 I/O 口线、多达 11 个定时器、5 个 USART 接口、3 个 SPI 接口、2 个 I2C 接口、1 个 USB 2.0 全速接口、3 个 12 位模数转换器(ADC)、2 个 12 位数模转换器(DAC)等资源，可以说是一个真正的片上系统(SOC)，应用开发非常方便。

根据高等工程教育对动手能力培养的要求，紧密结合学习平台，注重实验实践内容的编写，实验内容丰富。教材中与学习平台相关的实例代码均经过严格的仿真调试，读者可将它们加入到自己的工程项目中。

本书深入浅出，层次分明，实例丰富，突出实用，可操作性强，特别适合作为普通高校计算机类、自动化类、电子类、电气类及机械类专业的教学用书，还可作为高职高专以及培训班的教材使用，同时，也可作为从事嵌入式系统应用领域的工程技术人员的参考书。

图书在版编目(CIP)数据

基于 ARM 的微机原理与接口技术：STM32 嵌入式系统架构、编程与应用/陈桂友主编. —北京：清华大学出版社，2020.3(2024.6重印)
高等学校电子信息类专业系列教材
ISBN 978-7-302-53986-5

Ⅰ. ①基… Ⅱ. ①陈… Ⅲ. ①微型计算机－理论－高等学校－教材 ②微型计算机－接口技术－高等学校－教材 Ⅳ. ①TP36

中国版本图书馆 CIP 数据核字(2019)第 230746 号

责任编辑：王一玲　李　晔
封面设计：李召霞
责任校对：李建庄
责任印制：丛怀宇

出版发行：清华大学出版社
网　　址：https://www.tup.com.cn, https://www.wqxuetang.com
地　　址：北京清华大学学研大厦 A 座　　**邮　　编**：100084
社 总 机：010-83470000　　**邮　　购**：010-62786544
投稿与读者服务：010-62776969，c-service@tup. tsinghua. edu. cn
质量反馈：010-62772015，zhiliang@tup. tsinghua. edu. cn
课件下载：https://www.tup.com.cn，010-83470236
印 装 者：三河市君旺印务有限公司
经　　销：全国新华书店
开　　本：185mm×260mm　　**印　张**：29　　**字　　数**：707 千字
版　　次：2020 年 6 月第 1 版　　**印　　次**：2024 年 6 月第 8次印刷
印　　数：11701～12700
定　　价：79.00元

产品编号：081753-03

高等学校电子信息类专业系列教材

序

FOREWORD

我国电子信息产业销售收入总规模在 2013 年已经突破 12 万亿元，行业收入占工业总体比重已经超过 9%。电子信息产业在工业经济中的支撑作用凸显，更加促进了信息化和工业化的高层次深度融合。随着移动互联网、云计算、物联网、大数据和石墨烯等新兴产业的爆发式增长，电子信息产业的发展呈现了新的特点，电子信息产业的人才培养面临着新的挑战。

(1) 随着控制、通信、人机交互和网络互联等新兴电子信息技术的不断发展，传统工业设备融合了大量最新的电子信息技术，它们一起构成了庞大而复杂的系统，派生出大量新兴的电子信息技术应用需求。这些"系统级"的应用需求，迫切要求具有系统级设计能力的电子信息技术人才。

(2) 电子信息系统设备的功能越来越复杂，系统的集成度越来越高。因此，要求未来的设计者应该具备更扎实的理论基础知识和更宽广的专业视野。未来电子信息系统的设计越来越要求软件和硬件的协同规划、协同设计和协同调试。

(3) 新兴电子信息技术的发展依赖于半导体产业的不断推动，半导体厂商为设计者提供了越来越丰富的生态资源，系统集成厂商的全方位配合又加速了这种生态资源的进一步完善。半导体厂商和系统集成厂商所建立的这种生态系统，为未来的设计者提供了更加便捷却又必须依赖的设计资源。

教育部 2012 年颁布了新版《高等学校本科专业目录》，将电子信息类专业进行了整合，为各高校建立系统化的人才培养体系，培养具有扎实理论基础和宽广专业技能的、兼顾"基础"和"系统"的高层次电子信息人才给出了指引。

传统的电子信息学科专业课程体系呈现"自底向上"的特点，这种课程体系偏重对底层元器件的分析与设计，较少涉及系统级的集成与设计。近年来，国内很多高校对电子信息类专业课程体系进行了大力度的改革，这些改革顺应时代潮流，从系统集成的角度，更加科学合理地构建了课程体系。

为了进一步提高普通高校电子信息类专业教育与教学质量，贯彻落实《国家中长期教育改革和发展规划纲要(2010—2020 年)》和《教育部关于全面提高高等教育质量若干意见》(教高【2012】4 号)的精神，教育部高等学校电子信息类专业教学指导委员会开展了"高等学校电子信息类专业课程体系"的立项研究工作，并于 2014 年 5 月启动了《高等学校电子信息类专业系列教材》(教育部高等学校电子信息类专业教学指导委员会规划教材)的建设工作。其目的是为推进高等教育内涵式发展，提高教学水平，满足高等学校对电子信息类专业人才培养、教学改革与课程改革的需要。

本系列教材定位于高等学校电子信息类专业的专业课程，适用于电子信息类的电子信息工程、电子科学与技术、通信工程、微电子科学与工程、光电信息科学与工程、信息工程及其相近专业。经过编审委员会与众多高校多次沟通，初步拟定分批次(2014—2017年)建设约100门课程教材。本系列教材将力求在保证基础的前提下，突出技术的先进性和科学的前沿性，体现创新教学和工程实践教学；将重视系统集成思想在教学中的体现，鼓励推陈出新，采用“自顶向下”的方法编写教材；将注重反映优秀的教学改革成果，推广优秀的教学经验与理念。

为了保证本系列教材的科学性、系统性及编写质量，本系列教材设立顾问委员会及编审委员会。顾问委员会由教指委高级顾问、特约高级顾问和国家级教学名师担任，编审委员会由教育部高等学校电子信息类专业教学指导委员会委员和一线教学名师组成。同时，清华大学出版社为本系列教材配置优秀的编辑团队，力求高水准出版。本系列教材的建设，不仅有众多高校教师参与，也有大量知名的电子信息类企业支持。在此，谨向参与本系列教材策划、组织、编写与出版的广大教师、企业代表及出版人员致以诚挚的感谢，并殷切希望本系列教材在我国高等学校电子信息类专业人才培养与课程体系建设中发挥切实的作用。

吕志伟 教授

前言

PREFACE

“微机原理与接口技术”是电子信息类、自动化类、精密仪器、机电一体化等专业的核心课程。微型计算机(简称微机)的应用范围十分广阔,已渗透到国防、工业、农业、企事业和人们生活的方方面面,并且发挥着越来越重要的作用,因而,掌握微机原理及其接口技术就显得十分重要。

在我国高校“微机原理及接口技术”的教学历史中,20 世纪 80 年代,首先是以 Z80 为 CPU 的单板机为主流教学机型,后来是以 Intel 8086 为 CPU 的教学实验箱为教学平台。目前,基于 8086 的实验装置很难维护(8086 芯片很难买到),许多学校的“微机原理与接口技术”课程实验只能通过软件模拟或者几乎不开设实验课,教学效果大打折扣。在实际工程应用中,很少采用基于 8086 的底层控制系统硬件设计和汇编语言的编程开发,取而代之的是基于 ARM 架构的硬件电路设计和软件设计。特别是在测控系统设计方面,基于 ARM 微控制器的设计方案越来越得到工程师的认可。ARM 微控制器无论在体系结构、汇编语言程序设计、接口技术、开发手段等诸多方面都比 8086 具有更加优异的特征。同时,STM32 的网上资源非常丰富,便于读者学习参考。因此,本书以意法半导体公司的基于 32 位 ARM 内核的 STM32F103 为背景机型,介绍微型计算机原理及接口技术。

作者从 2012 年开始,便尝试使用 STM32 为背景机型,进行“微机原理与接口技术”的讲解。经过数年的教学实践和工程项目实践,对教学内容和工程项目进行凝练,形成了本书。本书不仅介绍微型计算机的相关概念及微型计算机的应用,精准对标原来基于 8086 的“微机原理与接口技术”课程的工作原理、汇编语言程序设计、常见接口等内容,更进一步介绍目前的新技术,并从应用的角度强调开发方法和工程实现,注重学生实践能力和工程素养的培养。本书包含以下内容:

第 1 章　基础知识。介绍微型计算机系统领域的相关概念,概述 ARM 的发展,并介绍微型计算机在相关领域中的应用。

第 2 章　Cortex-M3 处理器。介绍 Cortex-M3 处理器的体系结构,包括内核、系统模型、存储器以及异常中断的基本概况。

第 3 章　STM32F1 系列微控制器。概述 STM32F1 系列微控制器产品,介绍 STM32F1 系列微控制器的典型产品 STM32F103ZET6 的内部结构、时钟及最小系统等内容。

第 4 章　汇编语言及其程序设计。介绍 Cortex-M3 的寻址方式、指令集以及汇编语言程序设计。

第 5 章　ARM 微控制器开发。介绍 Cortex-M3 微控制器应用系统的开发方法和过程。

第 6～12 章　典型外设及应用。分别介绍通用输入输出接口、中断和事件、定时器、串行通信、模拟量模块、DMA 控制器、FSMC 控制器的原理结构和应用。

本书中的电路符号采用国外文献常见形式，其与国标符号的对应关系可参考附录 B。

在本书的编写过程中，得到了 ARM 公司和意法半导体公司的大力支持和帮助，得到了山东大学的相关师生的关心和支持。在此，对所有提供帮助的人深表感谢！

由于作者水平所限，书中难免有不妥或错误之处，敬请读者批评指正，以便修订时改进。

作　者

2020 年 3 月

目录
CONTENTS

第1章 基础知识

CHAPTER 1

本章介绍微型计算机系统领域的相关概念，概述 ARM 的发展，并介绍微型计算机在相关领域中的应用。

1.1 微型计算机发展概述

世界上第一台计算机是1946年问世的。计算机的问世，开创了科学技术高速发展的时代。经过半个多世纪的不断发展和提高，计算机获得了突飞猛进的发展，经历了由电子管、晶体管、集成电路以及超大规模集成电路的发展历程。计算机在科学技术、文化、经济等领域的发展中，发挥了巨大的推动作用。

微型计算机的发展取决于微处理器的发展。1971年，美国 Intel 公司生产出了世界上第一片4位集成微处理器4004；1975年，中档8位微处理器的产品问世；1976年，各公司又相继推出了高档微处理器，如 Intel 公司的8085、Zilog 公司的Z80等；1978年，各公司推出了性能与中档16位小型机相当的微处理器，比较有代表性的产品是 Intel 8086。Intel 8086的地址线为20位，可寻址1MB的存储单元，时钟频率为4～8MHz。随着新技术的应用和大规模集成电路制造技术水平的不断提高，微处理器的集成度越来越高，一只芯片中包含的晶体管多达上亿只。同时，微处理器的性能价格比也在不断提高。与 CPU 配套的各种器件和设备，如存储器、显示器、打印机、数模/模数转换设备等也在迅速发展，总的发展趋势是功能加强、性能提高、体积减小和价格下降。

进入21世纪以来，各计算机公司不断推出新型的计算机，使得计算机无论从硬件还是软件方面，以及速度、性能、价格等诸方面不断适应各种人群的使用。新一代计算机采用人工智能技术及新型软件，硬件采用新的体系结构和超导集成电路，分为问题解决与推理机、知识数据库管理机、智能接口计算机等。具有以下特点：

① 在 CPU 上集成存储管理部件；

② 采用指令和数据高速缓存；

③ 采用流水线结构以提高系统的并行性；

④ 采用大量的寄存器组成寄存器堆以提高处理速度；

⑤ 具有完善的协处理器接口，提高数据处理能力；

⑥ 在系统设计上引入兼容性，实现高、低档微机间的兼容。

另外，产品是否开源也成为微处理器发展的方向之一。

1.2 微型计算机中的数制及其编码

本节介绍微型计算机中的数制及其编码，学完本节后可以理解信息在计算机中的表示方法。

1.2.1 微型计算机中的数制

进位计数制，简称数制，是人们利用符号来计数的方法。由于人在最初计数的时候是用10个手指协助的缘故，因此习惯上采用的计数制是十进制。

在计算机中是用晶体管的可靠截止与可靠饱和导通这样两个状态下的输出电平——高电平(一般用1表示)和低电平(一般用0表示)来表示数字的，所以，计算机中所采用的计数制是二进制。二进制数的基数为2，只有0、1两个数码，并遵循相加时逢二进一、相减时借一当二的规则。计算机和人打交道的时候用十进制，用十进制输入数据和输出显示数据；而在计算机内部进行数据的计算和处理时用二进制。为此，在计算机中的解决方法是：和人进行数据的交流(也称为人机交互)时，利用接口技术作转换，例如，我们用键盘输入数据时，都使用十进制数，即，输入电路使用的键盘是十进制数，输入接口电路将十进制数转换为二进制数后送到机器内部；而在计算机内部，计算机从接口得到二进制数，进行运算和处理后的结果当然也是二进制数，再把结果利用接口技术转换成十进制数后输出显示。计算机中的有符号数也是用二进制表示的，其正负号有相应的编码方法。

当二进制数的位数较多时，读写都不方便。这时，使用十六进制表示数据的方法就简明一些。1位十六进制数共有16个字符，分别使用数字0～9和大写英文字母A、B、C、D、E、F表示。为表明是十六进制数，需要在数字的后面加上字母H(Hexadecimal)。

1.2.2 不同数制之间的转换

1. 十进制数转换为二进制数

十进制数转换为二进制数的方法如下：

① 整数部分转换方法。反复除以2取余数，直到商为0为止。最后将所有余数倒序排列，得到的数就是转换结果。

② 小数部分转换方法。乘以2取整，直到满足精度要求为止。

例如，将十进制数100转换为二进制数的过程如图1-1所示。

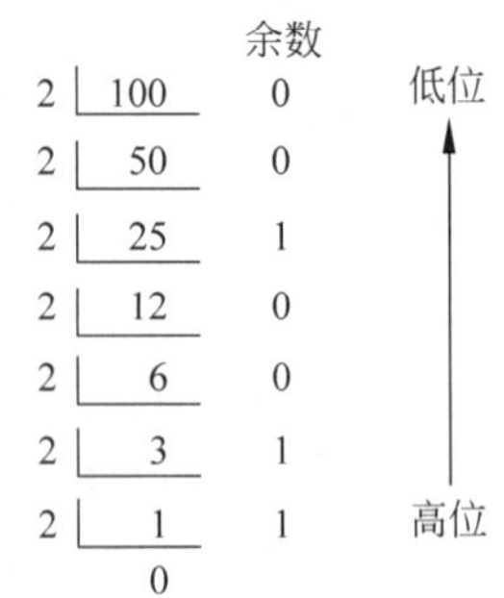

图1-1 将十进制数100转换为二进制数的过程示意图

$(100)_{10}=(01100100)_2$ 或者表示为：100D＝01100100B

又如，将十进制数45.613转换成二进制数的过程(小数部分保留6位二进制位)如图1-2所示。

$45.613\approx(101101.100111)_2$ 或者表示为 45.613D≈101101.100111B

其中，数字后面的字母 D、B 分别表示其前面的数据是十进制数(Decimal)和二进制数(Binary)。

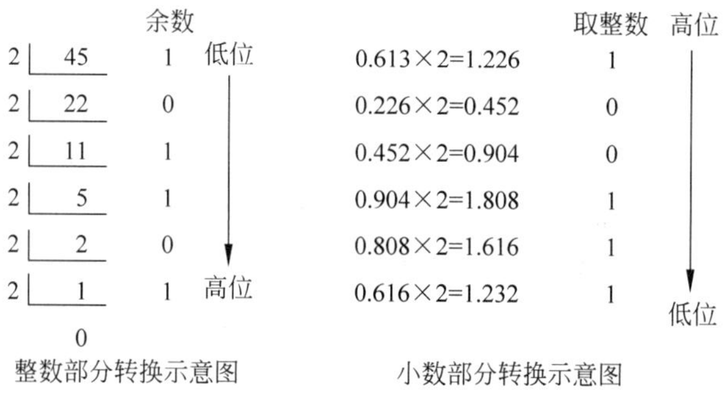

图 1-2 将十进制数 45.613 转换为二进制数的过程示意图

2. 二进制数转换为十进制数

二进制数转换为十进制数的方法是将二进制数的每位上的数字与其权值相乘，然后加在一起就是对应的十进制数。例如，一个 8 位的二进制数的各位的权值依次是 2^7，2^6，2^5，…，2^0。若一个 8 位二进制数据是 10110110B 时，其转换为十进制数据的方法是

$$1\times2^7+0\times2^6+1\times2^5+1\times2^4+0\times2^3+1\times2^2+1\times2^1+0\times2^0=182$$

即$(10110110)_2=(182)_{10}$，或者表示为 10110110B＝182D。

3. 二进制数和十六进制数之间的转换

因为 4 位二进制数的模是 16，所以二进制整数转换为十六进制时，只要从最低位开始，每 4 位一组(不足 4 位时高位补 0)转换成 1 位十六进制数据就可以了。例如

1011 0110B＝B6H

反过来，十六进制数据转换为二进制数据的时候，把每 1 位十六进制数据直接写成 4 位二进制数的形式就可以了。例如

64H＝0110 0100B

4 位二进制数和 1 位十六进制数具有一一对应的关系，如表 1-1 所示。

表 1-1 4 位二进制数和 1 位十六进制数的对应关系

十六进制	二进制	十六进制	二进制
0	0000	8	1000
1	0001	9	1001
2	0010	A	1010
3	0011	B	1011
4	0100	C	1100
5	0101	D	1101
6	0110	E	1110
7	0111	F	1111

十六进制数据和十进制数据之间的转换可以通过二进制转换，也可以使用类似于十进制数据转换为二进制数据的方法，将十进制数反复除以十六取余数来完成十进制数转换为十六进制数；将十六进制数的每位上的数字与其权值相乘，然后加在一起就是对应的十进

制数，此时的 n 位十六进制数的权值分别为 16^{n-1}，…，16^2，16^1，16^0。当然，知道了这些关系以后，将十进制数转换为二进制数时，常常先把十进制数转换为十六进制数，然后直接使用表 1-1 中的关系写出对应的二进制数即可，这样可以大大提高转换效率。

1.2.3 数值数据的编码及其运算

在计算机中，采用数字化方式来表示数据，数据分为无符号数和有符号数。其中，无符号数用整个机器字长的全部二进制位表示数值，无符号位；有符号数用最高位表示该数的符号位，其他的二进制位表示数值位。有符号数根据其编码的不同又有原码、补码和反码 3 种形式。

1. 原码表示法

由于计算机中只能有 0、1 两种数，所以，不仅一个数的数值部分在计算机中用 0、1 编码的形式表示，正、负号也只能用 0、1 编码表示。一般用数的最高位（Most Significant Bit，MSB）表示它的正负符号。例如，若用 5 位二进制数表示数据时，最高位表示符号，0 表示正数，1 表示负数，余下的 4 位表示数据：

MSB＝0 表示正数，如＋1011B 表示为 01011B；

MSB＝1 表示负数，如－1011B 表示为 11011B。

这样，一个数连同它的符号在机器中使用 0、1 进行编码。这种用符号位加数据位的表示方法叫作原码表示法。把一个数在机器内的二进制表示形式称为机器数。而把这个数本身称为该机器数的真值。上面的 01011B 和 11011B 就是两个机器数。它们的真值分别为＋1011B 和－1011B。

若真值为纯小数，其原码形式为 $X_S.X_1X_2\cdots X_n$，其中 X_S 表示符号位。例如，

若 $X=0.0110$，则 $[X]_{原}=X=0.0110$；

若 $X=-0.0110$，则 $[X]_{原}=1.0110$。

若真值为纯整数，其原码形式为 $X_S\ X_nX_{n-1}\cdots X_2X_1$，其中 X_S 表示符号位。

8 位二进制原码的表示范围为－127～－0～＋0～＋127。

16 位二进制原码的表示范围为－32767～－0～＋0～＋32767。

原码表示中，真值 0 有两种不同的表示形式：

$$[+0]_{原}=00000,\quad [-0]_{原}=10000$$

当然，在不需要考虑数的正、负时，就不需要占用 1 位数来表示符号。这种没有符号位的数，称为无符号数。由于符号位要占用 1 位，所以用同样位数的字长，无符号数的最大值比有符号数的要大一倍。如字长为 8 位时，能表示的无符号数的最大值为 11111111B，即 255，而 8 位有符号数的最大值是 01111111B，即＋127。

8 位二进制无符号数的表示范围为 0～255。

16 位二进制无符号数的表示范围为 0～65 535。

原码的优点是直观易懂，机器数和真值间的转换很容易，用原码实现乘、除运算的规则简单；缺点是加、减运算规则较复杂。

直接用 1 位 0、1 码表示数的正、负，在运算时可能会带来一些新的问题：这是因为计算机的运算器毕竟是一个大型数字电子器件，而有符号数和无符号数的表示形式并没有任何区别，都是用二进制数据 0、1 表示，所以，CPU 在进行运算时，并不知道参与运算的数是有

符号数还是无符号数，在进行有符号数的运算时，就会将符号也当作数进行运算，因而有时会出现错误的结果。下面以有符号数的加法运算为例加以说明：

① 两个正数相加时，符号位也同时相加；若两个数之和不超出其所能表示的最大值127时，符号位也相加；0+0=0，和仍然为正数，没有影响运算的正确性。

例如，两个有符号正数01010111B(87D)和00010110B(22D)相加：

$$\begin{array}{r} 01010111 \\ +\quad 00010110 \\ \hline 01101101 \end{array}$$

其和为1101101B，即十进制的109，符号位为0，表示和为正数，结果正确。若两个数之和超出了其所能表示的最大值127时，就会产生数字位向符号位的进位，两个符号位相加0+0=0，再加上低位进上来的1，0+1=1，符号位为1，作为有符号数，表示两个正数相加的和为负数，显然是不对的。

例如，两个有符号正数00110111B(55D)和01011101B(93D)相加：

$$\begin{array}{r} 00110111 \\ +\quad 01011101 \\ \hline 10010100 \end{array}$$

和应为正数148，但是在这里，最高位即符号位为1，表示和是负数，显然是错了。产生错误的原因是：相加的和应该是+148，超出了8位有符号正数所能表示的最大值+127，数值在运算产生的进位影响到了符号位。对于有符号数，这种数值运算侵入符号位造成结果错误的情况，称为溢出。

② 一个正数与一个负数相加，和的符号位不应是两符号位直接运算的值：0+1=1，而应由两数的大小决定。即和的符号位是由两数中绝对值大的决定。

③ 两个负数相加时，由于1+1=10，符号位只剩下0，因此和的符号也不应由两符号位直接运算的结果所决定。

因为所有的运算都是在算术逻辑单元ALU中进行，即使是减法运算，也是用相加的办法来解决。为了解决机器内有符号数的符号位参加运算的问题，引入了反码和补码两种机器数的形式。

2. 反码表示法

对正数来说，反码和原码的形式是相同的，即$[X]_{原}=[X]_{反}$。

对负数来说，反码为原码的数值部分的各位变反，0、1互为反码，如：

X	$[X]_{原}$	$[X]_{反}$
+1101B	01101B	01101B
−1101B	11101B	10010B

在反码表示中，真值0也有两种不同的表示形式：

$$[+0]_{反}=00000B$$

$$[-0]_{反}=11111B$$

反码运算要注意以下3个问题：

- 符号位要与数值位一样参加运算。
- 符号位运算后如有进位产生，则把进位送回到最低位去相加，即循环进位。

• 反码运算具有的性质：$[X]_{反}+[Y]_{反}=[X+Y]_{反}$。

3. 补码表示法

1）同余的概念

两个不同的整数 A 和 B 除以同一正整数 M，若所得余数相同，则称 A 和 B 对 M 同余，即 A 和 B 在以 M 为模时是相等的，可写作：

$$A=B(\text{mod } M)$$

对钟表来说，其模 $M=12$，故 4 点和 16 点、5 点和 17 点……均是同余的，可写作

$$4=16(\text{mod } 12),\quad 5=17(\text{mod } 12)$$

2）补码的概念

以指针式钟表为例，若钟表快了两个小时，本应是 3 点时，显示却是 5 点，将其校准的方法有两个：一个方法是往回拨两个小时，另一个方法是往前拨 10 个小时，结果是一样的。往回拨两小时就是 5 减 2 到 3 点，往前拨 10 小时就是 5 加上 10，也是拨到 3 点，这是因为，钟表是按照 12 小时循环计数的，一旦加到大于 12，就会将 12 舍弃，计为 0 点，5 加上的 10 中的 7 使指针回到 0 点，从 0 点再加 3 小时就到了 3 点。这种按照周期循环的数的周期叫作模，这里的模就是 12，数一旦大于或等于其模，就会被自动舍弃。所以，5+10−12=3，在这里，5−2 可以看作是 5+10−12=5+(10−12)，10 就可以看作是−2 的补码。也就是说，以 12 为模时，−2 和 10 同余。同余的两个数具有互补关系，−2 与 10 对模 12 互补，即−2 的补码是 10。

类似的例子也适合数字式钟表，只不过数字式钟表有时是 24 小时制的，那样，其模就是 24 了。当然，分钟的模是 60。调整数字式钟表也可以只使用加的方法，如果钟表慢了，加上数字；如果钟表快了，也是相加，直到溢出后从 0 继续计数，所加的总数就是加上的补码。

可见，只要确定了“模”，就可找到一个与负数等价的正数(该正数是负数的补码)来代替此负数，这个正数可用模加上负数本身求得，这样就可把减法运算用加法实现了。

由此可得到补码的概念：

① 知道模的大小，求某个负数的补码时，只要将该负数加上其模，就得到它的补码。如以 10 为模，则−7 的补码为

$$(-7)+10=3\quad(\text{mod } 10)$$

这时，3 就是−7 的补码。

② 某一正数加上一个负数时，实际上是做一次减法。在引入补码概念之后。可以将该正数加上这个负数的补码，最高位向上产生的进位会自然丢失，所以得到的结果同样是正确的。例如，当模为 10 时，

$$7+(-4)=7+(-4+10)=7+6=13=13-10=3\quad(\text{mod } 10)$$

3）以 2^n 为模的补码

在计算机中，带符号的数用二进制补码表示。存放数据的存储器的位数都是确定的。如果每个存数单元的字长为 n 位，那么它的模就是 2^n。2^n 是一个 $n+1$ 位的二进制数 100…0B(1 后面有 n 个 0)，由于机器只能表示 n 位数，因此数 2^n 在机器中仅能以 n 个 0 来表示，而该数最高位的数字 1 就被自动舍弃了。由此可见，如果以 2^n 为模，则 2^n 和 0 在机器中的表示形式是完全一样的。

如果将 n 位字长的二进制数的最高位留做符号位，则数字只剩下 $n-1$ 位，下标从 $n-2$ 到 0，数字 X 的补码(以 2^n 为模)的表示形式为：

① 当 X 为正数，即 $X=+X_{n-2}X_{n-3}\cdots X_1X_0$ 时，

$$\begin{aligned}[X]_{补} &= 2^n + X \\ &= 0X_{n-2}X_{n-3}\cdots X_1X_0 \quad (\text{mod } 2^n) \\ &= [X]_{原}\end{aligned}$$

② 当 X 为负数，即 $X=-X_{n-2}X_{n-3}\cdots X_1X_0$ 时，由于 $2^n=2^{n-1}+2^{n-1}$，有：

$$\begin{aligned}[X]_{补} &= 2^n + X \\ &= 2^n - X_{n-2}X_{n-3}\cdots X_1X_0 \\ &= 2^{n-1} + 2^{n-1} - X_{n-2}X_{n-3}\cdots X_1X_0 \\ &= 2^{n-1} + (2^{n-1}-1) + 1 - X_{n-2}X_{n-3}\cdots X_1X_0 \\ &= 2^{n-1} + \underbrace{111\cdots11}_{(n-1)\text{个}1} - X_{n-2}X_{n-3}\cdots X_1X_0 + 1 \\ &= 2^{n-1} + \overline{X}_{n-2}\overline{X}_{n-3}\cdots\overline{X}_1\overline{X}_0 + 1 \\ &= 1\overline{X}_{n-2}\overline{X}_{n-3}\cdots\overline{X}_1\overline{X}_0 + 1 \\ &= [X]_{反} + 1\end{aligned}$$

其中，$\overline{X}_i$ 为对 X_i 取反的逻辑值。

例如，$n=8$ 时，$2^8=100000000\text{B}$，则 -1010111B 的补码为：

$$[-1010111\text{B}]_{补}=100000000\text{B}-1010111\text{B}=10101001\text{B}$$

或

$$[-1010111\text{B}]_{补}=[-1010111\text{B}]_{反}+1=10101000\text{B}+1=10101001\text{B}$$

所以，对于正数，补码和原码的形式是相同的：$[X]_{原}=[X]_{补}$；对于负数，补码为其反码(数值部分各位变反)加 1。例如：

	X	$[X]_{原}$	$[X]_{反}$	$[X]_{补}$
正数	+0001101B	00001101B	00001101B	00001101B
负数	−0001101B	10001101B	11110010B	11110011B

这种利用取反加 1 求负数补码的方法，在逻辑电路中利用非门电路和加法计数器的功能实现起来是很容易的。这是因为二进制数有反码，每位数非 0 即 1，0 与 1 互为反码，利用反相电路很容易实现；而十进制数有 0～9 共 10 个数字，相互之间没有反码的关系，所以十进制数虽然有补码，但是无法用求反加 1 的方法实现求补码的运算。

不论是正数，还是负数，反码与补码具有下列相似的性质：

$$[[X]_{反}]_{反}=[X]_{原}$$
$$[[X]_{补}]_{补}=[X]_{原}$$

【例 1-1】 +13 和 −13 的原码、反码、补码、反码的反码和补码的补码如下：

	X	$[X]_{原}$	$[X]_{反}$	$[X]_{补}$	$[[X]_{反}]_{反}$	$[[X]_{补}]_{补}$
正数	+0001101B	00001101B	00001101B	00001101B	00001101B	00001101B
负数	−0001101B	10001101B	11110010B	11110011B	10001101B	10001101B

8 位二进制数的原码、反码、补码的表示如表 1-2 所示。

表 1-2 8 位二进制数的原码、反码、补码的表示

无符号数		有符号数			
十进制数	二进制数	真值	原码	反码	补码
127	0111 1111B	+127	0111 1111B	0111 1111B	0111 1111 B
…	…	…	…	…	…
1	0000 0001B	+1	0000 0001B	0000 0001B	0000 0001 B
0	0000 0000B	+0	0000 0000B	0000 0000 B	0000 0000 B
128	1000 0000B	−0	1000 0000B	1111 1111 B	0000 0000 B
129	1000 0001B	−1	1000 0001B	1111 1110 B	1111 1111 B
…	…	…	…	…	…
255	1111 1111B	−127	1111 1111B	1000 0000 B	1000 0001 B
		−128	不能表示	不能表示	1000 0000 B

由表 1-2 可见，字长为 8 位时，原码、反码的表示数的范围为+127～−127，而补码表示的范围为+127～−128。下面对两个特殊数的补码作进一步说明：

① 0 的补码。

因为$[+0]_{补}=00000000B$，$[-0]$的原码为 10000000B，经求反加 1，得 00000000B，所以，$[-0]_{补}=00000000B$。即，对补码来说，不分正 0、负 0，都是 0。

② −128 的补码。

根据补码的定义，可知

$$[-128]_{补}=2^n+(-128)=2^8+(-128)=2^8+(-127)-1$$

所以

$$[-128]_{补}=256-128=100000000B-1111111B-1=10000001B-1=10000000B$$

4）数值数据的运算

采用补码进行加减运算时要注意以下几个问题：

① 补码运算时，其符号位要与数值部分一样参加运算，但结果不能超出其所能表示的数的范围，否则会出现溢出错误。无符号数的加减运算结果超出数的范围的情况称为产生进位或借位，计算机中有专门记录运算时产生的进位或借位的标志，只要将进位加到更高位上或者将借位从更高位上减去，运算就不会出错，在多字节数加减运算时，必须考虑进位和借位的处理。

② 采用了补码以后，符号运算后如有进位出现，则把这个进位舍去，不影响运算结果，运算后的符号就是结果的符号。

③ 补码运算的性质：

$$[X]_{补}+[Y]_{补}=[X+Y]_{补}$$

$$[X]_{补}-[Y]_{补}=[X-Y]_{补}$$

这些运算性质与数的位数 n 无关。

【例 1-2】 已知 $X=+0101101B$，$Y=-0000001B$，试求 $X+Y$ 的值。

解：

$$\begin{array}{r} [X]_{补}=00101101 \\ +[Y]_{补}=11111111 \\ \hline [X+Y]_{补}=100101100 \end{array}$$

↙

进位舍去

所以

$$X+Y=[[X+Y]_{补}]_{补}=0101100B=[X]_{补}+[Y]_{补}$$

因为减去一个正数的减法运算可以看作是加上一个负数的加法运算，所以在计算机中，利用反码加 1 的方法求得补码之后，即将减一个正数的运算转变为加上一个负数的运算，进而变为加上该负数的补码的加法运算，而乘法运算又可以采用移位相加的方法完成，除法运算采用移位相减的方法完成，这样只用加法器就能完成所有的算术运算。

3 种编码小结：

- 对正数而言，上述 3 种编码都等于真值本身。
- 最高位都表示符号位，补码和反码的符号位可与数值位一样看待，和数值位一起参加运算；但原码的符号位必须与数值位分开处理。
- 原码和反码的真值 0 各有两种不同的表示方式，而补码的真值 0 表示是唯一的。

4. 十进制数的编码

常用的十进制数编码有 BCD 码(Binary-Coded Decimal)、余 3 码和格雷码等。最常见的是 BCD 码。

BCD 码是二进制编码形式的十进制数，即用 4 位二进制数表示 1 位十进制数，这种编码形式可以有多种，其中最自然、最常用的一种形式为 8421 码，即这 4 位二进制数的权值，从左向右依次分别为 8、4、2、1。

当用 1 字节的 8 位二进制数表示十进制数时，若每个字节的高 4 位为 0，只用其低 4 位表示 1 位十进制数，则称为非压缩的 BCD 码，表示格式如图 1-3 所示。它所表示的数的范围是 0～9。

D7	*D6*	*D5*	*D4*	*D3*	*D2*	*D1*	*D0*
0	0	0	0	个位			

图 1-3 非压缩 BCD 码的表示格式

若将 8 位二进制数用于表示 2 位十进制数，则称为压缩的 BCD 码，表示格式如图 1-4 所示。它所表示的数的范围是 0～99。

D7	*D6*	*D5*	*D4*	*D3*	*D2*	*D1*	*D0*
十位				个位			

图 1-4 压缩 BCD 码的表示格式

例如，若用 4 字节表示十进制数 4321，用非压缩的 BCD 码表示时是：

00000100，00000011，00000010，00000001

用十六进制数据表示，则是：

04H，03H，02H，01H

用压缩的 BCD 码表示时只需要 2 字节：

01000011，00100001

用十六进制数据表示则是：

43H，21H

尽管在 8421 码中 0～9 共 10 个数码的表示形式与用二进制表示的形式一样，但这是两个完全不同的概念，不能混淆。例如，十进制数 39 可表示为$(0011\ 1001)_{8421}$或 100111B，两者是完全不同的。

1.2.4 非数值数据的编码

计算机不仅能够对数值数据进行处理，还能够对文本和其他非数值数据信息进行处理。非数值数据是指不能进行算术运算的数据，包括字符、字符串、图形符号和汉字、语音与图像的信息等多种数据。这些信息在传送时，并不是直接传送和处理其原值，而是先按照某种规则进行一定的处理，使之具有通用的传送格式。经过这种处理的数值信息，称为编码。下面介绍几种常用的编码。

1. ASCII 编码

在处理文本文件时，每个字符都是由其相应的标准字模构成的，文本文件本身并不包括这些字模，而只是使用其编码来表示每个字符。例如，使用区位编码的中文编辑时，4 位十进制区位码可以表示 10 000 个不同的字符。国际上通用的标准字符编码为 ASCII 码(American Standard Code for Information Interchange，ASCII)，即美国标准信息交换码。

ASCII 码共定义了 256 个代码(0～255)，其中 0～32 为控制字符(ASCII Control Characters)，33～127 为可打印字符(ASCII Printable Characters)。0～127 是标准的 ASCII 编码，128～255 是扩展的 ASCII 编码。其中，标准 ASCII 码包含：26 个小写英文字母和 26 个大写英文字母、10 个数字码(0～9)以及 25 个特殊字符，如[、+、-、@、|、# 等共计 87 个。这 87 个字符可用 7 位二进制编码来表示。为了能与主流计算机相兼容，各国也都采用这种字符编码进行上述字符和数字的传输。目前，几乎所有小型计算机和微型计算机都采用 ASCII 码。例如，标准键盘与主机之间，显示器与主机之间的数据传输等，都采用了这种 ASCII 码。

附录 A 为 ASCII 码字符表，它用 8 位二进制数表示字符代码。其基本代码占 7 位，第 8 位可用作奇偶校验，通过对奇偶校验位设置 1 或 0 状态，保持 8 位字节中的 1 的个数总是奇数(称为奇校验)或偶数(称为偶校验)，一般用于检测字符或数字在串行传送过程中是否出错。

2. 汉字编码

1) 汉字输入编码

由于计算机现有的输入键盘与英文打字机键盘完全兼容，因而如何输入非拉丁字母的文字(包括汉字)便成了多年来人们研究的课题。汉字信息处理系统一般包括编码、输入、存储、编辑、输出和传输，编码是关键。不解决这个问题，汉字就不能进入计算机。汉字输入编码就是用计算机标准键盘上按键的不同排列组合来对汉字进行编码。一个好的输入编码法应满足：

- 编码短，击键次数少；
- 重码少，可盲打；
- 好学好记。

常用的输入编码有数字、字音、字形和音形编码等。

① 数字编码：用数字串代表一个汉字的输入，如电报码、区位码等。最大优点是无重码，但难记。

② 字音编码：以汉语拼音作为编码基础。简单易学，但重码很高，常见的有搜狗拼音、

百度拼音、全拼、双拼、微软拼音和智能 ABC 等输入法。

③ 字形编码：将汉字的字形信息分解归类而给出的编码。具有重码少的优点。常见的有五笔字型码、表形码、郑码等。

④ 音形编码：音形编码吸取了音码和形码的优点，使编码规则简化，重码少。常见的有全息码等。

2）汉字国标码

汉字国标码即国标码，是在不同汉字信息处理系统间进行汉字交换时所使用的编码。国标码以国家标准局颁布的 GB 2312—80 规定的 7445 个汉字交换码作为标准汉字编码。

在字符集中，汉字和字符符号分在 94 个区，每区 94 位。每个汉字及字符用 2 个字节表示，前一个字节为区码，后一个字节为位码，各用 2 位十六进制数表示。这就是所谓的汉字区位码。

汉字区位码并不等于汉字国标码，两者间的关系可用以下公式表示：

国标码＝区位码(化成十六进制)＋2020H

3）汉字机内码

汉字机内码简称汉字内码，是在计算机外部设备和信息系统内部存储、处理、传输汉字用的代码，是汉字在设备或信息处理系统内部最基本的表达形式。在西文计算机中，无交换码和内码之分，一般以 ASCII 码作为内码。英文字符的机内码是 7 位 ASCII 码，最高位为 0。

汉字内码用 2 字节表示。为了区分汉字字符与英文字符，将汉字国标码的每个字节的最高位置 1，作为汉字机内码。如“啊”的国标码为 0011 0000 0010 0001(3021H)，机内码为 1011 0000 1010 0001(B0A1H)，即汉字机内码＝汉字国标码＋8080H。

4）汉字字形码

一般情况下，汉字用点阵方式表示其外形，这个点阵称为汉字字模，也称为汉字字形码。不管汉字的笔画多少，都可在同样的方块中书写，从而把方块分割为许多小方块，组成 1 个点阵，每个小方块就是点阵中的 1 个点，即二进制的 1 个位。每个点由 0 和 1 表示“白”和“黑”两种颜色。用这样的点阵就可输出汉字。存储在计算机中的汉字和符号的外形集合称为汉字库。

不同的输入编码输入到计算机中时都统一使用国标码。各种代码间的逻辑关系如图 1-5 所示。

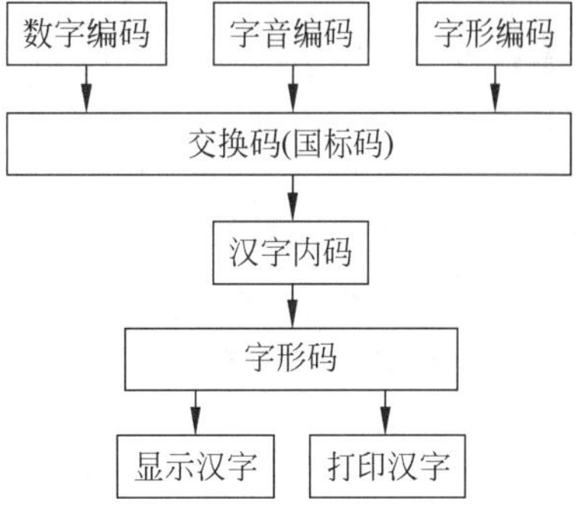

图 1-5 各种代码间的逻辑关系

5）汉字编码的发展

汉字编码的发展经历了下面几个阶段。

① GB 2312—80：是国家标准局 1980 年颁布的，其中只包含 6763 个一级和二级常用汉字。已不能满足各方面应用的需要。

② “通用多 8 位编码字符集”国际标准(ISO/IEC 10646)：简称 UCS，是国际标准化组织 1993 年公布的。它确定了 20 902 个中日韩统一汉字。

③ 我国标准化管理机构发布了与 ISO/IEC 10646 一致的国家标准 GB 13000。2000 年 3 月，信息产业部和国家质量技术监督局共同颁布了 GB 18030—2000《信息技术信息交换用汉字编码字符集基本集的扩充》(简称 GBK)这一强制性国家标准，共收录汉字 27 000 多个，彻底解决了偏、生汉字的输入问题。

6）统一代码

统一代码（Unicode）是一种全新的编码方法，此编码方法有足够的能力来表示全世界多达 6800 种语言中任意一种语言里使用的所有符号。其基本方法是，用 1 个 16 位的数来表示 Unicode 中的每个符号，即允许表示 65 536 个不同的字符或符号。这种符号集被称为基本多语言平面（BMP）。

计算机中用扩展 ASCII 码、Unicode UCS-2 和 UCS-4 方法表示一个符号之间的差异，如图 1-6 所示。

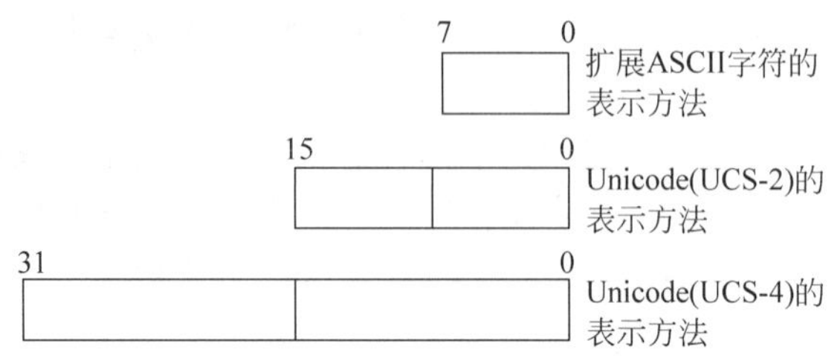

图 1-6 计算机中表示符号的 3 种方法

在实际应用中，常见的编码还有 UTF-8（8-bit Unicode Transformation Format），它是一种针对 Unicode 的可变长度字符编码，又称万国码，由 Ken Thompson 于 1992 年创建。现在已经标准化为 RFC 3629。UTF-8 用 1～6 字节编码 Unicode 字符。用在网页上可以在同一页面中显示简体中文、繁体中文及其他语言（如英文、日文、韩文）。详细内容，请读者通过网络查阅相关资料。

1.3 微型计算机领域的几个相关概念

1.3.1 常用单位及术语

1. 位（bit）

计算机所能表示的最小的数字单位，即二进制数的位。通常每位只有 2 种状态 0、1。

2. 字节（Byte）

8 位（bit）二进制数为 1 字节，是内存的基本单位，常用 B 表示。

3. 字（Word）

16 位二进制数称为 1 个字，1 个字等于 2 字节。

4. 字长

字长即字的长度，是一次可以并行处理的数据的位数，即数据线的条数。常与 CPU 内部的寄存器、运算器、总线宽度一致。常用微型计算机字长有 8 位、16 位和 32 位。

5. 数量单位

K（千，Kilo 的符号），1K＝1024，如 1KB 表示 1024 字节；

M（兆，Million 的符号），1M＝1K×1K；

G（吉，Giga 的符号），1G＝1K×1M；

T（太，Tera 的符号），1T＝1M×1M。

6. MIPS

单字长定点指令平均执行速度 Million Instructions Per Second 的缩写，即每秒处理的百万级的机器语言指令数。这是衡量 CPU 速度的一个指标。

7. 地址

地址是微型计算机存储单元的编号，通常 8bit 为一个单元，每个单元有独立的编号。存储器地址的最大编号(容量)由地址线的条数决定。如：

16 条地址线的容量为 64KB(0000H～FFFFH)；

20 条地址线的容量为 1MB(00000H～FFFFFH)。

8. 总线

CPU 是微型计算机的核心。微型计算机利用 3 种总线将 CPU 与系统的其他部件如存储器、I/O 接口等联系起来。总线是具有同类性质的一组信号线。3 种总线分别是地址总线(Address Bus，AB)、数据总线(Data Bus，DB)和控制总线(Control Bus，CB)。

9. 访问

CPU 对寄存器、存储器或 I/O 接口电路的操作通常分为两类：把数据存入寄存器、存储器或 I/O 接口电路的操作称为写入或写操作；把数据从寄存器、存储器或 I/O 接口电路取到 CPU 的操作称为读出或读操作。这两种操作过程通常统称为"访问"。

10. 机器指令

机器指令是由二进制代码组成的可以直接由微处理器进行译码、执行的代码。一条机器指令应包含要求微处理器所要完成的操作，以及参与该操作的数据或该数据所在的地址，有时还要有操作结果的存放地址信息，这些都是以二进制数字的形式表示的，当然，也有某些特殊指令不需要数据或地址。

11. 汇编指令

微处理器只能识别二进制数，所以指令也用二进制数表示。例如，一条 4 字节的指令如下：

00001111

00100100

00010010

01000101

这就是用二进制数表示的、可以直接由微处理器进行译码、执行的机器指令。这样一条 4 字节指令的含义是将十六进制的数据 0x1245 送到寄存器 R1 中。我们很难直接看出这种含义，也很难适应这种用二进制数字序列的指令形式来编程，即使是经过一定专业训练的人也不喜欢和这种表示方式打交道。所以人们在编程时使用的是比较容易看出其操作含义的、用英文的缩写形式表示的指令，如果上面的指令写成：

```
MOV  R1,#0x1245
```

就很容易理解和阅读了。这种形式的指令称为汇编指令，这种编程语言称为汇编语言。不同厂家的 CPU 配备有相应的汇编语言指令系统。用汇编语言编写的程序称为汇编语言源程序。

12. 指令系统

指令系统是一台计算机所能识别的全部指令的集合。

13. 汇编与反汇编

利用汇编语言编程虽然容易了，但是机器只能识别二进制数形式的指令，不能直接识别和执行汇编语言形式的指令，所以还要把汇编语言源程序翻译成与之相对应的用二进制数表示的机器语言，才能被微处理器识别和执行，这种翻译称为汇编。每一条汇编语句都可以汇编成对应的机器语言，虽然可以用人工汇编，但是用人工进行汇编太麻烦，且容易出错，人们就编写了专门的汇编程序来完成这项工作，用汇编程序来进行汇编就变得容易得多，又快又准确，还能把语法不正确的语句找出来，以方便用户的程序编写和调试。

反过来，将用二进制数表示的机器语言形式的程序翻译成汇编语言形式的源程序的过程称为反汇编。反汇编是汇编的逆过程。

14. 高级语言

汇编指令虽然较二进制机器指令容易阅读和编写，但还是不如高级语言更接近英语自然语言。为了解决这个问题，人们发明了高级语言，用高级语言编程，然后再用某种特殊程序翻译成机器语言。这样，编程人员可以仿照自然语言的书写形式完成程序的编写，降低了程序开发的门槛。将用高级语言编写的用户程序翻译成某个具体的微处理器的机器语言程序（这个过程称为编译）的软件，称为编译器。例如，现在市面上常见的各种 C 编译器就是能把 C 语言转换成某个具体的微处理器的机器语言的编译工具。这种编译器比较适于对汇编语言不熟悉的用户使用，其缺点是不可避免地会出现编译后的机器程序冗长、不够简练，导致程序运行时间加长、速度降低等问题。另外，用汇编语言编程更有利于硬件电路与程序的结合设计与调试。

当然，如果用户并不在乎程序的长短和运行速度的快慢，并拥有对应的编译软件的条件下，完全可以采用 C 语言编写用户程序。

1.3.2 微型计算机的基本构成

典型的微型计算机的基本结构由微处理器（CPU）、存储器、输入/输出接口（I/O 接口）及外部设备等组成，各个部件之间通过系统总线连接，如图 1-7 所示。

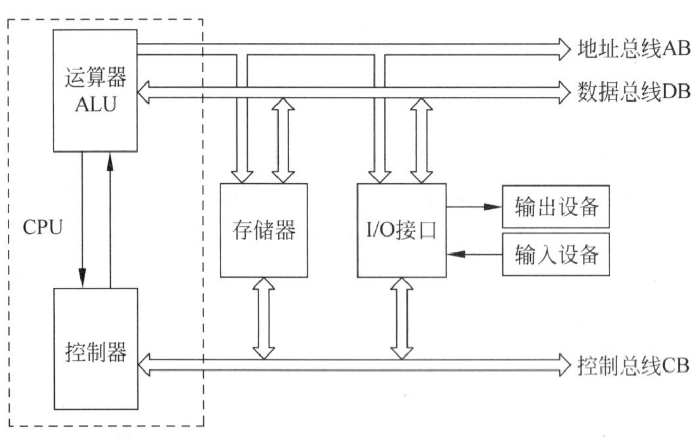

图 1-7 微型计算机的基本结构

在计算机系统中，各个部件之间传送信息的公共线路称为总线（bus），CPU 与各功能模块之间以及各功能部件之间的信息是通过总线传输的。按照所传输的信息种类，计算机的总线分为数据总线、地址总线和控制总线，分别用来传输数据、地址和控制信号，即典型的三总线结构。CPU 通过总线与各个部件相连，外设通过相应的接口电路再与总线相连，如此构成计算机的硬件系统。

地址总线 AB 是单向的，输出地址信号，即输出将要访问的存储器单元或 I/O 口的地址，地址线的多少决定了系统直接寻址存储器的范围。例如，Intel 8086 CPU 共有 20 条地址线，分别用 $A19 \sim A0$ 表示，其中 $A0$ 为最低位。20 位地址线可以确定 $2^{20}=1024\times1024$ 个不同的地址（称为 1MB 内存单元）。20 位地址用十六进制数表示时，范围为 00000H～FFFFFH。

数据总线 DB 是传输数据或代码的一组信号线，数据线的数目一般与处理器的字长相等。这里所说的传输的数据是广义的，就是说，数据的实际含义可能是表示数字的数据，也可能是二进制数字表示的指令，甚至有时可能是某些特定地址，因为它们都是用二进制数表示，都可以在数据总线上传输。数据线的多少决定了一次能够传送数据的位数。16 位微处理器的 DB 是 16 条，分别表示为 $D15 \sim D0$，$D0$ 为最低位。8 位微处理器的数据总线 DB 是 8 条，分别表示为 $D7 \sim D0$。数据在 CPU 与存储器（或 I/O 接口）间的传送可以是双向的，因此 DB 称为双向总线。另外，所有读写数据的操作，都是指 CPU 进行读写。CPU 读操作时，外部数据通过数据总线送往 CPU；CPU 写操作时，CPU 数据通过数据总线送往外部。存储器、接口电路都和数据总线相连，它们都有各自不同的地址，CPU 通过不同的地址确定与之联系的器件。任何时刻，数据总线上都不能同时出现两个数据，换言之，各个器件是在分时使用数据总线。

控制总线 CB 用来传送各种控制信号和状态信号。CPU 发给存储器或 I/O 接口的控制信号，称为输出控制信号，如微处理器的读信号 $\overline{\text{RD}}$、写信号 $\overline{\text{WR}}$ 等。CPU 通过接口接收的外设发来的信号，称为输入控制信号，如外部中断请求信号 INTR、非屏蔽中断请求输入信号 NMI 等。控制信号间是相互独立的，其表示方法采用能表明含义的缩写英文字母符号，若符号上有一条横线，则表示该信号为低电平有效，否则为高电平有效。

在连接系统总线的设备中，某时刻只能有一个发送者向总线发送信号；但可以有多个设备从总线上同时获取信号。

微处理器简称 MP（Micro Processor），也称 μP，μ 是微（Micro）的意思，P 是指处理器（Processor 的第一个字母），是微型机的核心部件。微处理器通常称为中央处理单元（Central Processing Unit，CPU），是在一片硅片上集成了包括运算器（Arithmetic Logic Unit，ALU）、控制器（Control Unit，CU）、寄存器（Register，R）、内部总线等电路。寄存器一般包含在 CPU 内部，用于临时存取运算数据，最大的特点是存取时一般不需要经过外部总线，存取速度很快，寄存器有 8 位、16 位或者 32 位之分。存储器包括程序存储器和数据存储器两类，主要用来存放程序和数据，程序包括系统程序和用户程序。每个存储器单元具有一个地址，单元中存储一个字节（8 个二进制位）内容。I/O 接口主要用于 CPU 和外部设备之间交换数据。

一个 CPU 和存储器的连接示意图如图 1-8 所示。

例如，人们常说的奔腾系列或者酷睿系列的 CPU 芯片，就是典型的微处理器；程序存储器主要是硬盘，数据存储器即为内存条；输入/输出接口由主机板上的接口芯片构成，最终通过机箱上的并行口、串行口、USB 口等和外部设备连接。

市面上常见的个人计算机就是在上述计算机的结构上加上显示器、键盘、鼠标等外部设备构成的。

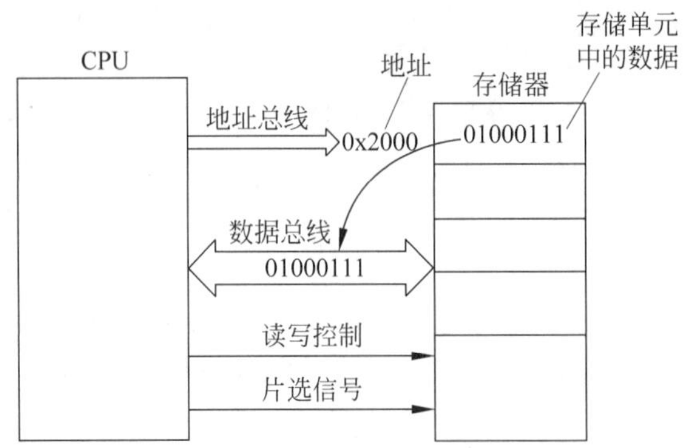

图 1-8 CPU 和存储器的连接示意图

1.3.3 微控制器与嵌入式系统

1. 微处理器

微处理器是计算机的核心部件，利用集成技术将运算器、控制器集成在一片芯片上。其功能是：对指令译码并执行规定动作；能与存储器及外设交换数据；可响应其他部件的中断请求；提供系统所需的定时和控制。

2. 微型计算机

微型计算机就是在微处理器的基础上配置存储器、I/O 接口电路、系统总线等所构成的系统。

3. 微型计算机系统

以微型计算机为主体，配置系统软件和外部设备即构成微型计算机系统。软件部分包括系统软件（如操作系统）和应用软件（如字处理软件）。

以上三者之间的关系如图 1-9 所示。

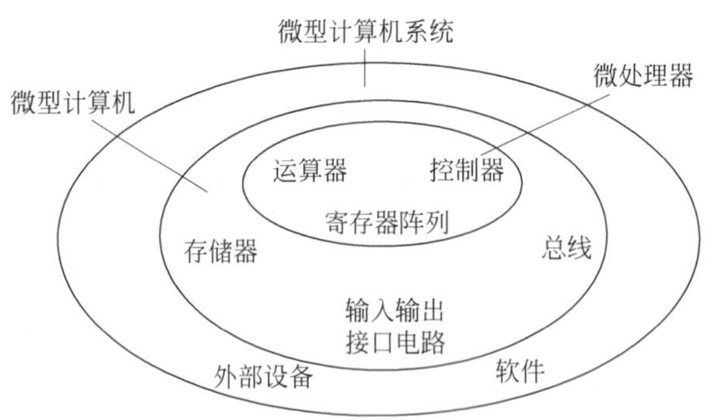

图 1-9 微处理器、微型计算机和微型计算机系统关系图

当前，微型计算机技术正向两个方向发展：一是高性能、多功能，使微型计算机逐步代替价格昂贵、功能优越的中小型计算机；二是价格低廉、体积更小，使微型计算机不以计算机的面貌出现，而是嵌入到生产系统设备、仪器仪表、家用电器、医疗仪器等智能产品中，构成嵌入式系统。嵌入式系统的应用越来越广泛，因此，本书以应用于嵌入式系统的 ARM 微控制器为背景，进行微机原理与接口技术的介绍。

4. 微控制器

微控制器(Micro Controller Unit,MCU)是指一个集成在一块芯片上的完整计算机系统,具有完整计算机所需要的大部分部件:中央处理单元(CPU)、存储器、内部和外部总线系统。同时,集成诸如通信接口、定时器、实时时钟等外围设备(简称外设)。而目前最强大的微控制器甚至可以将声音、图像、网络、复杂的输入/输出系统集成在一块芯片上。

微控制器和微处理器的区别是:微控制器不仅包含微处理器,还包含其他更多的内容。

5. 嵌入式系统

根据 IEEE(国际电机工程师协会)的定义,嵌入式系统是"控制、监视或者辅助装置、机器和设备运行的装置"。这主要是从应用上加以定义的,从中可以看出嵌入式系统是软件和硬件的综合体,还可以涵盖机械等附属装置。

目前国内一个普遍被认同的定义是:嵌入式系统是以应用为中心,以计算机技术为基础,软件硬件可裁剪,适应应用系统对功能、可靠性、成本、体积、功耗严格要求的专用计算机系统。

实际上,嵌入式系统本身是一个外延极广的名词,凡是与产品结合在一起的具有嵌入式特点的控制系统都可以叫嵌入式系统。

一般而言,嵌入式系统的构架可以分成 4 个部分:处理器、存储器、输入/输出接口(I/O)和软件(由于多数嵌入式设备的应用软件和操作系统都是紧密结合的,在此不加区分,这也是嵌入式系统和 Windows 系统的最大区别)。

嵌入式系统的硬件部分,包括处理器/微处理器、存储器及外设器件和 I/O 口、图形控制器等。嵌入式处理器一般有如下几类:嵌入式微处理器(MPU)、嵌入式微控制器(MCU)、嵌入式 DSP 处理器(DSP)和嵌入式片上系统(SoC)。嵌入式系统有别于一般的计算机处理系统,它不具备像硬盘那样大容量的存储介质,而大多使用 EEPROM 或闪存(flash memory)作为存储介质。软件部分包括操作系统软件(要求实时和多任务操作)和应用程序。应用程序控制着系统的运作和行为;而操作系统控制着应用程序与硬件的交互。

从上述描述可以看出,微控制器是嵌入式系统的独立发展之路。

1.3.4　常见技术

1. 冯·诺依曼结构和哈佛结构

1) 冯·诺依曼结构

1964 年,冯·诺依曼简化了计算机的结构,提出了"存储程序"的思想,大大提高了计算机的速度。"存储程序"思想可以简化概括为 3 点:

① 计算机包括运算器、控制器、存储器、输入/输出设备。

② 计算机内部采用二进制来表示指令和数据。

③ 将编写好的程序和数据保存到存储器,计算机自动地逐条取出指令和数据进行分析、处理和执行。

在冯·诺依曼结构中,计算机系统由中央处理单元(CPU)和存储器组成,数据和指令都存储在存储器中,程序指令和数据不加区分,均采用数据总线进行传输,因此,数据访问和指令存取不能同时在总线上传输。CPU 可以根据所给的地址对存储器进行读或写。程序指令和数据的宽度相同。Intel 8086、ARM7、MIPS 处理器等是冯·诺依曼结构的典型代表。冯·诺依曼结构的构成示意图如图 1-10 所示。

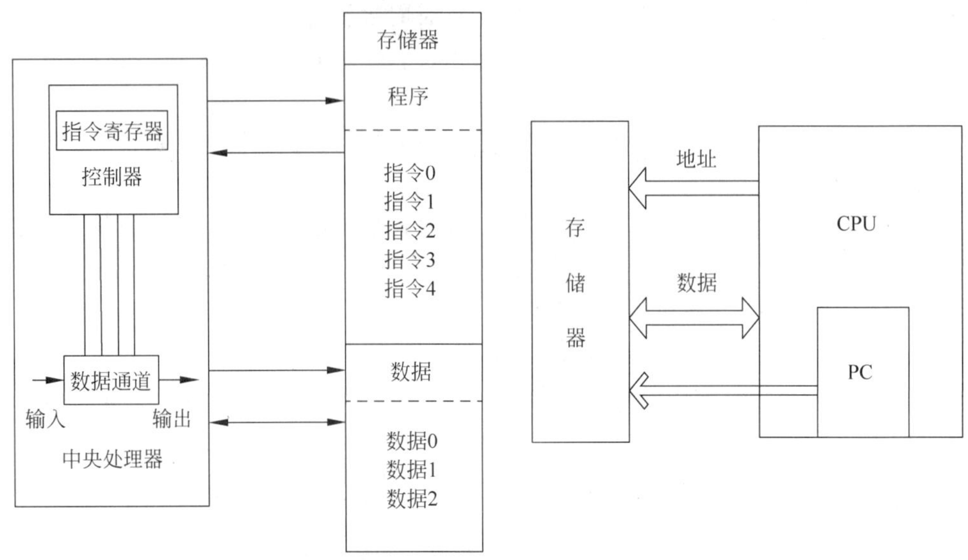

图 1-10　冯·诺依曼结构的构成示意图

图 1-10 中的 PC 全称是 Program Counter，是程序计数器的意思。

2）哈佛体系结构

在哈佛体系结构中，数据和程序使用各自独立的存储器。程序计数器 PC 只指向程序存储器而不指向数据存储器，这样做的后果是很难在哈佛体系结构的计算机上编写出一个自修改的程序（有时称为在应用可编程，In Application Programming，IAP）。哈佛体系结构具有以下优点：

① 独立的程序存储器和数据存储器为数字信号处理提供了较高的性能。

② 指令和数据可以有不同的数据宽度，具有较高的效率。如恩智浦公司的 MC68 系列、Zilog 公司的 Z8 系列、ARM9、ARM10 系列等。

哈佛体系结构的示意图如图 1-11 所示。

2. 高速缓冲存储器 Cache

为了解决微处理器运行速度快、存储器存取速度慢的矛盾，在两者之间加一级高速缓冲器 Cache。Cache 采用与制作 CPU 相同的半导体工艺，速度与 CPU 匹配，其容量约占主存的 1%左右。Cache 的作用是：当 CPU 要从主存储器（在个人计算机中称为内存）中读取一个数据时，先在 Cache 中查找是否有该数据，若有，则立即从 Cache 中读取到 CPU，否则用一个主存储器访问时间从主存储器中读取这个数据送 CPU，与此同时，将包含这个数据字的整个数据块送到 Cache 中。由于存储器访问具有局部性（程序执行局部性原理），在这以后的若干次存储器访问中要读取的数据位于刚才取到 Cache 中的数据块中的可能性很大，只要替换算法与写入策略得当，Cache 的命中率可达 99%以上，它有效地减少了 CPU 访问低速内存的次数，从而提高读取数据的速度和整机的性能。

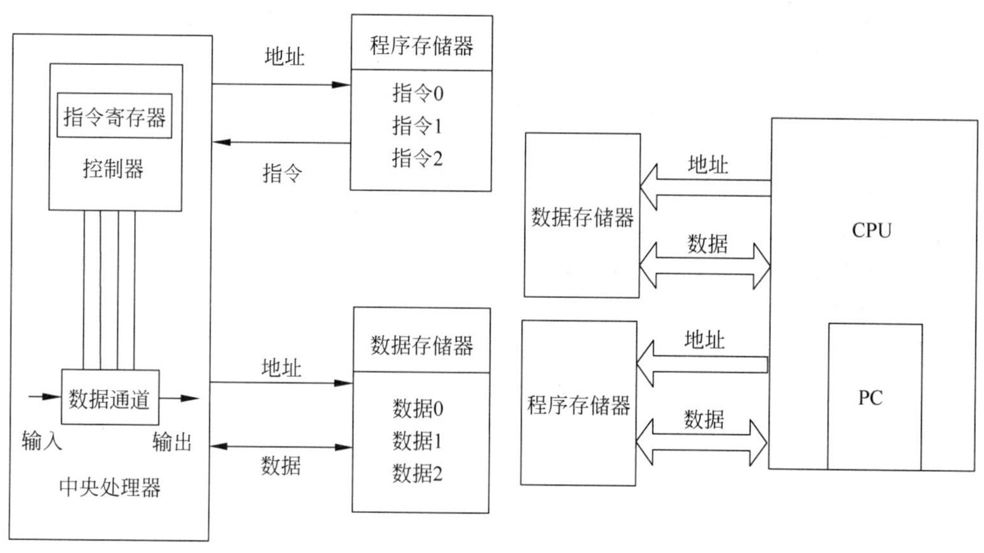

图 1-11 哈佛结构的构成示意图

3. 流水线技术

流水线(pipeline)技术是指在程序执行时多条指令重叠进行操作的一种准并行处理实现技术。流水线的工作方式就像工业生产中的装配流水线。在工业制造中采用流水线可以提高单位时间的生产量;同样在CPU中采用流水线设计也有助于提高CPU的效率。

CPU的工作可以大致分为取指、译码、执行和存结果4个步骤。流水线技术可以使用时空图来说明。时空图从时间和空间两个方面描述了流水线的工作过程。4段指令流水线的时空图如图1-12所示。在时空图中,横坐标代表时间节拍,纵坐标代表流水线的各个段。

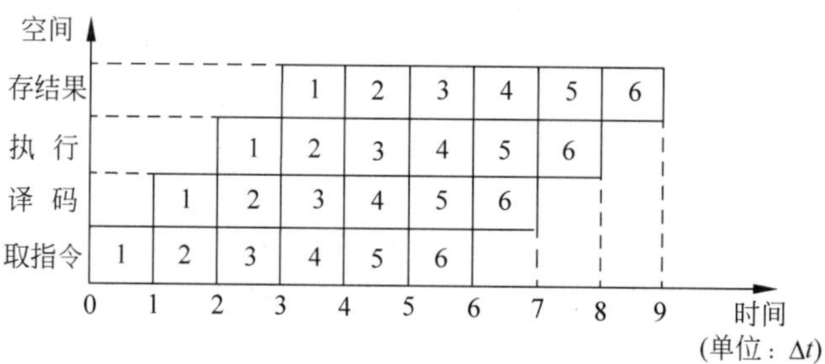

图 1-12 4段指令流水线的时空图

采用流水线设计之后,指令就可以连续不断地进行处理。在同一个较长的时间段内,显然拥有流水线设计的CPU能够处理更多的指令。

4. CISC 和 RISC

20世纪70年代末发展起来的计算机,其结构随着VLSI技术的飞速发展而越来越复杂,大多数计算机的指令系统多达几百条,这些计算机被称为复杂指令系统计算机(Complex Instruction Set Computer,CISC)。在CISC指令集的各种指令中,大约有20%的指令会被反复使用,占整个程序代码的80%。而余下的指令却不经常使用,在程序设计中只占20%,这种情况造成了硬件和资源的浪费。

CISC结构的处理器都有一个指令集，每执行一条指令，处理器要在几百条指令中分类查找对应指令，因此需要一定的时间；由于指令的复杂，增加了处理器的结构复杂性以及逻辑电路的级数，降低了时钟频率，使指令执行的速度变慢，纯CISC结构的处理器执行一条指令至少需要一个以上的时钟周期。

RISC是精简指令集计算机(Reduced Instruction Set Computer)的简称，其指令集结构只有少数简单的指令，使计算机硬件简化，将CPU的时钟频率提得很高，配合流水线结构可做到一个时钟周期执行一条指令，使整个系统的性能得到提高，性能超过CISC结构的计算机。RISC指令系统的特点是：

① 选取使用频率最高的一些简单指令；

② 指令长度固定，指令格式和寻址方式种类少；

③ 只有取数据和存数据指令访问存储器，其余指令的操作数在寄存器之间进行。

1.4 ARM概述

1. ARM简介

ARM过去称作高级精简指令集机器(Advanced RISC Machine，更早称作Acorn RISC Machine)，是一个32位精简指令集(RISC)处理器架构，其广泛地使用在许多嵌入式系统设计中。

现在，ARM既可以认为是一个公司的名称，也可以认为是一类微处理器的通称，还可以认为是一种技术的名称。

ARM的前身是成立于1983年的英国Acorn公司，该公司最初只有4名工程师，其第一个产品Acorn RISC于1985年问世。1990年11月，公司联合苹果、Acorn、VLSI Technology等公司合资成立了ARM公司。1991年，公司的12个工程设计人员正式开始了ARM产品的研发，迅速推出ARM6并授权给VLSI和夏普公司使用。1993年ARM推出ARM7并授权给TI和Cirrus Logic公司。ARM7至今仍被广泛使用。

ARM公司是一家出售IP(技术知识产权)的公司。所谓的技术知识产权，就有点像是卖房屋的结构设计图，至于要怎样修改，哪边开窗户，以及要怎样加盖其他的花园，就由买了设计图的厂商自己决定。而有了设计图，当然还要有把设计图实现的厂商，而这些厂商就是ARM架构的授权客户群。ARM公司本身并不靠自有的设计来制造或出售CPU，而是将处理器架构授权给有兴趣的厂家。许多半导体公司持有ARM授权：Intel、TI、Qualcomm、华为、中兴、Atmel、Broadcom、Cirrus Logic、恩智浦半导体(于2006年从飞利浦独立出来)、富士通、IBM、NVIDIA、台湾新唐科技(Nuvoton Technology)、英飞凌、任天堂、OKI电气工业、三星电子、Sharp、STMicroelectronics和VLSI等许多公司均拥有各个不同形式的ARM授权。ARM公司与获得授权的半导体公司的关系如图1-13所示。

2. ARM架构的演变

1985年以来，ARM陆续发布了多个ARM内核架构版本，从ARM V4架构开始的ARM架构发展历程如图1-14所示。

目前，ARM体系结构已经经历了6个版本。从V6版本开始，各个版本都在实际中获得了应用。各个版本中还有一些变种，如支持Thumb指令集的T变种、长乘法指令(M)变

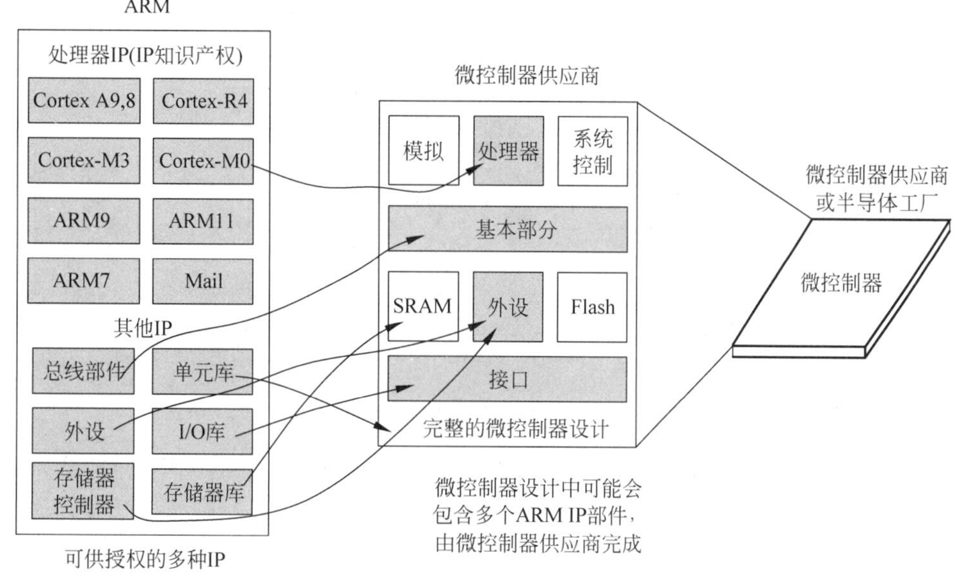

图 1-13 在微控制器中使用 ARM 授权

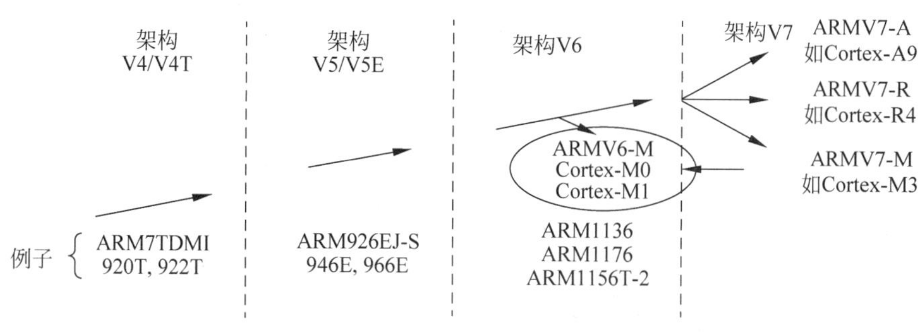

图 1-14 ARM 架构的发展历程

种、ARM 媒体功能扩展(SIMI)变种、支持 Java 的 J 变种和增强功能的 E 变种等。例如，ARM7TDMI 表示该处理器支持 Thumb 指令集(T)、片上 Debug(D)、内嵌硬件乘法器(M)、嵌入式 ICE(I)。

常见 ARM 处理器的演变过程如图 1-15 所示。每个系列都有其子集的架构。例如，用于 ARM V6-M 系列(所使用的 Cortex-M0/M0+/M1)的一个子集 ARM V7-M 架构(支持较少的指令)。

Cortex 是 ARM 的新一代处理器内核，本质上是 ARM V7 架构的实现。与以前的向下兼容、逐步升级策略不同，Cortex 系列处理器是全新开发的。正是由于 Cortex 放弃了向前兼容，老版本的程序必须经过移植才能在 Cortex 处理器上运行，因此，对软件和支持环境提出了更高的要求。

从 Cortex 系列的核心开始，存在 3 种系列：应用系列(Cortex-A 系列，适用于需要运行复杂应用程序的场合)、实时控制系列(Cortex-R 系列，适用于实时性要求较高的应用场合)和微控制器系列(Cortex-M 系列，适合于要求高性能、低成本的应用场合)。许多厂商提供

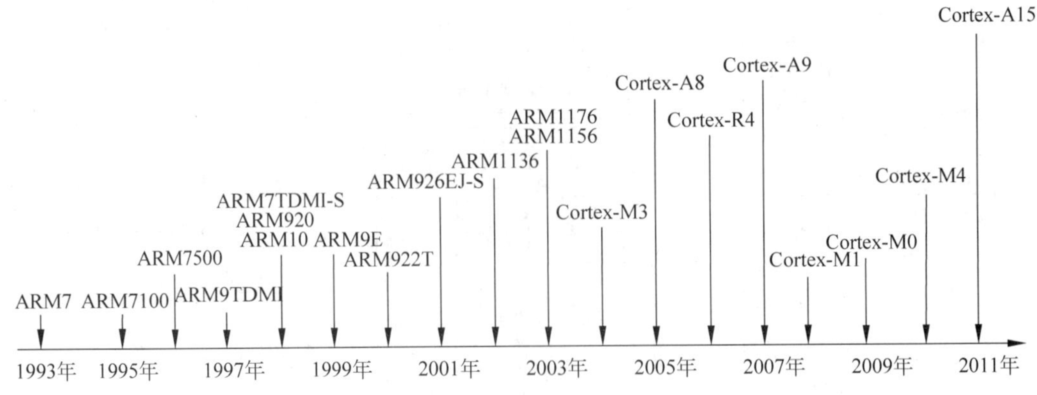

图 1-15 常见 ARM 处理器的演变

的 Cortex-M 系列芯片内集成了大量 Flash 存储器(数十 KB 到数百 KB)、ADC、USART、SPI、I2C、DAC、CAN、USB、定时器等组件，在实际工程使用中非常方便，深受广大工程师的欢迎。

各种架构的 ARM 应用领域如图 1-16 所示。

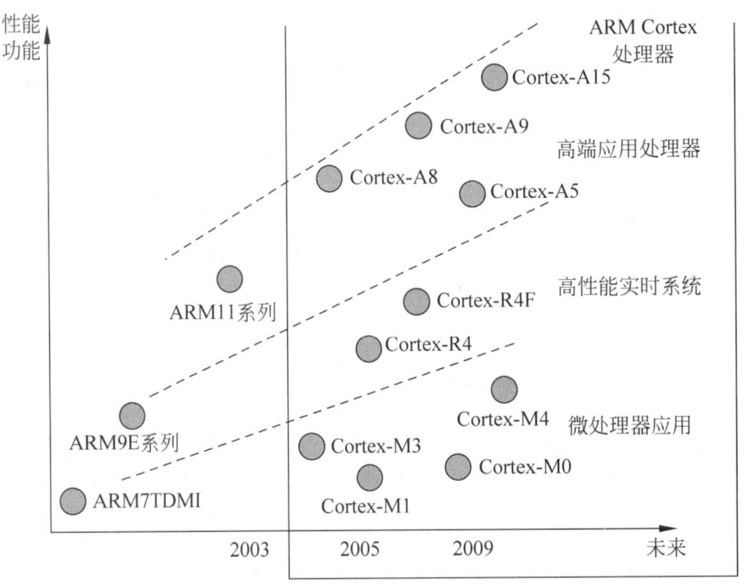

图 1-16 各种架构的 ARM 应用领域

在 ARM 公司发出的 Cortex 内核授权中，Cortex-M3 内核发出的授权数量最多。在诸多获得 Cortex-M3 内核授权的公司中，意法半导体公司是较早在市场上推出基于 Cortex-M3 内核微控制器的厂商，STM32F1 系列是其典型的产品系列。本书后续介绍的 ARM Cortex-M3 是诸多 ARM 内核架构中的一种，并以基于该内核的意法半导体公司的 STM32F103VET6 微控制器为背景进行原理介绍，以 STM32F103VET6 微控制器开发板为背景进行应用实例讲解。

3. ARM 开发调试工具

ARM 公司在同生产基于 ARM 处理器的微控制器供应商直接合作的同时，还和支持设备的生态系统供应商联系紧密。这些厂家中，既有提供包括编译器、中间件、操作系统和开发工具的厂商，同时还有设计服务公司、经销商和科研院所等。因此，可以用于 ARM 开发的调试工具也很多，常见的硬件调试工具有 JLink、ULink 等，可供选择的软件开发工具包括 Keil MDK、IAR、TASKING、CodeSourcery、Rowly Associates、GNU C 编译器等。比较常见的开发调试工具是 Keil MDK 和 IAR。由于许多教师在讲授 8051 单片机时使用的开发环境一般是 Keil μVision，而 Keil MDK 和 Keil μVision 的使用方法相同，因此，本书以 Keil MDK 开发工具为背景进行 ARM 的开发调试讲解，如此，学过 8051 单片机的读者很容易上手。

Cortex-M3 非常适合使用 C 语言开发，可以使用现有的许多代码。另外还有许多的嵌入式操作系统支持 Cortex-M3 处理器，包括 Keil 的 RTX、μCOS-Ⅱ/Ⅲ、FreeRTOS、embOS、ThreadX 和 μClinux 等。

1.5 微型计算机的应用

微型计算机的应用范围十分广阔，它不仅在科学计算、信息处理、事务管理和过程控制等方面占有重要地位，并且在日常生活中也发挥着不可缺少的作用。目前，微型计算机主要有以下几个方面的应用。

1. 科学计算

这是通用微型计算机的重要应用之一。不少微型机系统具有较强的运算能力，特别是用多个微处理器构成的系统，其功能往往可与大型机相匹配，甚至超过大型机。比如，美国 Seguent 公司最早用 30 个 Intel 80386 构成 Symmetry 计算机，速度为 120MIPS(Million Instructions Per Second)，达到 IBM 3090 系列中最高档大型机的性能，价格却不到后者的十分之一。又如，1996 年，由美国能源部(Department of Energy，DOE)发起和支持、由 Intel 建成的 Option Red 系统，用 9216 个微处理器使系统每秒浮点运算峰值速度达到 1.8Tflop/s(每秒 1.8 万亿次运算)，成为世界上第一台万亿次计算机。1998 年，同样得到 DOE 支持的由 IBM 建成的 Blue Pacific 内含 5856 个微处理器，峰值速度达到 3.888Tflop/s。2000 年，在 DOE 支持下，IBM 又建成内含 8192 个微处理器的 Option White，其系统峰值达到 12.3Tflop/s。这些系统尽管是由微处理器架构而成，但无论是规模还是功能，都可称为超级计算机。

2. 信息处理

由于 Internet 的蓬勃发展，世界进入了崭新的信息时代，对大量信息包括多媒体信息的处理是信息时代的必然要求。连接在 Internet 上的微型计算机配上相应的软件以后，就可以很灵活地对各种信息进行检索、传输、分类、加工、存储和打印。

3. 在工业控制中的应用

过程控制是微型计算机应用最多、也是最有效的方面之一。目前，在制造工业和日用品生产厂家中都可见到微型计算机控制的自动化生产线和数据采集系统，微型计算机的应用为生产能力和产品质量的迅速提高开辟了广阔前景。例如工厂流水线的智能化管理、电梯智能化控制、各种报警系统，与计算机联网构成二级控制系统等。

4. 仪器、仪表控制

在许多仪器仪表中，已经用微处理器代替传统的机械部件或分离的电子部件，使产品减小了体积、降低了价格，而可靠性和功能却得到了提高。

此外，微处理器的应用还导致了一些原来没有的新仪器的诞生。结合不同类型的传感器，可实现诸如电压、功率、频率、湿度、温度、流量、速度、厚度、角度、长度、硬度、元素、压力等物理量的测量。例如精密的测量设备(功率计、示波器、各种分析仪)。在实验室里，出现了用微处理器控制的示波器——逻辑分析仪，它使电子工程技术人员能够用以前不可能采用的办法同时观察多个信号的波形和相互之间的时序关系。在医学领域，出现了使用微处理器作为核心控制部件的CT扫描仪和超声扫描仪，加强了对疾病的诊断手段。在医用设备中的用途亦相当广泛，例如医用呼吸机、分析仪、监护仪、超声诊断设备及病床呼叫系统等等。

5. 家用电器和民用产品控制

可以说，现在的家用电器基本上都采用了微处理器控制，从电饭煲、洗衣机、电冰箱、空调机、彩电、其他音响视频器材，到电子称量设备，五花八门，无所不在。

此外，微处理器控制的自动报时、自动控制、自动报警系统也已经进入发达国家的家庭。还有，装有微处理器的娱乐产品往往将智能融于娱乐中；以微处理器为核心的盲人阅读器则能自动扫描文本，并读出文本的内容，从而为盲人带来福音。确切地讲，微处理器在人们日常生活中的应用所受到的主要限制不是技术问题，而是创造力和技巧的问题。

进入21世纪后，微型计算机技术迅猛发展，价格持续下降，特别是把数据、文字、声音、图形、图像融为一体的多媒体技术日益成熟，微型计算机作为个人计算机已经大踏步地走进办公室和普通家庭。全世界微型计算机的每年销售量都超过5000万台，由此可见微型计算机发展之快、市场之大、应用之广。

目前的微型计算机已发展成为融工作、学习、娱乐于一体，集计算机、电视、电话于一身的综合办公设备和新型家用计算机，成为信息高速公路上千千万万的多媒体用户站点。

6. 人工智能方面的应用

人工智能(Artificial Intelligence，AI)是研究、开发用于模拟、延伸和扩展人的智能的理论、方法、技术及应用系统的一门新的技术科学。人工智能是计算机科学的一个分支，它通过了解智能的实质，生产出一种新的能以人类智能相似的方式做出反应的智能机器，该领域的研究包括机器人、语言识别、图像识别、自然语言处理和专家系统等。

人工智能还有许多方面的应用研究，如机器学习、模式识别、智能控制及检索、机器学习及视觉、智能调度与指挥等。这些领域的研究成果辉煌，使人惊叹，随着全球性高科技的不断飞速发展，人工智能会日臻完善。

目前，有计算机控制的机器人、机械手已经在工业界得到了成功应用。

近年来，特别是作为微型计算机技术的实现产品之一——微控制器的应用领域更加广泛，微控制器已经渗透到人们生活的各个领域。导弹的导航装置，飞机上各种仪表的控制，计算机的网络通信与数据传输，工业自动化过程的实时控制和数据处理，广泛使用的各种智能IC卡，民用豪华轿车的安全保障系统，录像机、摄像机、全自动洗衣机的控制，以及程控玩具、电子宠物等，这些都离不开微控制器。更不用说自动控制领域的机器人、智能仪表、医疗器械以及各种智能机械了。因此，微控制器的学习、开发与应用将造就一批计算机应用与智能化控制的科学家、工程师。

当前，微型计算机技术正向两个方向发展：一是高性能、多功能，使微型计算机逐步代替价格昂贵、功能优越的中小型计算机；二是价格低廉、功能专一，使微型计算机在生产领域、服务部门和日常生活中得到越来越广泛的应用。

1.6 习题

1-1 将下列十进制数转换为8位二进制数：

58D　69D　136D　241D

1-2 试将1538转换为十六进制表示。

1-3 求下列数据的原码、反码、补码：

(1) +37　(2) −11　(3) +100　(4) −64

1-4 用补码计算56-87的原码和真值，并写出计算过程。

1-5 汉字"春"的区位码为20-26，计算其国标码和机内码。

1-6 简述微控制器的定义。

1-7 什么是嵌入式系统？它与一般微型计算机系统在结构上有什么区别？

1-8 简述冯·诺依曼结构和哈佛结构的区别。

1-9 简述流水线技术的特点。

1-10 简述微控制器的应用。

第 2 章 Cortex-M3 处理器

CHAPTER 2

本章介绍 Cortex-M3 处理器的体系结构，包括内核、系统模型、存储器以及异常中断的基本概况。熟悉该部分内容对于后续具体芯片的结构学习和应用都有帮助。

2.1 Cortex-M3 处理器简介及其组件

2.1.1 Cortex-M3 处理器简介

Cortex-M3 内核基于哈佛结构的三级流水线，采用 ARM V7-M 架构，使用 Thumb-2 指令集(后续有详细介绍)，集成了分支预测、单周期乘法、硬件除法等功能。

Cortex-M3 处理器包括 ARM 公司提供的 Cortex-M3 内核和调试系统，另外配置了相应的时钟、存储器、外设以及 I/O 组件等部件，具有功耗低、门电路数目少、调试成本低、中断延迟短、中断响应快速且支持多级中断嵌套等特点，是为要求有快速中断响应能力的深度嵌入式应用而设计的。Cortex-M3 处理器系统架构如图 2-1 所示。不同半导体厂商会有不同的配置，包括存储器容量、类型、外设等。

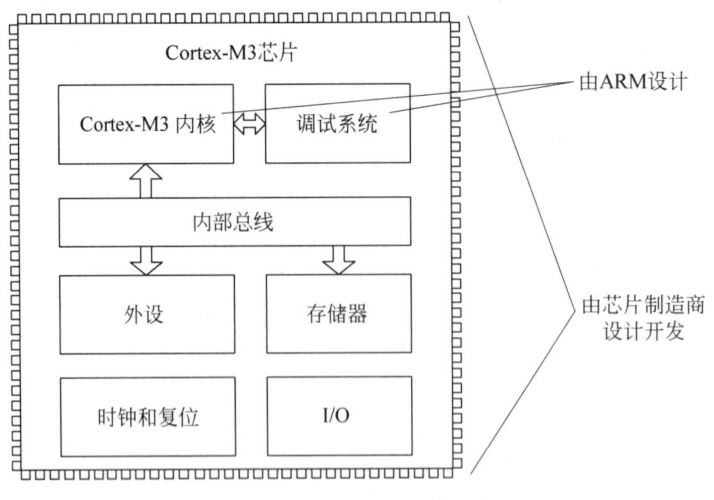

图 2-1 Cortex-M3 处理器系统架构

2.1.2 Cortex-M3 处理器的组件

Cortex-M3 处理器的组件主要包括处理器内核、嵌套向量中断控制器(NVIC)、总线矩阵、Flash 修补和断点单元(FPB)、数据观察点和触发单元(DWT)、仪表跟踪宏单元(ITM)、内存保护单元(MPU)、可选的嵌入式跟踪宏单元(ETM)、跟踪端口的接口单元(TPIU)等。Cortex-M3 处理器的结构如图 2-2 所示。

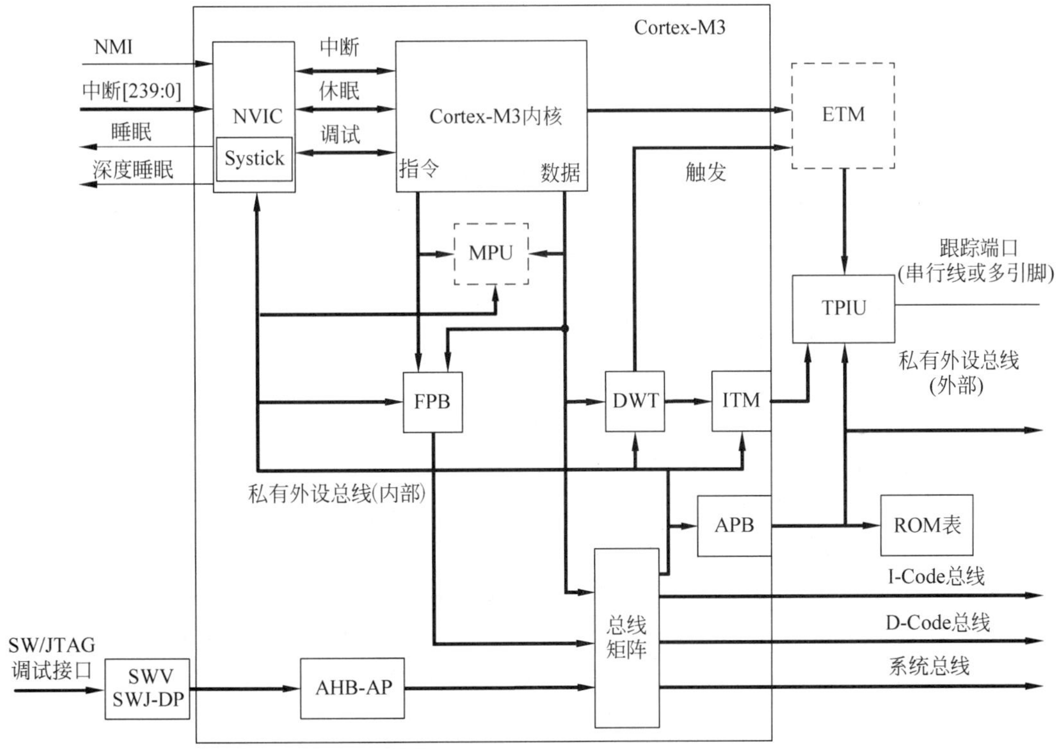

图 2-2　Cortex-M3 处理器的结构

1. Cortex-M3 内核

Cortex-M3 内核的内部数据总线、寄存器和存储器都是 32 位的，是典型的 32 位处理器内核，拥有独立的指令总线和数据总线，指令和数据访问可同时进行，指令和数据共享同一个存储器空间，其寻址能力为 4GB。通过广泛采用时钟选通等技术，获得了优异的能效比。

Cortex-M3 内核是 Cortex-M3 处理器的核心(也就是平常所说的 CPU)，包括指令取指单元、译码单元、寄存器组和运算器等。该内核具备以下特性：

(1) 采用 ARM V7-M 架构，包括所有的 16 位 Thumb 指令集和基本的 32 位 Thumb-2 指令集架构。Cortex-M3 处理器不能执行 ARM 指令。

Thumb 指令集是 ARM 指令集的子集，重新被编码为 16 位。它支持较高的代码密度以及 16 位或小于 16 位的存储器数据总线系统。

Thumb-2 在 Thumb 指令集架构(ISA)上进行了大量的改进，与 Thumb 相比，代码密度更高，并且通过使用 16/32 位指令，提供更高的性能。

也就是说，Thumb-2 指令集，既有传统 32 位代码的高性能，又有 16 位代码的高密度。

(2) 哈佛处理器架构，在加载/存储数据的同时能够执行指令取指。

(3) 三级流水线。

(4) 32 位单周期乘法,硬件除法指令：SDIV 和 UDIV(Thumb-2 指令)。

(5) 具有分组的堆栈指针(SP)。

(6) 处理模式(handler mode)和线程模式(thread mode)。

(7) Thumb 状态和调试状态。

(8) 可中断-可继续(interruptible-continued)的 LDM/STM,PUSH/POP,实现低中断延迟。

(9) 可以实现低延迟地进入和退出中断服务程序(ISR)。无需多余指令,自动保存和恢复处理器状态,在保存状态的同时从存储器中取出异常向量,实现更加快速地进入 ISR。

(10) 支持 ARM V6 架构的 BE8/LE 和 ARM V6 非对齐访问。

2. 嵌套向量中断控制器(Nested Vector Interrupt Controller,NVIC)

NVIC 是 Cortex-M3 内建的中断控制器,与 CPU 紧密耦合,包含众多控制寄存器,支持中断嵌套模式,提供向量中断处理机制等功能。中断发生时,自动获得服务例程入口地址并直接调用,大大缩短了中断延时。具有以下特性：

(1) 外部中断可配置为 1～240 个。

(2) 优先级位可配置为 3～8 位。

(3) 支持电平和边沿中断。

(4) 中断优先级可动态地重新配置。

(5) 优先级分组,分为占先中断等级和非占先中断等级。

(6) 支持咬尾技术(tail-chaining)和迟来(late arrival)中断。这样,在两个中断之间没有多余的状态保存和状态恢复指令的情况下,使能背对背中断(back-to-back interrupt)处理。

(7) 处理器状态在进入中断时自动保存,中断退出时自动恢复,不需要多余的指令。

3. 系统时钟(systick)

它是一个 24 位倒计时计数器,可以产生定时中断,作为系统定时器使用。所有的 Cortex-M3 处理器均有该计数器。需要注意的是,即使系统处于睡眠模式,该计数器也能正常工作。

4. 总线矩阵

总线矩阵用来将处理器和调试接口与外部总线相连,是一个 32 位的 AMBA AHB Lite 总线互联网络。总线矩阵把处理器内核及调试接口连接到不同类型和功能的外部总线,如系统总线、I-Code 指令总线、D-Code 数据总线、专用外设总线等,从而提供数据在不同总线上的并行传输功能。此外,总线矩阵还提供了附加数据传送功能,如写缓冲、位带(Bit Band)等,支持非对齐数据访问,通过总线桥(AHB to APB bridge)支持与 APB 总线的连接。总线矩阵还对以下方面进行控制：

(1) 非对齐访问。总线矩阵将非对齐的处理器访问转换为对齐访问。

(2) 位带(bit-banding)支持。总线矩阵将位带别名访问转换为对位带区的访问。可以对位带加载进行位域提取,对位带存储区进行原子读-修改-写。

(3) 写缓冲区,用于缓冲写数据。

5. 寄存器

Cortex-M3 处理器包含 13 个通用的 32 位寄存器(R0～R12)、链接寄存器(LR)、程序计数器(PC)、程序状态寄存器(xPSR)、两个分组的SP寄存器。

6. 内存保护单元(MPU)

MPU功能是可选的,用于对存储器进行保护。

7. 低成本调试解决方案

具有以下特性:

(1) 当内核正在运行、被中止或处于复位状态时,能对系统中包括Cortex-M3寄存器组在内的所有存储器和寄存器进行调试访问。

(2) SWJ-DP支持串行线(SW-DP)或JTAG(JTAG-DP)调试访问。这两个调试端口提供对系统中包括处理器寄存器在内的所有寄存器和存储器的调试访问。

(3) Flash修补和断点单元(FPB),该部件实现硬件断点以及从代码空间到系统空间的修补访问。

(4) 数据观察点和触发单元(DWT),实现观察点、触发资源和系统分析(system profiling)功能。

(5) 仪表跟踪宏单元(ITM),支持对应用事件的跟踪和对printf类型的调试。

(6) 可选的嵌入式跟踪宏单元(ETM),实现指令跟踪。

(7) 跟踪端口的接口单元(TPIU),用来连接跟踪端口分析仪。

8. ROM表

如果系统中添加了附加的调试元件,则ROM存储器表中的描述需进行修改。

2.1.3 总线结构

Cortex-M3内核基于哈佛体系结构,有专门的数据总线和指令总线,使得数据访问和指令存取可以并行进行,效率大大提高。

由ARM公司推出的AMBA片上总线已成为一种流行的片上结构工业标准,主要包括:

(1) AHB(Advanced High performance Bus)系统总线;

(2) APB(Advanced Peripheral Bus)外设总线。

AHB系统总线主要用于高性能模块(如CPU、DMA等)之间的连接。AHB-Lite定义了一种没有多主总线功能的纯AHB接口子集。

APB外设总线主要用于低带宽的外设之间的连接。

Cortex-M3内核通过总线矩阵提供了系统总线、I-Code指令总线、D-Code数据总线、外设总线等。其中,I-Code指令总线、D-Code数据总线和系统总线是基于AHB-Lite总线协议的32位总线;外设总线是基于APB总线协议的32位总线。

(1) I-Code指令总线。该总线用于从代码空间取指令和向量,默认映射到0x00000000～0x1FFFFFFF地址段。读取指令以字方式操作,即每次取4B长度的指令,即使对16位指令读取也是如此。因此,CPU一次可以取出2条16位的Thumb指令。

(2) D-Code总线。该总线用于对代码空间进行数据加载/存储以及调试访问,默认映射到0x10000000～0x1FFFFFFF地址段。尽管Cortex-M3支持非对齐数据访问,但地址总线上总是对齐的地址。非对齐的数据传送都将转换成多次的对齐数据传送,然后拼装成所需的数据。

(3) 系统总线。该总线用于访问内存和外设，即 SRAM、片上外设、片外 RAM、片外扩展设备以及系统级存储区，默认映射到 0x20000000～0xDFFFFFFF 和 0xE0100000～0xFFFFFFFF 两个地址段。和 D-Code 总线一样，所有的数据传输都是对齐的。

(4) 外设总线（PPB 总线）。该总线用于访问专用外设，默认映射到 0xE0040000～0xE00FFFFF 地址段。由于 TPIU、ETM 以及 ROM 表占用了部分空间，实际可用地址区间为 0xE0042000～0xE00FF000。在系统结构中，通常利用 AHB-APB 桥实现内核内部高速总线到外部低速总线的数据缓冲和转换。

一个典型的 Cortex-M3 总线连接范例如图 2-3 所示。

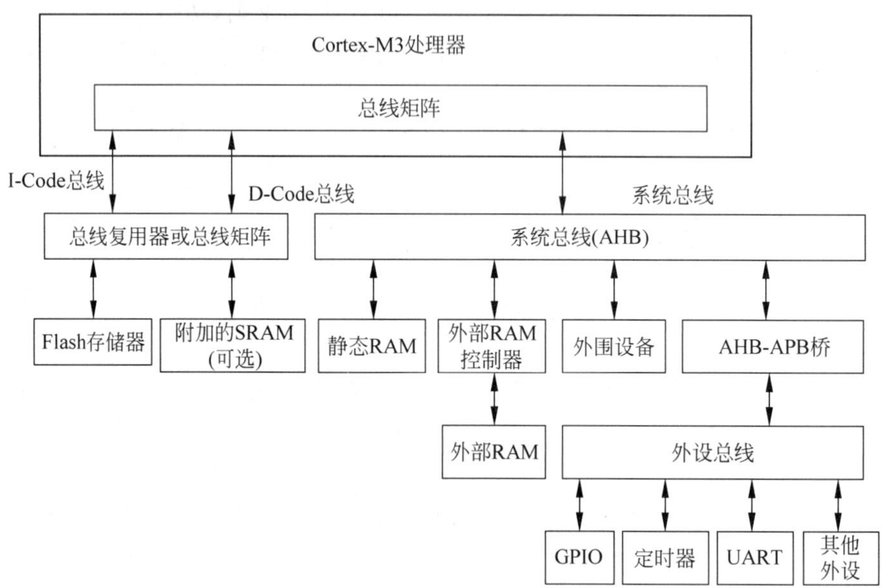

图 2-3 一个典型的 Cortex-M3 总线连接范例

2.2 流水线

Cortex-M3 处理器执行指令时，采用一个三级流水线。单条指令的执行过程分为 3 个阶段，分别是：取指令(fetch)、译码(decode)和执行(execute)，如图 2-4 所示。

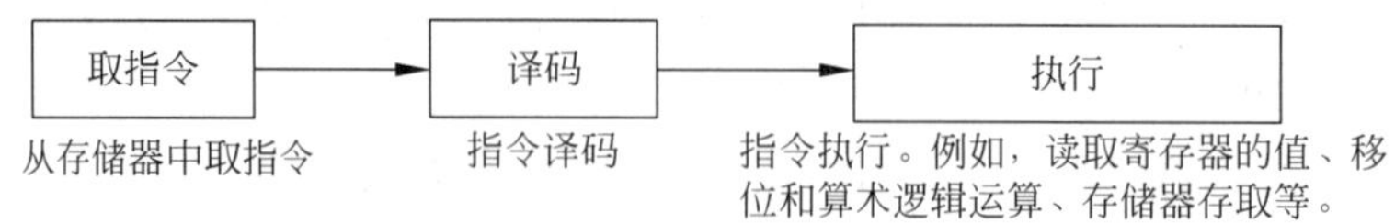

图 2-4 Cortex-M3 处理器指令的执行过程

Cortex-M3 的三级流水线示意图如图 2-5 所示。

当运行的指令大多数都是 16 位时，处理器会每隔一个周期做一次取指。这是因为 Cortex-M3 有时可以一次取出两条指令（一次能取 32 位），因此在取出第一条 16 位指令时，也顺带着把第二条 16 位指令取出了。此时总线接口就可以先歇一个周期再取指。或者如果缓冲区是满的，总线接口干脆就空闲下来了。有些指令的执行需要多个周期，在这期间流

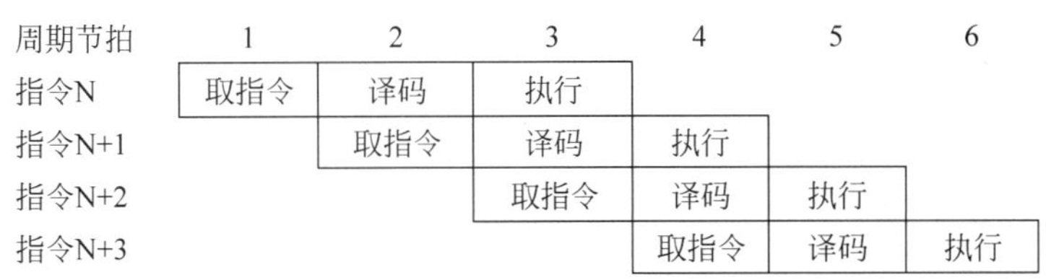

图 2-5 Cortex-M3 的三级流水线示意图

水线就会暂停。

当遇到分支、异常或断点时，之前执行的流水线取指令和译码结果会被丢弃，直接跳转到相应的指令处取指令，开始新的流水线，这个过程称为流水线的清洗(pipeline flushing)。例如，当遇到分支指令时的流水线清洗实例如图 2-6 所示。

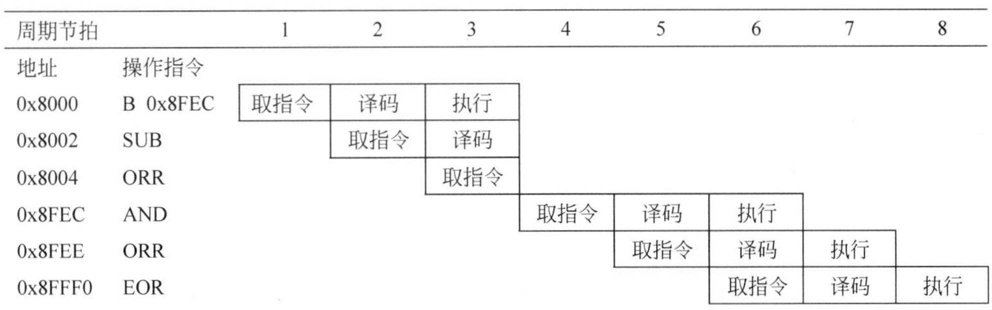

图 2-6 遇到分支指令时的流水线清洗实例

当执行地址 0x8000 中的指令时，由于该指令为分支指令，执行该指令后，会跳转到地址 0x8FEC 处执行 AND 指令，0x8FEC 前的 SUB 指令执行了取指令和译码的操作，ORR 指令执行了取指令操作，这些操作都被丢弃。为了改善这种情况，Cortex-M3 支持一定数量的 ARM V7-M 新指令，可以避免很多微型跳转，如 IF-THEN 语句块。

由于流水线的存在以及出于对 Thumb 代码兼容的考虑，读取 PC 时，会返回当前指令地址+4 的值。这个偏移量总是 4，不管是执行 16 位指令还是 32 位指令，这就保证了在 Thumb 和 Thumb2 之间的一致性。

在处理器内核的预取单元中有一个指令缓冲区，它允许后续的指令在执行前先在里面排队，能在执行未对齐的 32 位指令时，避免流水线“断流”。不过该缓冲区并不会在流水线中添加额外的级数，因此不会使跳转导致的性能下降。

2.3 寄存器

Cortex-M3 的寄存器分为通用寄存器和特殊功能寄存器，Cortex-M3 的寄存器组如图 2-7 所示。其中，R0～R15 为通用寄存器。R0～R7 为低组寄存器，R8～R12 为高组寄存器。绝大多数 16 位指令只能使用低组寄存器，32 位 Thumb-2 指令可以访问所有通用寄存器。R13 作为堆栈指针(SP)使用，R14 是链接寄存器(LR)，R15 是程序计数器(PC)。特殊功能寄存器包括程序状态寄存器、中断屏蔽寄存器和控制寄存器，用于控制功能或指示某些状态，它们必须通过专用指令进行访问。

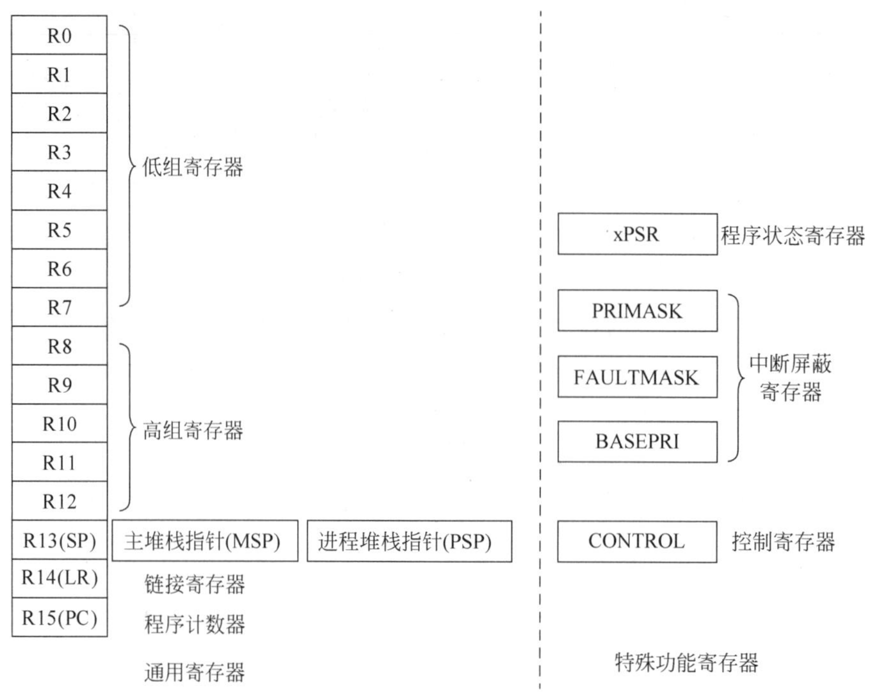

图 2-7　Cortex-M3 的寄存器

2.3.1　通用寄存器

1. 低组寄存器(R0～R7)

所有指令均能访问,字长为 32 位,复位后的初始值是随机的。绝大多数 16 位 Thumb 指令只能访问 R0～R7。

2. 高组寄存器(R8～R12)

只有少数 16 位 Thumb 指令能访问,32 位指令则不受限制,字长为 32 位,复位后初始值是随机的。

3. 堆栈寄存器(R13)

堆栈寄存器又称堆栈指针(Stack Point,SP)。R13 映射到两个堆栈指针,分别是:

(1) 主堆栈指针(MSP),或写作 SP_main,默认堆栈指针,由 OS 内核、异常服务例程以及所有需要特权访问的应用程序代码来使用。

(2) 进程堆栈指针(PSP),或写作 SP_process,由常规的用户应用程序代码使用(即不运行异常服务例程时使用)。

当 R13 作为堆栈指针功能(SP)使用时,只能使用当前系统状态确定的堆栈,另一个堆栈寄存器只能通过特殊指令 MRS 和 MSR 指令进行访问。其中,MRS 的功能是将特殊寄存器的值读到通用寄存器中,而 MSR 的方向正好相反。堆栈的详细介绍请参见 2.5 节。

4. 链接寄存器(R14)

R14 是链接寄存器(Link Register,LR)。在 ARM 汇编程序中,LR 和 R14 写法可以互换。LR 寄存器用于在调用子程序时存储返回地址。Cortex-M3 为减少访问内存的次数,把返回地址直接存储在链接寄存器 R14 中而不是存放在内存的堆栈中,对于只用一级子程序调用时,不需要访问堆栈内存就可以返回到主调用程序,从而提高子程序调用的效率。例如,当使用 BL(分支并连接,Branch and Link)指令时,就自动填充 LR 的值。例如,

```
main                    ;主程序
  ….
  BL function1          ;使用"分支并连接"指令调用 function1
                        ;PC = function1,并且 LR = main 中当前行指令的下一条地址
function1
  …                     ;function1 的代码
  BX LR                 ;函数返回(如果 function1 要使用 LR,必须在使用前 PUSH
                        ;否则返回时程序就可能跑飞了)
```

5. 程序计数器(R15)

程序计数寄存器又称为程序计数器(Program Counter,PC),在汇编程序中 R15 和 PC 写法可以互换,用于指明指向当前的指令地址。如果向 PC 中写数据,则会引起一次程序的跳转,改变程序的执行流,但此时不更新 LR 寄存器。

由于 ARM 处理器发展的历史原因,PC 的第 0 位(LSB)用于指示 ARM/Thumb 状态。0 表示当前指令环境处于 ARM 状态,而 1 则表示当前指令环境处于 Thumb 状态。Cortex-M3 中的指令隶属于 Thumb-2 指令集,且至少是半字对齐的,所以 PC 的 LSB 总是读回 0。然而在编写分支指令时,无论是直接写 PC 的值还是使用分支指令,都必须保证加载到 PC 的数值是奇数(即 LSB=1),用以表明当前指令在 Thumb 状态下执行。倘若写了 0,则视为企图转入 ARM 模式,Cortex-M3 将产生一个 Fault 异常。

因为 Cortex-M3 内部使用了指令流水线,读取 PC 内容时返回值是当前指令的地址+4。例如,

```
0x1000:  MOV  R0,PC          ;R0 = 0x1004
```

表明当前指令地址为 0x1000,指令读取 PC 内容到 R0 寄存器。执行指令时,PC 的值已经变为 0x1004=0x1000+4,因此,执行指令后,R0=0x1004。

2.3.2 特殊功能寄存器

Cortex-M3 内核还有以下 3 类特殊功能寄存器(见图 2-7):

(1) 程序状态寄存器(Program Status Register,PSR)。

(2) 中断屏蔽寄存器(PRIMASK、FAULTMASK 和 BASEPRI)。

(3) 控制寄存器(CONTROL)。

这些寄存器只能使用 MSR 和 MRS 指令进行访问。指令访问的格式如下:

```
MRS <reg>,<special_reg>      ;将特殊功能寄存器(special_reg)的值读到通用寄存器(reg)
MSR <special_reg>,<reg>      ;将通用寄存器(reg)的值写到特殊功能寄存器(special_reg)
```

3 类特殊功能寄存器的功能如表 2-1 所示。

表 2-1 特殊功能寄存器的功能

寄存器名称	寄存器符号	功能
程序状态寄存器	xPSR	记录 ALU 标志(零标志、进位标志、负数标志、溢出标志以及饱和标志)、执行状态以及当前正在服务的中断号
中断屏蔽寄存器	PRIMASK	使能所有的中断,但非屏蔽中断除外
	FAULTMASK	使能所有的 Fault 异常,但非屏蔽中断除外。被除能的 Fault 会"上访"
	BASEPRI	使能所有的优先级不高于某个具体数值的中断
控制寄存器	CONTROL	定义特权状态,并且决定使用哪一个堆栈指针

1. 程序状态寄存器(PSR 或 xPSR)

程序状态寄存器是一个 32 位寄存器,用于指示程序的运行状态。依据位段划分,可分为 3 个子状态寄存器,如图 2-8 所示。

	31	30	29	28	27	26:25	24	23:20	19:16	15:10	9	8	7	6	5	4:0
APSR	N	Z	C	V	Q											
IPSR												异常号				
EPSR						ICI/IT	T			ICI/IT						

图 2-8 程序状态寄存器(xPSR)各位的定义

应用程序 PSR(APSR):占据第 27～31 位。包含条件代码标志。

中断号 PSR(IPSR):占据第 0～8 位。包含当前激活的异常 ISR 编号。

执行 PSR(EPSR):占据第 10～15 位和 24～26 位。

使用 MRS/MSR 指令,这 3 个状态寄存器既可以单独访问,也可以组合访问(两个或者 3 个组合都可以)。当使用三合一的方式访问时,使用名字"xPSR"(即 APSR、IPSR 或 EPSR)或者笼统地使用"PSR",如图 2-9 所示。

	31	30	29	28	27	26:25	24	23:20	19:16	15:10	9	8	7	6	5	4:0
xPSR	N	Z	C	V	Q	ICI/IT	T			ICI/IT		异常号				

图 2-9 合体后的程序状态寄存器(xPSR)

各标志位的定义如下:

N——负数或小于标志(Negative)。1:运算结果为负数或小于;0:运算结果为正数或大于。

Z——零标志(Zero)。1:运算结果为 0;0:运算结果为非 0。

C——进位/借位标志(Carry)。1:加操作产生进位或减操作没有产生进位;0:加操作没有产生进位或减操作产生借位。

V——溢出标志(oVerflow)。溢出代表一种运算错误。1:溢出;0:没有溢出。

Q——粘着饱和(sticky saturation)标志,在 Cortex-M3 中没有使用该标志。

执行状态寄存器 PSR(EPSR)包含两个重叠的区域:

可中断-可继续指令(ICI)区——多寄存器加载(LDM)和存储(STM)操作是可中断的。EPSR 的 ICI 区用来保存从产生中断的点继续执行多寄存器加载和存储操作时所必需的信息。ICI 就是可中断-可继续的指令位。如果在执行 LDM 或 STM 操作时产生中断，则 LDM 或 STM 操作暂停。EPSR 使用位[15:12]来保存该操作中下一个寄存器操作数的编号。在中断响应之后，处理器返回由[15:12]指向的寄存器并恢复操作。如果 ICI 区指向的寄存器不在指令的寄存器列表中，则处理器对列表中的下一个寄存器（如果有）继续执行 LDM/STM 操作。

If-Then 状态区——EPSR 的 IT 区包含了 If-Then 指令的执行状态位。IT 是 If-Then 指令的执行状态位，IT 区包含 If-Then 模块的指令数目和它们的执行条件。

ICI 区和 IT 区是重叠的，If-Then 模块内的多寄存器加载或存储操作不具有可中断-可继续功能。

T——用于指示处理器当前是 ARM 状态还是 Thumb 状态。由于 ARM V7-M 架构仅仅支持 Thumb 指令，所以 T 位一直为 1。

用户不能直接访问 EPSR，若想修改 EPSR 必须发生以下两个事件之一：

(1) 在执行 LDM 或 STM 指令时产生一次中断。

(2) 执行 If-Then 指令。

如果出现下列情况，LDM/STM 操作重新开始而不是继续执行：

(1) LDM/STM 错误。

(2) LDM/STM 指令位于 IT 内。

中断号寄存器（IPSR）中包含当前激活的异常 ISR 编号，例如：

Reset 异常的 ISR 编号为 1，NMI 异常的 ISR 编号为 2，SVCall 的 ISR 编号为 11，等等。

2. 中断屏蔽寄存器（PRIMASK、FAULTMASK 和 BASEPRI）

这 3 个寄存器用于控制异常的允许（或称为开放）和禁止（或称为关闭或屏蔽），如表 2-2 所示。

表 2-2 Cortex-M3 的中断屏蔽寄存器

寄存器名称	功能描述
PRIMASK	这是个只有 1 位的寄存器。当它置 1 时，可关闭所有可屏蔽的异常，只剩下 NMI 和硬故障（Hard Fault）可以响应。默认值是 0，表示允许中断
FAULTMASK	这是个只有 1 位的寄存器。当它置 1 时，只有 NMI 才能响应，所有其他的异常，包括中断和故障（Fault），统统被禁止。默认值是 0，表示允许中断
BASEPRI	这个寄存器最多有 9 位（由优先级的位数决定）。它定义了被屏蔽优先级的阈值。当它被设置成某个值后，所有的优先级号大于或等于此值的中断都关闭（优先级号越大，优先级越低）。但若被设置成 0，则不关闭任何中断，默认值是 0

对于时间敏感的关键任务而言，PRIMASK 和 BASEPRI 对于暂时关闭中断是非常重要的。而 FAULTMASK 则可以被操作系统用于暂时关闭故障（fault）处理机能，这种处理在某个任务崩溃时可能需要，因为在任务崩溃时，常常伴随着一大堆故障。FAULTMASK 是专门留给 OS 用的。

要访问 PRIMASK、FAULTMASK 和 BASEPRI，要使用 MRS 和 MSR 指令：

```
MRS R0, BASEPRI          ;读取 BASEPRI 寄存器内容到 R0 中
MRS R0, FAULTMASK        ;读取 FAULTMASK 寄存器内容到 R0 中
MSR BASEPRI, R0          ;将 R0 寄存器内容写入到 BASEPRI 中
```

```
MSR FAULTMASK, R0                ;将 R0 寄存器内容写入到 FAULTMASK 中
MSR PRIMASK, R0                  ;将 R0 寄存器内容写入到 PRIMASK 中
```

只有在特权级下，才允许访问这 3 个寄存器。对于特权级，后续内容有详细介绍。

为了快速地开关中断，Cortex-M3 还专门设置了一条 CPS 指令。该指令有以下 4 种用法：

```
CPSID I                          ;PRIMASK = 1,关中断
CPSIE I                          ;PRIMASK = 0,开中断
CPSID F                          ;FAULTMASK = 1,关异常
CPSIE F                          ;FAULTMASK = 0,开异常
```

3. 控制寄存器(CONTROL)

控制寄存器只使用了最低两位，用于定义特权级别和选择当前使用哪个堆栈指针，如表 2-3 所示。

表 2-3 Cortex-M3 的 CONTROL 寄存器

位	功能描述
CONTROL[1]	堆栈指针选择： 0-表示选择主堆栈指针(MSP)，这是复位后的默认值；1-表示选择进程堆栈指针(PSP)。 在线程或基础级，可以使用 PSP，在处理模式下，只允许使用 MSP，所以此时不得往该位写 1
CONTROL[0]	0-表示特权级的线程模式；1-表示用户级的线程模式。 注意：处理模式永远都是特权级的

(1) CONTROL[1]：在 Cortex-M3 的处理模式中，CONTROL[1]总是 0。在线程模式中则可以为 0(MSP)或 1(PSP)。

特别注意的是，仅当处于特权级的线程模式下，此位才可以写，其他场合禁止写此位。

(2) CONTROL[0]：仅当处于特权级下操作时才允许写该位。一旦进入了用户级，唯一返回特权级的途径就是触发中断异常，再由中断服务例程改写该位。

CONTROL 寄存器通过 MRS 和 MSR 指令进行访问：

```
MRS R0, CONTROL
MSR CONTROL, R0
```

2.4 工作模式和工作等级

Cortex-M3 支持两种工作模式和两个工作等级，分别是处理模式(handler mode)和线程模式(thread mode)、特权级(privileged level)和用户级(user level)，如图 2-10 所示。

运行时段	特权级	用户级
运行异常服务例程时	处理模式	错误的用法
运行主程序时	线程模式	线程模式

图 2-10 工作模式和工作等级

Cortex-M3 的工作模式和特权等级共有 3 种组合：

- 线程模式＋用户级
- 线程模式＋特权级
- 处理模式＋特权级

运行主程序时(线程模式)，既可以使用特权级，也可以使用用户级；但是异常服务例程必须在特权级下执行。复位后，处理器默认进入线程模式，特权极访问。在特权级下，程序可以访问所有范围的存储器，并且可以执行所有指令。

在用户级下，对有些资源的访问会受到限制或不允许访问。例如，禁止访问包含配置寄存器以及调试组件寄存器组的系统控制空间(SCS)，禁止使用 MRS/MSR 访问除 APSR 外的特殊功能寄存器。对于特殊功能寄存器的访问操作被忽略；而对于访问 SCS 空间的访问，将产生异常。

在特权级下，可通过置位 CONTROL[0]进入用户级。而不管是任何原因产生了任何异常，Cortex-M3 都将以特权级运行其服务例程，异常返回后将回到产生异常之前的工作级。用户级下的代码不能再试图修改 CONTROL[0]来回到特权级。用户级的程序如想进入特权级，通常使用一条系统服务调用指令(SVC)来触发 SVC 异常，在该异常的服务例程中修改 CONTROL[0]，从而重新进入特权级。

从用户级到特权级的唯一途径就是异常：如果在程序执行过程中触发了一个异常，处理器总是先切换入特权级，并且在异常服务例程执行完毕退出时，返回先前的工作等级(也可以在返回前通过修改 CONTROL[0]指定返回后的工作等级)。

上述等级的切换过程如图 2-11 所示。

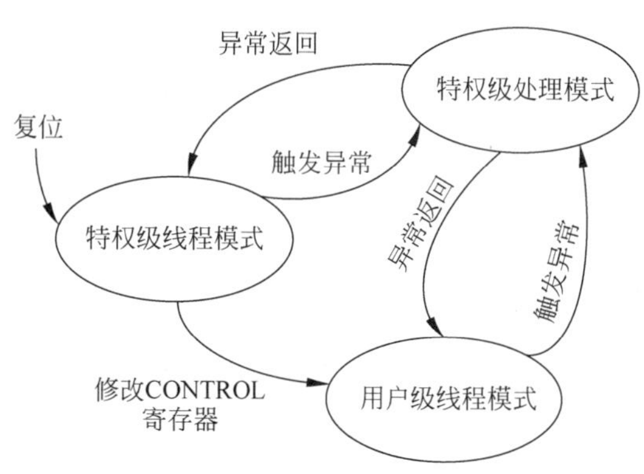

图 2-11　工作模式和工作等级的切换

通过引入特权级和用户级，就能够在硬件水平上限制某些不受信任的或者还没有调试好的程序，不让它们随便地配置涉及要害的寄存器，因而系统的可靠性得到了提高。例如，当用户代码出问题时，因其被禁止写特殊功能寄存器和 NVIC 中的寄存器，不会影响系统中其他代码的正常运行。

为了避免系统堆栈因应用程序的错误使用而毁坏，可以给应用程序专门配一个堆栈，不让它共享操作系统内核的堆栈。在这个管理模式下，运行在线程模式的用户代码使用 PSP，而异常服务例程则使用 MSP。这两个堆栈指针的切换是全自动的，在出入异常服务例程时由硬件处理。

如前所述，特权等级和堆栈指针的选择均由 CONTROL 寄存器负责。只能在特权级进行 CONTROL 寄存器的设置。因此，当 CONTROL[0]=0 时，在异常处理的始末，处理器始终处于特权级，只发生了处理模式的转换，如图 2-12 所示。

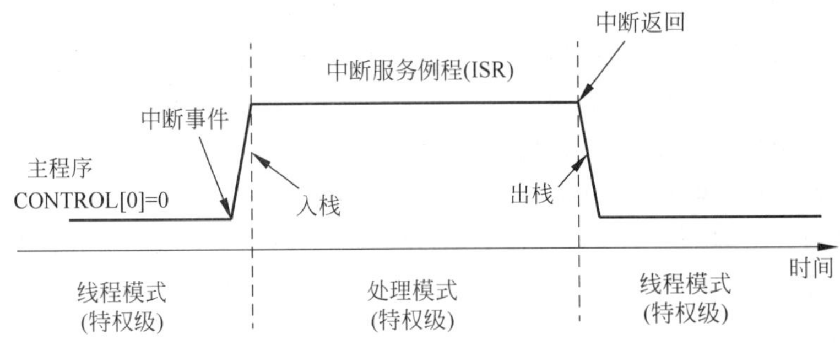

图 2-12　CONTROL[0]=0 时，中断前后的状态转换

若 CONTROL[0]=1(线程模式+用户级)，则在中断响应的始末，处理模式和特权等极都要发生变化，如图 2-13 所示。

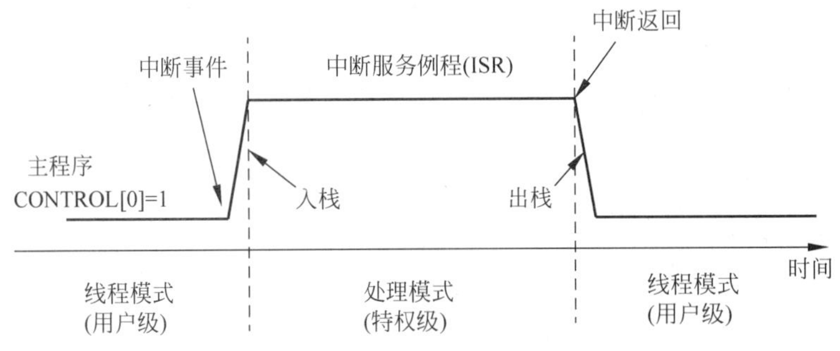

图 2-13　CONTROL[0]=1 时，中断前后的状态转换

2.5 堆栈

堆栈是由一块连续的内存以及一个栈顶指针组成，用于实现"先进后出(First In Last Out，FILO)"的缓冲区，堆栈指针用于访问堆栈。堆栈的典型应用是在数据处理前先保存寄存器的值，再在处理任务完成后从中恢复先前保存的这些值。

2.5.1 堆栈的基本操作

堆栈操作就是对内存的读写操作，但是其地址由专门的寄存器——堆栈指针(SP)给出，其数据操作模式满足先进后出的规则。

Cortex-M3 使用的是"向下生长的满栈"模型。堆栈是按字操作的，即每次入栈和出栈都是 32 位数据，因此 SP 值总是执行自增 4/减 4 操作，而不是加 1 和减 1。堆栈指针指向最后一个被压入堆栈的 32 位数值。

在 Cortex-M3 中，采用 PUSH 指令和 POP 指令进行入栈和出栈操作。PUSH 操作时，SP 先自减 4，再存入数据到 SP 所指存储器位置；POP 操作正好相反，先从 SP 所指存储器

位置读出数据,SP 再自增 4。例如以下操作(分号后面的内容是注释):

```
PUSH {R0}              ;寄存器 R0 是 32 位的,首先 R13←R13 - 4,然后存储器单元[R13]←R0
POP {R0}               ;首先 R0←存储器单元[R13],然后 R13←R13 + 4
```

PUSH 指令和 POP 指令的执行过程如图 2-14 所示。

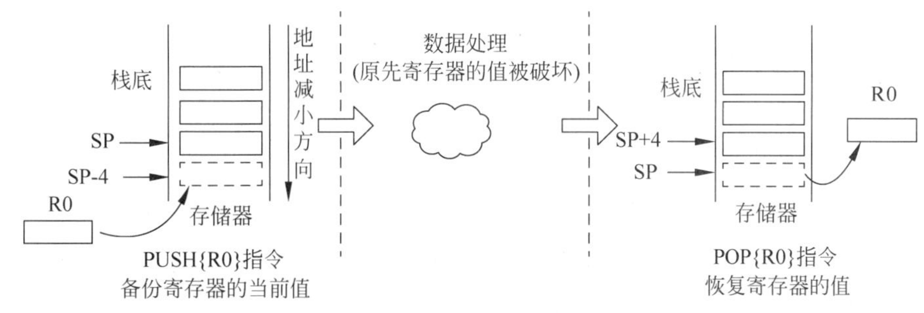

图 2-14　PUSH 指令和 POP 指令的执行过程

通常在调用并进入一个子程序后,第一件事就是把寄存器的值先 PUSH 入堆栈中,在子程序退出前再将堆栈中保存的值 POP 到原来的寄存器,以恢复调用子程序前寄存器的原有内容。

正常情况下,PUSH 和 POP 必须成对使用,而且还要特别注意进出栈数据的顺序。

例如,下面的代码演示了主程序调用子程序堆栈的操作过程(调用完成后不影响保存在栈内的主程序寄存器内容)。

```
main(主程序)
    ; 假设执行子程序 Fx1 之前的 R0 = X,R1 = Y,R2 = Z
    BL Fx1

Fx1(子程序)
    PUSH(R0)            ;把 R0 存入栈并调整 SP
    PUSH(R1)            ;把 R1 存入栈并调整 SP
    PUSH(R2)            ;把 R2 存入栈并调整 SP
    …                   ;执行 Fx1 的功能,中途可以改变 R0～R2 的值
    POP(R2)             ;恢复 R2 早先的值并再次调整 SP
    POP(R1)             ;恢复 R1 早先的值并再次调整 SP
    POP(R0)             ;恢复 R0 早先的值并再次调整 SP
    BX LR               ;返回
                        ;回到主程序; R0 = X,R1 = Y,R2 = Z(调整 Fx1 的前后 R0～R2 的值没有被改变)
```

在进入中断服务例程(ISR)时,Cortex-M3 会自动把一些寄存器压栈,此时使用的是进入 ISR 之前使用的 SP 指针(MSP 或者 PSP)。离开 ISR 后,只要 ISR 没有更改过 CONTROL[1],就使用先前的 SP 指针来执行出栈操作。

2.5.2 Cortex-M3 的双堆栈机制

Cortex-M3 的堆栈有两个:主堆栈(MSP)和进程堆栈(PSP),MSP 和 PSP 都被称为 R13,在程序中可以通过 MRS/MSR 指令设置 CONTROL[1]来指定选用的堆栈指针:

(1) 当 CONTROL[1]=0 时，只使用 MSP，此时用户程序和异常处理共享同一个堆栈。这也是复位后的默认使用方式，如图 2-15 所示。

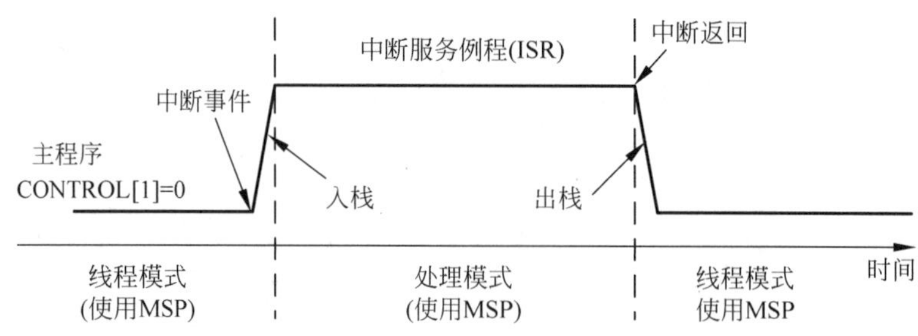

图 2-15 CONTROL[1]=0 时，堆栈指针的使用情况

(2) 当 CONTROL[1]=1 时，线程模式使用的是进程堆栈(PSP)，进入异常服务例程后自动改为 MSP，退出异常时切换回 PSP，并且从进程堆栈上弹出数据，如图 2-16 所示。

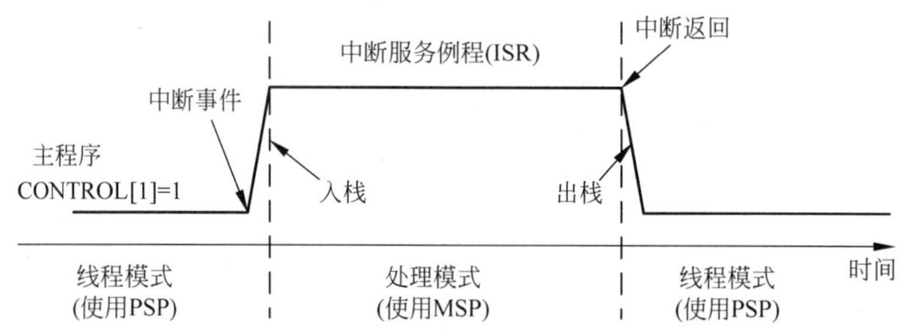

图 2-16 CONTROL[1]=1 时，堆栈指针的使用情况

在特权级下，可以使用特定的堆栈指针，而不受当前使用堆栈的限制，具体操作如下：

```
MRS R0, MSP          ;读取主堆栈指针到 R0
MSR MSP, R0          ;写入 R0 的值到主堆栈中
MRS R0,PSP           ;读取进程堆栈指针到 R0
MSP PSP, R0          ;写入 R0 的值到进程堆栈中
```

通过读取 PSP 的值，操作系统(OS)就能获取用户应用程序使用的堆栈，进而知道发生异常时被压入堆栈的寄存器内容。OS 还可以修改 PSP，用于实现多任务中的任务上下文切换。

并不是每个应用程序都能用到两个堆栈指针，简单应用程序只使用 MSP 即可。

由于 R13 的最低两位被硬件连接到 0，因此堆栈的 PUSH 和 POP 操作永远都是 4 字节对齐的，即堆栈指针指向的内存起始地址必定是 0x4、0x8、0xC，诸如此类。

2.6 存储器管理

Cortex-M3 支持访问 4GB 存储空间，有一个单一固定的存储器映射，如图 2-17 所示。

Cortex-M3 存储器管理具有如下特点：

(1) 存储器映射是预定义的，并且还规定好了哪个位置使用哪条总线。

(2) 支持位带(bit band)操作。通过它，实现了对单一比特(某个位)的原子操作。位带

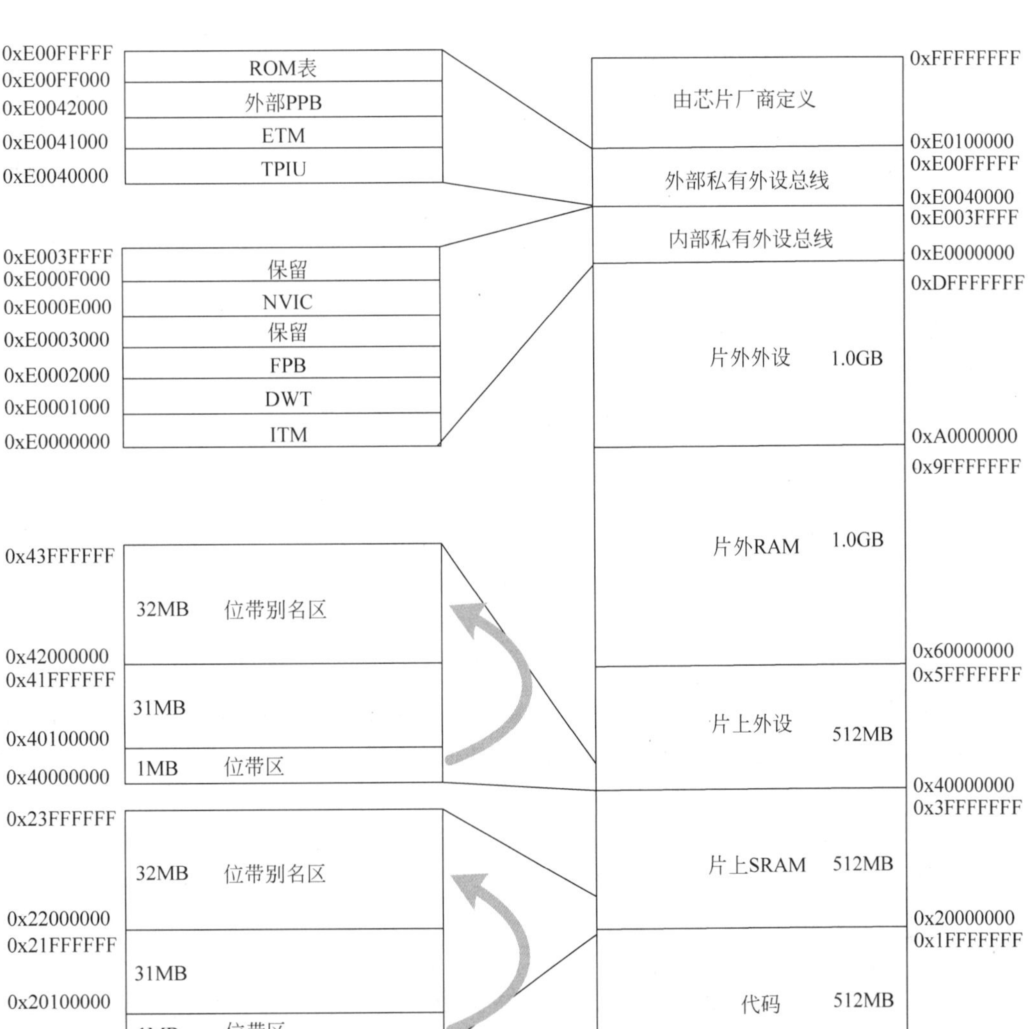

图 2-17 Cortex-M3 预定义的存储器映射

操作仅适用于一些特殊的存储器区域。

(3) 支持非对齐访问和互斥访问。

(4) 支持小端模式和大端模式。

Cortex-M3 通过存储器映射，使得所有设备使用固定的地址，从而保证至少在内核水平上，方便了不同种类 Cortex-M3 微控制器间的代码移植。例如，所有 Cortex-M3 微控制器的 NVIC 和 MPU 都在相同的位置布设寄存器，使得它们变得通用。又如，通过把片上外设的寄存器映射到外设区(0x4000 0000～0x5FFF FFFF)中的某个位置，就可以用访问内存的方式来访问这些寄存器，从而对外设进行控制。这种预定义的映射关系，使得系统可以针对不同的存储器应用进行访问速度的优化，同时针对片上系统(SoC)应用而言更易集成。Cortex-M3 预定义的存储器映射是粗线条的，Cortex-M3 芯片制造商会进行适当的调整并提供更详细的存储器映射图，说明芯片中片上外设的具体分布、RAM 的容量和位置等信息。

2.6.1 存储器空间分配

(1) 代码区(0x00000000～0x1FFFFFFF,共512MB)。主要用于存放程序代码。当然,程序可以在代码区、内部SRAM区以及外部RAM区中执行。但是因为指令总线与数据总线是分开的,最理想的是把程序放到代码区,从而使取指和数据访问各自使用自己的总线。

(2) 片上SRAM区(0x20000000～0x3FFFFFFF,共512MB)。用于让芯片制造商连接片上的SRAM,这个区通过系统总线访问。该区最底部1MB地址范围是位带区。(0x20000000～0x200FFFFF),可存放8Mb变量。与此对应,该位带区有一个32MB的位带别名(Alias)区(0x22000000～0x23FFFFFF),用1个字(4B)代表每一个位带区中的每一个位(Cortex-M3每次存储器操作的数据是一个字)。这样对位带别名区中每一个字进行读写时,实际上就是对位带区的每一个位进行读写。

(3) 片上外设区(0x40000000～0x5FFFFFFF,共512MB)。主要由片上外设区使用,用于映射片上外设寄存器。同样,该区也有一个32MB的位带别名区,以便于快捷地访问外设寄存器。例如,可以方便地访问各种控制位和状态位。特别注意,外设区内不允许执行指令。

(4) 外部RAM区(0x60000000～0x9FFFFFFF,共1GB)和外部设备区(0xA0000000～0xDFFFFFFF,共1GB)。外部RAM区用于连接外部RAM,外部设备区用于连接外部设备。这两个存储区不包含位带,两者的区别在于外部RAM区允许执行指令,而外部设备区则不允许。

(5) 专用外设总线区(0xE0000000～0xE00FFFFF)。专用外设总线区由两部分组成:内部专用外设区(0xE0000000～0xE003FFFF,共256KB)和外部专用外设区(0xE0040000～0xE00FFFFF,共768KB)。AHB专用外设总线,对应于内部专用外设区只用于Cortex-M3内部AHB外设,如嵌套向量中断控制器(NVIC)、闪存地址重载及断点单元(FPB)、数据观察点单元(DWT)、仪器化跟踪宏单元(ITM)、SYSTICK等。APB专用外设总线,对应于外部专用外设区,用于Cortex-M3内部APB设备,如跟踪端口接口单元(TPIU)、嵌入式跟踪宏单元(ETM)、ROM表等。此外,Cortex-M3允许元器件制造商添加其他片上APB外设到APB专用外设总线上并通过APB接口来访问。

内部专用外设区中NVIC所处的区域也叫作"系统控制空间(SCS)",映射有SysTick、MPU以及代码调试控制所用的寄存器。

(6) 芯片厂商指定区。芯片厂商指定区也通过系统总线来访问,但是不允许在其中执行指令。

2.6.2 位带操作

通过位带操作,用户可以使用普通的加载(load)/存储(store)指令对单一的位进行读写。在Cortex-M3中,有两个区中实现了位带:一个是内部SRAM区的最低1MB空间,另一个是片上外设区的最低1MB空间。这两个区中的地址除了可以像普通的RAM一样使用外,还都有自己的位带别名区。位带别名区把每位膨胀成一个32位的字,当访问位带别名区中的字时,就和访问原始比特一样。位带区与位带别名区的膨胀对应关系如图2-18所示。

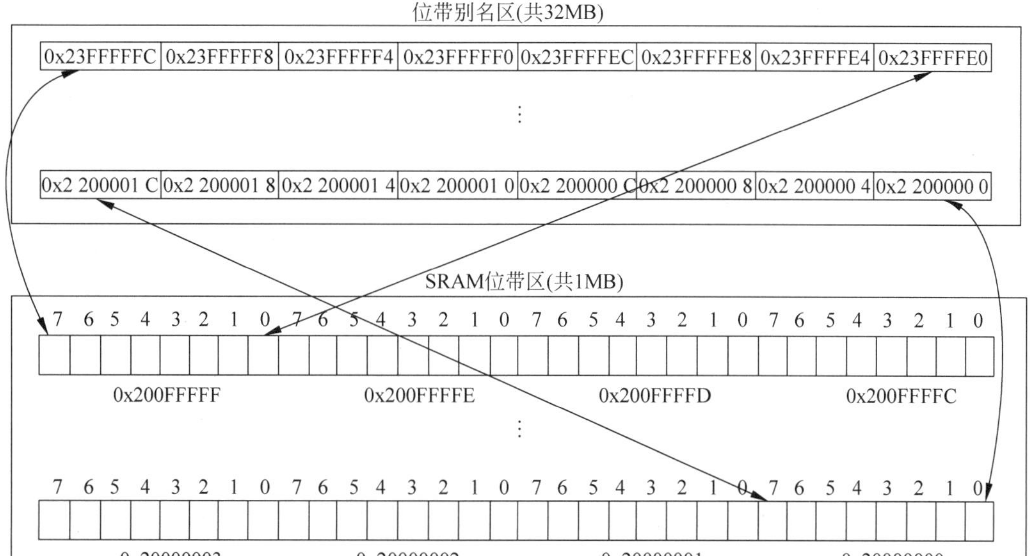

图 2-18　位带区与位带别名区的膨胀对应关系

Cortex-M3 使用下列术语来表示位带存储的相关地址。

(1) 位带区：支持位带操作的地址区。

(2) 位带别名：位带区中位的别名。对别名的访问最终映射到位带区中某一位的访问上。

支持位带操作的两个内存区的范围如下：

(1) 0x20000000～0x200FFFFF(内部 SRAM 区中的最低 1MB)。

(2) 0x40000000～0x400FFFFF(片上外设区中的最低 1MB)。

在位带区中，每一位都映射到位带别名地址区的一个字(32 位)，该字只有最低位有效。当访问一个别名地址时，会把该地址变换成位带地址。对于读操作，读取位带地址中的一个字，再把需要的位右移到最低位返回。在位带别名区里，只要这个字的最低位是 1，那么对应的位带区的位就是 1；只要这个字的最低位是 0，那么对应的位带区的位就是 0。

在传统的位操作中，改变一个位的状态时，需要进行的操作有：屏蔽外部事件、从 RAM 或者寄存器中读取一个字节、对读取的内容相关位进行修改形成新内容、将新内容写回 RAM 或寄存器、开放外部事件。使用位带操作时，只需将该位所对应的位带别名直接写 1 或写 0 即可，操作过程大大简化，并且，该过程不会受到外部事件的干扰，故称为原子化操作。传统位操作和位带操作的区别如图 2-19 所示。

读取某个位的状态时，也是直接读取该位所对应的位带别名的值即可。

对于内部 SRAM 位带区的某个位，记它所在字节地址为 A，位序号为 $n(0 \leqslant n \leqslant 7)$，则该比特在别名区的地址为：

$$\begin{aligned}\text{AliasAddr} &= 0\text{x}22000000 + ((A - 0\text{x}20000000) \times 8 + n) \times 4 \\ &= 0\text{x}22000000 + (A - 0\text{x}20000000) \times 32 + n \times 4\end{aligned}$$

对于片内外设位带区的某个位，记它所在字节的地址为 A，位序号为 $n(0 \leqslant n \leqslant 7)$，则该比特在别名区的地址为：

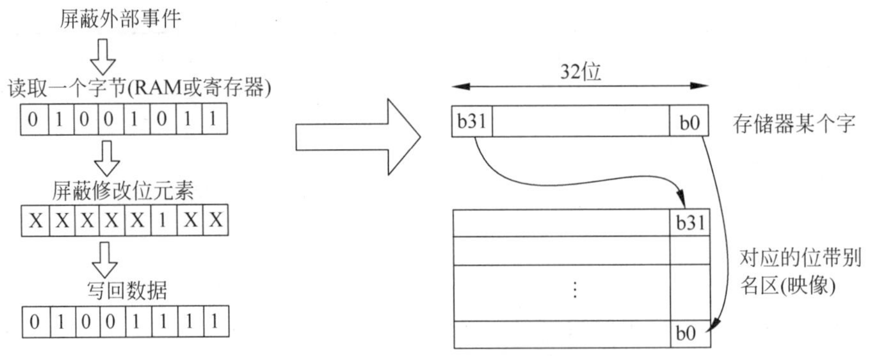

图 2-19 传统位操作和位带操作的区别

$$\begin{aligned}\text{AliasAddr} &= 0\text{x}42000000 + ((A - 0\text{x}40000000) \times 8 + n) \times 4 \\ &= 0\text{x}42000000 + (A - 0\text{x}40000000) \times 32 + n \times 4\end{aligned}$$

式中,"×4"是因为一个字为 4 字节,"× 8"表示一个字节为 8 位。

对于内部 SRAM 区,位带别名的重映射如表 2-4 所示。对于片内外设区,映射关系如表 2-5 所示。

表 2-4 SRAM 区的位带地址映射

位带区	等效的位带别名地址
0x20000000.0	0x22000000.0
0x20000000.1	0x22000004.0
0x20000000.2	0x22000008.0
…	…
0x20000000.31	0x2200007C.0
0x20000004.0	0x22000080.0
0x20000004.1	0x22000084.0
0x20000004.2	0x22000088.0
…	…
0x200FFFFC.31	0x23FFFFFC.0

表 2-5 片上外设区中的位带地址映射

位带区	等效的位带别名地址
0x40000000.0	0x42000000.0
0x40000000.1	0x42000004.0
0x40000000.2	0x42000008.0
…	…
0x40000000.31	0x4200007C.0
0x40000004.0	0x42000080.0
0x40000004.1	0x42000084.0
0x40000004.2	0x42000088.0
…	…
0x400FFFFC.31	0x43FFFFFC.0

位带区操作实例:

(1) 在地址 0x20000000 处写入 0x3355AACC。

(2) 读写地址 0x22000008。本次读访问将读取 0x20000000,并提取 bit2,值为 1。

(3) 往地址 0x22000008 处写 0。本次操作将被映射成对地址 0x20000000 的"读-改-写"操作(原子操作),把 bit2 清零。

(4) 再读取 0x20000000,将返回 0x3355AAC8(bit2 清零)。

位带操作可以为 Cortex-M3 通过 GPIO 的引脚来单独控制每盏 LED 的点亮与熄灭,也为操作串行接口器件提供了很大的方便。总之,位带操作对于硬件 I/O 密集型的底层程序极为有用。

位带操作还能用来化简跳转的判断。当跳转依据是某个位时,以前必须这样做:

① 读取整个寄存器;

② 屏蔽不需要的位；

③ 比较并跳转。

现在只需：

① 从位带别名区读取状态区；

② 比较并跳转。

位带操作只适用于数据访问，不适用于取指。通过位带的功能，可以把多个布尔型数据打包在单一的字中，却依然可以从位带别名区中，像访问普通内存一样地使用它们。位带别名区的访问操作是原子的（不可分割的），消除了传统的对某个单元某个位的“读-修改-写”三部曲被中断的可能。该特性可以显著提高位操作的效率和安全性，对许多底层软件开发特别是操作系统和驱动程序开发具有重要意义。

位带操作因为其原子操作模式，还有一个重要的好处是在多任务中，用于实现共享资源在任务间的“互锁”访问。多任务的共享资源必须满足一次只有一个任务访问它，也即所谓的“原子操作”。以前的“读-改-写”需要三条指令，指令执行期间可能会被中断，这对于某些高可靠应用会带来潜在的风险，特别是在涉及操作系统和驱动程序底层开发时。例如，如下程序执行过程：

(1) 主程序读取输出端口值到寄存器，取得值 0x01。

(2) 主程序准备清除取得值的 bit0，这时出现中断，主程序挂起。中断服务程序 ISR 也读出输出端口值。取得值 0x01（注意，这时可能被更高优先级中断服务再次中断）。

(3) 中断服务程序设置取得值的 bit1，值变为 0x03。

(4) 中断服务程序写回修改后的值到输出端口，输出端口得到值 0x03。

(5) 中断服务程序返回。

(6) 主程序继续执行，清除 0x00。

(7) 主程序写回修改后的值到输出端口，主端口得到值 0x00；此时，中断服务程序对端口值的修改全部丢失。整个执行过程如图 2-20 所示。

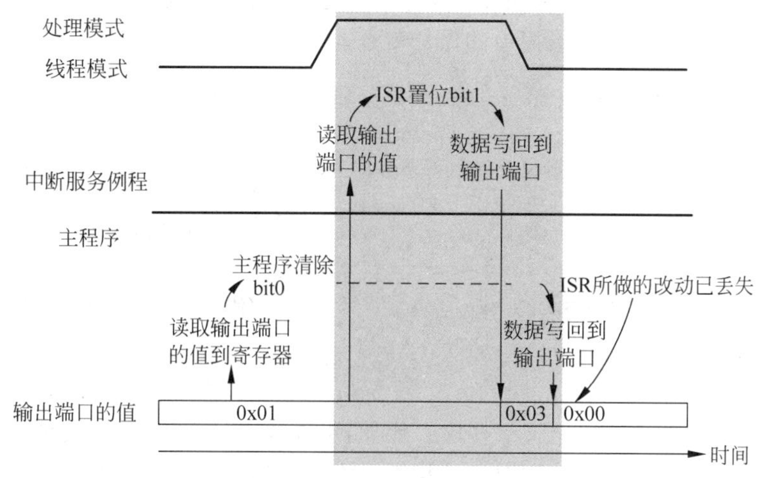

图 2-20 非原子操作的潜在风险

同样的情况可以出现在多任务的执行环境中，如可将主程序视为一个任务，ISR 是另一个任务，这两个任务并发执行。

通过使用 Cortex-M3 的位带操作，就可以避免上例情况。Cortex-M3 把这个“读-改-写”做成一个硬件级别支持的原子操作，不能被中断。上例的指令执行序列如下：

(1) 主程序执行“读-改-写”的位带操作读取输出端口(该端口已经被映射到位带区)的值到寄存器。

(2) 出现中断，因为是原子操作，不能被中断。主程序取出值 0x01，清除 bit0，并返回。这时输出端口值变为 0x00。

(3) 主程序的“读-改-写”的位带操作完成，开始响应中断，中断服务程序 ISR 读取输出端口值，取得值 0x00。

(4) 中断服务程序执行“读-改-写”的位带操作来读取输出端口，取出值 0x00，设置 bit1 并返回，这时输出端口值变为 0x02。中断服务程序对端口值的修改得以保留。

这样，可以直接使用字操作访问一个位，而无须使用专门的位操作指令，执行过程如图 2-21 所示。

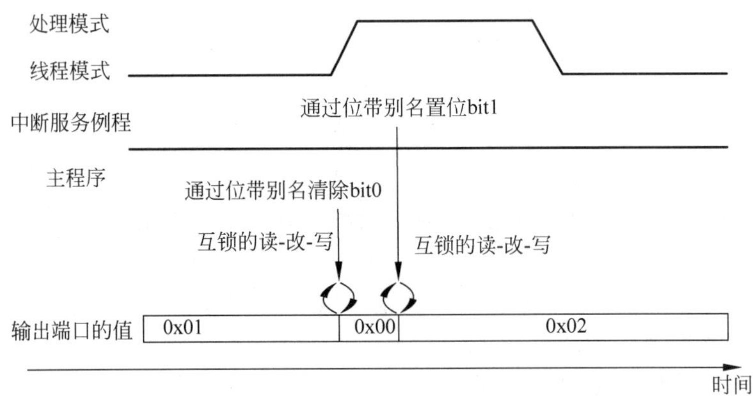

图 2-21 通过位带操作实现互锁访问，从而避免紊乱现象

同理，多任务环境中的数据处理也可以通过“读-改-写”的位带操作来避免紊乱现象。

欲在 C 中使用位带操作，最简单的做法就是 # define 一个位带别名区的地址。例如：

```
#define DEVICE_REG0 ((volatile unsigned long * ) (0x40000000))
#define DEVICE_REG0_BIT0 ((volatile unsigned long * ) (0x42000000))
#define DEVICE_REG0_BIT1 ((volatile unsigned long * ) (0x42000004))
...
* DEVICE_REG0 = 0xAB;                        //使用正常地址访问寄存器
...
* DEVICE_REG0 = * DEVICE_REG0 | 0x2;         //使用传统方法设置 bit1
...
* DEVICE_REG0_BIT1 = 0x1;                    //通过位带别名地址设置 bit1
```

为简化位带操作，也可以定义一些宏。比如，可以建立一个把“位带地址＋位序号”转换成别名地址的宏，再建立一个把别名地址转换成指针类型的宏：

```
//把“位带地址 + 位序号”转换成别名地址的宏
#define BITBAND(addr, bitnum) ((addr & 0xF0000000) + 0x2000000 + ((addr &0xFFFFF)<< 5) +
(bitnum << 2))
```

```
//把该地址转换成一个指针
#define MEM_ADDR(addr) *((volatile unsigned long *)(addr))
```

在此基础上，就可以如下改写代码：

```
MEM_ADDR(DEVICE_REG0) = 0xAB;
//使用正常地址访问寄存器
MEM_ADDR(DEVICE_REG0) = MEM_ADDR(DEVICE_REG0) | 0x2; //传统做法
MEM_ADDR(BITBAND(DEVICE_REG0,1)) = 0x1;              //使用位带别名地址
```

注意： 当使用位带功能时，要访问的变量必须用 volatile 来定义。因为 C 编译器并不知道同一位可以有两个地址。通过 volatile，使得编译器每次都如实地把新数值写入存储器，而不再会出于优化的考虑，在中途使用寄存器来操作数据的副本，直到最后才把副本写回——这会导致按不同的方式访问同一个位会得到不一致的结果。

2.6.3 端模式

Cortex-M3 同时支持小端模式和大端模式。在绝大多数的情况下，基于 Cortex-M3 的微控制器都是用小端模式（即数据的高位字节保存在高位地址，数据的低位字节保存在低位地址），以地址 0x1000 开始保存的数据为例，如表 2-6 所示。

表 2-6 Cortex-M3 的小端模式：存储器视图

地址，长度	bit31～24	bit23～16	bit15～8	bit7～0
0x1000，字	D[31:24]	D[23:16]	D[15:8]	D[7:0]
0x1000，半字			D[15:8]	D[7:0]
0x1002，半字	D[15:8]	D[7:0]		
0x1000，字节				D[7:0]
0x1001，字节			D[7:0]	
0x1002，字节		D[7:0]		
0x1003，字节	D[7:0]			

同样以地址 0x1000 开始保存的数据为例，Cortex-M3 中对大端模式的定义如表 2-7 所示，可以看出，大端模式的数据存储高低位顺序与小端模式相反。

表 2-7 Cortex-M3 的大端模式：存储器视图

地址，长度	bit31～24	bit23～16	bit15～8	bit7～0
0x1000，字	D[7:0]	D[15:8]	D[23:16]	D[31:24]
0x1000，半字	D[7:0]	D[15:8]		
0x1002，半字			D[7:0]	D[15:8]
0x1000，字节	D[7:0]			
0x1001，字节		D[7:0]		
0x1002，字节			D[7:0]	
0x1003，字节				D[7:0]

为了避免不必要的麻烦，建议统一使用小端模式。

Cortex-M3 是在复位时确定使用哪种端模式的，且运行时不得更改。指令预取永远使用小端模式，在配置控制存储空间的访问时也永远使用小端模式(包括 NVIC、FPB 等)。另外，专用外设总线区 0xE0000000～0xE00FFFFF 也永远使用小端模式。针对采用大端模式工作的外设时，可以使用 REV/REVH 指令来完成端模式的转换。

2.7 异常与中断

首先介绍中断的概念。

计算机是按照事先编制好的程序运行来完成各项任务的。但是总有一些事件的发生时刻是随机的，而且这类事件一旦发生就必须立即处理。例如：

(1) 当计算机正在正常运行一个程序段的时候，如果有一个紧急的事件出现，又必须要立即处理这个紧急的事件；

(2) 计算机一边工作一边随时准备处理一个事件，但又不能确定该事件出现的确切时刻。例如，防火、防盗，系统压力、温度的异常等。这些事件出现的时刻不可能提前预知，但是发生后必须立即处理。

上述问题的出现需要利用中断技术来解决。中断是计算机中一个很重要的技术，它既与硬件有关，也与软件有关。正是因为有了中断技术，才使得计算机的控制功能更加灵活、效率更高，使得计算机的发展和应用大大地前进了一步，中断功能的强弱已成为衡量一台计算机功能完善与否的重要指标。

最初引进中断技术的目的是为了增强计算机的实时性，提高计算机输入/输出的效率，改善计算机的整体性能。当计算机需要与外部设备交换一批数据时，由于外部设备的工作速度远远低于 CPU 的工作速度，每传送一组数据后，CPU 等待“很长”时间才能传送下一组数据，在等待期间 CPU 处在空运行状态，造成 CPU 的资源浪费。引入中断技术后，每传送一组数据，CPU 没有必要等待数据传送完毕，可以执行其他任务；数据传送完毕后，由外部设备向 CPU 申请中断，以告诉 CPU 数据发送完成信息，CPU 可以继续发送下一组数据。

什么是中断？先打个比方：当一位工作人员正处理文件时，电话铃响了(中断请求)，他就需要在文件上正在处理的位置做一个记号(返回地址)，以便接完电话回来继续处理文件，然后暂停文件处理的工作，去接电话(响应中断)，并告诉对方“按某个方案办”(中断处理程序)，然后，再从接听电话的状态返回到处理文件的状态(恢复中断前的状态)接着处理文件(中断返回)……再比如，当一个控制系统在正常监测和控制系统的运行时，如果工作现场某处失火，火焰传感器将传感到的失火信号送到计算机，要求计算机立即处理(中断请求)，这时计算机系统应当记住当前正在运行的程序的地方(返回地址)，立即暂停当前运行的程序，进入事先编好的失火报警程序段运行(响应中断)，在中断程序中启动失火报警器报警(中断处理程序)，然后再返回到刚才正常运行的程序继续工作(中断返回)。

所谓中断，是指计算机在执行程序的过程中，出现某些事件需要立即处理时，CPU 暂时中止正在执行的程序，转去执行对某种请求的处理程序。当处理程序执行完毕后，CPU 再回到先前被暂时中止的程序继续执行。实现这种功能的部件称为中断系统，请示 CPU 中断的请求源称为中断源。中断源向 CPU 发出中断申请，CPU 暂停当前工作转去处理中断源事件称为中断响应。对整个事件的处理过程称为中断服务。事件处理完毕 CPU 返回到被中断的地方称为中断返回。中断过程示意图如图 2-22 所示。

计算机的中断系统一般允许多个中断源,当几个中断源同时向 CPU 请求中断,要求为其服务的时候,就存在 CPU 优先响应哪一个中断源请求的问题。通常根据中断源的轻重缓急排队,优先处理最紧急事件的中断请求源,即规定每一个中断源有一个优先级别。CPU 总是先响应优先级别最高的中断请求。

当 CPU 正在处理一个中断源请求的时候(执行相应的中断服务程序),发生了另外一个优先级比它更高的中断源请求,CPU 暂停原来中断源的服务程序,转而去处理优先级更高的中断请求源,处理完以后,再回到原低优先级中断的服务程序,这样的过程称为中断嵌套。这样的中断系统称为多级中断系统,没有中断嵌套功能的中断系统称为单级中断系统。中断嵌套示意图如图 2-23 所示。

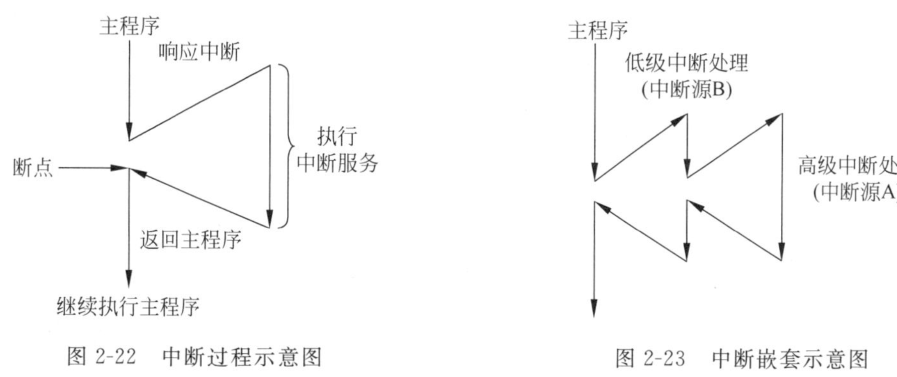

图 2-22　中断过程示意图　　　图 2-23　中断嵌套示意图

计算机采用中断技术,大大提高了工作效率和处理问题的灵活性,主要表现在 3 个方面:

(1) 可及时处理控制系统中许多随机发生的事件;

(2) 较好地解决了快速 CPU 和慢速外部设备之间的矛盾,可使 CPU 和外部设备并行工作;

(3) 具备了处理故障的能力,提高了系统自身的可靠性。

中断类似于主程序调用子程序,但它们又有区别,各自的主要特点如表 2-8 所示。

表 2-8　中断和调用子程序之间的主要区别

中　断	调用子程序
产生时刻是随机的	程序中事先安排好的
既保护断点(自动实现),又保护现场(需要用户编程实现)	可只保护断点(自动实现)
处理程序的入口地址是由中断系统确定的,用户不能改变	子程序的入口地址是程序编排的

在中断系统中,还有以下几个相关概念。

1. 开中断和关中断

中断的开放(称为开中断或中断允许)和中断的关闭(称为关中断或中断禁止)可以通过指令设置相关特殊功能寄存器的内容来实现,这是 CPU 能否接受中断请求的关键。只有在开中断的情况下,才有可能接受中断源的请求。

2. 堆栈

在主程序调用子程序或中断处理过程时，分别要保存返回地址（断点地址）和保护现场，以便在返回时能够回到调用前的程序段，继续运行原来的程序。在进入子程序或中断处理程序后，还需要保护子程序或中断处理程序所用到的通用寄存器中的数据，因为这些寄存器中可能存放着主程序正在使用和将要使用的数据，尤其是中断处理程序，它的发生时刻往往是随机的，进入中断处理程序后，使用寄存器就可能会覆盖掉其中的原值，这样结束中断处理后返回主程序，原来的主程序运行状态就可能已经被破坏了，即使能够继续执行程序，但数据的破坏使得程序继续执行失去意义，后果将无法预料。所以进入子程序或中断处理程序后还要保护这些寄存器中的值，叫作保护现场；子程序返回或中断处理返回前，还要能够恢复这些寄存器中的值，叫作恢复现场。保存返回地址的方法是将返回地址（断点地址）保存到堆栈中，返回主程序前从堆栈中取出上述地址放回到指令计数器（PC）中，按照放回后的 PC 值，从程序存储器中取指令执行就返回到了主程序中被中断的地方，以继续执行主程序。保护现场的方法是将现场条件（寄存器的值）先推入（使用 PUSH 命令）堆栈保存，然后再使用这些寄存器，返回主程序前，弹出（使用 POP 指令）寄存器的值。这些功能都要通过堆栈操作来实现。其中通用寄存器的保存和恢复需要由堆栈操作指令来完成；返回地址的保存与恢复的堆栈操作都是在相应的子程序的调用和返回指令的操作中自动完成的，无须再用专门的堆栈操作指令。

3. 中断的响应

CPU 响应中断源请求时，由中断系统硬件控制 CPU 从主程序转去执行中断服务程序，同时把断点地址自动送入堆栈进行保护，以便执行完中断服务程序后能够返回到原来的断点继续执行主程序。各个中断源的中断服务程序入口地址由中断系统确定。

4. 中断的撤除

在响应中断请求后，返回主程序之前，该中断请求标志应该撤除；否则，CPU 执行完中断服务程序会误判为又发生了中断请求而错误地再次进入中断服务程序。

在 ARM 开发领域中，凡是打断程序顺序执行的事件，都被称为异常（exception）。Cortex-M3 处理器将外部中断、SVC 和 Reset 等均称为异常。异常会引起程序控制的变化。在异常发生时，处理器停止当前的任务，转而执行被称作异常处理的程序；异常处理完成返回后，还会继续执行刚才暂停的正常程序流程。异常分为很多种，中断只是其中的一种。由于异常的处理过程是通过中断服务进行的，因此，本书对异常和中断不加以特别的区分。另外，程序代码也可以通过系统调用主动请求进入异常状态。常见的异常如下：

- 外部中断；
- 非法指令操作；
- 非法数据访问；
- 错误；
- 不可屏蔽中断等。

Cortex-M3 内核集成了中断控制器——嵌套向量中断控制器（Nested Vectored Interrupt Controller，NVIC）。NVIC 具有以下功能：

(1) 可嵌套中断支持。通过赋予中断优先级提供可嵌套中断支持，即当一个异常发生时，硬件会自动比较该异常的优先级是否比当前正在运行的程序的优先级更高，如果发生的异常优先级更高，处理器就会中断当前的程序，而服务于新来的异常。

(2) 向量中断支持。中断发生并开始响应后，Cortex-M3 自动定位一张向量表，并根据中断号从表中找出中断服务程序 ISR 的入口地址，然后跳转过去执行。

(3) 动态优先级调整支持。软件可以在运行时期更改中断的优先级，即如果在某 ISR 中修改了自己所对应中断的优先级，而且这个中断又有新的实例处于挂起(pending)中，也不会自己打断自己，从而没有重入(reentry)风险。

(4) 中断延迟大大缩短。Cortex-M3 为了缩短中断延迟，引入了几个新特性，包括自动的现场保护和恢复、咬尾机制和晚到异常处理等措施，用于缩短中断嵌套时的时间延迟。

(5) 中断可屏蔽。既可以屏蔽优先级低于某个阈值的中断/异常(设置 BASEPRI 寄存器)，也可以全部屏蔽(设置 PRIMASK 和 FAULTMASK 寄存器)，这是为了让时序要求苛刻的任务能在截止期(deadline)到来前完成，而不被干扰。

NVIC 的访问地址是 0xE000E000，除软件触发中断寄存器可以在用户级下访问外，其他所有 NVIC 的中断控制/状态寄存器都只能在特权级下访问。所有的中断控制/状态寄存器均可按字/半字/字节的方式访问。此外，中断控制还涉及中断屏蔽寄存器的内容设置，这些特殊功能寄存器只能通过 MRS/MSR 及 CPSID 或 CPSIE 指令来访问。

2.7.1 中断号与优先级

Cortex-M3 内核中的 NVIC 支持总共 256 种异常和中断，其中，编号为 1～15 对应系统异常，如表 2-9 所示(注意：没有编号为 0 的异常)；大于或等于 16 的异常则全部是外部中断，如表 2-10 所示。通常外部中断写作 IRQ。此外，NVIC 还有一个非屏蔽中断(NMI)输入。芯片设计商可以修改 Cortex-M3 的硬件描述源代码，所以最终芯片支持的中断数目和优先级的位数由芯片设计商决定。除了个别异常的优先级被固定外，其他异常的优先级都是可编程的。

表 2-9 系统异常清单

编 号	类 型	优 先 级	简 介
0	N/A	N/A	没有异常在运行，此为正常状态
1	复位	−3(最高)	复位
2	NMI	−2	不可屏蔽中断(来自外部 NMI 输入脚)
3	Hard Fault(硬 Fault)	−1	所有被除能的 Fault，都将“上访”(escalation)成硬 Fault。只要 FAULTMASK 没有置位，硬 Fault 服务例程就强制执行。Fault 被除能的原因包括被禁止，或者 FAULTMASK 被置位
4	MemManage Fault	可编程	存储器管理 Fault，MPU 访问犯规以及访问非法位置均可触发，企图在“非执行区”取指也会引发此 Fault
5	总线 Flash	可编程	从总线结构收到错误响应，原因可以是预取终止(abort)或数据中止，或者企图访问协处理器

续表

编 号	类 型	优 先 级	简 介
6	Usage Fault	可编程	由于程序错误导致的异常。通常是使用了一种无效指令,或者是非法的状态转换,例如尝试切换到 ARM 状态
7～10	保留	N/A	N/A
11	SVCall	可编程	执行系统服务调用指令(SVC)引发的异常
12	调试监视器	可编程	调试监视器(断点,数据观察点,或者是外部调试请求)
13	保留	N/A	N/A
14	PendSV	可编程	为系统设备而设的"可悬挂请求"(pendable request)
15	SysTick	可编程	系统滴答定时器(注：也就是周期性溢出的时基定时器)

表 2-10 外部中断清单

编 号	类 型	优 先 级	简 介
16	IRQ#0	可编程	外部中断#0
17	IRQ#1	可编程	外部中断#1
…	…	…	…
255	IRQ#239	可编程	外部中断#239

在 Cortex-M3 中,优先级对于异常来说很关键,它会影响一个异常能否被响应,以及何时可以得到响应。优先级的数值越小,优先级越高。Cortex-M3 支持中断嵌套,高优先级异常可以抢占低优先级异常。3 个系统异常(复位、NMI 以及硬 Fault)有固定的优先级,并且它们的优先级号是负数,从而高于所有其他异常。所有其他异常的优先级则都是可编程的,但不能为负数。

原则上,Cortex-M3 支持 3 个固定的高优先级和多达 256 级的可编程优先级,并且支持 128 级抢占。但是绝大多数 Cortex-M3 芯片在设计时会裁掉表达优先级的几个低端有效位,以达到减少更多优先级数的目的,实际上支持的优先级数会较少,如 8 级、16 级、32 级等。例如,若只使用了 3 位表达优先级,则优先级配置寄存器的结构如图 2-24 所示。

Bit7	Bit6	Bit5	Bit4	Bit3	Bit2	Bit1	Bit0
用户表达优先级			没有使用,读回 0				

图 2-24 使用 3 位来表达优先级的情况

在图 2-24 中,Bit[4:0]没有使用,读它们总是返回零,写它们则忽略写入的值。因此 8 个优先级为 0x00(优先级最高)、0x20、0x40、0x60、0x80、0xA0、0xC0 以及 0xE0(优先级最低)。Cortex-M3 允许的最小使用位数为 3 位,即至少支持 8 个优先级。3 位表达的优先级和 4 位表达的优先级的对比如图 2-25 所示。

Cortex-M3 除配置优先级外,还把 256 级优先级分为抢占优先级和副优先级(也称为子优先级),支持最多 128 个抢占优先级。抢占优先级决定了抢占行为,例如,当系统正在响应某异常 E5 时,如果来了抢占优先级更高的异常 E2,则 E2 可以抢占 E5。副优先级则处理"内务",即当抢占优先级相同的异常不止有一个挂起时,在当前任务完成后就优先响应副优先级最高的异常。优先级分组规定：副优先级至少是 1 位,抢占优先级最多是 7 位,有 128

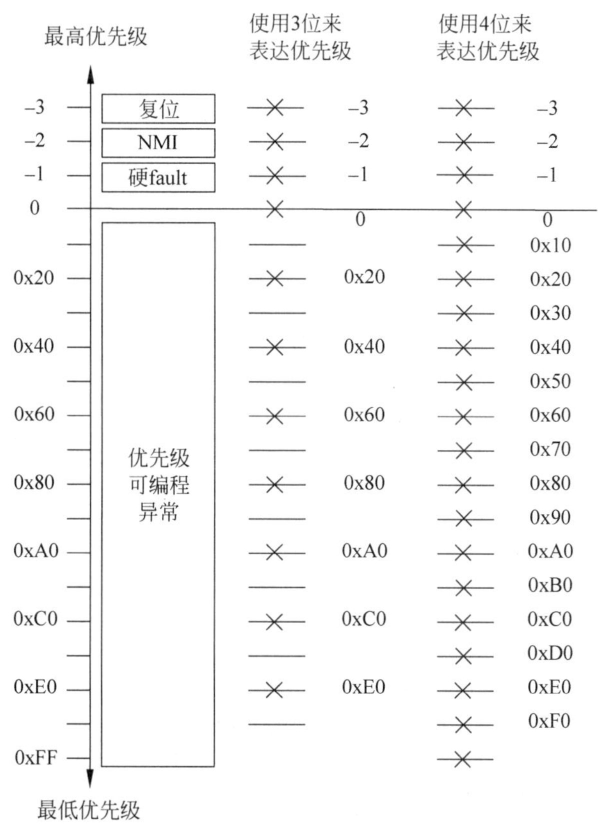

图 2-25 3 位表达的优先级和 4 位表达的优先级的对比

级抢占优先级，如表 2-11 所示。Cortex-M3 允许从 Bit7 处分组，此时所有的位用来表达副优先级，没有任何位表达抢占优先级，因而所有优先级可编程的异常之间就不会发生抢占，Cortex-M3 的中断嵌套机制失败。这对于复位、NMI 和硬 Fault 3 个最高优先级无效，即它们无论何时出现，都立即无条件抢占所有优先级可编程的异常。

表 2-11 抢占优先级和副优先级的表达、位数与分组位置的关系

优 先 级 组	表达抢占优先级的位段	表达副优先级的位段
0	[7:1]	[0:0]
1	[7:2]	[1:0]
2	[7:3]	[2:0]
3	[7:4]	[3:0]
4	[7:5]	[4:0]
5	[7:6]	[5:0]
6	[7:7]	[6:0]
7	无	[7:0](所有位)

NVIC 中有一个应用程序中断及复位控制寄存器(AIRCR)，它里面有一个位段名为“优先级分组”(PRIGROUP)，其值对每一个优先级可配置的异常都有影响。AIRCR 的内容如表 2-12 所示。

表 2-12 应用程序中断及复位控制寄存器(AIRCR)(地址：0xE000ED00)

位 段	名 称	读写类型	复位值	描 述
31:16	VECTKEY	RW	—	访问钥匙：任何对该寄存器的写操作，都必须同时把 0x05FA 写入此段，否则，写操作被忽略。高半字的读回值为 0xFA05
15	ENDIANESS	R	—	指示端设置：1-大端；0-小端 此指是在复位时确定的，不能更改
10:8	PRIGROUP	RW	0	优先级分组，表示当前从第几位开始分组
2	SYSRESETREQ	W	—	请求芯片控制逻辑产生一次复位
1	VECTCLRACTIVE	W	—	清零所有异常的活动状态信息。通常只在调试时用，或者在 OS 从错误中恢复使用
0	VECTRESET	W	—	复位 Cortex-M3 处理器内核(调试逻辑除外)，但是此复位不影响芯片上在内核以外的电路

例如，若采用 3 位来表示优先级([7:5])，并且优先级组的值是 5(从 Bit5 处分组)，则可得到 4 级抢占优先级，且在每个抢占优先级的内部有两个副优先级，如图 2-26 所示。

Bit7	Bit6	Bit5	Bit4	Bit3	Bit2	Bit1	Bit0
抢占优先级		副优先级					

图 2-26 优先级位段的划分

根据图 2-26 中的设置，可用优先级的具体情况如图 2-27 所示。

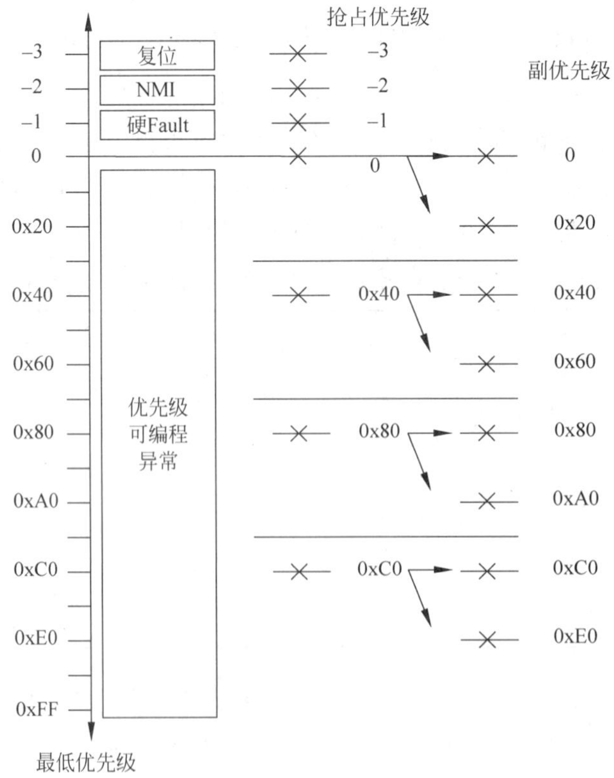

图 2-27 3 位优先级，从 Bit5 处分组

虽然优先级分组的功能很强大，但需要认真对待，若设计不当，常常会改变系统的响应特性，导致某些关键任务有可能得不到及时响应。因此，优先级的分组要预先经过论证，并在开机初始化时一次性设置好。

2.7.2 向量表

Cortex-M3 的向量表用于在发生中断并做出响应时，从表中查询与中断对应的处理例程入口地址。默认情况下，该表位于零地址处，且各向量占用 4 字节，如表 2-13 所示。

表 2-13 上电后的向量表

地 址	异常编号	值(32 位整数)
0x00000000	…	MSP 的初始值
0x00000004	1	复位向量(PC 初始值)
0x00000008	2	NMI 服务例程的入口地址
0x0000000C	3	硬 Fault 服务例程的入口地址
…	…	其他异常服务例程的入口地址

Cortex-M3 允许向量表重定位——从其他地址处开始定位各异常向量。这些地址对应的区域可以是代码区，也可以是 RAM 区。在 RAM 区可以修改向量的入口地址。为了实现这个功能，NVIC 中有一个向量表偏移量寄存器(VTOR)(在地址 0xE000ED08 处)，通过修改它的值就能定位向量表。必须注意的是，向量表的起始地址是有要求的：必须先求出系统中共有多少个向量，再把这个数字向上增大到 2 的整数次幂，而起始地址必须对齐到后者的边界上。例如，如果一共有 32 个中断，则共有 32+16(系统异常)=48 个向量，向上增大到 2 的整数次幂后，值为 64，因此地址必须能被 64×4=256 整除，从而合法的起始地址可以是 0x0、0x100、0x200 等。向量表偏移量寄存器的定义如表 2-14 所示。

表 2-14 向量表偏移量寄存器(VTOR)(地址：0xE000ED08)

位段	名称	读写属性	复位值	描 述
29	TBLBASE	RW	0	0-向量表在 Code 区；1-向量表在 RAM 区
28:7	TBLOFF	RW	0	向量表相对于 Code 区或者 RAM 区的偏移地址

如果需要动态地更改向量表，则对于任何器件来说，向量表的起始处都必须包含：

- 主堆栈指针(MSP)的初始值；
- 复位向量；
- NMI；
- 硬 Fault 服务例程。

后两者也是必需的，因为有可能在引导过程中发生这两种异常。可以在 SRAM 中开出一块区域用于存储向量表，然后在引导完成后，就可以启用内存中的向量表，从而实现向量可动态调整的功能。

2.7.3 中断输入及挂起

若当前中断优先级较低，该中断就被挂起，并对其挂起状态进行标记。即使后来中断源取消了中断请求，在系统中它的优先级最高的时候，也会因为其挂起状态标记而得到响应，如图 2-28 所示。

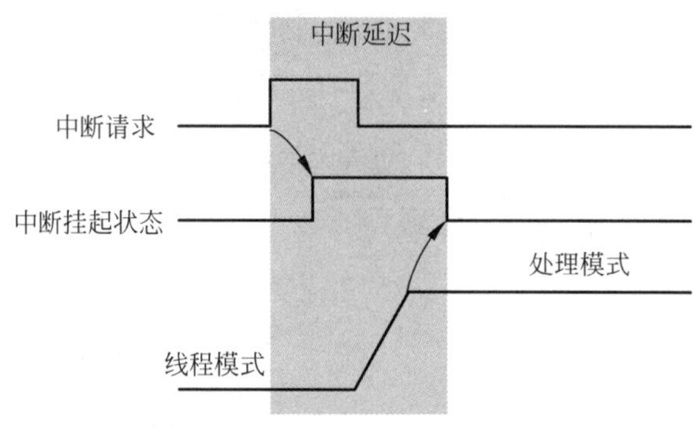

图 2-28 中断挂起示意图

但是，如果中断得到响应之前，其挂起状态被清除了(例如，在 PRIMASK 或 FAULTMASK 置位的时候软件清除了挂起状态标志)，则中断被撤销，如图 2-29 所示。

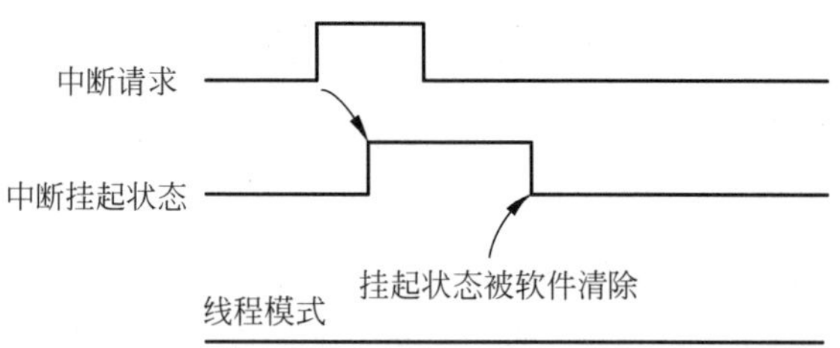

图 2-29 中断在得到处理器响应之前被清除挂起状态

当某中断的服务例程开始执行时，此中断进入"活跃"状态，并且其挂起标志位会被硬件自动清除，如图 2-30 所示。中断服务例程执行完毕并且中断返回后，才能对该中断的新请求予以响应(即单实例)。当然，新请求的响应也是由硬件自动清零挂起标志位。中断服务例程也可以在执行过程中把自己对应的中断重新挂起。

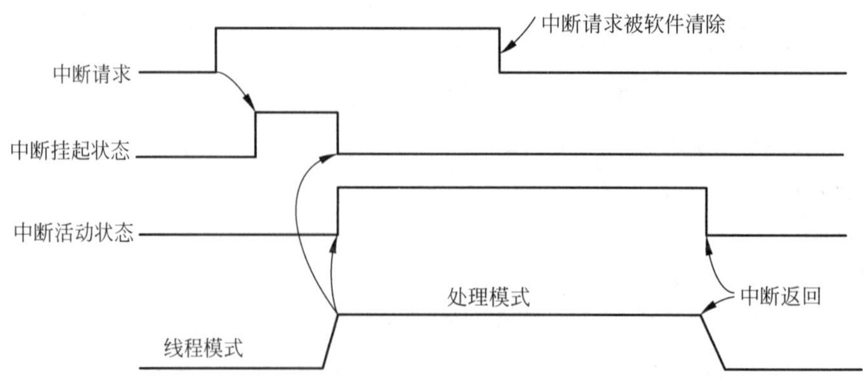

图 2-30 在处理器进入服务例程后对中断活跃状态的设置

如果中断请求信号一直保持，则该中断就会在其上次服务例程返回后再次被置为挂起状态，如图 2-31 所示。

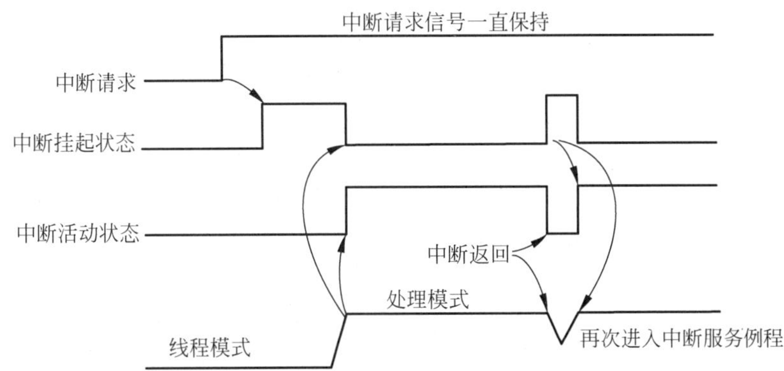

图 2-31 一直维持的中断请求导致服务例程返回后再次挂起该中断

如果某个中断在得到响应之前，其请求信号以多个脉冲形式呈现，则被视为只有一次中断请求，多出的请求脉冲全部忽略，如图 2-32 所示。

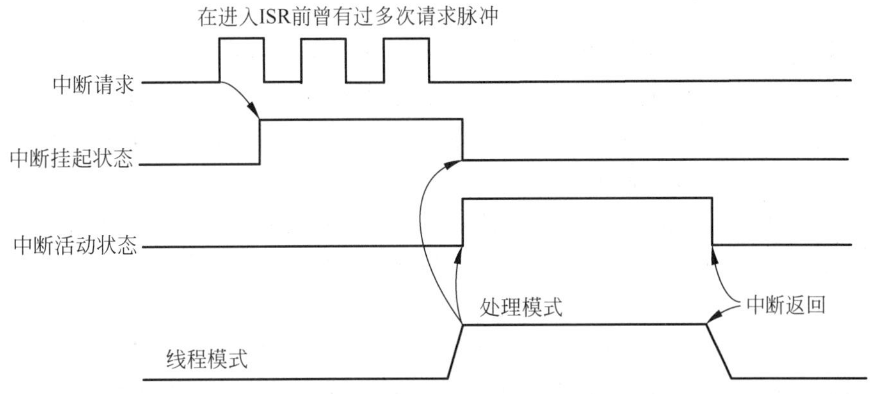

图 2-32 中断请求出现多个脉冲时视为一次中断请求

如果在服务例程执行时，中断请求释放了，但是在服务例程返回前又重新被置为有效，则 Cortex-M3 会记住此动作，重新挂起该中断，执行过程如图 2-33 所示。

2.7.4 Fault 类异常

Cortex-M3 中的 Fault 可分为以下几类：

(1) 总线 Fault。当 AHB 接口上正在传送数据时，如果回复了一个错误信号，则会产生总线 Fault，如指令预取中止、数据读写中止、入栈错误、出栈错误、无效存储区段访问、设备数据传送未准备好等。

(2) 存储器管理 Fault。存储器管理 Fault 多与 MPU 有关，其诱因常常是某次访问触犯了 MPU 设置的保护策略。另外，某些非法访问也会触发该 Fault，如在不可执行的存储器区域试图取指(没有 MPU 也会触发)，以及访问了 MPU 设置区域覆盖范围之外的地址、访问了没有存储器与之对应的空地址、只读区域写数据、用户级状态下访问了只允许在特权

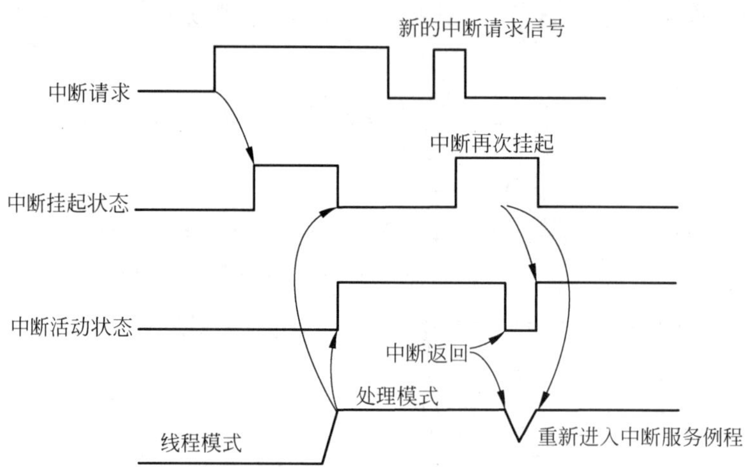

图 2-33 在执行 ISR 时中断挂起再次发生

级下访问的地址等。

(3) 用法 Fault。若执行了未定义的指令、执行了协处理器指令(Cortex-M3 不支持协处理器,但是可以通过 Fault 异常机制来使用软件模拟协处理器的功能,从而可以方便地在其他 Cortex 处理器之间移植)、尝试进入 ARM 状态(因为 Cortex-M3 不支持 ARM 状态,所以用法 Fault 会在切换时产生,软件可以利用此机制来测试某处理器是否支持 ARM 状态)、存在无效的中断返回(LR 中包含了无效/错误的值)、使用多重加载/存储指令时,以及没有对齐地址时都会触发用法 Fault。

(4) 硬 Fault。硬 Fault 是上面所述的总线 Fault、存储器管理 Fault 和用法 Fault 上访的结果。如果这些 Fault 的服务例程无法执行,它们就会成为“硬伤”——上访(escalation)成为硬 Fault。在取向量(异常处理是对异常向量表的读取)时产生的总线 Fault 也按硬 Fault 处理。另外,NVIC 中有一个硬 Fault 状态寄存器(HFSR),由它指出产生硬 Fault 的原因。如果不是由于取向量造成的,则硬 Fault 服务例程必须检查其他的 Fault 状态寄存器,以最终决定是谁上访的。

在软件开发过程中,可以根据各种 Fault 状态寄存器的值来判断程序错误,并且改正它们。然而在一个实时系统中,情况则大不相同。如果不对 Fault 加以处理常会危及系统的运行。因此,在找出了导致 Fault 的原因后,软件必须决定下一步该怎么办。不同的目标应用对 Fault 恢复的要求也不同,采取适当的策略有利于软件更具鲁棒性。下面就给出一些应对 Fault 的常用方法。

- 复位:设置 NVIC 应用程序中断及复位控制寄存器中的 VECTRESET 位,将只复位处理器内核而不复位其他片上设施,有些 Cortex-M3 芯片的复位设计可以使用该寄存器的 SYSRESETREQ 位来复位。这种只限于内核中的复位,不会复位其他系统部件。
- 恢复:在一些场合下,还是有希望解决产生 Fault 问题的。例如,如果程序尝试访问了协处理器,可以通过一个协处理器的软件模拟器来解决此问题。
- 中止相关任务:如果系统运行了一个 RTOS,则相关的任务可以被终结或者重新开始。

各个 Fault 状态寄存器(FSR)都会保持住它的状态,直到手工清除为止,因此 Fault 服务例程在处理了相应的 Fault 后不要忘记清除这些状态,否则当下次又有新的 Fault 发生时,服务例程检视 Fault 源又将看到早先已经处理过的 Fault 状态标志,无法判断哪个 Fault 是新发生的。FSR 采用写 1 时清除机制,即写 1 时清除,芯片厂商可以再添加自己的 FSR,以表示其他 Fault 情况。

2.7.5 中断的具体行为

当 Cortex-M3 响应一个中断时,将依次执行以下操作。

- 取向量:从向量表中找出对应的服务程序入口地址。
- 选择堆栈指针 MSP/PSP,更新堆栈指针(SP),更新连接寄存器(LR),更新程序计数器(PC)。
- 入栈操作:自动保存现场是入栈操作的必要部分,即依次把 xPSR、PC、LR、R12 以及 R3~R0 共 8 个寄存器内容由硬件自动压入适当的堆栈中。当响应异常时,如果当前的代码正在使用 PSP,则压入 PSP,即使用线程堆栈;否则压入 MSP,使用主堆栈。一旦进入了服务例程,就将一直使用主堆栈。

假设入栈开始时,SP 的值为 N,则在入栈后,堆栈内部的变化如表 2-15 所示。由于 AHB 接口上的流水线操作本质,地址和数据都在经过一个流水线周期后才进入堆栈。同时,由于 Cortex-M3 的入栈操作是在内核中完成的,并不是严格按照堆栈操作的顺序。因此,表中寄存器保存的顺序与地址顺序有所不同,但是 Cortex-M3 可保证正确的寄存器被保存到正确的栈地址位置,如图 2-34 及表 2-15 的第三列所示。

表 2-15 入栈顺序及入栈后堆栈中内容

地 址	寄 存 器	保 存 顺 序
旧 SP(N-0)	原先已压入的内容	—
(N-4)	xPSR	2
(N-8)	PC	1
(N-12)	LR	8
(N-16)	R12	7
(N-20)	R3	6
(N-24)	R2	5
(N-28)	R1	4
新 SP(N-0)	R0	3

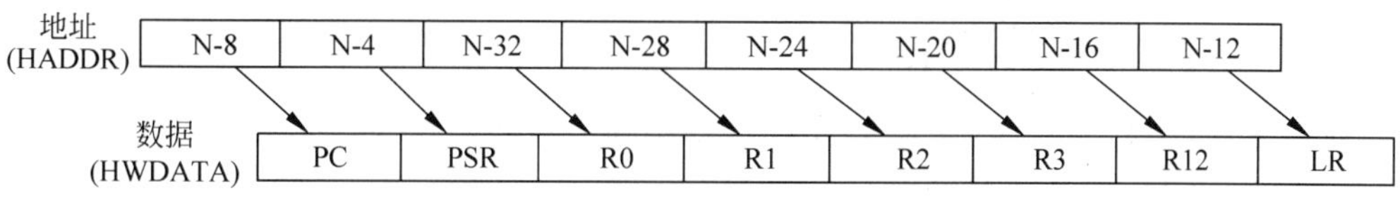

图 2-34 内部入栈序列

操作过程如下：

(1) 取向量。当数据总线(系统总线)开始入栈操作时，指令总线(I-Code 总线)也启动响应中断流程，开始从向量表中找出正确的异常向量，随后在中断服务程序的入口处预取指令。此时，入栈与取指这两个工作能同时进行。

(2) 更新寄存器。在入栈和取向量操作完毕、中断服务例程执行之前，有些寄存器的内容需要更新。

- SP：在入栈中会把堆栈指针(PSP 或 MSP)更新到新的位置，在执行服务程序例程后，将由 MSP 负责对堆栈的访问；
- PSR：IPSR 位段(PSR 的最低部分)会被更新为新响应的异常编号；
- PC：在向量取出完毕后，PC 将指向服务例程的入口地址；
- LR：LR 的用法将会被重新解释，其值也被更新成一种特殊的值，称为"EX_RETURN"，并且在异常返回时使用。EX_RETURN 的二进制值除了最低 4 位外全为 1，而其最低 4 位则有特殊含义。

同时，NVIC 也更新相关的寄存器。例如，新响应异常的挂起位将被清除，同时其活动位将被置位。

(3) 异常返回。在异常服务例程执行完毕后，借助"异常返回"操作恢复先前的系统状态，使先前被中断的程序得以继续执行。有 3 种途径可以触发异常返回操作，如表 2-16 所示。不管使用哪一种，都需要用到先前存储的 LR 值。

表 2-16 触发中断返回的含义

指 令	工 作 原 理
BX <reg>	当 LR 存储 EX_RETURN 时，使用 BX LR 指令即可返回
POP[PC]和 POP[…,PC]	在服务例程中，LR 的值通常会被压入栈。此时可利用 POP 指令把 LR 存储的 EX_RETURN 往 PC 里弹，从而引起处理器做中断返回
LDR 与 LDM	把 PC 作为目的寄存器，也可启动中断返回序列

在 Cortex-M3 中，通过把 EX_RETURN 写入 PC 来识别返回动作。因此，在 C 语言中，无须使用特殊的编译器命令(如 interrupt 关键词)就可以编写中断服务例程。

(4) 出栈。恢复压入栈中的寄存器内容。内容的出栈顺序与入栈时相对应，堆栈指针的值也改回去。

(5) 更新 NVIC 寄存器。中断返回后，NVIC 的活动位也被硬件清除。

对于外部中断，若中断输入再次被置位有效，挂起位也将再次置位，新一次的中断响应序列也将再次开始。

2.7.6 中断嵌套控制

Cortex-M3 内核配合 NVIC 提供了完备的中断嵌套控制。在程序中，通过为每个中断建立适当的优先级，就可以实施中断嵌套控制。

(1) 通过对 NVIC 以及 Cortex-M3 处理器相关寄存器的设置，可以方便地确定中断源的优先级。系统正在响应某个异常时，所有优先级不高于它的异常都不能抢占它，且它自己也不能抢占自己。

(2) 自动入栈和出栈能及时保护相关寄存器内容，不至于中断嵌套发生时寄存器内容受损。

但是需要注意堆栈溢出的现象。由于所有服务例程都只使用主堆栈，每嵌套一级，就至少再需要 8 个字，即 32 字节的堆栈空间(不包括中断服务程序自身状态保存对堆栈的额外需求)，因此，当中断嵌套层次很深时，对主堆栈的容量空间压力会增大，甚至出现堆栈容量用光导致堆栈溢出的情况。堆栈溢出对系统的运行是很致命的，因为入栈数据会持续入栈而越过栈底，使入栈数据与主堆栈前面的数据区发生混叠而破坏数据区内容。这样，在中断返回后，系统极可能功能紊乱，造成程序跑飞或死机。

(3) 同时，还需注意相同异常的不可重入特性。因为每个异常都有自己的优先级，并且在异常处理期间，同级或低优先级的异常要阻塞(等待)，所以对于同一个异常，只有在上次实例的服务例程执行完毕后，方可继续响应新的请求。

2.7.7 高级中断技术

Cortex-M3 为缩短中断延迟做了许多努力，包括咬尾、迟来异常处理等。

1. 咬尾技术

当处理器在响应某异常时，如果又发生其他中断，若其优先级不高，则被阻塞。那么中断返回时，正常操作流程如下：

(1) 执行 POP 操作以恢复系统现场；

(2) 系统处理挂起的异常；

(3) 执行 PUSH 操作以保护系统现场。

显然，POP 和 PUSH 操作所涉及的系统现场是一样的，这个操作会白白浪费 CPU 时间。正因为如此，Cortex-M3 提供了咬尾机制来缩短这些不必要的操作，通过继续使用上一个异常已经 PUSH 好的系统现场，在本次异常完成后才执行现场恢复操作，形象地讲，后一个异常把前一个的尾巴咬掉了，因此称为咬尾，前前后后只进行了一次入栈/出栈操作，如图 2-35 所示。

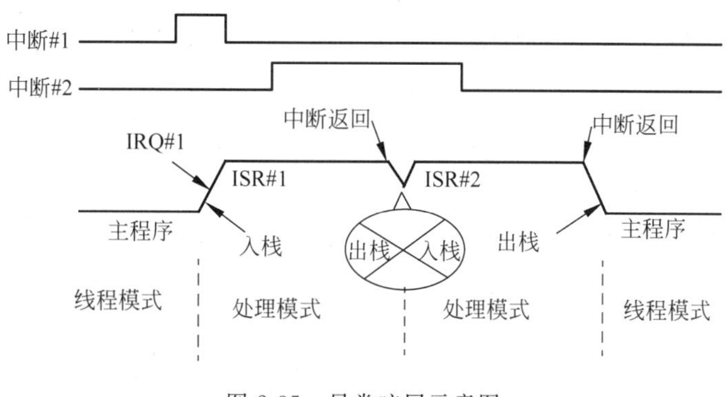

图 2-35 异常咬尾示意图

2. 迟来异常

咬尾是在中断结束出栈时起作用的，与之对应，Cortex-M3 在入栈时也提供一种高效的操作模式，称为“迟来异常”。当 Cortex-M3 对某异常的相应序列还处在入栈阶段，且尚未执行其服务例程时，如果此时收到了高优先级异常的请求，则本次入栈就成了为高优先级中断所做的了——入栈后，将执行高优先级异常的服务例程。可见该操作强调了异常优先级在中断服务入栈阶段的作用。

如图 2-36 所示，若在响应某低优先级异常＃1 的早期检测到了高优先级异常＃2，则只要＃2 没有太晚，就能以晚到中断的方式处理，在入栈完毕后再执行 ISR＃2。若异常＃2 来得太晚，以至于 ISR＃1 的指令已经开始执行，则以普通的抢占处理，但这会需要更多的处理器时间和额外 32 字节的堆栈空间。

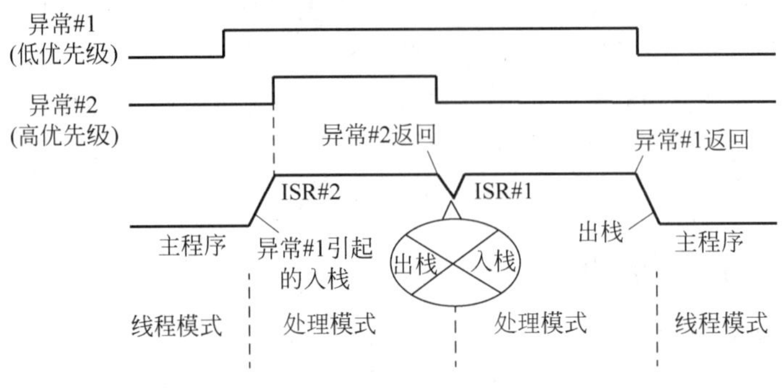

图 2-36 迟来异常的处理模式

在 ISR＃2 执行完毕后，则以刚刚讲过的“咬尾中断”方式，来启动 ISR＃1 的执行。

2.7.8 异常返回值

进入异常服务程序后，LR 的值被自动更新为特殊的 EXC_RETURN，这是一个高 28 位全为 1 的值，只有位段[3:0]的值有特殊含义，如表 2-17 所示。当异常服务例程把这个值送到 PC 时，就会启动处理器的中断返回序列。因为 LR 的值是由 Cortex-M3 自动设置的，所以只要没有特殊需求，就不要改动它。

表 2-17 EXC_RETURN 位段详解

位 段	定 义
[31:4]	EXC_RETURN 的标识：必须全为 1
3	0：返回后进入处理模式；1：返回后进入线程模式
2	0：从主堆栈中做出栈操作，返回后使用 MSP；1：从进程堆栈中做出栈操作，返回后使用 PSP
1	保留，必须为 0
0	0：返回后 ARM 状态；1：返回后 Thumb 状态。在 Cortex-M3 中必须为 1

合法的 EXC_RETURN 值共 3 个，如表 2-18 所示。

表 2-18 合法的 EXC_RETURN 值及其功能

EXC_RETURN 数值	功 能
0xFFFFFFF1	返回处理模式
0xFFFFFFF9	返回线程模式，并使用主堆栈(SP＝MSP)
0xFFFFFFFD	返回线程模式，并使用线程堆栈

如果主程序在线程模式下运行，并且在使用 MSP 时被中断，则在服务例程中 LR＝0xFFFFFFF9（主程序被打断前的 LR 已被自动入栈），如图 2-37 所示。如果主程序在线程模式下运行，并且在使用 PSP 时被中断，则在服务例程中 LR＝0xFFFFFFFD（主程序被打断前的 LR 已被自动入栈），如图 2-38 所示。

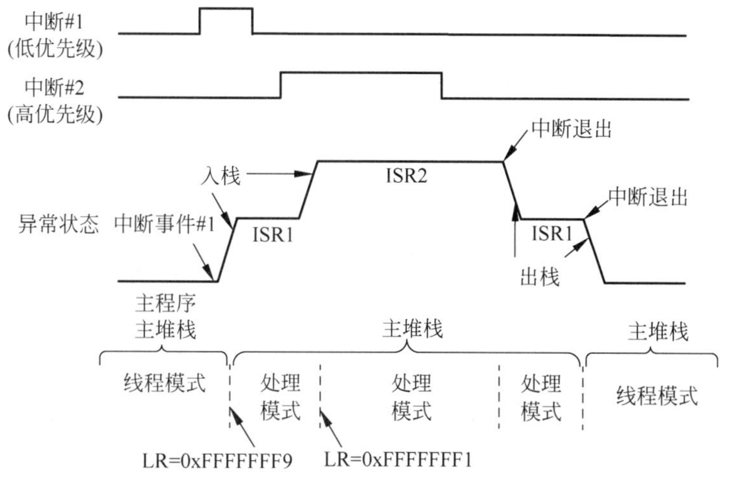

图 2-37 LR 的值在异常期间被设置为 EXC_RETURN（线程模式使用主堆栈）

如果主程序在处理模式下运行，则在服务程序中 LR＝0xFFFFFFF1（主程序被打断前的 LR 已自动入栈），这时的"主程序"其实更可能是被抢占的服务例程。事实上，在嵌套时，更深层 ISR 所看到的 LR 总是 0xFFFFFFF1。

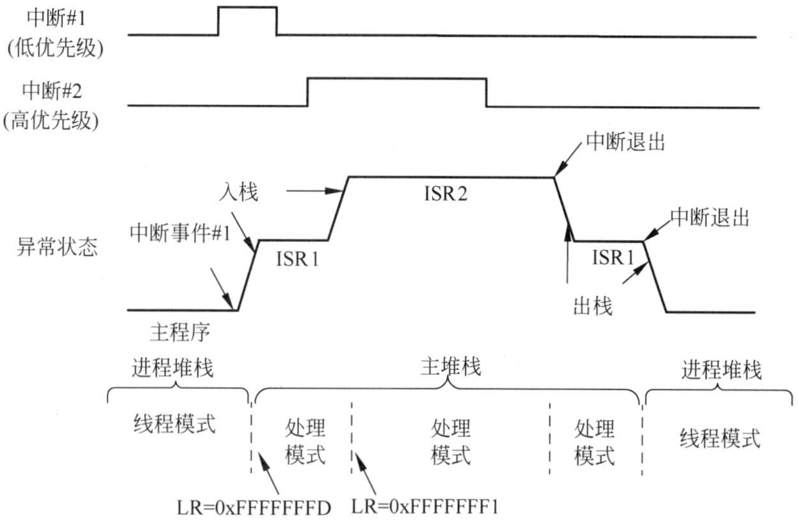

图 2-38 LR 的值在异常期间被设置为 EXC_RETURN（线程模式使用进程堆栈）

由 EXC_RETURN 的格式可见，不能把 0xFFFFFFF0～0xFFFFFFFF 中的地址作为任何返回地址。其实也不用担心会弄错，因为 Cortex-M3 已经把这个范围标记成"非可执行区域"了。

2.8 复位序列

Cortex-M3处理器的程序映像是从地址0x00000000开始的。程序映像的开始处为向量表,如图2-39所示。

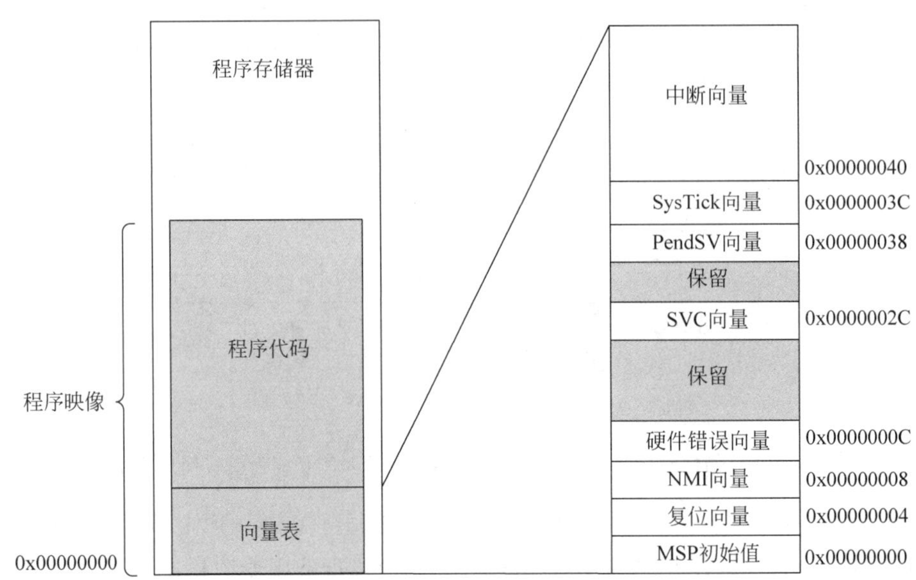

图2-39 程序映像中的向量表

图2-39中包含了异常的起始地址(向量),每个中断向量的地址都等于“异常号×4”。例如,外部IRQ 0的异常类型为16,因此IRQ 0的向量地址为16×4=0x40。这些向量的最低位都被置1,表明异常处理执行时使用Thumb指令。

例如,如果启动代码位于地址0x00000100,则需要在复位向量处写入这个地址,并且将地址的最低位置为1,以表明当前为Thumb代码。因此,地址0x00000004处的值被置为0x00000101,如图2-40所示。在取得复位向量值以后,处理器将开始从这个地址处执行程序。

向量表中还包含了主栈指针(MSP)的初始值,它存储在向量表的头4个字节。

离开复位状态后,Cortex-M3做的第一件事就是从地址0x00000000处取出MSP的初始值(一个字,即4字节);从地址0x00000004处取出复位向量(PC的初始值,LSB必须是1),它表示程序执行的起始地址(复位处理),然后从这个值所对应的地址处取指。复位流程如图2-41所示。

复位流程会初始化主栈指针(MSP),假定内存位于0x20000000~0x20007FFF,可以将0x20008000写在地址0x0000000处,这样就实现了把主栈置于内存的顶部。

请注意,这与绝大多数的其他微处理器或单片机不同。绝大多数的其他微处理器或单片机架构总是从0地址开始执行第一条指令。它们的0地址处总是存放一条跳转指令。在Cortex-M3中,在0地址处存放MSP的初始值,然后紧跟着就是向量表(向量表在以后还可

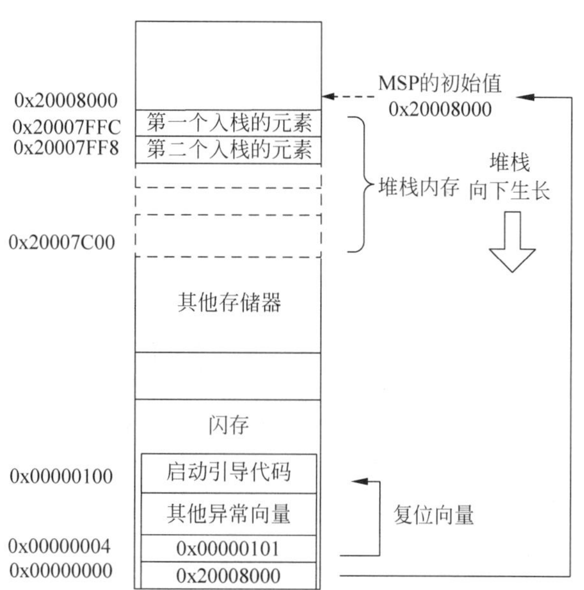

图 2-40 初始 MSP 及 PC 初始化的一个范例

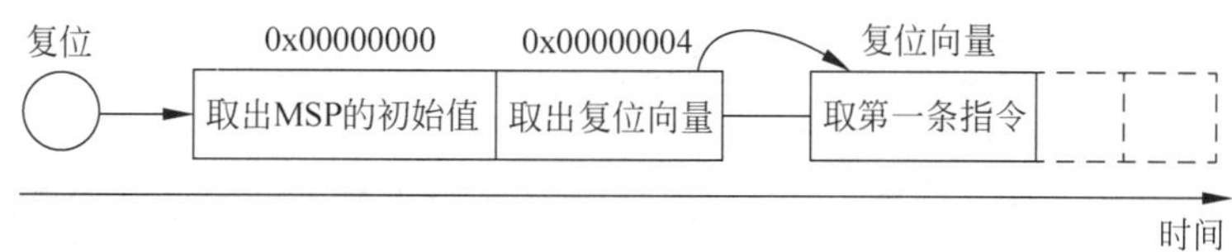

图 2-41 复位流程

以被移至其他位置)。向量表中的数值是 32 位的地址,而不是跳转指令。向量表的第一个条目指向复位后应执行的第一条指令所在的地址。

因为 Cortex-M3 使用的是向下生长的满栈,所以 MSP 的初始值必须是堆栈内存的末地址加 1。举例来说,如果堆栈区域在 0x20007C00～0x20007FFF 之间,那么 MSP 的初始值必须是 0x20008000。

向量表跟随在 MSP 的初始值之后——也就是第 2 个表目。注意,因为 Cortex-M3 是在 Thumb 态下执行,所以向量表中的每个数值都必须把 LSB 置 1(也就是奇数)。正是因为这个原因,图 2-40 中使用 0x00000101 来表达地址 0x00000100。当 0x00000100 处的指令得到执行后,就正式开始了程序的执行。在此之前初始化 MSP 是必需的,因为可能第 1 条指令还没来得及执行,就发生了不可屏蔽中断(NMI)或是其他 Fault。MSP 初始化好后就为它们的服务例程准备好了堆栈。

对于不同的开发工具,需要使用不同的格式来设置 MSP 初值和复位向量——有些则由开发工具自行计算并生成。

如果在执行指令的过程中发生异常,则程序的执行流程如图 2-42 所示。

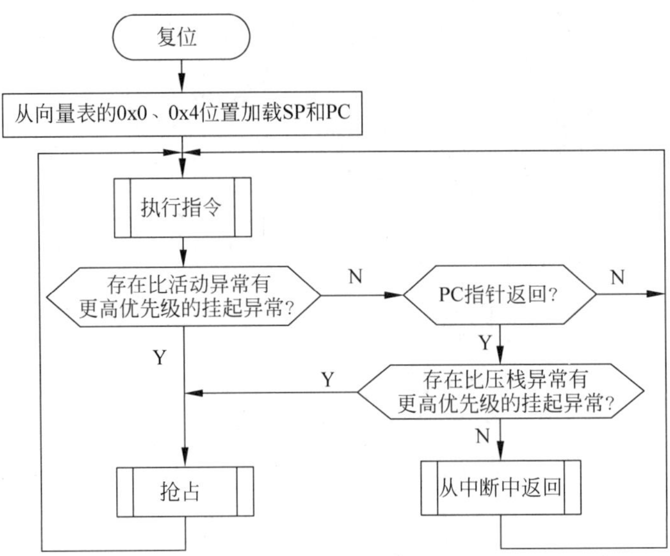

图 2-42　Cortex-M3 处理器的异常处理流程

2.9　习题

2-1　试画出 Cortex-M3 的内核体系结构。

2-2　Cortex-M3 内核有哪几种工作模式?

2-3　异常和中断有什么不同? Cortex-M3 内核中可以管理的异常和中断有哪些?

2-4　简述 Cortex-M3 中断的特点。

2-5　Cortex-M3 的中断优先级如何设置?

2-6　简述 Cortex-M3 位带操作的基本原理和作用。

2-7　Cortex-M3 的堆栈有哪些特点?

第3章 STM32F1系列微控制器

CHAPTER 3

本章首先概述STM32F1系列微控制器产品，然后介绍STM32F1系列微控制器的典型产品STM32F103ZET6的内部结构、时钟以及最小系统等内容。

3.1 STM32F1系列微控制器简介

2007年6月意法半导体(ST)公司宣布了第一款基于Cortex-M3并内嵌32～128KB闪存的STM32微控制器系列产品。STM32 F1系列基础型MCU满足了工业、医疗和消费类市场的各种应用需求。凭借该产品系列，意法半导体在全球ARM Cortex-M微控制器领域处于领先地位。该系列产品利用一流的外设和低功耗、低压操作实现了高性能，同时还以可接受的价格、简单的架构和简便易用的工具得到了开发者认可。该系列包含5个产品线，它们的引脚、外设和软件均兼容。

STM32系列产品命名规则如图3-1所示。

其中，各个系列的基本特点如下：

- 超值型STM32F100-24MHz CPU，具有电机控制和CEC功能。
- 基本型STM32F101-36MHz CPU，具有高达1MB的Flash。
- 连接型STM32F102-48MHz CPU，具备USB FS device接口。
- 增强型STM32F103-72MHz CPU，具有高达1MB的Flash、电机控制、USB和CAN。
- 互联型STM32F105/107-72MHz CPU，具有以太网MAC、CAN和USB 2.0 OTG。

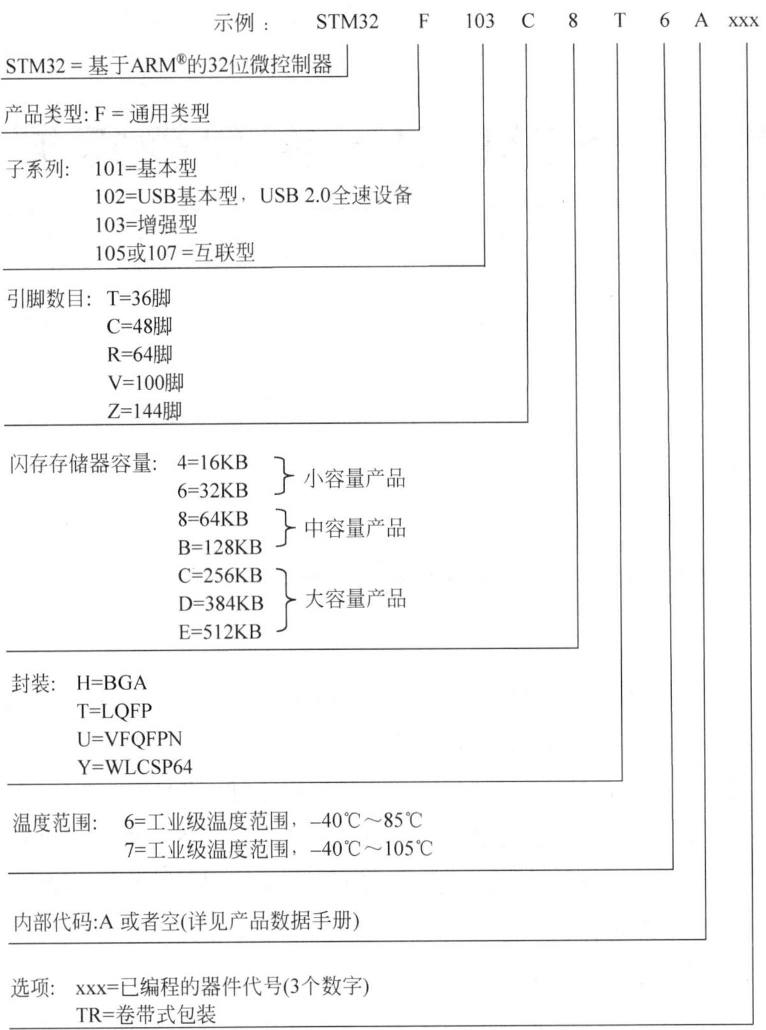

图 3-1 STM32 系列产品命名规则

3.2 STM32F1 系列产品系统构架和 STM32F103ZET6 内部结构

3.2.1 STM32F1 系列产品系统架构

STM32F1 系列产品系统架构如图 3-2 所示。

STM32F1 系列产品主要由以下部分构成：

- Cortex-M3 内核 DCode 总线(D-bus)和系统总线(S-bus)。
- 通用 DMA1 和通用 DMA2。
- 内部 SRAM。
- 内部闪存存储器。
- FSMC。
- AHB 到 APB 的桥(AHB2APBx),它连接所有的 APB 设备。

上述部件都是通过一个多级的 AHB 总线构架相互连接的。

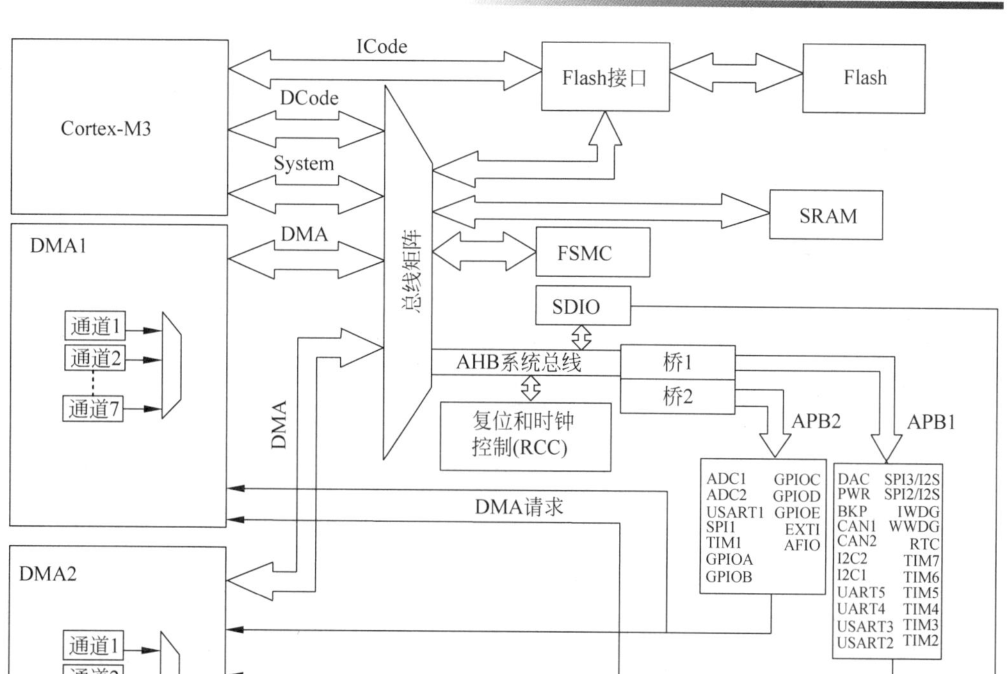

图 3-2　STM32F1 系列产品系统架构

ICode 总线：该总线将 Cortex-M3 内核的指令总线与闪存指令接口相连接。指令预取在此总线上完成。

DCode 总线：该总线将 Cortex-M3 内核的 DCode 总线与闪存存储器的数据接口相连接(常量加载和调试访问)。

系统总线：此总线连接 Cortex-M3 内核的系统总线(外设总线)到总线矩阵，总线矩阵协调着内核和 DMA 间的访问。

DMA 总线：此总线将 DMA 的 AHB 主控接口与总线矩阵相连，总线矩阵协调着 CPU 的 DCode 和 DMA 到 SRAM、闪存和外设的访问。

总线矩阵：总线矩阵协调内核系统总线和 DMA 主控总线之间的访问仲裁，仲裁采用轮换算法。总线矩阵包含 4 个主动部件(CPU 的 DCode、系统总线、DMA1 总线和 DMA2 总线)和 4 个被动部件(闪存存储器接口、SRAM、FSMC 和 AHB2APB 桥)。

AHB 外设通过总线矩阵与系统总线相连，允许 DMA 访问。

AHB/APB 桥(APB)：两个 AHB/APB 桥在 AHB 和两个 APB 总线间提供同步连接。APB1 操作速度限于 36MHz，APB2 操作于全速(最高 72MHz)。

上述模块由 AMBA(Advanced Microcontroller Bus Architecture)总线连接到一起。AMBA 总线是 ARM 公司定义的片上总线，已成为一种流行的工业片上总线标准。它包括 AHB(Advanced High performance Bus)和 APB(Advanced Peripheral Bus)，前者作为系统总线，后者作为外设总线。

3.2.2　STM32F103ZET6 的内部架构

STM32F103ZET6 的内部架构如图 3-3 所示。STM32F103ZET6 包含以下特性。

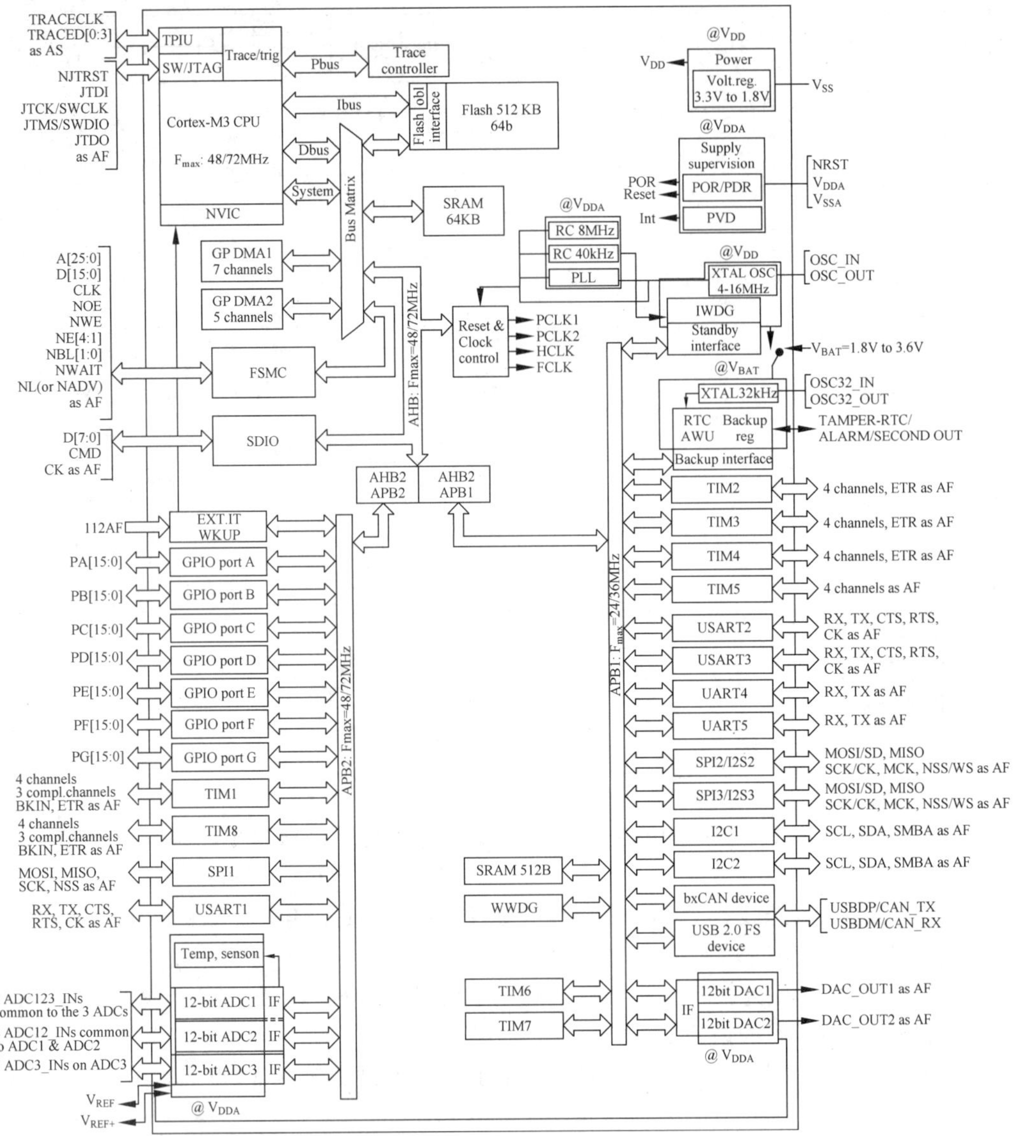

图 3-3　STM32F103ZET6 的内部架构

(1) 内核。

① ARM 32 位的 Cortex-M3 CPU，最高 72MHz 工作频率，在存储器的 0 等待周期访问时可达 1.25DMips/MHz(Dhrystone 2.1)。

② 单周期乘法和硬件除法。

(2) 存储器。

① 512KB 的闪存程序存储器。

② 64KB 的 SRAM。

③ 带有 4 个片选信号的灵活的静态存储器控制器，支持 Compact Flash、SRAM、PSRAM、NOR 和 NAND 存储器。

(3) LCD 并行接口，支持 8080/6800 模式。

(4) 时钟、复位和电源管理。

① 芯片和 I/O 引脚的供电电压为 2.0～3.6V。

② 上电/断电复位(POR/PDR)、可编程电压监测器(PVD)。

③ 4～16MHz 晶体振荡器。

④ 内嵌经出厂调校的 8MHz 的 RC 振荡器。

⑤ 内嵌带校准的 40kHz 的 RC 振荡器。

⑥ 带校准功能的 32kHz RTC 振荡器。

(5) 低功耗。

① 支持睡眠、停机和待机模式。

② V_{BAT} 为 RTC 和后备寄存器供电。

(6) 3 个 12 位模数转换器(ADC),1μs 转换时间(多达 16 个输入通道)。

① 转换范围：0～3.6V。

② 采样和保持功能。

③ 温度传感器。

(7) 2 个 12 位数模转换器(DAC)。

(8) DMA。

① 12 通道 DMA 控制器。

② 支持的外设包括：定时器、ADC、DAC、SDIO、I2S、SPI、I2C 和 USART。

(9) 调试模式。

① 串行单线调试(SWD)和 JTAG 接口。

② Cortex-M3 嵌入式跟踪宏单元(ETM)。

(10) 快速 I/O 端口(PA～PG)。

多达 7 个快速 I/O 端口,每个端口包含 16 根 I/O 口线,所有 I/O 口可以映像到 16 个外部中断；几乎所有端口均可容忍 5V 信号。

(11) 多达 11 个定时器。

① 4 个 16 位通用定时器,每个定时器有多达 4 个用于输入捕获/输出比较/PWM 或脉冲计数的通道和增量编码器输入。

② 2 个 16 位带死区控制和紧急刹车,用于电机控制的 PWM 高级控制定时器。

③ 2 个看门狗定时器(独立看门狗定时器和窗口看门狗定时器)。

④ 系统滴答定时器：24 位自减型计数器。

⑤ 2 个 16 位基本定时器用于驱动 DAC。

(12) 多达 13 个通信接口。

① 2 个 I^2C 接口(支持 SMBus/PMBus)。

② 5 个 USART 接口(支持 ISO7816 接口、LIN、IrDA 兼容接口和调制解调控制)。

③ 3 个 SPI 接口(18M 位/秒),2 个带有 I^2S 切换接口。

④ 1 个 CAN 接口(支持 2.0B 协议)。

⑤ 1 个 USB 2.0 全速接口。

⑥ 1 个 SDIO 接口。

(13) CRC 计算单元,96 位的芯片唯一代码。

(14) LQFP144 封装形式。

(15) 工作温度：－40℃～＋105℃。

以上特性,使得 STM32F103ZET6 非常实用于电机驱动、应用控制、医疗和手持设备、PC 和游戏外设、GPS 平台、工业应用、PLC、逆变器、打印机、扫描仪、报警系统、空调系统等领域。

3.3 STM32F103ZET6 的存储器映像

STM32F103ZET6 的存储器映像如图 3-4 所示。

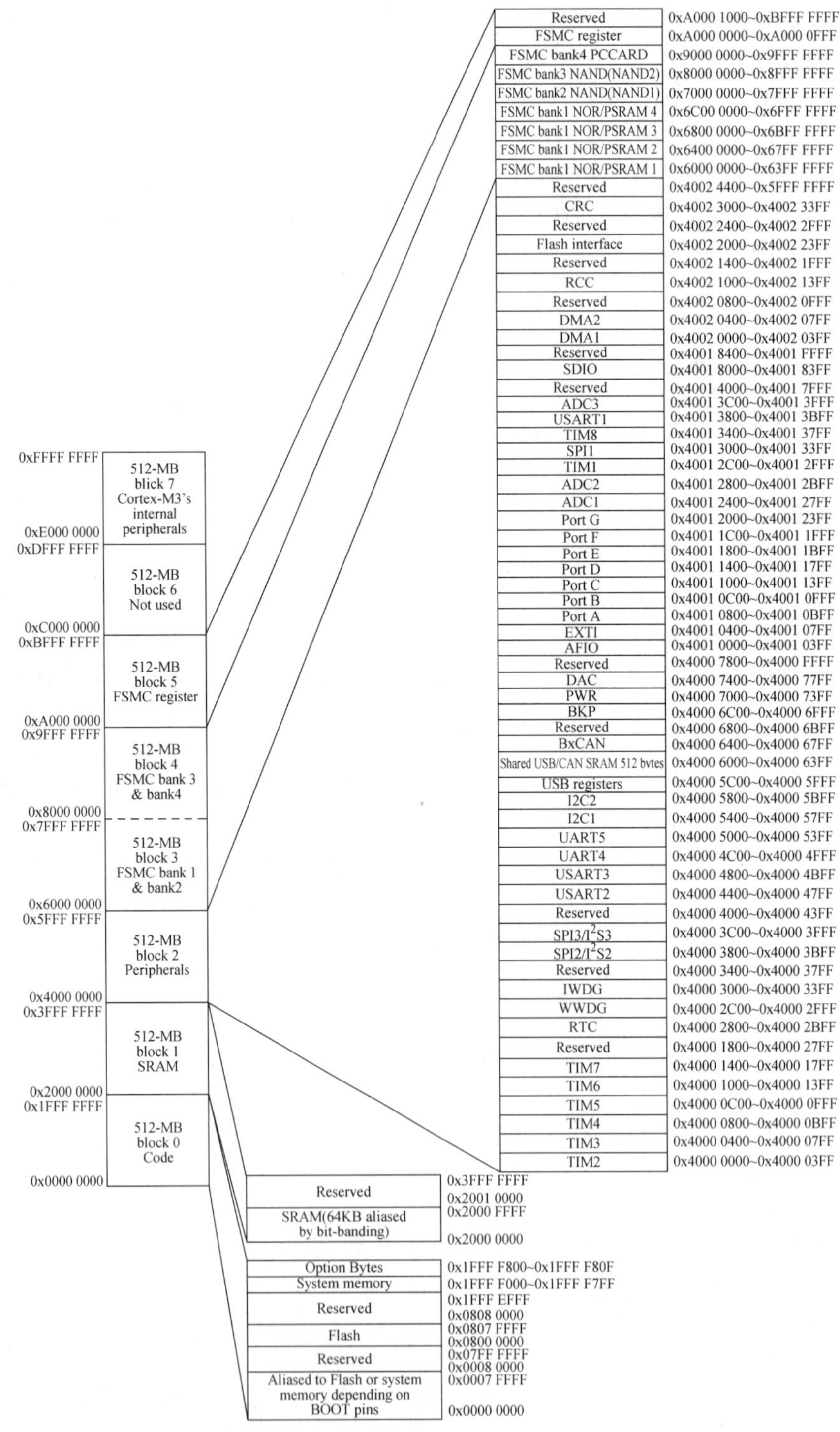

图 3-4 STM32F103ZET6 的存储器映像

程序存储器、数据存储器、寄存器和输入/输出端口被组织在同一个 4GB 的线性地址空间内。可访问的存储器空间被分成 8 个主要的块，每块为 512MB。

数据字节以小端格式存放在存储器中。一个字中的最低地址字节被认为是该字的最低有效字节，而最高地址字节是最高有效字节。

1. STM32F103ZET6 内置外设的地址范围

STM32F103ZET6 中内置外设的地址范围如表 3-1 所示。

表 3-1　STM32F103ZET6 中内置外设的起始范围

地址范围	外设	所在总线
0x5000 0000～0x5003 FFFF	USB OTG 全速	AHB
0x4002 8000～0x4002 9FFF	以太网	
0x4002 3000～0x4002 33FF	CRC	AHB
0x4002 2000～0x4002 23FF	闪存存储器接口	
0x4002 1000～0x4002 13FF	复位和时钟控制(RCC)	
0x4002 0400～0x4002 07FF	DMA2	
0x4002 0000～0x4002 03FF	DMA1	
0x4001 8000～0x4001 83FF	SDIO	
0x4001 3C00～0x4001 3FFF	ADC3	APB2
0x4001 3800～0x4001 3BFF	USART1	
0x4001 3400～0x4001 37FF	TIM8 定时器	
0x4001 3000～0x4001 33FF	SPI1	
0x4001 2C00～0x4001 2FFF	TIM1 定时器	
0x4001 2800～0x4001 2BFF	ADC2	
0x4001 2400～0x4001 27FF	ADC1	
0x4001 2000～0x4001 23FF	GPIO 端口 G	
0x4001 1C00～0x4001 1FFF	GPIO 端口 F	
0x4001 1800～0x4001 1BFF	GPIO 端口 E	
0x4001 1400～0x4001 17FF	GPIO 端口 D	
0x4001 1000～0x4001 13FF	GPIO 端口 C	
0x4001 0C00～0x4001 0FFF	GPIO 端口 B	
0x4001 0800～0x4001 0BFF	GPIO 端口 A	
0x4001 0400～0x4001 07FF	EXTI	
0x4001 0000～0x4001 03FF	AFIO	
0x4000 7400～0x4000 77FF	DAC	APB1
0x4000 7000～0x4000 73FF	电源控制(PWR)	
0x4000 6C00～0x4000 6FFF	后备寄存器(BKP)	
0x4000 6400～0x4000 67FF	bxCAN	
0x4000 6000～0x4000 63FF	USB/CAN 共享的 512B SRAM	
0x4000 5C00～0x4000 5FFF	USB 全速设备寄存器	
0x4000 5800～0x4000 5BFF	I2C2	
0x4000 5400～0x4000 57FF	I2C1	
0x4000 5000～0x4000 53FF	UART5	

续表

地址范围	外设	所在总线
0x4000 4C00～0x4000 4FFF	UART4	APB1
0x4000 4800～0x4000 4BFF	USART3	
0x4000 4400～0x4000 47FF	USART2	
0x4000 3C00～0x4000 3FFF	SPI3/I2S3	
0x4000 3800～0x4000 3BFF	SPI2/I2S2	
0x4000 3000～0x4000 33FF	独立看门狗(IWDG)	
0x4000 2C00～0x4000 2FFF	窗口看门狗(WWDG)	
0x4000 2800～0x4000 2BFF	RTC	
0x4000 1400～0x4000 17FF	TIM7 定时器	
0x4000 1000～0x4000 13FF	TIM6 定时器	
0x4000 0C00～0x4000 0FFF	TIM5 定时器	
0x4000 0800～0x4000 0BFF	TIM4 定时器	
0x4000 0400～0x4000 07FF	TIM3 定时器	
0x4000 0000～0x4000 03FF	TIM2 定时器	

以下没有分配给片上存储器和外设的存储器空间都是保留的地址空间：

0x4000 1800～0x4000 27FF、0x4000 3400～0x4000 37FF、0x4000 4000～0x4000 3FFF、0x4000 7800～0x4000FFFF、0x4001 4000～0x4001 7FFF、0x4001 8400～0x4001 7FFF、0x4002 0800～0x4002 0FFF、0x4002 1400～0x4002 1FFF、0x4002 3400～0x4002 3FFF、0x4003 0000～0x4FFF FFFF。

其中每个地址范围的第一个地址为对应外设的首地址，该外设的相关寄存器地址都可以用"首地址＋偏移量"的方式找到其绝对地址。

2. 嵌入式 SRAM

STM32F103ZET6 内置 64KB 的静态 SRAM。它可以以字节、半字(16 位)或字(32 位)访问。SRAM 的起始地址是 0x2000 0000。

位带

Cortex-M3 存储器映像包括两个位带区。这两个位带区将别名存储器区中的每个字映射到位带存储器区的一个位，在别名存储区写入一个字具有对位带区的目标位执行读-改-写操作的相同效果。

在 STM32F103ZET6 中，外设寄存器和 SRAM 都被映射到位带区里，允许执行位带的写和读操作。

下面的映射公式给出了别名区中的每个字是如何对应位带区的相应位：

bit_word_addr = bit_band_base + (byte_offset×32) + (bit_number×4)

其中：

bit_word_addr 是别名存储器区中字的地址，它映射到某个目标位。

bit_band_base 是别名区的起始地址。

byte_offset 是包含目标位的字节在位带中的序号。

bit_number 是目标位所在位置(0～31)。

下面的例子说明如何映射别名区中 SRAM 地址为 0x20000300 的字节中的位 2:

$$0x22006008 = 0x22000000 + (0x300 \times 32) + (2 \times 4)$$

对 0x22006008 地址的写操作与对 SRAM 中地址为 0x20000300 的字节的位 2 执行读-改-写操作有着相同的效果。

读 0x22006008 地址返回 SRAM 中地址为 0x20000300 的字节的位 2 的值(0x01 或 0x00)。

3. 嵌入式闪存

高达 512KB 闪存存储器,由主存储块和信息块组成:主存储块容量为 64K×64 位,每个存储块划分为 256 个 2KB 的页。信息块容量为 258×64 位。

闪存模块的组织如表 3-2 所示。

表 3-2 闪存模块的组织

模　块	名　称	地　址	大小/B
主存储块	页 0	0x0800 0000～0x0800 07FF	2K
	页 1	0x0800 0800～0x0800 0FFF	2K
	页 2	0x0800 1000～0x0800 17FF	2K
	页 3	0x0800 1800～0x0800 1FFF	2K
	…	…	…
	页 255	0x0807 F800～0x0807 FFFF	2K
信息块	系统存储器	0x1FFF F000～0x1FFF F7FF	2K
	选择字节	0x1FFF F800～0x1FFF F80F	16
闪存存储器接口寄存器	FLASH_ACR	0x4002 2000～0x4002 2003	4
	FALSH_KEYR	0x4002 2004～0x4002 2007	4
	FLASH_OPTKEYR	0x4002 2008～0x4002 200B	4
	FLASH_SR	0x4002 200C～0x4002 200F	4
	FLASH_CR	0x4002 2010～0x4002 2013	4
	FLASH_AR	0x4002 2014～0x4002 2017	4
	保留	0x4002 2018～0x4002 201B	4
	FLASH_OBR	0x4002 201C～0x4002 201F	4
	FLASH_WRPR	0x4002 2020～0x4002 2023	4

闪存存储器接口的特性为:

- 带预取缓冲器的读接口(每字为 2×64 位)。
- 选择字节加载器。
- 闪存编程/擦除操作。
- 访问/写保护。

闪存的指令和数据访问是通过 AHB 总线完成的。预取模块通过 ICode 总线读取指令。仲裁作用在闪存接口,并且 DCode 总线上的数据访问优先。读访问可以有以下配置选项。

- 等待时间:可以随时更改的用于读取操作的等待状态的数量。
- 预取缓冲区(2 个 64 位):在每一次复位以后被自动打开,由于每个缓冲区的大小

(64 位)与闪存的带宽相同,因此只需通过一次读闪存的操作即可更新整个缓冲区的内容。由于预取缓冲区的存在,CPU 可以工作在更高的主频。CPU 每次取指最多为 32 位的字,取一条指令时,下一条指令已经在缓冲区中等待。

3.4 STM32F103ZET6 的时钟结构

STM32 系列微控制器中,有 5 个时钟源,分别是高速内部时钟(High Speed Internal, HSI)、高速外部时钟(High Speed External, HSE)、低速内部时钟(Low Speed Internal, LSI)、低速外部时钟(Low Speed External, LSE)、锁相环倍频输出(Phase Locked Loop, PLL)。STM32F103ZET6 的时钟系统呈树状结构,因此也称为时钟树,如图 3-5 所示。

STM32F103ZET6 具有多个时钟频率,分别供给内核和不同外设模块使用。高速时钟供中央处理器等高速设备使用,低速时钟供外设等低速设备使用。HSI、HSE 或 PLL 可被用来驱动系统时钟(SYSCLK)。

LSI、LSE 作为二级时钟源。40kHz 低速内部 RC 时钟可以用于驱动独立看门狗和通过程序选择驱动 RTC。RTC 用于从停机/待机模式下自动唤醒系统。

32.768kHz 低速外部晶体也可用来通过程序选择驱动 RTC(RTCCLK)。

当某个部件不被使用时,任一个时钟源都可被独立地启动或关闭,由此优化系统功耗。

用户可通过多个预分频器配置 AHB、高速 APB(APB2)和低速 APB(APB1)的频率。AHB 和 APB2 的最大频率是 72MHz。APB1 的最大允许频率是 36MHz。SDIO 接口的时钟频率固定为 HCLK/2。

RCC 通过 AHB 时钟(HCLK)8 分频后作为 Cortex 系统定时器(SysTick)的外部时钟。通过对 SysTick 控制与状态寄存器的设置,可选择上述时钟或 Cortex(HCLK)时钟作为 SysTick 时钟。ADC 时钟由高速 APB2 时钟经 2、4、6 或 8 分频后获得。

定时器时钟频率分配由硬件按以下两种情况自动设置:

(1) 如果相应的 APB 预分频系数是 1,定时器的时钟频率与所在 APB 总线频率一致。

(2) 否则,定时器的时钟频率被设为与其相连的 APB 总线频率的 2 倍。

FCLK 是 Cortex-M3 处理器的自由运行时钟。

STM32 处理器因为低功耗的需要,各模块需要分别独立开启时钟。因此,当需要使用某个外设模块时,务必要先使能对应的时钟。否则,这个外设不能工作。

1. HSE 时钟

高速外部时钟信号(HSE)可以由外部晶体/陶瓷谐振器产生,也可以由用户外部时钟产生。一般采用外部晶体/陶瓷谐振器产生 HSE 时钟。在 OSC_IN 和 OSC_OUT 引脚之间连接 4~16MHz 外部振荡器为系统提供精确的主时钟,具体连接方式如图 3-6 所示。

为了减少时钟输出的失真和缩短启动稳定时间,晶体/陶瓷谐振器和负载电容器必须尽可能地靠近振荡器引脚。负载电容值必须根据所选择的振荡器来调整。

2. HSI 时钟

HSI 时钟信号由内部 8MHz 的 RC 振荡器产生,可直接作为系统时钟或在 2 分频后作为 PLL 输入。

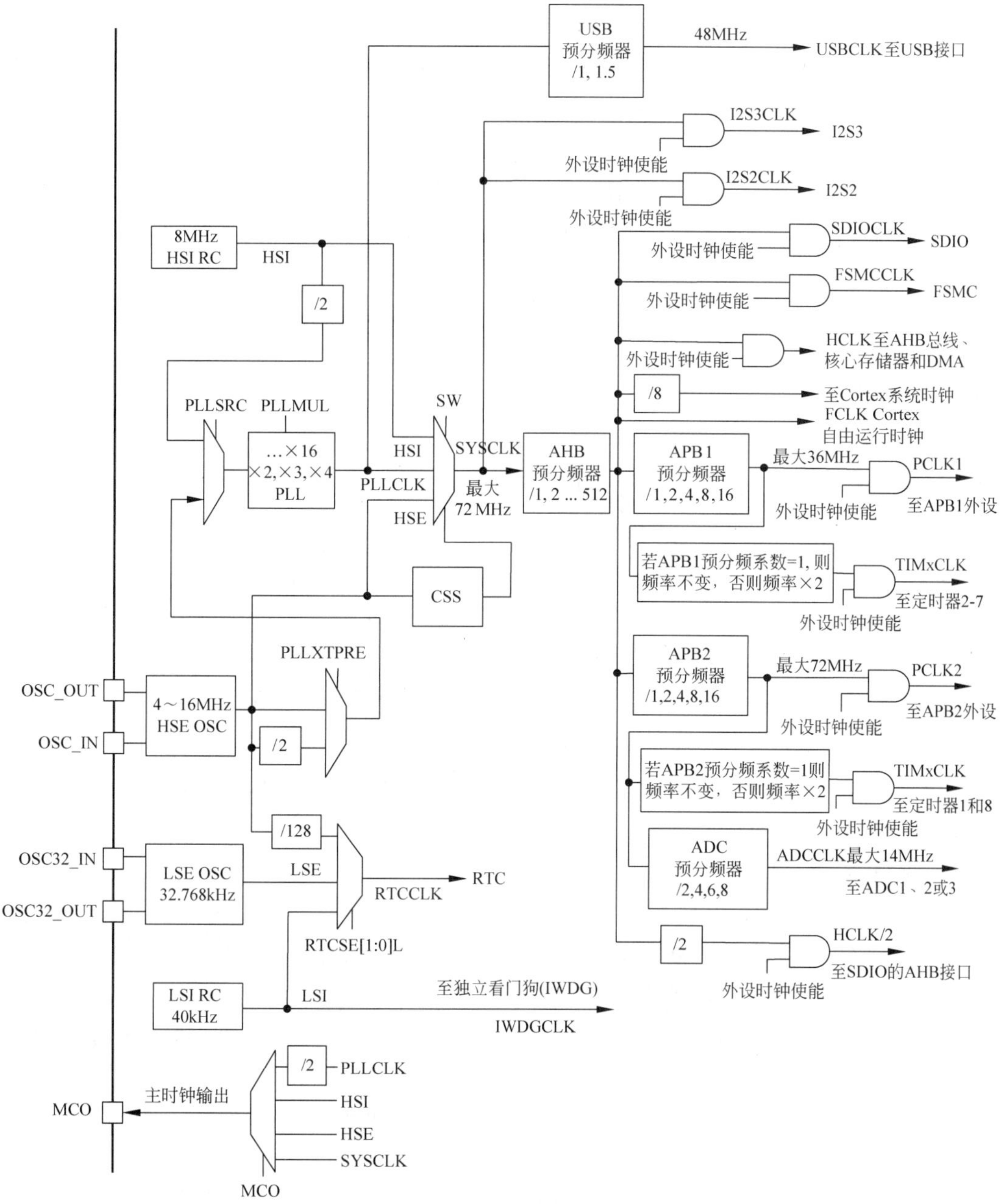

USB 预分频器 /1, 1.5
48MHz
USBCLK至USB接口
I2S3CLK
I2S3
外设时钟使能
I2S2CLK
I2S2
外设时钟使能
8MHz HSI RC
HSI
/2
SDIOCLK
SDIO
外设时钟使能
FSMCCLK
FSMC
外设时钟使能
HCLK至AHB总线、核心存储器和DMA
外设时钟使能
/8
至Cortex系统时钟
FCLK Cortex 自由运行时钟
PLLSRC
PLLMUL
SW
…×16 ×2,×3,×4 PLL
HSI
PLLCLK
HSE
SYSCLK
最大 72 MHz
AHB 预分频器 /1, 2 ... 512
APB1 预分频器 /1,2,4,8,16
最大36MHz
PCLK1
外设时钟使能
至APB1外设
若APB1预分频系数=1, 则频率不变，否则频率×2
TIMxCLK
至定时器2-7
外设时钟使能
CSS
PLLXTPRE
APB2 预分频器 /1,2,4,8,16
最大72MHz
PCLK2
外设时钟使能
至APB2外设
OSC_OUT
OSC_IN
4～16MHz HSE OSC
/2
若APB2预分频系数=1则频率不变，否则频率×2
TIMxCLK
至定时器1和8
外设时钟使能
/128
OSC32_IN
OSC32_OUT
LSE OSC 32.768kHz
LSE
RTC
RTCCLK
RTCSE[1:0]L
ADC 预分频器 /2,4,6,8
ADCCLK最大14MHz
至ADC1、2或3
/2
HCLK/2
至SDIO的AHB接口
外设时钟使能
LSI RC 40kHz
LSI
至独立看门狗(IWDG)
IWDGCLK
/2
PLLCLK
HSI
HSE
SYSCLK
MCO
主时钟输出
MCO

图 3-5　STM32F103ZET6 的时钟树 *

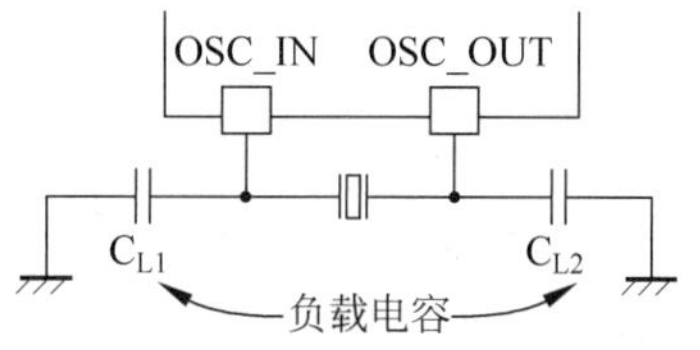

图 3-6　外部晶体的电路连接

* 本书电路符号采用国际符号，与国标符号的对应请见附录 B。

HSI RC 振荡器能够在不需要任何外部器件的条件下提供系统时钟。它的启动时间比 HSE 晶体振荡器短。然而，即使在校准之后它的时钟频率精度仍较差。如果 HSE 晶体振荡器失效，HSI 时钟会被作为备用时钟源。

3. PLL

内部 PLL 可以用来倍频 HSI RC 的输出时钟或 HSE 晶体输出时钟。PLL 的设置（选择 HSI 振荡器除 2 或 HSE 振荡器为 PLL 的输入时钟，并选择倍频因子）必须在其被激活前完成。一旦 PLL 被激活，这些参数就不能被改动。

如果需要在应用中使用 USB 接口，PLL 必须被设置为输出 48 或 72MHz 时钟，用于提供 48MHz 的 USBCLK 时钟。

4. LSE 时钟

LSE 晶体是一个 32.768kHz 的低速外部晶体或陶瓷谐振器。它为实时时钟或者其他定时功能提供一个低功耗且精确的时钟源。

5. LSI 时钟

LSI RC 担当着低功耗时钟源的角色，它可以在停机和待机模式下保持运行，为独立看门狗和自动唤醒单元提供时钟。LSI 时钟频率大约 40kHz（在 30kHz 和 60kHz 之间）。

6. 系统时钟(SYSCLK)选择

系统复位后，HSI 振荡器被选为系统时钟。当时钟源被直接或通过 PLL 间接作为系统时钟时，它将不能被停止。只有当目标时钟源准备就绪了（经过启动稳定阶段的延迟或 PLL 稳定），从一个时钟源到另一个时钟源的切换才会发生。在被选择时钟源没有就绪时，系统时钟的切换不会发生。直至目标时钟源就绪，才发生切换。

7. RTC 时钟

通过设置备份域控制寄存器（RCC_BDCR）里的 RTCSEL[1:0]位，RTCCLK 时钟源可以由 HSE/128、LSE 或 LSI 时钟提供。除非备份域复位，此选择不能被改变。LSE 时钟在备份域里，但 HSE 和 LSI 时钟不是。因此：

(1) 如果 LSE 被选为 RTC 时钟，只要 VBAT 维持供电，尽管 VDD 供电被切断，RTC 仍可继续工作。

(2) LSI 被选为自动唤醒单元（AWU）时钟时，如果切断 VDD 供电，不能保证 AWU 的状态。

(3) 如果 HSE 时钟 128 分频后作为 RTC 时钟，VDD 供电被切断或内部电压调压器被关闭（1.8V 域的供电被切断）时，RTC 状态不确定。必须设置电源控制寄存器的 DPB 位（取消后备区域的写保护）为 1。

8. 看门狗时钟

如果独立看门狗已经由硬件选项或软件启动，LSI 振荡器将被强制在打开状态，并且不能被关闭。在 LSI 振荡器稳定后，时钟供应给 IWDG。

9. 时钟输出

微控制器允许输出时钟信号到外部 MCO 引脚。相应的 GPIO 端口寄存器必须被配置为相应功能。可被选作 MCO 时钟的时钟信号有 SYSCLK、HIS、HSE、PLL 时钟/2。

3.5　STM32F103VET6 的引脚

STM32F103VET6 比 STM32F103ZET6 少了两个口：PF 口和 PG 口，其他资源一样。为了简化描述，后续的内容以 STM32F103VET6 为例进行介绍。STM32F103VET6 采用 LQFP100 封装，引脚图如图 3-7 所示。

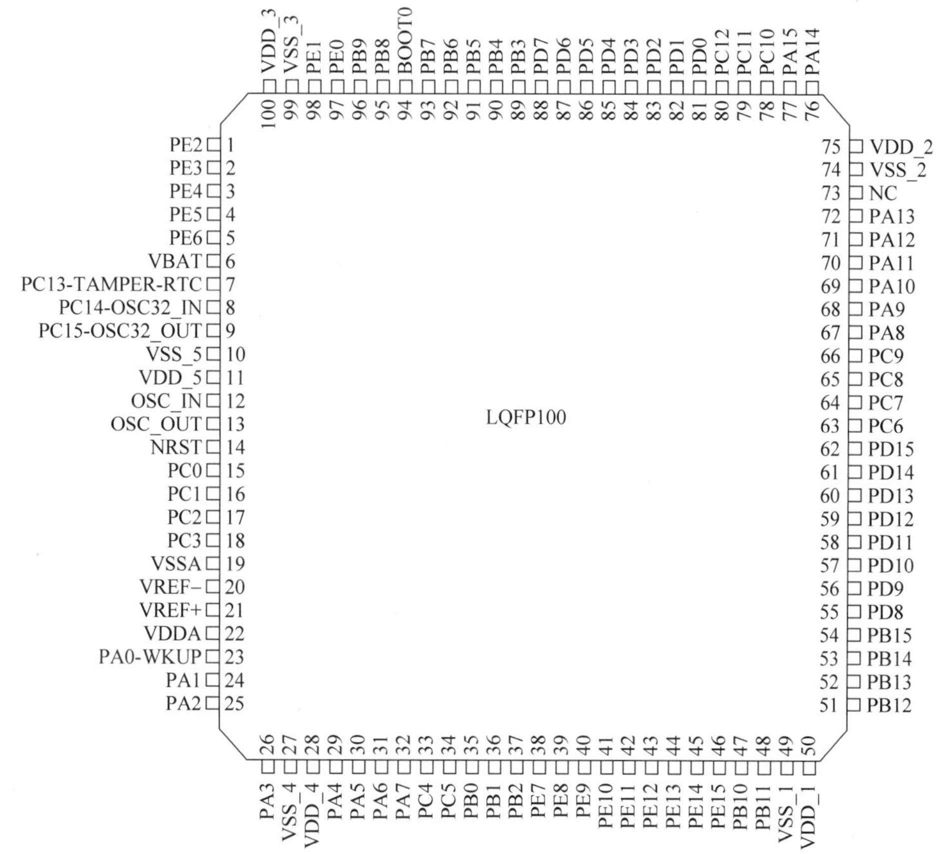

图 3-7　STM32F103VET6 的引脚图

1. 引脚定义

STM32F103VET6 的引脚定义如表 3-3 所示。

表 3-3　STM32F103VET6 的引脚定义

引脚编号	引脚名称	类型	I/O电平	复位后的主要功能	复用功能	
					默认情况	重映射后
1	PE2	I/O	FT	PE2	TRACECK/FSMC_A23	
2	PE3	I/O	FT	PE3	TRACED0/FSMC_A19	
3	PE4	I/O	FT	PE4	TRACED1/FSMC_A20	
4	PE5	I/O	FT	PE5	TRACED2/FSMC_A21	
5	PE6	I/O	FT	PE6	TRACED3/FSMC_A22	

续表

引脚编号	引脚名称	类型	I/O电平	复位后的主要功能	复用功能	
					默认情况	重映射后
6	V_{BAT}	S		V_{BAT}		
7	PC13-TAMPER-RTC	I/O		PC13	TAMPER-RTC	
8	PC14-OSC32_IN	I/O		PC14	OSC32_IN	
9	PC15-SC32_OUT	I/O		PC15	OSC32_OUT	
10	VSS_5	S		VSS_5		
11	VDD_5	S		VDD_5		
12	OSC_IN	I		OSC_IN		
13	OSC_OUT	O		OSC_OUT		
14	NRST	I/O		NRST		
15	PC0	I/O		PC0	ADC123_IN10	
16	PC1	I/O		PC1	ADC123_IN11	
17	PC2	I/O		PC2	ADC123_IN12	
18	PC3	I/O		PC3	ADC123_IN13	
19	VSSA	S		VSSA		
20	VREF−	S		VREF−		
21	VREF+	S		VREF+		
22	VDDA	S		VDDA		
23	PA0-WKUP	I/O		PA0	WKUP/USART2_CTS/ADC123_IN0/TIM2_CH1_ETR/TIM5_CH1/TIM8_ETR	
24	PA1	I/O		PA1	USART2_RTS/ADC123_IN1/TIM5_CH2/TIM2_CH2	
25	PA2	I/O		PA2	USART2_TX/TIM5_CH3/ADC123_IN2/TIM2_CH3	
26	PA3	I/O		PA3	USART2_RX/TIM5_CH4/ADC123_IN3/TIM2_CH4	
27	VSS_4	S		VSS_4		
28	VDD_4	S		VDD_4		
29	PA4	I/O		PA4	SPI1_NSS/USART2_CK/DAC_OUT1/ADC12_IN4	
30	PA5	I/O		PA5	SPI1_SCK/DAC_OUT2/ADC12_IN5	
31	PA6	I/O		PA6	SPI1_MISO/TIM8_BKIN/ADC12_IN6/TIM3_CH1	TIM1_BKIN
32	PA7	I/O		PA7	SPI1_MOSI/TIM8_CH1N/ADC12_IN7/TIM3_CH2	TIM1_CH1N
33	PC4	I/O		PC4	ADC12_IN14	
34	PC5	I/O		PC5	ADC12_IN15	
35	PB0	I/O		PB0	ADC12_IN8/TIM3_CH3/TIM8_CH2N	TIM1_CH2N

续表

引脚编号	引脚名称	类型	I/O电平	复位后的主要功能	复用功能	
					默认情况	重映射后
36	PB1	I/O		PB1	ADC12_IN9/TIM3_CH4/TIM8_CH3N	TIM1_CH3N
37	PB2	I/O	FT	PB2/BOOT1		
38	PE7	I/O	FT	PE7	FSMC_D4	TIM1_ETR
39	PE8	I/O	FT	PE8	FSMC_D5	TIM1_CH1N
40	PE9	I/O	FT	PE9	FSMC_D6	TIM1_CH1
41	PE10	I/O	FT	PE10	FSMC_D7	TIM1_CH2N
42	PE11	I/O	FT	PE11	FSMC_D8	TIM1_CH2
43	PE12	I/O	FT	PE12	FSMC_D9	TIM1_CH3N
44	PE13	I/O	FT	PE13	FSMC_D10	TIM1_CH3
45	PE14	I/O	FT	PE14	FSMC_D11	TIM1_CH4
46	PE15	I/O	FT	PE15	FSMC_D12	TIM1_BKIN
47	PB10	I/O	FT	PB10	I2C2_SCL/USART3_TX	TIM2_CH3
48	PB11	I/O	FT	PB11	I2C2_SDA/USART3_RX	TIM2_CH4
49	VSS_1	S		VSS_1		
50	VDD_1	S		VDD_1		
51	PB12	I/O	FT	PB12	SPI2_NSS/I2S2_WS/I2C2_SMBA/USART3_CK/TIM1_BKIN	
52	PB13	I/O	FT	PB13	SPI2_SCK/I2S2_CK/USART3_CTS/TIM1_CH1N	
53	PB14	I/O	FT	PB14	SPI2_MISO/TIM1_CH2N/USART3_RTS/	
54	PB15	I/O	FT	PB15	SPI2_MOSI/I2S2_SD/TIM1_CH3N	
55	PD8	I/O	FT	PD8	FSMC_D13	USART3_TX
56	PD9	I/O	FT	PD9	FSMC_D14	USART3_RX
57	PD10	I/O	FT	PD10	FSMC_D15	USART3_CK
58	PD11	I/O	FT	PD11	FSMC_A16	USART3_CTS
59	PD12	I/O	FT	PD12	FSMC_A17	TIM4_CH1/USART3_RTS
60	PD13	I/O	FT	PD13	FSMC_A18	TIM4_CH2
61	PD14	I/O	FT	PD14	FSMC_D0	TIM4_CH3
62	PD15	I/O	FT	PD15	FSMC_D1	TIM4_CH4
63	PC6	I/O	FT	PC6	I2S2_MCK/TIM8_CH1/SDIO_D6	TIM3_CH1
64	PC7	I/O	FT	PC7	I2S3_MCK/TIM8_CH2/SDIO_D7	TIM3_CH2
65	PC8	I/O	FT	PC8	TIM8_CH3/SDIO_D0	TIM3_CH3
66	PC9	I/O	FT	PC9	TIM8_CH4/SDIO_D1	TIM3_CH4
67	PA8	I/O	FT	PA8	USART1_CK/TIM1_CH1/MCO	
68	PA9	I/O	FT	PA9	USART1_TX/TIM1_CH2	
69	PA10	I/O	FT	PA10	USART1_RX/TIM1_CH3	
70	PA11	I/O	FT	PA11	USART1_CTS/USBDM/CAN_RX/TIM1_CH4	

续表

引脚编号	引脚名称	类型	I/O电平	复位后的主要功能	复用功能	
					默认情况	重映射后
71	PA12	I/O	FT	PA12	USART1_RTS/USBDP/CAN_TX/TIM1_ETR	
72	PA13	I/O	FT	JTMS-SWDIO		PA13
73	Not connected					
74	VSS_2	S		VSS_2		
75	VDD_2	S		VDD_2		
76	PA14	I/O	FT	JTCK-SWCLK		PA14
77	PA15	I/O	FT	JTDI	SPI3_NSS/I2S3_WS	TIM2_CH1_ETR PA15/SPI1_NSS
78	PC10	I/O	FT	PC10	UART4_TX/SDIO_D2	USART3_TX
79	PC11	I/O	FT	PC11	UART4_RX/SDIO_D3	USART3_RX
80	PC12	I/O	FT	PC12	UART5_TX/SDIO_CK	USART3_CK
81	PD0	I/O	FT	PD0	FSMC_D2	CAN_RX
82	PD1	I/O	FT	PD1	FSMC_D3	CAN_TX
83	PD2	I/O	FT	PD2	TIM3_ETR/UART5_RX/SDIO_CMD	
84	PD3	I/O	FT	PD3	FSMC_CLK	USART2_CTS
85	PD4	I/O	FT	PD4	FSMC_NOE	USART2_RTS
86	PD5	I/O	FT	PD5	FSMC_NWE	USART2_TX
87	PD6	I/O	FT	PD6	FSMC_NWAIT	USART2_RX
88	PD7	I/O	FT	PD7	FSMC_NE1/FSMC_NCE2	USART2_CK
89	PB3	I/O	FT	JTDO	SPI3_SCK/I2S3_CK	PB3/TRACESWO TIM2_CH2/SPI1_SCK
90	PB4	I/O	FT	NJTRST	SPI3_MISO	PB4/TIM3_CH1 SPI1_MISO
91	PB5	I/O		PB5	I2C1_SMBA/SPI3_MOSI/I2S3_SD	TIM3_CH2/SPI1_MOSI
92	PB6	I/O	FT	PB6	I2C1_SCL/TIM4_CH1	USART1_TX
93	PB7	I/O	FT	PB7	I2C1_SDA/FSMC_NADV/TIM4_CH2	USART1_RX
94	BOOT0	I		BOOT0		
95	PB8	I/O	FT	PB8	TIM4_CH3/SDIO_D4	I2C1_SCL/CAN_RX
96	PB9	I/O	FT	PB9	TIM4_CH4/SDIO_D5	I2C1_SDA/CAN_TX
97	PE0	I/O	FT	PE0	TIM4_ETR/FSMC_NBL0	
98	PE1	I/O	FT	PE1	FSMC_NBL1	
99	VSS_3	S		VSS_3		
100	VDD_3	S		VDD_3		

注：(1) I=输入(input),O=输出(output),S=电源(supply)。

(2) FT=可忍受5V电压。

2. 启动配置引脚

在 STM32F103VET6 中，可以通过 BOOT[1:0]引脚选择 3 种不同的启动模式。STM32F103VET6 的启动配置如表 3-4 所示。

表 3-4 STM32F103VET6 的启动配置

启动模式选择引脚		启动模式	说明
BOOT1	BOOT0		
X	0	主闪存存储器	主闪存存储器被选为启动区域
0	1	系统存储器	系统存储器被选为启动区域
1	1	内置 SRAM	内置 SRAM 被选为启动区域

系统复位后，在 SYSCLK 的第 4 个上升沿，BOOT 引脚的值将被锁存。用户可以通过设置 BOOT1 和 BOOT0 引脚的状态，来选择在复位后的启动模式。

在从待机模式退出时，BOOT 引脚的值将被被重新锁存；因此，在待机模式下 BOOT 引脚应保持为需要的启动配置。在启动延迟之后，CPU 从地址 0x0000 0000 获取堆栈顶的地址，并从启动存储器的 0x0000 0004 指示的地址开始执行代码。

因为固定的存储器映像，代码区始终从地址 0x0000 0000 开始(通过 ICode 和 DCode 总线访问)，而数据区(SRAM)始终从地址 0x2000 0000 开始(通过系统总线访问)。Cortex-M3 的 CPU 始终从 ICode 总线获取复位向量，即启动仅适合于从代码区开始(典型地从 Flash 启动)。STM32F103VET6 微控制器实现了一个特殊的机制，系统可以不仅仅从 Flash 存储器或系统存储器启动，还可以从内置 SRAM 启动。

根据选定的启动模式，主闪存存储器、系统存储器或 SRAM 可以按照以下方式访问。

- 从主闪存存储器启动：主闪存存储器被映射到启动空间(0x0000 0000)，但仍然能够在它原有的地址(0x0800 0000)访问它，即闪存存储器的内容可以在两个地址区域访问，0x00000000 或 0x0800 0000。
- 从系统存储器启动：系统存储器被映射到启动空间(0x0000 0000)，但仍然能够在它原有的地址(互联型产品原有地址为 0x1FFF B000，其他产品原有地址为 0x1FFF F000)访问它。
- 从内置 SRAM 启动：只能在 0x2000 0000 开始的地址区访问 SRAM。从内置 SRAM 启动时，在应用程序的初始化代码中，必须使用 NVIC 的异常表和偏移寄存器，重新映射向量表到 SRAM 中。

内嵌的自举程序：内嵌的自举程序存放在系统存储区，由 ST 在生产线上写入，用于通过串行接口 USART1 对闪存存储器进行重新编程。

3.6 STM32F103VET6 最小系统设计

STM32F103VET6 最小系统是指能够让 STM32F103VET6 正常工作的包含最少元器件的系统。STM32F103VET6 片内集成了电源管理模块(包括滤波复位输入、集成的上电复位/掉电复位电路、可编程电压检测电路)、8MHz 高速内部 RC 振荡器、40kHz 低速内部 RC 振荡器等部件，外部只需 7 个无源器件就可以让 STM32F103VET6 工作。然而，为了使用方便，在最小系统中加入了 USB 转 TTL 串口、发光二极管等功能模块。在最小系统中，包含以下模块。

1. 最小系统核心电路原理图

最小系统核心电路原理图如图 3-8 所示。其中包括了复位电路、晶体振荡电路和启动设置电路。

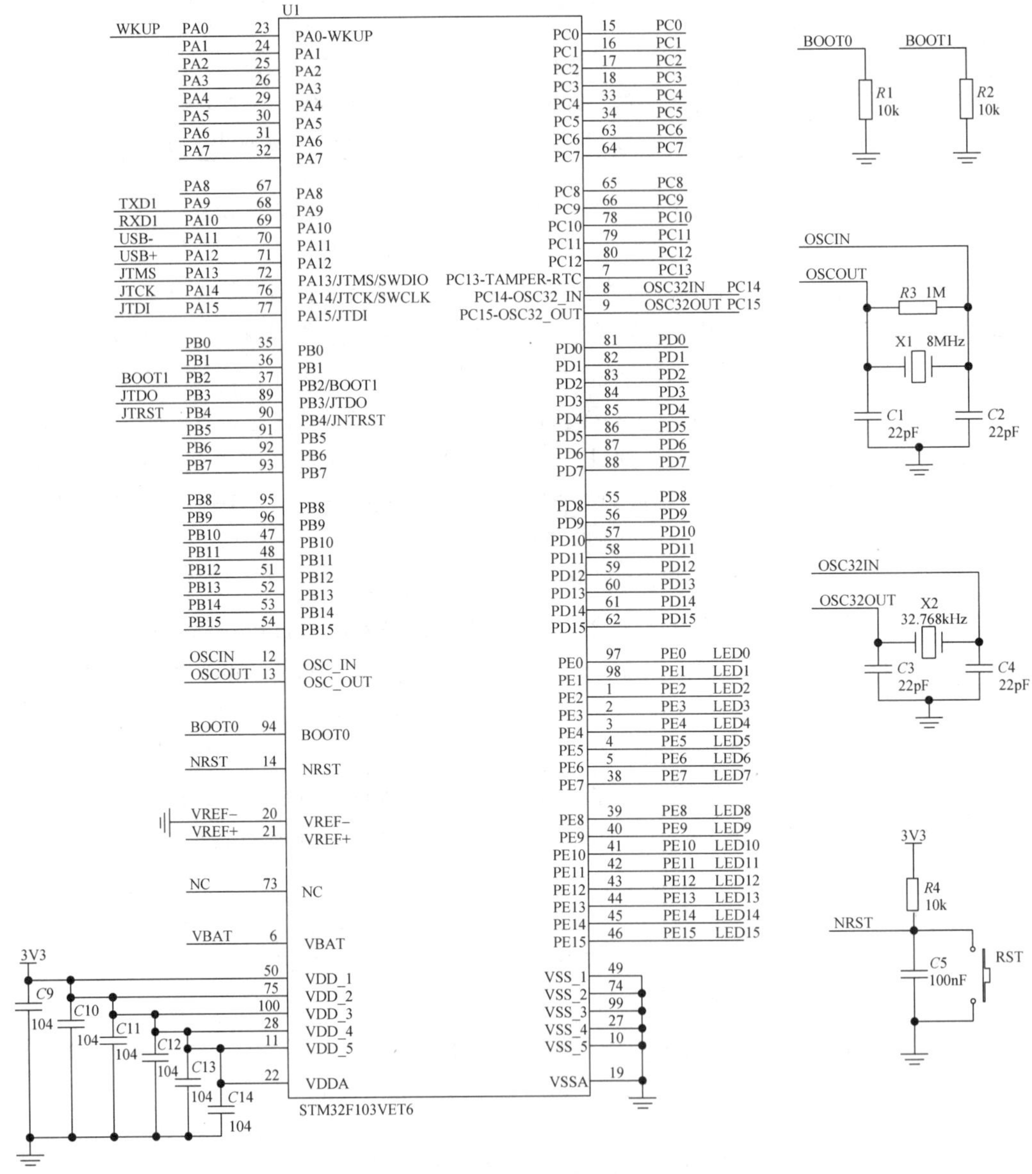

图 3-8 STM32F103VET6 的最小系统核心电路原理图

1) 复位电路

STM32F103VET6 的 NRST 引脚输入驱动使用 CMOS 工艺，它连接了一个不能断开的上拉电阻 Rpu，其典型值为 40kΩ。外部连接了一个上拉电阻 *R*4、按键 RST 及电容 C5，当 RST 按键按下时 NRST 引脚电位变为 0，通过这个方式实现手动复位。

2）晶体振荡电路

STM32F103VET6 一共外接了两个晶振：一个 8MHz 的晶振 X1 提供给高速外部时钟(HSE)，一个 32.768kHz 的晶振 X2 提供给低速外部时钟(LSE)。

3）启动设置电路

启动设置电路有启动设置引脚 BOOT1 和 BOOT0 构成。二者均通过 10kΩ 的电阻接地。从用户 Flash 启动。

4）JTAG 接口电路

为了方便系统采用 JLink 仿真器进行下载和在线仿真，在最小系统中预留了 JTAG 接口电路用来实现 STM32F103VET6 与 JLink 仿真器进行连接。JTAG 接口电路原理图如图 3-9 所示。

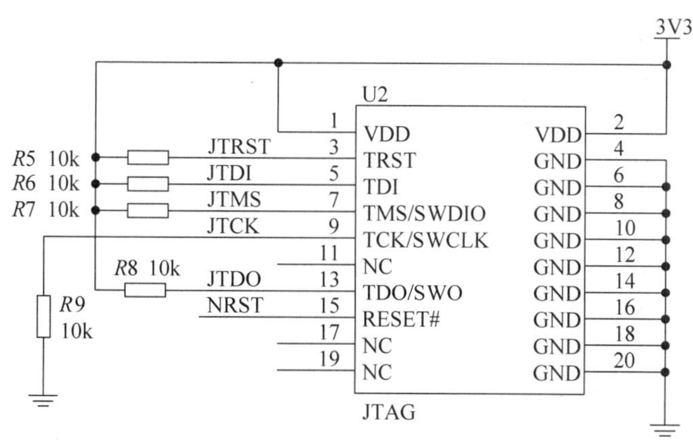

图 3-9 JTAG 接口电路

2. USB 转 TTL 串口

为了方便系统进行串行通信，在最小系统中，以 CH340G 为核心设计了 USB 转 TTL 串口，并从 USB 接口中获得＋5V 电源。使用两个切换开关，可以选择使用 USB 还是 UART，使用串口进行通信时，选择 UART 功能。电路原理图如图 3-10 所示。

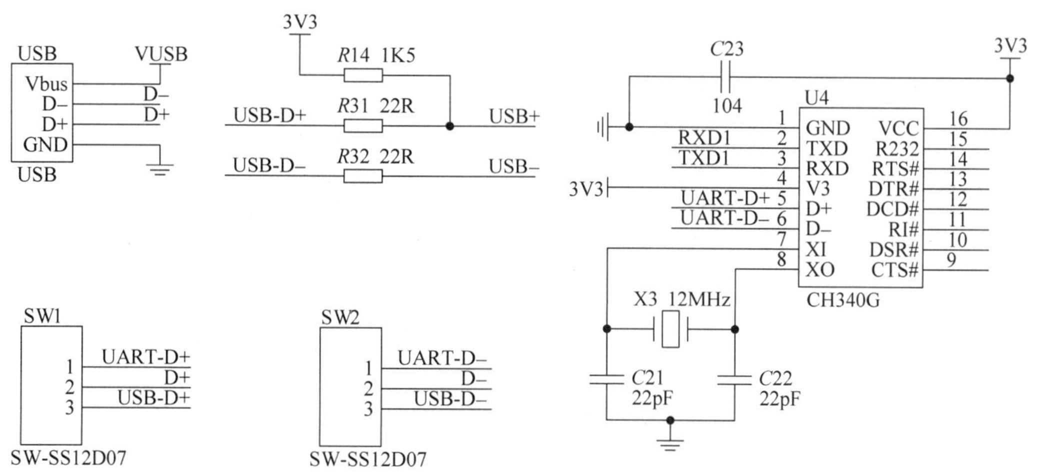

图 3-10 USB 转 TTL 串口电路

3. 独立按键电路

为了实现外部中断检测功能和待机唤醒功能，在最小系统中设置了一个独立按键，该按键接在 PA0。电路原理图如图 3-11 所示。

4. ADC 采集电路

为了实现 ADC 采集功能，在最小系统中集成了一个光敏电阻，通过将 SW4 开关拨到 ON 将 ADC 采集通道接到 PA1，通过 STM32F103VET6 的 ADC 采集功能可以实现对光敏电阻阻值的计算。电路原理图如图 3-12 所示。

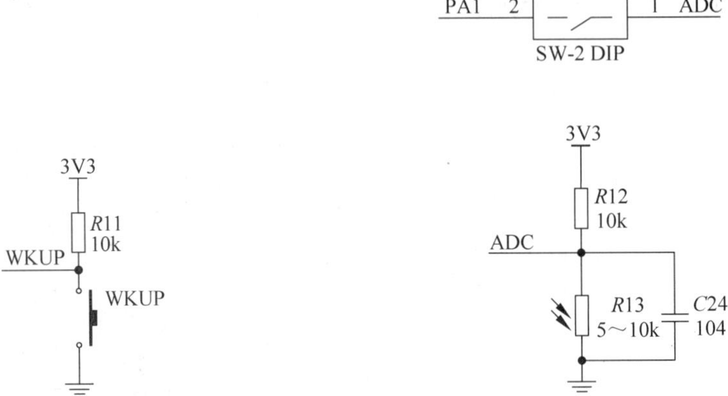

图 3-11 独立按键电路

图 3-12 ADC 采集电路

5. 流水灯电路

最小系统板载 16 位流水灯，对应 STM32F103VET6 的 PE0～PE15，通过将 SW3 开关拨到 ON 给 LED 提供电源。电路原理图如图 3-13 所示。

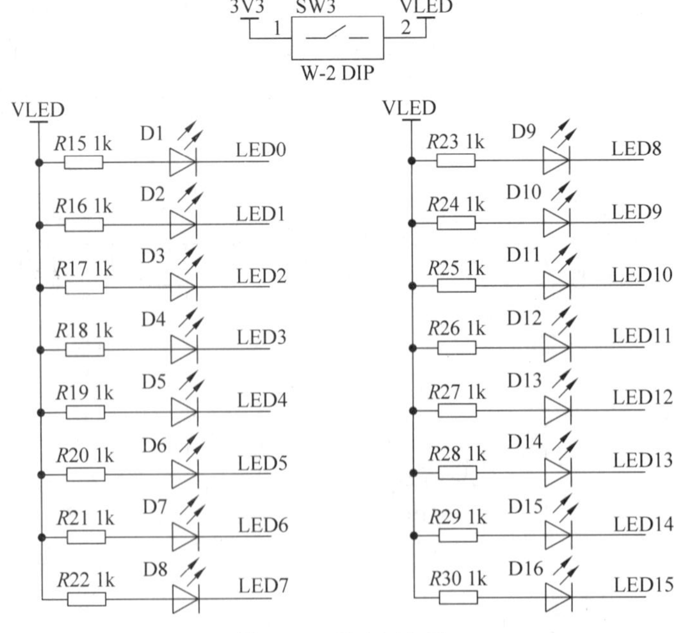

图 3-13 流水灯电路

6. 电源电路

最小系统电源可以由外部电源、USB 电源和 JLink 电源提供，通过稳压电路得到 3.3V 电源提供给 STM32F103VET6 和其他外部电路。电路原理图如图 3-14 所示。

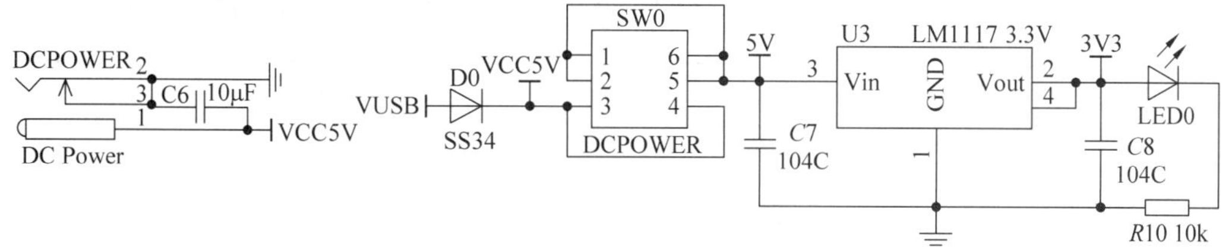

图 3-14 电源电路

为了便于读者将最小系统应用于其他实验项目或者工程项目，将所有的 IO 引脚引出。利用 STM32F103VET6 最小系统，可以进行基本功能的学习和测试。

3.7 习题

3-1 简述 Cortex-M3 处理器的特点。

3-2 STM32F103VET6 的存储器结构有什么特点？

3-3 STM32F103VET6 的时钟结构对于系统的功耗控制有什么作用？

第4章 汇编语言及其程序设计

CHAPTER 4

本章介绍 Cortex-M3 的寻址方式、指令集以及汇编语言程序设计。Cortex-M3 的汇编语言常用来编写驱动程序，用于底层开发。如果只是做简单的应用设计，一般不用汇编写应用程序，使用 C 语言编程即可，Cortex-M3 的 C 语言开发过程将在后续内容中介绍。本章首先介绍助记符语言、指令格式和寻址方式，然后介绍 Cortex-M3 的指令集，最后介绍汇编语言程序设计。介绍汇编语言内容的主要目的是为了加深对 Cortex-M3 结构的理解，能够阅读和设计比较简单的汇编语言程序。

4.1 编程语言简介

编写计算机程序有 3 种不同层次的计算机语言可供选择，即机器语言、汇编语言和高级语言。

指令是计算机完成某种指定操作的命令，程序是以完成一定任务为目的的有序指令组合。指令的集合称为指令系统。不同种类的 CPU 有不同的指令系统。同一个指令系统的同一条指令有两种形式：一种是汇编指令（汇编语言）的形式，另一种是机器指令（机器语言）的形式。

机器语言（machine language）是用二进制数表示的指令，是与计算机硬件关系最紧密的语言，是 CPU 唯一能够直接识别和执行的程序形式。机器语言的缺点是不直观，不易识别、理解和记忆，因此编写、调试程序时都不采用这种形式的语言。

汇编语言（assembly language）是用英文缩写形式的助记符书写的指令，地址、数据也可用符号表示。与机器语言程序相比，编写、阅读和修改都比较方便，不易出错。但计算机只能辨认和执行机器语言，因此，用汇编语言编写的源程序必须“翻译”成机器语言程序（或称目标代码）才能执行，这种翻译称为汇编（assemble），汇编语言程序汇编成为机器代码后，与 CPU 的汇编语言形式的指令一一对应。目前，常利用计算机软件自动完成汇编工作，这种软件称为汇编工具（assembler）。不同的 CPU 具有不同的汇编语言，一般不能通用。与高级语言相比，用汇编语言编写的程序汇编成机器语言的目标代码简洁、直接、运行速度快，在自动控制、智能化仪器仪表、实时监测和实时控制等领域的应用非常广泛。机器语言形式的机器指令也可以反过来翻译成汇编语言的形式，叫作反汇编。

高级语言（high level language）不针对某种具体的计算机，通用性强，大量用于科学计算和事务处理，例如 C/C++语言、Java 语言等。用高级语言编程可以不需了解计算机内部的结构和原理，语言形式更接近英语，程序易读、易编写，结构比较简洁，对于非计算机专业人员比较易于掌握。用高级语言编写的源程序同样必须“翻译”成为机器语言后，计算机才能执行，所用的“翻译”软件称为编译程序。

汇编语言的指令通常由操作码和操作数组成。操作码指出的是要对操作数进行什么操作。操作数指出的是对什么数进行操作以及将操作的结果放到何处。

为便于阅读和记忆，操作码用规定的缩写英文字母组成，称为助记符。例如，MOV 是数据的传送，ADD 是数据的相加运算，AND 是数据的逻辑与运算等。采用指令助记符和其他一些符号编写的程序称为汇编语言源程序。每一种助记符都对应一个特定的机器代码，以区别不同的操作。任何一种用助记符编写的汇编指令，只有通过汇编程序被翻译成二进制数形式的机器代码(目标代码)后，才能让 CPU 执行其规定的操作。在机器码的格式中，操作码是二进制的形式，与一般的二进制数没有区别，但是操作码总是处在每条指令的第一个字节的位置。例如：

```
MOV R1, #0x1245
```

这条指令表示的是将十六进制的数据 0x1245 送到寄存器 R1 中，它所对应的二进制机器语言是：0xF241245。其中的 MOV 是操作码，R1 和 #0x1245 分别称为第一操作数和第二操作数。操作数的表示形式可以是参与操作的数据，也可以是参与操作的数据所在存储器的地址，还可以是数据所在的寄存器等不同形式。这些不同形式的寻找操作数的方式称为寻址方式。

在汇编语言指令中，用直接参与操作的数据表示操作数时，这样的数据称为立即数。立即数的前面有前缀#号。立即数可以写成十进制的格式，也可以写成十六进制数的格式。其区分是在数据的前面加上前缀以示区别：十进制数据没有前缀，十六进制数据的前缀为 0x。

4.2　指令分类、条件域和指令格式

1. Cortex-M3 的指令分类

Cortex-M3 的指令集是加载/存储型的，即指令集仅能处理寄存器中的数据，而且处理结果都要放回寄存器中，对存储器的访问则需要通过专门的加载/存储指令来完成，每个指令都有相对应的机器码。

Cortex-M3 的指令集可以分为数据传送指令、数据处理指令、跳转指令、程序状态寄存器(PSR)处理指令和异常产生指令等几大类。有些资料把加载/存储指令单独作为一类指令，本书将这类指令归到数据传送指令中进行介绍。Cortex-M3 的基本指令如表 4-1 所示，其中后缀带 S 的指令是影响标志位的指令，带阴影的指令是不常用的指令。读者可以浏览每条指令的功能，不需要记忆。

表 4-1　Cortex-M3 的基本指令及功能描述

指令助记符	功 能 描 述
数据传送类指令(带阴影的指令为选学指令)	
MOV，MOVS	数据传送指令(寄存器加载数据，既能用于寄存器间的传输，也能用于加载 16 位立即数)
MVN，MVNS	数据取反传送指令

续表

指令助记符	功 能 描 述
数据传送类指令(带阴影的指令为选学指令)	
MOVW	把16位立即数放到寄存器的低16位，高16位清零
MOVT	把16位立即数放到寄存器的高16位，低16位不影响
MRS	传送特殊功能寄存器的内容到通用寄存器指令
MSR	传送通用寄存器到特殊功能寄存器的指令
ADR	读取基于PC相对偏移的地址值或基于寄存器相对地址值的伪指令
LDR	从存储器中加载字到一个寄存器的数据传输指令
LDRB,LDRBT	从存储器中加载字节到一个寄存器的数据传输指令。LDRBT用于非特权访问
LDRH,LDRHT	从存储器中加载半字到一个寄存器的数据传输指令。LDRHT用于非特权访问
LDRSB,LDRSBT	从存储器中加载字节，再经过带符号扩展后存储到一个寄存器中。LDRSBT用于非特权访问
LDRSH,LDRSHT	从存储器中加载半字，再经过带符号扩展后存储到一个寄存器中。LDRSHT用于非特权访问
LDRD	从连续的地址空间加载双字(64位整数)到2个寄存器
LDM	从一片连续的地址空间中加载若干个字，并选中相同数目的寄存器放进去
LDMDB,LDMEA	加载多个字到寄存器，并且在加载前自减基址寄存器。LDMDB和LDMEA作用相同
LDMIA,LDMFD	加载多个字到寄存器，并且在加载后自增基址寄存器。LDMIA和LDMFD作用相同
STR	把一个寄存器按字存储到存储器的数据传输指令
STRB,STRBT	把一个寄存器按低字节存储到存储器的数据传输指令。STRBT用于非特权访问
STRSB,STRSBT	把一个寄存器按低字节存储到存储器的带符号数据传输指令。STRSBT用于非特权访问
STRH,STRHT	把一个寄存器按低半字存储到存储器的数据传输指令。STRHT用于非特权访问
STRSH,STRSHT	把一个寄存器按低半字存储到存储器的带符号数据传输指令。STRSHT用于非特权访问
STRD	存储2个寄存器组成的双字到连续的地址空间中
STM	存储若干寄存器中的字到一片连续的地址空间中
STMDB,STMEA	存储多个字到存储器，并且在存储前自减基址寄存器。STMDB和STMEA作用相同
STMIA,STMFD	存储多个字到存储器，并且在存储后自增基址寄存器。STMIA和STMFD作用相同
PUSH	压入多个寄存器到栈中
POP	从栈中弹出多个值到寄存器中
LDREX	加载字到寄存器，并且在内核中标明一段地址进入了互斥访问状态
LDREXB	加载字节到寄存器，并且在内核中标明一段地址进入了互斥访问状态
LDREXH	加载半字到寄存器，并且在内核中标明一段地址进入了互斥访问状态
STREX	检查将要写入的地址是否已进入了互斥访问状态，如果是则存储寄存器的字
STREXB	检查将要写入的地址是否已进入了互斥访问状态，如果是则存储寄存器的字节

续表

指令助记符	功 能 描 述
数据传送类指令(带阴影的指令为选学指令)	
STREXH	检查将要写入的地址是否已进入了互斥访问状态,如果是则存储寄存器的半字
CLREX	在本地处理器上清除互斥访问状态的标记(先前由 LDREX/LDREXH/LDREXB 做的标记)
数据处理类指令	
ADD,ADDS	加法指令
ADC,ADCS	带进位加法指令
ADDW	宽加法(可以加 12 位立即数)
SUB,SUBS	减法指令
SBC,SBCS	带借位减法指令
SUBW	宽减法(可以减 12 位立即数)
RSB,RSBS	逆向减法指令
MUL,MULS	32 位乘法指令
UMULL	无符号长乘法(两个无符号的 32 位整数相乘得到 64 位的无符号积)
SMULL	带符号长乘法(两个带符号的 32 位整数相乘得到 64 位的带符号积)
MLA	乘加运算指令
UMLAL	无符号长乘加(两个无符号的 32 位整数相乘得到 64 位的无符号积,再把积加到另一个无符号 64 位整数中)
SMLAL	带符号长乘加(两个带符号的 32 位整数相乘得到 64 位的带符号积,再把积加到另一个带符号 64 位整数中)
MLS	乘减
UDIV	无符号除法
SDIV	带符号除法
AND,ANDS	按位逻辑与指令
ORR,ORRS	按位逻辑或指令
ORN,ORNS	把源操作数按位取反后,再执行按位或操作
EOR,EORS	按位异或指令
BIC,BICS	按位清零指令(把一个数与另一个无符号数的反码按位与)
NEG	取二进制补码
CMP	比较指令(比较两个数并且更新标志)
CMN	比较反值指令(把一个数与另一个数据的二进制补码相比较,并且更新标志)
TEQ	测试是否相等(对两个数执行异或,更新标志但不存储结果)
TST	位测试指令(执行按位与操作,并且根据结果更新 Z 但不存储结果)
LSL,LSLS	逻辑左移(如无其他说明,所有移位操作都可以一次移动最多 31 位)
LSR,LSRS	逻辑右移
ASR,ASRS	算术右移
ROR,RORS	圆圈右移
RRX,RRXS	带进位位的逻辑右移一位(最高位用 C 填充,执行后不影响 C 的值)
REV	在一个 32 位寄存器中反转字节序
REVH/REV16	把一个 32 位寄存器分成两个 16 位数,在每个 16 位数中反转字节序
REVSH	对一个 32 位整数的低半字执行字节反转,再带符号扩展成 32 位数

续表

指令助记符	功 能 描 述
数据处理类指令	
RBIT	位反转(把一个32位整数用二进制表达后,再旋转180°)
SXTB	带符号扩展一个字节到32位
SXTH	带符号扩展一个半字到32位
UXTB	无符号扩展一个字节到32位(高24位清零)
UXTH	无符号扩展一个半字到32位(高16位清零)
CLZ	计算前导零的数目
SBFX	从一个32位整数中提取任意长度和位置的位段,并且带符号扩展成32位整数
UBFX	无符号位段提取
BFC	位段清零
BFI	位段插入
USAT	无符号饱和操作(但是源操作数是带符号的)
SSAT	带符号的饱和运算
跳转类指令	
B	无条件跳转指令
B<cond>	条件跳转指令
BL	带返回的跳转指令。用于调用一个子程序,返回地址被存储在LR中
BLX	带返回和状态切换的跳转指令
BX	带状态切换的跳转指令
CBZ	比较,如果结果为0就转移(只能跳到后面的指令)
CBNZ	比较,如果结果非0就转移(只能跳到后面的指令
TBB	以字节为单位的查表转移。从一个字节数组中选一个8位前向跳转地址并转移
TBH	以半字为单位的查表转移。从一个半字数组中选一个16位前向跳转的地址并转移
IT	If-Then
NOP	无操作
其 他 指 令	
SVC	系统服务调用
BKPT	断点指令。如果使能了调试,则进入调试状态(停机),否则产生调试监视器异常。在调试监视器异常被使能时,调用其服务例程;如果连调试监视器异常也被除能,则只能触发于一个Fault异常
CPSIE	使能PRIMASK(CPSIE i)/FAULTMASK(CPSIE f)——清零相应的位
CPSID	除能PRIMASK(CPSID i)/FAULTMASK(CPSID f)——置位相应的位
SEV	发送事件
WFE	休眠并且在发生事件时被唤醒
WFI	休眠并且在发生中断时被唤醒
ISB	指令同步隔离(与流水线和MPU等有关)
DSB	数据同步隔离(与流水线、MPU和Cache等有关)
DMB	数据存储隔离(与流水线、MPU和Cache等有关)

2. Cortex-M3 指令的条件域

Cortex-M3 内核几乎所有的指令均可根据 xPSR 中条件码的状态和指令的条件域有条件地执行。当执行条件满足时,指令被执行,否则指令被忽略。

常用的条件标志如表 4-2 所示。

表 4-2 APSR 中常用的标志位

标志位	位序号	功能描述
N	31	负数(上一次操作的结果是个负数)。N=操作结果的 MSB
Z	30	零(上次操作的结果是 0)。当数据操作指令的结果为 0,或者比较/测试的结果为 0 时,Z 置位
C	29	进位/借位(上次操作导致了进位或者借位)。C 用于无符号数据处理,最常见的就是当加法进位及减法借位时 C 被置位。此外,C 还充当移位指令的中介
V	28	溢出(上次操作结果导致了数据的溢出)。该标志用于带符号的数据处理。比如,在两个正数上执行 ADD 运算后,和的 MSB 为 1(视作负数),则 V 置位

每一条 ARM 指令包含 4 位的条件码,位于指令的最高 4 位[31:28]。条件码共有 16 种,每种条件码可用两个字符表示,这两个字符可以添加在指令助记符的后面和指令同时使用。例如,跳转指令 B 可以加上后缀 EQ 变为 BEQ 表示"相等则跳转",即当 APSR 中的 Z 标志置位时发生跳转。

在 16 种条件标志码中,只有 15 种可以使用,如表 4-3 所示。

表 4-3 指令的条件标志码

条件码	助记符后缀	标志	含义
0000	EQ	Z 置位	相等
0001	NE	Z 清零	不相等
0010	CS 或 HS	C 置位	无符号数大于或等于
0011	CC 或 LO	C 清零	无符号数小于
0100	MI	N 置位	负数
0101	PL	N 清零	正数或零
0110	VS	V 置位	溢出
0111	VC	V 清零	未溢出
1000	HI	C 置位并且 Z 清零	无符号数大于
1001	LS	C 清零或者 Z 置位	无符号数小于或等于
1010	GE	N 等于 V	带符号数大于或等于
1011	LT	N 不等于 V	带符号数小于
1100	GT	Z 清零且(N 等于 V)	带符号数大于
1101	LE	Z 置位或(N 不等于 V)	带符号数小于或等于
1110	AL	忽略	无条件执行
1111	—	—	系统保留

3. Cortex-M3 的指令格式

1) 用助记符表示的 Cortex-M3 的指令

一般格式如下:

```
{Label} <opcode> {S}{cond} <operand1>, <operand2> {,operand3} {;注释}
```

其中,< >中的内容是必不可少的,{ }中的内容为可选项(可省略不写)。

例如,下面的指令:

```
R5EQ10
    MOV  R1,R5                                        ;将 R5 赋给 R1
```

其中,R5EQ10 为标号(在程序文件中,顶格书写);MOV 为指令助记符;R1 和 R5 为两个操作数;分号后面的内容为注释。

(1) 标号(label)。

标号放在指令语句的最前面,必须顶格书写,而后面的指令、伪指令等在书写的时候需要有前导空格,一般用一个或者多个 TAB 代替。标号是其后指令所在地址的名字,用于表示某条指令跳转时的目的地址。程序在修改和调试时,指令所在的实际地址往往会随之变化,而代表地址的名字可以不变。因此,适当地使用标号,可以给程序的编写和修改带来极大的方便。不是每条指令都需要标号,只有在该指令作为跳转的目的地址时才需要标号。标号的命名必须遵循下列规则:

① 标号由字母(a～z 或 A～Z)、数字(0～9)或某些特殊字符(@、_、? 等)组成,但问号"?"不能单独作标号,其中"_"是下画线;

② 标号必须以字母(a～z 或 A～Z)或某些特殊的符号(@、_、?)开头;

③ 标号长度不允许超过 31 个字符;

④ 标号不能与指令助记符相同。

(2) 指令助记符(opcode)。

指令助记符也叫作操作码,是指令名称的代表符号,它是一条指令语句中所必需的,不可缺少,表示本指令所要进行的操作。例如,ADD 指令表示执行算术加法运算。

操作码的前面必须有至少一个空白符,通常使用一或两个 Tab 键来产生。

(3) 指令的后缀。

指令的后缀包括条件域(cond)和 S 后缀。

条件域表示指令有条件地执行。条件域的代码就是前面描述的指令条件标志码。

若指令中包含了 S 后缀,则要求指令执行后更新 APSR 寄存器中的相关标志。

在 Cortex-M3 中,对条件后缀的使用有很大的限制:只有转移指令(B 指令)才可随意使用。而对于其他指令,Cortex-M3 引入了 IF-Then 指令块,在这个块中才可以加后缀,且必须加以后缀。IF-Then 块由 IT 指令定义,本章稍后将介绍它。另外,S 后缀可以和条件后缀在一起使用。

(4) 操作数。

operand1 为第一个操作数,一般使用寄存器,给出本指令的执行结果存储处。operand2 为第二个操作数,也是寄存器。operand3 为第三个操作数,可以是寄存器或者立即数。

不同指令需要不同数目的操作数,并且对操作数的语法要求也可以不同。

(5) 注释。

注释是为了阅读程序方便由编程人员加上的,并不影响程序的执行和功能,注释部分不是必需的。注释部分必须用分号";"开头,一般都写在它所注释的指令的后面或者某段程序的开始,注释本身只用于对指令功能加以说明,使阅读程序时便于理解,可以用中文或者英文甚至任何便于理解的字符表示。有经验的编程人员都会在适当的语句后面加上注释。

2）指令的表示方法

从形式上看,Cortex-M3 的指令在机器中的表示格式是用 32 位的二进制表示。例如：

```
ADDSEQ    R0,R1,#8
```

其二进制代码形式为：

31～28	27～25	24～21	20	19～16	15～12	11～0
0000	001	0100	1	0001	0000	000000001000
cond	opcode		S	operand1	operand2	operand3

指令代码一般可以分为 5 个域。

[31～28]：条件域。4 位条件码共有 16 种组合,如表 4-3 所示。

[27～21]：指令编码(操作码)。除了指令编码外,还包含几个重要的指令特征和可选后缀的编码。

[20]：决定指令的操作是否影响 APSR。

[19～16]：地址基址 operand1,为 R0～R15 共 16 个寄存器编码。

[15～12]：目标或源寄存器 operand2,为 R0～R15 共 16 个寄存器编码。

[11～0]：地址偏移或操作寄存器、操作数。

3）统一汇编语言

为了支持 Thumb-2 指令集,ARM 汇编器引入了“统一汇编语言(Unified Assembly Language,UAL)”语法机制。对于 16 位指令和 32 位指令均能实现的一些操作(常见于数据处理操作),有时虽然指令的实际操作数不同,或者对立即数的长度有不同的限制,但是汇编器允许开发者统一使用 32 位 Thumb-2 指令的语法格式书写(很多 Thumb-2 指令的用法也与 32 位 ARM 指令相同),并且由汇编器来决定是使用 16 位指令,还是使用 32 位指令。以前,Thumb 的语法和 ARM 的语法不同,在有了 UAL 之后,两者的书写格式就统一了。例如：

```
ADD     R0, R1                          ;使用传统的 Thumb 语法
ADD     R0, R0, R1                      ;引入 UAL 后允许的等效写法(R0 = R0 + R1)
```

虽然引入了 UAL,但是仍然允许使用传统的 Thumb 语法。不过必须注意：如果使用传统的 Thumb 语法,有些指令会默认更新 APSR,即使没有使用 S 后缀。如果使用 UAL 语法,则必须使用 S 后缀才会更新。例如：

```
AND     R0, R1                          ;传统的 Thumb 语法
ANDS    R0, R0, R1                      ;等效的 UAL 语法(必须有 S 后缀)
```

在 Thumb-2 指令集中,有些操作既可以由 16 位指令完成,也可以由 32 位指令完成。例如,R0=R0+1 这样的操作,16 位的与 32 位的指令都提供了助记符为 ADD 的指令。在 UAL 下,汇编器能主动决定用哪个,也可以手工指定是用 16 位的还是 32 位的：

```
ADDS    R0, #1                          ;汇编器将为了节省空间而使用 16 位指令
```

```
ADDS.N R0, #1                  ;.N 后缀指定使用 16 位指令(N = Narrow)
ADDS.W R0, #1                  ;.W 后缀指定使用 32 位指令(W = Wide)
```

.W(Wide)后缀指定 32 位指令。如果没有给出后缀,汇编器会先尝试用 16 位指令给代码瘦身,如果不行再使用 32 位指令。因此,.N 后缀完全可以不写,不过汇编器仍然允许这样的语法。

4. Cortex-M3 的伪指令

用户将编辑好的汇编语言源程序通过专门的软件(称为汇编程序)汇编成对应的机器语言程序时,需要有一些专门的说明性语句,例如,指定目标程序或数据存放的起始地址、给一些指定的标号赋值、表示源程序结束等指令,这些指令并不产生对应 CPU 操作的机器码,故称为伪指令(Pseudo-Instruction),也叫作指示性语句;相应地,可以产生实质性操作的指令叫作指令性语句。指令性语句表示了 CPU 要进行的某种操作。下面介绍常用的伪指令,其他伪指令的介绍,可以查看 MDK 参考手册。

1) 段的定义(AREA)

在 ARM 汇编语言程序中,段是汇编语言组织代码的基本单位。段是相对独立的指令或者代码序列,拥有特定的名称。段的种类有代码段、数据段和通用段,代码段的内容为执行代码,数据段存放代码运行时需要用到的数据,通用段不包含用户代码和数据,所有通用段共用一个空间。段使用 AREA 伪指令来定义,并且说明相关属性。

格式:

```
AREA 段名属性 1,属性 2,……
```

常用属性有:

CODE——用于定义代码段,默认为 READONLY。

DATA——用于定义数据段,默认为 READWRITE。

STACK——用于定义栈。

HEAP——用于定义堆。

READONLY——指定本段为只读。

READWRITE——指定本段为读写。

ALIGN——使用方式为 ALIGN 表达式。在默认时,ELF(可执行链接文件)的代码段和数据段是按字对齐的。表达式的取值范围为 0～31,相应的对齐方式为 2 次幂。

COMMON——定义一个通用的段,不包含任何用户的代码和数据。各源文件中同名的 COMMON 段共享同一段存储单元。例如,

代码段定义如下:

```
AREA RESET, CODE, READONLY
```

其中,RESET 是段的名字,RESET 段是系统默认的入口,所以在代码中有且只有一个 RESET 段; CODE 表示段的属性,代表当前段为代码段; READONLY 是当前段的访问属性表示只读。

数据段定义如下:

```
AREA Stack1,DATA,READWRITE,NOINIT,ALIGN = 3
```

一个汇编程序至少应该有一个代码段,可以有零或者多个数据段。

2）程序入口(ENTRY)

用于指定汇编程序的入口点。一个程序可以由一个或者多个源文件组成，一个源文件由一个或者多个程序段组成。一个程序至少有一个入口点，也可有多个入口点，但是在一个源文件中，最多只能有一个 ENTRY。当有多个 ENTRY 时，程序的真正入口点由链接器指定。编译程序在编译连接时根据程序入口点进行连接。只有一个入口点时，编译程序会把这个入口点的地址定义为系统复位后的程序起始点(相当于 C 语言中的 main 函数)。

3）说明汇编源文件结束语句(END)

汇编语言程序需要在汇编源文件结束处，写上 END 表示该源文件的结束。

4）等值伪指令 EQU(Equate)

常量是在运行过程中不能改变的量。ARM 支持数值常量、逻辑常量和字符串常量。汇编中使用 EQU 来定义一个数值常量，其一般形式为：

```
标号   EQU   表达式
```

其功能是将语句表达式的值赋予本语句的标号。格式中的表达式可以是 1 个常数、符号、数值表达式或地址表达式等。如：

```
Test     EQU 10                   ;定义标号 Test 的值为 10
```

5）数据定义伪操作

DCB 分配一片连续的字节存储单元并初始化。

DCW 分配一片连续的半字存储单元并初始化。

DCD 分配一片连续的字存储单元并初始化。

DCFS(DCFSU)为单精度浮点数分配一片连续的字存储单元并初始化。

DCFD(DCFDU)为双精度浮点数分配一片连续的字存储单元并初始化。

SPACE 分配一片连续的存储单元并初始化为 0。如：

```
Str     DCB "this is a test"        ;分配一片连续的字节存储单元并初始化
Data    DCW 1,2,3                   ;分配一片连续的半字存储单元并初始化
Data    DCD 4,5,6                   ;分配一片连续的字存储单元并初始化
Fdata   DCFS 2e5, - 5e - 7          ;分配一片连续的字存储单元并初始化为指定的单精度数
Dspce   SPACE 100                   ;分配连续 100 字节的存储单元并初始化为 0
```

6）地址读取伪指令(LDR 和 ADR)

ADR 是小范围的地址读取伪指令，LDR 是大范围的读取地址伪指令。例如：

```
ADR R1, TextMessage                 ;将标号为 TextMessage 的地址值写入 R1
```

实际上，ADR 是将基于 PC 相对偏移的地址值或基于寄存器相对地址值读取的伪指令，而 LDR 用于加载 32 位立即数或一个地址到指定的寄存器中。如果在程序中想加载某个函数或者某个在连接时候指定的地址时请使用 ADR；当加载 32 位立即数或外部地址时请用 LDR。

LDR Rd,=const 伪指令可在单个指令中构造任何 32 位数字常数。使用此伪指令可生成超出 MOV 和 MVN 指令范围的常数。

“LDR Rd,label”和“LDR Rd,=label”的区别：

"LDR Rd,=label"会把 label 表示的值加载到寄存器中,而"LDR Rd,label"会把 label 当作地址,把 label 指向的地址中的值加载到寄存器中。

7) 声明全局标号(EXPORT)

格式:

```
EXPORT 标号[,WEAK]
```

声明一个全局标号,该标号在其他文件中可引用。WEAK 表示遇到其他同名标号时,其他标号优先。例如:

```
AREA     INIT, CODE, READONLY
EXPORT Stest
…
END
```

8) 引用全局标号(IMPORT)

格式:

```
IMPORT 标号[,WEAK]
```

表示该引用的标号在其他源文件中,但要在当前文件中引用。WEAK 表示找不到该标号时,也不报错,一般将该标号值置为 0,如果是 B 或者 BL 使用到,则该指令置为 NOP。

与 EXTERN 不同,无论当前文件是否引用该标号,该标号都被加入当前源文件的符号表中。例如:

```
AREA     INIT, CODE, READONLY
IMPORT   MAIN
…
END
```

一个基本的汇编源程序框架如下:

```
STACK_TOP     EQU 0x20002000           ;堆栈指针初始值,常数
        AREA    RESET,CODE,READONLY    ;定义一个代码段,AREA 不能顶格写
        DCD     STACK_TOP              ;设置栈顶(MSP 的)
        DCD     START                  ;复位向量
        ENTRY                          ;标记程序入口点
START                                  ;START 必须顶格写
        LDR     R0, = 0x20002000       ;测试代码
        MOV     R1, #0x5a              ;测试代码
        STR     R1,[R0]                ;测试代码
DEADLOOP
        B DEADLOOP                     ;工作完成后,进入无穷循环
        END                            ;END 伪操作表示本源文件结束
```

4.3 寻址方式

所谓寻址方式,就是微控制器根据指令中给出的地址信息来寻找操作数物理地址的方式,本质上是指示如何找到要操作的数据。目前 ARM 指令系统支持以下几种常见的寻址方式:

1. 立即寻址

立即寻址也叫立即数寻址，操作数本身就在指令中给出，只要取出指令也就取到了操作数。这个操作数被称为立即数，对应的寻址方式也就叫作立即寻址。例如：

```
MOV  R0,  #64          ;将立即数 64 送给 R0,即 R0←64
ADD  R0,R0,#0x3f       ;R0←R0 + 0x3f
```

在上面的指令中，立即数要求以"#"为前缀，对于以十六进制表示的立即数，还要求在"#"后加上"0x"。

2. 寄存器寻址

寄存器寻址就是利用寄存器中的数值作为操作数，这种寻址方式是各类微控制器经常采用的一种方式，也是执行效率较高的寻址方式。例如：

```
ADD    R0,R1,R2         ;R0 ← R1 + R2
```

该指令的执行效果是将寄存器 R1 和 R2 的内容相加，结果存放在寄存器 R0 中。

3. 寄存器间接寻址

寄存器间接寻址就是以寄存器中的值作为操作数的地址，而操作数本身存放在存储器中。例如：

```
LDR    R0,[R1]          ;将以 R1 的值为地址的存储器中的数据传送到 R0 中,即 R0 ← [R1]
STR    R0,[R1]          ;将 R0 的值传送到以 R1 的值为地址的存储器中,即[R1] ← R0
ADD    R0,R1,[R2]       ;R0←R1 + [R2],以寄存器 R2 的值作为操作数的地址,取得操作数后与
                        ;R1 相加,结果存入寄存器 R0 中
```

4. 寄存器移位寻址

在该寻址方式中，在寄存器寻址得到操作数后再进行移位操作，得到最终的操作数。例如：

```
MOV    R0,R2,LSL #3     ;R0←R2 * 8,R2 的值左移 3 位,结果赋给 R0
MOV    R0,R2,LSL R1     ;R2 的值左移 R1 位,结果放入 R0
```

可采用的移位操作如下：

LSL——逻辑左移(Logical Shift Left)，寄存器中字的低端空出的位补 0。

LSR——逻辑右移(Logical Shift Right)，寄存器中字的高端空出的位补 0。

ASL——算术左移(Arithmetic Shift Left)，和逻辑左移 LSL 相同。

ASR——算术右移(Arithmetic Shift Right)，移位过程中符号位不变，即如果源操作数是正数，则字的高端空出的位补 0，否则补 1。

ROR——循环右移(Rotate Right)，由字的低端移出的位填入字的高端空出的位。

RRX——带扩展的循环右移(Rotate Right eXtended)，操作数右移一位，高端空出的位用进位标志 C 的值来填充，低端移出的位填入进位标志位。

5. 基址变址寻址

基址变址寻址就是将寄存器(该寄存器一般称作基址寄存器)中的内容与指令中给出的地址偏移量(地址偏移量可以是正数或者负数)相加，从而得到操作数的有效地址。变址寻址方式常用于访问某基地址附近的地址单元。采用变址寻址方式的指令有以下几种常见形式。

偏移量寻址(offset addressing)：[Rn，#offset]，将 Rn＋#offset 作为操作数的地址。

预索引寻址(pre-indexed addressing)：[Rn，#offset]!，将 Rn＋#offset 作为操作数的地址，执行指令后，将 Rn＋#offset 赋给 Rn。

后索引寻址(post-indexed addressing)：[Rn]，#offset，将 Rn 作为操作数的地址，执行指令后，将 Rn＋#offset 赋给 Rn。

寄存器偏移寻址(register offset addressing)：[Rn，Rm {，LSL #n}]

对于字、半字、有符号半字、字节或有符号字节类指令，偏移量寻址中的 offset 取值范围是－255～4095，预索引和后索引寻址中的 offset 取值范围是－255～255；对于双字指令，偏移量寻址、预索引和后索引寻址中 offset 的取值范围均是－1020～1020，并且必须为 4 的倍数。

寄存器偏移寻址中，将 Rn＋Rm(将 Rm 逻辑左移 n 位，可选)的内容作为操作数的地址。

例如：

```
LDR     R0,[R1,#4]          ;R0 ← [R1 + 4]
LDR     R0,[R1,#4]!         ;R0 ← [R1 + 4]、R1 ← R1 + 4
LDR     R0,[R1],#4          ;R0 ← [R1]、R1 ← R1 + 4
LDR     R0,[R1,R2]          ;R0 ← [R1 + R2]
```

在第一条指令中，将 R1 的内容加上 4 形成操作数的地址，从中取得操作数存入 R0 中。

在第二条指令中，将 R1 的内容加上 4 形成操作数的有效地址，从中取得操作数存入 R0 中，然后，R1 的内容自增 4 字节。其中“!”表示指令执行完毕把最后的数据地址写到 R1。

在第三条指令中，以 R1 的内容作为操作数的有效地址，从中取得操作数存入 R0 中，然后，R1 的内容自增 4 字节。

在第四条指令中，将 R1 的内容加上 R2 的内容形成操作数的地址，从中取得操作数存入 R0 中。

6. 多寄存器寻址

采用多寄存器寻址方式，一条指令可以完成多个寄存器值的传送。这种寻址方式可以用一条指令完成传送最多 16 个通用寄存器的值。例如以下指令：

```
LDMIA  R0,{R1,R2,R3,R4} ;R1 ← [R0],R2 ← [R0 + 4]
                        ;R3 ← [R0 + 8],R4 ← [R0 + 12]
```

该指令的后缀 IA 表示在每次执行完加载/存储操作后，R0 按字长度自动增加，因此，指令可将连续存储单元的值传送到 R1～R4。该指令也可以写为：

```
LDMIA  R0,{R1 - R4}
```

使用多寄存器寻址指令时，寄存器子集的顺序如果由小到大的顺序排列，可以使用“-”连接；否则，用“,”分隔书写。

7. 相对寻址

与基址变址寻址方式相类似，相对寻址以程序计数器 PC 的当前值为基地址，指令中的地址标号作为偏移量，将两者相加之后得到操作数的有效地址。以下程序段完成子程序的调用和返回，跳转指令 BL 采用了相对寻址方式：

```
        BL      NEXT            ;跳转到子程序 NEXT 处执行
NEXT
        …
        MOV     PC,LR           ;从子程序返回
```

8. 堆栈寻址

堆栈是一种数据结构，按先进后出的方式工作，使用一个称作堆栈指针的专用寄存器指示当前的操作位置，堆栈指针总是指向栈顶。

当堆栈指针指向最后压入堆栈的数据时，称为满堆栈(full stack)，而当堆栈指针指向下一个将要放入数据的空位置时，称为空堆栈(empty stack)。

同时，根据堆栈的生成方式，又可以分为递增堆栈(ascending stack)和递减堆栈(decending stack)。当堆栈由低地址向高地址生成时，称为递增堆栈；当堆栈由高地址向低地址生成时，称为递减堆栈。这样就有 4 种类型的堆栈工作方式，ARM 微微控制器支持这 4 种类型的堆栈工作方式，即：

满递增堆栈——堆栈指针指向最后压入的数据，且由低地址向高地址生成。

满递减堆栈——堆栈指针指向最后压入的数据，且由高地址向低地址生成。

空递增堆栈——堆栈指针指向下一个将要放入数据的空位置，且由低地址向高地址生成。

空递减堆栈——堆栈指针指向下一个将要放入数据的空位置，且由高地址向低地址生成。

例如：

```
STMFD    SP!,{R1 - R7, LR}     ;将 R1～R7, LR 压入堆栈,满递减堆栈
LDMFD    SP!,{R1 - R7, LR}     ;将堆栈中的数据取回到 R1～R7, LR 寄存器,空递减堆栈
```

9. 块拷贝寻址

块拷贝寻址用于寄存器数据的批量复制，实现从由基址寄存器所指示的一片连续存储器到寄存器列表所指示的多个寄存器传送数据。块拷贝寻址与堆栈寻址有点类似。两者的区别在于：堆栈寻址中数据的存取是面向堆栈的，块拷贝寻址中数据的存取是面向寄存器指向的存储单元的。

在块拷贝寻址方式中，基址寄存器传送一个数据后有 4 种增长方式，即

IA(Increment After operating)——每次传送后地址增加 4；

IB(Increment Before operating)——每次传送前的地址增加 4；

DA(Decrement After operating)——每次传送后地址减少 4；

DB(Decrement Before operating)——每次传送前地址减少 4。

对于 32 位的 ARM 指令，每次地址的增加和减少的单位都是 4 字节单位。例如：

```
STMIA       R0!,{R1 - R7}     ;将 R1 - R7 的数据保存到 R0 指向的存储器中,存储器指针在保存第
                              ;一个值之后增加 4,向上增长,R0 作为基址寄存器
STMIB       R0!,{R1 - R7}     ;将 R1 - R7 的数据保存到存储器中,存储器指针在保存第一个值之
                              ;前增加 4,向上增长,R0 作为基址寄存器
STMDA       R0!,{R1 - R7}     ;将 R1 - R7 的数据保存到 R0 指向的存储器中,存储器指针在保存第
                              ;一个值之后减少 4,向下减少,R0 作为基址寄存器
```

```
STMDB        R0!,{R1 - R7}     ;将 R1 - R7 的数据保存到存储器中,存储器指针在保存第一个值之
                               ;前减少 4,向下减少.R0 作为基址寄存器
```

ARM 指令中的{!},为可选后缀,若选用该后缀,则当数据传送完毕之后,将最后的地址写入基址寄存器,否则基址寄存器的内容不改变。

基址寄存器不允许为 R15,寄存器列表可以为 R0～R15 的任意组合。

4.4 Cortex-M3 指令集

从本节开始介绍 Cortex-M3 指令集。在学习指令集之前,建议读者先学习开发环境,以便在开发环境中学习相应指令的使用方法。开发环境 MDK 的介绍请参见附录 C。

4.4.1 数据传送类指令

处理器的基本功能之一就是数据传送。数据传送指令用于在寄存器和寄存器之间、寄存器和存储器之间进行数据的双向传输。Cortex-M3 中的数据传送类型包括:

(1) 在两个寄存器间传送数据或者把一个立即数加载到寄存器。

(2) 在寄存器与存储器间传送数据。

(3) 在寄存器与特殊功能寄存器间传送数据。

(4) 堆栈操作。

下面分别进行介绍。

1. 在两个寄存器间传送数据或者把立即数传送给寄存器

1) MOV 指令

MOV 指令可完成将一个寄存器、被移位的寄存器或一个立即数传送到目的寄存器。MOV 指令的格式为:

```
MOV{S}{条件}  目的寄存器,源操作数
```

其中 S 选项决定指令的操作是否影响 APSR 中条件标志位的值,当没有 S 时指令不更新 APSR 中条件标志位的值。例如:

```
MOV        R1, R0          ;将寄存器 R0 的值传送到寄存器 R1
```

如果执行该指令前,R0 的内容是＃x000007e2(即十进制的＃2018),则执行该指令后,R1 的内容变成＃000007e2,R0 的内容不变。

再如,

```
MOV        PC, R14         ;将寄存器 R14 的值传送到 PC,常用于子程序返回
MOV        R1,R0,LSL＃3    ;将寄存器 R0 的值左移 3 位后传送到 R1
MOV        R0, ＃0x12      ;将十六进制 0x12 传送给 R0
MOV        R1, ＃'A'       ;将字符'A'的 ASCII 码值(0x41)传送给 R1
```

2) MVN 指令(数据取反传送指令)

MVN 指令可完成将一个寄存器、被移位的寄存器或一个立即数的内容取反后传送到

目的寄存器。MVN 指令的格式为：

```
MVN{S}{条件}  目的寄存器,源操作数
```

其中,S 决定指令的操作是否影响 APSR 中条件标志位的值,当没有 S 时指令不更新 APSR 中条件标志位的值。例如：

```
MVN        R0,#0x36       ;执行指令后,R0 中的值将变为 0xffffffc9
MVN        R0,#0          ;将立即数 0 取反传送到寄存器 R0 中,执行指令后 R0 = -1
```

MOVW 指令把 16 位立即数放到寄存器的低 16 位,高 16 位清零。

MOVT 指令把 16 位立即数放到寄存器的高 16 位,低 16 位不影响。例如：

```
MOVT       R3, #0xF123    ;将 0xF123 写入 R3 的高 16 位,低 16 位不变
```

2. 在寄存器与存储器间传送数据(加载/存储指令)

ARM 微控制器支持加载(Load)/存储(Store)指令,用于在寄存器和存储器之间传送数据,加载指令(LDR 类指令)用于将存储器中的数据传送到寄存器中,存储指令(STR 类指令)则把寄存器的内容存储至存储器中。最常使用的格式如表 4-4 所示。

表 4-4 常用的存储器访问指令

存储器访问指令	功 能 描 述
LDR Rd, [Rn, #offset]	从地址 Rn+offset 处读取一个字送到 Rd
LDRB Rd, [Rn, #offset]	从地址 Rn+offset 处读取一个字节送到 Rd
LDRH Rd, [Rn, #offset]	从地址 Rn+offset 处读取一个半字送到 Rd
LDRD Rd1, Rd2, [Rn, #offset]	从地址 Rn+offset 处读取一个双字(64 位整数)送到 Rd1(低 32 位)和 Rd2(高 32 位)中
STR Rd, [Rn, #offset]	把 Rd 中的字存储到地址 Rn+offset 处
STRB Rd, [Rn, #offset]	把 Rd 中的低字节存储到地址 Rn+offset 处
STRH Rd, [Rn, #offset]	把 Rd 中的低半字存储到地址 Rn+offset 处
STRD Rd1, Rd2, [Rn, #offset]	把 Rd1(低 32 位)和 Rd2(高 32 位)表达的双字存储到地址 Rn+offset 处

1) LDR 指令

LDR 指令的格式为：

```
LDR{条件}  目的寄存器,<存储器地址>
```

LDR 指令用于从存储器中将一个 32 位的字数据传送到目的寄存器中。该指令通常用于从存储器中读取 32 位的字数据到通用寄存器,然后对数据进行处理。当程序计数器 PC 作为目的寄存器时,指令从存储器中读取的字数据被当作目的地址,从而可以实现程序流程的跳转。例如：

```
LDR     R0, [R1]       ;将存储器地址为 R1 的字数据读入寄存器 R0
LDR     R0, [R1,R2]    ;将存储器地址为 R1 + R2 的字数据读入寄存器 R0
LDR     R0, [R1,#8]    ;将存储器地址为 R1 + 8 的字数据读入寄存器 R0
LDR     R0, [R1,#8]!   ;将存储器地址为 R1 + 8 的字数据读入寄存器 R0,
                       ;并将新地址 R1 + 8 写入 R1
```

2）LDRB 指令

LDRB 指令的格式为：

```
LDRB{条件} 目的寄存器,<存储器地址>
```

LDRB 指令用于从存储器中将一个 8 位的字节数据传送到目的寄存器中，同时将寄存器的高 24 位清零。该指令通常用于从存储器中读取 8 位的字节数据到通用寄存器，然后对数据进行处理。例如：

```
LDRB    R0,[R1]       ;将存储器地址为 R1 的字节数据读入寄存器 R0,并将 R0 的高 24 位清零
LDRB    R0,[R1,#8]    ;将存储器地址为 R1 + 8 的字节数据读入寄存器 R0,并将 R0 的高 24 位清零
```

3）LDRH 指令

LDRH 指令的格式为：

```
LDRH{条件} 目的寄存器,<存储器地址>
```

LDRH 指令用于从存储器中将一个 16 位的半字数据传送到目的寄存器中，同时将寄存器的高 16 位清零。该指令通常用于从存储器中读取 16 位的半字数据到通用寄存器，然后对数据进行处理。例如：

```
LDRH    R0,[R1]       ;将存储器地址为 R1 的半字数据读入寄存器 R0,并将 R0 的高 16 位清零
LDRH    R0,[R1,#8]    ;将存储器地址为 R1 + 8 的半字数据读入寄存器 R0,并将 R0 的高 16 位清零
LDRH    R0,[R1,R2]    ;将存储器地址为 R1 + R2 的半字数据读入寄存器 R0,并将 R0 的高 16 位清零
```

4）STR 指令

STR 指令的格式为：

```
STR{条件} 源寄存器,<存储器地址>
```

STR 指令用于从源寄存器中将一个 32 位的字数据传送到存储器中。该指令在程序设计中比较常用，且寻址方式灵活多样，使用方式可参考指令 LDR。

```
STR     R0,[R1],#8    ;将 R0 中的字数据写入以 R1 为地址的存储器中,并将新地址 R1 + 8 写入 R1
STR     R0,[R1,#8]    ;将 R0 中的字数据写入以 R1 + 8 为地址的存储器中
```

5）STRB 指令

STRB 指令的格式为：

```
STRB{条件} 源寄存器,<存储器地址>
```

STRB 指令用于从源寄存器中将一个 8 位的字节数据传送到存储器中。该字节数据为源寄存器中的低 8 位。例如：

```
STRB    R0,[R1]       ;将寄存器 R0 中的字节数据写入以 R1 为地址的存储器中
STRB    R0,[R1,#8]    ;将寄存器 R0 中的字节数据写入以 R1 + 8 为地址的存储器中
```

6）STRH 指令

STRH 指令的格式为：

```
STRH{条件} 源寄存器,<存储器地址>
```

STRH 指令用于从源寄存器中将一个 16 位的半字数据传送到存储器中。该半字数据为源寄存器中的低 16 位。例如：

```
STRH    R0,[R1]        ;将寄存器 R0 中的半字数据写入以 R1 为地址的存储器中
STRH    R0,[R1,#8]     ;将寄存器 R0 中的半字数据写入以 R1 + 8 为地址的存储器中
```

7) 批量数据加载/存储指令(LDM/STM 指令)

ARM 微控制器所支持的批量数据加载/存储指令可以一次在一片连续的存储器单元和多个寄存器之间传送数据，批量加载指令用于将一片连续的存储器中的数据传送到多个寄存器，批量数据存储指令则完成相反的操作。

批量数据加载/存储指令的格式为：

```
LDM(或 STM){条件}{类型}基址寄存器{!},寄存器列表{^}
```

LDM(或 STM)指令用于从由基址寄存器所指示的一片连续存储器到寄存器列表所指示的多个寄存器之间传送数据，指令的常见用途是将多个寄存器的内容入栈或出栈。其中，{类型}可为以下几种情况：

IA、DB、FD、EA。

{!}和{^}为可选后缀。{!}后缀表示最后的地址写回到基址寄存器中；{^}后缀表示不允许在用户模式和系统模式下运行。

类型的含义请参见 4.3 节的介绍。

常用的批量数据加载/存储指令如表 4-5 所示。

表 4-5　常用的批量数据加载/存储指令

指　　令	功能描述
LDMIA Rd!,{寄存器列表}	从 Rd 处读取多个字,并依次送到寄存器列表中的寄存器。每读一个字后 Rd 自增一次,16 位宽度指令
STMIA Rd!,{寄存器列表}	依次存储寄存器列表中各寄存器的值到 Rd 给出的地址。每存一个字后 Rd 自增一次,16 位宽度指令
LDMIA. W Rd!,{寄存器列表}	从 Rd 处读取多个字,并依次送到寄存器列表中的寄存器。每读一个字后 Rd 自增一次,32 位宽度指令
LDMDB. W Rd!,{寄存器列表}	从 Rd 处读取多个字,并依次送到寄存器列表中的寄存器。每读一个字前 Rd 自减一次,32 位宽度指令
STMIA. W Rd!,{寄存器列表}	依次存储寄存器列表中各寄存器的值到 Rd 给出的地址。每存一个字后 Rd 自增一次,32 位宽度指令
STMDB. W Rd!,{寄存器列表}	存储多个字到 Rd 处。每存一个字前 Rd 自减一次,32 位宽度指令

例如：

```
STMFD   R13!,{R0,R4 - R12,LR}     ;将寄存器列表中的寄存器(R0,R4 到 R12,LR)存入堆栈
LDMFD   R13!,{R0,R4 - R12,LR}     ;将堆栈内容恢复到寄存器(R0,R4 到 R12,LR)
```

3. 寄存器与特殊功能寄存器间传送数据

ARM 微控制器支持特殊功能寄存器访问指令，用于在特殊功能寄存器和通用寄存器之间传送数据，特殊功能寄存器访问指令包括以下两条：

- MRS 特殊功能寄存器到通用寄存器的数据传送指令。

- MSR 通用寄存器到特殊功能寄存器的数据传送指令。

1）MRS 指令

MRS 指令的格式为：

```
MRS{条件} 通用寄存器,特殊功能寄存器(APSR、IPSR、PSR、EPSR、xPSR 或 CONTROL)
```

MRS 指令用于将特殊功能寄存器的内容传送到通用寄存器中。该指令一般用于以下几种情况：

- 当需要改变特殊功能寄存器的内容时，可用 MRS 将特殊功能寄存器的内容读入通用寄存器，修改后再写回特殊功能寄存器。
- 当在异常处理或进程切换时，需要保存特殊功能寄存器的值，可先用该指令读出特殊功能寄存器的值，然后保存。

例如：

```
MRS     R0,APSR                ;传送 APSR 的内容到 R0
MRS     R0,EPSR                ;传送 EPSR 的内容到 R0
MRS     R1,CONTROL             ;传送 CONTROL 的内容到 R1
```

2）MSR 指令

MSR 指令的格式为：

```
MSR{条件} 特殊功能寄存器,通用寄存器
```

MSR 指令用于将通用寄存器的内容传送到特殊功能寄存器的特定域中。

该指令通常用于恢复或改变特殊功能寄存器的内容。例如：

```
MSR     APSR, R0               ;传送 R0 的内容到 APSR
MSR     PSR, R0                ;传送 R0 的内容到 PSR
MSR     CONTROL, R0            ;传送 R0 的内容到 CONTROL
```

4. 堆栈操作指令

堆栈操作指令包括寄存器入栈及出栈指令。实现低寄存器和可选的 LR 寄存器入栈寄存器和可选的 PC 寄存器出栈操作，堆栈地址由 SP 寄存设置，堆栈是满递减堆栈。指令格式如下：

```
PUSH {寄存器列表[,LR]}
POP {寄存器列表[,PC]}
```

其中寄存器列表是入栈/出栈低寄存器列表，即 R0～R7。LR 是入栈时的可选寄存器，PC 是出栈时的可选寄存器。例如：

```
PUSH  {R0,R4 - R7,LR}          ;将低寄存器 R0,R4～R7 入栈,LR 也入栈
POP   {R0,R4 - R7,PC}          ;将堆栈中的数据弹出到低寄存器 R0,R4～R7 及 PC 中
```

堆栈是特定顺序进行存取的存储区，操作顺序分为“后进先出”和“先进后出”两种类型。堆栈寻址是隐含的，它使用一个专门的寄存器(堆栈指针)指向一块存储区域(堆栈)，指针所指向的存储单元就是堆栈的栈顶。存储器堆栈可分为两种：

- 向上生长——向高地址方向生长，称为递增堆栈。
- 向下生长——向低地址方向生长，称为递减堆栈。

堆栈指针指向最后压入的堆栈的有效数据项，称为满堆栈；堆栈指针指向下一个要放入的空位置，称为空堆栈。

这样就有4种类型的堆栈表示递增和递减的满堆栈和空堆栈的组合。

① 满递增：堆栈通过增大存储器的地址向上增长，堆栈指针指向内含有效数据项的最高地址。

② 空递增：堆栈通过增大存储器的地址向上增长，堆栈指针指向堆栈上的第一个空位置。指令如LDMEA、STMEA等。

③ 满递减：堆栈通过减小存储器的地址向下增长，堆栈指针指向内含有效数据项的最低地址。指令如LDMFD、STMFD等。

④ 空递减：堆栈通过减小存储器的地址向下增长，堆栈指针指向堆栈下的第一个空位置。

堆栈寻址指令举例如下：

```
STMFD  SP!,{R1 - R7,LR}          ;将 R1～R7,LR 入栈。满递减堆栈
LDMFD  SP!,{R1 - R7,LR}          ;数据出栈,放入 R1～R7,LR 寄存器。满递减堆栈
```

4.4.2 数据处理类指令

数据处理类指令可分为算术运算指令、逻辑运算指令和比较指令等。

1. 算术运算指令

算术逻辑运算指令完成常用的算术与逻辑的运算，该类指令不但将运算结果保存在目的寄存器中，同时更新APSR中的相应条件标志位。

1）加法指令

（1）加法指令ADD。

ADD指令的格式为：

```
ADD{S}{条件}  目的寄存器,操作数 1,操作数 2
```

ADD指令用于把两个操作数相加，并将结果存放到目的寄存器中。操作数1应是一个寄存器，操作数2可以是一个寄存器、被移位的寄存器或一个立即数。例如：

```
ADD    R0,R1,R2                  ;R0 = R1 + R2
ADD    R0,R1,#256                ;R0 = R1 + 256
ADD    R0,R2,R3,LSL#1            ;R0 = R2 + (R3 << 1)
```

（2）带进位加法指令ADC。

ADC指令的格式为：

```
ADC{S}{条件}  目的寄存器,操作数 1,操作数 2
```

ADC指令用于把两个操作数相加，再加上APSR中的C条件标志位的值，并将结果存放到目的寄存器中。它使用一个进位标志位，可以做比32位大的数的加法，注意不要忘记设置S后缀来更新进位标志。操作数1应是一个寄存器，操作数2可以是一个寄存器、被移位的寄存器或一个立即数。例如，下面的指令序列完成两个128位数的加法，第一个数由高到低存放在寄存器R7～R4，第二个数由高到低存放在寄存器R11～R8，运算结果由高到低

存放在寄存器 R3～R0。

```
ADDS   R0,R4,R8                ;加低端的字
ADCS   R1,R5,R9                ;加第二个字,带进位
ADCS   R2,R6,R10               ;加第三个字,带进位
ADC    R3,R7,R11               ;加第四个字,带进位
```

2）减法指令

（1）减法指令 SUB。

SUB 指令的格式为：

```
SUB{S}{条件}  目的寄存器,操作数 1,操作数 2
```

SUB 指令用于把操作数 1 减去操作数 2，并将结果存放到目的寄存器中。操作数 1 应是一个寄存器，操作数 2 可以是一个寄存器、被移位的寄存器或一个立即数。该指令可用于有符号数或无符号数的减法运算。例如：

```
SUB    R0,R1,R2                ;R0 = R1 - R2
SUB    R0,R1,#256              ;R0 = R1 - 256
SUB    R0,R2,R3,LSL#1          ;R0 = R2 - (R3 << 1)
```

（2）带借位减法指令 SBC。

SBC 指令的格式为：

```
SBC{S}{条件}  目的寄存器,操作数 1,操作数 2
```

SBC 指令用于把操作数 1 减去操作数 2，再减去 APSR 中的 C 条件标志位的反码，并将结果存放到目的寄存器中。操作数 1 应是一个寄存器，操作数 2 可以是一个寄存器、被移位的寄存器或一个立即数。该指令使用进位标志来表示借位，可以做大于 32 位的减法，注意不要忘记设置 S 后缀来更新进位标志。该指令可用于有符号数或无符号数的减法运算。例如：

```
SBCS   R0,R1,R2                ;R0 = R1 - R2 - !c,并根据结果设置 APSR 的进位标志位
```

（3）逆向减法指令 RSB。

RSB 指令的格式为：

```
RSB{S}{条件}  目的寄存器,操作数 1,操作数 2
```

RSB 指令称为逆向减法指令，用于把操作数 2 减去操作数 1，并将结果存放到目的寄存器中。操作数 1 应是一个寄存器，操作数 2 可以是一个寄存器、被移位的寄存器或一个立即数。该指令可用于有符号数或无符号数的减法运算。例如：

```
RSB    R0,R1,R2                ;R0 = R2 - R1
RSB    R0,R1,#256              ;R0 = 256 - R1
RSB    R0,R2,R3,LSL#1          ;R0 = (R3 << 1) - R2
```

3）乘法指令

ARM 微控制器支持的乘法指令可分为运算结果为 32 位和运算结果为 64 位两类，指令中的所有操作数、目的寄存器必须为通用寄存器，不能使用立即数或被移位的寄存器。

乘法指令共有以下 7 条，下面分别加以介绍。

(1) 32 位乘法指令 MUL。

MUL 指令的格式为：

```
MUL{条件}{S}  目的寄存器,操作数 1,操作数 2
```

MUL 指令完成将操作数 1 与操作数 2 的乘法运算，并把结果保存到目的寄存器中，同时可以根据运算结果设置 APSR 中相应的条件标志位。其中，操作数 1 和操作数 2 均为 32 位的有符号数或无符号数所在的寄存器。例如：

```
MUL    R0,R1,R2                ;R0 = R1 × R2
MULS   R0,R1,R0                ;R0 = R1 × R0,同时设置 APSR 中的相关条件标志位
```

(2) 32 位乘加指令 MLA。

MLA 指令的格式为：

```
MLA{条件}  目的寄存器,操作数 1,操作数 2,操作数 3
```

MLA 指令完成将操作数 1 与操作数 2 的乘法运算，再将乘积加上操作数 3，并把结果保存到目的寄存器中。其中，操作数 1 和操作数 2 均为 32 位的有符号数或无符号数所在的寄存器。例如：

```
MLA    R0,R1,R2,R3             ;R0 =  R1 × R2 + R3
```

(3) 64 位有符号数乘法指令 SMULL

SMULL 指令的格式为：

```
SMULL{条件}  目的寄存器 Low,目的寄存器 High,操作数 1,操作数 2
```

SMULL 指令完成将操作数 1 与操作数 2 的乘法运算，并把结果的低 32 位放置到目的寄存器 Low 中，结果的高 32 位放置到目的寄存器 High 中。其中，操作数 1 和操作数 2 均为 32 位的有符号数所在的寄存器。例如：

```
SMULL  R0,R1,R2,R3             ;R0 = (R2 × R3)的低 32 位,R1 = (R2 × R3)的高 32 位
```

(4) 64 位有符号数乘加指令 SMLAL。

SMLAL 指令的格式为：

```
SMLAL{条件}  目的寄存器 Low,目的寄存器 High,操作数 1,操作数 2
```

SMLAL 指令完成将操作数 1 与操作数 2 的乘法运算，并把结果的低 32 位同目的寄存器 Low 中的值相加后保存回目的寄存器 Low 中，结果的高 32 位同目的寄存器 High 中的值相加后保存回目的寄存器 High 中。其中，操作数 1 和操作数 2 均为 32 位的有符号数所在的寄存器。

对于目的寄存器 Low，在指令执行前存放 64 位加数的低 32 位，指令执行后存放结果的低 32 位。对于目的寄存器 High，在指令执行前存放 64 位加数的高 32 位，指令执行后存放结果的高 32 位。例如：

```
SMLAL  R0,R1,R2,R3             ;R0 = (R2 × R3)的低 32 位 +  R0,R1 = (R2 × R3)的高 32 位 + R1
```

(5) 64 位无符号数乘法指令 UMULL。

UMULL 指令的格式为：

```
UMULL{条件}  目的寄存器 Low,目的寄存器 High,操作数 1,操作数 2
```

UMULL 指令完成将操作数 1 与操作数 2 的乘法运算,并把结果的低 32 位放置到目的寄存器 Low 中,结果的高 32 位放置到目的寄存器 High 中。其中,操作数 1 和操作数 2 均为 32 位的无符号数所在的寄存器。例如:

```
UMULL  R0,R1,R2,R3              ;R0 = (R2 × R3)的低 32 位,R1 = (R2 × R3)的高 32 位
```

(6) 64 位无符号数乘加指令 UMLAL。

UMLAL 指令的格式为:

```
UMLAL{条件}  目的寄存器 Low,目的寄存器 High,操作数 1,操作数 2
```

UMLAL 指令完成将操作数 1 与操作数 2 的乘法运算,并把结果的低 32 位同目的寄存器 Low 中的值相加后保存回目的寄存器 Low 中,结果的高 32 位同目的寄存器 High 中的值相加后保存回目的寄存器 High 中。其中,操作数 1 和操作数 2 均为 32 位的无符号数所在的寄存器。

对于目的寄存器 Low,在指令执行前存放 64 位加数的低 32 位,指令执行后存放结果的低 32 位。

对于目的寄存器 High,在指令执行前存放 64 位加数的高 32 位,指令执行后存放结果的高 32 位。例如:

```
UMLAL  R0,R1,R2,R3              ;R0 = (R2 × R3)的低 32 位 + R0,R1 = (R2 × R3)的高 32 位 + R1
```

(7) 32 位乘减指令 MLS。

MLS 指令的格式为:

```
MLS{条件}  目的寄存器,操作数 1,操作数 2,操作数 3
```

MLS 指令完成从操作数 3 减去操作数 1 与操作数 2 的乘积,并把结果保存到目的寄存器中。其中,操作数 1 和操作数 2 均为 32 位的有符号数或无符号数所在的寄存器。例如:

```
MLS    R0,R1,R2,R3              ;R0 = R3 - R1 × R2
```

4) 除法指令

ARM 微控制器支持 32 位的硬件除法指令,指令中的所有操作数、目的寄存器必须为通用寄存器,不能使用立即数或被移位的寄存器,同时,目的寄存器和操作数 1 必须是不同的寄存器。除法指令共有无符号除法指令和有符号除法指令两条,格式如下:

无符号除法指令包括 UDIV. W Rd, Rn, Rm

有符号除法指令包括 SDIV. W Rd, Rn, Rm

运算结果是 Rd=Rn/Rm,余数被丢弃。例如:

```
LDR    R0, =300
MOV    R1, #7
UDIV.W R2, R0, R1
```

则 R2=300/7=42。

为了捕捉被零除的非法操作,可以在 NVIC 的配置控制寄存器中置位 DIVBYZERO

位。这样，如果出现了被零除的情况，将会引发一个用法 Fault 异常。如果没有任何措施，那么 Rd 将在除数为零时被清零。

2. 逻辑运算指令

逻辑运算指令包括传统的逻辑运算指令和位清除指令。下面分别介绍。

1）逻辑与指令 AND

AND 指令的格式为：

```
AND{S}{条件}  目的寄存器,操作数 1,操作数 2
```

AND 指令用于在两个操作数上进行逻辑与运算，并把结果保存到目的寄存器中。操作数 1 应是一个寄存器，操作数 2 可以是一个寄存器、被移位的寄存器或一个立即数。该指令常用于屏蔽操作数 1 的某些位。例如：

```
AND    R0,R0,#3          ;该指令保持 R0 的 0、1 位,其余位清零
```

2）逻辑或指令 ORR

ORR 指令的格式为：

```
ORR{S}{条件}  目的寄存器,操作数 1,操作数 2
```

ORR 指令用于在两个操作数上进行逻辑或运算，并把结果保存到目的寄存器中。操作数 1 应是一个寄存器，操作数 2 可以是一个寄存器、被移位的寄存器或一个立即数。该指令常用于设置操作数 1 的某些位。例如：

```
ORR    R0,R0,#3          ;该指令设置 R0 的 0、1 位,其余位保持不变
```

3）逻辑或非指令 ORN

ORN 指令的格式为：

```
ORN{S}{条件}  目的寄存器,操作数 1,操作数 2
```

ORN 指令用于在两个操作数上进行逻辑或非运算，并把结果保存到目的寄存器中。操作数 1 应是一个寄存器，操作数 2 可以是一个寄存器、被移位的寄存器或一个立即数。该指令常用于设置操作数 1 的某些位。例如：

```
ORN    R0,R0,#3          ;该指令将立即数 3 取反后与 R0 进行逻辑或操作,结果保存在 R0 中
```

4）逻辑异或指令 EOR

EOR 指令的格式为：

```
EOR{S}{条件}  目的寄存器,操作数 1,操作数 2
```

EOR 指令用于在两个操作数上进行逻辑异或运算，并把结果保存到目的寄存器中。操作数 1 应是一个寄存器，操作数 2 可以是一个寄存器、被移位的寄存器或一个立即数。该指令常用于反转操作数 1 的某些位。例如：

```
EOR    R0,R0,#3          ;该指令反转 R0 的 0、1 位,其余位保持不变
```

5）位清除指令 BIC

BIC 指令的格式为：

```
BIC {S}{条件}  目的寄存器,操作数 1,操作数 2
```

BIC 指令用于清除操作数 1 的某些位，并把结果放置到目的寄存器中。操作数 1 应是一个寄存器，操作数 2 可以是一个寄存器、被移位的寄存器或一个立即数。操作数 2 为 32 位的掩码，如果在掩码中设置了某一位，则清除这一位；未设置的掩码位保持不变。例如：

```
BIC    R0,R0,#0x0b       ;该指令清除 R0 中的位 0、1 和 3,其余位保持不变
```

6）取二进制补码指令 NEG

取二进制补码指令 NEG 用于取寄存器内容的二进制补码，指令格式如下：

```
NEG   <Rd>,<Rm>          ;Rd = ~Rm + 1
```

请读者自行测试其功能。

3. 比较指令

比较指令完成两个操作数的比较功能，不保存运算结果，只更新 APSR 中相应的标志位。

1）CMP 比较指令

CMP 指令的格式为：

```
CMP{条件}  操作数 1,操作数 2
```

CMP 指令用于把一个寄存器的内容和另一个寄存器的内容或立即数进行比较，同时更新 APSR 中条件标志位的值。该指令进行一次减法运算，但不存储结果，只更改条件标志位。标志位表示的是操作数 1 与操作数 2 的关系（大、小、相等），例如，若操作数 1 大于操作数 2，则此后的有 GT 后缀的指令将可以执行。例如：

```
CMP    R1,R0             ;将寄存器 R1 的值与寄存器 R0 值相减,并根据结果设置 APSR 的标志位
CMP    R1,#100           ;将寄存器 R1 的值与立即数 100 相减,并根据结果设置 APSR 的标志位
```

2）CMN 反值比较指令

CMN 指令的格式为：

```
CMN{条件}  操作数 1,操作数 2
```

CMN 指令用于把一个寄存器的内容和另一个寄存器的内容或立即数取反后进行比较，同时更新 APSR 中条件标志位的值。该指令实际完成操作数 1 和操作数 2 相加，并根据结果更改条件标志位。例如：

```
CMN    R1,R0             ;将寄存器 R1 的值与寄存器 R0 值相加,并根据结果设置 APSR 的标志位
CMN    R1,#100           ;将寄存器 R1 的值与立即数 100 相加,并根据结果设置 APSR 的标志位
```

3）TST 位测试指令

TST 指令的格式为：

```
TST{条件}  操作数 1,操作数 2
```

TST 指令用于把一个寄存器的内容和另一个寄存器的内容或立即数进行按位的与运

算，并根据运算结果更新 APSR 中条件标志位的值。操作数 1 是要测试的数据，而操作数 2 是一个位掩码，该指令一般用来检测是否设置了特定的位。例如：

```
TST    R1, #1              ;测试在寄存器 R1 中是否设置了最低位
TST    R1,R2               ;将寄存器 R1 的值与寄存器 R2 按位与，并根据结果设置 N 和 Z 标志位
```

4）TEQ 相等测试指令

TEQ 指令的格式为：

```
TEQ{条件}  操作数 1,操作数 2
```

TEQ 指令用于把一个寄存器的内容和另一个寄存器的内容或立即数进行按位的异或运算，并根据运算结果更新 APSR 中条件标志位的值。该指令通常用于比较操作数 1 和操作数 2 是否相等。例如：

```
TEQ    R1,R2               ;将寄存器 R1 的值与寄存器 R2 值按位异或，并根据结果设置 N 和 Z 标志位
```

4. 移位指令（操作）

ARM 微控制器内嵌的桶型移位器（barrel shifter），支持数据的各种移位操作。移位指令在 ARM 指令集中不仅可以作为单独的指令使用，也可以作为指令格式中的一个字段，在汇编语言中表示为指令中的选项。例如，数据处理指令的第二个操作数为寄存器时，就可以加入移位操作选项对它进行各种移位操作。移位操作包括如下 6 种类型：逻辑左移（LSL）、算术左移（ASL）、逻辑右移（LSR）、算术右移（ASR）、循环右移（ROR）和带扩展的循环右移（RRX）。其中，ASL 和 LSL 是等价的，可以自由互换。

1）逻辑左移 LSL（或 ASL）操作

LSL（或 ASL）操作的格式为：

```
通用寄存器,LSL(或 ASL) 操作数
```

LSL（或 ASL）可完成对通用寄存器中的内容进行逻辑（或算术）的左移操作，按操作数所指定的数量向左移位，低位用零来填充。其中，操作数可以是通用寄存器，也可以是立即数（1～31）。例如：

```
LSLS   R1, R2, #3          ;将 R2 的内容逻辑左移 3 位后赋给 R1，同时更新标志位
MOV    R0,R1, LSL#3        ;将 R1 中的内容左移 3 位后传送到 R0 中
```

R1 执行 LSL#3 操作的过程如图 4-1 所示。

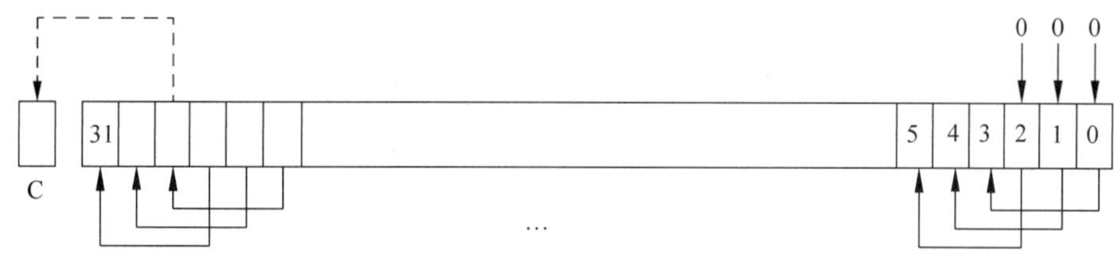

图 4-1　LSL#3 操作的执行过程

2）逻辑右移 LSR 操作

LSR 操作的格式为：

```
通用寄存器,LSR 操作数
```

LSR 可完成对通用寄存器中的内容进行右移的操作，按操作数所指定的数量向右移位，左端用零来填充。其中，操作数可以是通用寄存器，也可以是立即数(1～32)。例如：

```
LSR    R4, R5, #6          ;将 R5 的内容逻辑右移 6 位后赋给 R4
MOV    R0,R1, LSR#3        ;将 R1 中的内容右移 3 位后传送到 R0 中,左端用零来填充
```

R1 执行 LSR#3 操作的过程如图 4-2 所示。

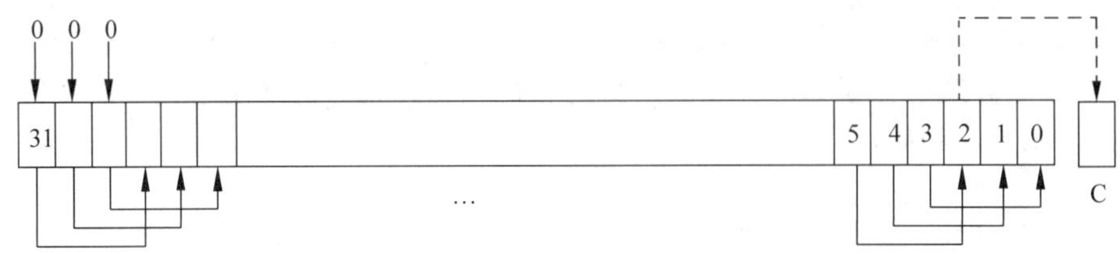

图 4-2　LSR#3 操作的执行过程

3) 算术右移 ASR 操作

ASR 操作的格式为：

```
通用寄存器,ASR 操作数
```

ASR 可完成对通用寄存器中的内容进行右移的操作，按操作数所指定的数量向右移位，左端用第 31 位的值来填充指定数量的位。其中，操作数可以是通用寄存器，也可以是立即数(1～32)。例如：

```
ASR    R7, R8, #9          ;将 R8 中的内容算术右移 9 位后赋给 R7
MOV    R0,R1,ASR#3         ;将 R1 中的内容右移 3 位后传送到 R0 中,左端用第 31 位的值来填充
```

R1 执行 ASR#3 操作的过程如图 4-3 所示。

图 4-3　ASR#3 操作的执行过程

4) 循环右移 ROR 操作

ROR 操作的格式为：

```
通用寄存器,ROR 操作数
```

ROR 可完成对通用寄存器中的内容进行循环右移的操作，按操作数所指定的数量向右循环移位，左端用右端移出的位来填充。其中，操作数可以是通用寄存器，也可以是立即数(1～31)。显然，当进行 32 位的循环右移操作时，通用寄存器中的值不变。例如：

```
ROR   R4, R5, R6          ;将 R5 的内容循环右移(R6 最低字节内容)的位数后赋给 R4
MOV   R0,R1,ROR#3         ;将 R1 中的内容循环右移 3 位后传送到 R0 中
```

R1 执行 ROR#3 操作的过程如图 4-4 所示。

图 4-4 ROR#3 操作的执行过程

5）带扩展的循环右移 RRX 操作

RRX 操作的格式为：

```
通用寄存器,RRX 操作数
```

RRX 可完成对通用寄存器中的内容进行带扩展的循环右移的操作，按操作数所指定的数量向右循环移位，左端用进位标志位 C 来填充。其中，操作数可以是通用寄存器，也可以是立即数(0～31)。例如：

```
RRX   R4, R5              ;将 R5 中的内容带扩展循环右移一次后赋给 R4
MOV   R0,R1,RRX#1         ;将 R1 中的内容进行带扩展的循环右移 1 位后传送到 R0 中
```

R1 执行 RRX#1 操作的过程如图 4-5 所示。

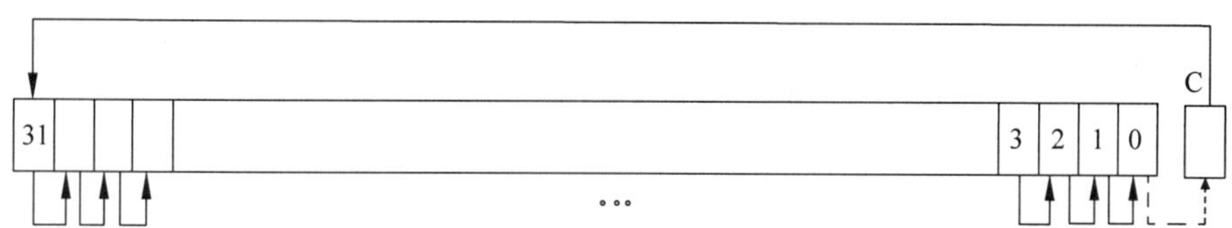

图 4-5 RRX#1 操作的执行过程

注：RRX 指令在 MDK 环境中可能不能被正确编译和执行。

5. 数据翻转指令

这些指令专门服务于小端模式和大端模式的转换，最常用于网络应用程序中(网络字节序是大端，主机字节序常是小端)。

1）REV 指令

REV 指令反转 32 位整数中的字节序。语法格式为：

```
REV   Rd, Rm
```

该指令将 Rm 中的内容翻转字节序后赋给 Rd。例如：

```
REV   R1, R0
```

若执行指令前，R0＝0x12345678，则执行上面的 REV 后，R1＝0x78563412。

2）REV16 指令

REV16 指令用于将高半字的两个字节互换，低半字的两个字节互换。语法格式为：

```
REV16 Rd, Rm
```

该指令将 Rm 高半字的两个字节互换，低半字的两个字节互换，然后赋给 Rd。例如：

```
REV16 R3, R0
```

若执行指令前，R0＝0x12345678，则执行上面的 REV16 后，R3＝0x34127856。

3）REVH 指令

REVH 指令则以半字为单位反转，且只反转低半字。语法格式为：

```
REVH  Rd, Rm
```

该指令将 Rm 翻转低半字后赋给 Rd。例如：

```
REVH  R2, R0
```

若执行指令前，R0＝0x12345678，则执行上面的 REVH 后，R2＝0x12347856。

4）REVSH 指令

REVSH 在 REVH 的基础上，还把转换后的半字做带符号扩展。例如：

```
REVSH  R1, R0
```

若 R0＝0x33448899，则执行上述 REVSH 指令后，R1＝0xFFFF9988。

REV、REV16 和 REVSH 指令的执行示意图如图 4-6 所示。

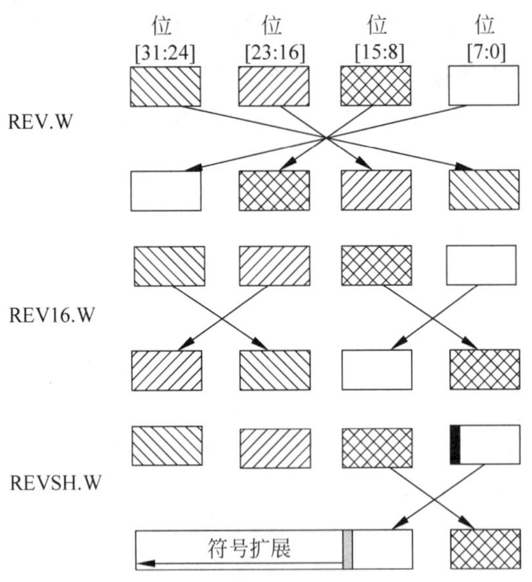

图 4-6　REV、REV16 和 REVSH 指令的执行示意图

5）RBIT 指令

RBIT 比前面的 REV 类指令更精细，它是按位反转的，相当于把 32 位整数的二进制表示法水平旋转 180°，其格式为：

```
RBIT.W  Rd, Rn
```

这个指令在处理串行比特流时非常有用。例如：

```
RBIT.W  R0, R1
```

若 R1＝0xB4E10C23(二进制数值为 1011,0100,1110,0001,0000,1100,0010,0011),则执行上述指令后，R0＝0xC430872D(二进制数值为 1100,0100,0011,0000,1000,0111,0010,1101)。

6. 数据扩展指令

数据扩展指令类似于 C 语言的强制数据类型转换,把字节(B)或半字(H)的数据宽度转换成 32 位。它们的语法如下：

```
SXTB  Rd, Rn
SXTH  Rd, Rn
UXTB  Rd, Rn
UXTH  Rd, Rn
```

对于 SXTB/SXTH,数据带符号位扩展成 32 位整数。对于 UXTB/UXTH,高位清零。例如,若 R0＝0x55aa8765,则

```
SXTB  R1, R0          ;R1 = 0x00000065
SXTH  R1, R0          ;R1 = 0xffff8765
UXTB  R1, R0          ;R1 = 0x00000065
UXTH  R1, R0          ;R1 = 0x00008765
```

思考：若 R0＝0x55aa8765,则执行指令“SXTH R1, R0, ROR ＃16”后,R1 的值为多少?

7. 位段处理指令

位段处理指令实现位段统计、清零、插入、提取等操作,以实现数据变换。

1) 计算前导 0 的数目指令 CLZ

CLZ 指令用于计算某个寄存器内容的前导 0 的数量。指令格式如下：

```
CLZ{cond}  Rd, Rm
```

计算 Rm 寄存器中前导 0 的数量并保存在 Rd 中。例如：

```
CLZ   R4,R9          ;计算 R9 中前导 0 的数量并将该数量保存到 R4 中
```

2) 位段清零指令 BFC

位段清零指令 BFC 把 32 位整数中任意一段连续的二进制位 s 清零,语法格式为：

```
BFC.W  Rd, ＃lsb,  ＃width
```

其中,lsb 为位段的末尾,width 则指定在 lsb 和它的左边共有多少个位参与操作。例如：

```
LDR   R0, = 0x1234FFFF
BFC   R0, ＃4, ＃10
```

执行完后,R0＝0x1234C00F。

3) 位段插入指令 BFI

位段插入指令 BFI 把某个寄存器按 LSB 对齐的数值,复制到另一个寄存器的某个位段中,其格式为：

```
BFI.W  Rd, Rn, ＃lsb,  ＃width
```

总是从 Rn 的最低位提取,＃lsb 只对 Rd 起作用。例如：

```
LDR    R0, = 0x12345678
LDR    R1, = 0xAABBCCDD
BFI.W R1, R0, #8, #16
```

则执行后,R1= 0xAA5678DD。

4) 位段提取指令 UBFX/SBFX

UBFX/SBFX 都是位段提取指令,语法格式为:

```
UBFX.W Rd, Rn, #lsb,  #width
SBFX.W Rd, Rn, #lsb,  #width
```

UBFX 从 Rn 中取出任一个位段,执行零扩展后放到 Rd 中。例如:

```
LDR      R0, = 0x5678ABCD
UBFX.W   R1, R0, #12, #16
```

则 R0=0x0000678A。

类似地,SBFX 也抽取任意的位段,但是以带符号的方式进行扩展。例如:

```
LDR      R0, = 0x5678ABCD
SBFX.W   R1, R0, #8, #4
```

则 R0=0xFFFFFFFB。

8. 饱和运算指令

饱和运算类似于放大电路中所谓的"饱和削顶失真"。饱和运算指令分为两种:一种是"没有直流分量"的交流信号饱和——带符号饱和运算;另一种无符号饱和运算则类似于"削顶失真+单向导通"。

SSAT 指令用于以带符号数的边界进行饱和运算(交流),指令格式如下:

```
SSAT.W Rd, #imm5, Rn, {,shift}
```

USAT 指令用于以无符号数的边界进行饱和运算(带纹波的直流),指令格式如下:

```
USAT.W Rd, #imm5, Rn, {,shift}
```

饱和运算的详细介绍请参见《Cortex-M3 权威指南》。

4.4.3 跳转指令

跳转指令用于实现程序的跳转,ARM 指令集中的跳转指令可以完成从当前指令向前或向后的 32MB 的地址空间的跳转。在 ARM 程序中有两种方法可以实现程序的跳转:

(1) 使用专门的跳转指令。

(2) 直接向程序计数器 PC 写入跳转地址值。

通过向程序计数器 PC 写入跳转地址值,可以实现在 4GB 地址空间中的任意跳转,在跳转之前结合使用 MOV　LR,PC 等类似指令,可以保存将来的返回地址值,从而实现在 4GB 连续的线性地址空间的子程序调用。

ARM 指令集中的跳转指令包括以下 9 条指令:

- B　跳转指令。
- BL　带返回的跳转指令。
- BX　带状态切换的跳转指令。
- BLX　带返回和状态切换的跳转指令。
- CBZ　比较，如果结果为 0 就转移(只能跳到后面的指令)。
- CBNZ　比较，如果结果非 0 就转移(只能跳到后面的指令)。
- TBB　以字节为单位的查表转移。从一个字节数组中选一个 8 位前向跳转地址并转移。
- TBH　以半字为单位的查表转移。从一个半字数组中选一个 16 位前向跳转的地址并转移。
- IT　指令实现 IF-Then 分支。

1. B 指令

B 指令的格式为：

```
B{条件}  目的地址
```

B 指令是最简单的跳转指令。一旦遇到 B 指令，ARM 微控制器将立即跳转到给定的目的地址，从那里继续执行。注意，存储在跳转指令中的实际值是相对当前 PC 值的一个偏移量，而不是一个绝对地址，它的值由汇编器来计算(参考寻址方式中的相对寻址)。它是 24 位有符号数，左移两位后带符号扩展为 32 位，表示的有效偏移为 26 位(前后 32MB 的地址空间)。例如：

```
B      Label        ;程序无条件跳转到标号 Label 处执行
CMP    R1,#0
BEQ    Label        ;当 APSR 寄存器中的 Z 条件码置位时，程序跳转到标号 Label 处执行
```

2. BL 指令

BL 指令的格式为：

```
BL{条件}  目的地址
```

BL 是另一个跳转指令，但跳转之前，会在寄存器 R14 中保存 PC 的当前内容，因此，可以通过将 R14 的内容重新加载到 PC 中，返回到跳转指令之后的那个指令处执行。该指令是实现子程序调用的一个基本但常用的手段。例如：

```
BL     Label        ;当程序无条件跳转到标号 Label 处执行时，同时将当前的 PC 值保存到 R14 中
```

3. BLX 指令

BLX 指令的格式为：

```
BLX  目的地址
```

BLX 指令从 ARM 指令集跳转到指令中所指定的目的地址，并将微控制器的工作状态由 ARM 状态切换到 Thumb 状态，该指令同时将 PC 的当前内容保存到寄存器 R14 中。因此，当子程序使用 Thumb 指令集，而调用者使用 ARM 指令集时，可以通过 BLX 指令实现子程序的调用和微控制器工作状态的切换。同时，子程序的返回可以通过将寄存器 R14 值

复制到 PC 中来完成。

4. BX 指令

BX 指令的格式为：

```
BX{条件}  目的地址
```

BX 指令跳转到指令中所指定的目的地址。

5. CBZ 和 CBNZ 指令

CBZ 和 CBNZ 指令是比较并条件跳转指令，专为循环结构的优化而设，只能做前向跳转。其中：

- CBZ 比较，如果结果为 0，就转移（只能跳到后面的指令）。
- CBNZ 比较，如果结果非 0，就转移（只能跳到后面的指令）。

它们的语法格式为：

```
CBZ <Rn>, <label>
CBNZ <Rn>, <label>
```

它们的跳转范围较窄，只有 4～130。CBZ/CBNZ 不会更新标志位。例如，下面给出一个 C 语言程序和汇编语言程序的对应关系，相信读者很容易读懂。

```
while (R0!= 0)
{
      Function1();
}
```

变成

```
Loop
      CBZ  R0, LoopExit
      BL   Function1
      B   Loop
LoopExit
```

6. 查表转移指令 TBB 和 TBH

高级语言都提供了“分类讨论”式控制结构，如 C 语言的 switch 语句。通常，给人们的印象是比较靠后的 case 语句块执行得晚，因为要一个一个地查。有了 TBB/TBH 后，则改善了这类结构的执行效率。TBB 为查表跳转字节范围的偏移量指令，用于从一个字节数组表中查找转移地址；TBH 为查表跳转半字范围的偏移量指令，用于从半字数组表中查找转移地址。TBH 的转移范围完全能够满足足够长度的 switch 结构。因为 Cortex-M3 的指令至少是按半字对齐的，表中的数值都是在左移一位后才作为前向跳转的偏移量。又因为 PC 的值为当前地址＋4，因此，TBB 的跳转范围可达 255×2＋4＝514；TBH 的跳转范围更可高达 65535×2＋4＝128KB＋2。请注意：TBB 和 TBH 都只能作前向跳转，也就是说，偏移量是一个无符号整数。

TBB 是以字节为单位的查表转移。从一个字节数组中选一个 8 位前向跳转地址并转移。

TBH 是以半字为单位的查表转移。从一个半字数组中选一个 16 位前向跳转的地址并转移。

TBB 的语法格式为：

```
TBB.W [Rn, Rm]        ;PC += Rn[Rm] * 2
```

这里，Rn 指向跳转表的基址，Rm 则给出表中元素的下标。指令的操作过程如图 4-7 所示。

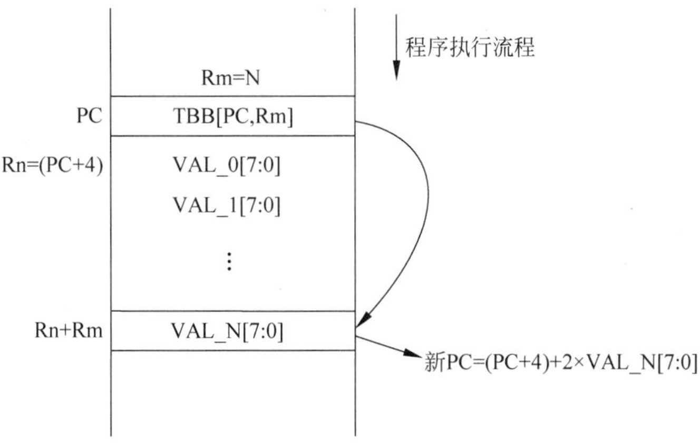

图 4-7 TBB 指令的操作过程

如果 Rn 是 R15，则由于指令流水线的影响，Rn 的值将是 PC＋4。通常不用手工计算表中的偏移量，因为程序修改后要重新计算。所以，一般情况下，为各入口地址取个标号，由汇编器根据标号自动进行计算。在系统程序的开发中，此指令可以提高程序的运行效率。

在 ARM 汇编器中，TBB 跳转表的创建方式如下：

```
    TBB.W [pc, r0]                        ; 执行此指令时,PC 的值正好等于 branchtable
branchtable
    DCB ((branch0 - branchtable)/2)       ;注意：因为数值是 8 位的,故使用 DCB 指示字
    DCB ((branch1 - branchtable)/2)
    DCB ((branch2 - branchtable)/2)
    DCB ((branch3 - branchtable)/2)
branch0
    …                                     ;r0 = 0 时执行
branch1
    …                                     ;r0 = 1 时执行
branch2
    …                                     ;r0 = 2 时执行
branch3
    …                                     ;r0 = 3 时执行
```

TBH 的操作原理与 TBB 相同，只不过跳转表中的每个元素都是 16 位的。故而下标为 Rm 的元素要从 Rn＋2×Rm 处去找。TBH 指令的操作过程如图 4-8 所示。

TBH 跳转表的创建方式与 TBB 的类似，示例如下：

```
    TBH.W [pc, r0, LSL #1]                ;执行此指令时,PC 的值正好等于 branchtable
branchtable
    DCI ((branch0 - branchtable)/2)       ;注意：数值是 16 位的,故使用 DCI 指示字
```

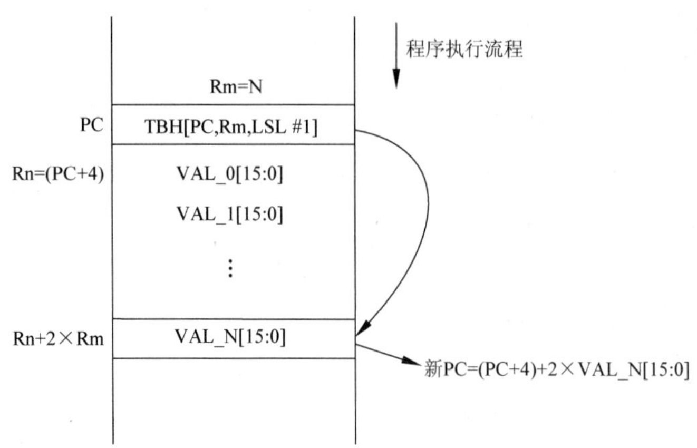

图 4-8 TBH 指令的操作过程

```
    DCI ((branch1 - branchtable)/2)
    DCI ((branch2 - branchtable)/2)
    DCI ((branch3 - branchtable)/2)
branch0
    ...                              ;r0 = 0 时执行
branch1
    ...                              ;r0 = 1 时执行
branch2
    ...                              ;r0 = 2 时执行
branch3
    ...                              ;r0 = 3 时执行
```

7. IT 指令实现 IF-Then 分支

IF-Then 指令围起一个程序块,使用 IT 指令实现,里面最多有 4 条指令,这些指令可以条件执行。

IT 指令中可以包含 T(TRUE,对应条件成立时执行的语句)或 E(ELSE,对应条件不成立时执行的语句)。IT 指令本身已经带了一个"T",因此还可以最多再带 3 个"T"或者"E"。并且对 T 和 E 的顺序没有要求。在 IF-Then 块中的指令必须加上条件后缀,且 T 对应的指令必须使用和 IT 指令中相同的条件,E 对应的指令必须使用和 IT 指令中相反的条件。

IT 的使用形式如下:

IT <cond>——围起 1 条指令的 IF-Then 块。

IT <x><cond>——围起 2 条指令的 IF-Then 块。

IT <x><y> <cond>——围起 3 条指令的 IF-Then 块。

IT <x><y><z> <cond>——围起 4 条指令的 IF-Then 块。

其中<x>、<y>、<z>的取值可以是"T"或者"E"。而<cond>则是在表 4-3 中列出的条件(AL 除外)。

IT 指令使能了指令的条件执行方式,并且使 Cortex-M3 不再预取不满足条件的指令。又因为它在使用时取代了条件转移指令,还避免了在执行流转移时,对流水线的清洗和重新指令预取的开销,所以能优化 C 语言结构中的微小 if 块和很多"?:"运算符。

IT 指令优化 C 语言代码的例子如下面的伪代码所示：

```
if (R0 == R1)
{
      R3 = R4 + R5;
      R3 = R3 * 2;
}
else
{
      R3 = R6 + R7;
      R3 = R3 / 2;
}
```

可以写作：

```
CMP   R0, R1                          ;比较 R0 和 R1
ITTEE EQ                              ;如果 R0 == R1, Then - Then - Else - Else
ADDEQ R3, R4, R5                      ;相等时加法
LSLEQ R3, R3, #1                      ;相等时逻辑左移
ADDNE R3, R6, R7                      ;不等时加法
ASRNE R3, R3, #1                      ;不等时算术右移
```

又如：

```
CMP     R0, R1                        ;比较 R0,R1
ITTET     GT                          ;If R0 > R1 Then(T 代表 Then,E 代表 Else)
MOVGT R2, R0
MOVGT R3, R1
MOVLE R2, R1
MOVGT R4, R1
```

在使用 IT 指令时，应注意如下事项：

(1) IT 指令不允许嵌套，即在 IT 包含的指令块中不能有 IT 指令；

(2) 在 IT 指令包含的指令块中不允许包含 CBZ、CBNZ、CPSID 和 CPSIE 指令；

(3) 分支或任何改变 PC 的指令必须在 IT 指令块的外面，或者是 IT 指令块的最后一条指令；

(4) 不要跳转到 IT 指令块中的任何一条指令处，除非从异常处理程序返回；

(5) 除了带有条件的 B 指令的其他所有条件指令必须在 IT 指令块内；

(6) IT 指令块中的每一条指令必须带有条件码后缀，可以是相同的或者相反的条件。

8. NOP 指令

NOP 指令无操作，常用于延时。

4.4.4 其他指令

1. 异常产生指令

ARM 微控制器支持的异常指令有如下两条：

- SWI 软件中断指令。
- BKPT 断点中断指令。

1）SWI 指令

SWI 指令的格式为：

```
SWI{条件}  24 位的立即数
```

SWI 指令用于产生软件中断，以便用户程序能调用操作系统的系统例程。操作系统在 SWI 的异常处理程序中提供相应的系统服务，指令中 24 位的立即数指定用户程序调用系统例程的类型，相关参数通过通用寄存器传递，当指令中 24 位的立即数被忽略时，用户程序调用系统例程的类型由通用寄存器 R0 的内容决定，同时，参数通过其他通用寄存器传递。例如：

```
SWI     0x02                    ;该指令调用操作系统编号为 02 的系统例程
```

2）BKPT 指令

BKPT 指令的格式为：

```
BKPT  16 位的立即数
```

BKPT 指令产生软件断点中断，可用于程序的调试。

2. 其他指令

其他指令还有：

SEV——发送事件；

WFE——休眠并且在发生事件时被唤醒；

WFI——休眠并且在发生中断时被唤醒；

ISB——指令同步隔离（与流水线和 MPU 有关）；

DSB——数据同步隔离（与流水线、MPU 和 Cache 有关）；

DMB——数据存储隔离（与流水线、MPU 和 Cache 有关）。

感兴趣的读者请参考《Cortex-M3 权威指南》。

4.4.5 Thumb 指令及应用

为兼容 16 位数据总线宽度的应用系统，ARM 体系结构除了支持执行效率很高的 32 位 ARM 指令集以外，同时支持 16 位 Thumb 指令集。Thumb 指令集是 ARM 指令集的一个子集，允许指令编码为 16 位长度。与等价的 32 位代码相比较，Thumb 指令集在具有 32 代码优势的同时，大大节省了系统的存储空间。

所有的 Thumb 指令都有对应的 ARM 指令，而且 Thumb 的编程模型也对应于 ARM 的编程模型，在应用程序的编写过程中，只要遵循一定调用的规则，Thumb 子程序和 ARM 子程序就可以互相调用。当微控制器在执行 ARM 程序段时，称 ARM 微控制器处于 ARM 工作状态；当微控制器在执行 Thumb 程序段时，称 ARM 微控制器处于 Thumb 工作状态。

与 ARM 指令集相比较，Thumb 指令集中的数据处理指令的操作数仍然是 32 位，指令地址也为 32 位，但 Thumb 指令集为实现 16 位的指令长度，舍弃了 ARM 指令集的一些特性，如大多数的 Thumb 指令是无条件执行的，而几乎所有的 ARM 指令都是有条件执行的；大多数的 Thumb 数据处理指令的目的寄存器与其中一个源寄存器相同。

由于 Thumb 指令的长度为 16 位，即只用 ARM 指令一半的位数来实现同样的功能，所以，要实现特定的程序功能，所需的 Thumb 指令的条数较 ARM 指令多。在一般的情况下，Thumb 指令与 ARM 指令的时间效率和空间效率关系为：

- Thumb 代码所需的存储空间约为 ARM 代码的 60%～70%。
- Thumb 代码使用的指令数比 ARM 代码多约 30%～40%。
- 若使用 32 位的存储器，ARM 代码比 Thumb 代码快约 40%。
- 若使用 16 位的存储器，Thumb 代码比 ARM 代码快约 40%～50%。
- 与 ARM 代码相比较，使用 Thumb 代码，存储器的功耗会降低约 30%。

显然，ARM 指令集和 Thumb 指令集各有其优点，若对系统的性能有较高要求，应使用 32 位的存储系统和 ARM 指令集，若对系统的成本及功耗有较高要求，则应使用 16 位的存储系统和 Thumb 指令集。

Cortex-M3 支持 Thumb-2 指令集，是 16 位和 32 位指令的结合，实现了 16 位指令和 32 位指令共存模式，代码密度和性能均得到提高。现代微控制器应用系统更多地使用 C 语言编写程序，C 编译器也会尽可能地使用短指令。然而，当立即数超出一定范围时，或者 32 位指令能更好地适应某个操作时，将使用 32 位指令。

4.5　汇编语言程序设计举例

本节介绍几个典型的汇编语言程序设计实例供读者可以参考。

4.5.1　分支程序设计

具有两个或两个以上可执行路径的程序叫作分支程序。使用带有条件码的指令可以很容易地实现分支程序。

【例 4-1】 编写一个分支程序实现，如果寄存器 R5 中的数据等于 10，则把 R5 中的数据存入寄存器 R1；否则，把 R5 中的数据存入寄存器 R0。

图 4-9　例 4-1 流程图

解：流程图如图 4-9 所示。

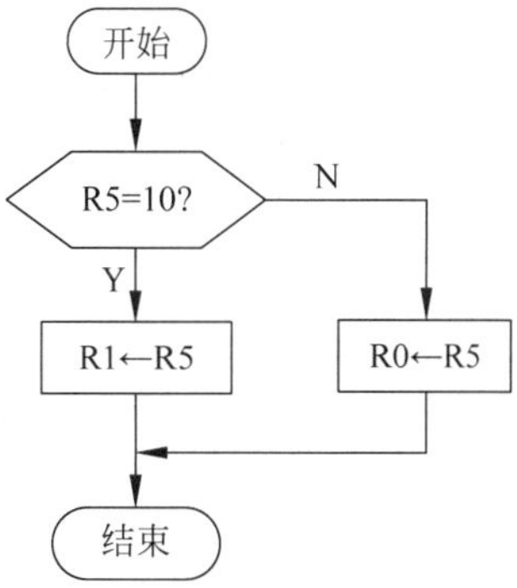

可以使用下面的方法实现：

(1) 使用条件指令实现。

```
CMP     R5,#10                          ;R5 与立即数 10 进行比较
MOVNE   R0,R5                           ;若不相等,则将 R5 赋给 R0
MOVEQ   R1,R5                           ;若相等,将 R5 赋给 R1
```

(2) 用条件跳转指令实现。

```
    CMP  R5,#10                         ;R5 与立即数 10 进行比较
    BEQ  R5EQ10
    MOV  R0,R5                          ;若不相等,则将 R5 赋给 R0
    B    CMPEND                         ;跳转到比较结束标号
R5EQ10
    MOV  R1,R5                          ;否则,将 R5 赋给 R1
CMPEND
```

从上述例子可以看出，ARM 提供的指令条件域大大简化了分支程序设计。

【例 4-2】 编写一个分支程序实现，当寄存器 R1 中的数据大于 R2 中的数据时，将 R2 中的数据加 10 存入寄存器 R1；否则，将 R2 中的数据加 5 存入寄存器 R1。

解：流程图请读者自行绘制。可以使用下面的程序代码实现题目要求：

```
CMP     R1,R2                              ;比较 R1 和 R2
ADDHI   R1,R2,#10                          ;若 R1 > R2,则 R1 = R2 + 10
ADDLS   R1,R2,#5                           ;若 R1≤R2,则 R1 = R2 + 5
```

【例 4-3】 编写实现下面的算式

$$y=\begin{cases}0 & x\leqslant 5\\ x^2+3x+8 & x>5\end{cases}$$

解：将自变量 x 使用 R0 表示，运算结果 y 使用 R1 表示，流程图如图 4-10 所示。实现代码如下：

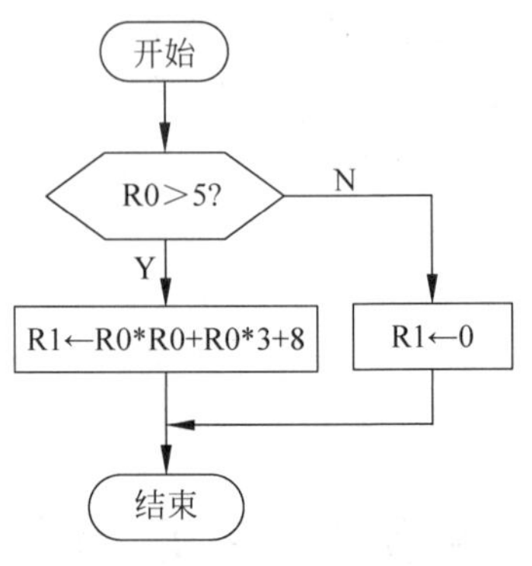

图 4-10　例 4-3 流程图

```
    CMP     R0,#5                  ;比较 R0 和立即数 5
    BLE     R0LE5
    MOV     R1,#3
    MUL     R2,R0,R1
    MUL     R3,R0,R0
    ADDS    R1,R3,R2
    ADC     R1,#8
    B       CMPEND
R0LE5
    MOV     R1,#0
CMPEND
```

【例 4-4】 程序分支点上有两个以上的执行路径的程序叫作多分支程序。利用条件测试指令或跳转表可以实现多分支程序。

编写一个程序段，判断寄存器 R1 中的数据是否为 10、15、20、25。如果是，则将 R0 设置为 0x5a；否则，将 R0 设置为 0xff。

解：根据题意，流程图如图 4-11 所示。核心代码如下：

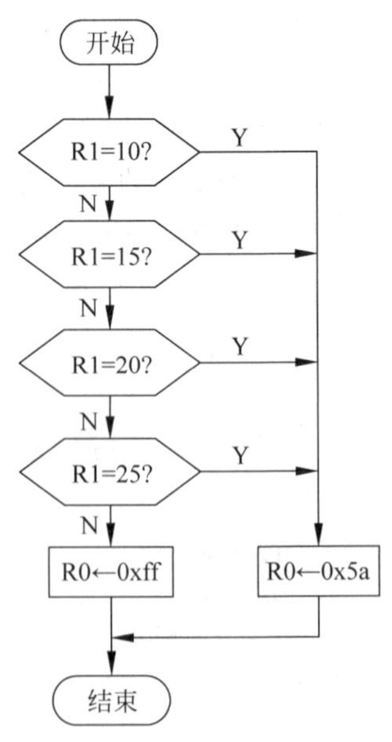

图 4-11　例 4-4 流程图

```
TEQ   R1,#10                    ;比较 R1 和立即数 10
TEQNE R1,#15
TEQNE R1,#20
TEQNE R1,#25
MOVEQ R0,#0x5a
MOVNE R0,#0xff
```

当多分支程序的每个分支所对应的是一个程序段时，常常把各个分支程序段的首地址依次存放在一个叫作跳转地址表的存储区域，然后在程序的分支点处使用一个可以将跳转表中的目的地址传送到 PC 的指令来实现分支。例如，一个具有 3 个分支的跳转地址表示示意图如图 4-12 所示。假设要执行的程序段编号在 N 中，则可以使用下面的代码：

跳转基地址JPTAB	FUNC0
JPTAB+4	FUNC1
JPTAB+8	FUNC2

图 4-12　跳转地址表

```
    MOV R0,N
    ADR R5,JPTAB                          ;取 JPTAB 地址
    LDR PC,[R5,R0,LSL #2]
JPTAB                                     ;跳转表
    DCD FUNC0
    DCD FUNC1
    DCD FUNC2
FUNC0                                     ;分支 FUNC0 的程序段
    …
FUNC1                                     ;分支 FUNC1 的程序段
    …
FUNC2                                     ;分支 FUNC2 的程序段
    …
```

4.5.2　循环程序设计

当条件满足时，需要重复执行同一个程序段的程序叫作循环程序。被重复执行的程序段叫作循环体，需要满足的条件叫作循环条件。循环程序有两种结构：while 结构和 do-while 结构，流程图分别如图 4-13 和图 4-14 所示。

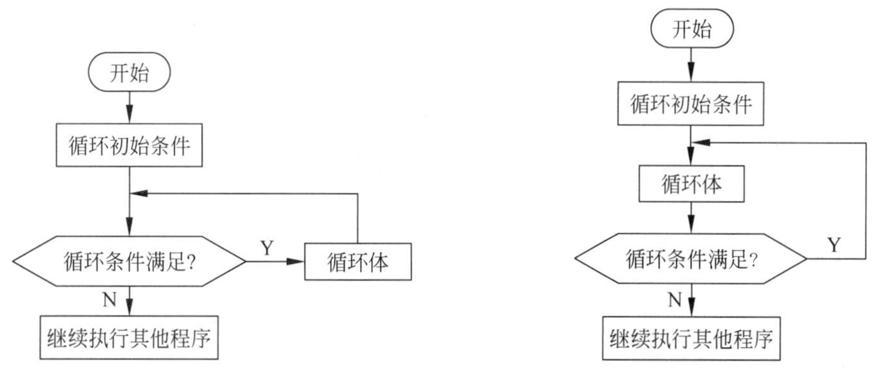

图 4-13　while 循环流程图　　　图 4-14　do-while 循环流程图

while 循环和 do-while 循环的区别就是：while 循环先判断是否满足循环条件，如果满足循环条件，则执行循环体；do-while 循环是先执行一次循环体，然后再判断是否满足循环条件，也就是说，do-while 循环至少执行一次。

【例 4-5】　编写程序，把首地址为 DATA_SRC 的 80 个字的数据复制到首地址为 DATA_DST 的目的地址块中。

解：实现代码如下：

```
LDR R1, = DATA_SRC        ;将源首地址给 R1
LDR R0, = DATA_DST        ;将目标首地址给 R0
MOV R10, #10              ;利用批量加载/存储指令，一次可以处理 8 个字，分 10 次完成
```

```
LOOP
    LDMIA R1!,{R2 - R9}        ;从 R1 处读取多个字,并依次送到寄存器 R2 - R9,
                               ;每读一个字后 R1 自增一次
    STMIA R0!,{R2 - R9}        ;依次存储 R2 - R9 的值到 R0 给出的地址,每存一个字后 R0 自增一次
    SUBS  R10,R10, #1
    BNE LOOP
```

4.5.3 子程序的调用与返回

可以多次反复调用的、能完成指定功能的程序段称为"子程序"。把调用子程序的程序称为"主程序"。为了进行识别,子程序的第 1 条指令之前必须赋予一个标号(该标号称为子程序名),以便其他程序可以用这个标号调用子程序。

在 ARM 汇编语言程序中,主程序一般通过 BL 指令来调用子程序。该指令在执行时完成如下操作:将子程序的返回地址存放在链接寄存器 LR 中,同时将程序计数器 PC 指向子程序的入口点。为了使子程序执行完毕能够返回主程序的调用处,子程序末尾应有 MOV、BX、STMFD 等指令,并在指令中将返回地址重新复制到 PC 中。例如:

使用 MOV 指令实现返回的子程序:

```
RELAY
    …
    MOV     PC,LR
```

使用 BX 指令实现返回的子程序:

```
RELAY
    …
    BX LR
```

在调用子程序的同时,也可以使用 R0～R3 来进行参数的传递和从子程序返回运算结果。

【例 4-6】 一个子程序框架如下:

```
STACK_TOP EQU 0x20002000             ;堆栈指针初始值,常数
        AREA RESET,CODE,READONLY     ;AREA 不能顶格写
        DCD STACK_TOP                ;设置栈顶(MSP 的)
        DCD START                    ;复位向量
        ENTRY                        ;不能顶格写, 指示程序从这里开始执行
START                                ;主程序开始
        MOV R1, #0x59
        MOV R0, #0x28
        BL FUNC1
        B .                          ;工作完成后,进入无穷循环
FUNC1
        ADDS R2,R1,R0
        MOV PC,LR
        END                          ;标记文件结束
```

在子程序中,可以使用堆栈保存在子程序中可能修改的寄存器。例如:

```
RELAY
    STMFD R13!,{R0 - R12,LR}          ;压入堆栈
    …                                 ;子程序代码
    LDMFD R13!,{R0～R12,LR}           ;弹出堆栈
```

4.6 习题

4-1 编程实现下面的算式：

$$y=\begin{cases}3x^2+5 & x<0\\0 & x=0\\2x^3+3x+7 & x>0\end{cases}$$

4-2 编程实现算式：

$$y=1+2+3+\cdots+99+100$$

第5章 ARM微控制器开发

CHAPTER 5

学习嵌入式系统的根本目的在于应用微控制器进行应用系统设计。为了使得读者尽快进入应用开发的学习状态，本章介绍Cortex-M3微控制器应用系统的开发方法和过程。这些方法对于后续的知识点学习具有重要意义。

5.1 开发流程

ARM微控制器可以使用的开发工具链有很多种，它们大多数都支持C和汇编语言。开发嵌入式工程时可以使用C语言，也可以用汇编，或者两者混合编程。一般情况下，程序代码生成流程如图5-1所示。

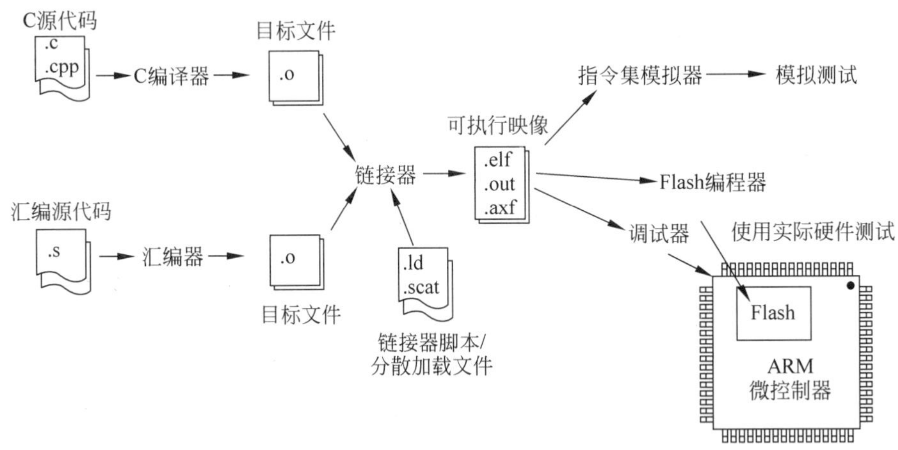

图5-1 程序代码的生成流程

需要使用汇编实现的工程，则使用汇编器将汇编源代码转换成目标文件，工程中所有的目标代码被链接生成一个可执行映像。除了程序代码，目标文件和可执行映像中也可能含有各种调试信息。

大多数的简单应用程序可以完全用C语言编写。C编译器将C程序代码编译成目标代码，然后由链接器生成程序映像文件。

生成可执行映像之后，可以将其下载到微控制器的Flash存储器或内存中进行测试。大多数开发工具都包含了一个接口友好的集成开发环境(IDE)，当其与在线调试器(有时也被称作在线仿真器ICE)配合使用时，可以分步进行以下工作：创建工程，编译应用程序，然后下载嵌入式应用程序到微控制器中。开发过程如图 5-2 所示。

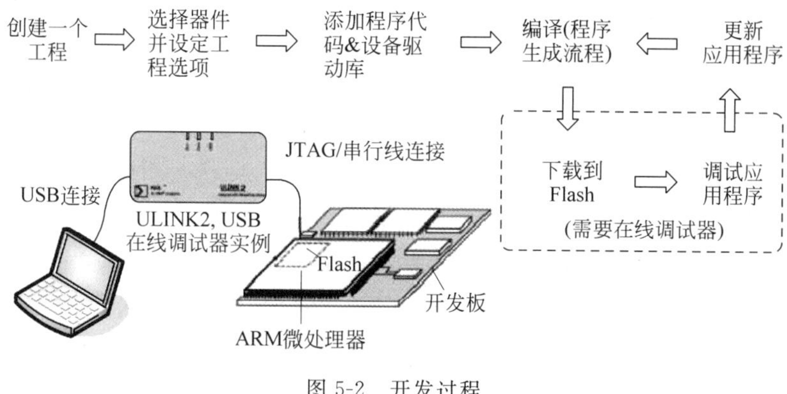

图 5-2 开发过程

5.2 处理器的启动过程

为了保存编译好的程序代码，大多数的现代微控制器都包含片上 Flash 存储器。程序代码以二进制机器码的形式存放在 Flash 存储器中，因此汇编语言程序代码必须经过汇编，而 C 程序代码必须经过编译，才能烧写到 Flash 中。有些微控制器可能还配备了一个独立的启动 ROM，里面有一个小的 Boot Loader 程序。微控制器启动以后，在执行 Flash 中的用户程序前，Boot Loader 会首先运行。大多数情况下，Boot Loader 都是固定的，只有 Flash 存储器中的用户程序才是可变的。

程序代码烧写到 Flash 存储器以后，处理器就可以访问程序了。复位以后，处理器将会运行复位流程。若使用 C 语言编程，则处理器复位以后的工作过程如图 5-3 所示。

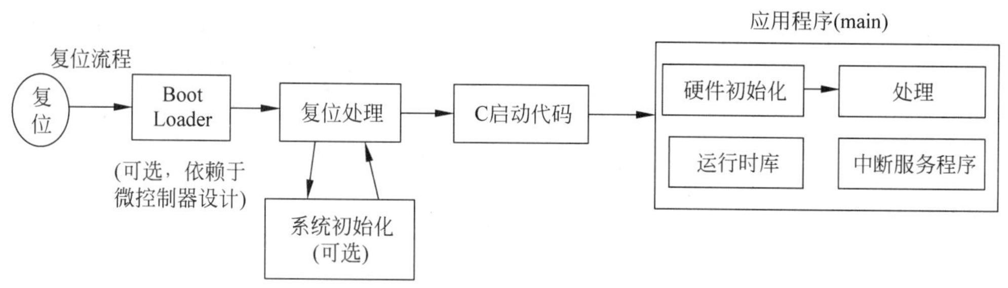

图 5-3 处理器复位以后的工作过程

在复位流程中，处理器会取出 MSP 的初始值和复位向量，然后开始执行复位处理，这些所需信息都放在一个叫作启动代码的程序文件中。启动代码中的复位处理可能还会履行系统初始化的职责(例如，时钟控制电路和锁相环 PLL 的初始化)，有些情况下，系统初始化是在 C 程序的 main()函数中开始的。例如，如果在开发中使用 Keil 微控制器开发套件(MDK)，工程创建向导可以将所选芯片对应的默认启动代码复制到工程中。

对于用 C 语言开发的应用程序，在进入主流程以前，启动代码就已经开始执行，并对应用程序用到的变量和内存等进行了初始化。无须编程者考虑启动代码，因为 C 语言开发工具会将其自动插入程序映像中。而对于使用汇编语言开发的应用程序，许多工作需要开发者自行完成，例如设置堆栈、设置程序的入口等。第 4 章提供了完整的汇编语言程序框架。

执行完 C 启动代码以后，应用程序就开始执行了。应用程序通常包含以下几个部分：

- 硬件初始化（如时钟、PLL 和外设）；
- 应用程序的处理部分；
- 中断服务程序。

另外，应用程序可能还会用 C 库函数，此时，C 编译器/链接器会将所需的库函数纳入编译好的程序映像中。

硬件初始化可能会涉及一系列的外设、系统控制寄存器及 Cortex-M3 中的中断控制寄存器。如果在复位处理时没有进行处理，系统时钟控制和 PLL 也需要进行初始化。外设初始化完成后，程序就可以继续执行应用程序处理部分了。

5.3 输入和输出接口

在许多嵌入式系统中可用的输入和输出接口可能有数字和模拟输入/输出（I/O）、UART、I2C 和 SPI 等。许多微控制器还提供 USB、以太网、CAN、LCD 以及 SD 卡等接口，这些接口是由微控制器的外设控制的。

Cortex-M3 的寄存器映射到了系统空间，并且它们还控制着外设。有些外设要比 8 位机和 16 位机上的更加复杂，配置时可能会涉及更多的寄存器。

外设的典型初始化过程一般包括以下步骤：

(1) 配置时钟控制回路，使能外设的时钟信号，如果有必要，那么初始化相应的引脚。

在许多低功耗微控制器中，时钟信号被分为了许多路，而且为了降低功耗，它们可以单独开关。大多数时钟信号默认都是关闭的，配置外设前通常需要使能相应的时钟。有些情况下，用户可能还需要使能外设总线系统的时钟。

(2) 配置 I/O，大多数微控制器的引脚都是复用的，需要对 I/O 引脚的功能进行配置，以确保外设接口正常工作。另外，有些微控制器的 I/O 引脚的电气特性也是可以配置的，这样也就增加了配置步骤。

(3) 配置外设，大多数接口外设都有多个可编程的控制寄存器，因此，为了确保外设工作正常，就需要对寄存器进行一系列的编程操作。

(4) 配置中断，如果外设操作需要中断处理，就需要另外配置中断控制器（例如 Cortex-M3 的 NVIC）。

为了方便软件开发，大多数微控制器供应商都会为外设编程提供设备驱动库。

5.4 程序映像

Cortex-M3 的程序映像一般包含以下几个部分：

- 向量表；
- C 启动代码；
- 程序代码（应用程序代码和数据）；
- C 库代码（C 库函数的程序代码，链接时插入）。

1. 向量表

向量表可以用C语言或汇编语言实现。由于向量表的入口需要编译器和链接器生成的内容，所以向量表代码的实现细节同开发工具链相关。例如，栈指针的初始值被链接到链接器生成的栈空间地址，而复位向量则指向了C启动代码的地址，这些都是同编译器相关的。

Keil MDK创建STM32工程时，则将向量表作为汇编启动代码的一部分，并且使用定义常量数据(DCD)指令创建。ST公司提供的启动文件startup_stm32f10x_hd.s使用汇编实现向量表，文件的部分内容如下(在第6章创建C语言工程文件时自动加入工程中，可以直接打开查看完整的内容)：

```
Stack_Size      EQU         0x00000400
                AREA        STACK, NOINIT, READWRITE, ALIGN = 3
Stack_Mem       SPACE       Stack_Size                  ;分配栈空间
__initial_sp
Heap_Size       EQU         0x00000200
                AREA        HEAP, NOINIT, READWRITE, ALIGN = 3
__heap_base
Heap_Mem        SPACE       Heap_Size                   ;分配堆空间
__heap_limit
                PRESERVE8                               ; 表明该文件中的代码预留8字节对齐的栈
                THUMB
; 向量表,复位时映射到地址0
                AREA        RESET, DATA, READONLY
                EXPORT      __Vectors
                EXPORT      __Vectors_End
                EXPORT      __Vectors_Size
__Vectors       DCD         __initial_sp                ;栈顶
                DCD         Reset_Handler               ;复位处理程序入口地址
                DCD         NMI_Handler                 ;NMI处理程序入口地址
                DCD         HardFault_Handler           ;硬件错误处理程序入口地址
                DCD         MemManage_Handler           ;MPU Fault Handler
                DCD         BusFault_Handler            ;Bus Fault Handler
                DCD         UsageFault_Handler          ;Usage Fault Handler
                DCD         0                           ;Reserved(保留,占位用)
                DCD         0                           ;Reserved(保留,占位用)
                DCD         0                           ;Reserved(保留,占位用)
                DCD         0                           ;Reserved(保留,占位用)
                DCD         SVC_Handler                 ;SVCall Handler(SVCall处理)
                DCD         DebugMon_Handler            ;Debug Monitor Handler
                DCD         0                           ;Reserved(保留,占位用)
                DCD         PendSV_Handler              ;PendSV Handler(PendSV处理)
                DCD         SysTick_Handler             ;SysTick Handler(SysTick处理)
                ;外部中断
                DCD         WWDG_IRQHandler             ;Window Watchdog
                DCD         PVD_IRQHandler              ;PVD through EXTI Line detect
                DCD         TAMPER_IRQHandler           ;Tamper
                DCD         RTC_IRQHandler              ;RTC
                DCD         FLASH_IRQHandler            ;Flash
```

```
              DCD      RCC_IRQHandler            ;RCC
              DCD      EXTI0_IRQHandler          ;EXTI Line 0
              ......
__Vectors_End

__Vectors_Size EQU __Vectors_End - __Vectors

              AREA     |.text|, CODE, READONLY
; Reset handler
Reset_Handler  PROC
              EXPORT   Reset_Handler             [WEAK]
              IMPORT   __main
              IMPORT   SystemInit
              LDR      R0, = SystemInit
              BLX      R0
              LDR      R0, = __main
              BX       R0
              ENDP

; Dummy Exception Handlers (infinite loops which can be modified)

NMI_Handler     PROC
              EXPORT   NMI_Handler               [WEAK]
              B        .
              ENDP
HardFault_Handler\
              PROC
              EXPORT   HardFault_Handler         [WEAK]
              B        .
              ENDP
MemManage_Handler\
              PROC
              EXPORT   MemManage_Handler         [WEAK]
              B        .
              ENDP
BusFault_Handler\
              PROC
              EXPORT   BusFault_Handler          [WEAK]
              B        .
              ENDP
UsageFault_Handler\
              PROC
              EXPORT   UsageFault_Handler        [WEAK]
              B        .
              ENDP
SVC_Handler     PROC
              EXPORT   SVC_Handler               [WEAK]
              B        .
              ENDP
DebugMon_Handler\
              PROC
```

```
                EXPORT    DebugMon_Handler           [WEAK]
                B         .
                ENDP
PendSV_Handler  PROC
                EXPORT    PendSV_Handler             [WEAK]
                B         .
                ENDP
SysTick_Handler PROC
                EXPORT    SysTick_Handler            [WEAK]
                B         .
                ENDP
Default_Handler PROC
                EXPORT    WWDG_IRQHandler            [WEAK]
                EXPORT    PVD_IRQHandler             [WEAK]
                EXPORT    TAMPER_IRQHandler          [WEAK]
                EXPORT    RTC_IRQHandler             [WEAK]
                EXPORT    FLASH_IRQHandler           [WEAK]
                EXPORT    RCC_IRQHandler             [WEAK]
                EXPORT    EXTI0_IRQHandler           [WEAK]
                ......
WWDG_IRQHandler
PVD_IRQHandler
TAMPER_IRQHandler
RTC_IRQHandler
FLASH_IRQHandler
RCC_IRQHandler
EXTI0_IRQHandler
...
                B         .
                ENDP
                ALIGN
;*****************************************************************************
; User Stack and Heap initialization
;*****************************************************************************
                IF        :DEF:__MICROLIB
                EXPORT    __initial_sp
                EXPORT    __heap_base
                EXPORT    __heap_limit
                ELSE
                IMPORT    __use_two_region_memory
                EXPORT    __user_initial_stackheap
__user_initial_stackheap

                LDR       R0, = Heap_Mem
                LDR       R1, =(Stack_Mem + Stack_Size)
                LDR       R2, = (Heap_Mem + Heap_Size)
                LDR       R3, = Stack_Mem
                BX        LR
                ALIGN
                ENDIF
                END
```

在上面的例子中，向量表被赋予了一个段名 RESET。为了将向量表置于系统存储器映射的开头（地址为 0x00000000），链接文件或命令行选项需要知道段的名字，以便链接器能够正确识别向量并对其进行地址映射。复位向量一般指向 C 启动代码的开头。

2. C 启动代码

C 启动代码用于设置像全局变量之类的数据，也会清零加载时未被初始化的内存区域。对于使用 malloc 等 C 函数的应用程序，C 启动代码还需要初始化堆空间的控制变量。初始化完成后，启动代码跳转到 main( )程序执行。

C 启动代码由编译器/链接器自动嵌入到程序中，并且是和开发工具链相关的，而只使用汇编代码编程则可能不存在 C 启动代码。

3. 程序代码

用户指定的任务是由应用程序的指令完成的，除了指令以外，还有以下各类数据：

- 变量的初始值。函数或子程序中的局部变量需要初始化，这些初始值会在程序执行期间被赋给相应的变量。
- 程序代码中的常量。应用程序中的常量数据有多种用法，如数据值、外设寄存器的地址和常量字符串等，这些数据在程序映像中一般作为数据块放在一起。
- 应用程序可能也会包括其他的常量，比如查找表和图像数据，它们也被合并在程序映像中。

4. C 库代码

当使用特定的 C/C++ 库函数时，它们的库代码就会由链接器嵌入到程序映像中。另外，有些数据处理任务需要浮点数或除法运算，在进行这些运算时，C 库代码也会被包含进来。

5.5 C 语言开发 ARM 应用

1. 数据类型

C 语言支持多个“标准”数据类型，不过，数据类型的使用可能还与处理器的体系结构和 C 编译器相关。对于包括 Cortex-M3 在内的 ARM 处理器，所有的 C 编译器都支持如表 5-1 所示的数据类型。

表 5-1 Cortex-M3 处理器支持的数据类型及长度

C 和 C99 数据类型	位数	范围(有符号)	范围(无符号)
char, int8_t, uint8_t	8	−128～127	0～255
short, int16_t, uint16_t	16	−32 768～32 767	0～65 535
int, int32_t, uint32_t	32	−2 147 483 648～2 147 483 647	0～4 294 967 265
long	32	−2 147 483 648～2 147 483 647	0～4 294 967 265
long long, int64_t, uint64_t	64	$-2^{63}\sim2^{63}-1$	$0\sim2^{64}-1$
float	32	$-3.402\,823\,4\times10^{38}\sim3.402\,823\,4\times10^{38}$	
double	64	$-1.797\,693\,134\,862\,315\,7\times10^{308}\sim1.797\,693\,134\,862\,315\,7\times10^{308}$	

续表

C 和 C99 数据类型	位数	范围(有符号)	范围(无符号)
long double	64	$-1.7976931348623157\times10^{308}$ ~ $1.7976931348623157\times10^{308}$	
pointers	32	0x0～0xFFFFFFFF	
enum	8/16/32	可能的最小数据类型	
bool(C++), _Bool(C)	8	真或假	
wchar_t	16	0～65 535	

2. 用 C 语言操作外设

除了变量以外,微控制器的 C 应用程序通常需要操作外设。对于 ARM Cortex-M3 微控制器,外设寄存器被映射到系统存储器空间,可以通过指针访问它们。使用微控制器供应商提供的设备驱动可以简化开发任务,并且增强软件在不同平台间的可移植性。如果需要直接访问外设寄存器可以使用以下方法。

如果只是简单访问几个寄存器可以使用下面的方法将外设寄存器定义为指针:

```
#define PERIPH_BASE        ((uint32_t)0x40000000)  //外设基地址
#define APB1PERIPH_BASE     PERIPH_BASE
#define USART1_BASE        (APB2PERIPH_BASE + 0x3800)
#define USART1              ((USART_TypeDef * ) USART1_BASE)
#define USART2_BASE        (APB1PERIPH_BASE + 0x4400)
#define USART2             ((USART_TypeDef * ) USART2_BASE)
```

结构体 USART_TypeDef 的定义如下:

```
typedef struct
{
    __IO uint16_t SR;
    uint16_t RESERVED0;
    __IO uint16_t DR;
    uint16_t RESERVED1;
    __IO uint16_t BRR;
    uint16_t RESERVED2;
    __IO uint16_t CR1;
    uint16_t RESERVED3;
    __IO uint16_t CR2;
    uint16_t RESERVED4;
    __IO uint16_t CR3;
    uint16_t RESERVED5;
    __IO uint16_t GTPR;
    uint16_t RESERVED6;
} USART_TypeDef;
```

使用 USART1 发送一个字节的数据时,可以使用下面的语句:

```
USART1->DR = mydata;
```

用同样的方法可以操作 USART2。

从上述方法可以看出,同一个外设寄存器的结构体可以被多个外设实体共用,这样也使得程序维护变得容易。另外，由于立即数存储的减少，编译出的程序代码也会变小。

若进一步处理可以将外设操作封装成函数的形式，多个外设实体将其基指针作为参数进行函数调用。例如，利用串口发送一个字节数据，可以封装成如下的函数：

```
void USART_SendData(USART_TypeDef * USARTx, uint16_t Data)
{
    /* Check the parameters */
    assert_param(IS_USART_ALL_PERIPH(USARTx));
    assert_param(IS_USART_DATA(Data));

    /* Transmit Data */
    USARTx->DR = (Data & (uint16_t)0x01FF);
}
```

后面要介绍的 STM32 固件库函数就是基于这种思路设计的。

应该注意的是，在定义 USART_TypeDef 结构时，使用了__IO 变量类型，该类型实质上是 volatile 的宏定义（该宏定义包含在 core_m3.h 文件中）。外设访问定义指针时，需要使用 volatile 关键字。volatile 用于防止相关变量被优化。例如对外部寄存器的读写。对有些外部设备的寄存器来说，读写操作可能都会引发一定硬件操作，但是如果不加 volatile，编译器会把这些寄存器作为普通变量处理，例如连续多次对同一地址写入，会被优化为只有最后一次写入。另一个使用场合是中断。如果一个全局变量，在中断函数和普通函数中都用到过，那么最好对这个变量加 volatile 修饰。否则在普通函数中，可能会仅从寄存器里读取这个变量以便加快速度，而不去实际地址读取该变量。

3. Cortex 微控制器软件接口标准（CMSIS）

1）CMSIS 简介

随着嵌入式系统软件复杂性的增加，软件代码的兼容性和可重用性变得更加重要。可重用的程序能够减少后续项目的开发时间，也就加快了产品推向市场的速度；而软件的兼容性则有助于第三方软件组件的使用。

为了使软件产品具有高度的兼容性和可移植性，ARM 公司与许多微控制器供应商和软件方案供应商共同努力，开发了一个通用的软件框架 CMSIS，该框架适用于大多数的 Cortex-M 处理器以及 Cortex-M 微控制器产品。CMSIS 针对处理器特性提供了标准化的操作函数。

CMSIS 一般是作为微控制器厂商提供的设备驱动库的一部分来使用的。为了使用诸如 NVIC 和系统控制功能等处理器特性，CMSIS 提供了一种标准化的软件接口。CMSIS 对多种微控制器厂商都是统一的，并已被多种 C 编译器和开发工具（包括 Keil MDK）所支持。

2）CMSIS 的标准化

CMSIS 为嵌入式软件提供了以下标准化的内容：

- 标准化的操作函数，用于访问 NVIC、系统控制块（SCB），SysTick 的中断控制和初始化。
- NVIC、SCB 和 SysTick 寄存器的标准化定义，为了达到最佳的可移植性，应该使用这些标准化的操作函数；不过，有些情况下，需要直接操作 NVIC、SCB 和 SysTick

的寄存器。这时,标准化的寄存器定义就能提高软件的可移植性。

- 使用 Cortex-M 微控制器特殊指令的标准化函数。有些指令不能由普通的 C 代码生成,如果需要这些指令,则可以使用 CMSIS 提供的这类函数来实现;否则,用户就不得不使用 C 编译器提供的内在函数或者嵌入汇编代码,这样做就会依赖于开发工具,并且降低代码的可移植性。
- 系统异常处理的标准化命名。嵌入式操作系统往往需要系统异常,当系统异常都有了标准化的命名以后,在一个操作系统中支持不同的设备驱动库也就容易了。
- 系统初始化函数的标准化命名。通用的系统初始化函数被命名为 void SystemInit(void),这就使得软件开发人员在建立自己工程时花费的力气更小。
- 为时钟频率信息建立标准化的变量。这个变量为 SystemCoreClock(CMSIS v1. 30 及之后),用于确定处理器的时钟频率。

CMSIS 还提供以下内容:

- 设备驱动库的通用平台,这使得每个设备驱动库看起来都是一样的,也让初学者容易学习,并且方便软件移植。
- 在将来的 CMSIS 的发行版中可能会纳入一套通用的通信访问函数,以便已经开发的中间件(middleware)无须移植就能在不同设备上重复使用。

CMSIS 是为了满足基本操作的兼容性而开发的,微控制器供应商为了加强其软件解决方案可以增加函数接口,以免 CMSIS 限制嵌入式产品的功能和性能。

3) CMSIS 的组织结构

CMSIS 的组织结构如图 5-4 所示。

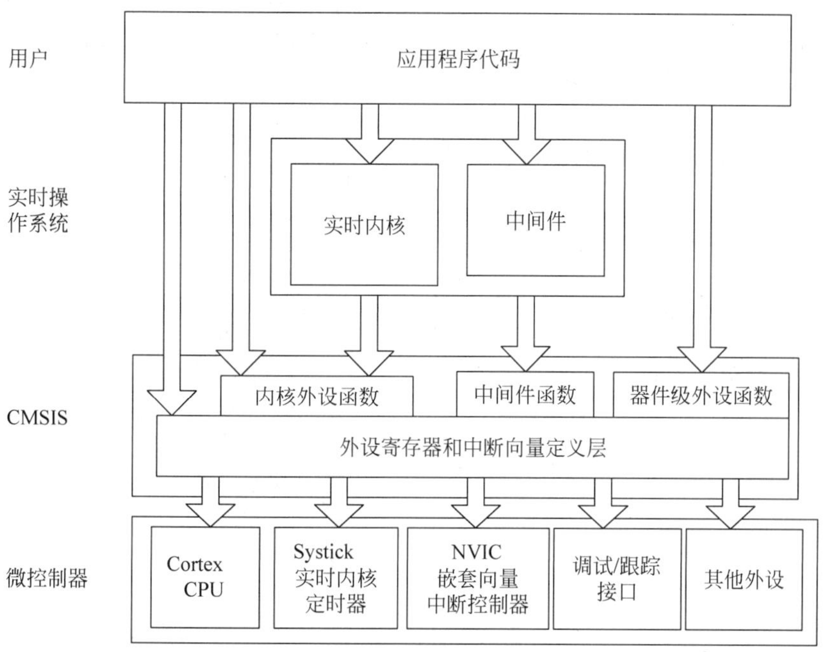

图 5-4 CMSIS 的组织结构

CMSIS 可以分为以下 4 层：

（1）核心外设访问层。

命名定义、地址定义以及访问核心寄存器和 NVIC、SCB 以及 SysTick 等核心外设的辅助功能。

（2）中间件访问层。

- 典型嵌入式系统访问外设的通用方法；
- 面向通信接口，包括 UART、Ethernet 和 SPI 等；
- 嵌入式软件能够在任何支持特定通信接口的 Cortex 微控制器上使用。

（3）设备外设访问层（MCU 相关）。

寄存器名称定义、地址定义以及访问外设的设备驱动代码。

（4）外设的访问函数（MCU 相关）。

可选的外设辅助函数。

4）CMSIS 的使用

CMSIS 被集成在微控制器供应商提供的设备驱动包中，如果使用设备驱动库进行软件开发，那么就已经在使用 CMSIS 了。

对于 C 程序代码，通常只需要包含微控制器供应商提供的设备驱动库中的头文件。这个头文件又包含了其他所有需要的头文件，包括 CMSIS 特性和外设驱动等。

也可以包含符合 CMSIS 的启动代码，它们可以是 C 代码也可以是汇编代码，CMSIS 为不同开发工具链定制了各种版本的启动代码。

一个使用 CMSIS 包建立的简单工程如图 5-5 所示。

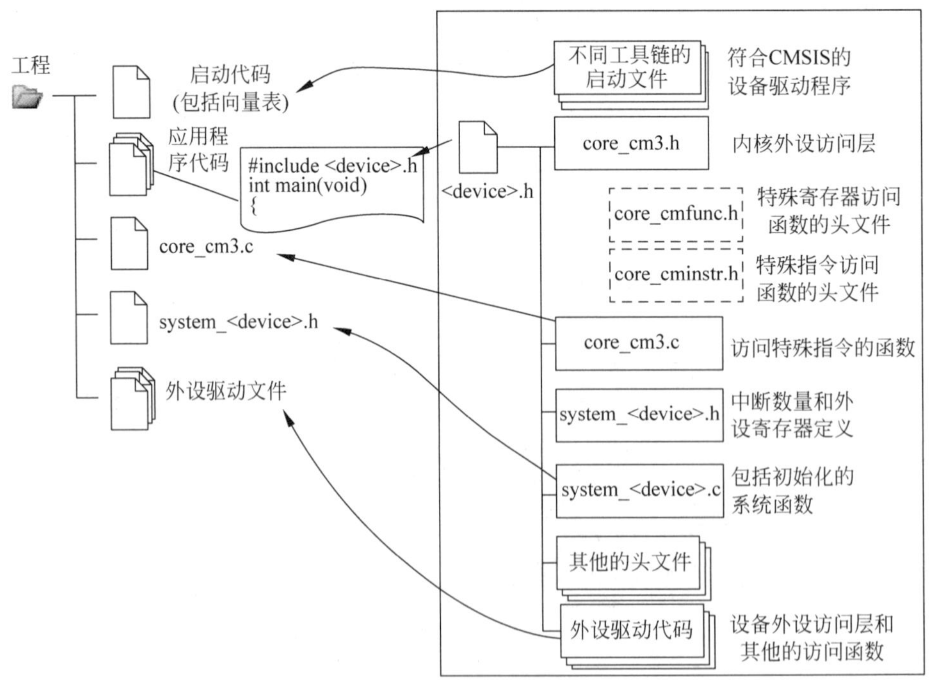

图 5-5 在工程中使用 CMSIS

其中,< device >的名字由实际的微控制器设备决定(例如 STM32F10x 系列微控制器对应的文件名为 system_stm32f10x.c)。当使用设备驱动库提供的头文件时,会自动包含其他所需的头文件(例如 STM32F10x 系列微控制器对应的文件名为 system_ stm32f10x.h)。

一个使用 CMSIS 的简单例子如下:

```
#include "stm32f10x.h"
void delay(u32 delaytime);
int main(void)
{
    GPIO_InitTypeDef GPIO_InitStructure;

    RCC_APB2PeriphClockCmd(RCC_APB2Periph_GPIOD, ENABLE);
    GPIO_InitStructure.GPIO_Pin = GPIO_Pin_8;
    GPIO_InitStructure.GPIO_Mode = GPIO_Mode_Out_PP;
    GPIO_InitStructure.GPIO_Speed = GPIO_Speed_50MHz;
    GPIO_Init(GPIOD, &GPIO_InitStructure);
    while(1)
    {
        GPIO_SetBits(GPIOD, GPIO_Pin_8);
        delay(3000000);
        GPIO_ResetBits(GPIOD, GPIO_Pin_8);
        delay(3000000);
    }
}
void delay(u32 delaytime)
{
    while(delaytime--);
}
```

5.6 固件库

意法半导体(STMicroelectronics,以下简称 ST)为了方便用户开发程序,提供了一套丰富的 STM32 固件库。使用固件库开发应用系统可以大大提高用户的开发效率。

5.6.1 基于固件库开发和直接操作寄存器的区别

固件库就是函数的集合,固件库函数的作用是向下负责直接操作寄存器,向上提供用户函数调用的接口(API)。

在 STC15 单片机的学习和开发中,使用 C 语言编程时,通常的做法是直接操作寄存器,比如要控制 P2 口的状态,使用下面的代码直接操作寄存器:

```
P2 = 0x11;
```

而在 STM32 的开发中,同样可以操作寄存器:

```
GPIOx->BRR = 0x0011;
```

这种方法的缺点是,用户只有掌握每个寄存器的用法,才能正确使用 STM32,而 STM32 的寄存器特别多，记起来很麻烦。为了简化编程，ST 公司推出了官方固件库，该库是一个固件函数包（也称为驱动程序），由程序、数据结构和宏组成，包括对微控制器所有外设的定义和操作。

每个外设驱动都由一组函数组成，这组函数覆盖了该外设的所有操作。每个器件的开发都由一个通用 API（Application Programming Interface，应用编程接口）驱动，API 对该驱动程序的结构、函数和参数名称都进行了标准化。

固件库将寄存器底层操作都装起来，提供一整套 API 供开发者调用。大多数场合下，用户不需要知道操作的是哪个寄存器，只需要知道调用哪些函数即可。通过使用固件函数库，无须深入掌握细节，用户也可以轻松应用每一个外设。因此，使用固件函数库可以大大减少用户的程序编写时间，进而降低开发成本。并且，所有的驱动程序源代码都符合 ANSI-C 标准，不受开发环境影响。

固件函数库通过校验所有库函数的输入值来实现实时错误检测。该动态校验提高了软件的鲁棒性。实时检测适合于用户应用程序的开发和调试，但会增加成本，可以在最终应用程序代码中移去，以优化代码大小和执行速度。由于固件库函数是通用的，并且包含了对所有外设的操作，这必定会影响程序代码的大小和执行速度，因此，对于代码大小和执行速度有严格要求的情况，可以考虑使用直接对寄存器操作来满足要求。

例如，上述控制 BRR 寄存器实现电平控制的功能要求，官方库封装了下面的 API 函数：

```
void GPIO_ResetBits(GPIO_TypeDef * GPIOx, uint16_t GPIO_Pin)
{
    GPIOx->BRR = GPIO_Pin;
}
```

有了上述函数，就不需要再直接去操作 BRR 寄存器了（操作 BRR 寄存器的工作在 API 函数内部完成），只需要知道 GPIO_ResetBits()函数怎么使用即可。在对外设的工作原理有一定的了解之后，再去看固件库函数，基本上从函数名字就能看出这个函数的功能。

任何处理器，归根结底都是要对处理器的寄存器进行操作。因此，第 6 章给出了汇编语言、C 语言直接操作寄存器和使用固件库函数 3 个版本的程序代码供读者参考。从第 7 章开始，只给出使用固件库函数操作外设的方法，汇编语言和 C 语言直接操作寄存器的方法请读者自行学习。

5.6.2 STM32 固件库简介

1. STM32 固件库函数

STM32 固件库就是函数的集合。ST 官方库是根据 CMSIS 标准设计的。从图 5-4 可以看出，CMSIS 应用程序的基本结构分为 3 个基本功能层。

(1) 内核外设访问层：ARM 公司提供的访问、定义处理器内部寄存器地址以及功能函数。

(2) 中间件访问层：定义访问中间件的通用 API，由 ARM 公司提供。

(3) 外设访问层：定义硬件寄存器的地址以及外设的访问函数。

从图 5-4 可以看出，CMSIS 层在整个系统中处于中间层，向下负责与内核和各个外设直接打交道,向上提供实时操作系统和用户程序调用的函数接口。芯片生产公司设计的库函数必须按照 CMSIS 规范来设计,这样才能保证系统有良好的可移植性。例如,在使用 STM32 芯片的时候首先要进行系统初始化,CMSIS 规范规定,系统初始化函数名字必须为 SystemInit,所以各个芯片公司写自己的库函数时就必须用 SystemInit 对系统进行初始化。CMSIS 还对各个外设驱动文件的文件名字以及函数名字等规范化。如上述 GPIO_ResetBits 函数名字的定义就是遵循的 CMSIS 规范。

STM32 固件库函数的命名规则如下:

(1) PPP 表示任一外设的缩写,如 GPIO、ADC 等。外设缩写如表 5-2 所示。

表 5-2 外设缩写表

缩　写	外设名称	缩　写	外设名称
ADC	模数转换器	IWDG	独立看门狗
BKP	备份寄存器	NVIC	嵌套中断向量列表控制器
CAN	控制器局域网模块	PWR	电源/功耗控制
CRC	CRC 计算单元	RCC	复位与时钟控制器
DAC	数模转换器	RTC	实时时钟
DMA	直接内存存取控制器	SDIO	SDIO 接口
EXTI	外部中断事件控制器	SPI	串行外设接口
FLASH	闪存存储器	SysTick	系统嘀嗒定时器
FSMC	灵活的静态存储器控制器	TIM	通用定时器
GPIO	通用输入/输出端口	TIM1	高级控制定时器
I2C	I2C 总线接口	USART	通用同步异步接收发射端
I2S	I2S 总线接口	WWDG	窗口看门狗

(2) 系统、源程序文件和头文件命名都以"stm32f10x_"作为开头,例如,stm32f10x_conf.h。

(3) 常量仅被应用于一个文件的,定义于该文件中;被应用于多个文件的,在对应头文件中定义。所有常量都由英文字母大写书写。

(4) 寄存器作为常量处理。它们的名字都以大写英文字母书写。

(5) 外设函数的命名以该外设的缩写加下画线为开头。每个单词的第一个字母都是大写英文字母,例如,SPI_SendData。在函数名中,只允许存在一个下画线,用以分隔外设缩写和函数名的其他部分。

(6) 名为 PPP_Init 的函数,其功能是根据 PPP_InitTypeDef 中指定的参数,初始化外设 PPP,例如,TIM_Init。其中,PPP 表示任一外设的缩写,如表 5-2 所示。

(7) 名为 PPP_DeInit 的函数,其功能为复位外设 PPP 的所有寄存器至默认值,例如,TIM_DeInit。

(8) 名为 PPP_StructInit 的函数,其功能为通过设置 PPP_InitTypeDef 结构中的各种参数来定义外设的功能,例如,USART_StructInit。

(9) 名为 PPP_Cmd 的函数,其功能为使能或者除能外设 PPP,例如,SPI_Cmd。

(10) 名为 PPP_ITConfig 的函数,其功能为使能或者除能来自外设 PPP 某中断源,例如,RCC_ITConfig。

(11) 名为 PPP_DMAConfig 的函数,其功能为使能或者除能外设 PPP 的 DMA 接口,例如,TIM1_DMAConfig。用以配置外设功能的函数,总是以字符串"Config"结尾,例如 GPIO_PinRemapConfig。

(12) 名为 PPP_GetFlagStatus 的函数,其功能为检查外设 PPP 某标志位被设置与否,例如,I2C_GetFlagStatus。

(13) 名为 PPP_ClearFlag 的函数,其功能为清除外设 PPP 标志位,例如,I2C_ClearFlag。

(14) 名为 PPP_GetITStatus 的函数,其功能为判断来自外设 PPP 的中断发生与否,例如,I2C_GetITStatus。

(15) 名为 PPP_ClearITPendingBit 的函数,其功能为清除外设 PPP 中断挂起标志位,例如,I2C_ClearITPendingBit。

2. 变量编码规则

在文件 stm32f10x_type.h 中定义了固件库函数中常用的变量。

1) 普通变量

固件函数库定义了 24 个普通变量类型,它们的类型和大小是固定的。

```
typedef signed long s32;
typedef signed short s16;
typedef signed char s8;
typedef signed long const sc32;                  /* Read Only */
typedef signed short const sc16;                 /* Read Only */
typedef signed char const sc8;                   /* Read Only */
typedef volatile signed long vs32;
typedef volatile signed short vs16;
typedef volatile signed char vs8;
typedef volatile signed long const vsc32;        /* Read Only */
typedef volatile signed short const vsc16;       /* Read Only */
typedef volatile signed char const vsc8;         /* Read Only */
typedef unsigned long u32;
typedef unsigned short u16;
typedef unsigned char u8;
typedef unsigned long const uc32;                /* Read Only */
typedef unsigned short const uc16;               /* Read Only */
typedef unsigned char const uc8;                 /* Read Only */
typedef volatile unsigned long vu32;
typedef volatile unsigned short vu16;
typedef volatile unsigned char vu8;
typedef volatile unsigned long const vuc32;      /* Read Only */
typedef volatile unsigned short const vuc16;     /* Read Only */
typedef volatile unsigned char const vuc8;       /* Read Only */
```

2) 布尔型变量

布尔型变量定义如下:

```
typedef enum
{
    FALSE = 0,
```

```
    TRUE = !FALSE
} bool;
```

3）标志位状态类型(FlagStatus type)

定义标志位类型的两个可能值为“设置”或“重置”(SET 或 RESET)，定义如下：

```
typedef enum
{
    RESET = 0,
    SET = !RESET
} FlagStatus;
```

4）功能状态类型(FunctionalState type)

功能状态类型的两个可能值为“使能”或“除能”(ENABLE 或 DISABLE)，定义如下：

```
typedef enum
{
    DISABLE = 0,
    ENABLE = !DISABLE
} FunctionalState;
```

5）错误状态类型(ErrorStatus type)

错误状态类型类型的两个可能值为“成功”或“出错”(SUCCESS 或 ERROR)，定义如下：

```
typedef enum
{
    ERROR = 0,
    SUCCESS = !ERROR
} ErrorStatus;
```

3. 外设

用户可以通过指向各个外设的指针访问各外设的控制寄存器。这些指针所指向的数据结构与各个外设的控制寄存器布局一一对应。

1）外设控制寄存器结构

文件 stm32f10x_map.h 包含了所有外设控制寄存器的结构。例如，SPI 寄存器结构的声明如下：

```
typedef struct
{
    vu16 CR1;
    u16 RESERVED0;
    vu16 CR2;
    u16 RESERVED1;
    vu16 SR;
    u16 RESERVED2;
    vu16 DR;
    u16 RESERVED3;
    vu16 CRCPR;
    u16 RESERVED4;
```

```
    vu16 RXCRCR;
    u16 RESERVED5;
    vu16 TXCRCR;
    u16 RESERVED6;
} SPI_TypeDef;
```

其中，RESERVEDi(i 为一个整数索引值)表示被保留区域。

2) 外设声明

文件 stm32f10x.h 包含了所有外设的声明。例如，SPI1 外设的声明如下：

```
#define PERIPH_BASE ((u32)0x40000000)
#define APB1PERIPH_BASE PERIPH_BASE
#define APB2PERIPH_BASE (PERIPH_BASE + 0x10000)
...
/* SPI1 Base Address definition */
#define SPI1_BASE (APB2PERIPH_BASE + 0x3000)
...
#define SPI1 ((SPI_TypeDef *) SPI1_BASE)
```

4. 常用的固件函数库文件

常用的固件函数库文件如表 5-3 所示。

表 5-3 常用的固件库函数库文件描述

文 件 名	描 述
stm32f10x_conf.h	该头文件设置了所有使用到的外设，由不同的 define 语句组成。用户可以在该文件中进行参数设置，可以利用模板使能或除能外设，可以修改外部振荡器的参数
stm32f10x.it.h	该头文件包含了所有的中断处理程序的原型
stm32f10x_it.c	该源文件包含了所有的中断处理程序(如果未使用中断，则所有的函数体都为空)。用户可以加入自己的中断程序代码，对于指向同一个中断向量的多个不同中断请求，可以通过判断外设的中断标志位来确定到底是哪个中断源发生了中断
stm32f10x_lib.h	主头文件，包含了其他头文件
stm32f10x_lib.c	包括所有外设指针的定义、初始化等
stm32f10x.h	该文件包含了外设存储器映像、寄存器数据结构和所有寄存器物理地址的声明
stm32f10x_type.h	该文件包含所有其他文件使用的通用数据类型和枚举
stm32f10x_ppp.h	PPP 外设对应一个头文件，包含了该外设使用的函数原型、数据结构和枚举
stm32f10x_ppp.c	PPP 外设对应的源文件，包含了该外设使用的函数体

5.7 习题

5-1 简述 ARM 微控制器应用系统开发的一般过程。

5-2 固件库函数和 CMSIS 的关系是怎样的？

5-3 对照 STM32F103VET6 的存储器映射，查看 5.4 节给出的程序映像中断向量表各个中断的入口地址。

第6章 通用输入/输出接口

CHAPTER 6

从本章开始介绍 STM32F103VET6 微控制器的典型外设。本章介绍 STM32F103VET6 微控制器的通用输入/输出接口(General-Purpose Input/Output,GPIO)的工作模式、结构及使用方法。

6.1 通用输入/输出接口概述

几乎在所有的嵌入式系统应用中,都涉及开关量的输入和输出功能,例如状态指示、报警输出、继电器闭合和断开、按钮状态读入、开关量报警信息的输入等。这些开关量的输入和控制输出都可以通过通用输入/输出接口实现。有些 GPIO 接口具有复用功能,本章仅介绍基本输入/输出功能。

STM32F103VET6 有 80 根多功能双向能承受 5V 电压的快速 I/O 口线。每 16 根口线分为一组,分别为 PA、PB、PC、PD、PE。每个 GPIO 端口有两个 32 位配置寄存器(GPIOx_CRL,GPIOx_CRH),两个 32 位数据寄存器(GPIOx_IDR 和 GPIOx_ODR),一个 32 位置位/复位寄存器(GPIOx_BSRR),一个 16 位复位寄存器(GPIOx_BRR)和一个 32 位锁定寄存器(GPIOx_LCKR)。

GPIO 端口的每个位都可以由软件分别配置成以下模式。

- 输入浮空:浮空(floating)就是逻辑器件的输入引脚既不接高电平,也不接低电平。由于逻辑器件的内部结构,当它输入引脚悬空时,相当于该引脚接了高电平。一般实际运用时,引脚不建议悬空,易受干扰。
- 输入上拉:上拉就是把电压拉高,比如拉到 Vcc。上拉就是将不确定的信号通过一个电阻嵌位在高电平。电阻同时起限流作用。弱强只是上拉电阻的阻值不同,没有什么严格区分。
- 输入下拉:就是把电压拉低,拉到 GND。与上拉原理相似。
- 模拟输入:模拟输入是指传统方式的模拟量输入。
- 数字输入:是输入数字信号,即 0 和 1 的二进制数字信号。
- 开漏输出:输出端相当于三极管的集电极。要得到高电平状态需要上拉电阻才行。适合于做电流型的驱动,其吸收电流的能力相对强(一般 20mA 以内)。
- 推挽式输出:可以输出高低电平,连接数字器件;推挽结构一般是指两个三极管分别受两个互补信号的控制,总是在一个三极管导通的时候另一个截止。

- 推挽式复用功能。
- 开漏复用功能。

复用功能可以理解为GPIO口被用作第二功能时的配置情况(即并非作为通用I/O口使用)。

每个I/O口可以自由编程,而I/O口寄存器必须按32位字访问(不允许半字或字节访问)。GPIOx_BSRR和GPIOx_BRR寄存器允许对任何GPIO口线位的读/更改的独立访问,这样,在读和更改访问之间产生中断(IRQ)时不会发生危险。一个I/O口的基本结构如图6-1所示。

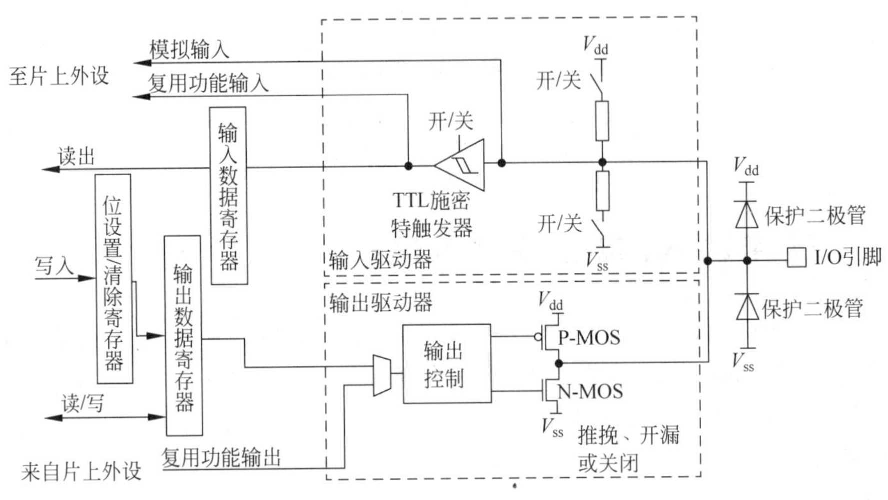

图6-1 一个I/O口位的基本结构

I/O口位的基本结构包括以下几部分:

1. 输入通道

包括输入数据寄存器和输入驱动器(带虚框部分)。在接近I/O引脚处连接了两只保护二极管,假设保护二极管的导通电压降为V_d,则输入到输入驱动器的信号电压范围被钳位在:

$$V_{ss}-V_d<V_{in}<V_{dd}+V_d \tag{6-1}$$

由于V_d的导通压降不会超过0.7V,若电源电压V_{dd}为3.3V,则输入到输入驱动器的信号最低不会低于−0.7V,最高不会高于4V,起到了保护作用。在实际工程设计中,一般都将输入信号尽可能调理到0~3.3V,也就是说,一般情况下,两只保护二极管都不会导通。

输入驱动器中包括了两只电阻,分别通过开关接电源V_{dd}(该电阻称为上拉电阻)和地V_{ss}(该电阻称为下拉电阻)。开关受软件的控制,用来设置当I/O口位用作输入时,选择使用上拉电阻或者下拉电阻。

输入驱动器中的另外一个部件是TTL施密特触发器,当I/O口位用于开关量输入或者复用功能输入时,TTL施密特触发器用于对输入波形进行整形。

2. 输出通道

输出通道中包括位设置/清除寄存器、输出数据寄存器、输出驱动器。要输出的开关量数据首先写入到位设置/清除寄存器,通过读写命令进入输出数据寄存器,然后进入输出驱动的输出控制模块。输出控制模块可以接收开关量的输出和复用功能输出。输出的信号通过由 P-MOS 和 N-MOS 场效应管电路输出到引脚。通过软件设置，由 P-MOS 和 N-MOS 场效应管电路可以构成推挽方式、开漏方式或者关闭。

6.2 GPIO 的功能

1. 普通 I/O 功能

复位期间和刚复位后，复用功能未开启，I/O 口被配置成浮空输入模式。

复位后，JTAG 引脚被置于输入上拉或下拉模式。

PA13：JTMS 置于上拉模式；

PA14：JTCK 置于下拉模式；

PA15：JTDI 置于上拉模式；

PB4：JNTRST 置于上拉模式。

当作为输出配置时，写到输出数据寄存器(GPIOx_ODR)上的值输出到相应的 I/O 引脚。可以以推挽模式或开漏模式(当输出 0 时，只有 N-MOS 被打开)使用输出驱动器。

输入数据寄存器(GPIOx_IDR)在每个 APB2 时钟周期捕捉 I/O 引脚上的数据。

所有 GPIO 引脚有一个内部弱上拉和弱下拉，当配置为输入时，它们可以被激活也可以被断开。

2. 单独的位设置或位清除

当对 GPIOx_ODR 的个别位编程时，软件不需要禁止中断：在单次 APB2 写操作中，可以只更改一个或多个位。这是通过对"置位/复位寄存器"(GPIOx_BSRR)，或位清除寄存器(GPIOx_BRR)中想要更改的位写 1 来实现的。没被选择的位将不被更改。

3. 外部中断/唤醒线

所有端口都有外部中断能力。为了使用外部中断线，端口必须配置成输入模式。更多的关于外部中断的信息，请参考第 7 章的内容。

4. 复用功能(AF)

使用默认复用功能前必须对端口位配置寄存器编程。

- 对于复用输入功能，端口必须配置成输入模式(浮空、上拉或下拉)且输入引脚必须由外部驱动。
- 对于复用输出功能，端口必须配置成复用功能输出模式(推挽或开漏)。
- 对于双向复用功能，端口位必须配置复用功能输出模式(推挽或开漏)。此时，输入驱动器被配置成浮空输入模式。

如果把端口配置成复用输出功能，则引脚和输出寄存器断开，并和片上外设的输出信号连接。

如果软件把一个 GPIO 脚配置成复用输出功能，但是外设没有被激活，那么它的输出将不确定。

5. 软件重新映射 I/O 复用功能

为了使不同封装器件的外设 I/O 功能的数量达到最优，可以把一些复用功能重新映射到其他一些引脚上。这可以通过软件配置 AFIO 寄存器来完成，这时，复用功能就不再映射到它们的原始引脚上了。

6. GPIO 锁定机制

锁定机制允许冻结 IO 配置。当在一个端口位上执行了锁定(LOCK)程序，在下一次复位之前，将不能再更改端口位的配置。这个功能主要用于一些关键引脚的配置，防止程序跑飞引起灾难性后果。

7. 输入配置

当 I/O 口配置为输入时：

(1) 输出缓冲器被禁止；

(2) 施密特触发输入被激活；

(3) 根据输入配置(上拉，下拉或浮动)的不同，弱上拉和下拉电阻被连接；

(4) 出现在 I/O 引脚上的数据在每个 APB2 时钟被采样到输入数据寄存器；

(5) 对输入数据寄存器的读访问可得到 I/O 状态。

I/O 口位的输入配置如图 6-2 所示。

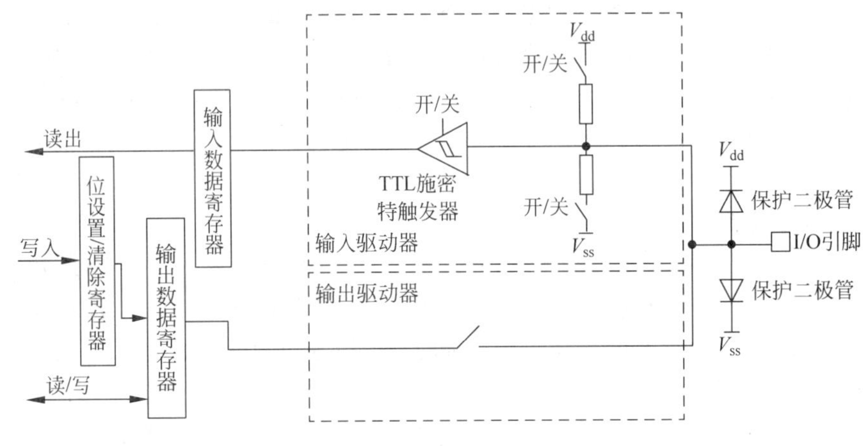

图 6-2 输入浮空/上拉/下拉配置

8. 输出配置

当 I/O 口被配置为输出时：

(1) 输出缓冲器被激活；

- 开漏模式：输出寄存器上的 0 激活 N-MOS，而输出寄存器上的 1 将端口置于高阻状态(P-MOS 从不被激活)。
- 推挽模式：输出寄存器上的 0 激活 N-MOS，而输出寄存器上的 1 将激活 P-MOS。

(2) 施密特触发输入被激活；

(3) 弱上拉和下拉电阻被禁止；

(4) 出现在 I/O 引脚上的数据在每个 APB2 时钟被采样到输入数据寄存器；

(5) 在开漏模式时，对输入数据寄存器的读访问可得到 I/O 状态；

(6) 在推挽式模式时，对输出数据寄存器的读访问得到最后一次写的值。

I/O 口位的输出配置如图 6-3 所示。

9. 复用功能配置

当 I/O 口被配置为复用功能时：

(1) 在开漏或推挽式配置中，输出缓冲器被打开；

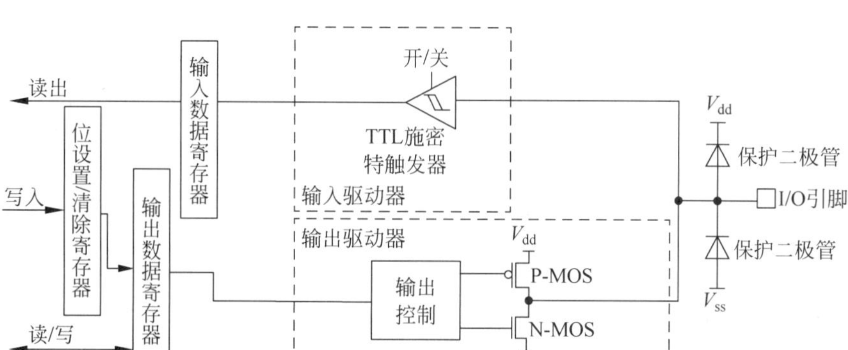

图 6-3　输出配置

(2) 内置外设的信号驱动输出缓冲器(复用功能输出);

(3) 施密特触发输入被激活;

(4) 弱上拉和下拉电阻被禁止;

(5) 在每个 APB2 时钟周期,出现在 I/O 引脚上的数据被采样到输入数据寄存器;

(6) 开漏模式时,读输入数据寄存器时可得到 I/O 口状态;

(7) 在推挽模式时,读输出数据寄存器时可得到最后一次写的值。

一组复用功能 I/O 寄存器允许用户把一些复用功能重新映像到不同的引脚。

I/O 口位的复用功能配置如图 6-4 所示。

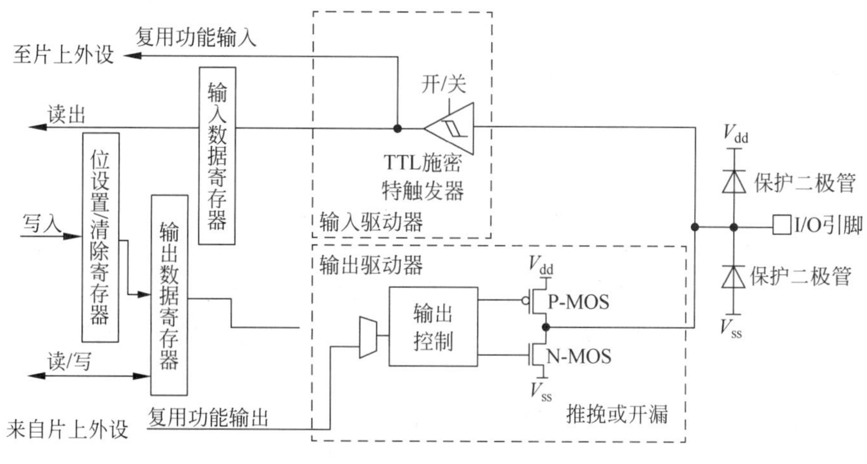

图 6-4　复用功能配置

10. 模拟输入配置

当 I/O 口被配置为模拟输入配置时:

(1) 输出缓冲器被禁止。

(2) 禁止施密特触发输入,实现了每个模拟 I/O 引脚上的零消耗。施密特触发输出值被强置为 0。

(3) 弱上拉和下拉电阻被禁止。

(4) 读取输入数据寄存器时数值为 0。

I/O 口位的高阻抗模拟输入配置如图 6-5 所示。

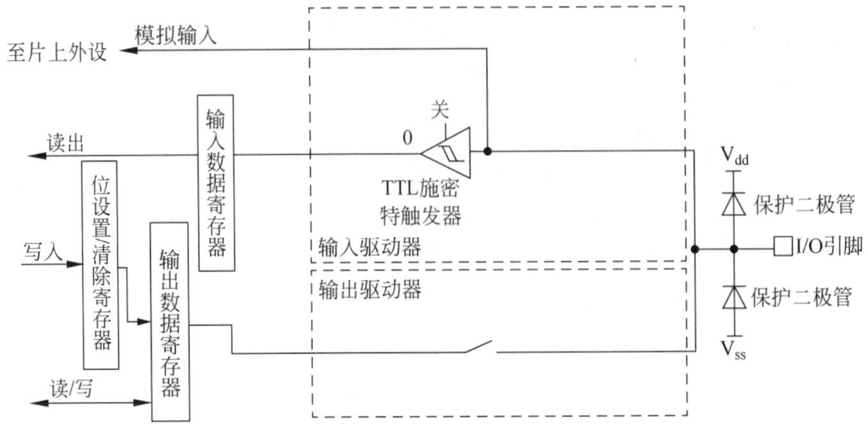

图 6-5　高阻抗的模拟输入配置

6.3　GPIO 的寄存器

微控制器的应用开发就是根据需要对多个外设进行操作，而对外设的操作是通过操作该外设相关寄存器实现的。要操作外设的寄存器，首先要了解寄存器每个位的定义及作用。本节介绍 GPIO 相关寄存器。

从 STM32 的存储器映射中，可以看到 STM32F103VET6 的 5 个端口所对应的地址范围分别如下。

PA：0x4001 0800～0x4001 0BFF

PB：0x4001 0C00～0x4001 0FFF

PC：0x4001 1000～0x4001 13FF

PD：0x4001 1400～0x4001 17FF

PE：0x4001 1800～0x4001 1BFF

各个端口的第一个地址称为该端口的首地址，如 PA 的首地址为 0x4001 0800。后续介绍寄存器时，各个寄存器的地址都是以偏移量的方式给出，寄存器的物理地址就是基地址加上偏移量。

1. 端口配置低寄存器(GPIOx_CRL)(x＝A～E)

偏移地址：0x00，复位值：0x4444 4444。各位定义如下：

位号	31	30	29	28	27	26	25	24	23	22	21	20	19	18	17	16
定义	CNF7[1:0]		MODE7[1:0]		CNF6[1:0]		MODE6[1:0]		CNF5[1:0]		MODE5[1:0]		CNF4[1:0]		MODE4[1:0]	
读写	rw	rw	rw	rw	rw	rw	rw	rw	rw	rw	rw	rw	rw	rw	rw	rw
位号	15	14	13	12	11	10	9	8	7	6	5	4	3	2	1	0
定义	CNF3[1:0]		MODE3[1:0]		CNF2[1:0]		MODE2[1:0]		CNF1[1:0]		MODE1[1:0]		CNF0[1:0]		MODE0[1:0]	
读写	rw	rw	rw	rw	rw	rw	rw	rw	rw	rw	rw	rw	rw	rw	rw	rw

其中，rw 说明该位是可读可写的；r 说明该位是只读的；w 说明该位是只写的。

CNFy[1:0]：端口 x 配置位(y=0～7)。软件通过这些位配置相应的 I/O 口工作模式。

在输入模式(MODE[1:0]=00b，b 代表是二进制数，为了简化描述而不被误解，后面的 0、1 串中 b 后缀将被省略)，

00：模拟输入模式。　　　　　　01：浮空输入模式(复位后的状态)。

10：上拉/下拉输入模式。　　　　11：保留。

在输出模式(MODE[1:0]>00)，

00：通用推挽输出模式。　　　　01：通用开漏输出模式。

10：复用功能推挽输出模式。　　11：复用功能开漏输出模式。

MODEy[1:0]：端口 x 的模式位(y=0～7)。

00：输入模式(复位后的状态)。　01：输出模式，最大速度 10MHz。

10：输出模式，最大速度 2MHz。　11：输出模式，最大速度 50MHz。

端口位配置表如表 6-1 所示。

表 6-1　端口位工作模式配置表

配置模式		CNFy.1	CNFy.0	MODEy.1	MODEy.0	PxODR 寄存器
通用输出	推挽(Push-Pull)	0	0	01：最大输出速度为 10MHz 10：最大输出速度为 2MHz 11：最大输出速度为 50MHz		0 或 1
	开漏(Open-Drain)		1			0 或 1
复用功能输出	推挽(Push-Pull)	1	0			不使用
	开漏(Open-Drain)		1			不使用
输入	模拟输入	0	0	00		不使用
	浮空输入		1			不使用
	下拉输入	1	0			0
	上拉输入					1

2. 端口配置高寄存器(GPIOx_CRH)(x=A～E)

偏移地址：0x04，复位值：0x4444 4444。各位定义如下：

位号	31	30	29	28	27	26	25	24	23	22	21	20	19	18	17	16
定义	CNF15 [1:0]		MODE15 [1:0]		CNF14 [1:0]		MODE14 [1:0]		CNF13 [1:0]		MODE13 [1:0]		CNF12 [1:0]		MODE12 [1:0]	
读写	rw	rw	rw	rw	rw	rw	rw	rw	rw	rw	rw	rw	rw	rw	rw	rw
位号	15	14	13	12	11	10	9	8	7	6	5	4	3	2	1	0
定义	CNF11 [1:0]		MODE11 [1:0]		CNF10 [1:0]		MODE10 [1:0]		CNF9 [1:0]		MODE9 [1:0]		CNF8 [1:0]		MODE8 [1:0]	
读写	rw	rw	rw	rw	rw	rw	rw	rw	rw	rw	rw	rw	rw	rw	rw	rw

CNFy[1:0]：端口 x 配置位(y=8～15)

MODEy[1:0]：端口 x 的模式位(y=8～15)

除了 y 的取值不同，端口配置高寄存器的各位定义和端口配置低寄存器类似，请读者自行参考学习。

3. 端口输入数据寄存器(GPIOx_IDR)(x=A～E)

地址偏移：0x08,复位值：0x0000 XXXX。各位定义如下：

位号	31～16	15	14	13	12	11	10	9	8	7	6	5	4	3	2	1	0
定义	保留	IDR15	IDR14	IDR13	IDR12	IDR11	IDR10	IDR9	IDR8	IDR7	IDR6	IDR5	IDR4	IDR3	IDR2	IDR1	IDR0
读写		r	r	r	r	r	r	r	r	r	r	r	r	r	r	r	r

位 31:16：保留,始终读为 0。

位 15:0：IDRy[15:0],端口输入数据(y=0～15)。这些位只读,只能以字的形式读出。读出的值为对应 I/O 口的状态。

4. 端口输出数据寄存器(GPIOx_ODR)(x=A～E)

地址偏移：0x0c,复位值：0x0000 0000。各位的定义如下：

位号	31～16	15	14	13	12	11	10	9	8	7	6	5	4	3	2	1	0
定义	保留	ODR15	ODR14	ODR13	ODR12	ODR11	ODR10	ODR9	ODR8	ODR7	ODR6	ODR5	ODR4	ODR3	ODR2	ODR1	ODR0
读写		rw	rw	rw	rw	rw	rw	rw	rw	rw	rw	rw	rw	rw	rw	rw	rw

位 31:16：保留,始终读为 0。

位 15:0：ODRy[15:0],端口输出数据(y=0～15)。这些位可读可写,只能以字的形式操作。

5. 端口位设置/清除寄存器(GPIOx_BSRR)(x=A～E)

地址偏移：0x10,复位值：0x0000 0000。各位的定义如下：

位号	31	30	29	28	27	26	25	24	23	22	21	20	19	18	17	16
定义	BR15	BR14	BR13	BR12	BR11	BR10	BR9	BR8	BR7	BR6	BR5	BR4	BR3	BR2	BR1	BR0
读写	w	w	w	w	w	w	w	w	w	w	w	w	w	w	w	w
位号	15	14	13	12	11	10	9	8	7	6	5	4	3	2	1	0
定义	BS15	BS14	BS13	BS12	BS11	BS10	BS9	BS8	BS7	BS6	BS5	BS4	BS3	BS2	BS1	BS0
读写	w	w	w	w	w	w	w	w	w	w	w	w	w	w	w	w

位 31:16：BRy,清除端口 x 的位 y(y=0～15)。这些位只能以字的形式写入。

0：对对应端口的 ODRy 位不产生影响。　1：清除对应端口的 ODRy 位为 0。

位 15:0：BSy,设置端口 x 的位 y(y=0～15)。这些位只能以字的形式写入。

0：对对应端口的 ODRy 位不产生影响。　1：设置对应端口的 ODRy 位为 1。

注：如果同时设置了 BSy 和 BRy 的对应位,BSy 位起作用。

6. 端口位清除寄存器(GPIOx_BRR)(x=A～E)

地址偏移：0x14,复位值：0x0000 0000。各位的定义如下：

位号	31～16	15	14	13	12	11	10	9	8	7	6	5	4	3	2	1	0
定义	保留	BR15	BR14	BR13	BR12	BR11	BR10	BR9	BR8	BR7	BR6	BR5	BR4	BR3	BR2	BR1	BR0
读写		w	w	w	w	w	w	w	w	w	w	w	w	w	w	w	w

位 31:16：保留。

位 15:0：BRy，清除端口 x 的位 y(y=0～15)。这些位只能以字的形式写入。

0：对对应的 ODRy 位不产生影响。 1：清除对应的 ODRy 位为 0。

7. 端口配置锁定寄存器(GPIOx_LCKR)(x=A～E)

当正确的写序列设置了位 16(LCKK)时，该寄存器用来锁定端口位的配置。位[15:0]用于锁定 GPIO 端口的配置。在规定的写入操作期间，不能改变 LCKR[15:0]。对相应的端口位执行了 LOCK 序列后，在下次系统复位之前将不能再更改端口位的值。每个锁定位锁定控制寄存器(CRL, CRH)中相应的 4 位。地址偏移：0x18，复位值：0x0000 0000。各位的定义如下：

位号	31～17	16	15	14	13	12	11	10	9	8	7	6	5	4	3	2	1	0
定义	保留	LCKK	LCK15	LCK14	LCK13	LCK12	LCK11	LCK10	LCK9	LCK8	LCK7	LCK6	LCK5	LCK4	LCK3	LCK2	LCK1	LCK0
读写		rw	rw	rw	rw	rw	rw	rw	rw	rw	rw	rw	rw	rw	rw	rw	rw	rw

位 31:17：保留。

位 16：LCKK，锁键(Lock key)。该位可随时读出，它只可通过锁键写入序列修改。

0：端口配置锁键未激活。

1：端口配置锁键被激活，下次系统复位前 GPIOx_LCKR 寄存器被锁住。

锁键的写入序列：写 1→写 0→写 1→读 0→读 1

最后一个读可省略，但可以用来确认锁键已被激活。

注：在操作锁键的写入序列时，不能改变 LCK[15:0]的值。操作锁键写入序列中的任何错误将不能激活锁键。

位 15:0：LCKy，端口 x 的锁位 y(y=0～15)。这些位可读可写，但只能在 LCKK 位为 0 时写入。

0：不锁定端口的配置。 1：锁定端口的配置。

6.4 RCC 时钟模块的寄存器

嵌入式系统在工作前，都要进行初始化工作。时钟配置是初始化的一项重要工作。由 STM32F103VET6 的时钟结构可以看出，要使用某个外设，必须使能该外设的时钟。时钟配置需要先考虑系统时钟的来源(内部时钟、外部时钟、外部振荡器)，以及是否需要锁相环(PLL)。然后再考虑内部总线和外部总线，最后考虑外设的时钟信号。应遵从先倍频作为处理器的时钟，然后再由内向外分频的原则。时钟配置流程图如图 6-6 所示。

时钟配置主要就是对 RCC 时钟模块的寄存器进行设置。RCC 时钟模块寄存器的首地址是 0x4002_1000。

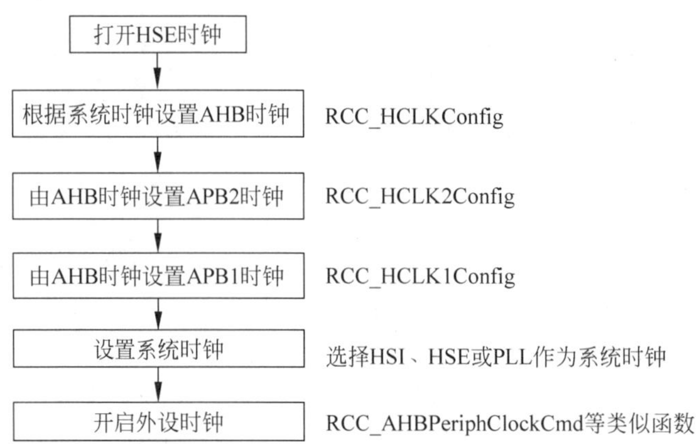

图 6-6　时钟配置流程图

1. 时钟控制寄存器(RCC_CR)

偏移地址：0x00，复位值：0x000 XX83，X 代表未定义。访问：无等待状态。各位的定义如下：

位号	31～26	25	24	23～20	19	18	17	16
定义	保留	PLLRDY	PLLON	保留	CSSON	HSEBYP	HSERDY	HSEON
读写		r	rw		rw	rw	r	rw

位号	15～8	7	6	5	4	3	2	1	0
定义	HSICAL[7:0]	HSITRIM[4:0]					保留	HSIRDY	HSION
读写	r	rw	rw	rw	rw	rw		r	rw

位[31:26]：保留，始终读为 0。

位 25：PLLRDY，PLL 时钟就绪标志，PLL 锁定后由硬件置 1。

0：PLL 未锁定；　　　　　　　　1：PLL 锁定。

位 24：PLLON，PLL 使能。由软件置 1 或清零。当进入待机和停止模式时，该位由硬件清零。当 PLL 时钟被选择作为系统时钟时，该位不能被清零。

0：PLL 关闭；　　　　　　　　1：PLL 使能。

位[23:20]：保留，始终读为 0。

位 19：CSSON，时钟安全系统使能。由软件置 1 或清零以使能时钟监测器。

0：时钟监测器关闭；　　　　　　1：如果外部 4～16MHz 振荡器就绪，时钟监测器开启。

位 18：HSEBYP，外部高速时钟旁路。在调试模式下由软件置 1 或清零来旁路外部晶体振荡器。只有在外部 4～16MHz 振荡器关闭的情况下，才能写入该位。

0：外部 4～16MHz 振荡器没有旁路；　1：外部 4～16MHz 外部晶体振荡器被旁路。

位 17：HSERDY，外部高速时钟就绪标志。由硬件置 1 来指示外部 4～16MHz 振荡器已经稳定。在 HSEON 位清零后，该位需要 6 个外部 4～25MHz 振荡器周期清零。

0：外部 4～16MHz 振荡器没有就绪；　1：外部 4～16MHz 振荡器就绪。

位 16：HSEON，外部高速时钟使能。由软件置 1 或清零。当进入待机和停止模式时，该位由硬件清零，关闭 4～16MHz 外部振荡器。当外部 4～16MHz 振荡器被选择作为系统时钟时，该位不能被清零。

0：HSE 振荡器关闭； 1：HSE 振荡器开启。

位[15:8]：HSICAL[7:0]，内部高速时钟校准。在系统启动时，这些位被自动初始化。

位[7:3]：HSITRIM[4:0]，内部高速时钟调整。由软件写入来调整内部高速时钟，它们被叠加在 HSICAL[5:0]数值上。这些位在 HSICAL[7:0]的基础上，让用户可以输入一个调整数值，根据电压和温度的变化调整内部 HSI RC 振荡器的频率。默认数值为 16，可以把 HSI 调整到 8MHz±1%；每步 HSICAL 的变化调整约 40kHz。

位 2：保留，始终读为 0。

位 1：HSIRDY，内部高速时钟就绪标志。由硬件置 1 来指示内部 8MHz 振荡器已经稳定。在 HSION 位清零后，该位需要 6 个内部 8MHz 振荡器周期清零。

0：内部 8MHz 振荡器没有就绪；1：内部 8MHz 振荡器就绪。

位 0：HSION，内部高速时钟使能。由软件置 1 或清零。当从待机和停止模式返回或用作系统时钟的外部 4～16MHz 振荡器发生故障时，该位由硬件置 1 来启动内部 8MHz 的 RC 振荡器。当内部 8MHz 振荡器被直接或间接地用作系统时钟时，该位不能被清零。

0：内部 8MHz 振荡器关闭； 1：内部 8MHz 振荡器开启。

2. 时钟配置寄存器(RCC_CFGR)

偏移地址：0x04，复位值：0x0000 0000。访问：0～2 个等待周期，只有当访问发生在时钟切换时，才会插入 1 或 2 个等待周期。各位定义如下：

位号	31～27	26	25	24	23	22	21	20	19	18	17	16
定义	保留	MCO[2:0]			保留	USBPRE	PLLMUL[3:0]				PLLXTPRE	PLLSRC
读写		rw	rw	rw		rw	rw	rw	rw	rw	rw	rw

位号	15	14	13	12	11	10	9	8	7	6	5	4	3	2	1	0
定义	ADCPRE[1:0]		PPRE2[2:0]			PPRE1[2:0]			HPRE[3:0]				SWS[1:0]		SW[1:0]	
读写	rw	rw	rw	rw	rw	rw	rw	rw	rw	rw	rw	rw	r	r	rw	rw

位[31:27]：保留，始终读为 0。

位[26:24]：MCO，微控制器时钟输出(Microcontroller Clock Output)。由软件置 1 或清零。

0xx：没有时钟输出； 100：系统时钟(SYSCLK)输出；

101：内部 RC 振荡器时钟(HSI)输出； 110：外部振荡器时钟(HSE)输出；

111：PLL 时钟 2 分频后输出。

注意：(1) 该时钟输出在启动和切换 MCO 时钟源时可能会被截断。

(2) 在系统时钟作为输出至 MCO 引脚时，请保证输出时钟频率不超过 50MHz (I/O 口最高频率)。

位 22：USBPRE：USB 预分频。由软件置 1 或清零来产生 48MHz 的 USB 时钟。在 RCC_APB1ENR 寄存器中使能 USB 时钟之前，必须保证该位已经有效。如果 USB 时钟被使能，该位不能被清零。

0：PLL 时钟 1.5 倍分频作为 USB 时钟；　　1：PLL 时钟直接作为 USB 时钟。

位[21:18]：PLLMUL，PLL 倍频系数。由软件设置来确定 PLL 倍频系数。只有在 PLL 关闭的情况下才可被写入。注意：PLL 的输出频率不能超过 72MHz。

0000：PLL 2 倍频输出；　0001：PLL 3 倍频输出；　0010：PLL 4 倍频输出；
0011：PLL 5 倍频输出；　0100：PLL 6 倍频输出；　0101：PLL 7 倍频输出；
0110：PLL 8 倍频输出；　0111：PLL 9 倍频输出；　1000：PLL 10 倍频输出；
1001：PLL 11 倍频输出；　1010：PLL 12 倍频输出；　1011：PLL 13 倍频输出；
1100：PLL 14 倍频输出；　1101：PLL 15 倍频输出；　1110：PLL 16 倍频输出；
1111：PLL 16 倍频输出。

位 17：PLLXTPRE：HSE 分频器作为 PLL 输入。由软件置 1 或清零来分频 HSE 后作为 PLL 输入时钟。只能在关闭 PLL 时才能写入此位。

0：HSE 不分频；　　1：HSE 2 分频。

位 16：PLLSRC：PLL 输入时钟源。由软件置 1 或清零来选择 PLL 输入时钟源。只能在关闭 PLL 时才能写入此位。

0：HSI 振荡器时钟经 2 分频后作为 PLL 输入时钟；1：HSE 时钟作为 PLL 输入时钟。

位[15:14]：ADCPRE[1:0]，ADC 预分频由软件置 1 或清零来确定 ADC 时钟频率。

00：PCLK2 2 分频后作为 ADC 时钟；　　01：PCLK2 4 分频后作为 ADC 时钟；
10：PCLK2 6 分频后作为 ADC 时钟；　　11：PCLK2 8 分频后作为 ADC 时钟。

位[13:11]：PPRE2[2:0]，高速 APB 预分频(APB2)。由软件置 1 或清零来控制高速 APB2 时钟(PCLK2)的预分频系数。

0xx：HCLK 不分频；　100：HCLK 2 分频；　101：HCLK 4 分频；
110：HCLK 8 分频；　111：HCLK 16 分频。

位[10:8]：PPRE1[2:0]，低速 APB 预分频(APB1)。由软件置 1 或清零来控制低速 APB1 时钟(PCLK1)的预分频系数。注意：软件必须保证 APB1 时钟频率不超过 36MHz。

0xx：HCLK 不分频；　100：HCLK 2 分频；　101：HCLK 4 分频；
110：HCLK 8 分频；　111：HCLK 16 分频。

位[7:4]：HPRE[3:0]，AHB 预分频。由软件置 1 或清零来控制 AHB 时钟的预分频系数。

0xxx：SYSCLK 不分频；
1000：SYSCLK 2 分频；　1001：SYSCLK 4 分频；　1010：SYSCLK 8 分频；
1011：SYSCLK 16 分频；　1100：SYSCLK 64 分频；　1101：SYSCLK 128 分频；
1110：SYSCLK 256 分频；　1111：SYSCLK 512 分频。

注意：当 AHB 时钟的预分频系数大于 1 时，必须开启预取缓冲器。

位[3:2]：SWS[1:0]，系统时钟切换状态。由硬件置 1 或清零来选择系统时钟的时钟源。

00：HSI 作为系统时钟；　　01：HSE 作为系统时钟；

10：PLL 输出作为系统时钟；　　11：不可用。

位[1:0]：SW[1:0]，系统时钟切换。由软件置 1 或清零来选择系统时钟源。在从停止或待机模式中返回时，或直接或间接作为系统时钟的 HSE 出现故障时，由硬件强制选择 HSI 作为系统时钟(如果时钟安全系统已经启动)。

00：HSI 作为系统时钟；　　01：HSE 作为系统时钟；

10：PLL 输出作为系统时钟；　　11：不可用。

3. 时钟中断寄存器(RCC_CIR)

偏移地址：0x08，复位值：0x0000 0000。访问：无等待周期。各位定义如下：

位号	31～24	23	22	21	20	19	18	17	16
定义	保留	CSSC	保留		PLL RDYC	HSE RDYC	HIS RDYC	LSE RDYC	LSI RDYC
读写		w			w	w	w	w	w

位号	15～13	12	11	10	9	8	7	6	5	4	3	2	1	0
定义	保留	PLL RDYIE	HSE RDYIE	HSI RDYIE	LSE RDYIE	LSI RDYIE	CSSF	保留		PLL RDYF	HSE RDYF	HSI RDYF	LSE RDYF	LSI RDYF
读写		rw	rw	rw	rw	rw	r			r	r	r	r	r

位[31:24]：保留，始终读为 0。

位 23：CSSC，清除时钟安全系统中断(Clock Security System interrupt Clear)。由软件置 1 来清除 CSSF 安全系统中断标志位 CSSF。

0：无作用；　　1：清除 CSSF 安全系统中断标志位。

位[22:21]：保留，始终读为 0。

位 20：PLLRDYC，清除 PLL 就绪中断。由软件置 1 来清除 PLL 就绪中断标志位 PLLRDYF。

0：无作用；　　1：清除 PLL 就绪中断标志位 PLLRDYF。

位 19：HSERDYC，清除 HSE 就绪中断。由软件置 1 来清除 HSE 就绪中断标志位 HSERDYF。

0：无作用；　　1：清除 HSE 就绪中断标志位 HSERDYF。

位 18：HSIRDYC，清除 HSI 就绪中断。由软件置 1 来清除 HSI 就绪中断标志位 HSIRDYF。

0：无作用；　　1：清除 HSI 就绪中断标志位 HSIRDYF。

位 17：LSERDYC，清除 LSE 就绪中断。由软件置 1 来清除 LSE 就绪中断标志位 LSERDYF。

0：无作用；　　1：清除 LSE 就绪中断标志位 LSERDYF。

位 16：LSIRDYC，清除 LSI 就绪中断。由软件置 1 来清除 LSI 就绪中断标志位 LSIRDYF。

0：无作用；　　1：清除 LSI 就绪中断标志位 LSIRDYF。

位[15:13]：保留，始终读为 0。

位 12：PLLRDYIE，PLL 就绪中断使能。由软件置 1 或清零来使能或关闭 PLL 就绪中断。

0：PLL 就绪中断关闭；　　1：PLL 就绪中断使能。

位 11：HSERDYIE，HSE 就绪中断使能。由软件置 1 或清零来使能或关闭外部 4～16MHz 振荡器就绪中断。

0：HSE 就绪中断关闭；　　1：HSE 就绪中断使能。

位 10：HSIRDYIE，HSI 就绪中断使能。由软件置 1 或清零来使能或关闭内部 8MHz RC 振荡器就绪中断。

0：HSI 就绪中断关闭；　　1：HSI 就绪中断使能。

位 9：LSERDYIE，LSE 就绪中断使能。由软件置 1 或清零来使能或关闭外部 32kHz RC 振荡器就绪中断。

0：LSE 就绪中断关闭；　　1：LSE 就绪中断使能。

位 8：LSIRDYIE，LSI 就绪中断使能。由软件置 1 或清零来使能或关闭内部 40kHz RC 振荡器就绪中断。

0：LSI 就绪中断关闭；　　1：LSI 就绪中断使能。

位 7：CSSF，时钟安全系统中断标志。在外部 4～16MHz 振荡器时钟出现故障时，由硬件置 1。由软件通过置 1 CSSC 位来清除。

0：无 HSE 时钟失效产生的安全系统中断；

1：HSE 时钟失效导致了时钟安全系统中断。

位[6:5]：保留，始终读为 0。

位 4：PLLRDYF，PLL 就绪中断标志。在 PLL 就绪且 PLLRDYIE 位被置 1 时，由硬件置 1。由软件通过置 1 PLLRDYC 位来清除。

0：无 PLL 上锁产生的时钟就绪中断；　　1：PLL 上锁导致时钟就绪中断。

位 3：HSERDYF，HSE 就绪中断标志。在外部低速时钟就绪且 HSERDYIE 位被置 1 时，由硬件置 1。由软件通过置 1 HSERDYC 位来清除。

0：无外部 4～16MHz 振荡器产生的时钟就绪中断；1：外部 4～16MHz 振荡器导致时钟就绪中断。

位 2：HSIRDYF，HSI 就绪中断标志。在内部高速时钟就绪且 HSIRDYIE 位被置 1 时，由硬件置 1。由软件通过置 1 HSIRDYC 位来清除。

0：无内部 8MHz RC 振荡器产生的时钟就绪中断；1：内部 8MHz RC 振荡器导致时钟就绪中断。

位 1：LSERDYF，LSE 就绪中断标志。在外部低速时钟就绪且 LSERDYIE 位被置 1 时，由硬件置 1。由软件通过置 1 LSERDYC 位来清除。

0：无外部 32kHz 振荡器产生的时钟就绪中断；　　1：外部 32kHz 振荡器导致时钟就绪中断。

位 0：LSIRDYF，LSI 就绪中断标志。在内部低速时钟就绪且 LSIRDYIE 位被置 1 时，由硬件置 1。由软件通过置 1 LSIRDYC 位来清除。

0：无内部 40kHz RC 振荡器产生的时钟就绪中断；1：内部 40kHz RC 振荡器导致时钟就绪中断。

4. APB2 外设复位寄存器(RCC_APB2RSTR)

偏移地址：0x0C，复位值：0x0000 0000。访问：无等待周期。所有可设置的位都由软件置 1 或清零。各位定义如下：

位号	31～16	15	14	13	12	11	10	9	8	7	6	5	4	3	2	1	0
定义	保留	ADC3 RST	USART1 RST	TIM8 RST	SPI1 RST	TIM1 RST	ADC2 RST	ADC1 RST	IOPG RST	IOPF RST	IOPE RST	IOPD RST	IOPC RST	IOPB RST	IOPA RST	保留	AFIO RST
读写		rw	rw	rw	rw	rw	rw	rw	rw	rw	rw	rw	rw	rw	rw		rw

位[31:16]：保留，始终读为 0。

位 15：ADC3RST，ADC3 接口复位。0：无作用；1：复位 ADC3 接口。

位 14：USART1RST，USART1 复位。0：无作用；1：复位 USART1。

位 13：TIM8RST，TIM8 定时器复位。0：无作用；1：复位 TIM8 定时器。

位 12：SPI1RST，SPI1 复位。0：无作用；1：复位 SPI1。

位 11：TIM1RST，TIM1 定时器复位。0：无作用；1：复位 TIM1 定时器。

位 10：ADC2RST，ADC2 接口复位。0：无作用；1：复位 ADC2 接口。

位 9：ADC1RST，ADC1 接口复位。0：无作用；1：复位 ADC1 接口。

位 8：IOPGRST，IO 端口 G 复位。0：无作用；1：复位 IO 端口 G。

位 7：IOPFRST，IO 端口 F 复位。0：无作用；1：复位 IO 端口 F。

位 6：IOPERST，IO 端口 E 复位。0：无作用；1：复位 IO 端口 E。

位 5：IOPDRST，IO 端口 D 复位。0：无作用；1：复位 IO 端口 D。

位 4：IOPCRST，IO 端口 C 复位。0：无作用；1：复位 IO 端口 C。

位 3：IOPBRST，IO 端口 B 复位。0：无作用；1：复位 IO 端口 B。

位 2：IOPARST，IO 端口 A 复位。0：无作用；1：复位 IO 端口 A。

位 1：保留，始终读为 0。

位 0：AFIORST，辅助功能 IO 复位。0：无作用；1：复位辅助功能。

5. APB1 外设复位寄存器(RCC_APB1RSTR)

偏移地址：0x10，复位值：0x0000 0000。访问：无等待周期。所有可设置的位都由软件置 1 或清零。各位定义如下：

位号	31～30	29	28	27	26	25	24	23	22	21	20	19	18	17	16
定义	保留	DAC RST	PWR RST	BKP RST	保留	CAN RST	保留	USB RST	I2C2 RST	I2C1 RST	UART5 RST	UART4 RST	USART3 RST	USART2 RST	保留
读写		rw	rw	rw		rw		rw	rw	rw	rw	rw	rw	rw	

位号	15	14	13	12	11	10～6	5	4	3	2	1	0
定义	SPI3 RST	SPI2 RST	保留		WWDG RST	保留	TIM7 RST	TIM6 RST	TIM5 RST	TIM4 RST	TIM3 RST	TIM2 RST
读写	rw	rw			rw		rw	rw	rw	rw	rw	rw

位[31:30]：保留，始终读为 0。

位 29：DACRST，DAC 接口复位。0：无作用；1：复位 DAC 接口。

位 28：PWRRST，电源接口复位。0：无作用；1：复位电源接口。

位 27：BKPRST，备份接口复位。0：无作用；1：复位备份接口。

位 26：保留，始终读为 0。

位 25：CANRST，CAN 复位。0：无作用；1：复位 CAN。

位 24：保留，始终读为 0。

位 23：USBRST，USB 复位。0：无作用；1：复位 USB。

位 22：I2C2RST，I2C 2 复位。0：无作用；1：复位 I2C 2。

位 21：I2C1RST，I2C 1 复位。0：无作用；1：复位 I2C 1。

位 20：UART5RST，UART5 复位。0：无作用；1：复位 UART5。

位 19：UART4RST，UART4 复位。0：无作用；1：复位 UART4。

位 18：USART3RST，USART3 复位。0：无作用；1：复位 USART3。

位 17：USART2RST，USART2 复位。0：无作用；1：复位 USART2。

位 16：保留，始终读为 0。

位 15：SPI3RST，SPI3 复位。0：无作用；1：复位 SPI3。

位 14：SPI2RST，SPI2 复位。0：无作用；1：复位 SPI2。

位[13:12]：保留，始终读为 0。

位 11：WWDGRST，窗口看门狗复位。0：无作用；1：复位窗口看门狗。

位[10:6]：保留，始终读为 0。

位 5：TIM7RST，定时器 7 复位。0：无作用；1：复位 TIM7 定时器。

位 4：TIM6RST，定时器 6 复位。0：无作用；1：复位 TIM6 定时器。

位 3：TIM5RST，定时器 5 复位。0：无作用；1：复位 TIM5 定时器。

位 2：TIM4RST，定时器 4 复位。0：无作用；1：复位 TIM4 定时器。

位 1：TIM3RST，定时器 3 复位。0：无作用；1：复位 TIM3 定时器。

位 0：TIM2RST，定时器 2 复位。0：无作用；1：复位 TIM2 定时器。

6. AHB 外设时钟使能寄存器(RCC_AHBENR)

偏移地址：0x14。复位值：0x0000 0014。访问：无等待周期。所有可设置的位都由软件置 1 或清零。各位定义如下：

位号	31～11	10	9	8	7	6	5	4	3	2	1	0
定义	保留	SDIOEN	保留	FSMCEN	保留	CRCEN	保留	FLITFEN	保留	SRAMEN	DMA2EN	DMA1EN
读写		rw		rw		rw		rw		rw	rw	rw

位[31:11]：保留，始终读为 0。

位 10：SDIOEN，SDIO 时钟使能。0：SDIO 时钟关闭；1：SDIO 时钟开启。

位 9：保留，始终读为 0。

位 8：FSMCEN，FSMC 时钟使能。0：FSMC 时钟关闭；1：FSMC 时钟开启。

位 7：保留，始终读为 0。

位 6：CRCEN，CRC 时钟使能。0：CRC 时钟关闭；1：CRC 时钟开启。

位 5：保留，始终读为 0。

位 4：FLITFEN,闪存接口电路时钟使能。

0：睡眠模式时闪存接口电路时钟关闭； 1：睡眠模式时闪存接口电路时钟开启。

位 3：保留,始终读为 0。

位 2：SRAMEN,SRAM 时钟使能。

0：睡眠模式时 SRAM 时钟关闭； 1：睡眠模式时 SRAM 时钟开启。

位 1：DMA2EN,DMA2 时钟使能。0：DMA2 时钟关闭；1：DMA2 时钟开启。

位 0：DMA1EN,DMA1 时钟使能。0：DMA1 时钟关闭；1：DMA1 时钟开启。

7. APB2 外设时钟使能寄存器(RCC_APB2ENR)

偏移地址：0x18,复位值：0x0000 0000。访问：通常无访问等待周期,但 APB2 总线上的外设被访问时,将插入等待状态直到 APB2 的外设访问结束。所有可设置的位都由软件置 1 或清零。各位定义如下：

位号	31～16	15	14	13	12	11	10	9	8	7	6	5	4	3	2	1	0
定义	保留	ADC3EN	USART1EN	TIM8EN	SPI1EN	TIM1EN	ADC2EN	ADC1EN	IOPGEN	IOPFEN	IOPEEN	IOPDEN	IOPCEN	IOPBEN	IOPAEN	保留	AFIOEN
读写		rw	rw	rw	rw	rw	rw	rw	rw	rw	rw	rw	rw	rw	rw		rw

位[31:16]：保留,始终读为 0。

位 15：ADC3EN,ADC3 接口时钟使能。0：ADC3 接口时钟关闭；1：ADC3 接口时钟开启。

位 14：USART1EN,USART1 时钟使能。0：USART1 时钟关闭；1：USART1 时钟开启。

位 13：TIM8EN,TIM8 定时器时钟使能。0：TIM8 定时器时钟关闭；1：TIM8 定时器时钟开启。

位 12：SPI1EN,SPI1 时钟使能。0：SPI1 时钟关闭；1：SPI1 时钟开启。

位 11：TIM1EN,TIM1 定时器时钟使能。0：TIM1 定时器时钟关闭；1：TIM1 定时器时钟开启。

位 10：ADC2EN,ADC2 接口时钟使能。0：ADC2 接口时钟关闭；1：ADC2 接口时钟开启。

位 9：ADC1EN,ADC1 接口时钟使能。0：ADC1 接口时钟关闭；1：ADC1 接口时钟开启。

位 8：IOPGEN,IO 端口 G 时钟使能。0：IO 端口 G 时钟关闭；1：IO 端口 G 时钟开启。

位 7：IOPFEN,IO 端口 F 时钟使能。0：IO 端口 F 时钟关闭；1：IO 端口 F 时钟开启。

位 6：IOPEEN,IO 端口 E 时钟使能。0：IO 端口 E 时钟关闭；1：IO 端口 E 时钟开启。

位 5：IOPDEN,IO 端口 D 时钟使能。0：IO 端口 D 时钟关闭；1：IO 端口 D 时钟开启。

位 4：IOPCEN,IO 端口 C 时钟使能。0：IO 端口 C 时钟关闭；1：IO 端口 C 时钟开启。

位 3：IOPBEN,IO 端口 B 时钟使能。0：IO 端口 B 时钟关闭；1：IO 端口 B 时钟开启。

位 2：IOPAEN,IO 端口 A 时钟使能。0：IO 端口 A 时钟关闭；1：IO 端口 A 时钟开启。

位1：保留，始终读为0。

位0：AFIOEN，辅助功能IO时钟使能。0：辅助功能IO时钟关闭；1：辅助功能IO时钟开启。

8. APB1外设时钟使能寄存器(RCC_APB1ENR)

偏移地址：0x1C，复位值：0x0000 0000。访问：通常无访问等待周期，但APB1总线上的外设被访问时，将插入等待状态直到APB1的外设访问结束。所有可访问的位都可由软件置1或清零。各位定义如下：

位号	31～30	29	28	27	26	25	24	23	22	21	20	19	18	17	16
定义	保留	DAC EN	PWR EN	BKP EN	保留	CAN EN	保留	USB EN	I2C2 EN	I2C1 EN	UART5 EN	UART4 EN	USART3 EN	USART2 EN	保留
读写		rw	rw	rw		rw		rw	rw	rw	rw	rw	rw	rw	

位号	15	14	13	12	11	10～6	5	4	3	2	1	0
定义	SPI3 EN	SPI2 EN	保留		WW DG EN	保留	TIM7 EN	TIM6 EN	TIM5 EN	TIM4 EN	TIM3 EN	TIM2 EN
读写	rw	rw			rw		rw	rw	rw	rw	rw	rw

位[31:30]：保留，始终读为0。

位29：DACEN，DAC接口时钟使能。0：DAC接口时钟关闭；1：DAC接口时钟开启。

位28：PWREN，电源接口时钟使能。0：电源接口时钟关闭；1：电源接口时钟开启。

位27：BKPEN，备份接口时钟使能。0：备份接口时钟关闭；1：备份接口时钟开启。

位26：保留，始终读为0。

位25：CANEN，CAN时钟使能。0：CAN时钟关闭；1：CAN时钟开启。

位24：保留，始终读为0。

位23：USBEN，USB时钟使能。0：USB时钟关闭；1：USB时钟开启。

位22：I2C2EN，I2C 2时钟使能。0：I2C 2时钟关闭；1：I2C 2时钟开启。

位21：I2C1EN，I2C 1时钟使能。0：I2C 1时钟关闭；1：I2C 1时钟开启。

位20：UART5EN，UART5时钟使能。0：UART5时钟关闭；1：UART5时钟开启。

位19：UART4EN，UART4时钟使能。0：UART4时钟关闭；1：UART4时钟开启。

位18：USART3EN，USART3时钟使能。0：USART3时钟关闭；1：USART3时钟开启。

位17：USART2EN，USART2时钟使能。0：USART2时钟关闭；1：USART2时钟开启。

位16：保留，始终读为0。

位15：SPI3EN，SPI 3时钟使能。0：SPI 3时钟关闭；1：SPI 3时钟开启。

位14：SPI2EN，SPI 2时钟使能。0：SPI 2时钟关闭；1：SPI 2时钟开启。

位[13:12]：保留，始终读为0。

位11：WWDGEN，窗口看门狗时钟使能。0：窗口看门狗时钟关闭；1：窗口看门狗时钟开启。

位[10:6]：保留，始终读为0。

位5：TIM7EN，定时器7时钟使能。0：定时器7时钟关闭；1：定时器7时钟开启。

位4：TIM6EN，定时器6时钟使能。0：定时器6时钟关闭；1：定时器6时钟开启。

位3：TIM5EN，定时器5时钟使能。0：定时器5时钟关闭；1：定时器5时钟开启。

位2：TIM4EN，定时器4时钟使能。0：定时器4时钟关闭；1：定时器4时钟开启。

位1：TIM3EN，定时器3时钟使能。0：定时器3时钟关闭；1：定时器3时钟开启。

位0：TIM2EN，定时器2时钟使能。0：定时器2时钟关闭；1：定时器2时钟开启。

9. 备份域控制寄存器(RCC_BDCR)

偏移地址：0x20，复位值：0x0000 0000，只能由备份域复位有效复位。访问：需要0～3个等待周期。各位定义如下：

位号	31～17	16	15	14～10	9	8	7～3	2	1	0
定义	保留	BDRST	RTCEN	保留	RTCSEL[1:0]		保留	LSEBYP	LSERDY	LSEON
读写		rw	rw		rw	rw		rw	r	rw

位[31:17]：保留，始终读为0。

位16：BDRST，备份域软件复位，由软件置1或清零。0：复位未激活；1：复位整个备份域。

位15：RTCEN，RTC时钟使能，由软件置1或清零。0：RTC时钟关闭；1：RTC时钟开启。

位[14:10]：保留，始终读为0。

位[9:8]：RTCSEL[1:0]，RTC时钟源选择。由软件设置来选择RTC时钟源。一旦RTC时钟源被选定，直到下次备份域被复位，它不能再被改变。可通过设置BDRST位来清除。

00：无时钟； 01：LSE振荡器作为RTC时钟；

10：LSI振荡器作为RTC时钟； 11：HSE振荡器在128分频后作为RTC时钟。

位[7:3]：保留，始终读为0。

位2：LSEBYP，外部低速时钟振荡器旁路。在调试模式下由软件置1或清零来旁路LSE。只有在外部32kHz振荡器关闭时，才能写入该位。0：LSE时钟未被旁路；1：LSE时钟被旁路。

位1：LSERDY，外部低速LSE就绪。由硬件置1或清零来指示外部32kHz振荡器是否就绪。在LSEON被清零后，该位需要6个外部低速振荡器的周期才被清零。

0：外部32kHz振荡器未就绪； 1：外部32kHz振荡器就绪。

位0：LSEON，外部低速振荡器使能。由软件置1或清零。

0：外部32kHz振荡器关闭； 1：外部32kHz振荡器开启。

10. 控制/状态寄存器(RCC_CSR)

偏移地址：0x24，复位值：0x0C00 0000，除复位标志外由系统复位清除，复位标志只能由电源复位清除。访问：0到3个等待周期，当连续对该寄存器进行访问时，将插入等待状态。各位定义如下：

位号	31	30	29	28	27	26	25	24	23～2	1	0
定义	LPWR RSTF	WWDG RSTF	IWDG RSTF	SFT RSTF	POR RSTF	PIN RSTF	保留	RMVF	保留	LSIRDY	LSION
读写	rw	rw	rw	rw	rw	rw		rw		r	rw

位 31：LPWRRSTF，低功耗复位标志。发生低功耗复位时由硬件置 1；由软件写 RMVF 位清除。

0：无低功耗管理复位发生； 1：发生低功耗复位。

位 30：WWDGRSTF，窗口看门狗复位标志。发生窗口看门狗复位时由硬件置 1；由软件写 RMVF 位清除。

0：无窗口看门狗复位发生； 1：发生窗口看门狗复位。

位 29：IWDGRSTF，独立看门狗复位标志。发生独立看门狗复位时由硬件置 1；由软件通过写 RMVF 位清除。

0：无独立看门狗复位发生； 1：发生独立看门狗复位。

位 28：SFTRSTF，软件复位标志。发生软件复位时由硬件置 1；由软件写 RMVF 位清除。

0：无软件复位发生； 1：发生软件复位。

位 27：PORRSTF，上电/掉电复位标志。发生上电/掉电复位时由硬件置 1；由软件写 RMVF 位清除。

0：无上电/掉电复位发生； 1：发生上电/掉电复位。

位 26：PINRSTF，NRST 引脚复位标志。在 NRST 引脚发生复位时由硬件置 1；由软件写 RMVF 位清除。

0：无 NRST 引脚复位发生； 1：发生 NRST 引脚复位。

位 25：保留，读操作返回 0。

位 24：RMVF，清除复位标志。由软件置 1 来清除复位标志。

0：无作用； 1：清除复位标志。

位[23:2]：保留，读操作返回 0。

位 1：LSIRDY，内部低速振荡器就绪。由硬件置 1 或清零来指示内部 40kHz RC 振荡器是否就绪。在 LSION 清零后，3 个内部 40kHz RC 振荡器的周期后 LSIRDY 被清零。

0：内部 40kHz RC 振荡器时钟未就绪； 1：内部 40kHz RC 振荡器时钟就绪。

位 0：LSION，内部低速振荡器使能。由软件置 1 或清零。

0：内部 40kHz RC 振荡器关闭； 1：内部 40kHz RC 振荡器开启。

6.5 GPIO 的使用

使用 GPIO 时，按下面步骤进行：

(1) 配置系统时钟并打开 GPIO 口的时钟；

(2) 设置 GPIO 口位的工作模式;

(3) 使用 GPIO 口位进行输入或输出。

下面分别通过实例,使用汇编语言、C 语言操作寄存器和固件库函数 3 种方式进行介绍。

6.5.1 利用汇编语言访问 GPIO

【例 6-1】 编写汇编语言程序,控制 STM32F103VET6 最小系统板上连接 PE0 的发光二极管亮 0.5 秒,灭 0.5 秒。

解:通过查看图 3-13,要将发光二极管点亮,需要将 SW3 开关拨到 ON 给发光二极管提供电源。经过分析,当连接 LED0 的 PE0 引脚输出低电平 0 时,发光二极管亮;PE0 输出高电平 1 时,发光二极管灭。实现代码如下:

```
BIT0         EQU 0X00000001
BIT6         EQU 0X00000040
LED0         EQU BIT0                       ;LED0 -- PE.0
GPIOE        EQU 0X40011800                 ;GPIOE 地址
GPIOE_CRL    EQU 0X40011800                 ;低配置寄存器
GPIOE_CRH    EQU 0X40011804                 ;高配置寄存器
GPIOE_ODR    EQU 0X4001180C                 ;输出,偏移地址 0Ch
GPIOE_BSRR   EQU 0X40011810                 ;低置位,高清除偏移地址 10h
GPIOE_BRR    EQU 0X40011814                 ;清除,偏移地址 14h
IOPEEN       EQU BIT6                       ;GPIOE 时钟使能位
RCC_APB2ENR  EQU 0X40021018
STACK_TOP    EQU 0X20002000
    AREA RESET,CODE,READONLY                ;AREA 不能顶格写
    DCD STACK_TOP                           ;MSP 主堆栈指针
    DCD START                               ;复位,PC 初始值
    ENTRY                                   ;指示开始执行
START                                       ;所有的标号必须顶格写,且无冒号
    BL.W  RCC_CONFIG_72MHZ                  ;指令不能顶格写。配置系统时钟为 72MHz
    LDR   R1, = RCC_APB2ENR
    LDR   R0,[R1]                           ;读
    LDR   R2, = IOPEEN
    ORR   R0,R2                             ;改
    STR   R0,[R1]                           ;写,使能 GPIOE 时钟
    MOV   R0, # 0x0003
    LDR   R1, = GPIOE_CRL                   ;PE.0 在低寄存器
    STR   R0,[R1]                           ;LED0 -- PE.0 推挽输出,50MHz
    NOP
    NOP
    LDR   R1, = GPIOE_ODR
    LDR   R2, = 0x00000001                  ;将 PE.0 输出高电平
LOOP
    STR   R2,[R1]                           ;输出状态
    MOV   R0, # 4500                        ;4500/9 = 500ms
```

```
    BL.W  DELAY_NMS
    EOR   R2, # LED0                    ;翻转 LED0
    B     LOOP                          ;继续循环
; -----------------------------------------------------------
;RCC 时钟配置 HCLK = 72MHz = HSE * 9, PCLK2 = HCLK PCLK1 = HCLK/2
RCC_CONFIG_72MHZ
    LDR   R1, = 0X40021000              ;RCC_CR
    LDR   R0,[R1]
    LDR   R2, = 0X00010000              ;HSEON
    ORR   R0,R2
    STR   R0,[R1]
WAIT_HSE_RDY
    LDR   R2, = 0X00020000              ;HSERDY
    LDR   R0,[R1]
    ANDS  R0,R2
    CMP   R0, # 0
    BEQ   WAIT_HSE_RDY
    LDR   R1, = 0X40022000              ;FLASH_ACR
    MOV   R0, # 0X12
    STR   R0,[R1]
    LDR   R1, = 0X40021004              ;RCC_CFGR 时钟配置寄存器
    LDR   R0,[R1]
    ;PLL 倍频系数,PCLK2,PCLK1 分频设置, HSE 9 倍频 PCLK2 = HCLK,PCLK1 = HCLK/2
    ;HCLK = 72MHz 0x001D0400
    LDR   R2, = 0x001D0400
    ORR   R0,R2
    STR   R0,[R1]
    LDR   R1, = 0X40021000              ;RCC_CR
    LDR   R0,[R1]
    LDR   R2, = 0X01000000              ;PLLON
    ORR   R0,R2
    STR   R0,[R1]
WAIT_PLL_RDY
    LDR   R2, = 0X02000000              ;PLLRDY
    LDR   R0,[R1]
    ANDS  R0,R2
    CMP   R0, # 0
    BEQ   WAIT_PLL_RDY
    LDR   R1, = 0X40021004              ;RCC_CFGR
    LDR   R0,[R1]
    MOV   R2, # 0X02
    ORR   R0,R2
    STR   R0,[R1]
WAIT_HCLK_USEPLL
    LDR   R0,[R1]
    ANDS  R0, # 0X08
    CMP   R0, # 0X08
    BNE   WAIT_HCLK_USEPLL
    BX LR
```

```
;-------------------------------------------------------
;延时 R0(ms),误差((R0 - 1) * 4 + 12)/8 us. 延时较长时,误差小于 0.1 %
DELAY_NMS
    PUSH   {R1}                              ;2 个周期
DELAY_NMSLOOP
    SUB    R0, #1
    MOV    R1, #1000
DELAY_ONEUS
    SUB    R1, #1
    NOP
    NOP
    NOP
    CMP    R1, #0
    BNE    DELAY_ONEUS
    CMP    R0, #0
    BNE    DELAY_NMSLOOP
    POP    {R1}
    BX     LR
    NOP                                      ;程序代码对齐,不加这一句,会出现一个警告
    END
```

软件仿真或者硬件在线仿真调试 STM32 外设时,需要对"Options for Target 'Target 1'"对话框的 Debug 标签页进行设置。在 Use Simulator(软件仿真)一栏最底部的 Dialog DLL 编辑框中输入 DARMSTM.DLL,在 Parameter 编辑框中输入-pSTM32F103VE,并将上一行 Parameter 编辑框中的-REMAP 删除。同样,在硬件在线仿真调试一栏最底部的 Dialog DLL 编辑框中输入 TARMSTM. DLL,在 Parameter 编辑框中输入-pSTM32F103VE。设置完成的内容如图 6-7 所示。

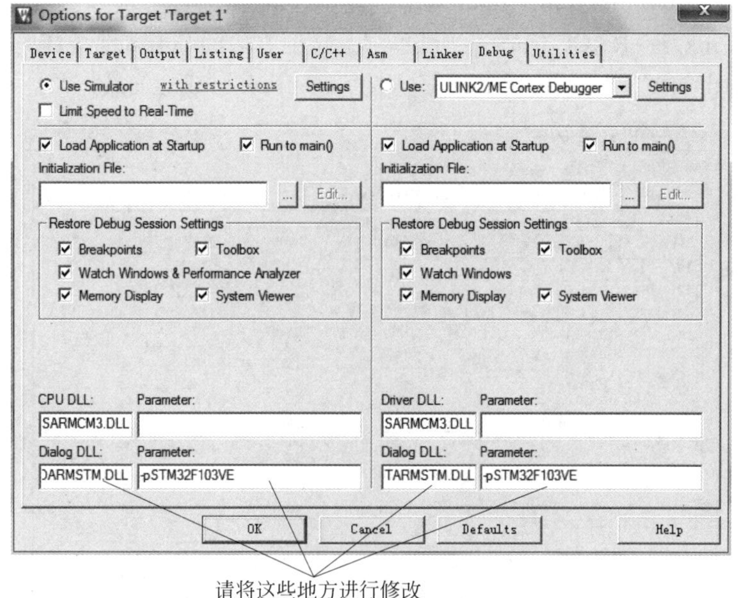

图 6-7　"Options for Target'Target 1'"对话框的 Debug 标签页需要修改的内容

修改配置后，编译程序并进入调试界面。本例中用到了系统时钟配置和 PE 口，在调试之前可以单击菜单 Peripherals→System Viewer→RCC，弹出 RCC 的观察视图，如图 6-8 所示。单击菜单 Peripherals→System Viewer→GPIO→GPIOE，弹出 GPIOE 的观察视图，如图 6-9 所示。

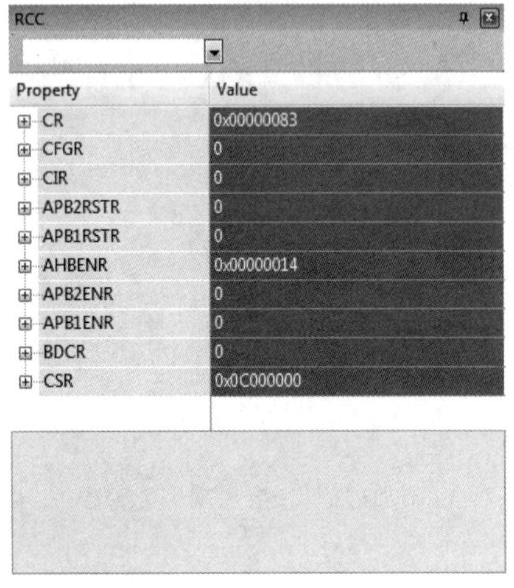

图 6-8　RCC 的观察视图

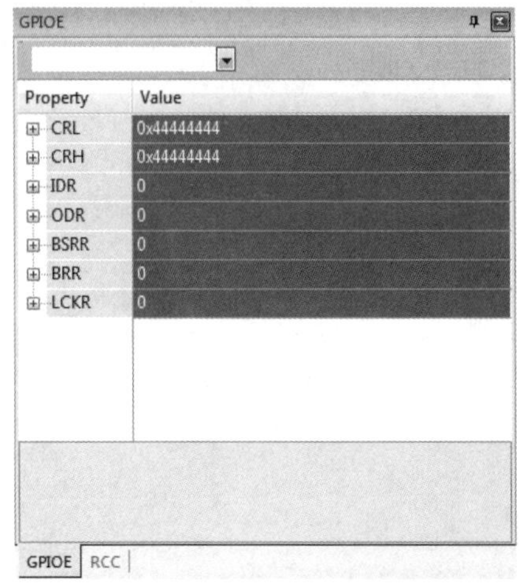

图 6-9　GPIOE 的观察视图

可以在程序的执行过程中，观察各个寄存器相关位是否变为所需的状态。具体过程请读者自行实验。软件仿真时，延时程序的延时时间一般比实际时间长，请耐心等待。软件仿真的功能仅限逻辑功能仿真，真正的硬件时序问题还是需要利用在线仿真调试。硬件仿真调试时，可以选择常见的 J-Link 或者 ULINK2 仿真器。使用 J-Link 仿真器时，需要先安装它的驱动程序。在 Options for Target 对话框的 Debug 标签页中选择右半部分，在 Use 下拉框中选择 J-Link/J-TRACE Cortex。可单击下拉框右边的 Settings 按钮验证 J-Link 是否正确安装，若弹出如图 6-10 所示的对话框，则说明 J-Link 已成功安装。

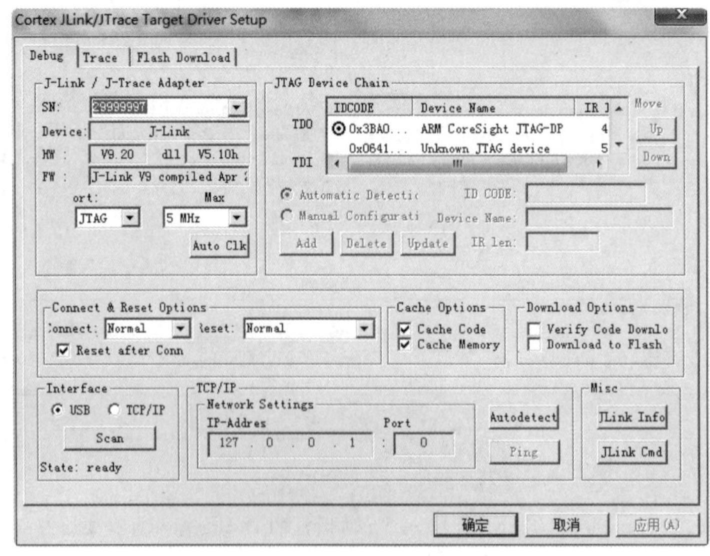

图 6-10　J-Link 的设置对话框

设置完成后,可以使用与软件仿真类似的方法进行仿真调试,请读者自行实验。

6.5.2 利用C语言直接操作寄存器方法访问GPIO

【例6-2】 编写C语言程序,利用C语言直接操作外设寄存器,控制STM32F103VET6最小系统板上连接PE0的发光二极管亮0.5秒,灭0.5秒。

解:电路分析从略。

使用C语言直接操作STM32微控制器寄存器进行开发时,为了避免进行一些重复的系统初始化操作(如设置堆栈、中断向量表等内容),可以借助ST公司提供的启动文件,在创建工程出现Manage Run-Time Environment对话框时,选中Device→Startup,如图6-11所示。

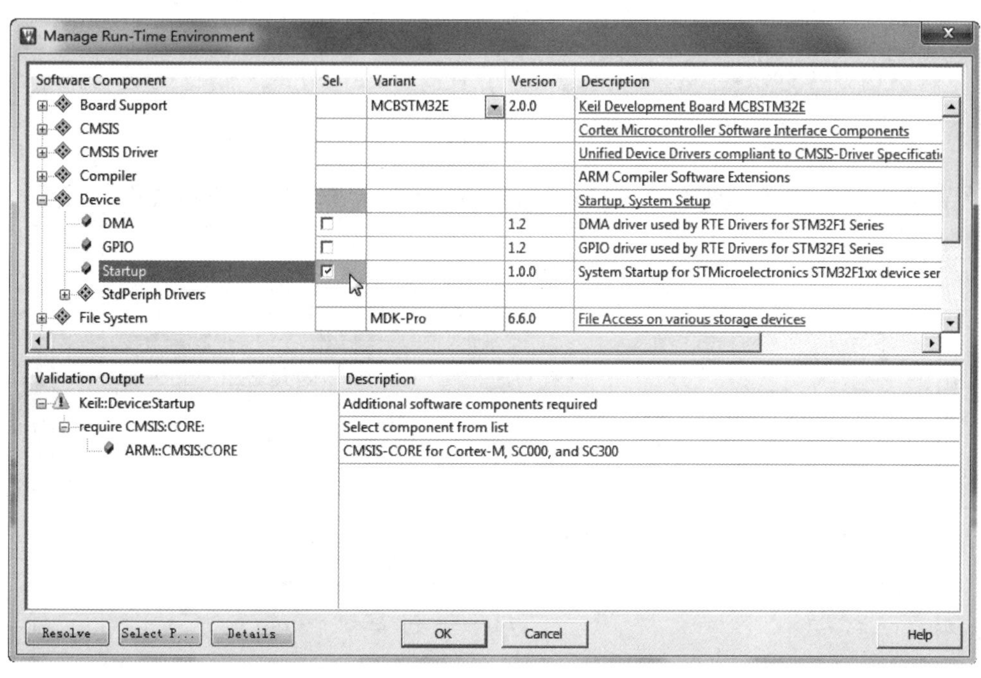

图6-11 选中Device→Startup

在对话框的下方出现提示"require CMSIS:CORE",说明需要选中CMSIS中的CORE部件。按照要求,选中CMSIS中的CORE部件。如图6-12所示。选中后,对话框的下方没有出现其他提示信息,说明已经能够满足要求。单击OK按钮关闭对话框。MDK的Project视图如图6-13所示。

按照与附录C中描述的类似的方法创建一个C语言文件(保存文件时,在文件名的后面加上".c"),并加到Source Group 1中。C语言文件的内容如下:

```
#include "stm32f10x.h"                          //包含STM32F1系列微控制器的头文件
void delay_ms(unsigned short int Number);      //延时子函数
#define LED0 (1 << 0)                           //LED端口定义,led0连接PE0
#define RCC_APB2Periph_GPIOE ((uint32_t)0x00000040)
int main(void)
{
```

```
    RCC->APB2ENR |= RCC_APB2Periph_GPIOE;        //使能 GPIOE 时钟
    GPIOE->CRL&=0XFFFFFFF0;
    GPIOE->CRL|=0X00000003;                      //PE.0 推挽输出
    GPIOE->ODR|=1<<0;                            //PE.0 输出高
    while(1)
    {
        GPIOE->ODR|=1<<0;                        //PE.0 输出高
        delay_ms(500);
        GPIOE->ODR&=~(1<<0);                     //PE.0 输出低
        delay_ms(500);
    }
}
void delay_ms(unsigned short int Number)
{
    unsigned int i;
     while(Number--){
          i=12000; while(i--);
    }
}
```

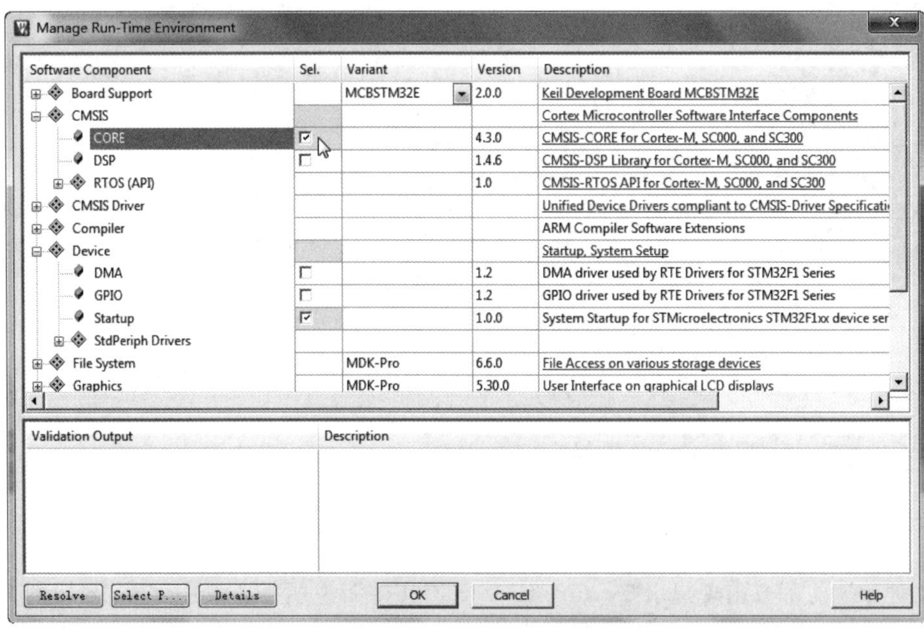

图 6-12　选中 CMSIS 中的 CORE 部件

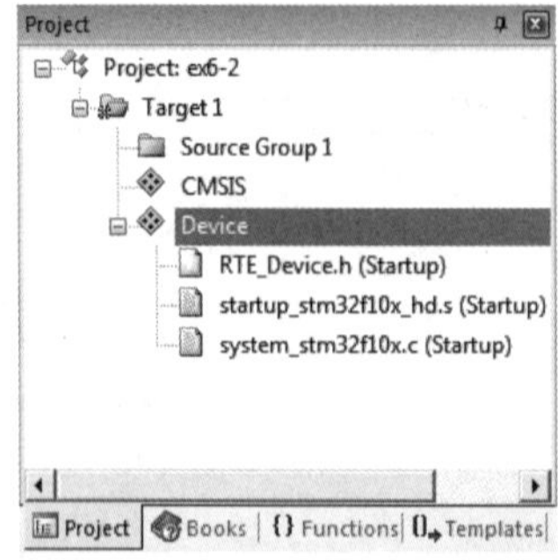

图 6-13　设置启动文件后的 Project 视图

由于在 stm32f10x.h 文件中定义了 STM32F10 系列微控制器所有的外设寄存器，因此，在 C 语言程序中，只要包含了这个头文件，则可以省略外设寄存器的定义，直接在用户程序代码中使用即可。读者可能发现，在用户程序中没有进行系统时钟的配置。其实，系统时钟配置工作已经在 SystemInit 函数中实现了，并且默认的系统时钟被配置为 72MHz。而通过查看启动文件 startup_stm32f10x_hd.s 可以发现，SystemInit 函数是在 main 函数之前调用的。因此，在 main 函数中，不再需要进行系统时钟配置工作。

C 语言编程比汇编语言编程相对简单一些，但是，还是需要开发者查阅相关的寄存器定义进行设置。如果使用固件库函数开发，则更加直观。

6.5.3 利用固件库函数方法访问 GPIO

GPIO 固件库函数具有多个用途，包括引脚工作模式设置、位设置/重置、锁定机制、从端口引脚读入或者向端口引脚写入数据。

1. GPIO 寄存器结构

GPIO 寄存器结构，GPIO_TypeDef 和 AFIO_TypeDef，在文件 stm32f10x.h 中定义如下：

```
typedef struct
{
    vu32 CRL;                                   //端口配置低寄存器
    vu32 CRH;                                   //端口配置高寄存器
    vu32 IDR;                                   //端口输入数据寄存器
    vu32 ODR;                                   //端口输出数据寄存器
    vu32 BSRR;                                  //端口位设置/复位寄存器
    vu32 BRR;                                   //端口位复位寄存器
    vu32 LCKR;                                  //端口配置锁定寄存器
} GPIO_TypeDef;
typedef struct
{
    vu32 EVCR;                                  //事件控制寄存器
    vu32 MAPR;                                  //复用重映射和调试 I/O 配置寄存器
    vu32 EXTICR[4];                             //外部中断线路 0～15 配置寄存器
} AFIO_TypeDef;
```

在结构中列出了 GPIO 所有的寄存器。

其中，AFIO 与 GPIO 的中断和事件有关，详细内容请参考第 7 章。

5 个 GPIO 外设声明于文件 stm32f10x.h 中：

```
...
#define PERIPH_BASE ((u32)0x40000000)
#define APB1PERIPH_BASE PERIPH_BASE
#define APB2PERIPH_BASE (PERIPH_BASE + 0x10000)
#define AHBPERIPH_BASE (PERIPH_BASE + 0x20000)
...
#define AFIO_BASE (APB2PERIPH_BASE + 0x0000)
#define GPIOA_BASE (APB2PERIPH_BASE + 0x0800)
#define GPIOB_BASE (APB2PERIPH_BASE + 0x0C00)
```

```
#define GPIOC_BASE (APB2PERIPH_BASE + 0x1000)
#define GPIOD_BASE (APB2PERIPH_BASE + 0x1400)
#define GPIOE_BASE (APB2PERIPH_BASE + 0x1800)
```

2. GPIO 库函数

STM32 固件库提供了如下的 GPIO 库函数：

GPIO_DeInit——将外设 GPIOx 寄存器重设为默认值。

GPIO_AFIODeInit——将复用功能(重映射事件控制和 EXTI 设置)重设为默认值。

GPIO_Init——根据 GPIO_InitStruct 中指定的参数初始化外设 GPIOx 寄存器。

GPIO_StructInit——把 GPIO_InitStruct 中的每一个参数按默认值填入。

GPIO_ReadInputDataBit——读取指定端口引脚的输入。

GPIO_ReadInputData——读取指定的 GPIO 端口输入。

GPIO_ReadOutputDataBit——读取指定端口引脚的输出。

GPIO_ReadOutputData——读取指定的 GPIO 端口输出。

GPIO_SetBits——设置指定的数据端口位。

GPIO_ResetBits——清除指定的数据端口位。

GPIO_WriteBit——设置或者清除指定的数据端口位。

GPIO_Write——向指定 GPIO 数据端口写入数据。

GPIO_PinLockConfig——锁定 GPIO 引脚设置寄存器。

GPIO_EventOutputConfig——选择 GPIO 引脚用作事件输出。

GPIO_EventOutputCmd——使能或者除能事件输出。

GPIO_PinRemapConfig——改变指定引脚的映射。

GPIO_EXTILineConfig——选择 GPIO 引脚用作外部中断线路。

下面介绍与普通输入/输出相关的库函数，与事件和中断相关的库函数的详细介绍，请见第 7 章。

1) 函数 GPIO_Init

函数原型：void GPIO_Init(GPIO_TypeDef * GPIOx, GPIO_InitTypeDef * GPIO_InitStruct)；

根据 GPIO_InitStruct 中指定的参数初始化外设 GPIOx 寄存器。

输入参数 1：GPIOx，x 可以是 A、B、C、D 或者 E，用来选择 GPIO 外设；

输入参数 2：GPIO_InitStruct，指向结构 GPIO_InitTypeDef 的指针，包含了外设 GPIO 的配置信息，GPIO_InitTypeDef 在文件 stm32f10x_gpio.h 中定义。

```
typedef struct
{
    u16 GPIO_Pin;
    GPIOSpeed_TypeDef GPIO_Speed;
    GPIOMode_TypeDef GPIO_Mode;
} GPIO_InitTypeDef;
```

(1) GPIO_Pin。

用于选择选择待设置的 GPIO 引脚，使用操作符“|”可以一次选中多个引脚。可以使用

表 6-2 中的任意组合。

表 6-2　GPIO_Pin 可取的值

GPIO_Pin 可取的值	描　述	GPIO_Pin 可取的值	描　述
GPIO_Pin_None	无引脚被选中	GPIO_Pin_8	选中引脚 8
GPIO_Pin_0	选中引脚 0	GPIO_Pin_9	选中引脚 9
GPIO_Pin_1	选中引脚 1	GPIO_Pin_10	选中引脚 10
GPIO_Pin_2	选中引脚 2	GPIO_Pin_11	选中引脚 11
GPIO_Pin_3	选中引脚 3	GPIO_Pin_12	选中引脚 12
GPIO_Pin_4	选中引脚 4	GPIO_Pin_13	选中引脚 13
GPIO_Pin_5	选中引脚 5	GPIO_Pin_14	选中引脚 14
GPIO_Pin_6	选中引脚 6	GPIO_Pin_15	选中引脚 15
GPIO_Pin_7	选中引脚 7	GPIO_Pin_All	选中全部引脚

(2) GPIO_Speed。

GPIO_Speed 用于设置选中引脚的速率。GPIO_Speed 可取的值如表 6-3 所示。

表 6-3　GPIO_Speed 可取的值

GPIO_Speed 可取的值	描　述
GPIO_Speed_10MHz	最高输出速率 10MHz
GPIO_Speed_2MHz	最高输出速率 2MHz
GPIO_Speed_50MHz	最高输出速率 50MHz

(3) GPIO_Mode。

GPIO_Mode 用以设置选中引脚的工作模式。GPIO_Mode 可取的值如表 6-4 所示。

表 6-4　GPIO_Mode 可取的值

GPIO_Mode 可取的值	描　述	GPIO_Mode 可取的值	描　述
GPIO_Mode_AIN	模拟输入	GPIO_Mode_Out_OD	开漏输出
GPIO_Mode_IN_FLOATING	浮空输入	GPIO_Mode_Out_PP	推挽输出
GPIO_Mode_IPD	下拉输入	GPIO_Mode_AF_OD	复用开漏输出
GPIO_Mode_IPU	上拉输入	GPIO_Mode_AF_PP	复用推挽输出

例,若设置 PE0 口位模式为推挽输出,最大速率为 50MHz,则可以使用下面的代码:

```
GPIO_InitTypeDef GPIO_InitStructure;
GPIO_InitStructure.GPIO_Pin = GPIO_Pin_0;
GPIO_InitStructure.GPIO_Speed = GPIO_Speed_50MHz;
GPIO_InitStructure.GPIO_Mode = GPIO_Mode_Out_PP;
GPIO_Init(GPIOE, &GPIO_InitStructure);
```

2) 函数 GPIO_SetBits

函数原型:void GPIO_SetBits(GPIO_TypeDef * GPIOx, u16 GPIO_Pin);

该函数用于将指定的端口位输出高电平。

输入参数 1:GPIOx,x 可以是 A、B、C、D 或 E,用来选择 GPIO 外设;

输入参数 2：GPIO_Pin，待设置的端口位。

例如，将 PE0 和 PE1 口位设置输出高电平，可以使用下面的代码：

```
GPIO_SetBits(GPIOE, GPIO_Pin_0 | GPIO_Pin_1);
```

3）函数 GPIO_ResetBits

函数原型：void GPIO_ResetBits(GPIO_TypeDef * GPIOx, u16 GPIO_Pin)；

该函数用于将指定的端口位输出为低电平。

输入参数 1：GPIOx，x 可以是 A、B、C、D 或 E，用来选择 GPIO 外设；

输入参数 2：GPIO_Pin，待设置的端口位。

例如，将 PE0 口位设置输出低电平，可以使用下面的代码：

```
GPIO_ResetBits(GPIOE, GPIO_Pin_0);
```

4）函数 GPIO_WriteBit

函数原型：void GPIO_WriteBit(GPIO_TypeDef * GPIOx, u16 GPIO_Pin, BitAction BitVal)；

该函数用于将指定的端口位设置为高电平或者低电平。

输入参数 1：GPIOx，x 可以是 A、B、C、D 或 E，用来选择 GPIO 外设；

输入参数 2：GPIO_Pin，待设置的端口位。

输入参数 3：BitVal，该参数指定了待写入的值。该参数必须取枚举 BitAction 中的一个值。

Bit_RESET：将端口位设置为低电平；

Bit_SET：将端口位设置为高电平。

例如，将 PE8 设置为高电平，可以使用下面的代码：

```
GPIO_WriteBit(GPIOE, GPIO_Pin_8, Bit_SET);
```

5）函数 GPIO_Write

函数原型：void GPIO_Write(GPIO_TypeDef * GPIOx, u16 PortVal)；

该函数用于向指定 GPIO 端口写入数据。

输入参数 1：GPIOx，x 可以是 A、B、C、D 或 E，用来选择 GPIO 外设；

输入参数 2：PortVal，待写入端口数据寄存器的值。

例如，向 PE 口写入 0x1101，可以使用下面的代码：

```
GPIO_Write(GPIOE, 0x1101);
```

6）函数 GPIO_ReadInputDataBit

函数原型：Uint8_t GPIO_ReadInputDataBit(GPIO_TypeDef * GPIOx, u16 GPIO_Pin)；

该函数用于读取指定端口引脚的输入。

输入参数 1：GPIOx，x 可以是 A、B、C、D 或 E，用来选择 GPIO 外设；

输入参数 2：GPIO_Pin，待读取的端口位。

返回值：输入端口引脚值。

例如，读取 PA0 的状态，可以使用下面的代码：

```
Uint8_t ReadValue;
ReadValue = GPIO_ReadInputDataBit(GPIOA, GPIO_Pin_0);
```

7）函数 GPIO_ReadInputData

函数原型：u16 GPIO_ReadInputData(GPIO_TypeDef * GPIOx)；

该函数用于读取指定的 GPIO 端口输入。

输入参数：GPIOx，x 可以是 A、B、C、D 或者 E，用来选择 GPIO 外设；

返回值：GPIO 输入数据端口值。

例如，读取 GPIOA 端口值，可以使用下面的代码：

```
u16 ReadValue;
ReadValue = GPIO_ReadInputData(GPIOA);
```

8）函数 GPIO_ReadOutputDataBit

函数原型：u8 GPIO_ReadOutputDataBit(GPIO_TypeDef * GPIOx, u16 GPIO_Pin)；

该函数用于读取指定端口引脚的输出。

输入参数 1：GPIOx，x 可以是 A、B、C、D 或 E，用来选择 GPIO 外设；

输入参数 2：GPIO_Pin，待读取的端口位。

返回值：输出端口引脚值。

例如，读取 PE7 口位的输出，可以使用下面的代码：

```
u8 ReadValue;
ReadValue = GPIO_ReadOutputDataBit(GPIOE, GPIO_Pin_7);
```

9）函数 GPIO_ReadOutputData

函数原型：u16 GPIO_ReadOutputData(GPIO_TypeDef * GPIOx)；

该函数用于读取指定的 GPIO 端口输出。

输入参数 1：GPIOx，x 可以是 A、B、C、D 或 E，用来选择 GPIO 外设。

返回值：GPIO 输出数据端口值。

例如，读取 GPIOE 的输出数据，可以使用下面的代码：

```
u16 ReadValue;
ReadValue = GPIO_ReadOutputData(GPIOE);
```

10）函数 GPIO_PinLockConfig

函数原型：void GPIO_PinLockConfig(GPIO_TypeDef * GPIOx, u16 GPIO_Pin)；

该函数用于锁定 GPIO 引脚设置寄存器。

输入参数 1：GPIOx，x 可以是 A、B、C、D 或 E，用来选择 GPIO 外设；

输入参数 2：GPIO_Pin，待锁定的端口位。

例如，锁定 PA0 引脚，可以使用下面的代码：

```
GPIO_PinLockConfig(GPIOA, GPIO_Pin_0);
```

下面举例说明固件库函数的使用过程。

【例 6-3】 利用固件库函数编写程序，控制 STM32F103VET6 最小系统板上连接 PE0 的发光二极管亮 0.5 秒，灭 0.5 秒。

解：利用固件库函数进行 GPIO 应用的过程如下：

(1) 按照 6.3.2 节描述的过程，在创建工程出现 Manage Run-Time Environment 对话框时，选中 Device→Startup；选中 CMSIS→CORE。

(2) 选中 Device→StdPeriph Drivers→GPIO，则屏幕下方出现如图 6-14 所示的提示。

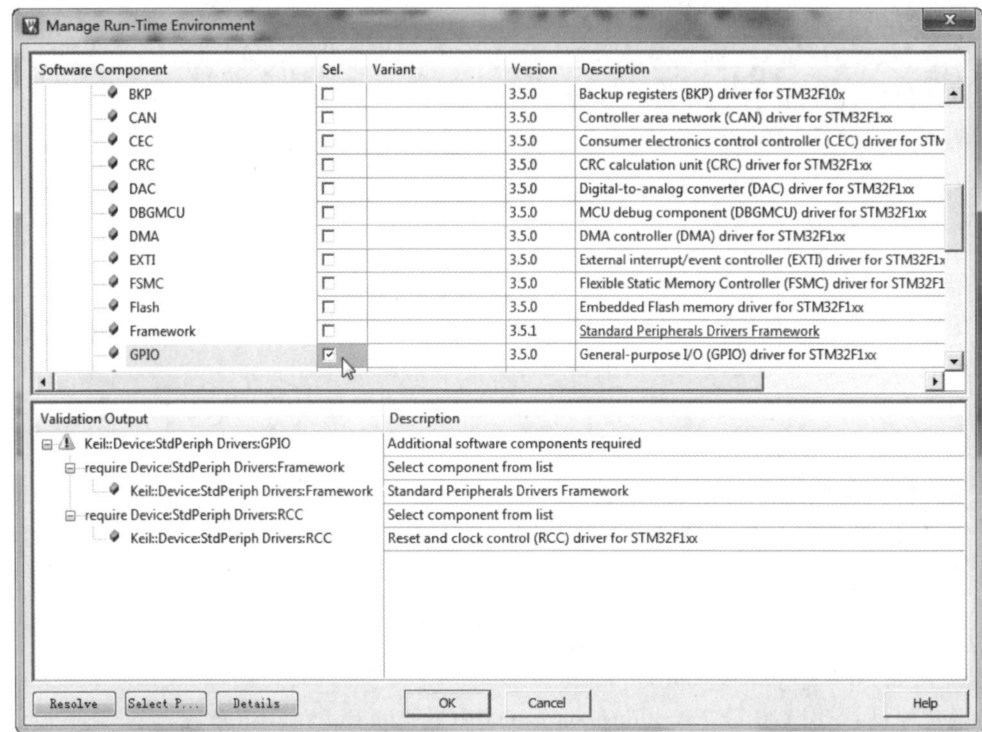

图 6-14 选中 Device→StdPeriph Drivers→GPIO 时屏幕底部的提示

根据提示，需要选中 StdPeriph Drivers 中的 Framework 和 RCC。选中这两项后，屏幕底部不再出现提示信息，说明选择的部件能够满足要求。单击 OK 按钮进入开发界面。此时可以看到 Project 视图中包含了如图 6-15 所示的元素。

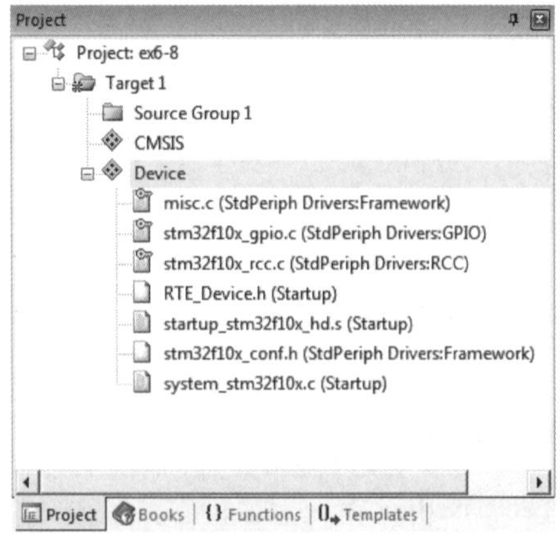

图 6-15 设置固件库函数支持后的 Project 视图

创建 C 语言文件 ex6-3.c，并加入到 Source Group 1，然后输入下面的代码：

```
#include "stm32f10x.h"                                    //包含 STM32F1 系列微控制器的头文件
void delay_ms(unsigned short int Number);                 //延时子函数
int main(void)
{
    GPIO_InitTypeDef GPIO_InitStructure;                  //声明用于 GPIO 初始化的结构体
    RCC_APB2PeriphClockCmd(RCC_APB2Periph_GPIOE,ENABLE);  //使能 PE 口时钟

    GPIO_InitStructure.GPIO_Pin = GPIO_Pin_0;             //对 PE0 引脚进行设置
    GPIO_InitStructure.GPIO_Mode = GPIO_Mode_Out_PP;      //选择推挽输出模式
    GPIO_InitStructure.GPIO_Speed = GPIO_Speed_50MHz;     //频率最高为 50MHz
    GPIO_Init(GPIOE, &GPIO_InitStructure);                //对引脚进行配置

    while(1)
    {
        GPIO_SetBits(GPIOE, GPIO_Pin_0);                  //输出高电平
        delay_ms(500);
        GPIO_ResetBits(GPIOE, GPIO_Pin_0);                //输出低电平
        delay_ms(500);
    }
}
void delay_ms(unsigned short int Number)
{
    unsigned int i;
     while(Number--){
      i=12000;
      while(i--);
    }
}
```

由上述代码可以看出，使用固件库函数进行外设的应用程序开发，可以让开发者不必记忆和查阅大量的寄存器，主要关注程序的功能设计，编写代码更加符合自然语言习惯，也就更加流畅，可以大大提高开发效率。

6.6 习题

6-1 STM32F103VET6 微控制器的 GPIO 有什么功能和特点？

6-2 如何确定外设某个寄存器的物理地址？

6-3 分别使用汇编语言、C 语言直接操作寄存器和固件库函数 3 种方法编程，实现最小系统板上连接 PE 口 16 只发光二极管的流水灯控制(轮流点亮)。

6-4 编程实现连接 PA0 口位上的独立按键的状态读入，并使用连接 PE0 的发光二极管显示按键的状态。

第 7 章 中断和事件

CHAPTER 7

本章介绍 STM32F103VET6 微控制器的中断优先级、STM32F103VET6 外部中断/事件控制器以及外部中断的使用方法。

7.1 STM32 的中断源

1. STM32F103VET6 的中断源

Cortex-M3 处理器支持 256 个中断(16 个内核中断+240 外部中断)和可编程 256 级中断优先级的设置,与其相关的中断控制和中断优先级控制寄存器(NVIC、SYSTICK 等)也都属于 Cortex-M3 内核的部分。Cortex-M3 是一个 32 位的核,在传统的单片机应用领域中,有一些不同于通用 32 位 CPU 应用的要求。比如在工控领域,用户要求具有更快的中断速度,Cortex-M3 采用了 Tail-Chaining 中断技术,完全基于硬件进行中断处理,最多可减少 12 个时钟周期数,在实际应用中可减少 70%中断。

STM32F103VET6 采用了 Cortex-M3 处理器内核,但 STM32F103VET6 并没有使用 Cortex-M3 内核全部的东西(如内存保护单元 MPU 等),因此它的 NVIC 是 Cortex-M3 内核的 NVIC 的子集。中断事件的异常处理通常被称作中断服务程序(ISR),中断一般由片上外设或者 I/O 口的外部输入产生。

当异常发生时,Cortex-M3 通过硬件自动将程序计数器(PC)、程序状态寄存器(xPSR)、链接寄存器(LR)和 R0～R3、R12 等寄存器压进堆栈。在 Dbus(数据总线)保存处理器状态的同时,处理器通过 Ibus(指令总线)从一个可以重新定位的向量表中识别出异常向量,并获取 ISR 函数的地址,也就是保护现场与取异常向量是并行处理的。一旦压栈和取指令完成,中断服务程序或故障处理程序就开始执行。执行完 ISR,硬件进行出栈操作,中断前的程序恢复正常执行。

STM32F103VET6 支持的中断共有 70 个,共有 16 级可编程中断优先级的设置(仅使用中断优先级设置 8 位中的高 4 位)。它的嵌套向量中断控制器(NVIC)和处理器核的接口紧密相连,可以实现低延迟的中断处理和有效地处理晚到的中断。嵌套向量中断控制器管理着包括内核异常等中断。

STM32F103VET6 的向量表如表 7-1 所示。

表 7-1 STM32F103VET6 的向量表

位置	优先级	优先级类型	名　称	向量地址	描　述
	—	—	—	0x0000_0000	保留
	-3	固定	Reset	0x0000_0004	上电复位或系统复位
	-2	固定	NMI	0x0000_0008	不可屏蔽中断
	-1	固定	HardFault	0x0000_000C	用于所有类型的错误处理
	0	可设置	MemManage	0x0000_0010	存储器管理
	1	可设置	BusFault	0x0000_0014	总线错误，预取指失败，存储器访问失败
	2	可设置	UsageFault	0x0000_0018	错误应用，未定义的指令或非法状态
	—	—	—	0x0000_001C～0x0000_002B	保留
	3	可设置	SVCall	0x0000_002C	通过 SWI 指令的系统服务调用
	4	可设置	DebugMonitor	0x0000_0030	调试监控器
	—	—	—	0x0000_0034	保留
	5	可设置	PendSV	0x0000_0038	可挂起的系统服务
	6	可设置	SysTick	0x0000_003C	系统嘀嗒定时器
0	7	可设置	WWDG	0x0000_0040	窗口定时器中断
1	8	可设置	PVD	0x0000_0044	连到 EXTI 的电源电压检测(PVD)中断
2	9	可设置	TAMPER	0x0000_0048	侵入检测中断
3	10	可设置	RTC	0x0000_004C	实时时钟(RTC)全局中断
4	11	可设置	FLASH	0x0000_0050	闪存全局中断
5	12	可设置	RCC	0x0000_0054	复位和时钟控制(RCC)中断
6	13	可设置	EXTI0	0x0000_0058	EXTI 线 0 中断
7	14	可设置	EXTI1	0x0000_005C	EXTI 线 1 中断
8	15	可设置	EXTI2	0x0000_0060	EXTI 线 2 中断
9	16	可设置	EXTI3	0x0000_0064	EXTI 线 3 中断
10	17	可设置	EXTI4	0x0000_0068	EXTI 线 4 中断
11	18	可设置	DMA1 通道 1	0x0000_006C	DMA1 通道 1 全局中断
12	19	可设置	DMA1 通道 2	0x0000_0070	DMA1 通道 2 全局中断
13	20	可设置	DMA1 通道 3	0x0000_0074	DMA1 通道 3 全局中断
14	21	可设置	DMA1 通道 4	0x0000_0078	DMA1 通道 4 全局中断
15	22	可设置	DMA1 通道 5	0x0000_007C	DMA1 通道 5 全局中断
16	23	可设置	DMA1 通道 6	0x0000_0080	DMA1 通道 6 全局中断
17	24	可设置	DMA1 通道 7	0x0000_0084	DMA1 通道 7 全局中断
18	25	可设置	ADC1_2	0x0000_0088	ADC1 和 ADC2 的全局中断
19	26	可设置	USB_HP_CAN_TX	0x0000_008C	USB 高优先级或 CAN 发送中断
20	27	可设置	USB_LP_CAN_RX0	0x0000_0090	USB 低优先级或 CAN 接收 0 中断
21	28	可设置	CAN_RX1	0x0000_0094	CAN 接收 1 中断
22	29	可设置	CAN_SCE	0x0000_0098	CAN SCE 中断
23	30	可设置	EXTI9_5	0x0000_009C	EXTI 线[9:5]中断
24	31	可设置	TIM1_BRK	0x0000_00A0	TIM1 刹车中断

续表

位置	优先级	优先级类型	名　称	向量地址	描　述
25	32	可设置	TIM1_UP	0x0000_00A4	TIM1 更新中断
26	33	可设置	TIM1_TRG_COM	0x0000_00A8	TIM1 触发和通信中断
27	34	可设置	TIM1_CC	0x0000_00AC	TIM1 捕获比较中断
28	35	可设置	TIM2	0x0000_00B0	TIM2 全局中断
29	36	可设置	TIM3	0x0000_00B4	TIM3 全局中断
30	37	可设置	TIM4	0x0000_00B8	TIM4 全局中断
31	38	可设置	I2C1_EV	0x0000_00BC	I2C1 事件中断
32	39	可设置	I2C1_ER	0x0000_00C0	I2C1 错误中断
33	40	可设置	I2C2_EV	0x0000_00C4	I2C2 事件中断
34	41	可设置	I2C2_ER	0x0000_00C8	I2C2 错误中断
35	42	可设置	SPI1	0x0000_00CC	SPI1 全局中断
36	43	可设置	SPI2	0x0000_00D0	SPI2 全局中断
37	44	可设置	USART1	0x0000_00D4	USART1 全局中断
38	45	可设置	USART2	0x0000_00D8	USART2 全局中断
39	46	可设置	USART3	0x0000_00DC	USART3 全局中断
40	47	可设置	EXTI15_10	0x0000_00E0	EXTI 线[15:10]中断
41	48	可设置	RTCAlarm	0x0000_00E4	连到 EXTI 的 RTC 闹钟中断
42	49	可设置	USB 唤醒	0x0000_00E8	连到 EXTI 的从 USB 待机唤醒中断
43	50	可设置	TIM8_BRK	0x0000_00EC	TIM8 刹车中断
44	51	可设置	TIM8_UP	0x0000_00F0	TIM8 更新中断
45	52	可设置	TIM8_TRG_COM	0x0000_00F4	TIM8 触发和通信中断
46	53	可设置	TIM8_CC	0x0000_00F8	TIM8 捕获比较中断
47	54	可设置	ADC3	0x0000_00FC	ADC3 全局中断
48	55	可设置	FSMC	0x0000_0100	FSMC 全局中断
49	56	可设置	SDIO	0x0000_0104	SDIO 全局中断
50	57	可设置	TIM5	0x0000_0108	TIM5 全局中断
51	58	可设置	SPI3	0x0000_010C	SPI3 全局中断
52	59	可设置	UART4	0x0000_0110	UART4 全局中断
53	60	可设置	UART5	0x0000_0114	UART5 全局中断
54	61	可设置	TIM6	0x0000_0118	TIM6 全局中断
55	62	可设置	TIM7	0x0000_011C	TIM7 全局中断
56	63	可设置	DMA2 通道 1	0x0000_0120	DMA2 通道 1 全局中断
57	64	可设置	DMA2 通道 2	0x0000_0124	DMA2 通道 2 全局中断
58	65	可设置	DMA2 通道 3	0x0000_0128	DMA2 通道 3 全局中断
59	66	可设置	DMA2 通道 4_5	0x0000_012C	DMA2 通道 4 和 DMA2 通道 5 全局中断

其中,位置号 0 之前的中断源是 Cortex-M3 内核的。由表 7-1 可以看出,STM32F103VET6 的中断资源非常丰富。本章仅介绍外部中断和事件,与定时器有关的中断请参考第 8 章,与串行通信相关的中断请参考第 9 章,与 ADC 相关的中断请参考第 10 章。其他中断资源,请读者自行查阅产品的参考手册。

STM32F103VET6 的每个 I/O 口都可以作为中断输入,在使用之前需要对 NVIC 进行设置。

2. STM32 的中断优先级

STM32 的中断有两个优先级的概念：抢占式优先级和响应优先级，响应优先级也称作“亚优先级”或“副优先级”，每个中断源都需要指定这两种优先级。

1）抢占式优先级(pre-emption priority)

具有高抢占式优先级的中断可以在具有低抢占式优先级的中断处理过程中被响应，即可以实现抢断式优先响应，俗称中断嵌套。或者说，高抢占式优先级的中断可以嵌套低抢占优先级的中断。

2）副优先级(subpriority)

在抢占式优先级相同的情况下，高副优先级的中断优先被响应；

在抢占式优先级相同的情况下，如果有低副优先级中断正在执行，高副优先级的中断要等待已被响应的低副优先级中断执行结束后才能得到响应，即所谓的非抢断式响应(不能嵌套)。

3）优先级冲突的处理

当两个中断源的抢占式优先级相同时，这两个中断将没有嵌套关系，当一个中断到来后，如果正在处理另一个中断，这个后到来的中断就要等到前一个中断处理完之后才能被处理。如果这两个中断同时到达，则中断控制器根据它们的副优先级高低来决定先处理哪一个中断；如果它们的抢占式优先级和副优先级都相同，则根据它们在中断表中的排位顺序决定先处理哪一个。

因此，判断中断是否会被响应的依据是，首先是看抢占式优先级，其次是副优先级。抢占式优先级决定是否会有中断嵌套；

4）STM32 对中断优先级的定义

STM32 中指定中断优先级的寄存器位有 4 位，这 4 个寄存器位的分组方式如下：

第 0 组，所有 4 位用于指定响应优先级。

第 1 组，最高 1 位用于指定抢占式优先级，最低 3 位用于指定响应优先级。

第 2 组，最高 2 位用于指定抢占式优先级，最低 2 位用于指定响应优先级。

第 3 组，最高 3 位用于指定抢占式优先级，最低 1 位用于指定响应优先级。

第 4 组，所有 4 位用于指定抢占式优先级。

7.2 STM32 的中断管理

7.2.1 向量中断寄存器

向量中断控制器简称 NVIC，是 Cortex-M3 不可分离的一部分。NVIC 与 Cortex-M3 内核相辅相成，共同完成对中断的响应。NVIC 的寄存器以存储器映射的方式访问，除了包含控制寄存器和中断处理的控制逻辑之外，NVIC 还包含了 MPU、SysTick 定时器及调试控制相关的寄存器。

NVIC 支持 1～240 个外部中断输入(通常外部中断写作 IRQs)。具体的数值由芯片厂商在设计芯片时决定。NVIC 的访问基地址是 0xE000 E000。所有 NVIC 的中断控制/状态寄存器都只能在特权级下访问。不过有一个例外——软件触发中断寄存器可以在用户级下访问以产生软件中断。所有的中断控制/状态寄存器均可按字/半字/字节的方式访问。

每个外部中断与 NVIC 中的下列寄存器中有关：

- 使能与除能寄存器(除能也就是平常所说的屏蔽)。
- 挂起与解挂寄存器。
- 优先级寄存器。
- 活动状态寄存器。

另外，下列寄存器也对中断处理有重大影响：

- 异常屏蔽寄存器(PRIMASK、FAULTMASK 及 BASEPRI)。
- 向量表偏移量寄存器。
- 软件触发中断寄存器。
- 优先级分组位段。

1. 中断的使能与除能

传统的中断使能与除能是通过设置中断控制寄存器中的一个相应位为 1 或者 0 实现的，而 Cortex-M3 的中断使能与除能分别使用各自的寄存器控制。Cortex-M3 中有 240 对使能位/除能位(SETENA 位/CLRENA 位)，每个中断拥有一对，它们分布在 8 对 32 位寄存器中(最后一对没有用完)。欲使能一个中断，需要写 1 到对应 SETENA 的位中；欲除能一个中断，需要写 1 到对应的 CLRENA 位中。如果往它们中写 0，则不会有任何效果。写 0 无效是个很关键的设计理念，通过这种方式，使能/除能中断时只需把需要设置的位写成 1，其他的位可以全部为零。再也不用像以前那样，害怕有些位被写入 0 而破坏其对应的中断设置(反正现在写 0 没有效果了)，从而实现每个中断都可以单独地设置，而互不影响——只需单一的写指令，不再需要“读-改-写”三部曲。

中断使能寄存器族 SETENAx 和中断除能寄存器族 CLRENAx，如表 7-2 所示。在特定的芯片中，只有该芯片实现的中断，其对应的位才有意义。例如，如果某个芯片支持 32 个中断，则只使用 SETENA0/CLRENA0。因为前 16 个异常已经分配给系统异常，故而中断 0 的异常号是 16。

表 7-2 SETENA/CLRENA 寄存器族

名 称	类型	地 址	复位值	描 述
SETENA0	R/W	0xE000_E100	0	中断 0～31 的使能寄存器，共 32 位。位[n]：中断 #n 使能位(异常号 16+n)
SETENA1	R/W	0xE000_E104	0	中断 32～63 的使能寄存器，共 32 个使能位
…	…	…	…	
SETENA7	R/W	0xE000_E11C	0	中断 224～239 的使能寄存器，共 16 个使能位
CLRENA0	R/W	0xE000_E180	0	中断 0～31 的除能寄存器，共 32 位。位[n]：中断 #n 除能位(异常号 16+n)
CLRENA1	R/W	0xE000_E184	0	中断 32～63 的除能寄存器，共 32 个除能位
…	…	…	…	…
CLRENA7	R/W	0xE000_E19C	0	中断 224～239 的除能寄存器，共 16 个除能位

2. 中断的挂起与解挂

如果中断发生时，正在处理同级或高优先级异常，或者被屏蔽，则中断不能立即得到响应。此时中断被挂起。中断的挂起状态可以通过设置中断挂起寄存器(SETPEND)和中断挂起清除寄存器(CLRPEND)来读取。还可以对它们写入值实现手工挂起中断或清除挂起,清除挂起简称为解挂。

挂起寄存器和解挂寄存器有8对,其用法与前面介绍的使能/除能寄存器完全相同,如表7-3所示。

表7-3 SETPEND/CLRPEND寄存器族

名称	类型	地址	复位值	描述
SETPEND0	R/W	0xE000_E200	0	中断0～31的挂起寄存器,共32位。位[n]:中断#n挂起位(异常号16+n)
SETPEND1	R/W	0xE000_E204	0	中断32～63的挂起寄存器,共32个挂起位
…	…	…	…	
SETPEND7	R/W	0xE000_E21C	0	中断224～239的挂起寄存器,共16个挂起位
CLRPEND0	R/W	0xE000_E280	0	中断0～31的解挂寄存器,共32位。位[n]:中断#n解挂位(异常号16+n)
CLRPEND1	R/W	0xE000_E284	0	中断32～63的解挂寄存器,共32个解挂位
…	…	…	…	…
CLRPEND7	R/W	0xE000_E29C	0	中断224～239的解挂寄存器,共16个解挂位

3. 优先级

每个外部中断都有一个对应的优先级寄存器,每个寄存器占用8位,Cortex-M3最多使用8位,最少使用3位。4个相邻的优先级寄存器拼成一个32位寄存器。根据优先级组的设置,优先级可以被分为高低两个位段,分别是抢占优先级和副优先级。优先级寄存器都可以按字节访问,当然也可以按半字/字来访问。优先级寄存器数目由芯片厂商实现的中断数目决定。中断优先级寄存器如表7-4所示。

表7-4 中断优先级寄存器阵列

名称	类型	地址	复位值	描述
PRI_0	R/W	0xE000_E400	0(8位)	外中断#0的优先级
PRI_1	R/W	0xE000_E401	0(8位)	外中断#1的优先级
…	…	…	…	…
PRI_239	R/W	0xE000_E4EF	0(8位)	外中断#239的优先级
PRI_4E		0xE000_ED18		存储器管理Fault的优先级
PRI_5E		0xE000_ED19		总线Fault的优先级
PRI_6E		0xE000_ED1A		用法Fault的优先级
—	—	0xE000_ED1B	—	—
—	—	0xE000_ED1C	—	—
—	—	0xE000_ED1D	—	—
—	—	0xE000_ED1E	—	—
PRI_11E		0xE000_ED1F		SVC优先级
PRI_12E		0xE000_ED20		调试监视器的优先级
—	—	0xE000_ED21	—	—
PRI_14E		0xE000_ED22		PendSV的优先级
PRI_15E		0xE000_ED23		SysTick的优先级

每个中断优先级寄存器占用 8 位，保存优先级的数值(0～255)，数值越小，相应中断的优先级越高。STM32 只使用了 8 位中的高 4 位(bits[7:4])，低 4 位读出时为 0，写入时被忽略。高 4 位又被划分两段，即有多少位用于抢占式优先级，有多少位用于副优先级。组合方式如图 7-1 所示。

分组	抢占优先级	副优先级
4	4位/16个级别	0位/0个级别
3	3位/8个级别	1位/2个级别
2	2位/4个级别	2位/4个级别
1	1位/2个级别	3位/8个级别
0	0位/0个级别	4位/16个级别

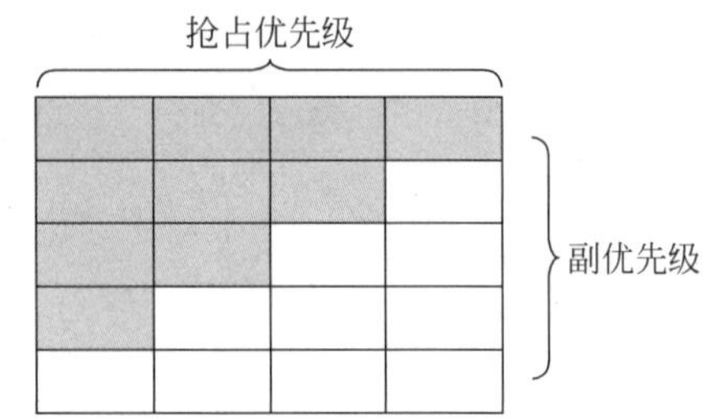

图 7-1 分组组合方式

确定抢占式优先级和副优先级各有多少位的是系统控制块寄存器族 SCB 中的应用中断和复位控制寄存器(Application Interrupt and Reset Control Register，AIRCR)。

AIRCR 寄存器对中断提供优先级分组控制、数据访问的端状态(大端或小端)、系统复位控制。要对这个寄存器写操作，必须在 VECTKEY 位段中写入 0x5FA，否则写操作无效。

SCB 寄存器族的基地址是 0xE000 ED00，AIRCR 寄存器的偏移量地址是 0x0C，复位值是 0xFA05 0000，各位的定义如下：

位号	31～16
定义	VECTKEYSTAT[15:0](读)/VECTKEY[15:0](写)
读写	rw

位号	15	14～11	10	9	8	7～3	2	1	0
定义	ENDIANESS	保留	PRIGROUP			保留	SYSRESETREQ	VECTCLRACTIVE	VECTRESET
读写	r		rw	rw	rw		w	w	w

位[31:16]：VECTKEYSTAT[15:0]/VECTKEY[15:0]，寄存器操作钥匙段。读出值为 0xFA05；要对寄存器写操作，必须在 VECTKEY 位段中写入 0x5FA，否则写操作无效。

位 15：ENDIANESS，数据的端模式位。读出值为 0，0 代表小端模式。

位[14:11]：保留，须保持为 0。

位[10:8]：PRIGROUP[2:0]，中断优先级分组位段。该位段用于抢占式优先级和副优先级位数的划分，如表 7-5 所示。

表 7-5 中断优先级分组

PRIGROUP [2:0]	中断优先级值 PRI_N[7:4]			抢占优先级数量	副优先级数量
	二进制的小数点	抢占优先级位	副优先级位		
0b011	0bxxxx	[7:4]	无	16	无
0b100	0bxxx. y	[7:5]	[4]	8	2
0b101	0bxx. yy	[7:6]	[5:4]	4	4
0b110	0bx. yyy	[7]	[6:4]	2	8
0b111	0b. yyyy	无	[7:4]	无	16

其中，PRI_n[7:4]位段的 x 表示抢占优先级位，y 表示副优先级位。

位[7:3]：保留，保持为 0。

位 2：SYSRESETREQ，系统复位请求。该位用于强制系统复位除了调试部件外的所有主要部件。读出值为 0。写入时，0 表示没有系统复位请求；1 表示声明了一个复位请求信号。

位 1：VECTCLRACTIVE，留作调试使用。读出值为 0。当写寄存器时，该位必须写入 0。

位 0：VECTRESET，留作调试使用。读出值为 0。当写寄存器时，该位必须写入 0。

4. 活动状态

每个外部中断都有一个活动状态位。在处理器执行了中断服务程序(ISR)的第一条指令后，该中断的活动位就被置 1，并且直到 ISR 返回时才硬件清零。由于支持嵌套，允许高优先级异常抢占某个 ISR。然而，哪怕中断被抢占，其活动状态也依然为 1(因为直到 ISR 返回时才清零)。活动状态寄存器的定义，与前面的使能/除能寄存器相同，只是不再成对出现。活动状态寄存器是只读的，如表 7-6 所示。

表 7-6　活动状态寄存器族

名　称	地　址	复位值	描　述
ACTIVE0	0xE000_E300	0	中断 0～31 的活动状态寄存器，共 32 位。位[n]：中断 # n 活动状态(异常号 16+n)
ACTIVE1	0xE000_E304	0	中断 32～63 的活动状态寄存器，共 32 个状态位
…	…	…	…
ACTIVE7	0xE000_E31C	0	中断 224～239 的活动状态寄存器，共 16 个状态位

5. 特殊功能寄存器 PRIMASK 与 FAULTMASK(也称为中断屏蔽寄存器)

PRIMASK 用于除能在 NMI 和硬 Fault 之外的所有异常，它有效地把当前优先级改为 0(可编程优先级中的最高优先级)。该寄存器可以通过 MRS 和 MSR 以下列方式访问：

1) 关中断

```
MOV R0, #1
MSR PRIMASK, R0                     ;PRIMASK = 1
```

2) 开中断

```
MOV R0, #0
MSR PRIMASK, R0                     ;PRIMASK = 0
```

对 FAULTMASK 的操作与此类似。

此外，还可以通过 CPS 指令快速完成上述功能：

```
CPSID I                             ;关中断 PRIMASK = 1
CPSIE I                             ;开中断 PRIMASK = 0
CPSID F                             ;关中断 FAULTMASK = 1
CPSIE F                             ;开中断 FAULTMASK = 0
```

FAULTMASK 用于除能 NMI 之外的所有异常。使用方法与 PRIMASK 相似。但要注意的是,FAULTMASK 会在异常退出时自动清零。

注意: 屏蔽寄存器不能屏蔽 NMI 中断。

---

6. BASEPRI 寄存器

如果只屏蔽优先级低于某一阈值的中断(即它们的优先级在数字上大于或等于某个数),则可以使用 BASEPRI 存储这个数字。如果往 BASEPRI 中写 0,BASEPRI 将停止屏蔽任何中断。例如,如果需要屏蔽所有优先级不高于 0x60 的中断,则可以使用如下代码:

```
MOV R0, #0x60
MSR BASEPRI, R0
```

如果需要取消 BASEPRI 对中断的屏蔽,则可以使用如下代码:

```
MOV R0, #0
MSR BASEPRI, R0
```

另外,还可以使用 BASEPRI_MAX 这个名字访问 BASEPRI 寄存器,BASEPRI_MAX 和 BASEPRI 其实是同一个寄存器。但是当使用 BASEPRI_MAX 这个名字时,会使用一个条件写操作。尽管它们在硬件上是同一个寄存器,但是生成的机器码不一样,从而硬件的行为也不同:使用 BASEPRI 时,可以任意设置新的优先级阈值;但是使用 BASEPRI_MAX 时则"许进不许出"——只允许新的优先级阈值比原来的那个在数值上更小,也就是说,只能一次次地扩大屏蔽范围,反之则不行。例如:

```
MOV R0, #0x60
MSR BASEPRI_MAX, R0                ;屏蔽优先级不高于 0x60 的中断
MOV R0, #0xf0
MSR BASEPRI_MAX, R0                ;本次设置被忽略,因为 0xf0 比 0x60 的优先级低
MOV R0, #0x40
MSR BASEPRI_MAX, R0                ;扩大屏蔽范围到优先级不高于 0x40 的中断
```

为了把屏蔽阈值降低或者解除屏蔽,需要使用 BASEPRI 这个名字。上例中,把设置阈值为 0xf0 的那条指令改用 BASEPRI,则可以操作成功。在用户级下不能更改 BASEPRI 寄存器。与其他和优先级有关的寄存器一样,系统中表达优先级的位数,也同样影响 BASEPRI 中有意义的位数。如果系统中只使用 3 个位来表达优先级,则 BASEPRI 有意义的值仅为 0x00、0x20、0x40、0x60、0x80、0xA0、0xC0 以及 0xE0。

7.2.2 中断系统设置过程

设置一个外部中断的过程如下:

(1) 系统启动后,先设置优先级分组寄存器。默认情况下使用组 0(7 位抢占优先级,1 位副优先级)。

(2) 如果需要重定位向量表,先把硬 Fault 和 NMI 服务例程的入口地址写到新表项所在的地址中。

(3) 配置向量表偏移量寄存器,使之指向新的向量表(如果有重定位的话)。

(4) 为该中断建立中断向量。因为向量表可能已经重定位了,保险起见需要先读取向

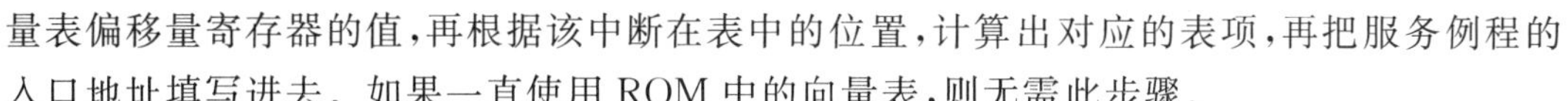

量表偏移量寄存器的值，再根据该中断在表中的位置，计算出对应的表项，再把服务例程的入口地址填写进去。如果一直使用ROM中的向量表，则无需此步骤。

(5) 为该中断设置优先级。

(6) 使能该中断。

示例汇编代码如下：

```
LDR R0, = 0xE000ED0C              ;应用程序中断及复位控制寄存器
LDR R1, = 0x05FA0500              ;使用优先级组 5 (2/6)
STR R1, [R0]                      ;设置优先级组
...
MOV R4, #8                        ;ROM 中的向量表
LDR R5, = (NEW_VECT_TABLE + 8)
LDMIA R4!,  {R0 - R1}             ;读取 NMI 和硬 fault 的向量
STMIA R5!,  {R0 - R1}             ;拷贝它们的向量到新表中
...
LDR R0, = 0xE000ED08              ;向量表偏移量寄存器的地址
LDR R1, = NEW_VECT_TABLE
STR R1, [R0]                      ;把向量表重定位
...
LDR R0, = IRQ7_Handler            ;取得 IRQ #7 服务例程的入口地址
LDR R1, = 0xE000ED08              ;向量表偏移量寄存器的地址
LDR R1, [R1]
ADD R1, R1, #(4 * (7 + 16))       ;计算 IRQ #7 服务例程的入口地址
STR R0, [R1]                      ;在向量表中写入 IRQ #7 服务例程的入口地址
...
LDR R0, = 0xE000E400              ;外部中断优先级寄存器阵列的基地址
MOV R1, #0xC0
STRB R1,  [R0, #7]                ;把 IRQ #7 的优先级设置为 0xC0
...
LDR R0, = 0xE000E100              ;SETEN 寄存器的地址
MOV R1, #(1 << 7)                 ;置位 IRQ #7 的使能位
STR R1, [R0]                      ;使能 IRQ #7
```

如果应用程序存储在ROM中，并且不需要改变异常服务程序，则可以把整个向量表编码到ROM的起始区域(从0地址开始的那段)。在这种情况下，向量表的偏移量将一直为0，并且中断向量一直在ROM中，因此上例可以大大简化，只需3步：

(1) 建立优先级组；

(2) 为该中断指定优先级；

(3) 使能该中断。

读者可以在上述程序代码的基础上自行写出以上3步的程序代码。

本节介绍的中断寄存器及中断系统设置过程对于STM32的所有外设中断使用具有指导意义。

7.3　外部中断/事件控制器的结构及工作过程

外部中断/事件控制器(EXTI)由20个产生事件/中断请求的边沿检测器组成。每个输入线可以独立地配置输入类型(脉冲或挂起)和对应的触发事件(上升沿或下降沿或者双边

沿都触发)。每个输入线都可以独立地被屏蔽。挂起寄存器保存了状态线的中断请求。

EXTI 控制器的主要特性如下:

- 每个中断/事件都有独立的触发和屏蔽;
- 每个中断线都有专用的状态位;
- 支持多达 20 个软件的中断/事件请求;
- 检测脉冲宽度低于 APB2 时钟宽度的外部信号。

7.3.1 外部中断/事件控制器简介

1. 外部中断/事件控制器的结构

外部中断/事件控制器由中断屏蔽寄存器、请求挂起寄存器、软件中断/事件寄存器、上升沿触发选择寄存器、下降沿触发选择寄存器、事件屏蔽寄存器、边沿检测电路和脉冲发生器等部分构成。外部中断/事件控制器框图如图 7-2 所示。其中,信号线上画有一条斜线,旁边标有 20 字样的注释,表示这样的线路共有 20 套。每一个功能模块都通过外设总线接口和 APB 总线连接,进而和 Cortex-M3 内核(CPU)连接到一起,CPU 通过这样的接口访问各个功能模块。中断屏蔽寄存器和请求挂起寄存器的信号经过与门 1 后送到 NVIC 中断控制器,由 NVIC 进行中断信号的处理。

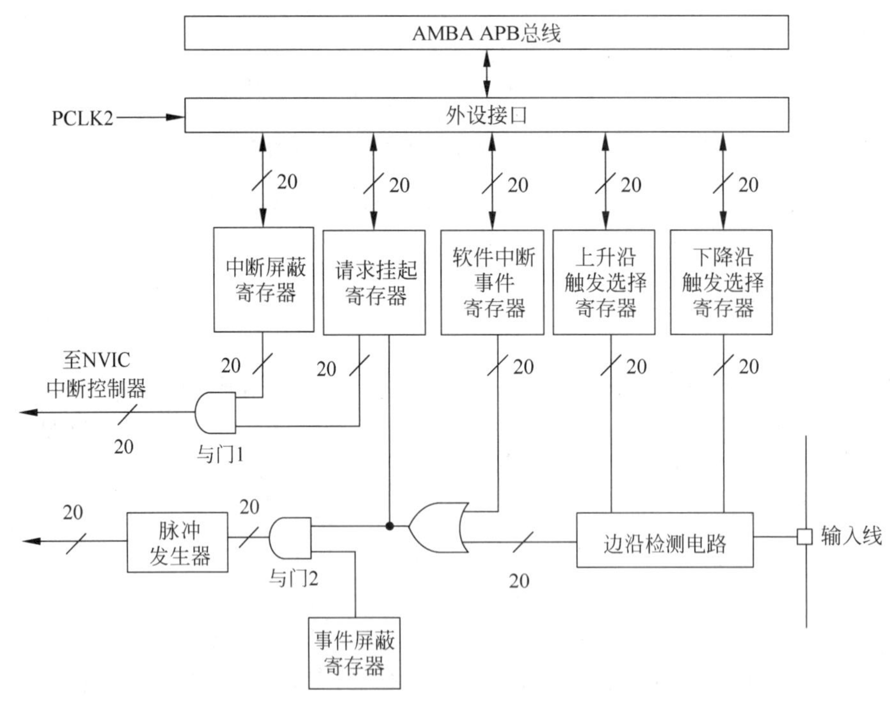

图 7-2 外部中断/事件控制器框图

中断过程如下:

外部信号从芯片引脚进入,经过边沿检测电路,通过或门进入中断“请求挂起寄存器”,最后经过与门 1 输出到 NVIC 中断控制器。在这个通道上有 4 个控制选项,外部的信号首先经过边沿检测电路,这个边沿检测电路受上升沿或下降沿选择寄存器控制,用户可以使用这两个寄存器控制需要哪一个边沿产生中断,因为选择上升沿或下降沿是分别受两个平行的寄存器控制,所以用户可以同时选择上升沿或下降沿,如果只有一个寄存器控制,那么只能选择一个边沿了。

信号经过边沿检测电路后进入到或门,这个或门的另一个输入是“软件中断/事件寄存器”,从这里可以看出,软件可以优先于外部信号请求一个中断或事件,即当“软件中断/事件寄存器”的对应位为1时,不管外部信号如何,或门都会输出有效信号。

一个中断或事件请求信号经过或门后,进入请求挂起寄存器,到此之前,中断和事件的信号传输通路都是一致的,也就是说,挂起请求寄存器中记录了外部信号的电平变化。

外部请求信号最后经过与门1,向NVIC中断控制器发出一个中断请求,如果中断屏蔽寄存器的对应位为0,则该请求信号不能传输到与门1的另一端,实现了中断的屏蔽。

产生事件的过程如下:

外部请求信号经过或门后,进入与门2,与门2的作用与与门1类似,用于引入事件屏蔽寄存器的控制;最后脉冲发生器把一个跳变的信号转变为一个单脉冲,输出到芯片中的其他功能模块。

从外部激励信号来看,中断和事件是没有分别的,只是在芯片内部分开,一路信号会向CPU产生中断请求,另一路信号会向其他功能模块发送脉冲触发信号,其他功能模块如何响应这个触发信号,则由对应的模块自己决定。

事件和中断的关系如下:

事件——表示检测到有触发事件发生了。

中断——有某个事件发生并产生中断,并跳转到对应的中断处理程序中。

事件可以触发中断,也可以不触发。中断有可能被更优先的中断屏蔽,事件不会。事件本质上就是一个触发信号,是用来触发特定的外设模块或核心本身(例如唤醒操作)。

2. 中断和事件的管理

STM32可以处理外部或内部事件来唤醒内核(WFE)。唤醒事件可以通过下述配置产生:

- 在外设的控制寄存器使能一个中断,但不在NVIC中使能,同时在Cortex-M3的系统控制寄存器中使能SEVONPEND位。当CPU从WFE恢复后,需要清除相应外设的中断挂起位和外设NVIC中断通道挂起位(在NVIC中断清除挂起寄存器中)。
- 配置一个外部或内部EXTI线为事件模式,当CPU从WFE恢复后,因为对应事件线的挂起位没有被置位,不必清除相应外设的中断挂起位或NVIC中断通道挂起位。

要产生中断,必须先配置好并使能中断线。根据需要的边沿检测设置2个触发寄存器,同时在中断屏蔽寄存器的相应位写1允许中断请求。当外部中断线上发生了期待的边沿时,将产生一个中断请求,对应的挂起位也随之被置1。在挂起寄存器的对应位写1,将清除该中断请求。

如果需要产生事件,必须先配置好并使能事件线。根据需要的边沿检测通过设置两个触发寄存器,同时在事件屏蔽寄存器的相应位写1允许事件请求。当事件线上发生了需要的边沿时,将产生一个事件请求脉冲,对应的挂起位不被置1。

通过在软件中断/事件寄存器写1,也可以产生中断/事件请求。

1）硬件中断选择

通过下面的过程来配置20个线路作为中断源：

（1）配置20个中断线的屏蔽位(EXTI_IMR)；

（2）配置所选中断线的触发选择位(EXTI_RTSR和EXTI_FTSR)；

（3）配置对应到外部中断控制器(EXTI)的NVIC中断通道的使能和屏蔽位，使得20个中断线中的请求可以被正确地响应。

2）硬件事件选择

通过下面的过程，可以配置20个线路为事件源：

（1）配置20个事件线的屏蔽位(EXTI_EMR)；

（2）配置事件线的触发选择位(EXTI_RTSR和EXTI_FTSR)。

3）软件中断/事件的选择

20个线路可以被配置成软件中断/事件线。下面是产生软件中断的过程：

（1）配置20个中断/事件线屏蔽位(EXTI_IMR，EXTI_EMR)；

（2）设置软件中断寄存器的请求位(EXTI_SWIER)。

3. 外部中断/事件线路映像

80个通用I/O口以图7-3的方式连接到16个外部中断/事件线上。

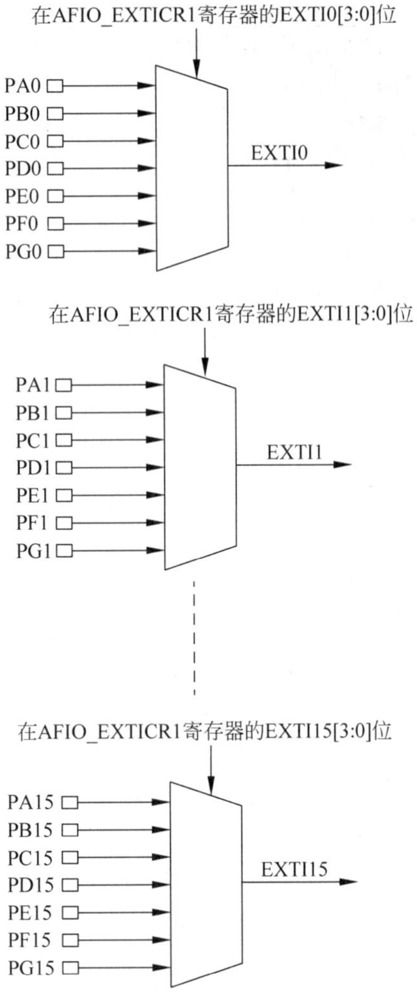

图7-3 外部中断I/O映射

另外4个EXTI线的连接方式如下：

（1）EXTI线16连接到PVD输出；

（2）EXTI线17连接到RTC闹钟事件；

（3）EXTI线18连接到USB唤醒事件；

（4）EXTI线19连接到以太网唤醒事件。

PAx、PBx、PCx、PDx和PEx端口对应的是同一个外部中断/事件源EXTIx(x：0～15)。

注意：通过AFIO_EXTICRx配置GPIO线上的外部中断/事件，必须先使能AFIO时钟。

7.3.2 外部中断/事件控制器相关寄存器

要使用外部中断，需要了解EXTI寄存器的定义。所有的EXTI寄存器必须以字(32位)的方式操作。EXTI寄存器的首地址是0x4001_0400。各个寄存器中的位19只适用于互联型产品，对于其他产品为保留位。

1. 中断屏蔽寄存器(EXTI_IMR)

偏移地址：0x00，复位值：0x0000 0000。各位定义如下：

位号	31～20												19	18	17	16
定义	保留												MR19	MR18	MR17	MR16
读写													rw	rw	rw	rw
位号	15	14	13	12	11	10	9	8	7	6	5	4	3	2	1	0
定义	MR15	MR14	MR13	MR12	MR11	MR10	MR9	MR8	MR7	MR6	MR5	MR4	MR3	MR2	MR1	MR0
读写	rw	rw	rw	rw	rw	rw	rw	rw	rw	rw	rw	rw	rw	rw	rw	rw

位[31:20]：保留，必须始终保持为复位状态(0)。

位[19:0]：MRx，线 x 上的中断屏蔽位。

0：屏蔽来自线 x 上的中断请求； 1：开放来自线 x 上的中断请求。

2. 事件屏蔽寄存器(EXTI_EMR)

偏移地址：0x04，复位值：0x0000 0000。各位定义如下：

位号	31～20												19	18	17	16
定义	保留												MR19	MR18	MR17	MR16
读写													rw	rw	rw	rw
位号	15	14	13	12	11	10	9	8	7	6	5	4	3	2	1	0
定义	MR15	MR14	MR13	MR12	MR11	MR10	MR9	MR8	MR7	MR6	MR5	MR4	MR3	MR2	MR1	MR0
读写	rw	rw	rw	rw	rw	rw	rw	rw	rw	rw	rw	rw	rw	rw	rw	rw

位[31:20]：保留，必须始终保持为复位状态(0)。

位[19:0]：MRx，线 x 上的事件屏蔽位。

0：屏蔽来自线 x 上的事件请求； 1：开放来自线 x 上的事件请求。

3. 上升沿触发选择寄存器(EXTI_RTSR)

偏移地址：0x08，复位值：0x0000 0000。各位定义如下：

位号	31～20												19	18	17	16
定义	保留												TR19	TR18	TR17	TR16
读写													rw	rw	rw	rw
位号	15	14	13	12	11	10	9	8	7	6	5	4	3	2	1	0
定义	TR15	TR14	TR13	TR12	TR11	TR10	TR9	TR8	TR7	TR6	TR5	TR4	TR3	TR2	TR1	TR0
读写	rw	rw	rw	rw	rw	rw	rw	rw	rw	rw	rw	rw	rw	rw	rw	rw

位[31:20]：保留，必须始终保持为复位状态(0)。

位[19:0]：TRx，线 x 上的上升沿触发事件配置位。

0：禁止输入线 x 上的上升沿触发(中断和事件)。

1：允许输入线 x 上的上升沿触发(中断和事件)。

注：在同一中断线上，可以同时设置上升沿和下降沿触发。即任一边沿都可触发中断。

4. 下降沿触发选择寄存器(EXTI_FTSR)

偏移地址：0x0C，复位值：0x0000 0000。各位定义如下：

位号	31～20											19	18	17	16
定义	保留											TR19	TR18	TR17	TR16
读写												rw	rw	rw	rw
位号	15	14	13	12	11	10	9	8	7	6	5	4	3	2	1	0
定义	TR15	TR14	TR13	TR12	TR11	TR10	TR9	TR8	TR7	TR6	TR5	TR4	TR3	TR2	TR1	TR0
读写	rw	rw	rw	rw	rw	rw	rw	rw	rw	rw	rw	rw	rw	rw	rw	rw

位[31:20]：保留，必须始终保持为复位状态(0)。

位[19:0]：TRx，线 x 上的下降沿触发事件配置位。

0：禁止输入线 x 上的下降沿触发(中断和事件)。

1：允许输入线 x 上的下降沿触发(中断和事件)。

注：在同一中断线上，可以同时设置上升沿和下降沿触发。即任一边沿都可触发中断。

5. 软件中断事件寄存器(EXTI_SWIER)

偏移地址：0x10，复位值：0x0000 0000。各位定义如下：

位号	31～20											19	18	17	16
定义	保留											SWIER 19	SWIER 18	SWIER 17	SWIER 16
读写												rw	rw	rw	rw
位号	15	14	13	12	11	10	9	8	7	6	5	4	3	2	1	0
定义	SWIER15	SWIER14	SWIER13	SWIER12	SWIER11	SWIER10	SWIER9	SWIER8	SWIER7	SWIER6	SWIER5	SWIER4	SWIER3	SWIER2	SWIER1	SWIER0
读写	rw	rw	rw	rw	rw	rw	rw	rw	rw	rw	rw	rw	rw	rw	rw	rw

位[31:20]：保留，必须始终保持为复位状态(0)。

位[19:0]：SWIERx，线 x 上的软件中断。当该位为 0 时，写 1 将设置 EXTI_PR 中相应的挂起位。如果在 EXTI_IMR 和 EXTI_EMR 中允许产生该中断，则此时将产生一个中断。

通过清除 EXTI_PR 的对应位(写入 1)，可以清除该位为 0。

6. 挂起寄存器(EXTI_PR)

偏移地址：0x14，复位值：0xXXXX XXXX。各位定义如下：

位号	31～20											19	18	17	16
定义	保留											PR19	PR18	PR17	PR16
读写												rw	rw	rw	rw
位号	15	14	13	12	11	10	9	8	7	6	5	4	3	2	1	0
定义	PR15	PR14	PR13	PR12	PR11	PR10	PR9	PR8	PR7	PR6	PR5	PR4	PR3	PR2	PR1	PR0
读写	rw	rw	rw	rw	rw	rw	rw	rw	rw	rw	rw	rw	rw	rw	rw	rw

位[31:20]：保留，必须始终保持为复位状态(0)。

位[19:0]：PRx，挂起位。0：没有发生触发请求。　　1：发生了选择的触发请求。

当在外部中断线上发生了选择的边沿事件，该位被置1。在该位中写入1可以清除它，也可以通过改变边沿检测的极性清除。

7.4　外部中断的使用

外部中断的应用编程，可以参考下面的步骤：

(1) 系统初始化，如系统时钟初始化。如前所述，在STM32的启动文件中已经调用SystemInit( )函数，对系统时钟进行了设置，并且默认系统时钟频率就是72MHz，因此，这一步可以省略。

(2) GPIO配置，务必注意打开GPIO时钟时，一并打开AFIO时钟。

(3) EXTI配置，配置需要选择哪个引脚作为中断引脚。

(4) 嵌套向量中断控制器NVIC配置，必须把NVIC中对应的通道使能，并且设置优先级别。

(5) 进入循环等待中断发生，并在中断程序中写入中断发生时应如何处理。

7.4.1　外部中断相关的固件库函数

1. NVIC相关的函数

这里仅介绍常用的两个函数，其他函数请参考《STM32固件库使用手册》。

1) 函数NVIC_PriorityGroupConfig

函数原型：void NVIC_PriorityGroupConfig(u32 NVIC_PriorityGroup)；

函数功能：设置优先级分组(抢占优先级和副优先级)。优先级分组只能设置一次。

输入参数NVIC_PriorityGroup是优先级分组位长度，可取值如表7-7所示。

表7-7　NVIC_PriorityGroup的可取值

NVIC_PriorityGroup的值	描　述
NVIC_PriorityGroup_0	抢占优先级0位，副优先级4位
NVIC_PriorityGroup_1	抢占优先级1位，副优先级3位
NVIC_PriorityGroup_2	抢占优先级2位，副优先级2位
NVIC_PriorityGroup_3	抢占优先级3位，副优先级1位
NVIC_PriorityGroup_4	抢占优先级4位，副优先级0位

例如，若设置抢占优先级1位，可以使用下面的代码：

```
NVIC_PriorityGroupConfig(NVIC_PriorityGroup_1);
```

2) 函数NVIC_Init

函数原型：void NVIC_Init(NVIC_InitTypeDef * NVIC_InitStruct)；

函数功能：根据NVIC_InitStruct中指定的参数初始化外设NVIC寄存器。

输入参数NVIC_InitStruct是指向结构NVIC_InitTypeDef的指针。

结构 NVIC_InitTypeDef 在文件 stm32f10x_nvic.h 中定义：

```
typedef struct
{
    u8 NVIC_IRQChannel;
    u8 NVIC_IRQChannelPreemptionPriority;
    u8 NVIC_IRQChannelSubPriority;
    FunctionalState NVIC_IRQChannelCmd;
} NVIC_InitTypeDef;
```

NVIC_IRQChannel 用以使能或者除能指定的 IRQ 通道，可取的值如表 7-8 所示。

表 7-8 NVIC_IRQChannel 可取的值

NVIC_IRQChannel 值	描　　述	NVIC_IRQChannel 值	描　　述
WWDG_IRQn	窗口看门狗中断	TIM4_IRQn	TIM4 全局中断
PVD_IRQn	PVD 通过 EXTI 探测中断	I2C1_EV_IRQn	I2C1 事件中断
TAMPER_IRQn	篡改中断	I2C1_ER_IRQn	I2C1 错误中断
RTC_IRQn	RTC 全局中断	I2C2_EV_IRQn	I2C2 事件中断
FLASH_IRQn	FLASH 全局中断	I2C2_ER_IRQn	I2C2 错误中断
RCC_IRQn	RCC 全局中断	SPI1_IRQn	SPI1 全局中断
EXTI0_IRQn	外部中断线 0 中断	SPI2_IRQn	SPI2 全局中断
EXTI1_IRQn	外部中断线 1 中断	USART1_IRQn	USART1 全局中断
EXTI2_IRQn	外部中断线 2 中断	USART2_IRQn	USART2 全局中断
EXTI3_IRQn	外部中断线 3 中断	USART3_IRQn	USART3 全局中断
EXTI4_IRQn	外部中断线 4 中断	EXTI15_10_IRQn	外部中断线 15-10 中断
DMA1_Channel1_IRQn	DMA1 通道 1 中断	RTCAlarm_IRQn	RTC 闹钟通过 EXTI 线中断
DMA1_Channel2_IRQn	DMA1 通道 2 中断	USBWakeUp_IRQn	USB 由 EXTI 线从挂起唤醒中断
DMA1_Channel3_IRQn	DMA1 通道 3 中断	TIM8_BRK_IRQn	TIM8 暂停中断
DMA1_Channel4_IRQn	DMA1 通道 4 中断	TIM8_UP_IRQn	TIM8 更新中断
DMA1_Channel5_IRQn	DMA1 通道 5 中断	TIM8_TRG_COM_IRQn	TIM8 触发和通信中断
DMA1_Channel6_IRQn	DMA1 通道 6 中断	TIM8_CC_IRQn	TIM8 捕获比较中断
DMA1_Channel7_IRQn	DMA1 通道 7 中断	ADC3_IRQn	ADC3 全局中断
ADC1_2_IRQn	ADC1_2 全局中断	FSMC_IRQn	FSMC 全局中断
USB_HP_CAN1_TX_IRQn	USB 高优先级或 CAN 发送中断	SDIO_IRQn	SDIO 全局中断
USB_LP_CAN1_RX0_IRQn	USB 低优先级或 CAN 接收 0 中断	TIM5_IRQn	TIM5 全局中断
CAN1_RX1_IRQn	CAN 接收 1 中断	SPI3_IRQn	SPI3 全局中断
CAN1_SCE_IRQn	CAN SCE 中断	UART4_IRQn	UART4 全局中断
EXTI9_5_IRQn	外部中断线 9-5 中断	UART5_IRQn	UART5 全局中断
TIM1_BRK_IRQn	TIM1 暂停中断	TIM6_IRQn	TIM6 全局中断

续表

NVIC_IRQChannel 值	描　述	NVIC_IRQChannel 值	描　述
TIM1_UP_IRQn	TIM1 更新中断	TIM7_IRQn	TIM7 全局中断
TIM1_TRG_COM_IRQn	TIM1 触发和通信中断	DMA2_Channel1_IRQn	DMA2 通道 1 中断
TIM1_CC_IRQn	TIM1 捕获比较中断	DMA2_Channel2_IRQn	DMA2 通道 2 中断
TIM2_IRQn	TIM2 全局中断	DMA2_Channel3_IRQn	DMA2 通道 3 中断
TIM3_IRQn	TIM3 全局中断	DMA2_Channel4_5_IRQn	DMA2 通道 4_5 中断

NVIC_IRQChannelPreemptionPriority 用于设置 NVIC_IRQChannel 中的抢占优先级值；NVIC_IRQChannelSubPriority 用于设置 NVIC_IRQChannel 中的副优先级值。二者的可取值如表 7-9 所示。

表 7-9　抢占优先级和副优先级可取的值

NVIC_PriorityGroup	NVIC_IRQChannel PreemptionPriority 抢占优先级可取的值	NVIC_IRQChannel SubPriority 副优先级可取的值	描　述
NVIC_PriorityGroup_0	0	0～15	先占优先级 0 位，从优先级 4 位
NVIC_PriorityGroup_1	0～1	0～7	先占优先级 1 位，从优先级 3 位
NVIC_PriorityGroup_2	0～3	0～3	先占优先级 2 位，从优先级 2 位
NVIC_PriorityGroup_3	0～7	0～1	先占优先级 3 位，从优先级 1 位
NVIC_PriorityGroup_4	0～15	0	先占优先级 4 位，从优先级 0 位

注：(1) 若选中 NVIC_PriorityGroup_0，则参数 NVIC_IRQChannelPreemptionPriority 对中断通道的设置不产生影响。

(2) 若选中 NVIC_PriorityGroup_4，则参数 NVIC_IRQChannelSubPriority 对中断通道的设置不产生影响。

NVIC_IRQChannelCmd 用于指定在成员 NVIC_IRQChannel 中定义的 IRQ 通道被使能还是除能。这个参数取值为 ENABLE 或者 DISABLE。

2. EXTI 相关的函数

这里仅介绍常用的 3 个函数，其他函数请参考《STM32 固件库使用手册》。

1) 函数 EXTI_Init

函数原型：void EXTI_Init(EXTI_InitTypeDef * EXTI_InitStruct)；

函数功能：根据 EXTI_InitStruct 中指定的参数初始化外设 EXTI 寄存器。

输入参数：EXTI_InitStruct 指向结构 EXTI_InitTypeDef 的指针，包含了外设 EXTI 的配置信息。

EXTI_InitTypeDef 在文件 stm32f10x_exti.h 中定义：

```
typedef struct
{
    u32 EXTI_Line;
    EXTIMode_TypeDef EXTI_Mode;
    EXTIrigger_TypeDef EXTI_Trigger;
    FunctionalState EXTI_LineCmd;
} EXTI_InitTypeDef;
```

EXTI_Line 用于选择需要使能或者除能的外部线路，可取的值如表 7-10 所示。

表 7-10　EXTI_Line 可取的值

EXTI_Line	描　述	EXTI_Line	描　述
EXTI_Line0	外部中断线 0	EXTI_Line10	外部中断线 10
EXTI_Line1	外部中断线 1	EXTI_Line11	外部中断线 11
EXTI_Line2	外部中断线 2	EXTI_Line12	外部中断线 12
EXTI_Line3	外部中断线 3	EXTI_Line13	外部中断线 13
EXTI_Line4	外部中断线 4	EXTI_Line14	外部中断线 14
EXTI_Line5	外部中断线 5	EXTI_Line15	外部中断线 15
EXTI_Line6	外部中断线 6	EXTI_Line16	外部中断线 16
EXTI_Line7	外部中断线 7	EXTI_Line17	外部中断线 17
EXTI_Line8	外部中断线 8	EXTI_Line18	外部中断线 18
EXTI_Line9	外部中断线 9	EXTI_Line19	外部中断线 19

EXTI_Mode 用于设置被使能线路的模式，有两个可取的值。

- EXTI_Mode_Event：设置 EXTI 线路为事件请求。
- EXTI_Mode_Interrupt：设置 EXTI 线路为中断请求。

EXTI_Trigger 用于设置被使能线路的触发边沿，有 3 个可取的值。

- EXTI_Trigger_Falling：设置输入线路下降沿为中断请求。
- EXTI_Trigger_Rising：设置输入线路上升沿为中断请求。
- EXTI_Trigger_Rising_Falling：设置输入线路上升沿和下降沿为中断请求。

EXTI_LineCmd 用来定义选中线路的新状态，可以被设为 ENABLE 或者 DISABLE。

例如，将 EXTI_Line0 设置为下降沿中断，可以使用下面的代码：

```
EXTI_InitTypeDef EXTI_InitStructure;
EXTI_InitStructure.EXTI_Line = EXTI_Line0;
EXTI_InitStructure.EXTI_Mode = EXTI_Mode_Interrupt;
EXTI_InitStructure.EXTI_Trigger = EXTI_Trigger_Falling;
EXTI_InitStructure.EXTI_LineCmd = ENABLE;
EXTI_Init(&EXTI_InitStructure);
```

2) 函数 EXTI_GetITStatus

函数原型：ITStatus EXTI_GetITStatus(u32 EXTI_Line)；

函数功能：检查指定的 EXTI 线路触发请求发生与否。

输入参数：EXTI_Line 待检查的 EXTI 线路，可取值如表 7-10 所示。

返回值：EXTI_Line 的新状态(SET 或者 RESET)。

例如，要获得 EXTI_Line0 的中断状态，可以使用下面的代码：

```
ITStatus EXTIStatus;
EXTIStatus = EXTI_GetITStatus(EXTI_Line0);
```

3) 函数 EXTI_ClearITPendingBit

函数原型：void EXTI_ClearITPendingBit(u32 EXTI_Line)；

函数功能：清除 EXTI 线路中断挂起位。

输入参数：EXTI_Line 待清除挂起位的 EXTI 线路，可取值如表 7-10 所示。

例如，清除 EXTI_Line0 的中断挂起位，可以使用下面的代码：

```
EXTI_ClearITpendingBit(EXTI_Line0);
```

3. GPIO 相关的函数 GPIO_EXTILineConfig

该函数用于选择 GPIO 引脚用作外部中断线路。

函数原型：void GPIO_EXTILineConfig(u8 GPIO_PortSource, u8 GPIO_PinSource);

输入参数 1：GPIO_PortSource 选择用作外部中断线源的 GPIO 端口，可以取 GPIO_PortSource_GPIOy(y 可以是 A～E)。

输入参数 2：GPIO_PinSource 待设置的外部中断线路，可以取 GPIO_PinSourcex(x 可以是 0～15)。

7.4.2 利用固件库函数开发外部中断应用

下面仅使用固件库函数的方法，举例说明外部中断的使用方法。

【例 7-1】 利用连接最小系统板上 PA0 的按钮，每按一次按钮，连接 PE0 的发光二极管亮灭状态翻转一次。采用外部中断的方法实现。

解：电路图请参见第 3 章。采用固件库函数的方法实现。在 Manage Run-Time Environment 对话框中，除了选中例 6-3 中所有的部件外，还要选中 EXTI 部件。实现代码如下：

```
#include "stm32f10x.h"                          //包含 STM32F1 系列微控制器的头文件
void NVIC_Configuration(void);                  //嵌套向量中断控制器配置
void EXTI_Configuration(void);                  //外部中断设置
int main(void)
{
    GPIO_InitTypeDef GPIO_InitStructure;        //声明用于 GPIO 初始化的结构体
    RCC_APB2PeriphClockCmd(RCC_APB2Periph_GPIOA|RCC_APB2Periph_AFIO, ENABLE);
                                                //使能 PA 口和 AFIO 时钟
    RCC_APB2PeriphClockCmd(RCC_APB2Periph_GPIOE,ENABLE);       //使能 PE 口时钟
    //配置输入脚 PA0 控制按键
    GPIO_InitStructure.GPIO_Pin = GPIO_Pin_0;
    GPIO_InitStructure.GPIO_Mode = GPIO_Mode_IN_FLOATING;
    GPIO_Init(GPIOA, &GPIO_InitStructure);
    //配置输出脚 PE0 控制 LED 灯
    GPIO_InitStructure.GPIO_Pin = GPIO_Pin_0;
    GPIO_InitStructure.GPIO_Speed = GPIO_Speed_50MHz;
    GPIO_InitStructure.GPIO_Mode = GPIO_Mode_Out_PP;
    GPIO_Init(GPIOE, &GPIO_InitStructure);
    EXTI_Configuration();
    NVIC_Configuration();
    while(1);                                   //循环等待中断产生
}
void NVIC_Configuration(void)                   //嵌套向量中断控制器配置
{
  NVIC_InitTypeDef NVIC_InitStructure;

  NVIC_PriorityGroupConfig(NVIC_PriorityGroup_1);     //选择优先级组别
```

```
  NVIC_InitStructure.NVIC_IRQChannel = EXTI0_IRQn;
//选择中断通道：EXTI 线 0 中断,因为按键连接的是 PA0 脚
  NVIC_InitStructure.NVIC_IRQChannelPreemptionPriority = 0;   //0 级抢占式优先级
  NVIC_InitStructure.NVIC_IRQChannelSubPriority = 0; //0 级副优先级
  NVIC_InitStructure.NVIC_IRQChannelCmd = ENABLE;    //使能引脚作为中断源
  NVIC_Init(&NVIC_InitStructure);                    //调用 NVIC_Init 固件库函数进行设置
}
void EXTI_Configuration(void)
{
  EXTI_InitTypeDef EXTI_InitStructure;
  //调用固件库中的 GPIO_EXTILineConfig 函数,
  //其中两个参数分别是中断口和中断口对应的引脚号
  GPIO_EXTILineConfig(GPIO_PortSourceGPIOA, GPIO_PinSource0);
  EXTI_InitStructure.EXTI_Line = EXTI_Line0;              //将中断映射到中断源 Line0
  EXTI_InitStructure.EXTI_Mode = EXTI_Mode_Interrupt;     //中断模式
  EXTI_InitStructure.EXTI_Trigger = EXTI_Trigger_Falling; //下降沿中断
  EXTI_InitStructure.EXTI_LineCmd = ENABLE;               //中断使能,即开中断
  EXTI_Init(&EXTI_InitStructure);
                                   //调用 EXTI_Init 固件库函数,将结构体写入 EXTI 相关寄存器中
}
void EXTI0_IRQHandler(void)
{
  if(EXTI_GetITStatus(EXTI_Line0) != RESET)
  {/* EXTI_GetITStatus()函数的返回值如果不是 RESET,说明此时确实有中断发生了,注意把中断
标志位清除,以防它不断地进入中断 */
    //将 LED0 的状态反转
    GPIO_WriteBit(GPIOE, GPIO_Pin_0, (BitAction)((1 -
    GPIO_ReadOutputDataBit(GPIOE, GPIO_Pin_0))));
    EXTI_ClearITPendingBit(EXTI_Line0);                   //清中断
  }
}
```

其实，ST 公司提供了一个将所有中断函数框架写好的文件 stm32f10x_it.c，读者可以在这个文件中找到中断函数增加功能或进行修改。

7.5 习题

7-1 中断和事件的区别有哪些？

7-2 中断优先级如何设定？

7-3 利用连接最小系统板上 PA0 的按钮，每按一次按钮，连接 PE 口的 16 个发光二极管循环点亮。

第 8 章 定 时 器

CHAPTER 8

STM32 一共有 11 个定时器，包括 2 个高级控制定时器、4 个普通定时器和 2 个基本定时器、2 个看门狗定时器和 1 个系统嘀嗒定时器(SysTick)。本章介绍 STM32 微控制器普通定时器的结构、工作原理及使用方法。

8.1 STM32 通用定时器概述

通用定时器由一个通过可编程预分频器驱动的 16 位自动装载计数器构成。它适用于多种场合，包括测量输入信号的脉冲长度(输入捕获)或者产生输出波形(输出比较和 PWM)。使用定时器预分频器和 RCC 时钟控制器预分频器，脉冲长度和波形周期可以在几微秒到几毫秒间调整。

每个定时器都是完全独立的，没有互相共享任何资源。它们可以一起同步操作。

通用定时器包括 2 个高级控制定时器(TIM1 和 TIM8)、4 个普通定时器(TIM2-TIM5)和 2 个基本定时器(TIM6 和 TIM7)，如表 8-1 所示。

表 8-1 STM32 的通用定时器

定时器	计数器分辨率	计数器类型	预分频系数	DMA 请求	捕获/比较通道	互补输出
TIM1 TIM8	16 位	向上，向下， 向上/向下	1～65 536 的任意数	可以	4	有
TIM2 TIM3 TIM4 TIM5	16 位	向上，向下， 向上/向下	1～65 536 的任意数	可以	4	没有
TIM6 TIM7	16 位	向上	1～65 536 的任意数	可以	0	没有

8.1.1 高级控制定时器(TIM1 和 TIM8)

高级控制定时器(TIM1 和 TIM8)各由一个 16 位的自动装载计数器组成，各由一个可编程的预分频器驱动。它们适合多种用途，包含测量输入信号的脉冲宽度(输入捕获)，或者产生输出波形(输出比较、PWM、嵌入死区时间的互补 PWM 等)。

高级控制定时器（TIM1 和 TIM8）和其他通用定时器（TIMx）是完全独立的，它们不共享任何资源，但它们可以同步操作。

TIM1 和 TIM8 定时器的主要特性包括：

（1）16 位向上、向下、向上/向下自动装载计数器。

（2）16 位可编程（可以实时修改）预分频器，时钟计数器的分频系数为 1～65 535 的任意数值。

（3）多达 4 个独立通道，即输入捕获、输出比较、PWM 生成和单脉冲模式输出。

（4）死区时间可编程的互补输出。

（5）使用外部信号控制定时器和定时器互联的同步电路。

（6）允许在指定数目的计数器周期之后更新定时器寄存器的重复计数器。

（7）刹车输入信号可以将定时器输出信号置于复位状态或者一个已知状态。

（8）如下事件发生时产生中断/DMA（DMA 的详细介绍请参见第 11 章）。

- 更新：计数器向上溢出/向下溢出，计数器初始化（通过软件或者内部/外部触发）。
- 触发事件（计数器启动、停止、初始化或者由内部/外部触发计数）。
- 输入捕获。
- 输出比较。
- 刹车信号输入。

（9）支持针对定位的增量（正交）编码器和霍尔传感器电路。

（10）触发输入作为外部时钟或者按周期的电流管理。

TIM1 和 TIM8 能够产生 3 对 PWM 互补输出，常用于三相电机的驱动，时钟由 APB2 的输出产生。

8.1.2 普通定时器（TIMx）

普通定时器（TIM2～TIM5）各由一个通过可编程预分频器驱动的 16 位自动装载计数器构成。它们适用于多种场合，包括测量输入信号的脉冲长度（输入捕获）或者产生输出波形（输出比较和 PWM）。每个定时器都是完全独立的，没有互相共享任何资源，但它们可以一起同步操作。

普通定时器 TIMx（TIM2、TIM3、TIM4 和 TIM5）的主要特性包括：

（1）16 位向上、向下、向上/向下自动装载计数器。

（2）16 位可编程（可以实时修改）预分频器，时钟计数器的分频系数为 1～65 536 的任意数值。

（3）4 个独立通道：输入捕获、输出比较、PWM 生成（边缘或中间对齐模式）和单脉冲模式输出。

（4）使用外部信号控制定时器和定时器互连的同步电路。

（5）如下事件发生时产生中断/DMA。

- 更新：计数器向上溢出/向下溢出，计数器初始化（通过软件或者内部/外部触发）。
- 触发事件（计数器启动、停止、初始化或者由内部/外部触发计数）。
- 输入捕获。
- 输出比较。

(6) 支持针对定位的增量(正交)编码器和霍尔传感器电路。

(7) 触发输入作为外部时钟或者按周期的电流管理。

8.1.3 基本定时器(TIM6 和 TIM7)

基本定时器 TIM6 和 TIM7 各包含一个 16 位自动装载计数器,由各自的可编程预分频器驱动。它们可以作为通用定时器提供时间基准,特别地,可以为数模转换器(DAC)提供时钟。实际上,它们在芯片内部直接连接到 DAC 并通过触发输出直接驱动 DAC。这两个定时器是互相独立的,不共享任何资源。

TIM6 和 TIM7 的主要特性包括:

(1) 16 位自动重装载累加计数器。

(2) 16 位可编程(可实时修改)预分频器,时钟计数器分频系数为 1~65 536 的任意数值。

(3) 触发 DAC 的同步电路。

(4) 在更新事件(计数器溢出)时产生中断/DMA 请求。

8.1.4 定时器的时钟

定时器的时钟由系统时钟提供,如图 8-1 所示。其中,TIM2~TIM7 挂在 APB1 总线上,TIM1 和 TIM8 挂在 APB2 总线上。使能定时器时钟时,应注意选择正确的总线(在固件库中有不同的函数)。

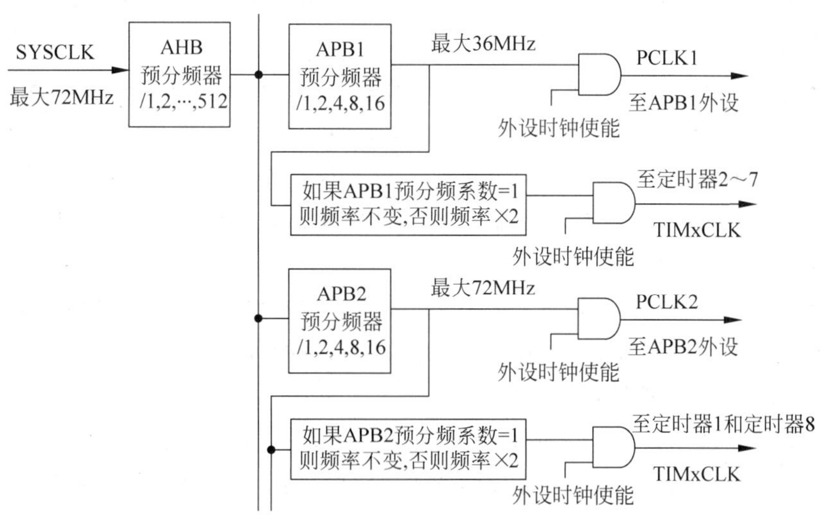

图 8-1 定时器的时钟

从图 8-1 还可以看出,定时器的时钟不是直接来自 APB1 或 APB2,而是来自于输入为 APB1 或 APB2 的一个倍频器。下面以普通定时器 2 的时钟说明这个倍频器的作用:当 APB1 的预分频系数为 1 时,这个倍频器不起作用,定时器的时钟频率等于 APB1 的频率;当 APB1 的预分频系数为其他数值(即预分频系数为 2、4、8 或 16)时,这个倍频器起作用,定时器的时钟频率等于 APB1 的频率两倍。例如,假定 AHB=72MHz,因为 APB1 允许的最大频率为 36MHz，所以 APB1 的预分频系数＝2，此时，APB1＝36MHz，在倍频器的作用下，TIM2～7 的时钟频率＝72MHz。之所以如此，是因为 APB1 不但要为 TIM2～7 提供时钟，而且还要为其他外设提供时钟；设置这个倍频器可以在保证其他外设使用较低时钟频率时，TIM2～7 仍能得到较高的时钟频率。

8.2 普通定时器的结构

STM32 内置 4 个可同步运行的普通定时器（TIM2、TIM3、TIM4、TIM5），每个定时器都有 1 个 16 位自动加载的递加/递减计数器、1 个 16 位的预分频器和 4 个独立的通道，每个通道都可用于输入捕获、输出比较、PWM 和单脉冲模式输出。任一标准定时器都能用于产生 PWM 输出。每个定时器都有独立的 DMA 请求机制。通过定时器链接功能与高级控制定时器共同工作，提供同步或事件链接功能。

普通定时器的结构框图如图 8-2 所示。

8.2.1 时基单元

可编程通用定时器的主要部分是一个 16 位计数器和与其相关的自动装载寄存器。这个计数器可以向上计数、向下计数或者向上向下双向计数。此计数器时钟由预分频器分频得到。计数器、自动装载寄存器和预分频器寄存器可以由软件读写，在计数器运行时仍可以读写。时基单元包含：计数器寄存器（TIMx_CNT）、预分频器寄存器（TIMx_PSC）和自动装载寄存器（TIMx_ARR）。

自动装载寄存器是预先装载的，写或读自动重装载寄存器将访问预装载寄存器。根据在 TIMx_CR1 寄存器中的自动装载预装载使能位（ARPE）的设置，预装载寄存器的内容被立即或在每次的更新事件 UEV 时传送到影子寄存器。当计数器达到溢出条件（向下计数时的下溢条件）并当 TIMx_CR1 寄存器中的 UDIS 位等于 0 时，产生更新事件。更新事件也可以由软件产生。

计数器由预分频器的时钟输出 CK_CNT 驱动，仅当设置了计数器 TIMx_CR1 寄存器中的计数器使能位（CEN）时，CK_CNT 才有效。真正的计数器使能信号 CNT_EN 是在 CEN 的一个时钟周期后被设置。

预分频器可以将计数器的时钟频率按 1～65 536 的任意值分频。它是基于一个（在 TIMx_PSC 寄存器中的）16 位寄存器控制的 16 位计数器。这个控制寄存器带有缓冲器，能够在工作时被改变。新的预分频器参数在下一次更新事件到来时被采用。

图 8-3 和图 8-4 分别给出了在预分频器运行时，更改计数器参数的例子。

8.2.2 计数器模式

TIM2-TIM5 可以向上计数、向下计数、向上向下双向计数。

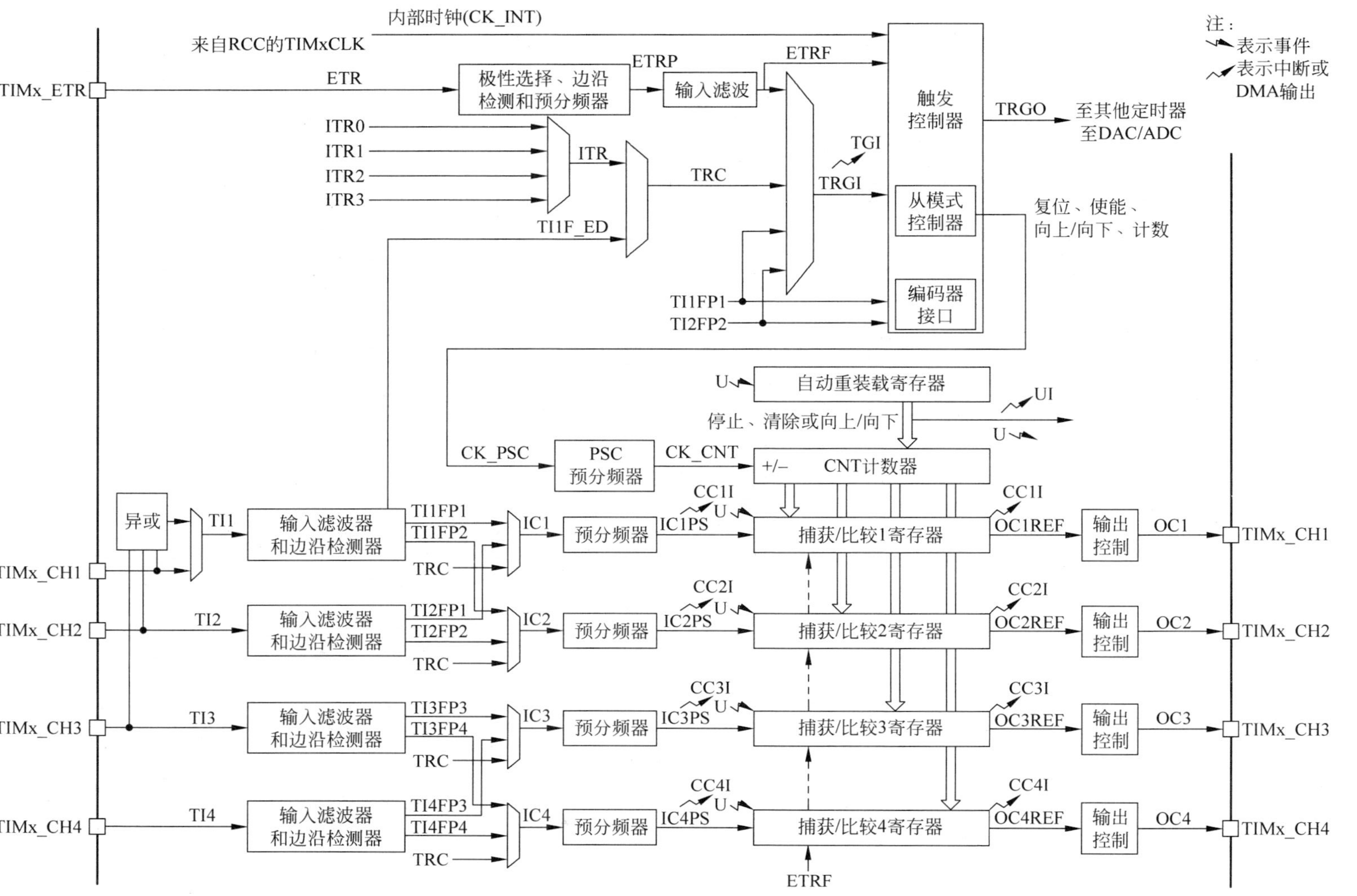

图 8-2　普通定时器的结构框图

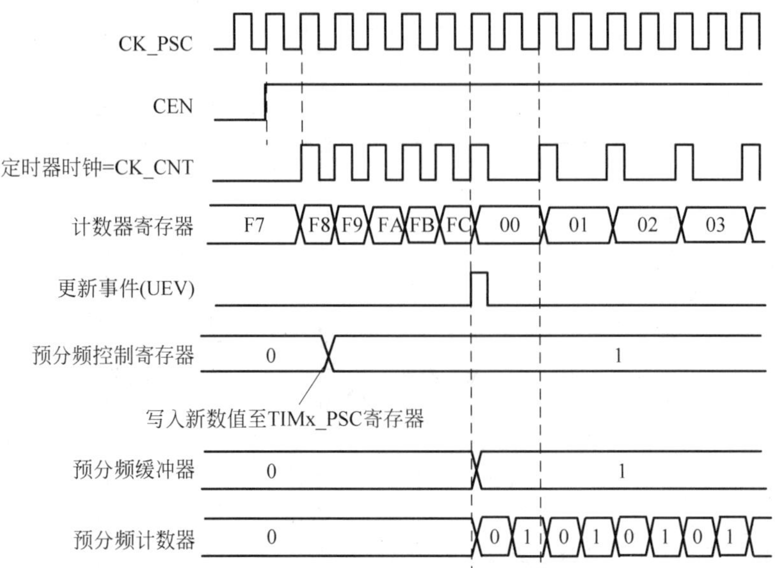

图 8-3　当预分频器的参数从 1 变到 2 时，计数器的时序图

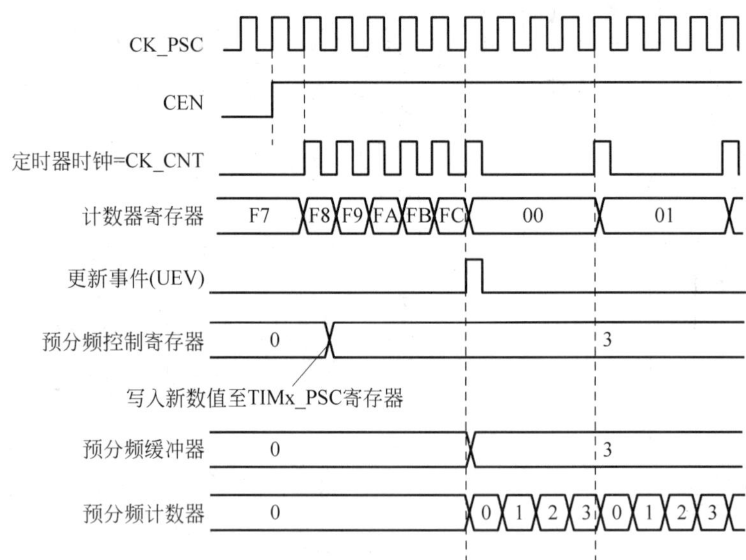

图 8-4　当预分频器的参数从 1 变到 4 时，计数器的时序图

1. 向上计数模式

在向上计数模式中，计数器从 0 计数到自动加载值(TIMx_ARR 寄存器的内容)，然后重新从 0 开始计数并且产生一个计数器溢出事件。

每次计数器溢出时可以产生更新事件，在 TIMx_EGR 寄存器中(通过软件方式或者使用从模式控制器)设置 UG 位也同样可以产生一个更新事件。

设置 TIMx_CR1 寄存器中的 UDIS 位，可以禁止更新事件；这样可以避免在向预装载寄存器中写入新值时更新影子寄存器。在 UDIS 位被清零之前，将不产生更新事件。但是在应该产生更新事件时，计数器仍会被清零，同时预分频器的计数也被清零(但预分频系数不变)。此外,如果设置了 TIMx_CR1 寄存器中的 URS 位(选择更新请求),设置 UG 位将产生一个更新事件 UEV,但硬件不设置 UIF 标志(即不产生中断或 DMA 请求);这是为了避免在捕获模式下清除计数器时,同时产生更新和捕获中断。

当发生更新事件时,所有的寄存器都被更新,硬件同时(依据 URS 位)设置更新标志位(TIMx_SR 寄存器中的 UIF 位)。同时执行以下操作:

- 预分频器的缓冲区被置入预装载寄存器的值(TIMx_PSC 寄存器的内容)。
- 自动装载影子寄存器被重新置入预装载寄存器的值(TIMx_ARR)。

当 TIMx_ARR=0x36 时计数器在不同分频因子下的动作如图 8-5～图 8-10 所示。

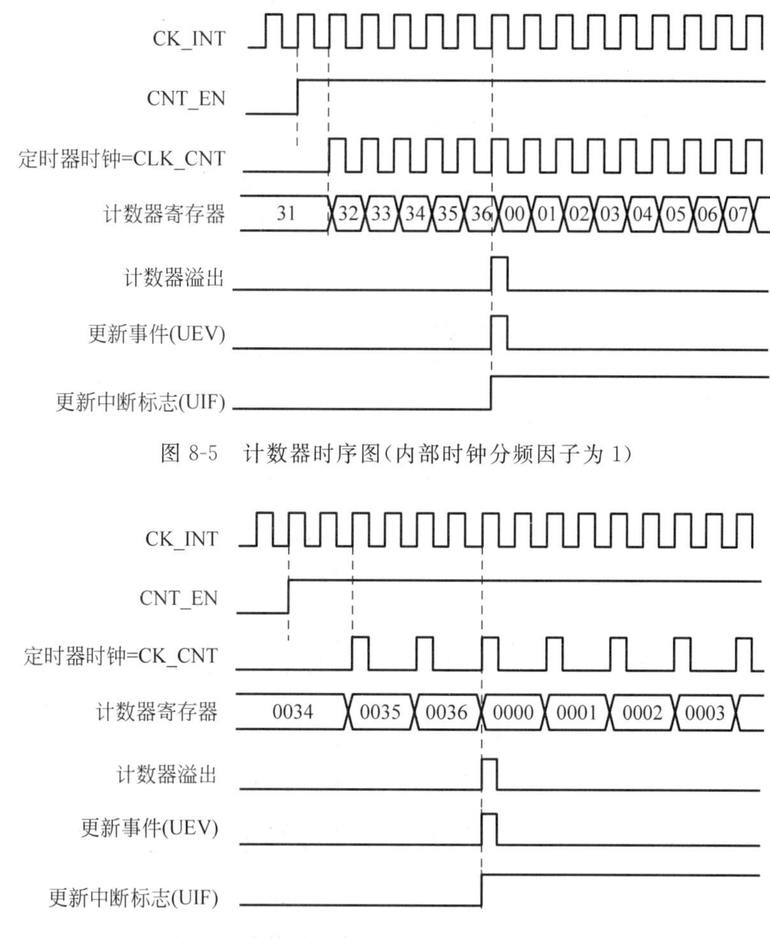

图 8-5　计数器时序图(内部时钟分频因子为 1)

图 8-6　计数器时序图(内部时钟分频因子为 2)

2. 向下计数模式

在向下模式中,计数器从自动装入的值(TIMx_ARR 寄存器的值)开始向下计数到 0,然后从自动装入的值重新开始,并产生一个计数器向下溢出事件。

每次计数器溢出时可以产生更新事件,在 TIMx_EGR 寄存器中(通过软件方式或者使用从模式控制器)设置 UG 位,也同样可以产生一个更新事件。设置 TIMx_CR1 寄存器的 UDIS 位可以禁止 UEV 事件。这样可以避免向预装载寄存器中写入新值时更新影子寄存器。因此 UDIS 位被清为 0 之前不会产生更新事件。然而,计数器仍会从当前自动加载值

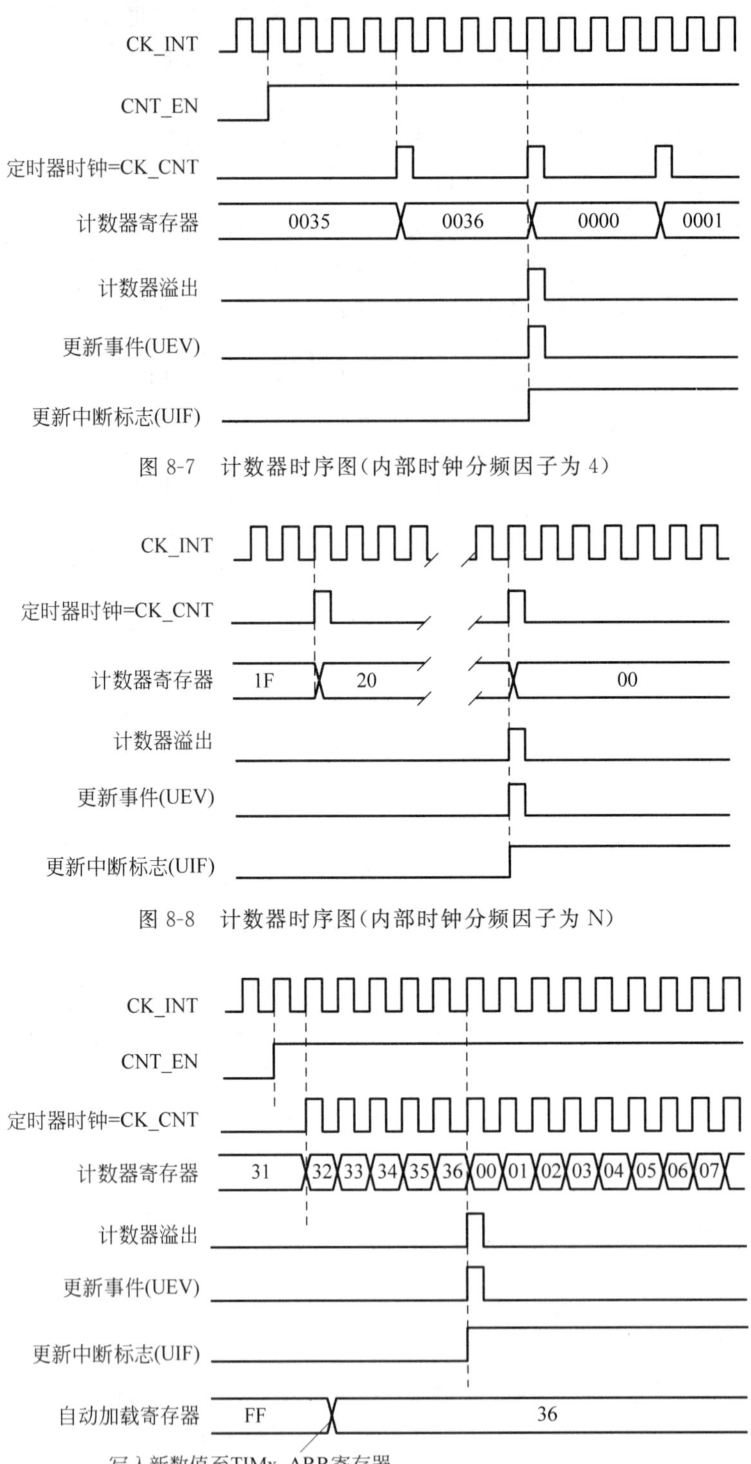

图 8-7　计数器时序图(内部时钟分频因子为 4)

图 8-8　计数器时序图(内部时钟分频因子为 N)

图 8-9　计数器时序图，当 ARPE=0 时的更新事件(TIMx_ARR 没有预装入)

重新开始计数，同时预分频器的计数器重新从 0 开始(但预分频系数不变)。

如果设置了 TIMx_CR1 寄存器中的 URS 位(选择更新请求)，设置 UG 位将产生一个

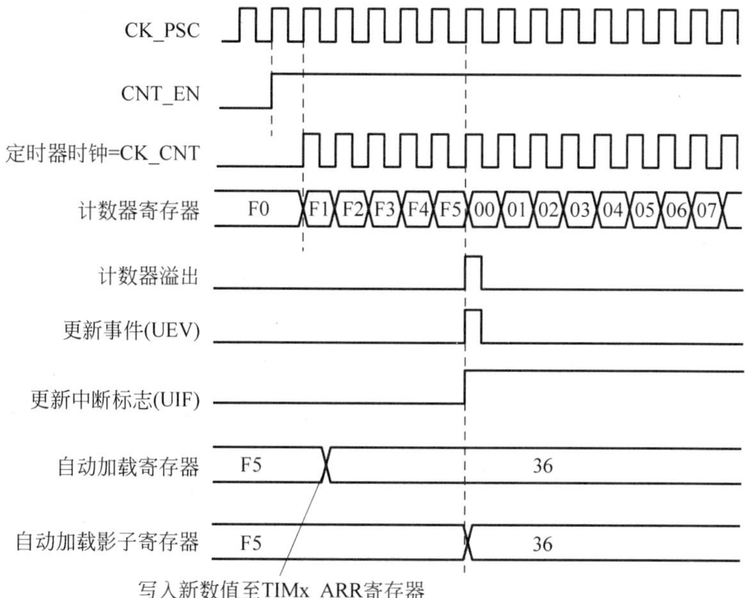

图 8-10 计数器时序图，当 ARPE=1 时的更新事件（预装入了 TIMx_ARR）

更新事件 UEV 但不设置 UIF 标志（因此不产生中断和 DMA 请求），这是为了避免在发生捕获事件并清除计数器时，同时产生更新和捕获中断。

当发生更新事件时，所有的寄存器都被更新，并且（根据 URS 位的设置）更新标志位（TIMx_SR 寄存器中的 UIF 位）也被设置。同时执行以下操作：

- 预分频器的缓存器被置入预装载寄存器的值（TIMx_PSC 寄存器的值）。
- 当前的自动加载寄存器被更新为预装载值（TIMx_ARR 寄存器中的内容）。

注：自动装载在计数器重载入之前被更新，因此下一个周期将是预期的值。

当 TIMx_ARR=0x36 时，计数器在不同分频因子下操作的例子如图 8-11～图 8-15 所示。

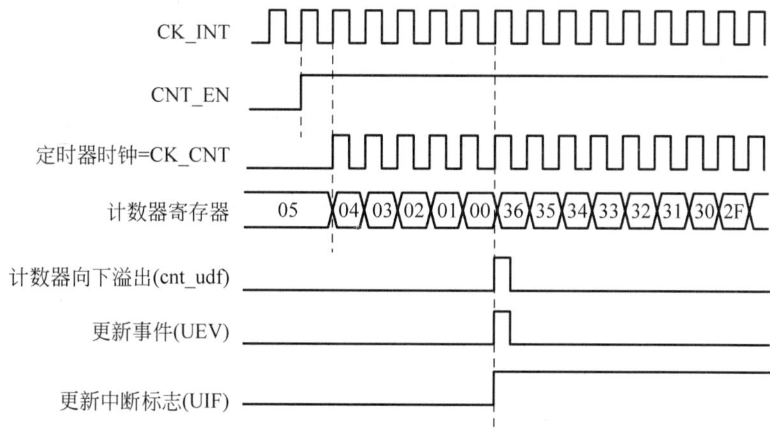

图 8-11 计数器时序图（内部时钟分频因子为 1）

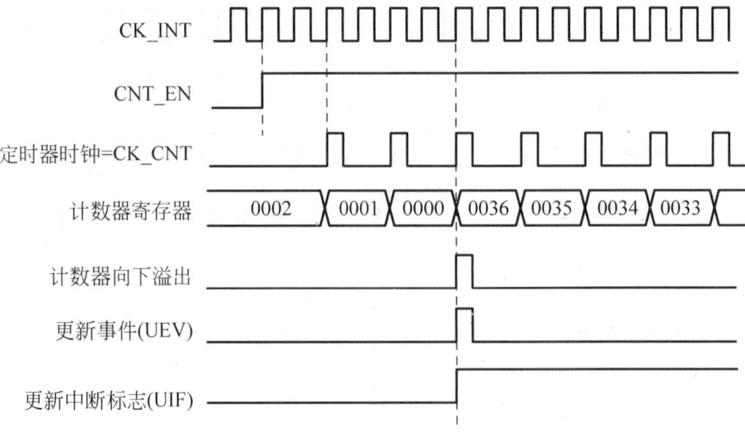

图 8-12　计数器时序图(内部时钟分频因子为 2)

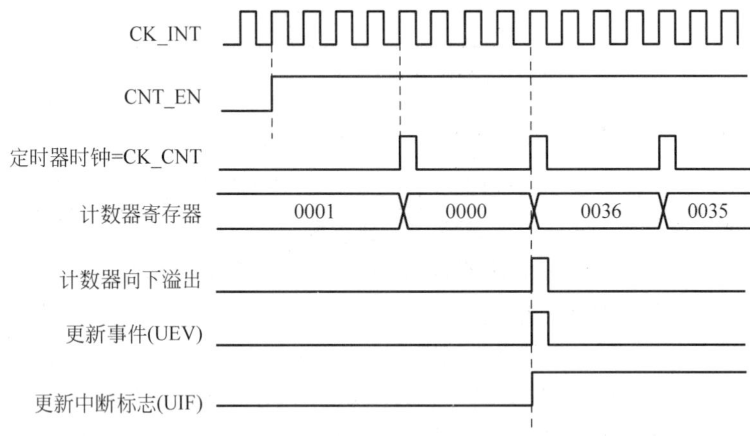

图 8-13　计数器时序图(内部时钟分频因子为 4)

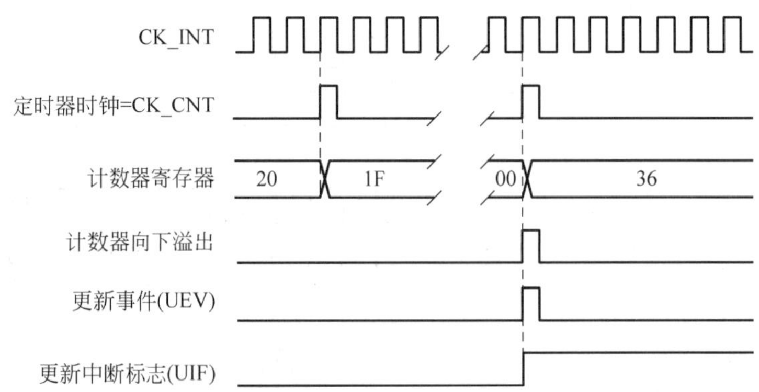

图 8-14　计数器时序图(内部时钟分频因子为 N)

3. 中央对齐模式(向上/向下计数)

在中央对齐模式中，计数器从 0 开始计数到自动加载的值(TIMx_ARR 寄存器)－1，产生一个计数器溢出事件，然后向下计数到 1 并且产生一个计数器下溢事件；然后再从 0 开

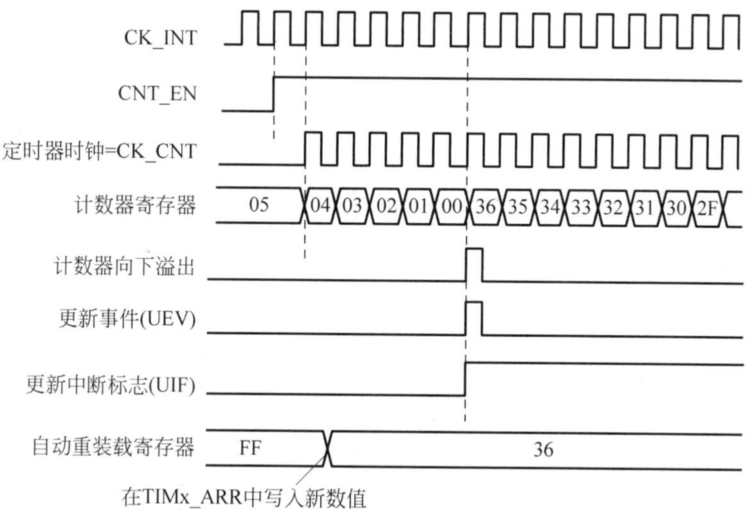

图 8-15 计数器时序图，当没有使用重复计数器时的更新事件

始重新计数。

在这个模式中，不能写入 TIMx_CR1 中的 DIR 方向位。它由硬件更新并指示当前的计数方向。可以在每次计数上溢和每次计数下溢时产生更新事件；也可以通过（软件或者使用从模式控制器）设置 TIMx_EGR 寄存器中的 UG 位产生更新事件。然后，计数器重新从 0 开始计数，预分频器也重新从 0 开始计数。设置 TIMx_CR1 寄存器中的 UDIS 位可以禁止 UEV 事件。这样可以避免在向预装载寄存器中写入新值时更新影子寄存器。因此 UDIS 位被清为 0 之前不会产生更新事件。然而，计数器仍会根据当前自动重加载的值，继续向上或向下计数。

此外，如果设置了 TIMx_CR1 寄存器中的 URS 位（选择更新请求），设置 UG 位将产生一个更新事件 UEV 但不设置 UIF 标志（因此不产生中断和 DMA 请求），这是为了避免在发生捕获事件并清除计数器时，同时产生更新和捕获中断。

当发生更新事件时，所有的寄存器都被更新，并且（根据 URS 位的设置）更新标志位（TIMx_SR 寄存器中的 UIF 位）也被设置。同时执行以下操作：

- 预分频器的缓存器被加载为预装载（TIMx_PSC 寄存器）的值。
- 当前的自动加载寄存器被更新为预装载值（TIMx_ARR 寄存器中的内容）。

注：如果因为计数器溢出而产生更新，自动重装载将在计数器重载入之前被更新，因此下一个周期将是预期的值（计数器被装载为新的值）。

计数器在不同分频因子下操作的例子如图 8-16～图 8-21 所示。

8.2.3 时钟选择

定时器的计数脉冲可由下列时钟源提供：

(1) 内部时钟（CK_INT）。

(2) 外部时钟模式 1：外部输入脚（TIx）（相当于计数器功能）。

(3) 外部时钟模式 2：外部触发输入（ETR）（相当于计数器功能）。

(4) 内部触发输入（ITRx）：使用一个定时器作为另一个定时器的预分频器（相当于定

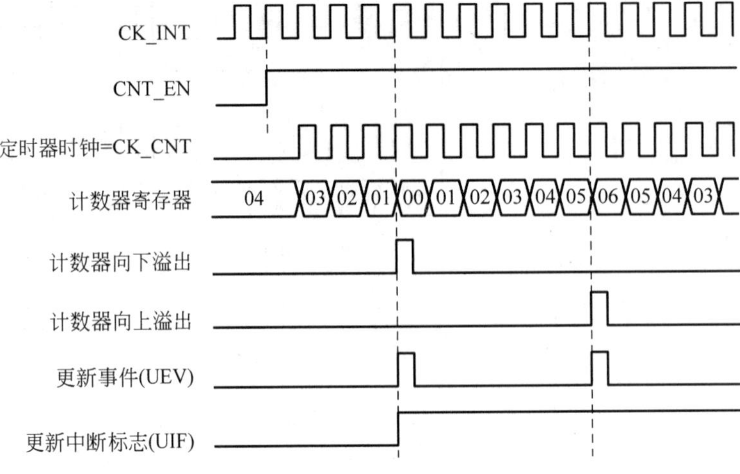

图 8-16　计数器时序图，内部时钟分频因子为 1，TIMx_ARR=0x6

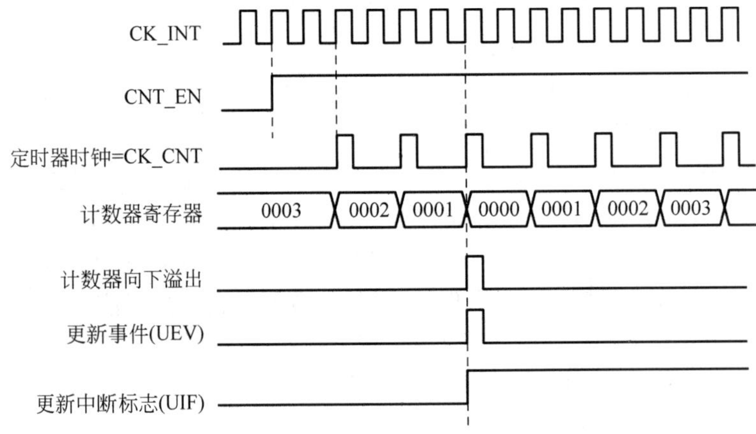

图 8-17　计数器时序图，内部时钟分频因子为 2

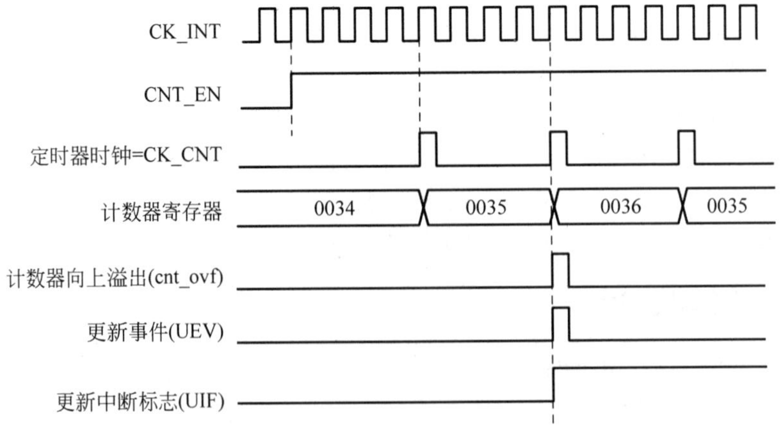

图 8-18　计数器时序图，内部时钟分频因子为 4，TIMx_ARR=0x36

注：这里使用了中心对齐模式 2 或 3，计数器溢出时设置 UIF

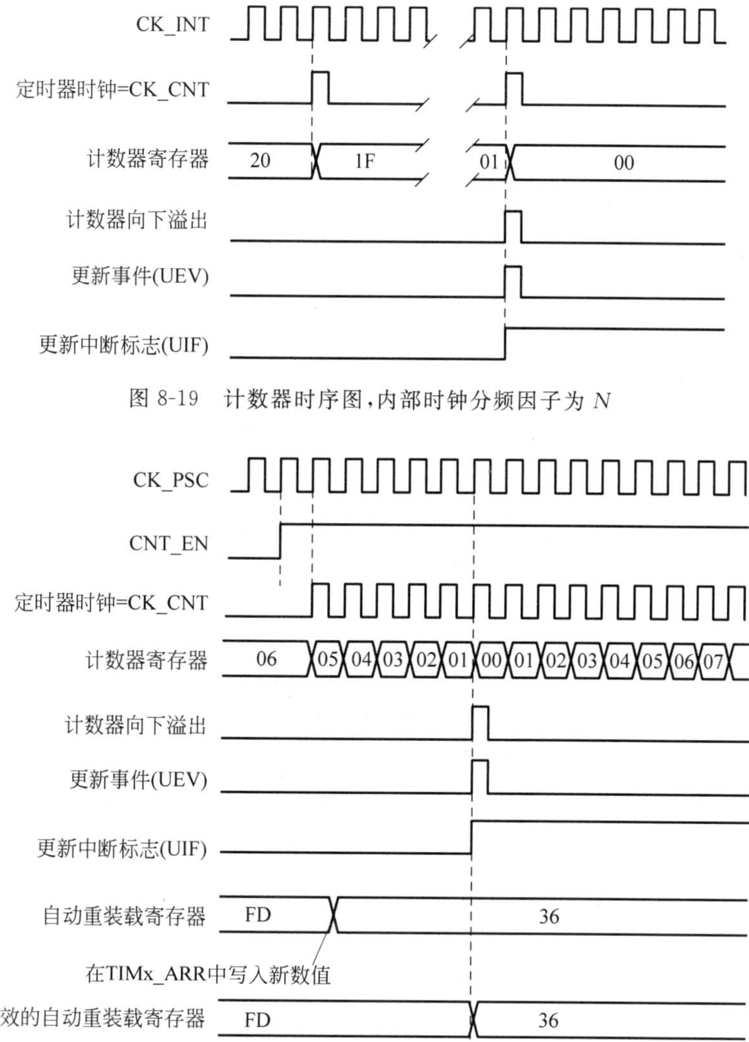

图 8-19　计数器时序图，内部时钟分频因子为 N

图 8-20　计数器时序图，ARPE＝1 时的更新事件（计数器下溢）

时器级联）。

1．内部时钟源（CK_INT）

如果禁止了从模式控制器（TIMx_SMCR 寄存器的 SMS＝000），则 CEN、DIR（TIMx_CR1 寄存器）和 UG 位（TIMx_EGR 寄存器）是事实上的控制位，并且只能被软件修改（UG 位仍被自动清除）。只要 CEN 位被写成 1，预分频器的时钟就由内部时钟 CK_INT 提供。

图 8-22 显示了向上计数器在一般模式下，不带预分频器时的操作。其中，CNT_INIT 为计数器初始化标志位，UG 为 1 时将置 1，同时计数器复位。

2．外部时钟源模式 1

当 TIMx_SMCR 寄存器的 SMS＝111 时，此模式被选中。计数器可以在选定输入端的每个上升沿或下降沿计数。

TI2 作为外部时钟的例子如图 8-23 所示。

例如，要配置向上计数器在 TI2 输入端的上升沿计数，使用下列步骤：

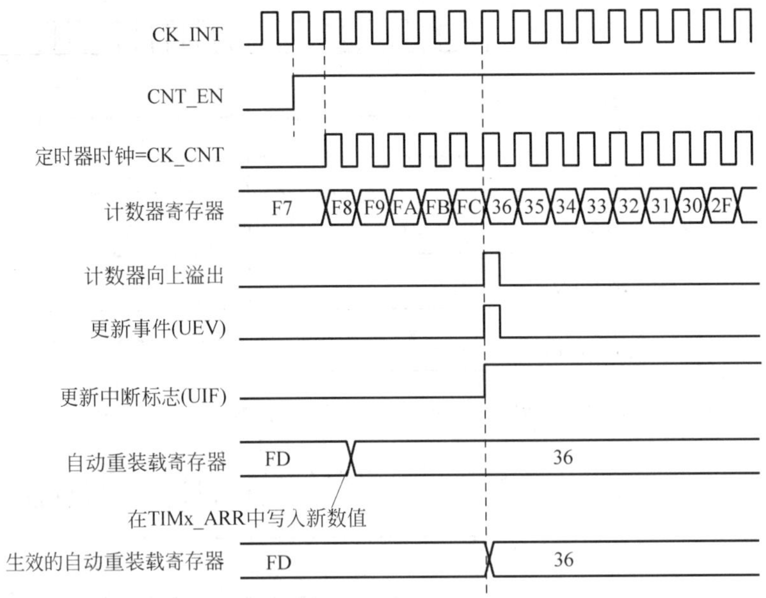

图 8-21　计数器时序图，ARPE＝1 时的更新事件（计数器溢出）

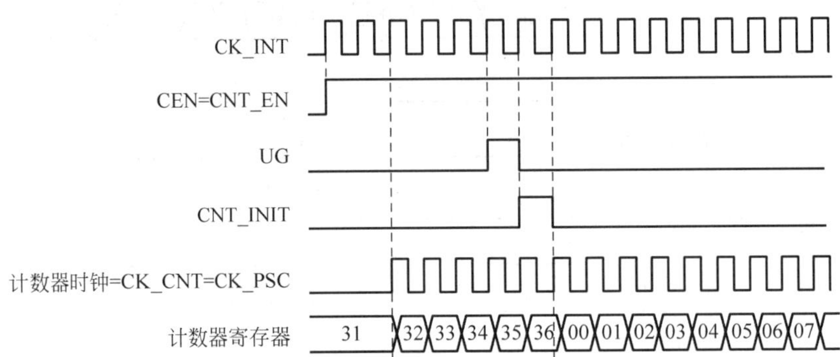

图 8-22　一般模式下向上计数器的时序图（内部时钟分频因子为 1）

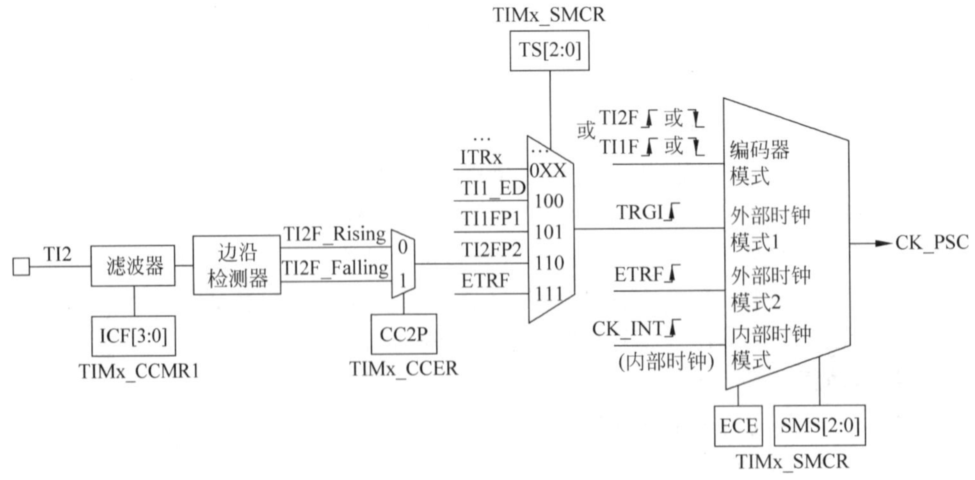

图 8-23　TI2 作为外部时钟的例子

(1) 配置 TIMx_CCMR1 寄存器 CC2S='01',配置通道 2 检测 TI2 输入的上升沿。

(2) 配置 TIMx_CCMR1 寄存器的 IC2F[3:0],选择输入滤波器带宽(如果不需要滤波器,保持 IC2F=0000)。捕获预分频器不用作触发,所以不需要对它进行配置。

(3) 配置 TIMx_CCER 寄存器的 CC2P='0',选定上升沿极性。

(4) 配置 TIMx_SMCR 寄存器的 SMS='111',选择定时器外部时钟模式 1。

(5) 配置 TIMx_SMCR 寄存器中的 TS='110',选定 TI2 作为触发输入源。

(6) 设置 TIMx_CR1 寄存器的 CEN='1',启动计数器。

当上升沿出现在 TI2,计数器计数一次,且 TIF 标志被设置。

在 TI2 的上升沿和计数器实际时钟之间的延时,取决于在 TI2 输入端的重新同步电路。定时器在外部时钟模式 1 下的时序图如图 8-24 所示。

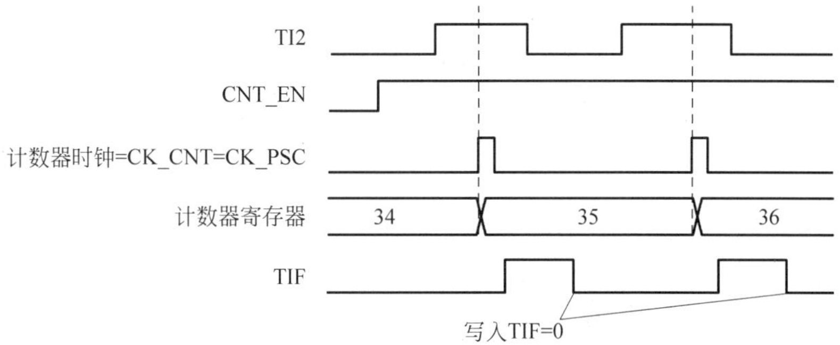

图 8-24　定时器在外部时钟模式 1 下的时序图

3. 外部时钟源模式 2

选定此模式的方法为:令 TIMx_SMCR 寄存器中的 ECE=1。在此模式下,计数器能够在外部触发 ETR 的每一个上升沿或下降沿计数。外部触发输入模式框图如图 8-25 所示。

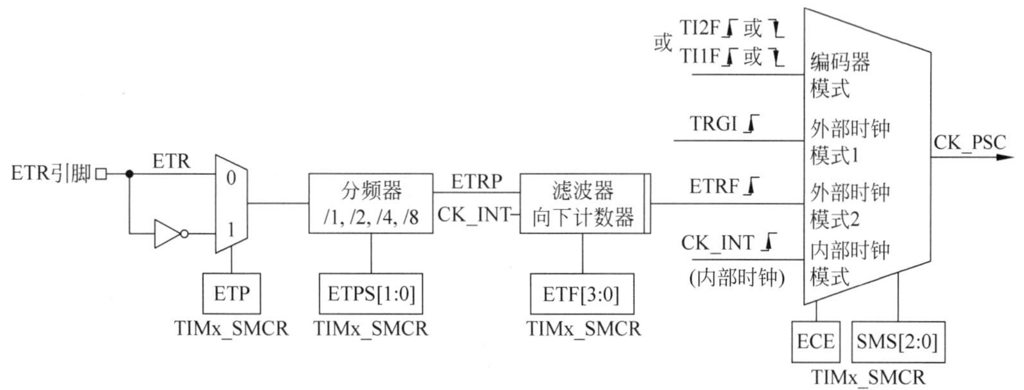

图 8-25　外部触发输入模式框图

例如,要配置在 ETR 下每 2 个上升沿计数一次的向上计数器,使用下列步骤:

(1) 本例中不需要滤波器,置 TIMx_SMCR 寄存器中的 ETF[3:0]=0000。

(2) 设置预分频器,置 TIMx_SMCR 寄存器中的 ETPS[1:0]=01。

(3) 设置在 ETR 的上升沿检测,置 TIMx_SMCR 寄存器中的 ETP=0。

(4) 开启外部时钟模式 2,置 TIMx_SMCR 寄存器中的 ECE=1。

(5) 启动计数器,置 TIMx_CR1 寄存器中的 CEN=1。计数器在每 2 个 ETR 上升沿计数一次。

在 ETR 的上升沿和计数器实际时钟之间的延时取决于在 ETRP 信号端的重新同步电路。

外部时钟模式 2 下的时序图如图 8-26 所示。

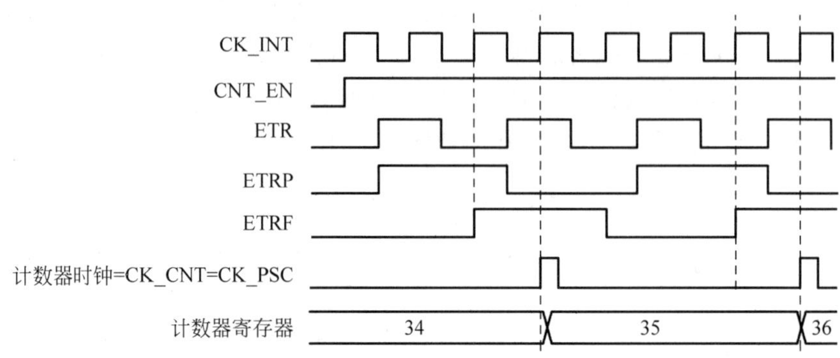

图 8-26 外部时钟模式 2 下的时序图

8.2.4 捕获/比较通道

每一个捕获/比较通道都围绕着一个捕获/比较寄存器(包含影子寄存器),包括捕获的输入部分(数字滤波、多路复用和预分频器)和输出部分(比较器和输出控制)。

捕获/比较通道输入部分的结构(如:通道 1 输入部分)如图 8-27 所示。

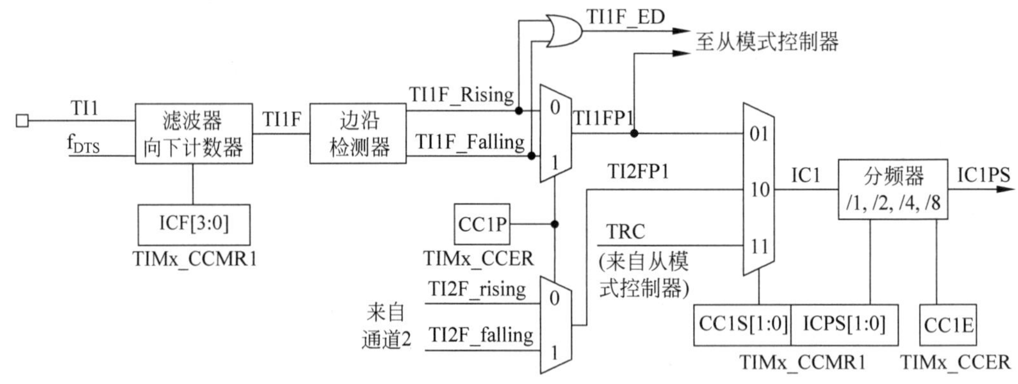

图 8-27 捕获/比较通道输入部分的结构(如:通道 1 输入部分)

捕获/比较通道 1 的主电路如图 8-28 所示。

输出部分产生一个中间波形 OCxRef(高有效)作为基准,链的末端决定最终输出信号的极性。捕获/比较通道的输出部分(通道 1)如图 8-29 所示。

捕获/比较模块由一个预装载寄存器和一个影子寄存器组成。读写过程仅操作预装载寄存器。在捕获模式下,捕获发生在影子寄存器上,然后再复制到预装载寄存器中。在比较模式下,预装载寄存器的内容被复制到影子寄存器中,然后影子寄存器的内容和计数器进行比较。

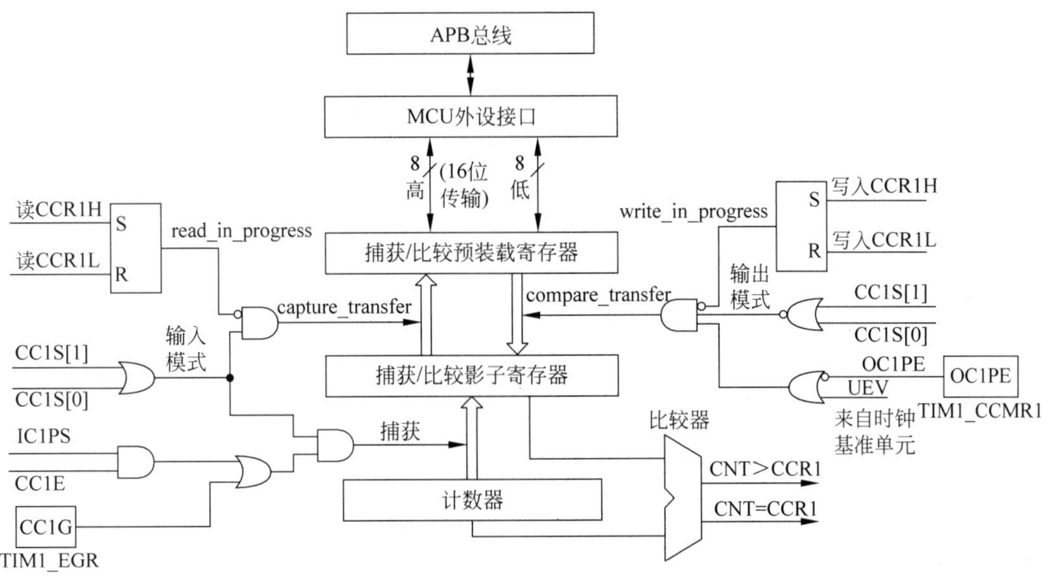

图 8-28 捕获/比较通道 1 的主电路

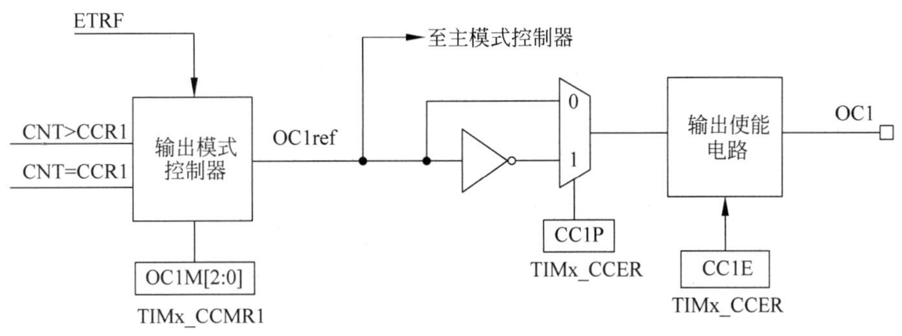

图 8-29 捕获/比较通道的输出部分(通道 1)

8.3 普通定时器的工作模式

1. 输入捕获模式

在输入捕获模式下，当检测到 ICx 信号上相应的边沿后，计数器的当前值被锁存到捕获/比较寄存器(TIMx_CCRx)中。当捕获事件发生时，相应的 CCxIF 标志(在 TIMx_SR 寄存器中)被置 1，如果使能了中断或者 DMA 操作，则将产生中断或者 DMA 操作。如果捕获事件发生时 CCxIF 标志已经为高，那么重复捕获标志 CCxOF(在 TIMx_SR 寄存器中)被置 1。写 CCxIF=0 可清除 CCxIF，或读取存储在 TIMx_CCRx 寄存器中的捕获数据也可清除 CCxIF。写 CCxOF=0 可清除 CCxOF。

以下例子说明如何在 TI1 输入的上升沿时捕获计数器的值到 TIMx_CCR1 寄存器中，步骤如下：

(1) 选择有效输入端。TIMx_CCR1 必须连接到 TI1 输入，所以写入 TIMx_CCMR1 寄存器中的 CC1S=01，只要 CC1S 不为 00，通道被配置为输入，并且 TM1_CCR1 寄存器变为只读。

(2) 根据输入信号的特点，配置输入滤波器为所需的带宽(即输入为 TIx 时，输入滤波器控制位是 TIMx_CCMRx 寄存器中的 ICxF 位)。假设输入信号在最多 5 个内部时钟周期的时间内抖动，那么必须配置滤波器的带宽长于 5 个时钟周期。因此，可以(以 f_{DTS}频率)连续采样 8 次，以确认在 TI1 上一次真实的边沿变换，即在 TIMx_CCMR1 寄存器中写入 IC1F=0011。

(3) 选择 TI1 通道的有效转换边沿，在 TIMx_CCER 寄存器中写入 CC1P=0(上升沿)。

(4) 配置输入预分频器。在本例中，希望捕获发生在每一个有效的电平转换时刻，因此预分频器被禁止(写 TIMx_CCMR1 寄存器的 IC1PS=00)。

(5) 设置 TIMx_CCER 寄存器的 CC1E=1，允许捕获计数器的值到捕获寄存器中。

(6) 如果需要，通过设置 TIMx_DIER 寄存器中的 CC1IE 位允许相关中断请求，通过设置 TIMx_DIER 寄存器中的 CC1DE 位允许 DMA 请求。

当发生输入捕获时：

(1) 产生有效的电平转换时，计数器的值被传送到 TIMx_CCR1 寄存器。

(2) CC1IF 标志被设置(中断标志)。当发生至少 2 个连续的捕获时，且 CC1IF 未曾被清除，CC1OF 也被置 1。

(3) 如设置了 CC1IE 位，则会产生一个中断。

(4) 如设置了 CC1DE 位，则还会产生一个 DMA 请求。

为了处理捕获溢出，建议在读出捕获溢出标志之前读取数据，这是为了避免丢失在读出捕获溢出标志之后和读取数据之前可能产生的捕获溢出信息。

可以通过设置 TIMx_EGR 寄存器中相应的 CCxG 位，软件产生输入捕获中断和/或 DMA 请求。

2. PWM 输入模式

该模式是输入捕获模式的一个特例，除下列区别外，操作与输入捕获模式相同：

(1) 两个 ICx 信号被映射至同一个 TIx 输入。

(2) 这两个 ICx 信号为边沿有效，但是极性相反。

(3) 其中一个 TIxFP 信号被作为触发输入信号，而从模式控制器被配置成复位模式。

例如，如果需要测量输入到 TI1 上的 PWM 信号的长度(TIMx_CCR1 寄存器)和占空比(TIMx_CCR2 寄存器)，具体步骤如下(取决于 CK_INT 的频率和预分频器的值)：

(1) 选择 TIMx_CCR1 的有效输入：置 TIMx_CCMR1 寄存器的 CC1S=01(选择 TI1)。

(2) 选择 TI1FP1 的有效极性(用来捕获数据到 TIMx_CCR1 中并清除计数器)：置 TIMx_CCER 寄存器的 CC1P=0(上升沿有效)。

(3) 选择 TIMx_CCR2 的有效输入：置 TIMx_CCMR1 寄存器的 CC2S=10(选择 TI1)。

(4) 选择 TI1FP2 的有效极性(捕获数据到 TIMx_CCR2)：置 TIMx_CCER 寄存器的 CC2P=1(下降沿有效)。

(5) 选择有效的触发输入信号：置 TIMx_SMCR 寄存器中的 TS=101(选择 TI1FP1)。

(6) 配置从模式控制器为复位模式：置 TIMx_SMCR 中的 SMS=100。

(7) 使能捕获：置 TIMx_CCER 寄存器中 CC1E=1 且 CC2E=1。

PWM 输入模式时序如图 8-30 所示。

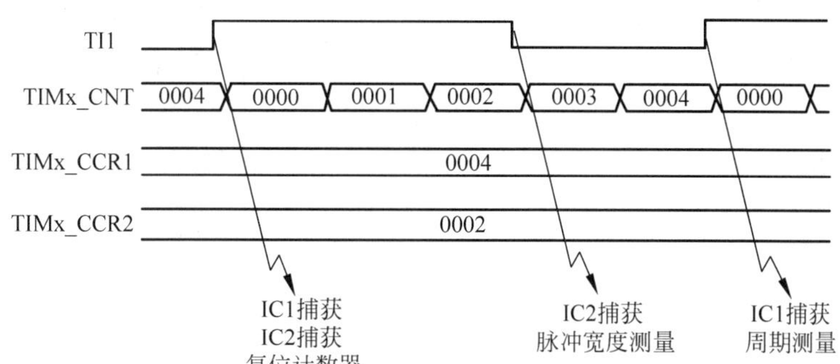

图 8-30 PWM 输入模式时序

由于只有 TI1FP1 和 TI2FP2 连到了从模式控制器，所以 PWM 输入模式只能使用 TIMx_CH1/TIMx_CH2 信号。

3. 强置输出模式

在输出模式(TIMx_CCMRx 寄存器中 CCxS=00)下，输出比较信号(OCxREF 和相应的 OCx)能够直接由软件强置为有效或无效状态，而不依赖于输出比较寄存器和计数器间的比较结果。置 TIMx_CCMRx 寄存器中相应的 OCxM=101，即可强置输出比较信号(OCxREF/OCx)为有效状态。这样 OCxREF 被强置为高电平(OCxREF 始终为高电平有效)，同时 OCx 得到 CCxP 极性位相反的值。

例如，CCxP=0(OCx 高电平有效)，则 OCx 被强置为高电平。置 TIMx_CCMRx 寄存器中的 OCxM=100，可强置 OCxREF 信号为低。

该模式下，在 TIMx_CCRx 影子寄存器和计数器之间的比较仍然在进行，相应的标志也会被修改。因此仍然会产生相应的中断和 DMA 请求。

4. 输出比较模式

此项功能是用来控制一个输出波形，或者指示给定的时间已经到。当计数器与捕获/比较寄存器的内容相同时，输出比较功能做如下操作：

(1) 将输出比较模式(TIMx_CCMRx 寄存器中的 OCxM 位)和输出极性(TIMx_CCER 寄存器中的 CCxP 位)定义的值输出到对应的引脚上。在比较匹配时，输出引脚可以保持它的电平(OCxM=000)、被设置成有效电平(OCxM=001)、被设置成无效电平(OCxM=010)或进行翻转(OCxM=011)。

(2) 设置中断状态寄存器中的标志位(TIMx_SR 寄存器中的 CCxIF 位)。

(3) 若设置了相应的中断使能位(TIMx_DIER 寄存器中的 CCxIE 位)，则产生一个中断。

(4) 若设置了相应的 DMA 使能位(TIMx_DIER 寄存器中的 CCxDE 位，TIMx_CR2 寄存器中的 CCDS 位选择 DMA 请求功能)，则产生一个 DMA 请求。

TIMx_CCMRx 中的 OCxPE 位选择 TIMx_CCRx 寄存器是否需要使用预装载寄存器。

在输出比较模式下，更新事件 UEV 对 OCxREF 和 OCx 输出没有影响。同步的精度可以达到计数器的一个计数周期。在单脉冲模式下，输出比较模式也能用来输出一个单脉冲。

输出比较模式的配置步骤如下：

(1) 选择计数器时钟(内部、外部、预分频器)。

(2) 将相应的数据写入 TIMx_ARR 和 TIMx_CCRx 寄存器中。

(3) 如果要产生中断请求和/或 DMA 请求，设置 CCxIE 位和/或 CCxDE 位。

(4) 选择输出模式，例如当计数器 CNT 与 CCRx 匹配时翻转 OCx 的输出引脚，CCRx 预装载未用，开启 OCx 输出且高电平有效，则设置 OCxM='011'、OCxPE='0'、CCxP='0'和 CCxE='1'。

(5) 设置 TIMx_CR1 寄存器的 CEN 位启动计数器。

TIMx_CCRx 寄存器能够在任何时候通过软件进行更新以控制输出波形，条件是未使用预装载寄存器(OCxPE='0'，否则 TIMx_CCRx 影子寄存器只能在发生下一次更新事件时被更新)。

输出比较模式的一个例子如图 8-31 所示。

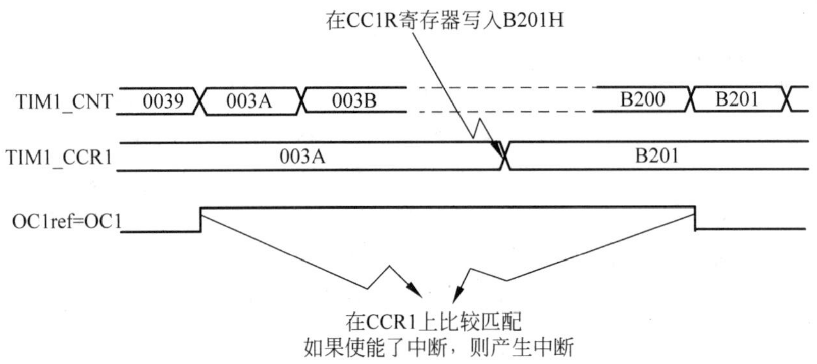

图 8-31 输出比较模式的一个例子(翻转 OC1)

5. PWM 模式

脉冲宽度调制模式可以产生一个由 TIMx_ARR 寄存器确定频率、由 TIMx_CCRx 寄存器确定占空比的信号。在 TIMx_CCMRx 寄存器中的 OCxM 位写入 110(PWM 模式 1)或 111(PWM 模式 2)，能够独立地设置每个 OCx 输出通道产生一路 PWM。必须设置 TIMx_CCMRx 寄存器 OCxPE 位以使能相应的预装载寄存器，最后还要设置 TIMx_CR1 寄存器的 ARPE 位，(在向上计数或中心对称模式中)使能自动重装载的预装载寄存器。

仅当发生一个更新事件的时候，预装载寄存器才能被传送到影子寄存器，因此在计数器开始计数之前，必须通过设置 TIMx_EGR 寄存器中的 UG 位来初始化所有的寄存器。OCx 的极性可以通过软件在 TIMx_CCER 寄存器中的 CCxP 位设置，它可以设置为高电平有效或低电平有效。TIMx_CCER 寄存器中的 CCxE 位控制 OCx 输出使能。

在 PWM 模式(模式 1 或模式 2)下，TIMx_CNT 和 TIMx_CCRx 始终在进行比较，(依据计数器的计数方向)以确定是否符合 TIMx_CCRx≤TIMx_CNT 或者 TIMx_CNT≤TIMx_CCRx。然而为了与 OCREF_CLR 的功能(在下一个 PWM 周期之前，ETR 信号上的一个外部事件能够清除 OCxREF)一致，OCxREF 信号只能在下述条件下产生：

- 当比较的结果改变，或
- 当输出比较模式（TIMx_CCMRx 寄存器中的 OCxM 位）从“冻结”（无比较，OCxM＝'000'）切换到某个 PWM 模式（OCxM＝'110'或'111'）。

这样在运行中可以通过软件强置 PWM 输出。根据 TIMx_CR1 寄存器中 CMS 位的状态，定时器能够产生边沿对齐的 PWM 信号或中央对齐的 PWM 信号。

1）PWM 边沿对齐模式

（1）向上计数配置。

当 TIMx_CR1 寄存器中的 DIR 位为低的时候执行向上计数。例如，对于 PWM 模式 1，当 TIMx_CNT＜TIMx_CCRx 时 PWM 信号参考 OCxREF 为高，否则为低。如果 TIMx_CCRx 中的比较值大于自动重装载值（TIMx_ARR），则 OCxREF 保持为 1。如果比较值为 0，则 OCxREF 保持为 0。TIMx_ARR＝8 时边沿对齐的 PWM 波形实例如图 8-32 所示。

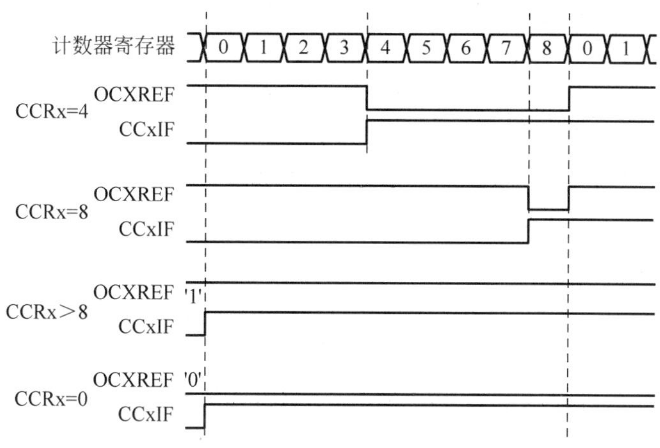

图 8-32　边沿对齐的 PWM 波形（ARR＝8）

（2）向下计数的配置。

当 TIMx_CR1 寄存器的 DIR 位为高时执行向下计数。例如，在 PWM 模式 1 下，当 TIMx_CNT＞TIMx_CCRx 时参考信号 OCxREF 为低，否则为高。如果 TIMx_CCRx 中的比较值大于 TIMx_ARR 中的自动重装载值，则 OCxREF 保持为 1。该模式下能产生 0％的 PWM 波形。

2）PWM 中央对齐模式

当 TIMx_CR1 寄存器中的 CMS 位不为 00 时，为中央对齐模式（所有其他的配置对 OCxREF/OCx 信号都有相同的作用）。根据不同的 CMS 位设置，比较标志可以在计数器向上计数时被置 1、在计数器向下计数时被置 1 或在计数器向上和向下计数时被置 1。TIMx_CR1 寄存器中的计数方向位（DIR）由硬件更新，不要用软件修改它。图 8-33 给出了一些中央对齐的 PWM 波形的例子。

其中：

- TIMx_ARR＝8
- PWM 模式 1

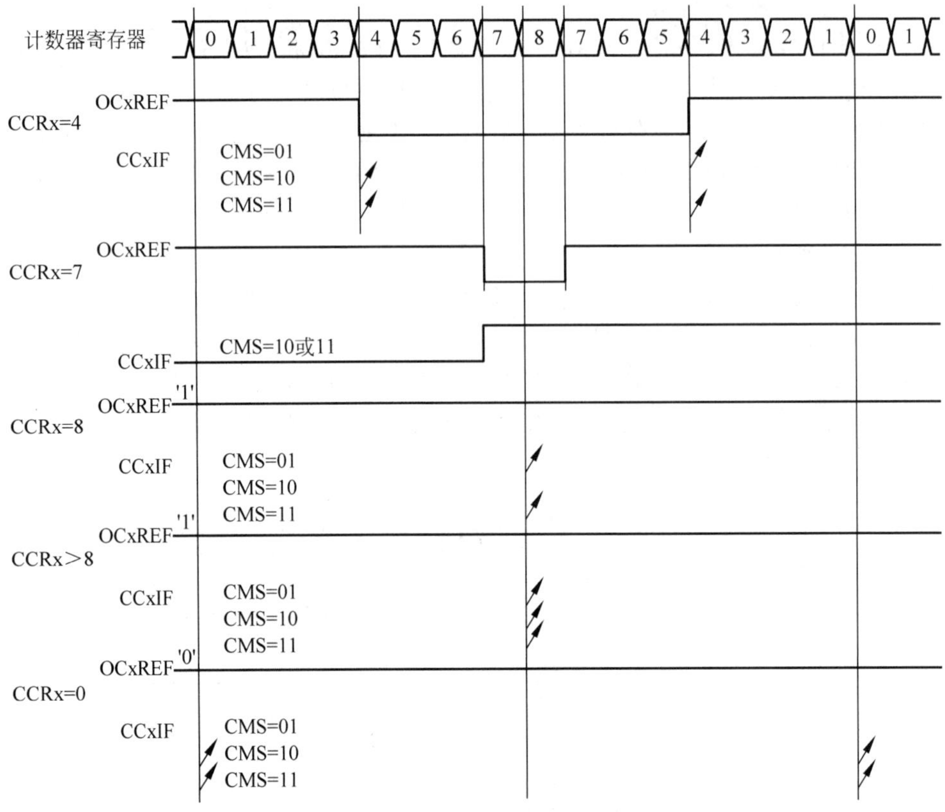

图 8-33 中央对齐的 PWM 波形(APR＝8)

- TIMx_CR1 寄存器中的 CMS＝01,在中央对齐模式 1 时,当计数器向下计数时设置比较标志。

使用中央对齐模式需要注意以下事项:

(1) 进入中央对齐模式时,使用当前的向上/向下计数配置;这就意味着计数器向上还是向下计数取决于 TIMx_CR1 寄存器中 DIR 位的当前值。此外,软件不能同时修改 DIR 和 CMS 位。

(2) 不推荐当运行在中央对齐模式时改写计数器,因为这会产生不可预知的结果。特别地,如果写入计数器的值大于自动重加载的值(TIMx_CNT＞TIMx_ARR),则方向不会被更新。例如,如果计数器正在向上计数,它就会继续向上计数。如果将 0 或者 TIMx_ARR 的值写入计数器,方向被更新,但不产生更新事件 UEV。

(3) 使用中央对齐模式最保险的方法,就是在启动计数器之前产生一个软件更新(设置 TIMx_EGR 位中的 UG 位),不要在计数进行过程中修改计数器的值。

6. 单脉冲模式

单脉冲模式(OPM)是前述众多模式的一个特例。这种模式允许计数器响应一个激励,并在一个程序可控的延时之后,产生一个脉宽可程序控制的脉冲。

可以通过从模式控制器启动计数器,在输出比较模式或者 PWM 模式下产生波形。设置 TIMx_CR1 寄存器中的 OPM 位将选择单脉冲模式,这样可以让计数器自动地在产生下一个更新事件 UEV 时停止。

仅当比较值与计数器的初始值不同时，才能产生一个脉冲。启动之前（当定时器正在等待触发），必须完成如下配置。

向上计数方式：CNT＜CCRx≤ARR（特别地，0＜CCRx）。

向下计数方式：CNT＞CCRx。

一个单脉冲模式的例子如图 8-34 所示。

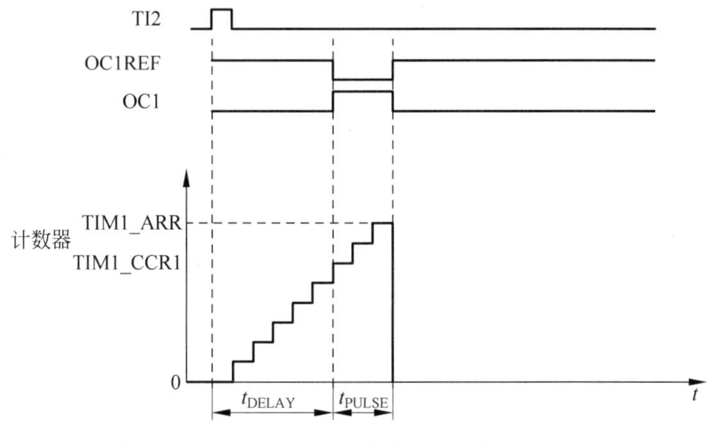

图 8-34 一个单脉冲模式的例子

例如，如果需要在从 TI2 输入脚上检测到一个上升沿开始，延迟 t_{DELAY}之后，在 OC1 上产生一个长度为 t_{PULSE}的正脉冲。假定 TI2FP2 作为触发 1，则需要进行如下配置：

(1) 置 TIMx_CCMR1 寄存器中的 CC2S='01'，把 TI2FP2 映像到 TI2。

(2) 置 TIMx_CCER 寄存器中的 CC2P='0'，使 TI2FP2 能够检测上升沿。

(3) 置 TIMx_SMCR 寄存器中的 TS='110'，TI2FP2 作为从模式控制器的触发（TRGI）。

(4) 置 TIMx_SMCR 寄存器中的 SMS='110'（触发模式），TI2FP2 被用来启动计数器。

OPM 波形由写入比较寄存器的数值决定（要考虑时钟频率和计数器预分频器）：

(1) t_{DELAY}由写入 TIMx_CCR1 寄存器中的值定义。

(2) t_{PULSE}由自动装载值和比较值之间的差值定义（TIMx_ARR-TIMx_CCR1）。

(3) 假定当发生比较匹配时要产生从 0 到 1 的波形，当计数器到达预装载值时要产生一个从 1 到 0 的波形；首先要置 TIMx_CCMR1 寄存器的 OC1M='111'，进入 PWM 模式 2；根据需要有选择地使能预装载寄存器：置 TIMx_CCMR1 中的 OC1PE='1'和 TIMx_CR1 寄存器中的 ARPE；然后在 TIMx_CCR1 寄存器中填写比较值，在 TIMx_ARR 寄存器中填写自动装载值，修改 UG 位来产生一个更新事件，然后等待在 TI2 上的一个外部触发事件。本例中，CC1P='0'。

在这个例子中，TIMx_CR1 寄存器中的 DIR 和 CMS 位应该置低。因为只需一个脉冲，所以必须设置 TIMx_CR1 寄存器中的 OPM='1'，在下一个更新事件（当计数器从自动装载值翻转到 0）时停止计数。

如果要快速使能 OCx，在单脉冲模式下，在 TIx 输入脚的边沿检测逻辑设置 CEN 位以启动计数器。然后计数器和比较值间的比较操作产生了输出的转换。但是这些操作需要一定的时钟周期,因此它限制了可得到的最小延时 t_{DELAY}。如果要以最小延时输出波形,可以设置 TIMx_CCMRx 寄存器中的 OCxFE 位;此时 OCxREF(和 OCx)被强制响应激励而不再依赖比较的结果,输出的波形与比较匹配时的波形一样。OCxFE 只在通道配置为 PWM1 和 PWM2 模式时起作用。

7. 编码器接口模式

选择编码器接口模式的方法是:如果计数器只在 TI2 的边沿计数,则置 TIMx_SMCR 寄存器中的 SMS=001;如果只在 TI1 边沿计数,则置 SMS=010;如果计数器同时在 TI1 和 TI2 边沿计数,则置 SMS=011。

通过设置 TIMx_CCER 寄存器中的 CC1P 和 CC2P 位,可以选择 TI1 和 TI2 极性;如果需要,还可以对输入滤波器编程。两个输入 TI1 和 TI2 被用来作为增量编码器的接口。计数方向与编码器信号的关系如表 8-2 所示。

表 8-2 计数方向与编码器信号的关系

有效边沿	相对信号的电平(TI1FP1 对应 TI2,TI2FP2 对应 TI1)	TI1FP1 信号		TI2FP2 信号	
		上升	下降	上升	下降
仅在 TI1 计数	高	向下计数	向上计数	不计数	不计数
	低	向上计数	向下计数	不计数	不计数
仅在 TI2 计数	高	不计数	不计数	向上计数	向下计数
	低	不计数	不计数	向下计数	向上计数
在 TI1 和 TI2 上计数	高	向下计数	向上计数	向上计数	向下计数
	低	向上计数	向下计数	向下计数	向上计数

假定计数器已经启动(TIMx_CR1 寄存器中的 CEN='1'),计数器由每次在 TI1FP1 或 TI2FP2 上的有效跳变驱动。TI1FP1 和 TI2FP2 是 TI1 和 TI2 在通过输入滤波器和极性控制后的信号;如果没有滤波和变相,则 TI1FP1=TI1,TI2FP2=TI2。根据两个输入信号的跳变顺序,产生了计数脉冲和方向信号。依据两个输入信号的跳变顺序,计数器向上或向下计数,同时硬件对 TIMx_CR1 寄存器的 DIR 位进行相应的设置。不管计数器是依靠 TI1 计数、依靠 TI2 计数或者同时依靠 TI1 和 TI2 计数,在任一输入端(TI1 或者 TI2)的跳变都会重新计算 DIR 位。

编码器接口模式基本上相当于使用了一个带有方向选择的外部时钟。这意味着计数器只在 0~TIMx_ARR 寄存器的自动装载值之间连续计数(根据方向,或是 0~ARR 计数,或是 ARR~0 计数)。所以在开始计数之前必须配置 TIMx_ARR;同样,捕获器、比较器、预分频器、触发输出特性等仍工作如常。在这个模式下,计数器依照增量编码器的速度和方向被自动的修改,因此计数器的内容始终指示着编码器的位置。计数方向与相连的传感器旋转的方向对应。表 8-2 列出了所有可能的组合,假设 TI1 和 TI2 不同时变换。

一个外部的增量编码器可以直接与 MCU 连接而不需要外部接口逻辑。但是,一般会使用比较器将编码器的差动输出转换到数字信号,这大大增加了抗噪声干扰能力。编码器输出的第三个信号表示机械零点,可以把它连接到一个外部中断输入并触发一个计数器复位。

一个计数器操作的实例如图 8-35 所示，图中显示了计数信号的产生和方向控制，还显示了当选择了双边沿时，输入抖动是如何被抑制的。在这个例子中，假设配置如下：

(1) CC1S='01'(TIMx_CCMR1 寄存器，IC1FP1 映射到 TI1)；

(2) CC2S='01'(TIMx_CCMR1 寄存器，IC2FP2 映射到 TI2)；

(3) CC1P='0'(TIMx_CCER 寄存器，IC1FP1 不反相，IC1FP1=TI1)；

(4) CC2P='0'(TIMx_CCER 寄存器，IC2FP2 不反相，IC2FP2=TI2)；

(5) SMS='011'(TIMx_SMCR 寄存器，所有的输入均在上升沿和下降沿有效)；

(6) CEN='1'(TIMx_CR1 寄存器，计数器使能)。

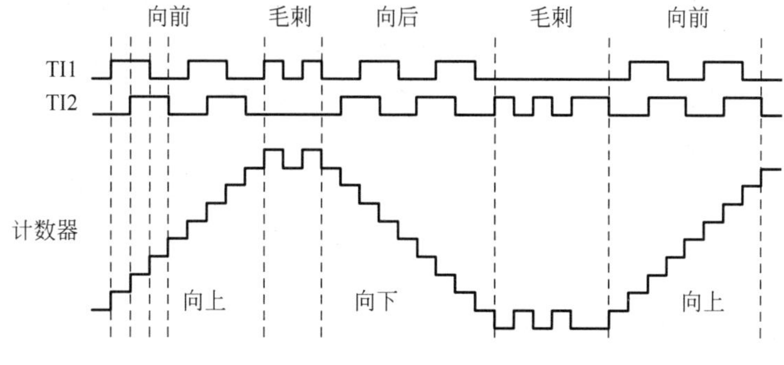

图 8-35　一个计数器操作的实例

当 IC1FP1 极性反相时计数器的操作实例(CC1P='1'，其他配置与上例相同)，如图 8-36 所示。

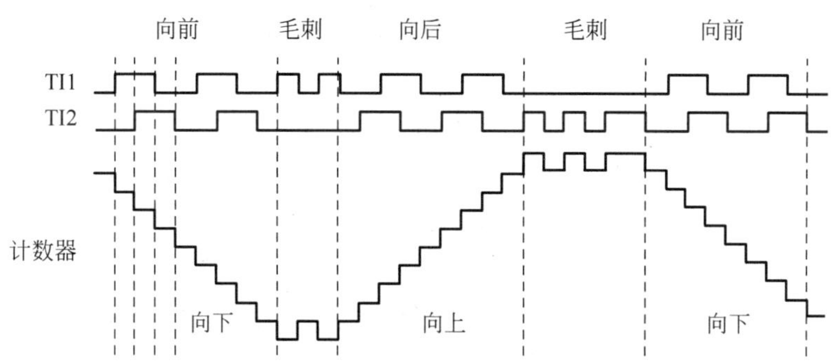

图 8-36　IC1FP1 反相的编码器接口模式实例

当定时器配置成编码器接口模式时，提供传感器当前位置的信息。使用第二个配置在捕获模式的定时器，可以测量两个编码器事件的间隔，获得动态的信息(速度、加速度、减速度)。指示机械零点的编码器输出可被用于此目的。根据两个事件间的间隔，可以按照固定的时间读出计数器。如果可能，可以把计数器的值锁存到第三个输入捕获寄存器(捕获信号必须是周期的并且可以由另一个定时器产生)；也可以通过一个由实时时钟产生的 DMA 请求来读取它的值。

8. 定时器输入异或功能

TIMx_CR2 寄存器中的 TI1S 位，允许通道 1 的输入滤波器连接到一个异或门的输出端，异或门的 3 个输入端为 TIMx_CH1、TIMx_CH2 和 TIMx_CH3。异或输出能够被用于所有定时器的输入功能,如触发或输入捕获。此特性可以用于连接霍尔传感器。

9. 定时器和外部触发的同步

TIMx 定时器能够在复位模式、门控模式或触发模式下和一个外部的触发同步。

1) 复位模式

在发生一个触发输入事件时,计数器和它的预分频器能够重新被初始化;同时,如果 TIMx_CR1 寄存器的 URS 位为低,还会产生一个更新事件 UEV;然后所有的预装载寄存器(TIMx_ARR,TIMx_CCRx)都会被更新。

在下面的例子中,TI1 输入端的上升沿导致向上计数器被清零:

(1) 配置通道 1 以检测 TI1 的上升沿。配置输入滤波器的带宽(在本例中,不需要任何滤波器,因此保持 IC1F＝0000)。触发操作中不使用捕获预分频器,所以不需要配置。CC1S 位选择输入捕获源,即 TIMx_CCMR1 寄存器中 CC1S＝01。置 TIMx_CCER 寄存器中 CC1P＝0 以确定极性(只检测上升沿)。

(2) 置 TIMx_SMCR 寄存器中 SMS＝100,配置定时器为复位模式;置 TIMx_SMCR 寄存器中 TS＝101,选择 TI1 作为输入源。

(3) 置 TIMx_CR1 寄存器中 CEN＝1,启动计数器。

计数器开始依据内部时钟计数,然后正常运转直到 TI1 出现一个上升沿;此时,计数器被清零,然后从 0 重新开始计数。同时,触发标志(TIMx_SR 寄存器中的 TIF 位)被设置,根据 TIMx_DIER 寄存器中 TIE(中断使能)位和 TDE(DMA 使能)位的设置,产生一个中断请求或一个 DMA 请求。

复位模式下,当自动重装载寄存器 TIMx_ARR＝0x36 时的动作如图 8-37 所示。其中,在 TI1 上升沿和计数器的实际复位之间的延时,取决于 TI1 输入端的重同步电路。

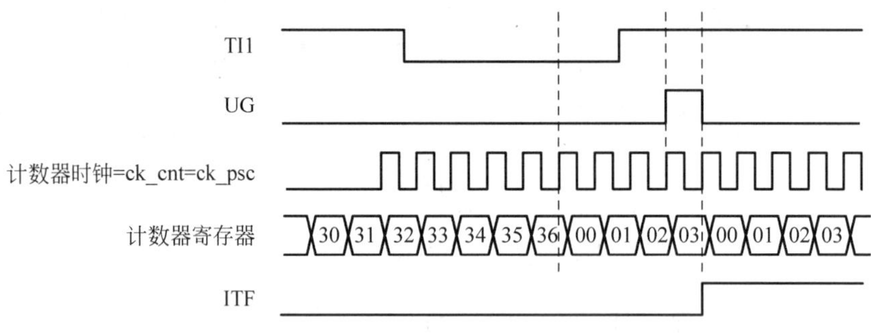

图 8-37　复位模式下的动作时序(ARR＝0x36)

2) 门控模式

按照选中的输入端电平使能计数器。

在下面的例子中,计数器只在 TI1 为低时向上计数:

(1) 配置通道 1 以检测 TI1 上的低电平。配置输入滤波器带宽(本例中,不需要滤波,所以保持 IC1F＝0000)。触发操作中不使用捕获预分频器,所以不需要配置。CC1S 位用于选择输入捕获源,置 TIMx_CCMR1 寄存器中 CC1S＝01。置 TIMx_CCER 寄存器中 CC1P＝1 以确定极性(只检测低电平)。

(2) 置 TIMx_SMCR 寄存器中 SMS＝101,配置定时器为门控模式;置 TIMx_SMCR 寄存器中 TS＝101,选择 TI1 作为输入源。

（3）置 TIMx_CR1 寄存器中 CEN＝1，启动计数器。在门控模式下，如果 CEN＝0，则计数器不能启动，不论触发输入电平如何。

只要 TI1 为低，计数器开始依据内部时钟计数，在 TI1 变高时停止计数。当计数器开始或停止时都设置 TIMx_SR 中的 TIF 标志。

门控模式下的动作时序如图 8-38 所示。其中，TI1 上升沿和计数器实际停止之间的延时，取决于 TI1 输入端的重同步电路。

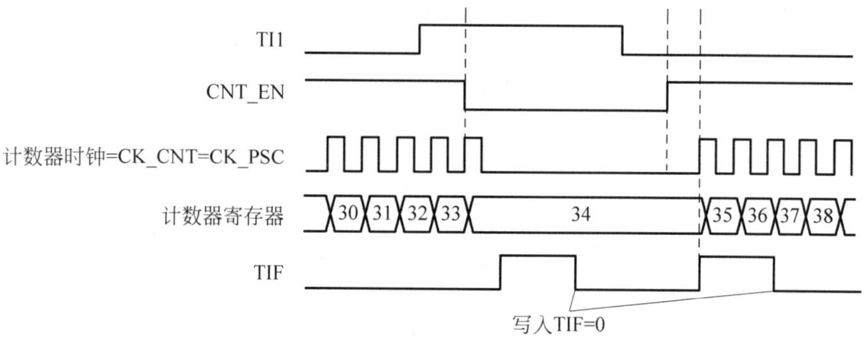

图 8-38　门控模式下的动作时序

3）触发模式

输入端上选中的事件使能计数器。

在下面的例子中，计数器在 TI2 输入的上升沿开始向上计数：

（1）配置通道 2 检测 TI2 的上升沿。配置输入滤波器带宽（本例中，不需要任何滤波器，保持 IC2F＝0000）。触发操作中不使用捕获预分频器，不需要配置。CC2S 位用于选择输入捕获源，置 TIMx_CCMR1 寄存器中 CC2S＝01。置 TIMx_CCER 寄存器中 CC2P＝1 以确定极性（只检测低电平）。

（2）置 TIMx_SMCR 寄存器中 SMS＝110，配置定时器为触发模式；置 TIMx_SMCR 寄存器中 TS＝110，选择 TI2 作为输入源。

当 TI2 出现一个上升沿时，计数器开始在内部时钟驱动下计数，同时设置 TIF 标志。

触发模式下的动作时序如图 8-39 所示。其中，TI2 上升沿和计数器启动计数之间的延时，取决于 TI2 输入端的重同步电路。

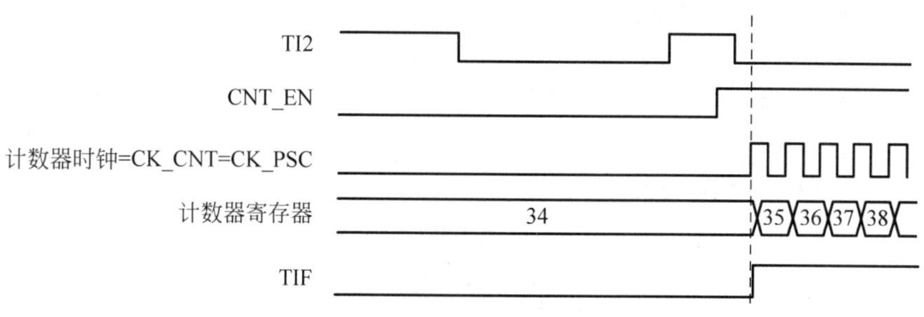

图 8-39　触发模式下的动作时序

10. 定时器同步

所有 TIMx 定时器在内部相连，用于定时器同步或链接。当一个定时器处于主模式时，它可以对另一个处于从模式的定时器的计数器进行复位、启动、停止或提供时钟等操作。

定时器同步可以提供以下操作：

- 使用一个定时器作为另一个定时器的预分频器。
- 使用一个定时器使能另一个定时器。
- 使用一个定时器去启动另一个定时器。
- 使用一个外部触发同步地启动两个定时器。

下面以使用一个定时器作为另一个定时器的预分频器为例说明定时器同步的用法。其他同步操作，请参考《STM32F10x微控制器参考手册》。

使用一个定时器作为另一个定时器的预分频器的例子如图8-40所示。

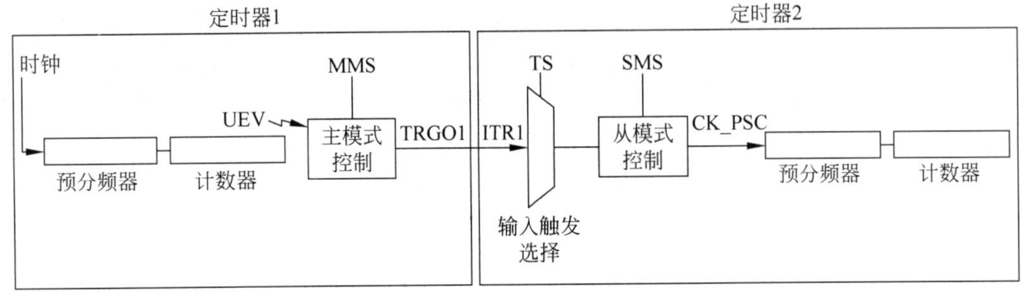

图8-40　主/从定时器的例子

例如，可以配置定时器1作为定时器2的预分频器，需进行下述操作：

(1) 配置定时器1为主模式，它可以在每一个更新事件UEV时输出一个周期性的触发信号。在TIM1_CR2寄存器的MMS=010时，每当产生一个更新事件时在TRGO1上输出一个上升沿信号。

(2) 连接定时器1的TRGO1输出至定时器2，设置TIM2_SMCR寄存器的TS=000，配置定时器2为使用ITR0作为内部触发的从模式。

(3) 把从模式控制器置于外部时钟模式1(TIM2_SMCR寄存器的SMS=111)；这样定时器2即可由定时器1周期性的上升沿(即定时器1的计数器溢出)信号驱动。

(4) 设置相应TIMx_CR1寄存器的CEN位分别启动两个定时器。

8.4 普通定时器的寄存器

普通定时器TIMx的首地址是0x4000_0000。普通定时器的寄存器可以用半字(16位)或字(32位)的方式操作。

1. 控制寄存器1(TIMx_CR1)

偏移地址：0x00，复位值：0x0000。各位定义如下：

位号	15～10	9	8	7	6	5	4	3	2	1	0
定义	保留	CKD[1:0]		ARPE	CMS[1:0]		DIR	OPM	URS	UDIS	CEN
读写		rw	rw	rw	rw	rw	rw	rw	rw	rw	rw

位[15:10]：保留，始终读为 0。

位[9:8]：CKD[1:0]，时钟分频因子(Clock division)。定义在定时器时钟(CK_INT)频率与数字滤波器(ETR,TIx)使用的采样频率之间的分频比例。

00：$t_{DTS} = t_{CK\_INT}$； 01：$t_{DTS} = 2 \times t_{CK\_INT}$

10：$t_{DTS} = 4 \times t_{CK\_INT}$； 11：保留

位 7：ARPE，自动重装载预装载允许位(Auto-reload preload enable)。

0：TIMx_ARR 寄存器没有缓冲； 1：TIMx_ARR 寄存器被装入缓冲器。

位[6:5]：CMS[1:0]，选择对齐模式(Center-aligned mode selection)。

00：边沿对齐模式。计数器依据方向位(DIR)向上或向下计数。

01：中央对齐模式 1。计数器交替地向上和向下计数。配置为输出的通道(TIMx_CCMRx 寄存器中 CCxS=00)的输出比较中断标志位只在计数器向下计数时被设置。

10：中央对齐模式 2。计数器交替地向上和向下计数。配置为输出的通道(TIMx_CCMRx 寄存器中 CCxS=00)的输出比较中断标志位只在计数器向上计数时被设置。

11：中央对齐模式 3。计数器交替地向上和向下计数。配置为输出的通道(TIMx_CCMRx 寄存器中 CCxS=00)的输出比较中断标志位在计数器向上和向下计数时均被设置。

注：在计数器开启时(CEN=1)，不允许从边沿对齐模式转换到中央对齐模式。

位 4：DIR，方向(Direction)。当计数器配置为中央对齐模式或编码器模式时，该位为只读。

0：计数器向上计数； 1：计数器向下计数。

位 3：OPM，单脉冲模式(One pulse mode)。

0：在发生更新事件时，计数器不停止；

1：在发生下一次更新事件(清除 CEN 位)时，计数器停止。

位 2：URS，更新请求源(Update Request Source)。软件通过该位选择 UEV 事件的源。

0：如果使能了更新中断或 DMA 请求，则下述任一事件产生更新中断或 DMA 请求：

- 计数器溢出/下溢。
- 设置 UG 位。
- 从模式控制器产生的更新。

1：如果使能了更新中断或 DMA 请求，则只有计数器溢出/下溢才产生更新中断或 DMA 请求。

位 1：UDIS，禁止更新(Update disable)。软件通过该位允许/禁止 UEV 事件的产生。

0：允许 UEV。更新(UEV)事件由下述任一事件产生：

- 计数器溢出/下溢。
- 设置 UG 位。
- 从模式控制器产生的更新。

具有缓存的寄存器被装入它们的预装载值(更新影子寄存器)。

1：禁止 UEV。不产生更新事件，影子寄存器(ARR、PSC、CCRx)保持它们的值。如果设置了 UG 位或从模式控制器发出了一个硬件复位，则计数器和预分频器被重新初始化。

位 0：CEN，使能计数器。

0：禁止计数器；　　　　　　　　　　　　1：使能计数器。

注：在软件设置了 CEN 位后，外部时钟、门控模式和编码器模式才能工作。触发模式可以自动地通过硬件设置 CEN 位。在单脉冲模式下，当发生更新事件时，CEN 被自动清除。

2. 控制寄存器 2（TIMx_CR2）

偏移地址：0x04，复位值：0x0000。各位定义如下：

位号	15～8	7	6	5	4	3	2～0
定义	保留	TI1S	MMS[2:0]			CCDS	保留
读写		rw	rw	rw	rw	rw	

位[15:8]：保留，始终读为 0。

位 7：TI1S，TI1 选择（TI1 selection）。

0：TIMx_CH1 引脚连到 TI1 输入；

1：TIMx_CH1、TIMx_CH2 和 TIMx_CH3 引脚经异或后连到 TI1 输入。

位[6:4]：MMS[2:0]，主模式选择（Master mode selection）。这 3 位用于选择在主模式下送到从定时器的同步信息（TRGO）。可能的组合如下：

000——复位：TIMx_EGR 寄存器的 UG 位被用于作为触发输出（TRGO）。如果是触发输入产生的复位（从模式控制器处于复位模式），则 TRGO 上的信号相对实际的复位会有一个延迟。

001——使能：计数器使能信号 CNT_EN 被用于作为触发输出（TRGO）。有时需要在同一时间启动多个定时器或控制在一段时间内使能从定时器。计数器使能信号通过 CEN 控制位和门控模式下的触发输入信号的逻辑或产生。当计数器使能信号受控于触发输入时，TRGO 上会有一个延迟，除非选择了主/从模式。

010——更新：更新事件被选为触发输入（TRGO）。例如，一个主定时器的时钟可以被用作一个从定时器的预分频器。

011——比较脉冲：一旦发生一次捕获或一次比较成功，当要设置 CC1IF 标志时（即使它已经为高），触发输出送出一个正脉冲（TRGO）。

100——比较：OC1REF 信号被用于作为触发输出（TRGO）。

101——比较：OC2REF 信号被用于作为触发输出（TRGO）。

110——比较：OC3REF 信号被用于作为触发输出（TRGO）。

111——比较：OC4REF 信号被用于作为触发输出（TRGO）。

位 3：CCDS，捕获/比较的 DMA 选择。

0：当发生 CCx 事件时，送出 CCx 的 DMA 请求；

1：当发生更新事件时，送出 CCx 的 DMA 请求。

位[2:0]：保留，始终读为 0。

3. 从模式控制寄存器（TIMx_SMCR）

偏移地址：0x08，复位值：0x0000。各位定义如下：

位号	15	14	13	12	11	10	9	8	7	6	5	4	3	2	1	0
定义	ETP	ECE	ETPS[1:0]		ETF[3:0]				MSM	TS[2:0]			保留	SMS[2:0]		
读写	rw	rw	rw	rw	rw	rw	rw	rw	rw	rw	rw	rw		rw	rw	rw

位 15：ETP，外部触发极性（External Trigger Polarity）。该位选择是用 ETR 还是 ETR 的反相来作为触发操作。

0：ETR 不反相，高电平或上升沿有效；　1：ETR 被反相，低电平或下降沿有效。

位 14：ECE，外部时钟使能位（External Clock Enable）。该位启用外部时钟模式 2。

0：禁止外部时钟模式 2；

1：使能外部时钟模式 2。计数器由 ETRF 信号上的任意有效边沿驱动。

注 1：设置 ECE 位与选择外部时钟模式 1 并将 TRGI 连到 ETRF（SMS=111 和 TS=111）具有相同功效。

注 2：下述从模式可以与外部时钟模式 2 同时使用：复位模式、门控模式和触发模式；但是，这时 TRGI 不能连到 ETRF（TS 位不能是 111）。

注 3：外部时钟模式 1 和外部时钟模式 2 同时被使能时，外部时钟的输入是 ETRF。

位[13:12]：ETPS[1:0]，外部触发预分频（External trigger prescaler）。外部触发信号 ETRP 的频率最高是 CK_INT 频率的 1/4。当输入较快的外部时钟时，可以使用预分频降低 ETRP 的频率。

00：关闭预分频；　01：ETRP 频率除以 2；

10：ETRP 频率除以 4；　11：ETRP 频率除以 8。

位[11:8]：ETF[3:0]，外部触发滤波（External trigger filter）。这些位定义了对 ETRP 信号采样的频率和对 ETRP 数字滤波的带宽。实际上，数字滤波器是一个事件计数器，它记录到 N 个事件后会产生一个输出的跳变。

0000：无滤波器，以 f_{DTS} 采样；　1000：采样频率 $f_{SAMPLING}=f_{DTS}/8, N=6$；

0001：采样频率 $f_{SAMPLING}=f_{CK\_INT}, N=2$；1001：采样频率 $f_{SAMPLING}=f_{DTS}/8, N=8$；

0010：采样频率 $f_{SAMPLING}=f_{CK\_INT}, N=4$；1010：采样频率 $f_{SAMPLING}=f_{DTS}/16, N=5$；

0011：采样频率 $f_{SAMPLING}=f_{CK\_INT}, N=64$；1011：采样频率 $f_{SAMPLING}=f_{DTS}/16, N=6$；

0100：采样频率 $f_{SAMPLING}=f_{DTS}/2, N=6$；1100：采样频率 $f_{SAMPLING}=f_{DTS}/16, N=8$；

0101：采样频率 $f_{SAMPLING}=f_{DTS}/2, N=8$；1101：采样频率 $f_{SAMPLING}=f_{DTS}/32, N=5$；

0110：采样频率 $f_{SAMPLING}=f_{DTS}/4, N=36$；1110：采样频率 $f_{SAMPLING}=f_{DTS}/32, N=6$；

0111：采样频率 $f_{SAMPLING}=f_{DTS}/4, N=8$；1111：采样频率 $f_{SAMPLING}=f_{DTS}/32, N=8$。

位 7：MSM，主/从模式（Master/slave mode）。

0：无作用；

1：触发输入（TRGI）上的事件被延迟了，以允许在当前定时器（通过 TRGO）与它的从定时器间的完美同步。这对要求把几个定时器同步到一个单一的外部事件时是非常有用的。

位[6:4]：TS[2:0]，触发选择（Trigger selection）。这 3 位选择用于同步计数器的触发输入。

000：内部触发 0（ITR0）；　100：TI1 的边沿检测器（TI1F_ED）；

001：内部触发 1(ITR1)；
010：内部触发 2(ITR2)；
011：内部触发 3(ITR3)；
101：滤波后的定时器输入 1(TI1FP1)；
110：滤波后的定时器输入 2(TI2FP2)；
111：外部触发输入(ETRF)。

TIMx 的内部触发连接如表 8-3 所示。

表 8-3 TIMx 的内部触发连接

从定时器	ITR0(TS=000)	ITR1(TS=001)	ITR2(TS=010)	ITR3(TS=011)
TIM2	TIM1	TIM8	TIM3	TIM4
TIM3	TIM1	TIM2	TIM5	TIM4
TIM4	TIM1	TIM2	TIM3	TIM8
TIM5	TIM2	TIM3	TIM4	TIM8

如果某个产品中没有相应的定时器，则对应的触发信号 ITRx 也不存在。

位 3：保留，始终读为 0。

位[2:0]：SMS[2:0]，从模式选择(Slave mode selection)。当选择了外部信号，触发信号(TRGI)的有效边沿与选中的外部输入极性相关。

000：关闭从模式——如果 CEN=1，则预分频器直接由内部时钟驱动。

001：编码器模式 1——根据 TI1FP2 的电平，计数器在 TI2FP1 的边沿向上/向下计数。

010：编码器模式 2——根据 TI2FP1 的电平，计数器在 TI1FP2 的边沿向上/向下计数。

011：编码器模式 3——根据另一个信号的输入电平，计数器在 TI1FP1 和 TI2FP2 的边沿向上/向下计数。

100：复位模式——选中的触发输入(TRGI)的上升沿重新初始化计数器，并且产生一个更新寄存器的信号。

101：门控模式——当触发输入(TRGI)为高时，计数器的时钟开启。一旦触发输入变为低，则计数器停止(但不复位)。计数器的启动和停止都是受控的。

110：触发模式——计数器在触发输入 TRGI 的上升沿启动(但不复位)，只有计数器的启动是受控的。

111：外部时钟模式 1——选中的触发输入(TRGI)的上升沿驱动计数器。

注：如果 TI1F_EN 被选为触发输入(TS=100)时，不要使用门控模式。这是因为，TI1F_ED 在每次 TI1F 变化时输出一个脉冲，然而门控模式是要检查触发输入的电平的。

4. DMA/中断使能寄存器(TIMx_DIER)

偏移地址：0x0C，复位值：0x0000。各位定义如下：

位号	15	14	13	12	11	10	9	8
定义	保留	TDE	保留	CC4DE	CC3DE	CC2DE	CC1DE	UDE
读写		rw		rw	rw	rw	rw	rw
位号	7	6	5	4	3	2	1	0
定义	保留	TIE	保留	CC4IE	CC3IE	CC2IE	CC1IE	UIE
读写		rw		rw	rw	rw	rw	rw

位 15：保留，始终读为 0。

位 14：TDE，允许触发 DMA 请求(Trigger DMA request enable)。

0：禁止触发 DMA 请求； 1：允许触发 DMA 请求。

位 13：保留，始终读为 0。

位 12：CC4DE，允许捕获/比较 4 的 DMA 请求(Capture/Compare 4 DMA request enable)。

0：禁止捕获/比较 4 的 DMA 请求； 1：允许捕获/比较 4 的 DMA 请求。

位 11：CC3DE，允许捕获/比较 3 的 DMA 请求(Capture/Compare 3 DMA request enable)。

0：禁止捕获/比较 3 的 DMA 请求； 1：允许捕获/比较 3 的 DMA 请求。

位 10：CC2DE，允许捕获/比较 2 的 DMA 请求(Capture/Compare 2 DMA request enable)。

0：禁止捕获/比较 2 的 DMA 请求； 1：允许捕获/比较 2 的 DMA 请求。

位 9：CC1DE，允许捕获/比较 1 的 DMA 请求(Capture/Compare 1 DMA request enable)。

0：禁止捕获/比较 1 的 DMA 请求； 1：允许捕获/比较 1 的 DMA 请求。

位 8：UDE，允许更新的 DMA 请求(Update DMA request enable)。

0：禁止更新的 DMA 请求； 1：允许更新的 DMA 请求。

位 7：保留，始终读为 0。

位 6：TIE，触发中断使能(Trigger interrupt enable)。

0：禁止触发中断； 1：使能触发中断。

位 5：保留，始终读为 0。

位 4：CC4IE，允许捕获/比较 4 中断(Capture/Compare 4 interrupt enable)。

0：禁止捕获/比较 4 中断； 1：允许捕获/比较 4 中断。

位 3：CC3IE，允许捕获/比较 3 中断(Capture/Compare 3 interrupt enable)。

0：禁止捕获/比较 3 中断； 1：允许捕获/比较 3 中断。

位 2：CC2IE，允许捕获/比较 2 中断(Capture/Compare 2 interrupt enable)。

0：禁止捕获/比较 2 中断； 1：允许捕获/比较 2 中断。

位 1：CC1IE，允许捕获/比较 1 中断(Capture/Compare 1 interrupt enable)。

0：禁止捕获/比较 1 中断； 1：允许捕获/比较 1 中断。

位 0：UIE，允许更新中断(Update interrupt enable)。

0：禁止更新中断； 1：允许更新中断。

5. 状态寄存器(TIMx_SR)

偏移地址：0x10，复位值：0x0000。各位定义如下：

位号	15～13	12	11	10	9	8～7	6	5	4	3	2	1	0
定义	保留	CC4OF	CC3OF	CC2OF	CC1OF	保留	TIF	保留	CC4IF	CC3IF	CC2IF	CC1IF	UIF
读写		rcw0	rcw0	rcw0	rcw0		rcw0		rcw0	rcw0	rcw0	rcw0	rcw0

位[15:13]：保留，始终读为 0。

位 12：CC4OF，捕获/比较 4 重复捕获标志(Capture/Compare 4 overcapture flag)。参见 CC1OF 描述。

位 11：CC3OF，捕获/比较 3 重复捕获标志(Capture/Compare 3 overcapture flag)。参见 CC1OF 描述。

位 10：CC2OF，捕获/比较 2 重复捕获标志(Capture/Compare 2 overcapture flag)。参见 CC1OF 描述。

位 9：CC1OF，捕获/比较 1 重复捕获标志(Capture/Compare 1 overcapture flag)。仅当相应的通道被配置为输入捕获时，该标记可由硬件置 1。写 0 可清除该位。

0：无重复捕获产生；

1：当计数器的值被捕获到 TIMx_CCR1 寄存器时，CC1IF 的状态已经为 1。

位[8:7]：保留，始终读为 0。

位 6：TIF，触发器中断标志(Trigger interrupt flag)。当发生触发事件(当从模式控制器处于除门控模式外的其他模式时，在 TRGI 输入端检测到有效边沿，或门控模式下的任一边沿)时由硬件对该位置 1。它由软件清 0。

0：无触发器事件产生；1：触发器中断等待响应。

位 5：保留，始终读为 0。

位 4：CC4IF，捕获/比较 4 中断标志(Capture/Compare 4 interrupt flag)。参考 CC1IF 描述。

位 3：CC3IF，捕获/比较 3 中断标志(Capture/Compare 3 interrupt flag)。参考 CC1IF 描述。

位 2：CC2IF，捕获/比较 2 中断标志(Capture/Compare 2 interrupt flag)。参考 CC1IF 描述。

位 1：CC1IF，捕获/比较 1 中断标志(Capture/Compare 1 interrupt flag)。

如果通道 CC1 配置为输出模式：当计数器值与比较值匹配时该位由硬件置 1，但在中心对称模式下除外(参考 TIMx_CR1 寄存器的 CMS 位)。它由软件清 0。

0：无匹配发生；　　　　　　　　1：TIMx_CNT 的值与 TIMx_CCR1 的值匹配。

如果通道 CC1 配置为输入模式：当捕获事件发生时该位由硬件置 1，它由软件清零或通过读 TIMx_CCR1 清零。

0：无输入捕获产生；

1：计数器值已被捕获(复制)至 TIMx_CCR1(在 IC1 上检测到与所选极性相同的边沿)。

位 0：UIF，更新中断标志(Update interrupt flag)。当产生更新事件时由硬件置 1，由软件清零。

0：无更新事件产生；　1：更新中断等待响应。当寄存器被更新时该位由硬件置 1：

- 若 TIMx_CR1 寄存器的 UDIS=0、URS=0，当 TIMx_EGR 寄存器的 UG=1 时产生更新事件(软件对计数器 CNT 重新初始化)；
- 若 TIMx_CR1 寄存器的 UDIS=0、URS=0，当计数器 CNT 被触发事件重初始化时产生更新事件。

6. 事件产生寄存器(TIMx_EGR)

偏移地址：0x14，复位值：0x0000。各位定义如下：

位号	15～7	6	5	4	3	2	1	0
定义	保留	TG	保留	CC4G	CC3G	CC2G	CC1G	UG
读写		w		w	w	w	w	w

位[15:7]：保留，始终读为0。

位6：TG，产生触发事件(Trigger generation)。该位由软件置1，用于产生一个触发事件，由硬件自动清零。

0：无动作；

1：TIMx_SR寄存器的TIF＝1，若开启对应的中断和DMA，则产生相应的中断和DMA。

位5：保留，始终读为0。

位4：CC4G，产生捕获/比较4事件(Capture/Compare 4 generation)。参考CC1G描述。

位3：CC3G，产生捕获/比较3事件(Capture/Compare 3 generation)。参考CC1G描述。

位2：CC2G，产生捕获/比较2事件(Capture/Compare 2 generation)。参考CC1G描述。

位1：CC1G，产生捕获/比较1事件(Capture/Compare 1 generation)。该位由软件置1，用于产生一个捕获/比较事件，由硬件自动清零。

0：无动作；

1：在通道CC1上产生一个捕获/比较事件：

若通道CC1配置为输出：

若开启对应的中断和DMA，则当CC1IF＝1时将产生相应的中断和DMA。

若通道CC1配置为输入：

当前的计数器值捕获至TIMx_CCR1寄存器；若开启对应的中断和DMA，则当CC1IF＝1时将产生相应的中断和DMA。若CC1IF已经为1，则将设置CC1OF＝1。

位0：UG，产生更新事件(Update Generation)。该位由软件置1，由硬件自动清零。

0：无动作；

1：重新初始化计数器，并产生一个更新事件。注意预分频器的计数器也被清零(但是预分频系数不变)。若在中心对称模式下或DIR＝0(向上计数)，则计数器被清零；若DIR＝1(向下计数)，则计数器取TIMx_ARR的值。

7. 捕获/比较模式寄存器1(TIMx_CCMR1)

偏移地址：0x18，复位值：0x0000。

通道可用于输入(捕获模式)或输出(比较模式)，通道的方向由相应的CCxS定义。该寄存器其他位的作用在输入和输出模式下不同。OCxx描述了通道在输出模式下的功能，ICxx描述了通道在输入模式下的功能。因此必须注意，同一个位在输出模式和输入模式下的功能是不同的。

各位定义如下：

<table>
<tr><td>位号</td><td>15</td><td>14</td><td>13</td><td>12</td><td>11</td><td>10</td><td>9</td><td>8</td></tr>
<tr><td>定义</td><td>OC2CE</td><td colspan="3">OC2M[2:0]</td><td>OC2PE</td><td>OC2FE</td><td colspan="2" rowspan="2">CC2S[1:0]</td></tr>
<tr><td></td><td colspan="4">IC2F[3:0]</td><td colspan="2">IC2PSC[1:0]</td></tr>
<tr><td>读写</td><td>rw</td><td>rw</td><td>rw</td><td>rw</td><td>rw</td><td>rw</td><td>rw</td><td>rw</td></tr>
<tr><td>位号</td><td>7</td><td>6</td><td>5</td><td>4</td><td>3</td><td>2</td><td>1</td><td>0</td></tr>
<tr><td>定义</td><td>OC1CE</td><td colspan="3">OC1M[2:0]</td><td>OC1PE</td><td>OC1FE</td><td colspan="2" rowspan="2">CC1S[1:0]</td></tr>
<tr><td></td><td colspan="4">IC1F[3:0]</td><td colspan="2">IC1PSC[1:0]</td></tr>
<tr><td>读写</td><td>rw</td><td>rw</td><td>rw</td><td>rw</td><td>rw</td><td>rw</td><td>rw</td><td>rw</td></tr>
</table>

1）输出比较模式

位 15：OC2CE，输出比较 2 清零使能(Output compare 2 clear enable)。请参考 OC1CE 的描述。

位[14:12]：OC2M[2:0]，输出比较 2 模式(Output compare 2 mode)。请参考 OC1M 的描述。

位 11：OC2PE，输出比较 2 预装载使能(Output compare 2 preload enable)。

位 10：OC2FE，输出比较 2 快速使能(Output compare 2 fast enable)。

位[9:8]：CC2S[1:0]，捕获/比较 2 选择(Capture/Compare 2 selection)。该位定义通道的方向(输入/输出)及输入脚的选择：

00：CC2 通道被配置为输出；

01：CC2 通道被配置为输入，IC2 映射在 TI2 上；

10：CC2 通道被配置为输入，IC2 映射在 TI1 上；

11：CC2 通道被配置为输入，IC2 映射在 TRC 上。此模式仅工作在内部触发器输入被选中时(由 TIMx_SMCR 寄存器的 TS 位选择)。

注：CC2S 仅在通道关闭时(TIMx_CCER 寄存器的 CC2E=0)才是可写的。

位 7：OC1CE，输出比较 1 清零使能(Output compare 1 clear enable)。

0：OC1REF 不受 ETRF 输入的影响；

1：一旦检测到 ETRF 输入高电平，清除 OC1REF=0。

位[6:4]：OC1M[2:0]，输出比较 1 模式(Output compare 1 mode)。该 3 位定义了输出参考信号 OC1REF 的动作，而 OC1REF 决定了 OC1 的值。OC1REF 是高电平有效，而 OC1 的有效电平取决于 CC1P 位。

000：冻结。输出比较寄存器 TIMx_CCR1 与计数器 TIMx_CNT 间的比较对 OC1REF 不起作用；

001：匹配时设置通道 1 为有效电平。当计数器 TIMx_CNT 的值与捕获/比较寄存器 1(TIMx_CCR1)相同时，强制 OC1REF 为高。

010：匹配时设置通道 1 为无效电平。当计数器 TIMx_CNT 的值与捕获/比较寄存器 1(TIMx_CCR1)相同时，强制 OC1REF 为低。

011：翻转。当 TIMx_CCR1＝TIMx_CNT 时，翻转 OC1REF 的电平。

100：强制为无效电平。强制 OC1REF 为低。

101：强制为有效电平。强制 OC1REF 为高。

110：PWM 模式 1——在向上计数时，一旦 TIMx_CNT＜TIMx_CCR1 时通道 1 为有效电平，否则为无效电平；在向下计数时，一旦 TIMx_CNT＞TIMx_CCR1 时通道 1 为无效电平(OC1REF＝0)，否则为有效电平(OC1REF＝1)。

111：PWM 模式 2——在向上计数时，一旦 TIMx_CNT＜TIMx_CCR1 时通道 1 为无效电平，否则为有效电平；在向下计数时，一旦 TIMx_CNT＞TIMx_CCR1 时通道 1 为有效电平，否则为无效电平。

注 1：一旦 LOCK 级别设为 3(TIMx_BDTR 寄存器中的 LOCK 位)并且 CC1S＝00(该通道配置成输出)则该位不能被修改。

注 2：在 PWM 模式 1 或 PWM 模式 2 中，只有当比较结果改变了或在输出比较模式中从冻结模式切换到 PWM 模式时，OC1REF 电平才改变。

位 3：OC1PE，输出比较 1 预装载使能(Output compare 1 preload enable)。

0：禁止 TIMx_CCR1 寄存器的预装载功能，可随时写入 TIMx_CCR1 寄存器，并且新写入的数值立即起作用。

1：开启 TIMx_CCR1 寄存器的预装载功能，读写操作仅对预装载寄存器操作，TIMx_CCR1 的预装载值在更新事件到来时被传送至当前寄存器中。

注 1：一旦 LOCK 级别设为 3(TIMx_BDTR 寄存器中的 LOCK 位)并且 CC1S＝00(该通道配置成输出)则该位不能被修改。

注 2：仅在单脉冲模式下(TIMx_CR1 寄存器的 OPM＝1)，可以在未确认预装载寄存器情况下使用 PWM 模式，否则其动作不确定。

位 2：OC1FE，输出比较 1 快速使能(Output compare 1 fast enable)。该位用于加快 CC 输出对触发器输入事件的响应。

0：根据计数器与 CCR1 的值，CC1 正常操作，即使触发器是打开的。当触发器的输入出现一个有效沿时，激活 CC1 输出的最小延时为 5 个时钟周期。

1：输入到触发器的有效沿的作用就像发生了一次比较匹配。因此，OC 被设置为比较电平而与比较结果无关。采样触发器的有效沿和 CC1 输出间的延时被缩短为 3 个时钟周期。

该位只在通道被配置成 PWM1 或 PWM2 模式时起作用。

位[1:0]：CC1S[1:0]，捕获/比较 1 选择(Capture/Compare 1 selection)。这 2 位定义通道的方向(输入/输出)及输入脚的选择。

00：CC1 通道被配置为输出；

01：CC1 通道被配置为输入，IC1 映射在 TI1 上；

10：CC1 通道被配置为输入，IC1 映射在 TI2 上；

11：CC1 通道被配置为输入，IC1 映射在 TRC 上。此模式仅工作在内部触发器输入被选中时(由 TIMx_SMCR 寄存器的 TS 位选择)。

仅在通道关闭时(即 TIMx_CCER 寄存器的 CC1E＝0)CC1S 才是可写的。

2）输入捕获模式

位[15:12]：IC2F[3:0]，输入捕获 2 滤波器(Input capture 2 filter)。

位[11:10]：IC2PSC[1:0]，输入/捕获 2 预分频器(Input capture 2 prescaler)。

位[9:8]：CC2S[1:0]，捕获/比较 2 选择(Capture/compare 2 selection)。这 2 位定义通道的方向(输入/输出)及输入脚的选择：

00：CC2 通道被配置为输出；

01：CC2 通道被配置为输入，IC2 映射在 TI2 上；

10：CC2 通道被配置为输入，IC2 映射在 TI1 上；

11：CC2 通道被配置为输入，IC2 映射在 TRC 上。此模式仅工作在内部触发器输入被选中时(由 TIMx_SMCR 寄存器的 TS 位选择)。

注：CC2S 仅在通道关闭时(TIMx_CCER 寄存器的 CC2E=0)才是可写的。

位[7:4]：IC1F[3:0]，输入捕获 1 滤波器(Input capture 1 filter)。这几位定义了 TI1 输入的采样频率及数字滤波器长度。数字滤波器由一个事件计数器组成，它记录到 N 个事件后会产生一个输出的跳变：

0000：无滤波器，以 f_{DTS}采样；

0001：采样频率 $f_{SAMPLING}=f_{CK\_INT}$，$N=2$；

0010：采样频率 $f_{SAMPLING}=f_{CK\_INT}$，$N=4$；

0011：采样频率 $f_{SAMPLING}=f_{CK\_INT}$，$N=8$；

0100：采样频率 $f_{SAMPLING}=f_{DTS}/2$，$N=6$；

0101：采样频率 $f_{SAMPLING}=f_{DTS}/2$，$N=8$；

0110：采样频率 $f_{SAMPLING}=f_{DTS}/4$，$N=6$；

0111：采样频率 $f_{SAMPLING}=f_{DTS}/4$，$N=8$；

1000：采样频率 $f_{SAMPLING}=f_{DTS}/8$，$N=6$；

1001：采样频率 $f_{SAMPLING}=f_{DTS}/8$，$N=8$；

1010：采样频率 $f_{SAMPLING}=f_{DTS}/16$，$N=5$；

1011：采样频率 $f_{SAMPLING}=f_{DTS}/16$，$N=6$；

1100：采样频率 $f_{SAMPLING}=f_{DTS}/16$，$N=8$；

1101：采样频率 $f_{SAMPLING}=f_{DTS}/32$，$N=5$；

1110：采样频率 $f_{SAMPLING}=f_{DTS}/32$，$N=6$；

1111：采样频率 $f_{SAMPLING}=f_{DTS}/32$，$N=8$。

当 ICxF[3:0]=1、2 或 3 时，公式中的 f_{DTS}由 CK_INT 替代。

位[3:2]：IC1PSC[1:0]，输入/捕获 1 预分频器(Input capture 1 prescaler)。这 2 位定义了 CC1 输入(IC1)的预分频系数。一旦 CC1E=0(TIMx_CCER 寄存器中)，则预分频器复位。

00：无预分频器，捕获输入口上检测到的每一个边沿都触发一次捕获；

01：每 2 个事件触发一次捕获；

10：每 4 个事件触发一次捕获；

11：每 8 个事件触发一次捕获。

位[1:0]：CC1S[1:0]，捕获/比较 1 选择(Capture/Compare 1 selection)。这 2 位定义通道的方向(输入/输出)及输入脚的选择：

00：CC1 通道被配置为输出；

01：CC1 通道被配置为输入，IC1 映射在 TI1 上；

10：CC1 通道被配置为输入，IC1 映射在 TI2 上；

11：CC1 通道被配置为输入，IC1 映射在 TRC 上。此模式仅工作在内部触发器输入被选中时(由 TIMx_SMCR 寄存器的 TS 位选择)。

注：CC1S 仅在通道关闭时(TIMx_CCER 寄存器的 CC1E=0)才是可写的。

8. 捕获/比较模式寄存器 2(TIMx_CCMR2)

偏移地址：0x1C,复位值：0x0000。各位定义如下：

位号	15	14	13	12	11	10	9	8
定义	OC4CE	OC4M[2:0]			OC4PE	OC4FE	CC4S[1:0]	
	IC4F[3:0]				IC4PSC[1:0]			
读写	rw	rw	rw	rw	rw	rw	rw	rw
位号	7	6	5	4	3	2	1	0
定义	OC3CE	OC3M[2:0]			OC3PE	OC3FE	CC3S[1:0]	
	IC3F[3:0]				IC3PSC[1:0]			
读写	rw	rw	rw	rw	rw	rw	rw	rw

寄存器的定义与 TIMx_CCMR1 完全对称,请参考 TIMx_CCMR1 的描述或产品参考手册。

9. 捕获/比较使能寄存器(TIMx_CCER)

偏移地址：0x20,复位值：0x0000。各位定义如下：

位号	15～14	13	12	11～10	9	8	7～6	5	4	3～2	1	0
定义	保留	CC4P	CC4E	保留	CC3P	CC3E	保留	CC2P	CC2E	保留	CC1P	CC1E
读写		rw	rw		rw	rw		rw	rw		rw	rw

位[15:14]：保留,始终读为 0。

位 13：CC4P,输入/捕获 4 输出极性(Capture/Compare 4 output polarity)。参考 CC1P 的描述。

位 12：CC4E,输入/捕获 4 输出使能(Capture/Compare 4 output enable)。参考 CC1E 的描述。

位[11:10]：保留,始终读为 0。

位 9：CC3P,输入/捕获 3 输出极性(Capture/Compare 3 output polarity)。参考 CC1P 的描述。

位 8：CC3E,输入/捕获 3 输出使能(Capture/Compare 3 output enable)。参考 CC1E 的描述。

位[7:6]：保留,始终读为 0。

位 5：CC2P,输入/捕获 2 输出极性(Capture/Compare 2 output polarity)。参考 CC1P 的描述。

位 4：CC2E,输入/捕获 2 输出使能(Capture/Compare 2 output enable)。参考 CC1E 的描述。

位[3:2]：保留,始终读为 0。

位 1：CC1P,输入/捕获 1 输出极性(Capture/Compare 1 output polarity)。

CC1 通道配置为输出：0：OC1 高电平有效；　　1：OC1 低电平有效。

CC1 通道配置为输入：该位选择是 IC1 还是 IC1 的反相信号作为触发或捕获信号。

0：不反相：捕获发生在 IC1 的上升沿；当用作外部触发器时，IC1 不反相。

1：反相：捕获发生在 IC1 的下降沿；当用作外部触发器时，IC1 反相。

标准 OCx 通道的输出控制位如表 8-4 所示。

表 8-4 标准 OCx 通道的输出控制位

CCxE 位	OCx 输出状态	CCxE 位	OCx 输出状态
0	禁止输出(OCx=0,OCx_EN=0)	1	OCx=OCxREF+极性,OCx_EN=1

连接到标准 OCx 通道的外部 I/O 引脚状态，取决于 OCx 通道状态和 GPIO 以及 AFIO 寄存器。

10. 计数器(TIMx_CNT)

偏移地址：0x24，复位值：0x0000。各位定义如下：

位号	15	14	13	12	11	10	9	8	7	6	5	4	3	2	1	0
定义	CNT[15:0]															
读写	rw	rw	rw	rw	rw	rw	rw	rw	rw	rw	rw	rw	rw	rw	rw	rw

位[15:0]：CNT[15:0]，计数器的值(Counter value)。

11. 预分频器(TIMx_PSC)

偏移地址：0x28，复位值：0x0000。各位定义如下：

位号	15	14	13	12	11	10	9	8	7	6	5	4	3	2	1	0
定义	PSC[15:0]															
读写	rw	rw	rw	rw	rw	rw	rw	rw	rw	rw	rw	rw	rw	rw	rw	rw

位[15:0]：PSC[15:0]，预分频器的值(Prescaler value)。计数器的时钟频率 CK_CNT 等于 f_{CK_PSC}/(PSC[15:0]+1)。PSC 包含了当更新事件产生时装入当前预分频器寄存器的值。

12. 自动重装载寄存器(TIMx_ARR)

偏移地址：0x2C，复位值：0x0000。各位定义如下：

位号	15	14	13	12	11	10	9	8	7	6	5	4	3	2	1	0
定义	ARR[15:0]															
读写	rw	rw	rw	rw	rw	rw	rw	rw	rw	rw	rw	rw	rw	rw	rw	rw

位[15:0]：ARR[15:0]，自动重装载的值(Auto reload value)。ARR 包含了将要传送至实际的自动重装载寄存器的数值。当自动重装载的值为空时，计数器不工作。

13. 捕获/比较寄存器 1(TIMx_CCR1)

偏移地址：0x34，复位值：0x0000。各位定义如下：

位号	15	14	13	12	11	10	9	8	7	6	5	4	3	2	1	0
定义	CCR1[15:0]															
读写	rw	rw	rw	rw	rw	rw	rw	rw	rw	rw	rw	rw	rw	rw	rw	rw

位[15:0]：CCR1[15:0]，捕获/比较 1 的值(Capture/Compare 1 value)。

若 CC1 通道配置为输出：CCR1 包含了装入当前捕获/比较 1 寄存器的值(预装载值)。

如果在 TIMx_CCMR1 寄存器(OC1PE 位)中未选择预装载特性，写入的数值会被立即传输至当前寄存器中。否则只有当更新事件发生时，此预装载值才传输至当前捕获/比较 1 寄存器中。当前捕获/比较寄存器参与同计数器 TIMx_CNT 的比较，并在 OC1 端口上产生输出信号。

若 CC1 通道配置为输入：CCR1 包含了由上一次输入捕获 1 事件(IC1)传输的计数器值。

14. 捕获/比较寄存器 2(TIMx_CCR2)

偏移地址：0x38，复位值：0x0000。各位定义如下：

位号	15	14	13	12	11	10	9	8	7	6	5	4	3	2	1	0
定义	CCR2[15:0]															
读写	rw	rw	rw	rw	rw	rw	rw	rw	rw	rw	rw	rw	rw	rw	rw	rw

位[15:0]：CCR2[15:0]，捕获/比较 2 的值(Capture/Compare 2 value)。

若 CC2 通道配置为输出：CCR2 包含了装入当前捕获/比较 2 寄存器的值(预装载值)。如果在 TIMx_CCMR2 寄存器(OC2PE 位)中未选择预装载特性，写入的数值会被立即传输至当前寄存器中。否则只有当更新事件发生时，此预装载值才传输至当前捕获/比较 2 寄存器中。当前捕获/比较寄存器参与同计数器 TIMx_CNT 的比较，并在 OC2 端口上产生输出信号。

若 CC2 通道配置为输入：CCR2 包含了由上一次输入捕获 2 事件(IC2)传输的计数器值。

15. 捕获/比较寄存器 3(TIMx_CCR3)

偏移地址：0x3C，复位值：0x0000。各位定义如下：

位号	15	14	13	12	11	10	9	8	7	6	5	4	3	2	1	0
定义	CCR3[15:0]															
读写	rw	rw	rw	rw	rw	rw	rw	rw	rw	rw	rw	rw	rw	rw	rw	rw

位[15:0]：CCR3[15:0]，捕获/比较 3 的值(Capture/Compare 3 value)。

若 CC3 通道配置为输出：CCR3 包含了装入当前捕获/比较 3 寄存器的值(预装载值)。如果在 TIMx_CCMR3 寄存器(OC3PE 位)中未选择预装载特性，写入的数值会被立即传输至当前寄存器中。否则只有当更新事件发生时，此预装载值才传输至当前捕获/比较 3 寄存器中。当前捕获/比较寄存器参与同计数器 TIMx_CNT 的比较，并在 OC3 端口上产生输出信号。

若 CC3 通道配置为输入：CCR3 包含了由上一次输入捕获 3 事件(IC3)传输的计数器值。

16. 捕获/比较寄存器 4(TIMx_CCR4)

偏移地址：0x40，复位值：0x0000。各位定义如下：

位号	15	14	13	12	11	10	9	8	7	6	5	4	3	2	1	0
定义	CCR4[15:0]															
读写	rw	rw	rw	rw	rw	rw	rw	rw	rw	rw	rw	rw	rw	rw	rw	rw

位[15:0]：CCR4[15:0]，捕获/比较 4 的值(Capture/Compare 4 value)。

若 CC4 通道配置为输出：CCR4 包含了装入当前捕获/比较 4 寄存器的值(预装载值)。如果在 TIMx_CCMR4 寄存器(OC4PE 位)中未选择预装载特性，写入的数值会被立即传输至当前寄存器中。否则只有当更新事件发生时，此预装载值才传输至当前捕获/比较 4 寄存器中。当前捕获/比较寄存器参与同计数器 TIMx_CNT 的比较，并在 OC4 端口上产生输出信号。

若 CC4 通道配置为输入：CCR4 包含了由上一次输入捕获 4 事件(IC4)传输的计数器值。

17. DMA 控制寄存器(TIMx_DCR)

偏移地址：0x48，复位值：0x0000。各位定义如下：

位号	15～13	12	11	10	9	8	7～5	4	3	2	1	0
定义	保留	DBL[4:0]					保留	DBA[4:0]				
读写		rw	rw	rw	rw	rw		rw	rw	rw	rw	rw

位[15:13]：保留，始终读为 0。

位[12:8]：DBL[4:0]，DMA 连续传送长度(DMA burst length)。这些位定义了 DMA 在连续模式下的传送长度(当对 TIMx_DMAR 寄存器进行读或写时，定时器则进行一次连续传送)，即定义传输的字节数目：

00000：1 字节　　00001：2 字节　　00010：3 字节　……　10001：18 字节

位[7:5]：保留，始终读为 0。

位[4:0]：DBA[4:0]，DMA 基地址(DMA base address)。这些位定义了 DMA 在连续模式下的基地址(当对 TIMx_DMAR 寄存器进行读或写时)，DBA 定义为从 TIMx_CR1 寄存器所在地址开始的偏移量。

00000：TIMx_CR1，

00001：TIMx_CR2，

00010：TIMx_SMCR，

……

18. 连续模式的 DMA 地址(TIMx_DMAR)

偏移地址：0x4C，复位值：0x0000。各位定义如下：

位号	15	14	13	12	11	10	9	8	7	6	5	4	3	2	1	0
定义	DMAB[15:0]															
读写	rw	rw	rw	rw	rw	rw	rw	rw	rw	rw	rw	rw	rw	rw	rw	rw

位[15:0]：DMAB[15:0]，DMA 连续传送寄存器(DMA register for burst accesses)。对 TIMx_DMAR 寄存器的读或写会导致对以下地址所在寄存器的存取操作：

TIMx_CR1 地址＋ DBA ＋ DMA 索引，其中：

"TIMx_CR1 地址"是控制寄存器 1(TIMx_CR1)所在的地址；

"DBA"是 TIMx_DCR 寄存器中定义的基地址；

"DMA 索引"是由 DMA 自动控制的偏移量，它取决于 TIMx_DCR 寄存器中定义的 DBL。

8.5 普通定时器的使用

8.5.1 普通定时器的固件库函数

1. 固件函数库所使用的数据结构

TIM 寄存器结构 TIM_TypeDef 在文件 stm32f10x.h 中定义如下：

```
typedef struct
{
    vu16 CR1;                        //控制寄存器 1
    u16 RESERVED0;
    vu16 CR2;                        //控制寄存器 2
    u16 RESERVED1;
    vu16 SMCR;                       //从模式控制寄存器
    u16 RESERVED2;
    vu16 DIER;                       //DMA/中断使能寄存器
    u16 RESERVED3;
    vu16 SR;                         //状态寄存器
    u16 RESERVED4;
    vu16 EGR;                        //事件产生寄存器
    u16 RESERVED5;
    vu16 CCMR1;                      //捕获/比较模式寄存器 1
    u16 RESERVED6;
    vu16 CCMR2;                      //捕获/比较模式寄存器 2
    u16 RESERVED7;
    vu16 CCER;                       //捕获/比较使能寄存器
    u16 RESERVED8;
    vu16 CNT;                        //计数器寄存器
    u16 RESERVED9;
    vu16 PSC;                        //预分频寄存器
    u16 RESERVED10;
```

```
    vu16 ARR;                           //自动重装载寄存器
    u16 RESERVED11[3];
    vu16 CCR1;                          //捕获/比较寄存器 1
    u16 RESERVED12;
    vu16 CCR2;                          //捕获/比较寄存器 2
    u16 RESERVED13;
    vu16 CCR3;                          //捕获/比较寄存器 3
    u16 RESERVED14;
    vu16 CCR4;                          //捕获/比较寄存器 4
    u16 RESERVED15[3];
    vu16 DCR;                           //DMA 控制寄存器
    u16 RESERVED16;
    vu16 DMAR;                          //连续模式的 DMA 地址寄存器
    u16 RESERVED17;
} TIM_TypeDef;
```

结构中包含了 TIM 所有寄存器。

TIM 外设声明在文件 stm32f10x.h 中：

```
...
#define PERIPH_BASE ((u32)0x40000000)
#define APB1PERIPH_BASE PERIPH_BASE
#define APB2PERIPH_BASE (PERIPH_BASE + 0x10000)
#define AHBPERIPH_BASE (PERIPH_BASE + 0x20000)
#define TIM2_BASE (APB1PERIPH_BASE + 0x0000)
#define TIM3_BASE (APB1PERIPH_BASE + 0x0400)
#define TIM4_BASE (APB1PERIPH_BASE + 0x0800)
...
#define TIM2 ((TIM_TypeDef * ) TIM2_BASE)
#define TIM3 ((TIM_TypeDef * ) TIM3_BASE)
#define TIM4 ((TIM_TypeDef * ) TIM4_BASE)
...
```

2. 常用的普通定时器固件库函数

普通定时器的固件库函数较多，在此只列出常用的库函数，其他库函数的内容请参阅《STM32 固件库参考手册》。

1）函数 TIM_DeInit

函数原型：void TIM_DeInit(TIM_TypeDef * TIMx)

函数功能：将外设 TIMx 寄存器重设为默认值。

输入参数：TIMx，x 可以是 2～5，用来选择 TIM 外设。

例如，复位 TIM2 的寄存器，可以使用下面的代码：

```
TIM_DeInit(TIM2);
```

2）函数 TIM_TimeBaseInit

函数原型：void TIM_TimeBaseInit (TIM_TypeDef * TIMx, TIM_TimeBaseInitTypeDef * TIM_TimeBaseInitStruct)

函数功能：根据 TIM_TimeBaseInitStruct 中指定的参数初始化 TIMx 的时间基数

单位

输入参数 1：TIMx，x 可以是 2～5，用来选择 TIM 外设。

输入参数 2：TIMTimeBase_InitStruct，指向结构 TIM_TimeBaseInitTypeDef 的指针，包含了 TIMx 时间基数单位的配置信息。

TIM_TimeBaseInitTypeDef 定义在文件 stm32f10x_tim.h 中：

```
typedef struct
{
    u16 TIM_Prescaler;
    u16 TIM_CounterMode;
    u16 TIM_Period;
    u16 TIM_ClockDivision;
    u8 TIM_RepetitionCounter;                  //该参数只用于 TIM1 和 TIM8
} TIM_TimeBaseInitTypeDef;
```

其中，TIM_Period 用于设置在下一个更新事件装入自动重装载寄存器周期的值。它的取值必须在 0x0000 和 0xFFFF 之间。

TIM_Prescaler 用来设置作为 TIMx 时钟频率除数的预分频值，取值必须在 0x0000 和 0xFFFF 之间。

TIM_ClockDivision 用于设置时钟分割，其可取的值如下：

TIM_CKD_DIV1——TDTS = T ck_tim

TIM_CKD_DIV2——TDTS = 2T ck_tim

TIM_CKD_DIV4——TDTS = 4T ck_tim

TIM_CounterMode 用于选择计数器模式，其可取值如下：

TIM_CounterMode_Up——TIM 向上计数模式

TIM_CounterMode_Down——TIM 向下计数模式

TIM_CounterMode_CenterAligned1——TIM 中央对齐模式 1 计数模式

TIM_CounterMode_CenterAligned2——TIM 中央对齐模式 2 计数模式

TIM_CounterMode_CenterAligned3——TIM 中央对齐模式 3 计数模式

例如，可以编写如下的定时器 TIM2 初始化代码：

```
TIM_TimeBaseInitTypeDef TIM_TimeBaseStructure;
TIM_TimeBaseStructure.TIM_Period = 0xFFFF;
TIM_TimeBaseStructure.TIM_Prescaler = 0xF;
TIM_TimeBaseStructure.TIM_ClockDivision = 0x0;
TIM_TimeBaseStructure.TIM_CounterMode = TIM_CounterMode_Up;
TIM_TimeBaseInit(TIM2, & TIM_TimeBaseStructure);
```

3）函数 TIM_ITConfig

函数原型：void TIM_ITConfig(TIM_TypeDef * TIMx, u16 TIM_IT, FunctionalState NewState)

函数功能：使能或者除能指定的 TIM 中断。

输入参数 1：TIMx，x 可以是 2～5，用来选择 TIM 外设。

输入参数 2：TIM_IT，待使能或者除能的 TIM 中断源，其可以取下面的值：

TIM_IT_Update——TIM 更新中断源。

TIM_IT_CC1——TIM 捕获/比较 1 中断源。

TIM_IT_CC2——TIM 捕获/比较 2 中断源。

TIM_IT_CC3——TIM 捕获/比较 3 中断源。

TIM_IT_CC4——TIM 捕获/比较 4 中断源。

TIM_IT_Trigger——TIM 触发中断源。

输入参数 3：NewState，TIMx 中断的新状态，这个参数可以取 ENABLE 或者 DISABLE。

例如，使能 TIM2 的捕获比较 1 的中断，可以试用下面的代码：

```
TIM_ITConfig(TIM2, TIM_IT_CC1 , ENABLE );
```

4）函数 TIM_Cmd

函数原型：void TIM_Cmd(TIM_TypeDef * TIMx, FunctionalState NewState)

函数功能：使能或者除能 TIMx 外设。

输入参数 1：TIMx，x 可以是 2～5，用来选择 TIM 外设。

输入参数 2：NewState，外设 TIMx 的新状态，这个参数可以取 ENABLE 或者 DISABLE。

5）函数 TIM_GetITStatus

函数原型：ITStatus TIM_GetITStatus(TIM_TypeDef * TIMx, u16 TIM_IT)

函数功能：检查指定的 TIM 中断发生与否。

输入参数 1：TIMx，x 可以是 2～5，用来选择 TIM 外设。

输入参数 2：TIM_IT，待检查的 TIM 中断源。与函数 TIM _ITConfig 中的 TIM_IT 的取值相同。

返回值：TIM_IT 的新状态(SET 或者 RESET)。

例如，下面的语句可用来检查 TIM2 的捕获比较 1 是否发生了中断：

```
if(TIM_GetITStatus(TIM2, TIM_IT_CC1) == SET)
{
}
```

6）函数 TIM_ClearITPendingBit

函数原型：void TIM_ClearITPendingBit(TIM_TypeDef * TIMx, u16 TIM_IT)

函数功能：清除 TIMx 的中断挂起位。

输入参数 1：TIMx，x 可以是 2～5，用来选择 TIM 外设。

输入参数 2：TIM_IT，待清除的 TIM 中断挂起位。可取值与函数 TIM_ITConfig 中的 TIM_IT 相同。

例如，清除 TM2 捕获比较 1 的中断挂起位，可以使用下面的代码：

```
TIM_ClearITPendingBit(TIM2, TIM_IT_CC1);
```

8.5.2 普通定时器的使用举例

1. 普通定时器 TIM2～TIM5 定时时间的计算

假设系统时钟是 72MHz，TIM1 由 PCLK2(72MHz)得到，TIM2～7 由 PCLK1 得到，关键是设定时钟预分频数和自动重装载寄存器周期的值。

定时时间 T 计算公式如下：

$$T=(\text{TIM\_Period}+1)*(\text{TIM\_Prescaler}+1)/\text{TIMxCLK}$$

其中，TIM_Period 是自动重装载寄存器周期的值；TIM_Prescaler 是时钟预分频数；TIMxCLK 是 TIMx 的时钟频率，一般为 72MHz。

假设 TIM2CLK 为 72MHz，每 1 秒发生一次更新事件(进入中断服务程序)，则可以通过下面的算式得到 1 秒钟的时间：

((1+TIM_Prescaler)/72M) * (1+TIM_Period)=((1+7199)/72M) * (1+9999)=1 秒

定时器的基本设置代码如下：

```
TIM_TimeBaseStructure.TIM_Period = 9999;              //自动重装载寄存器周期的值
//累计 9999 个时钟后产生个更新或者中断(也就是定时时间到)
TIM_TimeBaseStructure.TIM_Prescaler = 7199;           //时钟预分频数,
//时钟频率 = 72×1000000/(1 + 9999)/(1 + 7199) = 1Hz
TIM_TimeBaseStructure.TIM_CounterMode = TIM_CounterMode_Up;
//定时器模式向上计数
TIM_TimeBaseStructure.TIM_ClockDivision = TIM_CKD_DIV1; //输入捕获滤波器设置,
                                                        //用于定时器时,可不用设置
TIM_TimeBaseInit(TIM2, &TIM_TimeBaseStructure);       //初始化定时器 2
TIM_ITConfig(TIM2, TIM_IT_Update, ENABLE);            //打开中断溢出中断
TIM_Cmd(TIM2, ENABLE);                                //打开定时器
```

或者：

```
TIM_TimeBaseStructure.TIM_Prescaler = 35999;          //分频 35999.72M/(35999 + 1)/(1999 + 1) =
                                                      //1Hz 1 秒溢出一次
TIM_TimeBaseStructure.TIM_Period = 1999;              //计数值 2000
((1 + TIM_Prescaler )/72M) * (1 + TIM_Period ) = ((1 + 35999)/72M) * (1 + 1999) = 1 秒
```

使用不同定时器时，要注意对应的时钟总线。例如 TIM2 对应的是 APB1，而 TIM1 对应的是 APB2。

定时器应用的一般步骤如下：

(1) 系统初始化，主要初始化时钟等。

(2) GPIO 初始化，用于 LED，有了指示灯便于观察。

(3) TIMx 的配置。

(4) NVIC 的配置。

(5) 编写中断服务函数。

2. 使用固件库函数开发定时器应用的实例

【例 8-1】 使用固件库函数编程实现，利用定时器 2，每隔 0.5 秒，连接 PE0 的指示灯状态翻转一次。

解：要使用固件库函数编写定时器的应用程序，在创建工程出现 Manage Run-Time Environment 对话框时，选中 Device→Startup；选中 CMSIS→CORE。选中 StdPeriph Drivers 中的 GPIO、Framework、RCC 和 TIM。实现代码如下：

```
#include "stm32f10x.h"
void TIMER2_Init(void);                                          //定时器 2 初始化函数
void NVIC_Config(void);                                          //NVIC 配置函数
u8 turn = 0;
int main(void)
{
    GPIO_InitTypeDef GPIO_InitStructure;

    RCC_APB2PeriphClockCmd(RCC_APB2Periph_GPIOE, ENABLE);        //GPIOE 时钟
    GPIO_InitStructure.GPIO_Pin  =  GPIO_Pin_0;                  //LED0 -- > PE0 端口配置
    GPIO_InitStructure.GPIO_Mode  =  GPIO_Mode_Out_PP;           //推挽输出
    GPIO_InitStructure.GPIO_Speed  =  GPIO_Speed_50MHz;          //I/O 口速度为 50MHz
    GPIO_Init(GPIOE, &GPIO_InitStructure);                       //根据设定参数初始化
    TIMER2_Init();
    NVIC_Config();
    while(1);
}
void NVIC_Config(void)                                           //NVIC 配置函数
{
    NVIC_InitTypeDef NVIC_InitStructure;
    NVIC_PriorityGroupConfig(NVIC_PriorityGroup_0);              //抢占式优先级别
    NVIC_InitStructure.NVIC_IRQChannel  =  TIM2_IRQn;            //指定中断源
    NVIC_InitStructure.NVIC_IRQChannelPreemptionPriority = 0;
    NVIC_InitStructure.NVIC_IRQChannelSubPriority  =  0;         //指定副优先级别
    NVIC_InitStructure.NVIC_IRQChannelCmd  =  ENABLE;
    NVIC_Init(&NVIC_InitStructure);
}
void TIMER2_Init(void)                                           //定时器 2 初始化函数
{
    TIM_TimeBaseInitTypeDef TIM_TimeBaseStructure;
    RCC_APB1PeriphClockCmd(RCC_APB1Periph_TIM2,ENABLE);          //打开 TIM2 时钟
    TIM_DeInit(TIM2);                                            //复位 TIM2

    TIM_TimeBaseStructure.TIM_Period = 5000 - 1;                 //ARR 的值
    TIM_TimeBaseStructure.TIM_Prescaler = 7200 - 1;
    TIM_TimeBaseStructure.TIM_CounterMode = TIM_CounterMode_Up;  //向上计数模式
    TIM_TimeBaseInit(TIM2,&TIM_TimeBaseStructure);               //TIM2 初始化
    TIM_ITConfig(TIM2,TIM_IT_Update,ENABLE);
    TIM_Cmd(TIM2, ENABLE); //开启时钟
}
void TIM2_IRQHandler(void)                                  //TIM2 的中断服务函数，名字不能变
{
    if(TIM_GetITStatus(TIM2,TIM_IT_Update)  ==  SET)
    {
        TIM_ClearITPendingBit(TIM2,TIM_IT_Update);
        turn = 1 - turn;
```

```
        if (turn)
            GPIO_ResetBits(GPIOE, GPIO_Pin_0);
        else
            GPIO_SetBits(GPIOE, GPIO_Pin_0);
    }
}
```

STM32 定时器除了定时和计数功能外，另外一个重要功能是用作 PWM 控制。限于篇幅，PWM 控制的内容请参考产品手册。

8.6 习题

8-1 STM32F103VET6 的定时器有哪些？

8-2 定时器的定时时间如何设定？定时范围是什么？

8-3 利用连接定时器定时 0.5 秒，将最小系统板上连接 PE 口的 16 个发光二极管循环点亮。

第9章 串行通信

CHAPTER 9

数据通信技术在控制系统中越来越重要，特别是串行通信技术的应用更是越来越广泛。STM32 集成了 USART、SPI、I2C、USB、CAN 等串行通信部件，可以与外部设备进行串行连接，实现串行通信功能。本章介绍数据通信的一般概念、常用的异步串行通信接口(USART)和 SPI 接口。限于篇幅，其他串行通信接口及应用请参考产品手册。

9.1 通信的有关概念

计算机的 CPU 与外部设备之间，以及计算机和计算机之间的信息交换称为通信。通信分为并行通信和串行通信。并行通信通常是以字节(Byte)或字节的倍数为传输单位，一次传送一个或一个以上字节的数据，数据的各位同时进行传送，适合于外部设备与计算机之间进行近距离、大量和快速的信息交换。计算机内部的各个总线传输数据时就是以并行方式进行的。并行通信的特点就是传输速度快，但当距离较远、位数较多时，通信线路复杂且成本高。在串行通信中，通信双方使用两根或三根数据信号线相连，同一时刻，数据在一根数据信号线上一位一位地顺序传送，每一位数据都占据一个固定的时间长度。与并行通信相比，串行通信的优点是传输线少、成本低、适合远距离传送及易于扩展；缺点是速度较慢。并行通信和串行通信的连接示意图如图 9-1 所示。

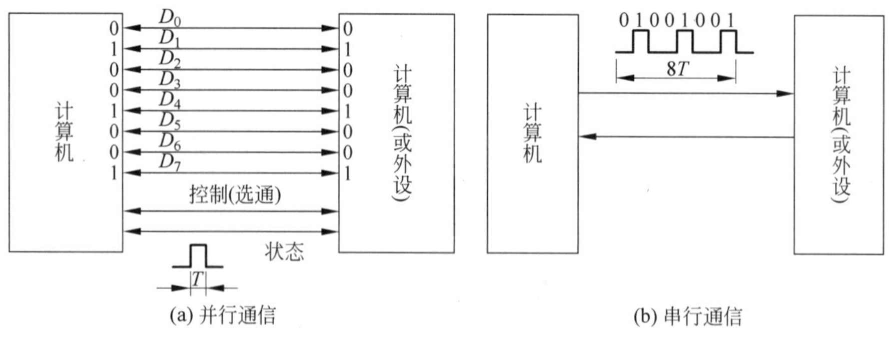

图 9-1 并行通信和串行通信的连接示意图

9.1.1 串行通信的相关概念

1. 串行通信的分类

1）按照串行数据的同步方式分类

按照串行数据的同步方式，串行通信可以分为同步通信和异步通信两类。

(1) 异步通信。

在异步通信(asynchronous communication)方式中,接收器和发送器使用各自的时钟,它们的工作是非同步的。在异步传送中,每一个字符要用起始位和停止位作为字符开始和结束的标志,以字符为单位一个个地发送和接收。典型的异步通信格式如图 9-2 所示。

异步传送时,每个字符的组成格式如下:首先用一个起始位表示字符的开始;后面紧跟着的是字符的数据字,数据字通常是 7 位或 8 位数据(低位在前,高位在后),在数据字中可根据需要加入奇偶校验位;最后是停止位,其长度可以是 1 位、1.5 位或 2 位。串行传送的数据字加上成帧信号的起始位和停止位就形成了一个串行传送的帧。起始位用逻辑 0 低电平表示,停止位用逻辑 1 高电平表示。图 9-2(a)所示为数据字为 7 位的 ASCII 码,第 8 位是奇偶校验位,加上起始位、停止位,一个字符帧由 10 位组成。形成帧信号后,字符便一个一个地进行传送。

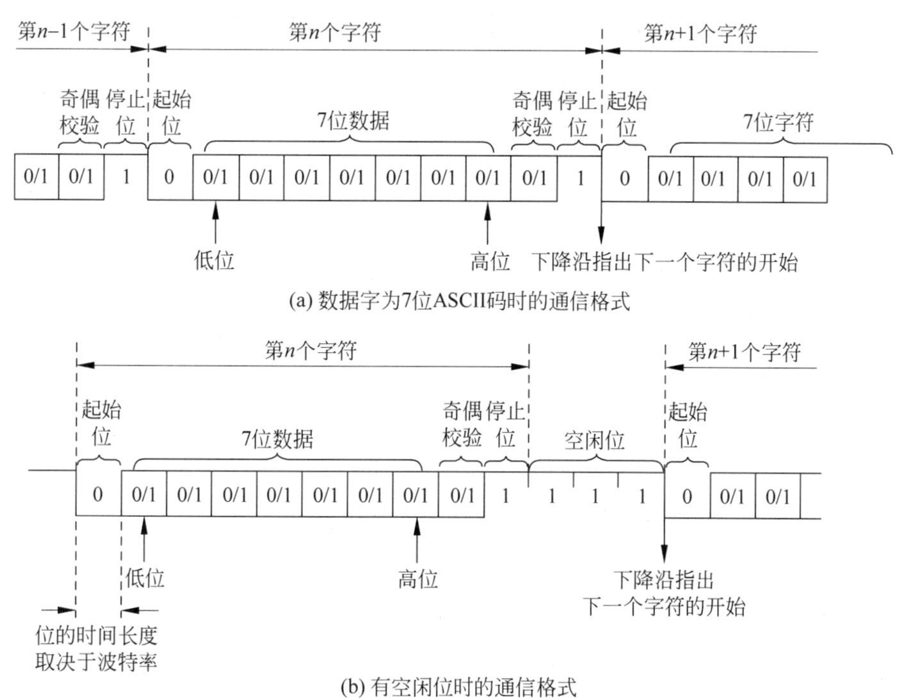

图 9-2 异步通信的格式

在异步传送中,字符间隔不固定,在停止位后可以加空闲位,空闲位用高电平表示,用于等待发送。这样,接收和发送可以随时进行,不受时间的限制。图 9-2(b)为有空闲位的情况。

在异步数据传送中,通信双方必须约定好两项事宜:

① 字符格式。包括字符的编码形式、奇偶校验以及起始位和停止位的规定。

② 通信速率。通信速率通常使用比特率来表示。在数字通信中,比特率是数字信号的传输速率,它用单位时间内传输的二进制代码的有效位(bit)数来表示,其单位为每秒比特数 bit/s(bps)、每秒千比特数(kbps)或每秒兆比特数(Mbps)来表示。

在描述通信速率中,还经常遇到波特率这个概念。波特率指数据信号对载波的调制速率，它用单位时间内载波调制状态改变次数来表示，其单位为波特(Baud)。波特率与比特率的关系是比特率=波特率×单个调制状态对应的二进制位数。在信息传输通道中，携带数据信息的信号单元叫码元，每秒钟通过信道传输的码元数称为码元传输速率，简称波特率。波特率是传输通道频宽的指标。例如，数据传送速率为120字符/秒(这个速率可以称为波特率)，而每一个字符为10位，则其传送的比特率为10×120=1200位/秒=1200比特。在后面的描述中，为了适应习惯用法，将比特率和波特率统一使用波特率来表示。

(2) 同步通信(synchronous communication)。

同步通信是一种连续串行传送数据的通信方式，一次通信只传送一帧信息。这里的信息帧和异步通信中的字符帧不同，通常含有若干个数据字符，根据控制规程，数据格式分为面向字符及面向比特两种。

① 面向字符型的数据格式。

面向字符型的同步通信数据格式可采用单同步、双同步和外同步3种数据格式，如图9-3所示。

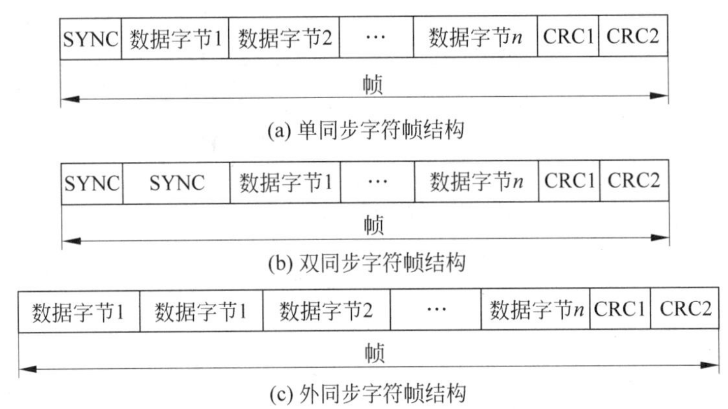

图9-3 面向字符型同步通信数据格式

单同步和双同步均由同步字符、数据字符和校验字符CRC 3部分组成。单同步是指在传送数据之前先传送一个同步字符SYNC，双同步则先传送两个同步字符SYNC。其中，同步字符位于帧结构的开头，用于确认数据字符的开始(接收端不断地对传输线采样，并把采样到的字符和双方约定的同步字符比较，只有比较成功后才会把后面接收到的字符加以存储)；数据字符在同步字符之后，个数不受限制，由所需传输的数据块长度决定；校验字符有1～2个，位于帧结构末尾，用于接收端对接收到的数据字符的正确性校验。外同步通信的数据格式中没有同步字符，而是用一条专用控制线来传送同步字符，使接收端及发送端实现同步。当每一帧信息结束时均用两个字节的循环控制码CRC为结束。

在同步通信中，同步字符可以采用统一标准格式，也可由用户约定。在单同步字符帧结构中，同步字符常采用ASCII码中规定的SYN(即16H)代码，在双同步字符帧结构中，同步字符一般采用国际通用标准代码EB90H。

② 面向比特型的数据格式。

根据同步数据链路控制规程(SDLC)，面向比特型的数据每帧由6个部分组成。第1部分是开始标志“7EH”；第2部分是一个字节的地址场；第3部分是一个字节的控制场；第4

部分是需要传送的数据，数据都是位(bit)的集合；第5部分是两个字节的循环控制码CRC；最后部分又是“7EH”，作为结束标志。面向比特型的数据格式如图9-4所示。

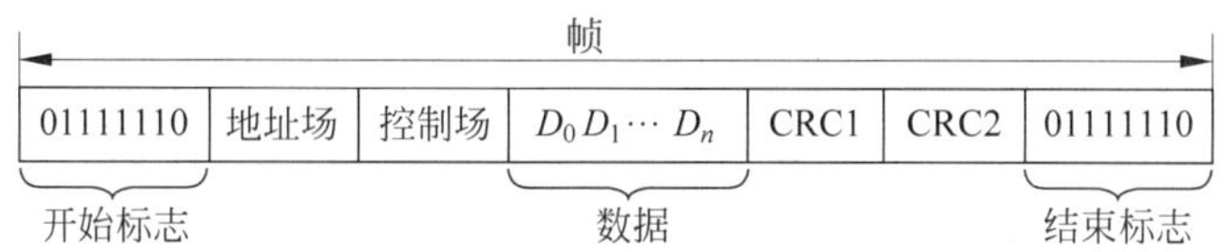

图9-4 面向比特型同步通信数据格式

在SDLC规程中不允许在数据段和CRC段中连续出现6个1，否则会误认为是结束标志。要求在发送端进行检验，当连续出现5个1时，则立即插入一个0，到接收端要将这个插入的0去掉，恢复原来的数据，保证通信的正常进行。

同步通信的数据传输速率较高，通常可达56 000b/s或更高，适用于传送信息量大、传送速率高的系统中，其缺点是要求发送时钟和接收时钟保持严格同步，故发送时钟除应与发送波特率保持一致外，还要求把它同时传送到接收端去。

2) 按照数据的传送方向分类

按照数据传送方向，串行通信可分为单工、半双工和全双工3种方式。

如果串行数据传送是在两个通信端之间进行的，则称为点-点通信方式。其数据传送的方式有如图9-5所示的几种情况。图9-5(a)为单工通信方式(simplex)。A为发送站，B为接收站，数据只能由A发至B，而不能由B传送到A。单工通信类似无线电广播，电台发送信号，收音机接收信号，收音机永远不能发送信号。图9-5(b)为半双工通信方式(half duplex)。数据可以从A发送到B，也可以由B发送到A。不过，由于使用一根线连接，发送和接收不可能同时进行，同一时间只能作一个方向的传送，其传送方向由收发控制开关K来控制。半双工通信方式类似对讲机，某时刻A发送B接收，另一时刻B发送A接收，双方不能同时进行发送和接收。图9-5(c)为全双工通信方式(full duplex)。在这种方式中，分别用两根独立的传输线来连接发送方和接收方，A、B既可同时发送，又可同时接收。全双工通信工方式与电话机类似，双方可以同时进行数据的发送和接收。

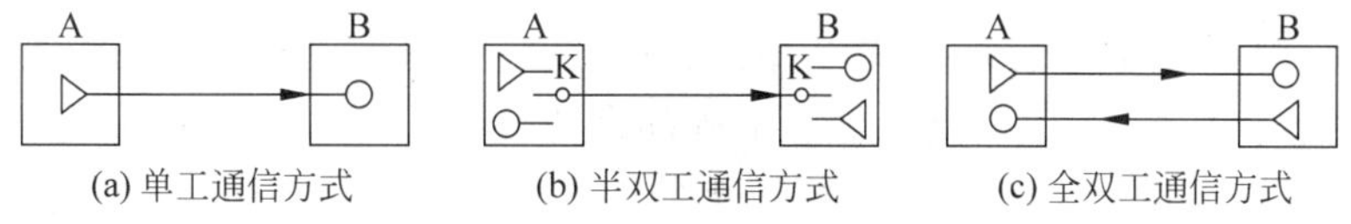

图9-5 点-点串行通信方式

图9-6所示为主从多终端通信方式。主机A可以向多个从机终端(B、C、D……)发出信息。在A允许的条件下，可以控制管理B、C、D等在不同的时间向A发出信息。根据数据传送的方向又分为多终端半双工通信和多终端全双工通信。

2. 串行接口

串行通信中的数据是一位一位依次传送的，而计算机系统或计算机终端中数据是并行传送的。因此，发送端必须把并行数据变成串行才能在线路上传送，接收端接收到的串行数据又需要变换成并行数据才可以进一步处理。上述并→串或串→并的转换既可以用软件实现，也可用硬件实现。由于用软件实现会增加CPU的负担，目前往往用硬件(串行接口)完成这种转换。串行接口通过系统总线和CPU相连，如图9-7所示。

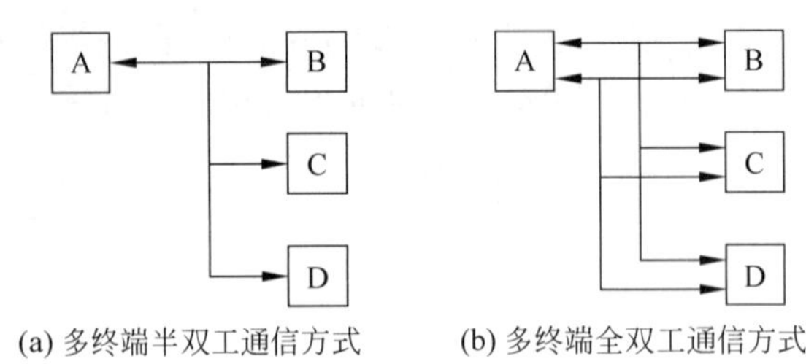

图 9-6 主从多终端通信方式

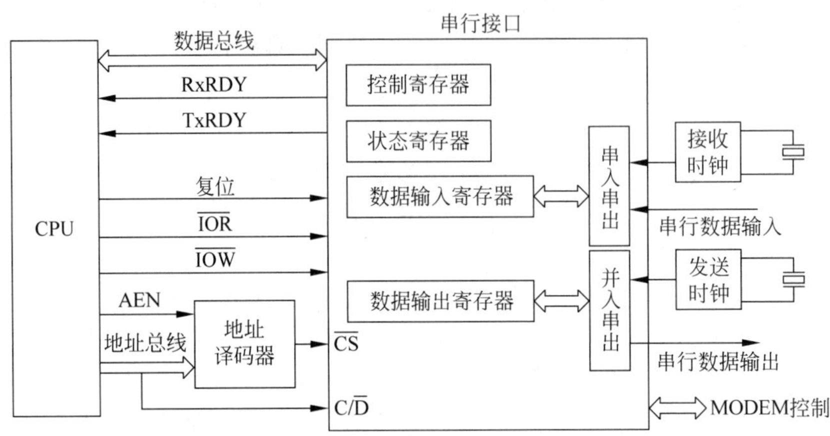

图 9-7 CPU 与串行接口的连接

串行接口主要由控制寄存器、状态寄存器、数据输入寄存器和数据输出寄存器 4 部分组成。

(1) 数据输入寄存器。在输入过程中,串行数据一位一位地从传输线进入串行接口的接收移位寄存器,经过串入并出电路的转换,当接收完一个字符之后,数据就从接收移位寄存器传送到数据输入缓冲器,等待 CPU 读取。

(2) 数据输出寄存器。当 CPU 输出数据时,先送到数据输出缓冲器,然后,数据由输出寄存器传到发送移位寄存器,经过并入串出电路转换一位一位地通过输出传输线送到外部设备。

(3) 状态寄存器。状态寄存器用来存放外部设备运行的状态信息,CPU 通过访问这个寄存器来了解某个外部设备的状态,进而控制外部设备的工作,以便与外部设备进行数据交换。

(4) 控制寄存器。串行接口中有一个控制寄存器,CPU 对外部设备设置的工作方式命令、操作命令都存放在控制寄存器中,通过控制寄存器控制外部设备运行。

从本质上讲,所有的串行接口电路都是以并行数据形式与 CPU 接口,而以串行数据形式与外部逻辑接口,其基本工作原理是:串行发送时,CPU 通过数据总线把 8 位并行数据送到数据输出寄存器,然后送给并行输入/串行输出移位寄存器,并在发送时钟和发送控制电路控制下通过串行数据输出端一位一位串行发送出去。起始位和停止位是由串行接口在发送时自动添加上去的。串行接口发送完一帧后产生中断请求,CPU 响应后可以把下一个字符送到发送数据缓冲器。

串行接收时,串行接口监视串行数据输入端,并在检测到有一个低电平(起始位)时就开始一个新的字符接收过程。串行接口每接收到一位二进制数据位后就使接收移位寄存器

(即串行输入并行输出寄存器)左移一次,连续接收到一个字符后将其并行传送到数据输入寄存器,并产生中断促使 CPU 从中取走所接收的字符。

常见的串行接口——通用同步/异步串行接收发送器(Universal Synchronous/Asynchronous Receiver/Transmitter,USART)是一个全双工通用同步/异步串行收发模块,是一个高度灵活的串行接口通信设备。USART 收发模块一般分为 3 部分:时钟发生器、数据发送器和接收器。

时钟发生器由同步逻辑电路(在同步从模式下由外部时钟输入驱动)和波特率发生器组成。发送时钟引脚仅用于同步发送模式下。

发送器部分由一个单独的写入缓冲器(发送 UDR)、一个串行移位寄存器、校验位发生器和用于处理不同帧结构的控制逻辑电路构成。使用写入缓冲器,实现了连续发送多帧数据无延时的通信。

接收器是 USART 模块最复杂的部分,最主要的是时钟和数据接收单元。数据接收单元用于异步数据的接收。除了接收单元,接收器还包括校验位校验器、控制逻辑、移位寄存器和两级接收缓冲器(接收 UDR)。接收器支持与发送器相同的帧结构,同时支持帧错误、数据溢出和校验错误的检测。

通用异步收发器(Universal Asynchronous Receiver and Transmitter,UART)除了没有 USART 中的同步时钟信号外,其他模块与 USART 相同。同步时钟信号较少使用,因此,经常把 USART 接口当成 UART 接口使用。

UART 的内部结构如图 9-8 所示。

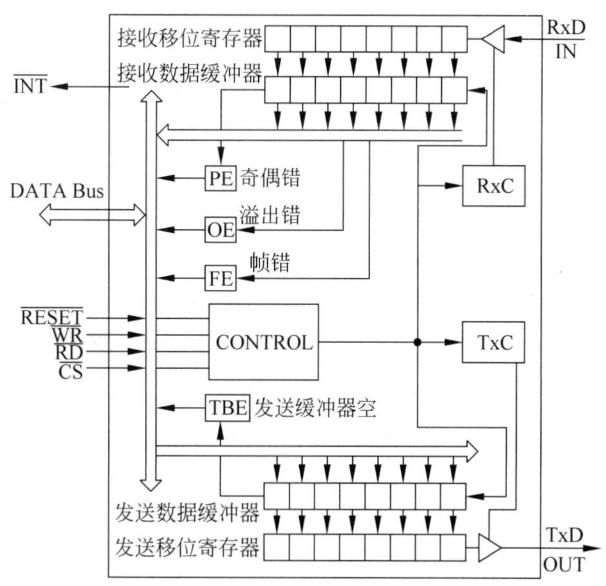

图 9-8 硬件 UART 的结构

在 UART 中设置有出错标志,一般有以下 3 种:

(1) 奇偶错误(parity error)。

为了检测传送中可能发生的错误,UART 在发送时会检查每个要传送的字符中的 1 的个数,自动在奇偶校验位上添加 1 或 0,使得 1 的总和(包括奇偶校验位)在偶校验时为偶数，奇校验时为奇数。UART在接收时会检查字符中的每一位(包括奇偶校验位)，计算其1的总和是否符合奇偶检验的要求，以确定是否发生传送错误。

(2) 帧错误(frame error)，表示字符格式不符合规定。

虽然接收端和发送端的时钟没有直接的联系，但是因为接收端总是在每个字符的起始位处进行一次重新定位，因此，必须要保证每次采样都对应一个数据位。只有在接收时钟和发送时钟的频率相差太大，从而引起在起始位之后刚采样几次就造成错位的情况下，才出现采样造成的接收错误。如果遇到这种情况，就会出现停止位(按规定停止位应为高电平)为低电平(此情况下，未必每个停止位都是低电平)，从而引起信息帧格式错误，帧错误标志FE置位。

(3) 溢出(丢失)错误(overrun error)。

UART是一种双缓冲器结构的部件。UART接收端接收到第一个字符后便放入接收数据缓冲器，然后继续从RxD线上接收第二个字符，并等待CPU从接收数据缓冲器中取走第一个字符。如果CPU很忙，一直没有机会取走第一个字符，以致接收到的第二字符进入接收数据缓冲器而造成第一个字符丢失，于是产生了溢出错误，UART自动使溢出错误标志OE置位。

9.1.2 并行通信中的相关概念

1. 并行接口

实现并行通信的接口电路，称为并行接口。根据并行接口的特点可以分为输入并行接口、输出并行接口和输入/输出并行接口。并行通信以同步方式传输，其特点是：传输速度快，硬件开销大，只适合近距离传输。与所有的接口一样，一个并行接口的信息传输中包括状态信息、控制信息和数据信息。

(1) 状态信息。状态信息表示外部设备当前所处的工作状态。例如，准备好信号READY=1表示接口已经准备好，可以和CPU交换数据；忙信号BUSY=1表示接口正在传输信息，CPU需要等待。

(2) 控制信息。控制信息是由CPU发出的，用于控制外部设备接口的工作方式以及外部设备的启动和复位等。

(3) 数据信息。数据信息是CPU与并行接口交换的主要内容。

状态信息、控制信息和数据信息通过总线传送，这些信息在外部设备接口中分别存放在不同端口寄存器中。接口电路需要几个端口相互配合，才能协调外部设备的工作。一个典型的并行接口与CPU、外部设备连接图如图9-9所示。

2. 并行接口的组成

一个并行接口电路通常由输入数据缓冲器、输出数据缓冲器、状态寄存器和控制寄存器组成。

(1) 输入缓冲寄存器。输入数据缓冲器主要功能是负责接收设备送来的数据，CPU通过读操作指令执行读操作，从输入数据缓冲器读取数据。

(2) 输出缓冲寄存器。输出数据缓冲器主要功能是负责接收CPU送来的数据，如果设备处于空闲状态，则从输出数据缓冲器取走数据，接口通知CPU进行下一次输出操作。

(3) 状态寄存器。状态寄存器用来存放外部设备运行的状态信息，CPU通过访问状态寄存器来了解外部设备状态，进而控制外部设备的工作。

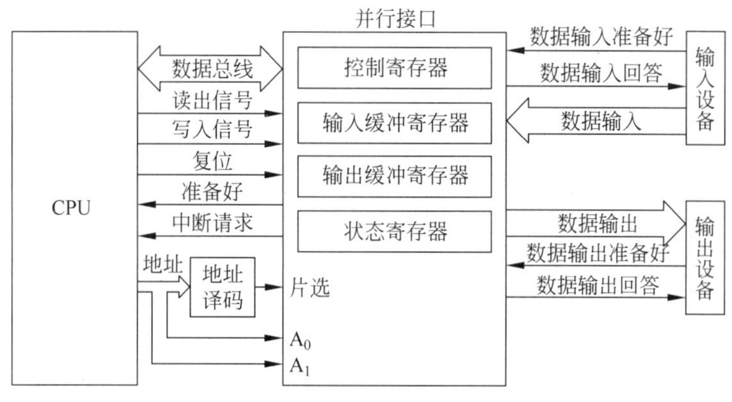

图 9-9　典型并行接口电路图

(4) 控制寄存器。并行接口中有一个控制寄存器,CPU 对外部设备设置的工作方式命令、操作命令都存放在控制寄存器中,通过控制寄存器控制外部设备的运行。

数据信息是 CPU 与并行接口交换的主要内容。

3. 并行通信接口的基本输入/输出工作过程

(1) 输入过程。外部设备首先将并行传输的数据放到外部设备与接口之间的数据总线上,并使"数据输入准备好"状态选通信号有效,该选通信号使数据传输到接口的输入数据缓冲器内。当数据写入输入数据缓冲器后,接口使"数据输入应答"信号有效,作为对外部设备输入的响应。外部设备收到此信号后,便撤销输入数据和"数据输入准备好"信号。

数据到达接口后,接口在状态寄存器中设置"输入准备好"状态位,以便 CPU 进行查询;接口也可以在此时向 CPU 发送中断请求,表示数据已输入到接口。CPU 既可以用查询程序方式,也可以用程序中断方式来读取接口中的数据。CPU 从输入缓冲器中读取数据后,接口自动清除状态寄存器中"输入准备好"状态位,并使数据总线处于高阻状态。至此,一个数据的传送结束。

(2) 输出过程。当外部设备从接口取走数据后,接口就会将状态寄存器中"输出准备好"状态位置 1,表示 CPU 当前可以向接口输出数据,这个状态位可供 CPU 进行查询。接口此时也可以向 CPU 发中断请求。CPU 既可以用程序查询方式,也可以用程序中断方式向接口输出数据。

当 CPU 将数据送到输出缓冲器后,接口自动清除"输出准备好"状态位,并将数据送往外部设备的数据线上,同时,接口将给外部设备发送"启动信号"来启动外部设备接收数据。外部设备被启动后,开始接收数据,并向接口发"数据输出应答"信号。接口收到此信号,便将状态寄存器中的"输出准备好"状态位置 1,以便 CPU 输出下一个数据。

9.2　STM32 的异步串行通信接口

9.2.1　STM32 异步串行通信接口简介

STM32F103VET6 集成了 3 个通用同步/异步串行接收发送器 USART(USART1～USART3)和 2 个通用异步收发器(UART4 和 UART5)。

通用同步/异步收发器(USART)提供了一种灵活的方法与使用工业标准 NRZ 异步串行数据格式的外部设备之间进行全双工数据交换。USART 利用分数波特率发生器提供宽范围的波特率选择。它支持同步单向通信和半双工单线通信,也支持 LIN(局部互联网)、智能卡协议和 IrDA(红外数据组织)SIR ENDEC 规范,以及调制解调器(CTS/RTS)操作。它还允许多处理器通信。使用多缓冲器配置的 DMA 方式,可以实现高速数据通信。

USART 具有如下主要特性:

- 全双工的异步通信。
- NRZ 标准格式。
- 分数波特率发生器系统:发送和接收共用的可编程波特率,最高达 4.5Mb/s。
- 可编程数据字长度(8 位或 9 位)。
- 可配置的停止位——支持 1 或 2 个停止位。
- LIN 主机发送同步断开符的能力以及 LIN 从机检测断开符的能力:当 USART 硬件配置成 LIN 时,生成 13 位断开符;检测 10/11 位断开符。
- 发送方为同步传输提供时钟。
- IRDA SIR 编码器译码器:在正常模式下支持 3/16 位的持续时间。
- 智能卡模拟功能。

— 智能卡接口支持 ISO7816-3 标准定义的异步智能卡协议。

— 智能卡用到的 0.5 和 1.5 个停止位。

- 单线半双工通信。
- 可配置的使用 DMA 的多缓冲器通信:在 SRAM 里利用集中式 DMA 缓冲接收/发送字节。
- 单独的发送器和接收器使能位。
- 检测标志:接收缓冲器满标志、发送缓冲器空标志和传输结束标志。
- 校验控制:包括发送校验位和对接收数据进行校验。
- 4 个错误检测标志:溢出错误标志、噪声错误标志、帧错误标志和校验错误标志。
- 10 个带标志的中断源,包括 CTS 改变、LIN 断开符检测、发送数据寄存器空、发送完成、接收数据寄存器满、检测到总线为空闲、溢出错误、帧错误、噪声错误、校验错误。
- 多处理器通信——如果地址不匹配,则进入静默模式。
- 从静默模式中唤醒(通过空闲总线检测或地址标志检测)。
- 两种唤醒接收器的方式:地址位(MSB,第 9 位),总线空闲。

STM32 的 USART 所支持的模式如表 9-1 所示。

表 9-1 USART 所支持的模式

USART 模式	USART1	USART2	USART3	UART4	UART5
异步模式	√	√	√	√	√
硬件流控制	√	√	√	NA	NA
多缓存通信(DMA)	√	√	√	√	NA
多处理器通信	√	√	√	√	√

续表

USART 模式	USART1	USART2	USART3	UART4	UART5
同步模式	√	√	√	NA	NA
智能卡	√	√	√	NA	NA
半双工(单线模式)	√	√	√	√	√
IrDA	√	√	√	√	√
LIN	√	√	√	√	√

注：√ =支持，NA =不支持。

9.2.2 STM32 的 USART 引脚重映射

通过软件设置复用重映射寄存器(AFIO_MAPR)中的 USART1_REMAP、USART2_REMAP 和 USART3_REMAP[1:0]，USART1～USART3 的功能引脚可以切换(称为功能引脚重映射)。这种功能引脚重映射功能为系统的设计带来了极大的便利。USART1 引脚重映射如表 9-2 所示。USART2 引脚重映射如表 9-3 所示。USART3 引脚重映射如表 9-4 所示。

表 9-2 USART1 引脚重映射

复用功能	USART1_REMAP = 0	USART1_REMAP = 1
USART1_TX	PA9	PB6
USART1_RX	PA10	PB7

表 9-3 USART2 引脚重映射

复用功能	USART2_REMAP = 0	USART2_REMAP = 1(只适用于 100 和 144 脚的封装)
USART2_CTS	PA0	PD3
USART2_RTS	PA1	PD4
USART2_TX	PA2	PD5
USART2_RX	PA3	PD6
USART2_CK	PA4	PD7

表 9-4 USART3 引脚重映射

复用功能	USART3_REMAP[1:0]=00 (没有重映射)	USART3_REMAP[1:0]=01 (部分重映射)[1]	USART3_REMAP[1:0]=11 (完全重映射)[2]
USART3_TX	PB10	PC10	PD8
USART3_RX	PB11	PC11	PD9
USART3_CK	PB12	PC12	PD10
USART3_CTS	PB13		PD11
USART3_RTS	PB14		PD12

注：1. 只适用于 64、100 和 144 脚的封装。
2. 只适用于 100 和 144 脚的封装。

9.2.3 STM32 的 USART 接口结构

USART 的结构如图 9-10 所示。

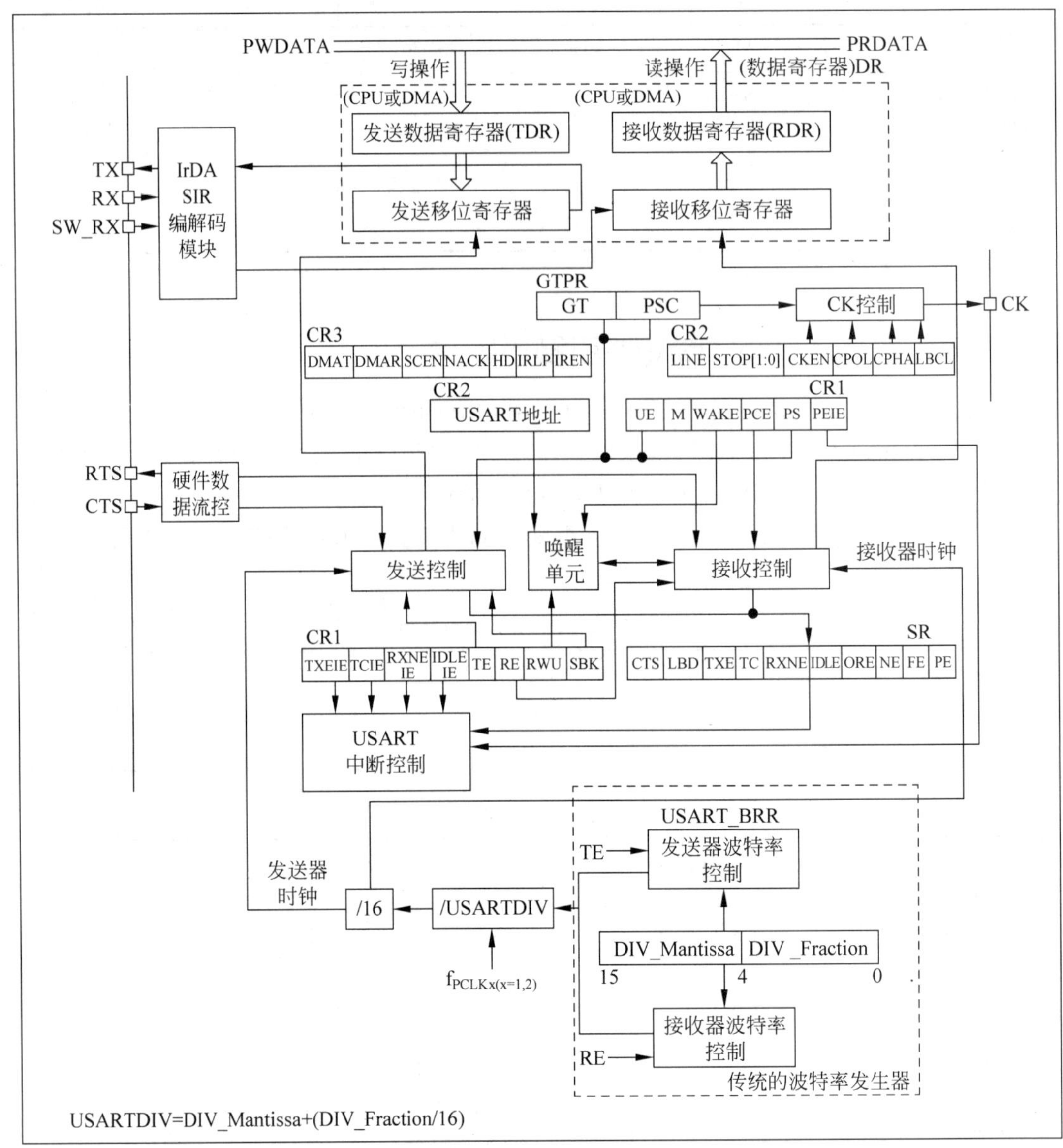

图 9-10 USART 的结构

任何双向通信的 USART 至少通过 2 个引脚与其他设备连接：接收数据输入(RX)和发送数据输出(TX)。

RX：接收数据串行输入。通过过采样技术来区别数据和噪声，从而恢复数据。

TX：发送数据输出。当发送器被禁止时，输出引脚恢复到它的 I/O 口配置。当发送器被激活，并且不发送数据时，TX 引脚处于高电平。在单线和智能卡模式下，此 I/O 口被同时用于数据的发送和接收(用作 USART 时，在 SW_RX 上接收数据)。

通过这些引脚，在 USART 模式下，串行数据作为帧发送和接收，数据帧包括：

- 总线在发送或接收前处于空闲状态(一般为高电平)。

- 一个起始位。
- 一个数据字(8 或 9 位),最低有效位在前。
- 0.5、1.5 或 2 个停止位,由此表明数据帧的结束。

USART 中包括下面的寄存器:

- 一个状态寄存器(USART_SR)。
- 数据寄存器(USART_DR)。
- 一个波特率寄存器(USART_BRR),包含 12 位的整数和 4 位小数。
- 三个控制寄存器(USART_CRx)。
- 一个智能卡模式下的保护时间寄存器(USART_GTPR)。

在后续的内容中,有这些寄存器的详细介绍。

在同步模式下需要下列引脚:

CK——发送器时钟输出。此引脚输出用于同步传输的时钟,这和 SPI 主模式类似。在 Start 位和 Stop 位上没有时钟脉冲,由软件设置在最后一个数据位是否送出一个时钟脉冲。在 RX 上同步接收数据。这可以用来控制带有移位寄存器的外部设备(例如 LCD 驱动器)。时钟相位和极性都是软件可编程的。在智能卡模式下,CK 可以为智能卡提供时钟。

下列引脚在硬件流控模式中需要:

- CTS——清除发送,若是高电平,则在当前数据传输结束时阻断下一次的数据发送。
- RTS——发送请求,若是低电平,则表明 USART 准备好接收数据。

9.2.4　STM32 的 USART 特性

1. 数据格式

通过编程 USART_CR1 寄存器中的 M 位,可选择字长为 8 或 9 位,USART 的数据格式如图 9-11 所示。

在起始位期间,TX 脚处于低电平,在停止位期间处于高电平。

空闲符号被视为完全由 1 组成的一个完整的数据帧,后面跟着包含了数据的下一帧的开始位(1 的位数也包括了停止位的位数)。

断开符号被视为在一个帧周期内全部收到 0(包括停止位期间,也是 0)。在断开帧结束时,发送器再插入 1 或 2 个停止位(1)来应答起始位。

发送和接收由一个公用的波特率发生器驱动,当发送器和接收器的使能位分别置位时,分别为其产生时钟。

2. 发送器

发送器根据 M 位的状态发送 8 位或 9 位数据字。当发送使能位(TE)被设置时,发送移位寄存器中的数据在 TX 脚上输出,相应的时钟脉冲在 CK 脚上输出。

1) 字符发送

在 USART 发送期间,在 TX 引脚上首先移出数据的最低有效位。在此模式下,USART_DR 寄存器包含了一个内部总线和发送移位寄存器之间的缓冲器 TDR(见图 9-10)。每个字符之前都有一个低电平的起始位;之后跟着停止位,其数目可配置。USART 支持 0.5、1、1.5 和 2 个停止位。

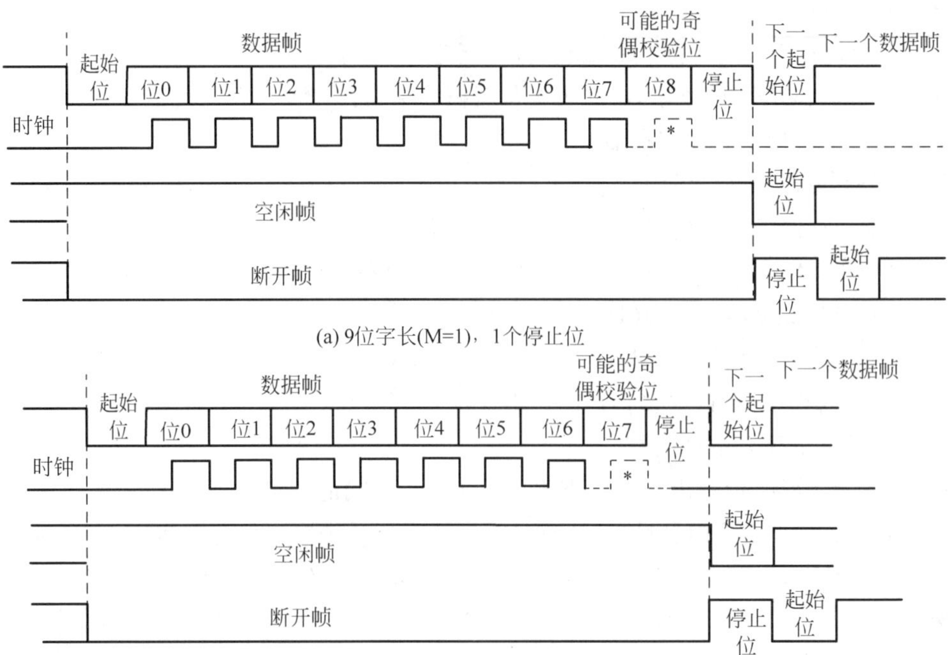

图 9-11　USART 的数据格式

注意：(1) 在数据传输期间不能复位 TE 位，否则将破坏 TX 脚上的数据，因为波特率计数器停止计数。正在传输的当前数据将丢失。

(2) TE 位被激活后将发送一个空闲帧。

2) 可配置的停止位

随每个字符发送的停止位的位数可以通过控制寄存器 2 的位 13、12 进行编程。可以包含 1 个、2 个、0.5 个或者 1.5 个停止位。

(1) 1 个停止位：停止位位数的默认值。

(2) 2 个停止位：可用于常规 USART 模式、单线模式以及调制解调器模式。

(3) 0.5 个停止位：在智能卡模式下接收数据时使用。

(4) 1.5 个停止位：在智能卡模式下发送和接收数据时使用。

空闲帧包括了停止位。

断开帧是 10 位低电平，后跟停止位(当 $M=0$ 时)；或者 11 位低电平，后跟停止位($M=1$ 时)。不可能传输更长的断开帧(长度大于 10 或者 11 位)。

8 位字长时不同位数停止位的波形如图 9-12 所示。

字符发送的配置步骤如下：

(1) 通过置位 USART_CR1 寄存器中的 UE 位来激活 USART。

(2) 编程 USART_CR1 的 M 位来定义字长。

(3) 在 USART_CR2 中编程停止位的位数。

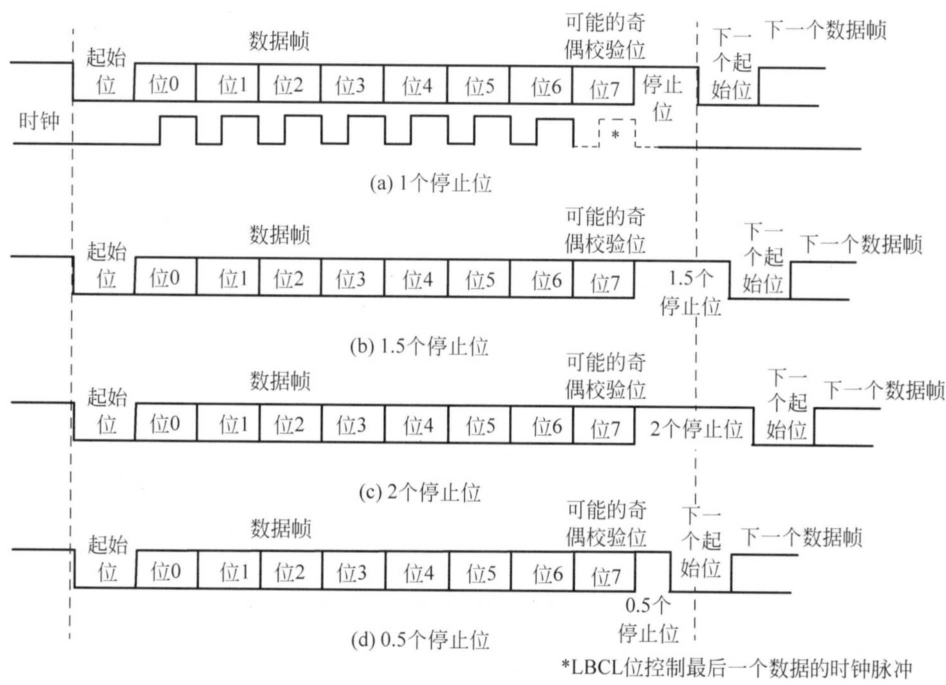

图 9-12　8 位字长时不同位数停止位的波形

(4) 如果采用多缓冲器通信，配置 USART_CR3 中的 DMA 使能位(DMAT)。按多缓冲器通信中的描述配置 DMA 寄存器。

(5) 利用 USART_BRR 寄存器设置所需的波特率。

(6) 设置 USART_CR1 中的 TE 位，发送一个空闲帧作为第一次数据发送。

(7) 把要发送的数据写进 USART_DR 寄存器(此操作清除 TXE 位)。在只有一个缓冲器的情况下，对每个待发送的数据重复步骤(7)。

(8) 在 USART_DR 寄存器中写入最后一个数据字后，要等待 TC=1，它表示最后一个数据帧的传输结束。当需要关闭 USART 或需要进入停机模式之前，需要确认传输结束，避免破坏最后一次传输。

3. 单字节通信

通过对数据寄存器的写操作清零 TXE 位。TXE 位由硬件设置，如果 TXE 被置位表明：

- 数据已经从 TDR 移送到移位寄存器，数据发送已经开始。
- TDR 寄存器被清空。
- 下一个数据可以被写进 USART_DR 寄存器而不会覆盖先前的数据。

如果 TXEIE 位被设置，那么 TXE 标志将产生一个中断。

如果 USART 正在发送数据，那么对 USART_DR 寄存器的写操作把数据存进 TDR 寄存器，并在当前传输结束时把该数据复制进移位寄存器。

如果 USART 没有发送数据，处于空闲状态，那么对 USART_DR 寄存器的写操作直接把数据放进移位寄存器，数据传输开始，TXE 位立即被置位。

当一帧发送完成时(停止位发送后)并设置了 TXE 位,TC 位被置位,如果 USART_CR1 寄存器中的 TCIE 位被置位,则会产生中断。

在 USART_DR 寄存器中写入了最后一个数据字后,在关闭 USART 模块之前或设置微控制器进入低功耗模式之前,必须先等待 TC=1。

TC 位的清除按照下面的步骤进行:

(1) 读一次 USART_SR 寄存器;

(2) 写一次 USART_DR 寄存器。

也可以通过软件对 TC 位写 0 来清除,此清零方式只推荐在多缓冲器通信模式下使用。

发送时 TC/TXE 的变化情况如图 9-13 所示。

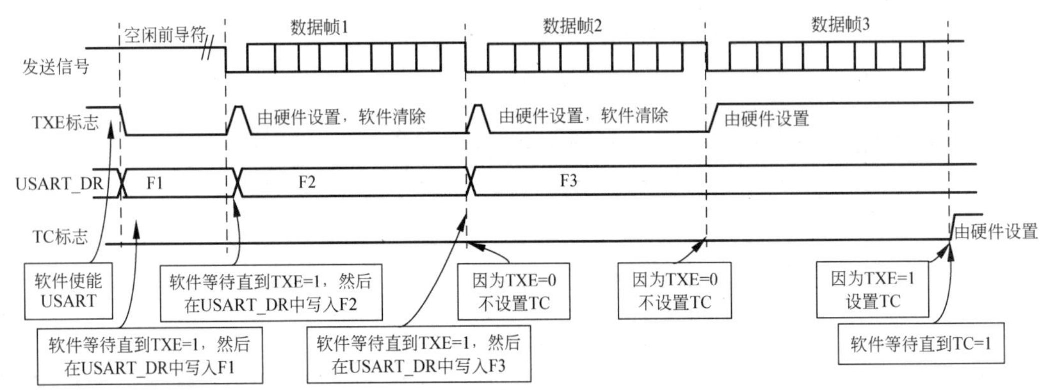

图 9-13 发送时 TC/TXE 的变化情况

1) 断开符号

设置 SBK 位可发送一个断开符号。断开帧长度取决于 M 位。如果设置 SBK=1,在完成当前数据发送后,将在 TX 线上发送一个断开符号。断开字符发送完成时(在断开符号的停止位时)SBK 被硬件复位。USART 在最后一个断开帧的结束处插入一个逻辑 1,以保证能识别下一帧的起始位。

如果在开始发送断开帧之前,软件又复位了 SBK 位,断开符号将不被发送。如果要发送两个连续的断开帧,SBK 位应该在前一个断开符号的停止位之后置位。

2) 空闲符号

置位 TE 将使得 USART 在第一个数据帧前发送一个空闲帧。

4. 接收器

USART 可以根据 USART_CR1 的 M 位接收 8 位或 9 位的数据字。

1) 起始位侦测

在 USART 中,如果辨认出一个特殊的采样序列(1 1 1 0 X 0 X 0 X 0 0 0 0),就认为侦测到一个起始位。起始位侦测时序图如图 9-14 所示。

如果该序列不完整,那么接收端将退出起始位侦测并回到空闲状态(不设置标志位)等待下降沿。

如果 3 个采样点都为 0(在第 3、5、7 位的第一次采样,和在第 8、9、10 的第二次采样都为 0),则确认收到起始位,这时设置 RXNE 标志位,如果 RXNEIE=1,则产生中断。

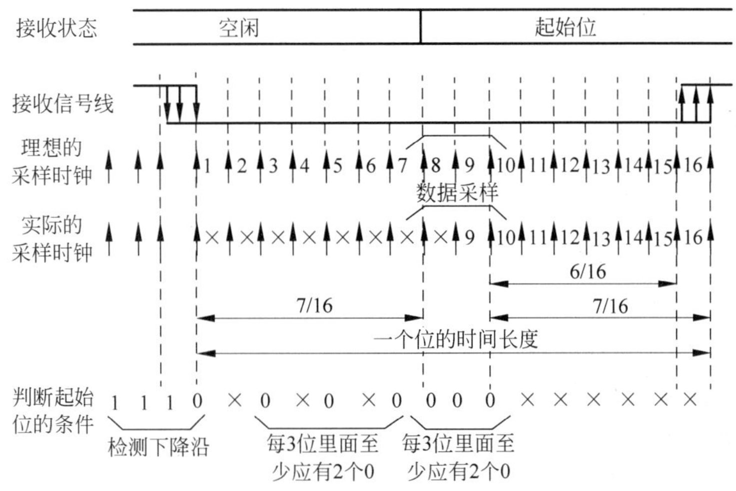

图 9-14　起始位侦测时序图

如果两次 3 个采样点上仅有 2 个是 0(第 3、5、7 位的采样点和第 8、9、10 位的采样点)，那么起始位仍然是有效的，但是会设置 NE 噪声标志位。如果不满足这个条件，则中止起始位的侦测过程，接收器会回到空闲状态(不设置标志位)。

如果有一次 3 个采样点上仅有 2 个是 0(第 3、5、7 位的采样点或第 8、9、10 位的采样点)，那么起始位仍然是有效的，但是会设置 NE 噪声标志位。

2）字符接收

在 USART 接收期间，数据的最低有效位首先从 RX 脚移进。USART_DR 寄存器包含的缓冲器 RDR 位于内部总线和接收移位寄存器之间。

接收字符的配置步骤如下：

(1) 将 USART_CR1 寄存器的 UE 置 1 来激活 USART。

(2) 编程 USART_CR1 的 M 位定义字长。

(3) 在 USART_CR2 中编写停止位的个数。

(4) 如果需多缓冲器通信，选择 USART_CR3 中的 DMA 使能位(DMAR)。按多缓冲器通信所要求的配置 DMA 寄存器。

(5) 利用波特率寄存器 USART_BRR 设置所需的波特率。

(6) 设置 USART_CR1 的 RE 位，激活接收器，使它开始寻找起始位。

当接收到一个字符时，

- RXNE 位被置位。它表明移位寄存器的内容被转移到 RDR。换句话说，数据已经被接收并且可以被读出(包括与之有关的错误标志)。
- 如果设置了 RXNEIE 位，则产生中断。
- 在接收期间如果检测到帧错误、噪声或溢出错误，错误标志将被置位。
- 在多缓冲器通信时，RXNE 在每个字节接收后被置位，并由 DMA 对数据寄存器的读操作而清零。
- 在单缓冲器模式下，由软件读 USART_DR 寄存器完成对 RXNE 位清除。RXNE 标志也可以通过对它写零来清除。RXNE 位必须在下一字符接收结束前被清零，以避免溢出错误。

在接收数据时，RE位不应该被复位。如果RE位在接收时被清零，当前字节的接收被中止。

3）断开符号

当接收到一个断开帧时，USART的处理过程与处理帧错误一样。

4）空闲符号

当检测到空闲帧，其处理步骤和接收到普通数据帧一样，如果IDLEIE位被置位将产生一个中断。

5）溢出错误

如果RXNE还没有被复位，又接收到一个字符，则发生溢出错误。只有当RXNE位被清零后数据才能从移位寄存器转移到RDR寄存器。RXNE标志是接收到每个字节后被置位的。如果下一个数据已被收到或先前DMA请求还没被服务时，RXNE标志仍是置位的，则将产生溢出错误。

当产生溢出错误时：

- ORE位被置位。
- RDR内容将不会丢失。读USART_DR寄存器仍能得到先前的数据。
- 移位寄存器中以前的内容将被覆盖。随后溢出期间接收到的数据都将丢失。
- 如果RXNEIE位被设置或EIE和DMAR位都被设置，中断产生。
- 顺序执行对USART_SR和USART_DR寄存器的读操作，可复位ORE位

注意： 当ORE位置位时，表明至少有一个数据已经丢失。有两种可能性：

- 如果RXNE=1，上一个有效数据还在接收寄存器RDR上，可以被读出。
- 如果RXNE=0，这意味着上一个有效数据已经被读走，RDR已经没有东西可读。当上一个有效数据在RDR中被读取的同时又接收到新的（也就是丢失的）数据时，此种情况可能发生。

在读序列期间（在USART_SR寄存器读访问和USART_DR读访问之间）接收到新的数据，此种情况也可能发生。

---

5. 分数波特率的产生

接收器和发送器的波特率在USARTDIV中的值应设置成相同。波特率的计算公式如公式(9-1)所示。

$$\text{Tx/Rx} = \frac{f_{\text{CK}}}{16 \times \text{USARTDIV}} \tag{9-1}$$

这里的 f_{CK} 是给外设的时钟（PCLK1用于USART2、3、4、5，PCLK2用于USART1）。

USARTDIV是一个无符号的定点数，通过USART_BRR寄存器设置。

注意： 在写入USART_BRR之后，波特率计数器会被波特率寄存器的新值替换。因此，不要在通信进行中改变波特率寄存器的数值。

例如，如果DIV_Mantissa = 27，DIV_Fraction = 12 (USART_BRR=0x1BC)，于是

```
Mantissa (USARTDIV) = 27
Fraction (USARTDIV) = 12/16 = 0.75
```

所以 USARTDIV=27.75。

常见的波特率设置如表 9-5 所示。

表 9-5　常见的波特率设置

波特率(bps)	波特率寄存器中的值(f_{PCLK}=36MHz)	波特率寄存器中的值(f_{PCLK}=72MHz)
2400	937.5	1875
9600	234.375	468.75
19200	117.1875	234.375
57600	39.0625	78.125

注：只有 USART1 使用 PCLK2(最高 72MHz)，其他 USART 使用 PCLK1(最高 36MHz)。

6. 多处理器通信

通过 USART 可以实现多处理器通信(将几个 USART 连在一个网络里)。例如，某个 USART 设备可以是主设备，它的 TX 输出和其他 USART 从设备的 RX 输入相连接；USART 从设备的 TX 输出逻辑地与在一起，并且和主设备的 RX 输入相连接。

在多处理器配置中，通常希望只有被寻址的接收者才被激活，接收随后的数据，这样可以减少由未被寻址的接收器的参与所带来的多余的 USART 服务开销。

未被寻址的设备可启用其静默功能置于静默模式。在静默模式下：

- 任何接收状态位都不会被设置。
- 所有接收中断被禁止。
- USART_CR1 寄存器中的 RWU 位被置 1。RWU 可以被硬件自动控制或在某个条件下由软件写入。

根据 USART_CR1 寄存器中的 WAKE 位状态，USART 可以用两种方法进入或退出静默模式。

- 如果 WAKE 位被复位，则进行空闲总线检测。
- 如果 WAKE 位被设置，则进行地址标记检测。

1) 空闲总线检测(WAKE=0)

当 RWU 位被写 1 时，USART 进入静默模式。当检测到一空闲帧时，它被唤醒。然后 RWU 被硬件清零，但是 USART_SR 寄存器中的 IDLE 位并不置位。RWU 还可以被软件写 0。

利用空闲总线检测来唤醒已进入静默模式的示例如图 9-15 所示。

2) 地址标记(address mark)检测(WAKE=1)

在这个模式里，如果 MSB 是 1，该字节被认为是地址，否则被认为是数据。在一个地址字节中，目标接收器的地址被放在最低 4 位中。这个 4 位地址被接收器同它自己地址做比较，接收器的地址被编程在 USART_CR2 寄存器的 ADD。

如果接收到的字节与它的编程地址不匹配时，USART 进入静默模式。此时，硬件设置

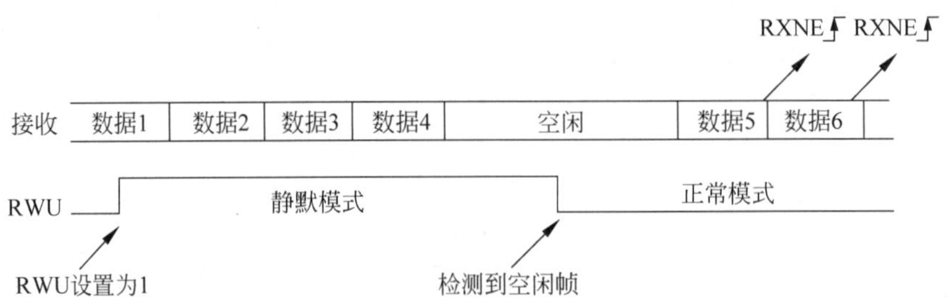

图 9-15 利用空闲总线检测来唤醒已进入静默模式的示例

RWU 位。接收该字节既不会设置 RXNE 标志，也不会产生中断或发出 DMA 请求。

当接收到的字节与接收器内编程地址匹配时，USART 退出静默模式。然后 RWU 位被清零，随后的字节被正常接收。收到这个匹配的地址字节时将设置 RXNE 位，因为 RWU 位已被清零。

当接收缓冲器不包含数据时(USART_SR 的 RXNE=0)，RWU 位可以被写 0 或 1。否则，该次写操作被忽略。利用地址标记检测来唤醒已进入静默模式的示例如图 9-16 所示。

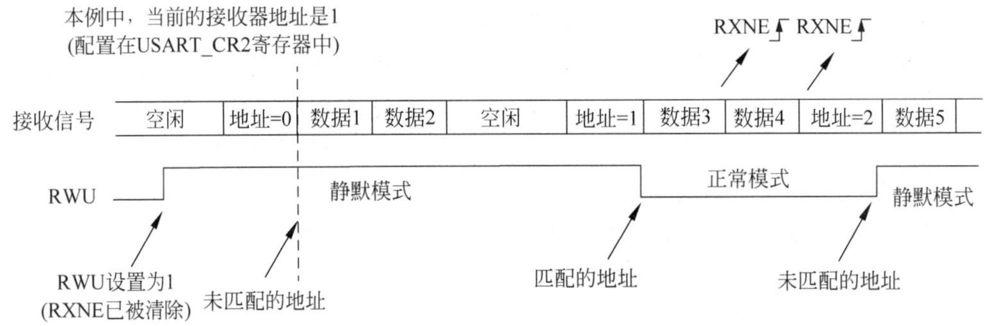

图 9-16 利用地址标记检测来唤醒和进入静默模式的示例

7. 校验控制

设置 USART_CR1 寄存器上的 PCE 位，可以使能奇偶控制(发送时生成一个奇偶位，接收时进行奇偶校验)。根据 *M* 位定义的帧长度，可能的 USART 帧格式如表 9-6 所示。

表 9-6 可能的 USART 帧格式

M 位	PCE 位	USART 帧
0	0	起始位+8 位数据+停止位
0	1	起始位+7 位数据+奇偶检验位+停止位
1	0	起始位+9 位数据+停止位
1	1	起始位+8 位数据+奇偶检验位+停止位

在用地址标记唤醒设备时，地址的匹配只考虑到数据的最高位，而不用关心校验位。(最高位是数据位中最后发出的，后面紧跟校验位或者停止位)。

偶校验：校验位使得一帧中的 7 或 8 个低位数据以及校验位中 1 的个数为偶数。

例如，数据=00110101，有 4 个 1，如果选择偶校验(在 USART_CR1 中的 PS=0)，校验位将是 0。

奇校验：此校验位使得一帧中的7或8个低位数据以及校验位中1的个数为奇数。

例如，数据=00110101，有4个1，如果选择奇校验(在USART_CR1中的PS=1)，校验位将是1。

传输模式：如果USART_CR1的PCE位被置位，写进数据寄存器的数据的最高位被校验位替换后发送出去。如果奇偶校验失败，USART_SR寄存器中的PE标志被置1，并且如果USART_CR1寄存器的PEIE置位，则将产生中断。

9.2.5 STM32的USART中断请求

USART中断请求如表9-7所示。

表9-7　USART的中断请求

中断事件	事件标志	使能位
发送数据寄存器空	TXE	TXEIE
CTS标志	CTS	CTSIE
发送完成	TC	TCIE
接收数据就绪可读	RXNE	RXNEIE
检测到数据溢出	ORE	
检测到空闲线路	IDLE	IDLEIE
奇偶检验错	PE	PEIE
断开标志	LBD	LBDIE
噪声标志、多缓冲通信中的溢出错误和帧错误	NE或ORE或FE	EIE(仅当使用DMA接收数据使用)

USART的各种中断事件被连接到同一个中断向量，中断映像如图9-17所示。USART可以产生以下中断事件。

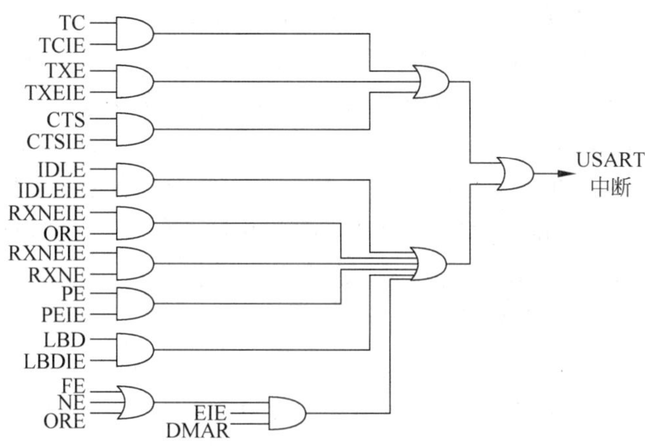

图9-17　USART中断映像图

- 发送：发送完成、清除发送、发送数据寄存器空。
- 接收：空闲总线检测、溢出错误、接收数据寄存器非空、校验错误、LIN断开符号检测、噪声标志(仅在多缓冲器通信中使用)和帧错误(仅在多缓冲器通信中使用)。

如果设置了对应的使能控制位，这些事件就可以产生各自的中断。

9.2.6 STM32 的 USART 寄存器

USART1 寄存器的起始地址是 0x4001 3800，USART2 寄存器的起始地址是 0x4000 4400，USART3 寄存器的起始地址是 0x4000 4800，UART4 寄存器的起始地址是 0x4000 4C00，UART5 寄存器的起始地址是 0x4000 5000。

这些寄存器的高 16 位都是保留位，硬件强制为 0。可以用半字(16 位)或字(32 位)的方式操作 USART 寄存器。

1. 状态寄存器(USART_SR)

地址偏移：0x00，复位值：0x00C0。各位定义如下：

位号	15～10	9	8	7	6	5	4	3	2	1	0
定义	保留	CTS	LBD	TXE	TC	RXNE	IDLE	ORE	NE	FE	PE
读写		rcw0	rcw0	r	rcw0	rcw0	r	r	r	r	r

位[15:10]：保留。

位 9：CTS，CTS 标志(CTS flag)。如果设置了 CTSE 位，当 CTS 输入状态变化时，CTS 由硬件置位。由软件写 0 清零。如果 USART_CR3 中的 CTSIE＝1，则产生中断。UART4 和 UART5 中不存在该位。

0：CTS 状态线上没有变化；　　1：CTS 状态线上发生变化。

位 8：LBD，LIN 断开检测标志(LIN break detection flag)。当探测到 LIN 断开时，该位由硬件置 1，由软件写 0 清零。如果 USART_CR2 中的 LBDIE＝1，则 LBD 为 1 时产生中断。

0：没有检测到 LIN 断开；　　1：检测到 LIN 断开。

位 7：TXE，发送数据寄存器空(Transmit data register empty)。当 TDR 寄存器中的数据被转移到移位寄存器时，该位由硬件置位。如果 USART_CR1 寄存器中的 TXEIE＝1，则产生中断。对 USART_DR 的写操作，将该位清零。在单缓冲器传输中使用该位。

0：数据还没有被转移到移位寄存器；　　1：数据已经被转移到移位寄存器。

位 6：TC，发送完成(Transmission complete)。当包含有数据的一帧发送完成后，并且 TXE＝1 时，该位由硬件置位。如果 USART_CR1 中的 TCIE＝1，则产生中断。由软件序列清除该位(先读 USART_SR，然后写入 USART_DR)。TC 位也可以通过写 0 来清除，只有在多缓存通信中才推荐这种清除方式。

0：发送还未完成；　　1：发送完成。

位 5：RXNE，读数据寄存器非空(Read data register not empty)。当 RDR 移位寄存器中的数据被转移到 USART_DR 寄存器中时，该位由硬件置位。如果 USART_CR1 寄存器中的 RXNEIE＝1，则产生中断。对 USART_DR 的读操作可以将该位清零。RXNE 位也可以通过写入 0 来清除，只有在多缓存通信中才推荐这种清除方式。

0：数据没有收到；　　1：收到数据，可以读出。

位 4：IDLE，监测到总线空闲(IDLE line detected)。当检测到总线空闲时，该位由硬件置位。如果 USART_CR1 中的 IDLEIE＝1，则产生中断。由软件序列清除该位(先读

USART_SR,然后读 USART_DR)。IDLE 位不会再次被置位直到 RXNE 位被置位(即又检测到一次空闲总线)。

0:没有检测到空闲总线;　　　　　　　　1:检测到空闲总线。

位 3:ORE,溢出错误(Overrun error)。若 RXNE=1,当前接收在移位寄存器中的数据需要传送至 RDR 寄存器时,该位由硬件置位。如果 USART_CR1 中的 RXNEIE=1,则产生中断。由软件序列将其清零(先读 USART_SR,然后读 USART_DR)。

0:没有溢出错误;　　　　　　　　1:检测到溢出错误。

该位被置位时,RDR 寄存器中的值不会丢失,但是移位寄存器中的数据会被覆盖。如果设置了 EIE 位,在多缓冲器通信模式下,ORE 标志置位会产生中断。

位 2:NE,噪声错误标志(Noise error flag)。在接收到的帧检测到噪声时,该位由硬件置位。由软件序列对其清零(先读 USART_SR,再读 USART_DR)。

0:没有检测到噪声;　　　　　　　　1:检测到噪声。

该位不会产生中断,因为它和 RXNE 一起出现,硬件会在设置 RXNE 标志时产生中断。在多缓冲区通信模式下,如果设置了 EIE 位,则设置 NE 标志时会产生中断。

位 1:FE,帧错误(Framing error)。当检测到同步错位、过多的噪声或者检测到断开符时,该位由硬件置位。由软件序列将其清零(先读 USART_SR,再读 USART_DR)。

0:没有检测到帧错误;　　　　　　　　1:检测到帧错误或者断开符。

该位不会产生中断,因为它和 RXNE 一起出现,硬件会在设置 RXNE 标志时产生中断。如果当前传输的数据既产生了帧错误,又产生了溢出错误,硬件还是会继续该数据的传输,并且只设置 ORE 标志位。

在多缓冲区通信模式下,如果设置了 EIE 位,则设置 FE 标志时会产生中断。

位 0:PE,校验错误(Parity error)。在接收模式下,如果出现奇偶校验错误,该位由硬件置位。由软件序列对其清零(依次读 USART_SR 和 USART_DR)。在清除 PE 位前,软件必须等待 RXNE 标志位被置 1。如果 USART_CR1 中的 PEIE=1,则产生中断。

0:没有奇偶校验错误;　　　　　　　　1:奇偶校验错误。

2. 数据寄存器(USART_DR)

地址偏移:0x04,复位值:不确定。各位定义如下:

位号	15~9	8	7	6	5	4	3	2	1	0
定义	保留	DR[8:0]								
读写		rw	rw	rw	rw	rw	rw	rw	rw	rw

位[15:9]:保留。

位[8:0]:DR[8:0],数据值(Data value)。包含了发送或接收的数据。由于它是由两个寄存器组成的:一个给发送用(TDR),一个给接收用(RDR),该寄存器既可以写入也可以读出。TDR 寄存器提供了内部总线和输出移位寄存器之间的并行接口。RDR 寄存器提供了输入移位寄存器和内部总线之间的并行接口。

当使能校验位(USART_CR1 中 PCE 位被置位)进行发送时,写到最高位的值(根据数据的长度不同，最高位是第7位或者第8位)会被后来的校验位取代。当使能校验位进行接收时，读到的最高位是接收到的校验位。

3. 波特率寄存器(USART_BRR)

地址偏移：0x08，复位值：0x0000。各位定义如下：

位号	15	14	13	12	11	10	9	8	7	6	5	4	3	2	1	0
定义	DIV_Mantissa[11:0]												DIV_Fraction[3:0]			
读写	rw	rw	rw	rw	rw	rw	rw	rw	rw	rw	rw	rw	rw	rw	rw	rw

位[15:4]：DIV_Mantissa[11:0]，USART分频器除法因子USARTDIV的整数部分。

位[3:0]：DIV_Fraction[3:0]，USART分频器除法因子USARTDIV的小数部分。

4. 控制寄存器1(USART_CR1)

地址偏移：0x0C，复位值：0x0000。各位定义如下：

位号	15～14	13	12	11	10	9	8	7	6	5	4	3	2	1	0
定义	保留	UE	M	WAKE	PCE	PS	PEIE	TXEIE	TCIE	RXNEIE	IDLEIE	TE	RE	RWU	SBK
读写		rw	rw	rw	rw	rw	rw	rw	rw	rw	rw	rw	rw	rw	rw

位[15:14]：保留位，硬件强制为0。

位13：UE，USART使能(USART enable)。该位被清零时，USART的分频器和输出在当前字节传输完成后停止工作，以减少功耗。该位由软件置位和清零。

0：USART分频器和输出被禁止；　　1：USART模块使能。

位12：M，字长(Word length)。该位定义了数据字的长度，由软件置位和清零。在数据传输过程中，不能修改这个位。

0：一个起始位，8个数据位，n个停止位；　　1：一个起始位，9个数据位，n个停止位。

位11：WAKE，唤醒的方法(Wakeup method)。该位决定了唤醒USART的方法，由软件置位和清零。

0：被空闲总线唤醒；　　1：被地址标记唤醒。

位10：PCE，检验控制使能(Parity control enable)。该位用于选择是否进行硬件校验控制(对于发送来说就是校验位的产生；对于接收来说就是校验位的检测)。如果使能了该位，在发送数据的最高位(如果M=1，最高位就是第9位；如果M=0，最高位就是第8位)插入校验位；对接收到的数据检查其校验位。由软件对它置位或清零。一旦设置了该位，当前字节传输完成后，校验控制才生效。

0：禁止校验控制；　　1：使能校验控制。

位9：PS，校验选择(Parity selection)。当校验控制使能后，该位用来选择采用偶校验还是奇校验。由软件对它置位或清零。当前字节传输完成后，该选择生效。

0：偶校验；　　1：奇校验。

位8：PEIE，PE中断使能(PE interrupt enable)。该位由软件置位或清零。

0：禁止产生中断；　1：当USART_SR中的PE=1时，产生USART中断。

位7：TXEIE，发送缓冲区空中断使能(TXE interrupt enable)。该位由软件置位或清零。

0：禁止产生中断； 1：当 USART_SR 中的 TXE=1 时，产生 USART 中断。

位 6：TCIE，发送完成中断使能(Transmission complete interrupt enable)。该位由软件置位或清零。

0：禁止产生中断； 1：当 USART_SR 中的 TC=1 时，产生 USART 中断。

位 5：RXNEIE，接收缓冲区非空中断使能(RXNE interrupt enable)。该位由软件置位或清零。

0：禁止产生中断； 1：当 USART_SR 中的 ORE 或者 RXNE 为 1 时，产生 USART 中断。

位 4：IDLEIE，IDLE 中断使能(IDLE interrupt enable)。该位由软件置位或清零。

0：禁止产生中断； 1：当 USART_SR 中的 IDLE=1 时，产生 USART 中断。

位 3：TE，发送使能(Transmitter enable)。该位使能发送器。该位由软件置位或清零。

0：禁止发送； 1：使能发送。

注意：(1) 在数据传输过程中，除了在智能卡模式下，如果 TE 位上有个 0 脉冲(即设置为 0 之后再设置为 1)，会在当前数据字传输完成后，发送一个“前导符”(空闲总线)。

(2) 当 TE 被置位后，在真正发送开始之前，有一个位的时间延迟。

位 2：RE，接收使能(Receiver enable)。该位由软件置位或清零。

0：禁止接收； 1：使能接收，并开始搜寻 RX 引脚上的起始位。

位 1：RWU，接收唤醒(Receiver wakeup)。该位用来决定是否把 USART 置于静默模式。该位由软件置位或清零。当唤醒序列到来时，硬件也会将其清零。

0：接收器处于正常工作模式； 1：接收器处于静默模式。

注意：(1) 在把 USART 置于静默模式(设置 RWU 位)之前，USART 要已经先接收了一个数据字节。否则在静默模式下，不能被空闲总线检测唤醒。

(2) 如果配置成地址标记检测唤醒(WAKE 位=1)，RXNE 位被置位时，不能用软件修改 RWU 位。

位 0：SBK，发送断开帧(Send break)。使用该位来发送断开字符。该位可以由软件置位或清零。操作过程是由软件置位，然后在断开帧的停止位时，由硬件将该位复位。

0：没有发送断开字符； 1：将要发送断开字符。

5. 控制寄存器 2(USART_CR2)

地址偏移：0x10，复位值：0x0000。各位定义如下：

位号	15	14	13	12	11	10	9	8	7	6	5	4	3	2	1	0
定义	保留	LINEN	STOP[1:0]		CLKEN	CPOL	CPHA	LBCL	保留	LBDIE	LBDL	保留	ADD[3:0]			
读写		rw	rw	rw	rw	rw	rw	rw		rw	rw		rw	rw	rw	rw

位 15：保留位，硬件强制为 0。

位 14：LINEN，LIN 模式使能(LIN mode enable)。该位由软件置位或清零。

0：禁止 LIN 模式；　　　　1：使能 LIN 模式。

在 LIN 模式下，可以用 USART_CR1 寄存器中的 SBK 位发送 LIN 同步断开符(低 13 位)，以及检测 LIN 同步断开符。

位[13:12]：STOP，用来设置停止位的位数(STOP bits)。

00：1 个停止位；　　　　01：0.5 个停止位；

10：2 个停止位；　　　　11：1.5 个停止位；

注：UART4 和 UART5 不能用 0.5 停止位和 1.5 停止位。

位 11：CLKEN，时钟使能(Clock enable)。该位用来使能 CK 引脚。

0：禁止 CK 引脚；　　　　1：使能 CK 引脚。

注：UART4 和 UART5 上不存在这一位。

位 10：CPOL，时钟极性(Clock polarity)。在同步模式下，该位用来选择 CK 引脚上时钟输出的极性。配合 CPHA 位一起产生需要的时钟/数据的采样关系。

0：总线空闲时 CK 引脚上保持低电平；　　　　1：总线空闲时 CK 引脚上保持高电平。

注：UART4 和 UART5 上不存在这一位。

位 9：CPHA，时钟相位(Clock phase)。在同步模式下，该位用来选择 CK 引脚上时钟输出的相位。配合 CPOL 位一起产生需要的时钟/数据的采样关系。

0：在时钟的第一个边沿进行数据捕获；　　　　1：在时钟的第二个边沿进行数据捕获。

注：UART4 和 UART5 上不存在这一位。

位 8：LBCL，最后一位时钟脉冲(Last bit clock pulse)。在同步模式下，该位用于控制是否在 CK 引脚上输出最后发送的那个数据位(最高位)对应的时钟脉冲。

0：最后一位数据的时钟脉冲不从 CK 输出；　1：最后一位数据的时钟脉冲会从 CK 输出。

注：(1)最后一个数据位就是第 8 或者第 9 个发送的位(根据 USART_CR1 寄存器中的 M 位所定义的 8 或者 9 位数据帧格式)。

(2) UART4 和 UART5 上不存在这一位。

位 7：保留位，硬件强制为 0。

位 6：LBDIE，LIN 断开符检测中断使能(LIN break detection interrupt enable)。断开符中断屏蔽控制位(使用断开分隔符来检测断开符)。

0：禁止中断；　　　　1：只要 USART_SR 寄存器中的 LBD 为 1 就产生中断。

位 5：LBDL，LIN 断开符检测长度(LIN break detection length)。该位用来选择是 11 位还是 10 位的断开符检测。

0：10 位的断开符检测；　　　　1：11 位的断开符检测。

位 4：保留位，硬件强制为 0。

位[3:0]：ADD[3:0]，本设备的 USART 节点地址。该位域给出本设备 USART 节点的地址。这是在多处理器通信的静默模式下使用的，使用地址标记来唤醒某个 USART 设备。

6. 控制寄存器 3(USART_CR3)

地址偏移：0x14，复位值：0x0000。各位定义如下：

位号	15～11	10	9	8	7	6	5	4	3	2	1	0
定义	保留	CTSIE	CTSE	RTSE	DMAT	DMAR	SCEN	NACK	HDSEL	IRLP	IREN	EIE
读写		rw	rw	rw	rw	rw	rw	rw	rw	rw	rw	rw

位[15:11]：保留位，硬件强制为0。

位10：CTSIE，CTS中断使能(CTS interrupt enable)。

0：禁止中断；　　1：USART_SR寄存器中的CTS为1时产生中断。

注：UART4和UART5上不存在这一位。

位9：CTSE，CTS使能(CTS enable)。UART4和UART5上不存在这一位。

0：禁止CTS硬件流控制；

1：CTS模式使能，只有CTS输入信号有效(拉成低电平)时才能发送数据。如果在数据传输的过程中，CTS信号变成无效，那么发完这个数据后，传输就停止下来。如果当CTS为无效时，往数据寄存器里写数据，则要等到CTS有效时才会发送这个数据。

位8：RTSE，RTS使能(RTS enable)。UART4和UART5上不存在这一位。

0：禁止RTS硬件流控制；

1：RTS中断使能，只有接收缓冲区内有空余的空间时才请求下一个数据。当前数据发送完成后，发送操作就需要暂停下来。如果可以接收数据了，将RTS输出置为有效(拉至低电平)。

位7：DMAT，DMA使能发送(DMA enable transmitter)。该位由软件置位或清零。UART5上不存在这一位。

0：禁止发送时的DMA模式；　　1：使能发送时的DMA模式。

位6：DMAR，DMA使能接收(DMA enable receiver)。该位由软件置位或清零。UART5上不存在这一位。

0：禁止接收时的DMA模式；　　1：使能接收时的DMA模式。

位5：SCEN，智能卡模式使能(Smartcard mode enable)。该位用来使能智能卡模式。UART4和UART5上不存在这一位。

0：禁止智能卡模式；　　1：使能智能卡模式。

位4：NACK，智能卡NACK使能(Smartcard NACK enable)。UART4和UART5上不存在这一位。

0：校验错误出现时，不发送NACK；　　1：校验错误出现时，发送NACK。

位3：HDSEL，半双工选择(Half-duplex selection)。选择单线半双工模式。

0：不选择半双工模式；　　1：选择半双工模式。

位2：IRLP，红外低功耗(IrDA low-power)选择位。该位用来选择普通模式还是低功耗红外模式。

0：通常模式；　　1：低功耗模式。

位1：IREN，红外模式使能(IrDA mode enable)。该位由软件置位或清零。

0：不使能红外模式；　　1：使能红外模式。

位0：EIE，错误中断使能(Error interrupt enable)。在多缓冲区通信模式下，当有帧错误、溢出或者噪声错误时(USART_SR中的FE=1或者ORE=1或者NE=1)产生中断。

0：禁止中断；

1：只要 USART_CR3 中的 DMAR=1，并且 USART_SR 中的 FE=1 或者 ORE=1 或者 NE=1，则产生中断。

7. 保护时间和预分频寄存器(USART_GTPR)

地址偏移：0x18，复位值：0x0000。各位定义如下：

位号	15	14	13	12	11	10	9	8	7	6	5	4	3	2	1	0
定义	GT[7:0]								PSC[7:0]							
读写	rw	rw	rw	rw	rw	rw	rw	rw	rw	rw	rw	rw	rw	rw	rw	rw

位[15:8]：GT[7:0]，保护时间值(Guard time value)。该位域规定了以波特时钟为单位的保护时间。在智能卡模式下，需要这个功能。当保护时间过去后，才会设置发送完成标志。UART4 和 UART5 上不存在这些位。

位[7:0]：PSC[7:0]，预分频器值(Prescaler value)。

- 在红外(IrDA)低功耗模式下，

PSC[7:0]：红外低功耗波特率。对系统时钟分频以获得低功耗模式下的频率，源时钟被寄存器中的值(仅有 8 位有效)分频：

00000000：保留——不要写入该值；

00000001：对源时钟 1 分频；

00000010：对源时钟 2 分频；

……

- 在红外(IrDA)的正常模式下，PSC 只能设置为 00000001。
- 在智能卡模式下，

PSC[4:0]：预分频值。对系统时钟进行分频，给智能卡提供时钟。寄存器中给出的值(低 5 位有效)乘以 2 后，作为对源时钟的分频因子。

00000：保留——不要写入该值；

00001：对源时钟进行 2 分频；

00010：对源时钟进行 4 分频；

00011：对源时钟进行 6 分频；

……

注意：(1) 位[7:5]在智能卡模式下没有意义。

(2) UART4 和 UART5 上不存在这些位。

9.2.7 STM32 的 USART 固件库函数

1. USART1 寄存器结构

USART 寄存器结构 USART_TypeDef 在文件 stm32f10x.h 中定义如下：

```
typedef struct
{
```

```
    vu16 SR;                        //USART 状态寄存器
    u16 RESERVED0;
    vu16 DR;                        //USART 数据寄存器
    u16 RESERVED1;
    vu16 BRR;                       //USART 波特率寄存器
    u16 RESERVED2;
    vu16 CR1;                       //USART 控制寄存器 1
    u16 RESERVED3;
    vu16 CR2;                       //USART 控制寄存器 2
    u16 RESERVED4;
    vu16 CR3;                       //USART 控制寄存器 3
    u16 RESERVED5;
    vu16 GTPR;                      //USART 保护时间和预分频寄存器
    u16 RESERVED6;
} USART_TypeDef;
```

3 个 USART 外设声明于文件 stm32f10x.h 中：

```
...
#define PERIPH_BASE ((u32)0x40000000)
#define APB1PERIPH_BASE PERIPH_BASE
#define APB2PERIPH_BASE (PERIPH_BASE + 0x10000)
#define AHBPERIPH_BASE (PERIPH_BASE + 0x20000)
#define USART1_BASE (APB2PERIPH_BASE + 0x3800)
#define USART2_BASE (APB1PERIPH_BASE + 0x4400)
#define USART3_BASE (APB1PERIPH_BASE + 0x4800)
...
#define USART1 ((USART_TypeDef * ) USART1_BASE)
#define USART2 ((USART_TypeDef * ) USART2_BASE)
#define USART3 ((USART_TypeDef * ) USART3_BASE)
...
```

2. 常用的固件库函数

下面介绍常用的固件库函数，其他库函数请参阅《STM32 固件库手册》。

1) 函数 USART_Init

函数原型：void USART_Init(USART_TypeDef * USARTx, USART_InitTypeDef * USART_InitStruct)

函数功能：根据 USART_InitStruct 中指定的参数初始化外设 USARTx 寄存器。

输入参数 1：USARTx，用来选择 USART 外设，可以是 USART1、USART2、USART3、UART4 或者 UART5。后面的 USARTx 代表相同的含义。

输入参数 2：USART_InitStruct，指向结构 USART_InitTypeDef 指针，包含外设 USART 的配置信息。

USART_InitTypeDef 定义于文件 stm32f10x_usart.h 中：

```
typedef struct
{
    u32 USART_BaudRate;
    u16 USART_WordLength;
```

```
    u16 USART_StopBits;
    u16 USART_Parity;
    u16 USART_Mode;
    u16 USART_HardwareFlowControl;
} USART_InitTypeDef;
```

结构中的各个成员如下：

(1) USART_BaudRate——USART 传输的波特率。计算公式：

```
IntegerDivider = ((APBClock)/(16 * (USART_InitStruct->USART_BaudRate)))
FractionalDivider = ((IntegerDivider - ((u32) IntegerDivider)) * 16) + 0.5
```

在实际应用中，可以直接写波特率的值，如 9600、19200 等。

(2) USART_WordLength——在一个帧中传输或者接收到的数据位数。

USART_WordLength_8b：8 位数据。USART_WordLength_9b：9 位数据。

(3) USART_StopBits——定义停止位数目。

USART_StopBits_1：在帧结尾传输 1 个停止位。

USART_StopBits_0.5：在帧结尾传输 0.5 个停止位。

USART_StopBits_2：在帧结尾传输 2 个停止位。

USART_StopBits_1.5：在帧结尾传输 1.5 个停止位。

(4) USART_Parity。定义奇偶校验模式。

USART_Parity_No：不用奇偶校验。

USART_Parity_Even：偶校验模式。

USART_Parity_Odd：奇校验模式。

奇偶校验一旦使能，在发送数据的最高位插入经计算的奇偶位(字长 9 位时的第 9 位，字长 8 位时的第 8 位)。

(5) USART_Mode——指定发送使能和接收使能。可以是二者的"或"组合。

USART_Mode_Tx：发送使能。

USART_Mode_Rx：接收使能。

(6) USART_HardwareFlowControl——指定硬件流控制模式。

USART_HardwareFlowControl_None：不使用硬件流控制。

USART_HardwareFlowControl_RTS：发送请求 RTS 使能。

USART_HardwareFlowControl_CTS：清除发送 CTS 使能。

USART_HardwareFlowControl_RTS_CTS：RTS 和 CTS 使能。

例如，USART1 的典型初始化代码如下：

```
USART_InitStructure.USART_BaudRate = 9600;                          //波特率 9600
USART_InitStructure.USART_WordLength = USART_WordLength_8b;         //字长 8 位
USART_InitStructure.USART_StopBits = USART_StopBits_1;              //1 位停止位
USART_InitStructure.USART_Parity = USART_Parity_No;                 //无奇偶校验
USART_InitStructure.USART_HardwareFlowControl =
USART_HardwareFlowControl_None;                                     //无流控制
//打开 Rx 接收和 Tx 发送功能
USART_InitStructure.USART_Mode = USART_Mode_Rx | USART_Mode_Tx;
USART_Init(USART1, &USART_InitStructure);                           //初始化
```

2）函数 USART_ITConfig

函数原型：void USART_ITConfig(USART_TypeDef * USARTx, u16 USART_IT, FunctionalState NewState)

函数功能：使能或者除能指定的 USART 中断。

输入参数 1：USARTx，用来选择 USART 外设。

输入参数 2：USART_IT，待使能或者除能的 USART 中断源。

输入参数 3：NewState，USARTx 中断的新状态，这个参数可以取 ENABLE 或者 DISABLE。

USART_IT 可以取下面的一个或者多个取值的组合作为该参数的值。

USART_IT_PE：奇偶错误中断。　　USART_IT_TXE：发送中断。

USART_IT_TC：传输完成中断。　　USART_IT_RXNE：接收中断。

USART_IT_IDLE：空闲总线中断。　　USART_IT_LBD：LIN 中断检测中断。

USART_IT_CTS：CTS 中断。　　USART_IT_ERR：错误中断。

例如，使能串口 1 的接收和发送中断，可以使用下面的代码：

```
USART_ITConfig(USART1, USART_IT_TXE| USART_IT_RXNE, ENABLE);
```

3）函数 USART_Cmd

函数原型：void USART_Cmd(USART_TypeDef * USARTx, FunctionalState NewState)

函数功能：使能或者除能 USART 外设。

输入参数 1：USARTx，用来选择 USART 外设。

输入参数 2：NewState，外设 USARTx 的新状态，这个参数可以取 ENABLE 或者 DISABLE。

例如，使能 USART1 可以使用下面的代码：

```
USART_Cmd(USART1, ENABLE);
```

4）函数 USART_SendData

函数原型：void USART_SendData(USART_TypeDef * USARTx, u16 Data)

函数功能：通过外设 USARTx 发送单个数据。

输入参数 1：USARTx，用来选择 USART 外设。

输入参数 2：Data，待发送的数据。

例如，使用 USART1 发送 0x25 数据，可以使用下面的代码：

```
USART_SendData(USART1, 0x25);
```

5）函数 USART_ReceiveData

函数原型：u16 USART_ReceiveData(USART_TypeDef * USARTx)

函数功能：返回 USARTx 最近接收到的数据。

输入参数：USARTx，用来选择 USART 外设。

返回值：接收到的数据。

例如，从 USART1 接收数据，可以使用下面的代码：

```
u16 RxData;
RxData = USART_ReceiveData(USART1);
```

6）函数 USART_GetFlagStatus

函数原型：FlagStatus USART_GetFlagStatus（USART_TypeDef ＊USARTx，uint16_t USART_FLAG）

函数功能：检查指定的 USART 标志位状态。

输入参数 1：USARTx，用来选择 USART 外设。

输入参数 2：USART_FLAG，待检查的标志位，可以取如下值。

USART_FLAG_CTS：CTS 标志位（UART4 和 UART5 中不存在）。

USART_FLAG_LBD：LIN 中断检测标志位。

USART_FLAG_TXE：发送数据寄存器空标志位。

USART_FLAG_TC：发送完成标志位。

USART_FLAG_RXNE：接收数据寄存器非空标志位。

USART_FLAG_IDLE：空闲总线标志位。

USART_FLAG_ORE：溢出错误标志位。

USART_FLAG_NE：噪声错误标志位。

USART_FLAG_FE：帧错误标志位。

USART_FLAG_PE：奇偶错误标志位。

返回值：返回值是标志位状态（读 SR 寄存器），SET 或者 RESET。

例如，判断 USART1 是否发送完数据，可以使用下面的代码：

```
USART_GetFlagStatus(USART1, USART_FLAG_TC);
```

7）函数 USART_ClearFlag

函数原型：void USART_ClearFlag(USART_TypeDef ＊USARTx，uint16_t USART_FLAG）

函数功能：清除 USARTx 的标志位。

输入参数 1：USARTx，用来选择 USART 外设。

输入参数 2：USART_FLAG，待清除的标志位，可以是下面标志的任意组合。

USART_FLAG_CTS：CTS 标志位（UART4 和 UART5 中不存在）。

USART_FLAG_LBD：LIN 中断检测标志位。

USART_FLAG_TC：发送完成标志位。

USART_FLAG_RXNE：接收数据寄存器非空标志位。

例如，清除 USART1 的发送数据完成标志，可以使用下面的代码：

```
USART_USART_ClearFlag(USART1, USART_FLAG_TC);
```

8）函数 USART_GetITStatus

函数原型：ITStatus USART_GetITStatus（USART_TypeDef ＊USARTx，u16 USART_IT）

函数功能：检查指定的 USART 中断发生与否。

输入参数 1：USARTx，用来选择 USART 外设。

输入参数 2：USART_IT，待检查的 USART 中断源，请参考函数 USART_ITConfig 中的 USART_IT。

返回值：USART_IT 的新状态，RESET 或者 SET。

例如，判断 USART1 是否发生了接收数据中断，可以使用下面的代码：

```
USART_GetITStatus(USART1, USART_IT_RXNE);
```

9）函数 USART_ClearITPendingBit

函数原型：void USART_ClearITPendingBit(USART_TypeDef * USARTx, u16 USART_IT)

函数功能：清除 USARTx 的中断待处理位。

输入参数 1：USARTx，用来选择 USART 外设。

输入参数 2：USART_IT，待清除的 USART 中断源，请参考函数 USART_ITConfig 中的 USART_IT。

例如，清除 USART1 的收到数据中断，可以使用下面的代码：

```
USART_ClearITPendingBit(USART1, USART_IT_RXNE);
```

9.2.8 STM32 的 USART 使用举例

在工程应用中，USART 一般采用中断方式，步骤如下：

(1) 串口时钟使能，对应的 GPIO 时钟也要使能。

(2) GPIO 端口模式设置，一般 TX 引脚设置为 GPIO_Mode_AF_PP，GPIO_Speed_50MHz；RX 引脚设置为 GPIO_Mode_IN_FLOATING。

(3) 调用 USART_Init( )函数进行串口参数初始化，包括波特率、数据字长、奇偶校验、硬件流控以及收发使能等。

(4) 调用 USART_ITConfig( )函数开启串口中断，调用 NVIC_Init( )函数初始化 NVIC。

(5) USART_Cmd( )使能串口。

(6) 处理中断函数。

【例 9-1】 利用 STM32 最小系统板实现 STM32F103VET6 串口 1 与计算机的串行通信功能。计算机通过串口助手发送一个数据到 STM32，STM32 收到数据后，将数据按位取反后回送给计算机。假设串行通信参数是 9600、n、8、1。

解：在 STM32 最小系统板上已经设计了 USB 转串口的电路，如图 3-11 所示。利用固件库函数实现题目要求。在创建工程出现 Manage Run-Time Environment 对话框时，选中 Device→Startup；选中 CMSIS→CORE。选中 StdPeriph Drivers 中的 GPIO、Framework、RCC 和 USART，代码如下：

```
#include "stm32f10x.h"
void NVIC_Config(void);
int main(void)
{
    GPIO_InitTypeDef GPIO_InitStructure;
    USART_InitTypeDef USART_InitStructure;
    //使能 PA 口和 USART1 时钟
    RCC_APB2PeriphClockCmd(RCC_APB2Periph_GPIOA | RCC_APB2Periph_USART1, ENABLE);
    //配置 USART1_TX 引脚
    GPIO_InitStructure.GPIO_Pin = GPIO_Pin_9;
    GPIO_InitStructure.GPIO_Mode = GPIO_Mode_AF_PP;             //复用推挽输出
    GPIO_InitStructure.GPIO_Speed = GPIO_Speed_50MHz;           //I/O 口速度为 50MHz
```

```
    GPIO_Init(GPIOA, &GPIO_InitStructure);                  //根据设定参数初始化 PA9
    //USART1_RX 引脚
    GPIO_InitStructure.GPIO_Pin = GPIO_Pin_10;
    GPIO_InitStructure.GPIO_Mode = GPIO_Mode_IN_FLOATING;   //悬空输入
    GPIO_Init(GPIOA, &GPIO_InitStructure);                  //配置 PA10

    //USART1 成员设置
    USART_InitStructure.USART_BaudRate = 9600;              //波特率 9600
    USART_InitStructure.USART_WordLength = USART_WordLength_8b; //字长 8 位
    USART_InitStructure.USART_StopBits = USART_StopBits_1;  //1 位停止位
    USART_InitStructure.USART_Parity = USART_Parity_No;     //无奇偶校验
    USART_InitStructure.USART_HardwareFlowControl =
    USART_HardwareFlowControl_None;                         //无流控制
    //打开 Rx 接收和 Tx 发送功能
    USART_InitStructure.USART_Mode = USART_Mode_Rx | USART_Mode_Tx;
    USART_Init(USART1, &USART_InitStructure);               //初始化
    USART_Cmd(USART1,ENABLE);                               //启动串口

    //使能 USART 模块的中断
    USART_ITConfig(USART1,USART_IT_RXNE,ENABLE);            //接收中断使能
    USART_ITConfig(USART1,USART_IT_TC,ENABLE);              //发送完中断使能
    USART_ITConfig(USART1,USART_IT_TXE,ENABLE);             //发送数据寄存器空中断使能
    USART_ClearITPendingBit(USART1, USART_IT_TC);
    NVIC_Config();                                          //中断配置
    while(1);
}
void NVIC_Config(void)
{
    NVIC_InitTypeDef NVIC_InitStructure;
    NVIC_PriorityGroupConfig(NVIC_PriorityGroup_2);         //抢占式优先级别
    NVIC_InitStructure.NVIC_IRQChannel = USART1_IRQn;       //指定中断源
    NVIC_InitStructure.NVIC_IRQChannelPreemptionPriority = 1;
    NVIC_InitStructure.NVIC_IRQChannelSubPriority = 0;      //指定副优先级
    NVIC_InitStructure.NVIC_IRQChannelCmd = ENABLE;
    NVIC_Init(&NVIC_InitStructure);
}
void USART1_IRQHandler(void)
{
    u8 recdata;
    if(USART_GetITStatus(USART1, USART_IT_RXNE) != RESET)
    {
//USART_ClearITPendingBit(USART1,USART_IT_RXNE);            //清除接收中断挂起标志
        recdata = USART_ReceiveData(USART1);                //从串口 1 接收一个字节
        USART_SendData(USART1,~recdata);
    }
   if (USART_GetITStatus(USART1,USART_IT_TC)!= RESET)       //发送中断
  {
        USART_clearITPendingBit(USART1,USART_IT_TC);
  }
}
```

9.3 STM32 的 SPI 接口

9.3.1 STM32 的 SPI 接口简介

串行外设接口(Serial Peripheral Interface,SPI)既可以与其他微处理器通信,也可以与具有 SPI 兼容接口的器件,如存储器、A/D 转换器、D/A 转换器、LED 或 LCD 驱动器等进行半/全双工、同步串行方式通信。SPI 接口可以被配置成主模式,并为外部从设备提供通信时钟(SCK);还能以多主配置方式工作。SPI 接口可用于多种用途,包括使用一条双向数据线的双线单工同步传输,还可使用 CRC 校验的可靠通信。

STM32F103VET6 集成了 3 个 SPI 接口,具有以下特点:

- 3 线全双工同步传输。
- 第三根双向数据线的双线单工同步传输。
- 8 或 16 位传输帧格式选择。
- 主或从操作。
- 支持多主模式。
- 8 个主模式波特率预分频系数最大为 $f_{PCLK}/2$。
- 从模式频率最大为 $f_{PCLK}/2$。
- 主模式和从模式的快速通信。
- 主模式和从模式下均可以由软件或硬件进行 NSS 管理:主/从操作模式的动态改变。
- 可编程的时钟极性和相位。
- 可编程的数据顺序,最高位(MSB)在前或最低位(LSB)在前。
- 可触发中断的专用发送和接收标志。
- SPI 总线忙状态标志。
- 支持可靠通信的硬件 CRC。

— 在发送模式下,CRC 值可以被作为最后一个字节发送。

— 在全双工模式中对接收到的最后一个字节自动进行 CRC 校验。

- 可触发中断的主模式故障、溢出以及 CRC 错误标志。
- 支持 DMA 功能的 1 字节发送和接收缓冲器:产生发送和接收请求。

9.3.2 STM32 的 SPI 接口结构

STM32 的 SPI 接口结构如图 9-18 所示。

通常 SPI 通过 4 个引脚与外部器件相连。

(1) MISO:主设备输入/从设备输出引脚。该引脚在从模式下发送数据,在主模式下接收数据。

(2) MOSI:主设备输出/从设备输入引脚。该引脚在主模式下发送数据,在从模式下接收数据。

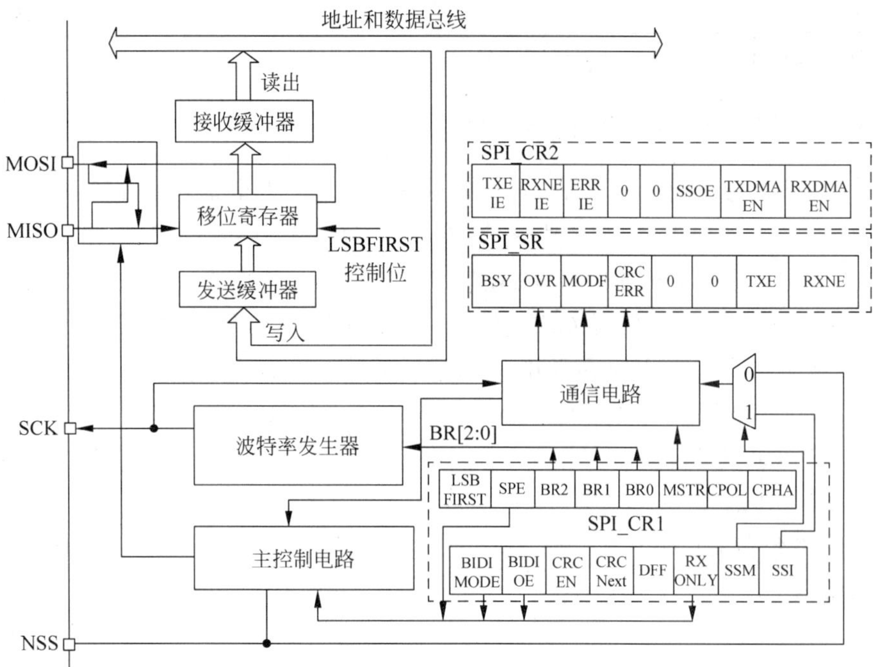

图 9-18　SPI 接口结构框图

(3) SCK：串口时钟，作为主设备的输出，从设备的输入。

(4) NSS：从设备选择。这是一个可选的引脚，用来选择从设备。它的功能是用来作为“片选引脚”，让主设备可以单独地与特定的从设备通信，避免数据线上的冲突。从设备的NSS 引脚可以由主设备的一个标准 I/O 引脚来驱动。一旦被使能(SSOE 位)，NSS 引脚就可以作为输出引脚，并在 SPI 处于主模式时拉低；此时，所有的 SPI 设备，如果它们的 NSS 引脚连接到主设备的 NSS 引脚，则会检测到低电平，如果它们被设置为 NSS 硬件模式，则会自动进入从设备状态。当配置为主设备、NSS 配置为输入引脚(MSTR＝1，SSOE＝0)时，如果 NSS 被拉低，则这个 SPI 设备进入主模式失败状态：即 MSTR 位被自动清除，此设备进入从模式。

单主机和单从机互连的示例如图 9-19 所示。

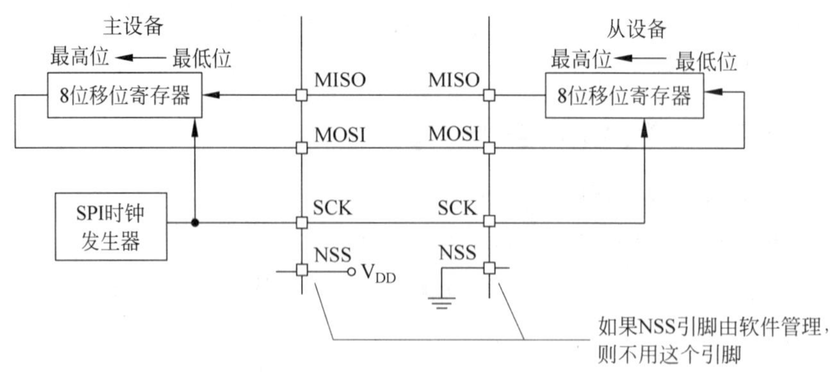

图 9-19　单主机和单从机互连的示例

MOSI 脚相互连接，MISO 脚相互连接。这样，数据在主和从之间串行地传输（最高位在前）。通信总是由主设备发起。主设备通过 MOSI 脚把数据发送给从设备，从设备通过 MISO 引脚回传数据。这意味全双工通信的数据输出和数据输入是用同一个时钟信号同步的；时钟信号由主设备通过 SCK 脚提供。

1. 从选择(NSS)脚管理

可以通过设置 SPI_CR1 寄存器的 SSM 位来选择 NSS 模式，如图 9-20 所示。有两种 NSS 模式：

(1) 软件 NSS 模式。在这种模式下 NSS 引脚可以用作他用，而内部 NSS 信号电平可以通过写 SPI_CR1 的 SSI 位来驱动。

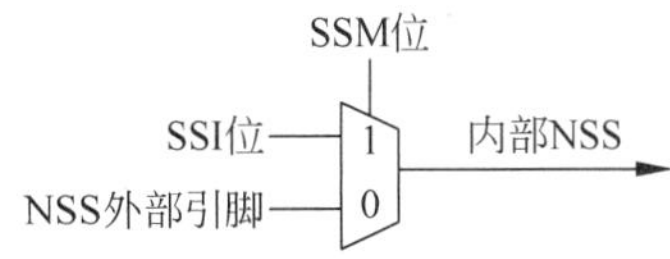

图 9-20　硬件/软件的从选择管理

(2) 硬件 NSS 模式，分两种情况。

① NSS 输出被使能：STM32 工作为主 SPI，并且 NSS 输出已经通过 SPI_CR2 寄存器的 SSOE 位使能。当主设备启动通信时 NSS 引脚被拉低，并保持为低电平直到 SPI 功能关闭。

② NSS 输出被关闭：允许操作于多主环境。

2. 时钟信号的相位和极性

SPI_CR1 寄存器的 CPOL 和 CPHA 位，可以组合成四种可能的时序关系。CPOL（时钟极性）位控制在没有数据传输时时钟的空闲状态电平，此位对主模式和从模式下的设备都有效。如果 CPOL 被清零，SCK 引脚在空闲状态保持低电平；如果 CPOL 被置 1，SCK 引脚在空闲状态保持高电平。

如果 CPHA（时钟相位）位被置 1，SCK 时钟的第二个边沿（CPOL 位为 0 时就是下降沿，CPOL 位为 1 时就是上升沿）进行数据位的采样，数据在第二个时钟边沿被锁存。如果 CPHA 位被清 0，SCK 时钟的第一边沿（CPOL 位为 0 时就是下降沿，CPOL 位为 1 时就是上升沿）进行数据位采样，数据在第一个时钟边沿被锁存。

CPOL 时钟极性和 CPHA 时钟相位的组合选择数据捕捉的时钟边沿。SPI 传输的 4 种 CPHA 和 CPOL 位组合如图 9-21 所示，图中显示的是 SPI_CR1 寄存器的 LSBFIRST＝0 时的时序。

注意：(1) 在改变 CPOL/CPHA 位之前，必须清除 SPE 位将 SPI 禁止。

(2) 主机和从机必须配置成相同的时序模式。

(3) SCK 的空闲状态必须和 SPI_CR1 寄存器指定的极性一致（CPOL 为 1 时，空闲时应上拉 SCK 为高电平；CPOL 为 0 时，空闲时应下拉 SCK 为低电平）。

(4) 数据帧格式（8 位或 16 位）由 SPI_CR1 寄存器的 DFF 位选择，并且决定发送/接收的数据长度。

---

3. 数据帧格式

根据 SPI_CR1 寄存器中的 LSBFIRST 位，输出数据位时可以先发送最高位，也可以先

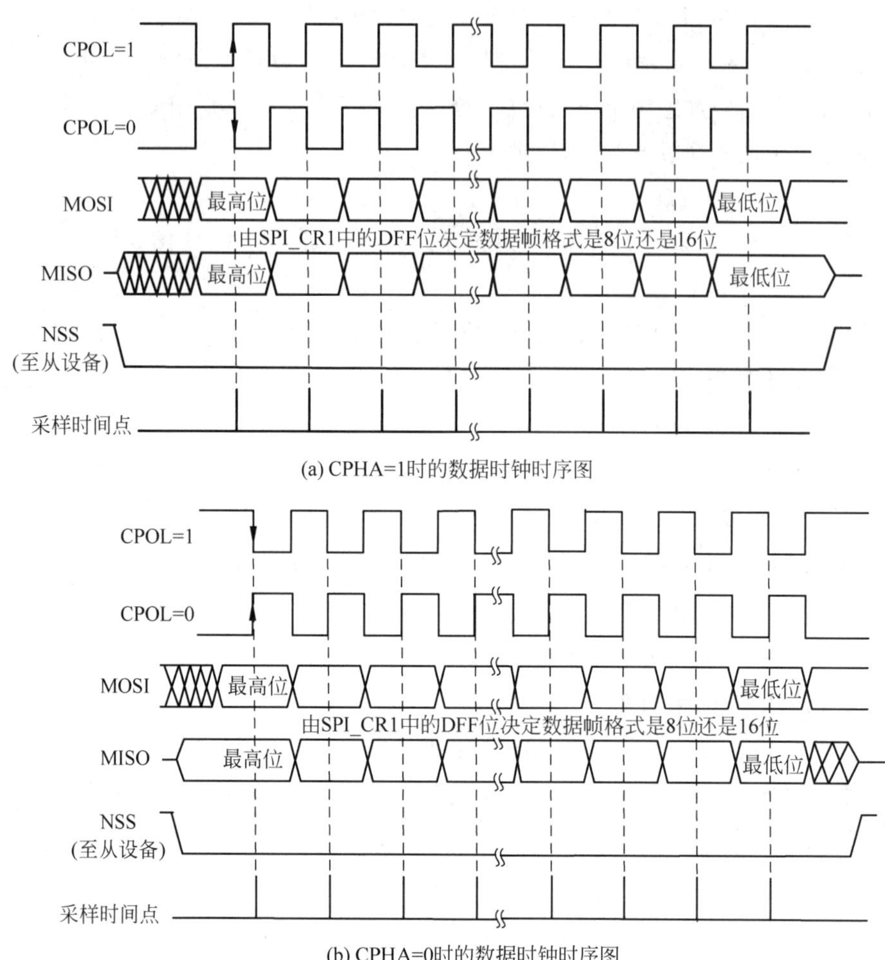

图 9-21　数据时钟时序图(CPHA 和 CPOL 位组合)

发送最低位。

根据 SPI_CR1 寄存器的 DFF 位,每个数据帧可以是 8 位或 16 位。所选择的数据帧格式对发送和接收都有效。

9.3.3　STM32 的 SPI 接口配置

1. 配置 SPI 为从模式

在从模式下,SCK 引脚用于接收从主设备来的串行时钟。SPI_CR1 寄存器中 BR[2:0]的设置不影响数据传输速率。

建议在主设备发送时钟之前使能 SPI 从设备,否则可能会发生意外的数据传输。在通信时钟的第一个边沿到来之前或正在进行的通信结束之前,从设备的数据寄存器必须就绪。在使能从设备和主设备之前,通信时钟的极性必须处于稳定的数值。

SPI 从模式的配置步骤如下：

(1) 设置 DFF 位以定义数据帧格式为 8 位或 16 位。

(2) 设置 CPOL 和 CPHA 位以定义数据传输和串行时钟之间的相位关系。为保证正确的数据传输，从设备和主设备的 CPOL 和 CPHA 位必须配置成相同的方式。

(3) 设置 SPI_CR1 寄存器中的 LSBFIRST 位，定义"最高位在前"还是"最低位在前"，必须与主设备相同。

(4) 在 NSS 引脚管理硬件模式下，在数据帧传输过程中，NSS 引脚必须为低电平。在 NSS 软件模式下，设置 SPI_CR1 寄存器中的 SSM 位并清除 SSI 位。

(5) 在 SPI_CR1 寄存器中，清除 MSTR 位、设置 SPE 位，使相应引脚工作于 SPI 模式下。

在这个配置中，MOSI 引脚是数据输入，MISO 引脚是数据输出。

1) 数据发送过程

在写操作中，数据字被并行地写入发送缓冲器。当从设备收到时钟信号，并且在 MOSI 引脚上出现第一个数据位时，发送过程开始，此时第一个位被发送出去，余下的位被装进移位寄存器。当发送缓冲器中的数据传输到移位寄存器时，SPI_SR 寄存器的 TXE 标志被置位，如果设置了 SPI_CR2 寄存器的 TXEIE 位，将会产生中断。

2) 数据接收过程

对于接收器，当数据接收完成时，在最后一个采样时钟边沿后，移位寄存器中的数据传送到接收缓冲器，SPI_SR 寄存器中的 RXNE 标志被置位。如果设置了 SPI_CR2 寄存器中的 RXNEIE 位，则产生中断。当读 SPI_DR 寄存器时，SPI 设备返回接收缓冲器的数值，同时，清除 RXNE 位。

2. 配置 SPI 为主模式

在主模式时，MOSI 引脚是数据输出，而 MISO 引脚是数据输入，在 SCK 脚产生串行时钟。SPI 主模式的配置步骤如下：

(1) 通过 SPI_CR1 寄存器的 BR[2:0]位定义串行时钟波特率。

(2) 设置 CPOL 和 CPHA 位，定义数据传输和串行时钟间的相位关系。

(3) 设置 DFF 位来定义 8 位或 16 位数据帧格式。

(4) 配置 SPI_CR1 寄存器的 LSBFIRST 位定义数据位发送顺序。

(5) 如果需要 NSS 引脚工作在输入模式，在硬件模式下，在整个数据帧传输期间应把 NSS 引脚连接到高电平；在软件模式下，需设置 SPI_CR1 寄存器的 SSM 位和 SSI 位。如果 NSS 引脚工作在输出模式，则只需设置 SSOE 位。

(6) 必须设置 MSTR 位和 SPE 位(只当 NSS 引脚被连到高电平，这些位才能保持置位)。

1) 数据发送过程

当写入数据到发送缓冲器时，发送过程开始。在发送第一个数据位时，数据字通过内部总线被并行地传入移位寄存器，然后串行地移出到 MOSI 脚上；先输出最高位还是最低位，取决于 SPI_CR1 寄存器中的 LSBFIRST 位的设置。数据从发送缓冲器传输到移位寄存器时 TXE 标志将被置位，如果设置了 SPI_CR1 寄存器中的 TXEIE 位，将产生中断。

2）数据接收过程

对于接收器来说，当数据传输完成时，在最后的采样时钟沿，移位寄存器中接收到的数据字被传送到接收缓冲器，并且 RXNE 标志被置位。如果设置了 SPI_CR2 寄存器中的 RXNEIE 位，则产生中断。读 SPI_DR 寄存器时，SPI 设备返回接收缓冲器中的数据，同时，将清除 RXNE 标志位。

一旦传输开始，如果下一个将发送的数据被放进了发送缓冲器，就可以维持一个连续的传输流。在试图写发送缓冲器之前，需确认 TXE 标志应该为 1。

在 NSS 硬件模式下，从设备的 NSS 输入由 NSS 引脚控制或另一个由软件驱动的 GPIO 引脚控制。

3. 配置 SPI 为单工通信

SPI 模块能够以两种配置工作于单工方式：

（1）1 条时钟线和 1 条双向数据线；

（2）1 条时钟线和 1 条数据线（只接收或只发送）；

1）1 条时钟线和 1 条双向数据线（BIDIMODE＝1）

通过设置 SPI_CR1 寄存器中的 BIDIMODE 位启用此模式。在这个模式下，SCK 引脚作为时钟，主设备使用 MOSI 引脚而从设备使用 MISO 引脚作为数据通信。传输的方向由 SPI_CR1 寄存器里的 BIDIOE 控制，当这个位是 1 的时候，数据线是输出，否则是输入。

2）1 条时钟和 1 条单向数据线（BIDIMODE＝0）

在这个模式下，SPI 模块可以或者作为只发送，或者作为只接收。

（1）只发送模式类似于全双工模式（BIDIMODE＝0，RXONLY＝0）：数据在发送引脚（主模式时是 MOSI、从模式时是 MISO）上传输，而接收引脚（主模式时是 MISO、从模式时是 MOSI）可以作为通用的 I/O 使用。此时，软件不必理会接收缓冲器中的数据（数据寄存器不包含任何接收数据）。

（2）在只接收模式，可以通过设置 SPI_CR2 寄存器的 RXONLY 位而关闭 SPI 的输出功能；此时，发送引脚（主模式时是 MOSI、从模式时是 MISO）被释放，可以作为其他功能使用。

配置并使能 SPI 模块为只接收模式的方法是：

（1）在主模式时，一旦使能 SPI，通信立即启动，当清除 SPE 位时立即停止当前的接收。在此模式下，不必读取 BSY 标志，在 SPI 通信期间这个标志始终为 1。

（2）在从模式时，只要 NSS 被拉低（或在 NSS 软件模式时，SSI 位为 0）同时 SCK 有时钟脉冲，SPI 就一直在接收。

9.3.4 STM32 的 SPI 接口数据发送与接收过程

1. 接收与发送缓冲器

接收时，接收到的数据被存放在接收缓冲器中；发送时，在数据被发送之前，首先被存放在发送缓冲器中。

读 SPI_DR 寄存器将返回接收缓冲器的内容；写入 SPI_DR 寄存器的数据将被写入发送缓冲器中。

2. 主模式下的数据传输

1）全双工模式(BIDIMODE=0 并且 RXONLY=0)

(1) 当写入数据到 SPI_DR 寄存器(发送缓冲器)后,传输开始；

(2) 在传送第一位数据的同时,数据被并行地从发送缓冲器传送到 8 位移位寄存器中,然后按顺序被串行地移位送到 MOSI 引脚上；

(3) 与此同时,在 MISO 引脚上接收到的数据,按顺序被串行地移位进入 8 位移位寄存器中,然后被并行地传送到 SPI_DR 寄存器(接收缓冲器)中。

2）单向的只接收模式(BIDIMODE=0 并且 RXONLY=1)

(1) SPE=1 时,传输开始；

(2) 只有接收器被激活,在 MISO 引脚上接收到的数据,按顺序被串行地移位进入 8 位移位寄存器,然后被并行地传送到 SPI_DR 寄存器(接收缓冲器)中。

3）双向模式,发送时(BIDIMODE=1 并且 BIDIOE=1)

(1) 当写入数据到 SPI_DR 寄存器(发送缓冲器)后,传输开始；

(2) 在传送第一位数据的同时,数据被并行地从发送缓冲器传送到 8 位移位寄存器中,然后按顺序被串行地移位送到 MOSI 引脚上；

(3) 不接收数据。

4）双向模式,接收时(BIDIMODE=1 并且 BIDIOE=0)

(1) SPE=1 并且 BIDIOE=0 时,传输开始；

(2) 在 MOSI 引脚上接收到的数据,按顺序被串行地移位进入 8 位移位寄存器,然后被并行地传送到 SPI_DR 寄存器(接收缓冲器)中。

(3) 不激活发送缓冲器,没有数据被串行地送到 MOSI 引脚上。

3. 从模式下的数据传输

1）全双工模式(BIDIMODE=0 并且 RXONLY=0)

(1) 当从设备接收到时钟信号并且第一个数据位出现在 MOSI 时,数据传输开始,随后的数据位依次移动进入移位寄存器；

(2) 与此同时,发送缓冲器中的数据被并行地传送到 8 位移位寄存器,随后被串行地发送到 MISO 引脚上。必须保证在 SPI 主设备开始数据传输之前在发送缓冲器中写入要发送的数据。

2）单向的只接收模式(BIDIMODE=0 并且 RXONLY=1)

(1) 当从设备接收到时钟信号并且第一个数据位出现在 MOSI 时,数据传输开始,随后数据位依次移动进入移位寄存器；

(2) 不启动发送缓冲器,没有数据被串行地传送到 MISO 引脚上。

3）双向模式发送时(BIDIMODE=1 并且 BIDIOE=1)

(1) 当从设备接收到时钟信号并且发送缓冲器中的第一个数据位被传送到 MISO 引脚时,数据传输开始。

（2）在第一个数据位被传送到 MISO 引脚上的同时，发送缓冲器中要发送的数据被平行地传送到 8 位的移位寄存器中，随后被串行地发送到 MISO 引脚上。软件必须保证在 SPI 主设备开始数据传输之前在发送缓冲器中写入要发送的数据。

（3）不接收数据。

4）双向模式接收时(BIDIMODE=1 并且 BIDIOE=0)

（1）当从设备接收到时钟信号并且第一个数据位出现在 MOSI 引脚上时，数据传输开始；

（2）从 MISO 引脚上接收到的数据被串行地传送到 8 位移位寄存器中，然后被并行地传送到 SPI_DR 寄存器(接收缓冲器)；

（3）不启动发送器，没有数据被串行地传送到 MISO 引脚上。

4. 处理数据的发送与接收

当数据从发送缓冲器传送到移位寄存器时，TXE 标志置位(发送缓冲器空)，表示发送缓冲器可以接收下一个数据；如果在 SPI_CR2 寄存器中设置了 TXEIE 位，则此时会产生中断；写入数据到 SPI_DR 寄存器即可清除 TXE 位。

在写入发送缓冲器之前，软件必须确认 TXE 标志为 1，否则新的数据会覆盖已经在发送缓冲器中的数据。

在采样时钟的最后一个边沿，当数据被从移位寄存器传送到接收缓冲器时，设置 RXNE 标志(接收缓冲器非空)，表示数据已经就绪，可以从 SPI_DR 寄存器读出；如果在 SPI_CR2 寄存器中设置了 RXNEIE 位，则此时会产生一个中断；读 SPI_DR 寄存器即可清除 RXNIE 标志位。

在一些配置中，传输最后一个数据时，可以使用 BSY 标志等待数据传输的结束。

1）主或从模式下(BIDIMODE=0 并且 RXONLY=0)全双工发送和接收过程模式

要发送和接收数据，必须遵循下述过程：

（1）设置 SPE 位为 1，使能 SPI 模块。

（2）在 SPI_DR 寄存器中写入第一个要发送的数据，这个操作会清除 TXE 标志。

（3）等待 TXE=1，然后写入第二个要发送的数据。等待 RXNE=1，然后读出 SPI_DR 寄存器并获得第一个接收到的数据，读 SPI_DR 的同时清除了 RXNE 位。重复操作，发送后续数据同时接收后续数据。

（4）等待 RXNE=1，然后接收最后一个数据。

（5）等待 TXE=1，在 BSY=0 之后关闭 SPI 模块。

也可以在响应 RXNE 或 TXE 标志的上升沿产生的中断处理程序中实现上述过程。

主模式、全双工模式下(BIDIMODE=0 并且 RXONLY=0)连续传输时，TXE/RXNE/BSY 的变化示意图如图 9-22 所示。

从模式、全双工模式下(BIDIMODE=0 并且 RXONLY=0)连续传输时，TXE/RXNE/BSY 的变化示意图如图 9-23 所示。

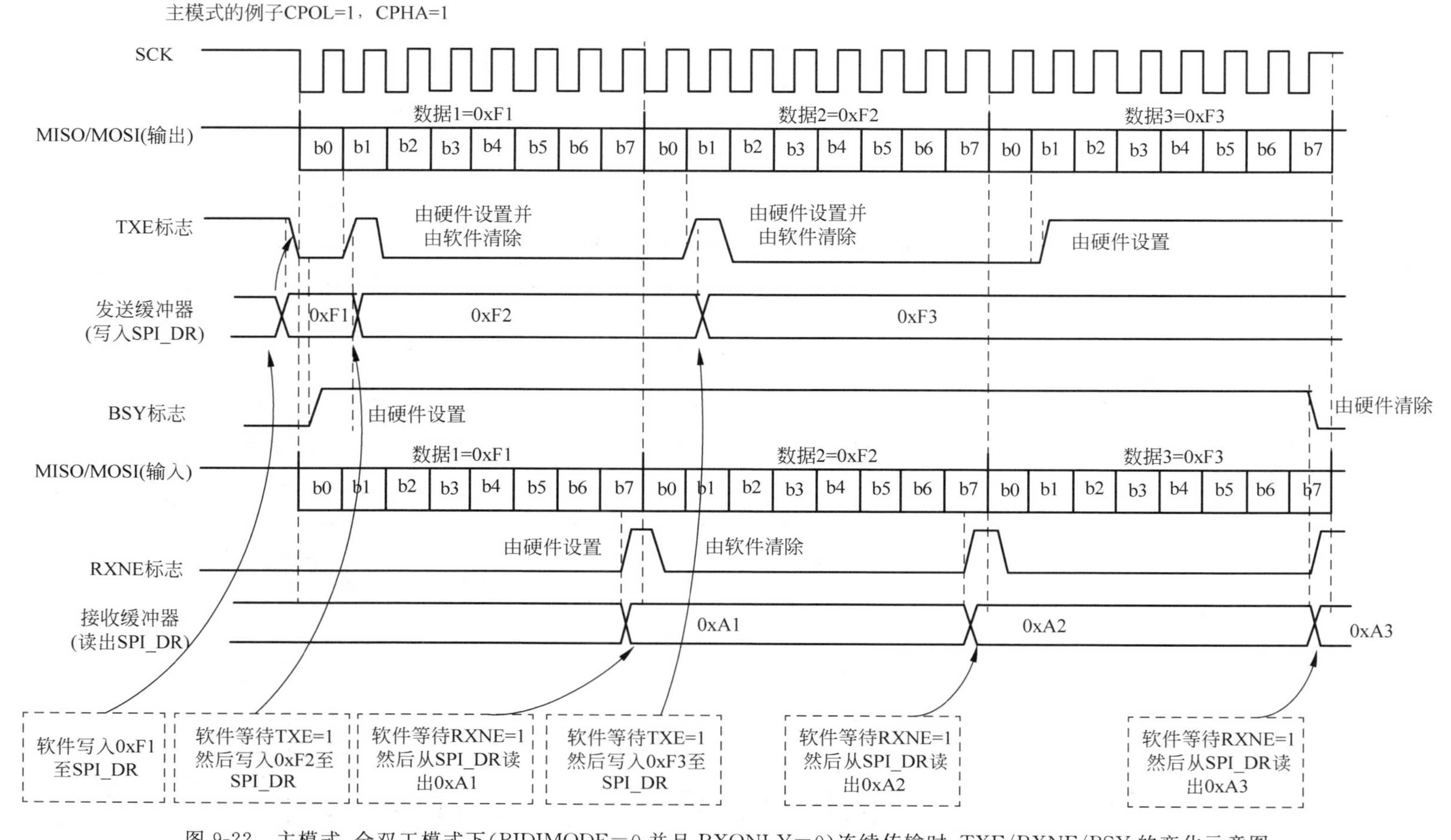

图 9-22 主模式、全双工模式下(BIDIMODE=0 并且 RXONLY=0)连续传输时，TXE/RXNE/BSY 的变化示意图

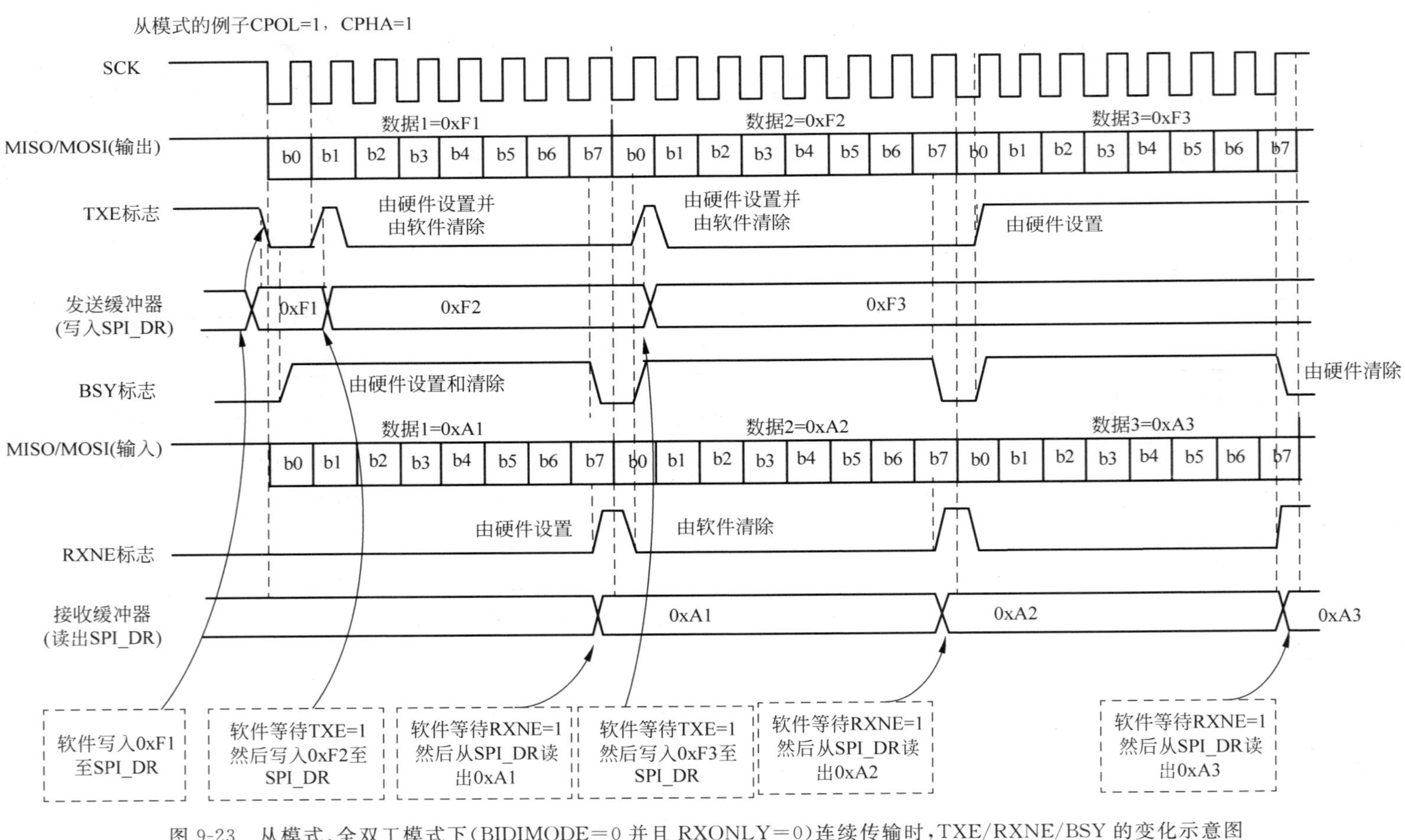

图 9-23　从模式、全双工模式下(BIDIMODE=0 并且 RXONLY=0)连续传输时，TXE/RXNE/BSY 的变化示意图

2）只发送过程（BIDIMODE=0 并且 RXONLY=0）

在此模式下，使用 BSY 位等待传输的结束。主设备只发送模式下（BIDIMODE=0 并且 RXONLY=0）连续传输时，TXE/BSY 变化示意图如图 9-24 所示。

在从设备只发送模式（BIDIMODE=0 并且 RXONLY=0）下连续传输时，TXE/BSY 变化示意图如图 9-25 所示。

传输过程可以简要说明如下：

（1）设置 SPE 位为 1，使能 SPI 模块。

（2）在 SPI_DR 寄存器中写入第一个要发送的数据，该操作会清除 TXE 标志。

（3）等待 TXE=1，然后写入第二个要发送的数据。重复这个操作，发送后续的数据。

（4）写入最后一个数据到 SPI_DR 寄存器之后，等待 TXE=1；然后等待 BSY=0，这表示最后一个数据的传输已经完成。

也可以在响应 TXE 标志的上升沿产生的中断处理程序中实现这个过程。

注：（1）对于不连续的传输，在写入 SPI_DR 寄存器的操作与设置 BSY 位之间有 2 个 APB 时钟周期的延迟，因此在只发送模式下，写入最后一个数据后，最好先等待 TXE=1，然后再等待 BSY=0。

（2）只发送模式下，在传输 2 个数据之后，由于不会读出接收到的数据，SPI_SR 寄存器中的 OVR 位会变为 1（软件不必理会 OVR 标志位）。

3）双向发送过程（BIDIMODE=1 并且 BIDIOE=1）

在此模式下，操作过程类似于只发送模式，不同的是：在使能 SPI 模块之前，需要在 SPI_CR2 寄存器中同时设置 BIDIMODE 和 BIDIOE 位为 1。

4）单向只接收模式（BIDIMODE=0 并且 RXONLY=1）

在只接收模式（BIDIMODE=0 并且 RXONLY=1）下连续传输时，RXNE 变化示意图如图 9-26 所示。

该模式的传输过程简要说明如下：

（1）在 SPI_CR1 寄存器中，设置 RXONLY=1。

（2）设置 SPE=1，使能 SPI 模块。

① 在主模式下，立刻产生 SCK 时钟信号，在关闭 SPI（SPE=0）之前，不断地接收串行数据；

② 在从模式下，当 SPI 主设备拉低 NSS 信号并产生 SCK 时钟时，接收串行数据。

（3）等待 RXNE=1，然后读出 SPI_DR 寄存器以获得收到的数据（同时会清除 RXNE 位）。重复这个操作接收所有数据。

也可以在响应 RXNE 标志的上升沿产生的中断处理程序中实现这个过程。

5）双向接收过程（BIDIMODE=1 并且 BIDIOE=0）

在此模式下，操作过程类似于只接收模式，不同的是：在使能 SPI 模块之前，需要在 SPI_CR2 寄存器中设置 BIDIMODE 为 1 并清除 BIDIOE 位为 0。

6）连续和非连续传输

在主模式下发送数据时，每次检测到 TXE 的上升沿（或 TXE 中断）后，如果软件能够在当前的传输结束之前将数据写入 SPI_DR 寄存器，则能够实现连续的通信；此时，每个数据项传输之间的 SPI 时钟保持连续，同时 BSY 位不会被清除。如果软件速度不够快，则会导致不连续的通信；这时，在每个数据传输之间 BSY 位会被清除。

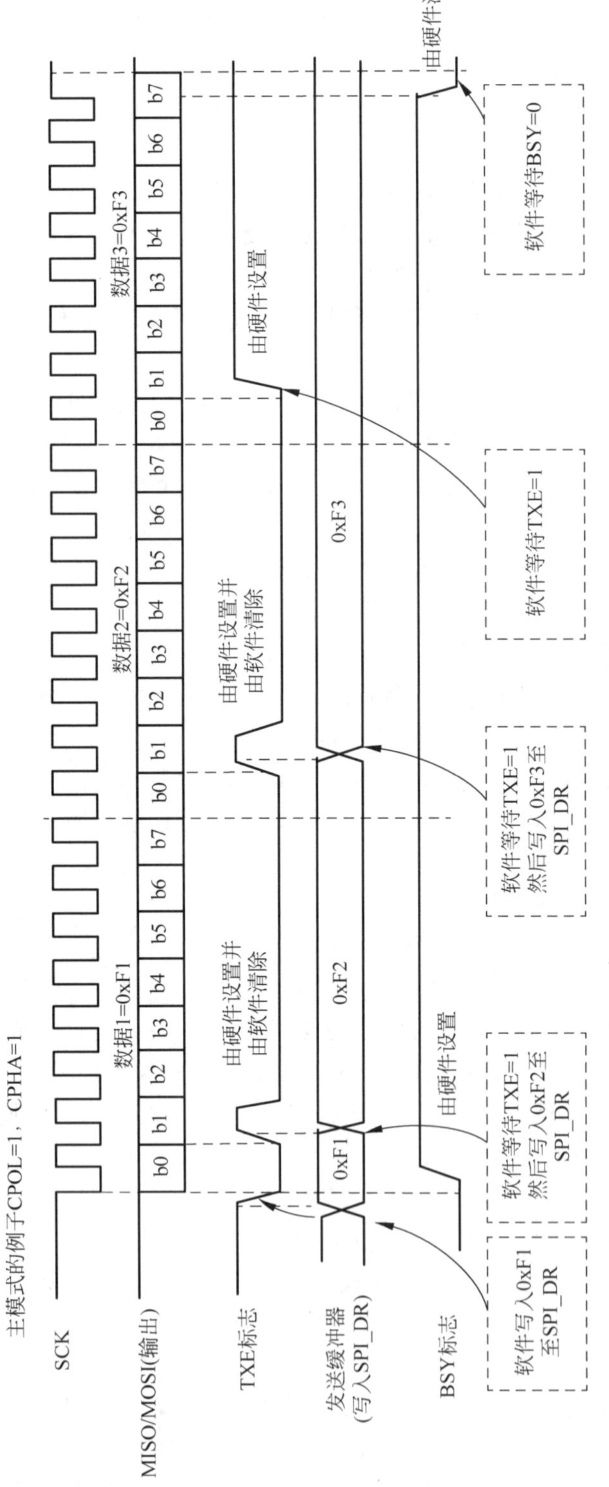

图 9-24 主设备只发送模式（BIDIMODE=0 并且 RXONLY=0）下连续传输时，TXE/BSY 变化示意图

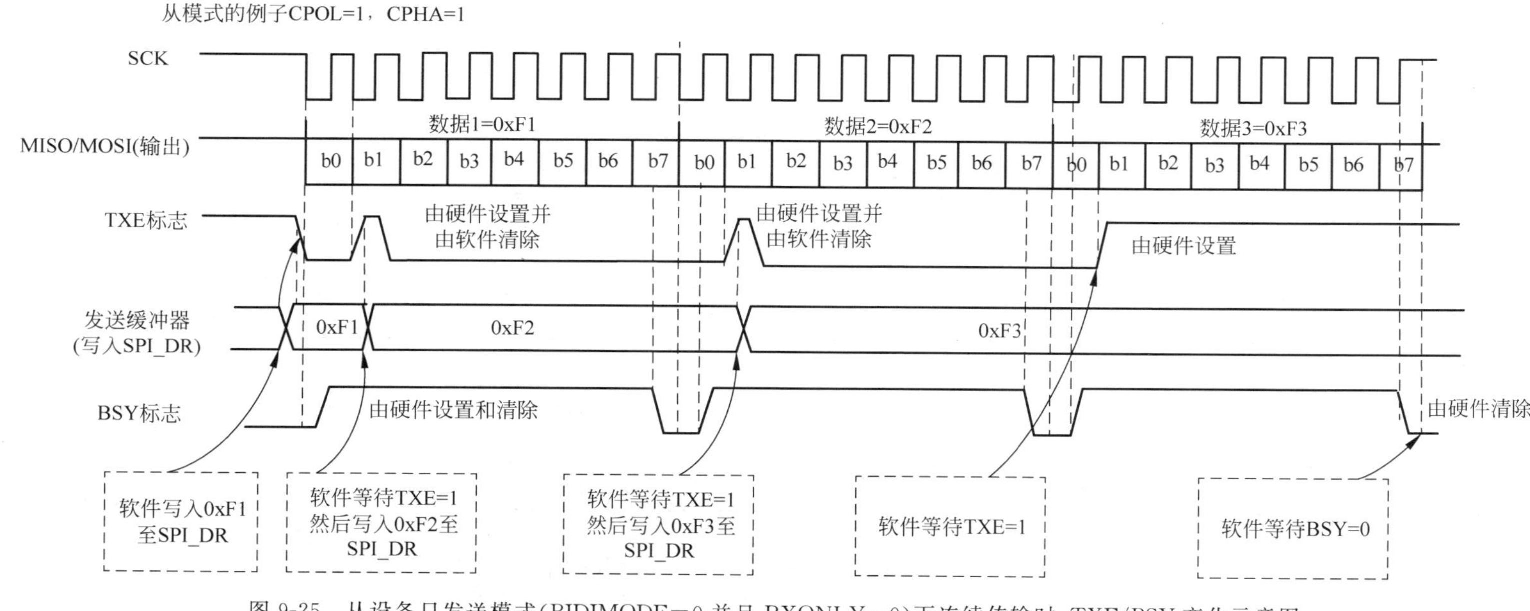

图 9-25 从设备只发送模式(BIDIMODE=0 并且 RXONLY=0)下连续传输时，TXE/BSY 变化示意图

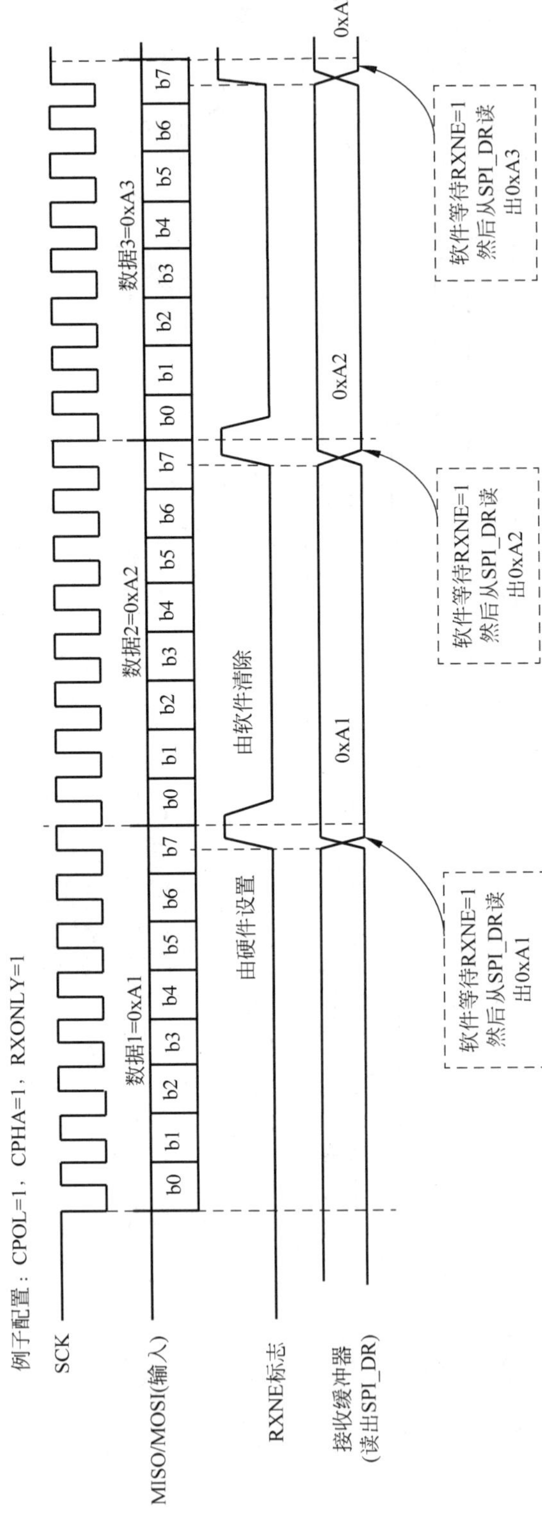

图 9-26 只接收模式（BIDIMODE=0 并且 RXONLY=1）下连续传输时，RXNE 变化示意图

在主模式的只接收模式下（RXONLY＝1），通信总是连续的，而且 BSY 标志始终为 1。

在从模式下，通信的连续性由 SPI 主设备决定。即使通信是连续的，BSY 标志也会在每个数据项之间至少有一个 SPI 时钟周期为低。

非连续传输发送（BIDIMODE＝0 并且 RXONLY＝0）时，TXE/BSY 变化示意图如图 9-27 所示。

9.3.5　CRC 计算

CRC 校验用于保证全双工通信的可靠性。数据发送和接收分别使用单独的 CRC 计算器。通过对每一个接收位进行可编程的多项式运算来计算 CRC。CRC 的计算是在由 SPI_CR1 寄存器中 CPHA 和 CPOL 位定义的采样时钟边沿进行的。

STM32 的 SPI 接口提供了两种 CRC 计算方法，取决于所选的发送和接收的数据帧格式：8 位数据帧采用 CR8，16 位数据帧采用 CRC16。

CRC 计算通过设置 SPI_CR1 寄存器中的 CRCEN 位启用。设置 CRCEN 位时同时复位 CRC 寄存器(SPI_RXCRCR 和 SPI_TXCRCR)。当设置了 SPI_CR1 的 CRCNEXT 位，SPI_TXCRCR 的内容将在当前字节发送之后发出。

在传输 SPI_TXCRCR 的内容时，如果在移位寄存器中收到的数值与 SPI_RXCRCR 的内容不匹配，则 SPI_SR 寄存器的 CRCERR 标志位置位。

如果在发送缓冲器中还有数据，CRC 的数值仅在数据字节传输结束后传送。在传输 CRC 期间，CRC 计算器关闭，寄存器的数值保持不变。

SPI 通信可以通过以下步骤使用 CRC：

(1) 设置 CPOL、CPHA、LSBFIRST、BR、SSM、SSI 和 MSTR 的值。

(2) 在 SPI_CRCPR 寄存器输入多项式。

(3) 通过设置 SPI_CR1 寄存器 CRCEN 位使能 CRC 计算，该操作同时清除寄存器 SPI_RXCRCR 和 SPI_TXCRC。

(4) 设置 SPI_CR1 寄存器的 SPE 位启动 SPI 功能。

(5) 启动通信并且维持通信，直到只剩最后一个字节或者半字。

(6) 在把最后一个字节或半字写进发送缓冲器时，设置 SPI_CR1 的 CRCNEXT 位，指示硬件在发送完成最后一个数据之后，发送 CRC 的数值。在发送 CRC 数值期间，停止 CRC 计算。

(7) 当最后一个字节或半字被发送后，SPI 发送 CRC 数值，CRCNEXT 位被清除。同样，接收到的 CRC 与 SPI_RXCRCR 值进行比较，如果比较不相配，则设置 SPI_SR 中的 CRCERR 标志位；如果设置了 SPI_CR2 寄存器的 ERRIE 位，则产生中断。

注意：当 SPI 模块处于从设备模式时，需在时钟稳定之后再使能 CRC 计算，否则可能会得到错误的 CRC 计算结果。事实上，一旦设置了 CRCEN 位，只要在 SCK 引脚上有输入时钟，不管 SPE 位的状态，都会进行 CRC 的计算。

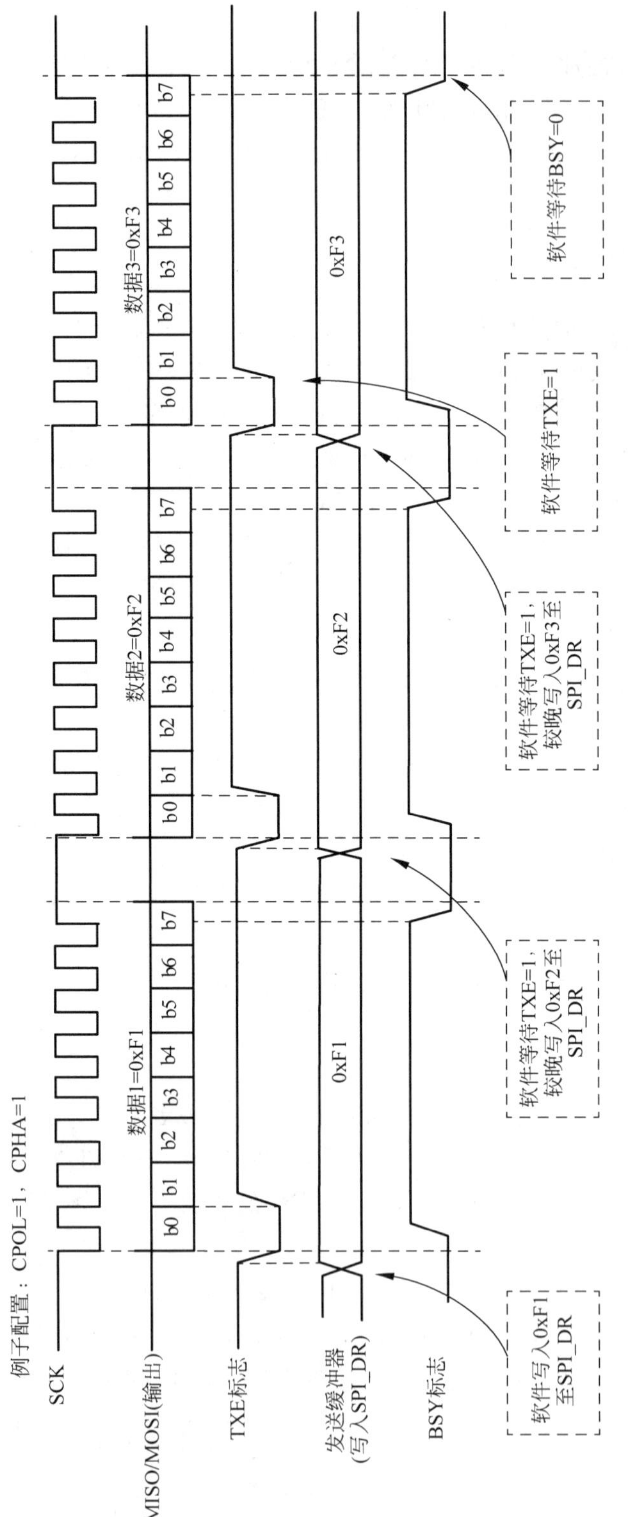

图 9-27 非连续传输发送（BIDIMODE=0 并且 RXONLY=0）时，TXE/BSY 变化示意图

当 SPI 时钟频率较高时,用户在发送 CRC 时必须小心。因为 CPU 的操作会影响 SPI 的带宽,在 CRC 传输期间,使用 CPU 的时间应尽可能少,建议采用 DMA 模式以避免 SPI 降低速度。为了避免在接收最后的数据和 CRC 时出错,在发送 CRC 过程中应禁止函数调用。必须在发送/接收最后一个数据之前完成设置 CRCNEXT 位的操作。

如果 STM32 配置为从模式并且使用了 NSS 硬件模式,NSS 引脚应在数据传输和 CRC 传输期间保持为低电平。

如果配置 SPI 为从模式并且使用 CRC 的功能,即使 NSS 引脚为高时仍然会执行 CRC 的计算。例如,当主设备交替地与多个从设备进行通信时,将会出现这种情况(此时要注意避免 CRC 的误操作)。

在从一个从设备(NSS 信号为高)转换到一个新的从设备(NSS 信号为低)的时候,为了保持主从设备端下次 CRC 计算结果的同步,应该清除主从两端的 CRC 数值。清除 CRC 数值步骤如下:

(1) 关闭 SPI 模块(SPE=0);

(2) 清除 CRCEN 位为 0;

(3) 设置 CRCEN 位为 1;

(4) 使能 SPI 模块(SPE=1)。

9.3.6 状态标志

应用程序通过 3 个状态标志可以监控 SPI 总线的状态。

1. 发送缓冲器空闲标志(TXE)

此标志为 1 时表明发送缓冲器为空,可以将下一个待发送的数据写入缓冲器。当写入 SPI_DR 时,TXE 标志被清除。

2. 接收缓冲器非空(RXNE)

此标志为 1 时表明在接收缓冲器中包含有效的接收数据。读 SPI 数据寄存器可以清除此标志。

3. 忙标志(BSY)

BSY 标志由硬件设置与清除(写入此位无效果),此标志表明 SPI 通信层的状态。当 BSY=1 时,表明 SPI 正忙于通信,但有一个例外:在主模式的双向接收模式下(MSTR=1、BDM=1 并且 BDOE=0),在接收期间 BSY 标志保持为低。

在软件要关闭 SPI 模块并进入停机模式(或关闭设备时钟)之前,可以使用 BSY 标志检测传输是否结束,这样可以避免破坏最后一次传输。

BSY 标志还可以用于在多主系统中避免写冲突。

除了主模式的双向接收模式(MSTR=1、BDM=1 并且 BDOE=0),当传输开始时,BSY 标志被置 1。

以下情况时,BSY 标志将被清为 0:

(1) 传输结束(主模式下,如果是连续通信的情况例外);

(2) 关闭 SPI 模块;

(3) 产生主模式失效(MODF=1)。

如果通信不是连续的,则在每个数据项的传输之间,BSY 标志为低。

如果通信是连续的,那么

- 主模式下:在整个传输过程中,BSY 标志保持为高;
- 从模式下:在每个数据项的传输之间,BSY 标志在一个 SPI 时钟周期中为低。

在实际应用中,不要使用 BSY 标志处理每一个数据项的发送和接收,最好使用 TXE 和 RXNE 标志。

9.3.7 关闭 SPI

SPI 通信结束后,可以通过关闭 SPI 模块来终止通信,降低功耗。清除 SPE 位即可关闭 SPI。

在某些配置下,如果在传输还未完成时,就关闭 SPI 模块并进入停机模式,则可能导致当前的传输被破坏,而且 BSY 标志也变得不可信。为了避免发生这种情况,关闭 SPI 模块时,建议按照下述步骤操作

(1) 在主或从模式下的全双工模式(BIDIMODE=0,RXONLY=0)

① 等待 RXNE=1 并接收最后一个数据;

② 等待 TXE=1;

③ 等待 BSY=0;

④ 关闭 SPI(SPE=0),最后进入停机模式(或关闭该模块的时钟)。

(2) 在主或从模式下的单向只发送模式(BIDIMODE=0,RXONLY=0)或双向的发送模式(BIDIMODE=1,BIDIOE=1),在 SPI_DR 寄存器中写入最后一个数据后:

① 等待 TXE=1;

② 等待 BSY=0;

③ 关闭 SPI(SPE=0),最后进入停机模式(或关闭该模块的时钟)。

(3) 在主模式下的单向只接收模式(MSTR=1,BIDIMODE=0,RXONLY=1)或双向的接收模式(MSTR=1,BIDIMODE=1,BIDIOE=0),这种情况需要特别处理,以保证 SPI 不会开始一次新的传输:

① 等待倒数第二个(第 n-1 个)RXNE=1;

② 在关闭 SPI(SPE=0)之前等待一个 SPI 时钟周期(使用软件延迟);

③ 在进入停机模式(或关闭该模块的时钟)之前等待最后一个 RXNE=1。

在主模式下的单向只发送模式(MSTR=1,BDM=1,BDOE=0)时,传输过程中 BSY 标志始终为低。

(4) 在从模式下的只接收模式(MSTR=0,BIDIMODE=0,RXONLY=1)或双向的接收模式(MSTR=0,BIDIMODE=1,BIDIOE=0):

① 可以在任何时候关闭 SPI(SPE=0),SPI 会在当前的传输结束后被关闭;

② 如果希望进入停机模式,在进入停机模式(或关闭该模块的时钟)之前必须首先等待 BSY=0。

9.3.8 STM32 的 SPI 接口中断

STM32 的 SPI 中断请求如表 9-8 所示。

表 9-8　STM32 的 SPI 中断请求

中 断 事 件	事 件 标 志	使能控制位
发送缓冲器空标志	TXE	TXEIE
接收缓冲器非空标志	RXNE	RXNEIE
主模式失效事件	MODF	ERRIE
溢出错误	OVR	
CRC 错误标志	CRCERR	

9.3.9　STM32 的 SPI 接口的寄存器

SPI1 寄存器的首地址是 0x4001_3000；SPI2 寄存器的首地址是 0x4000_3800；SPI3 寄存器的首地址是 0x4000_3C00。SPI 的寄存器可以用半字(16 位)或字(32 位)的方式操作。

1. SPI 控制寄存器 1(SPI_CR1)(I^2S 模式下不使用)

偏移地址：0x00，复位值：0x0000。各位定义如下：

位号	15	14	13	12	11	10	9	8
定义	BIDIMODE	BIDIOE	CRCEN	CRCNEXT	DFF	RXONLY	SSM	SSI
读写	rw	rw	rw	rw	rw	rw	rw	rw
位号	7	6	5	4	3	2	1	0
定义	LSBFIRST	SPE	BR[2:0]			MSTR	CPOL	CPHA
读写	rw	rw	rw	rw	rw	rw	rw	rw

位 15：BIDIMODE，双向数据模式使能(Bidirectional data mode enable)

0：选择“双线双向”模式；　　　　　　1：选择“单线双向”模式。

位 14：BIDIOE，双向模式下的输出使能(Output enable in bidirectional mode)，和 BIDIMODE 位一起决定在“单线双向”模式下数据的输出方向。

0：输出禁止(只收模式)；　　　　　　1：输出使能(只发模式)。

这个“单线”数据线在主设备端为 MOSI 引脚，在从设备端为 MISO 引脚。

位 13：CRCEN，硬件 CRC 校验使能(Hardware CRC calculation enable)。

0：禁止 CRC 计算；　　　　　　1：启动 CRC 计算。

只有在禁止 SPI 时(SPE=0)，才能写该位，否则出错。该位只能在全双工模式下使用。

位 12：CRCNEXT，下一个发送 CRC(Transmit CRC next)。

0：下一个发送的值来自发送缓冲区；　　1：下一个发送的值来自发送 CRC 寄存器。

在 SPI_DR 寄存器写入最后一个数据后应马上设置该位。

位 11：DFF，数据帧格式(Data frame format)。只有当 SPI 禁止时，才能写该位，否则出错。

0：使用 8 位数据帧格式进行发送/接收；　1：使用 16 位数据帧格式进行发送/接收。

位 10：RXONLY，只接收(Receive only)。该位和 BIDIMODE 位一起决定在“双线双向”模式下的传输方向。在多个从设备的配置中，在未被访问的从设备上该位被置 1，使得只有被访问的从设备有输出，从而不会造成数据线上数据冲突。

0：全双工(发送和接收)；　　　　　　　　1：禁止输出(只接收模式)。

位9：SSM，软件从设备管理(Software slave management)。当SSM被置位时，NSS引脚上的电平由SSI位的值决定。

0：禁止软件从设备管理；　　　　　　　　1：启用软件从设备管理。

位8：SSI，内部从设备选择(Internal slave select)。该位只在SSM位为1时有意义。它决定了NSS上的电平，在NSS引脚上的I/O操作无效。

位7：LSBFIRST，数据位发送顺序选择。当通信在进行时不能改变该位的值。

0：先发送最高位；　　　　　　　　　　1：先发送最低位。

位6：SPE，SPI使能(SPI enable)。

0：禁止SPI设备；　　　　　　　　　　1：开启SPI设备。

位[5:3]：BR[2:0]，波特率控制(Baud rate control)。当通信正在进行的时候，不能修改这些位。

000：$f_{PCLK}/2$；　001：$f_{PCLK}/4$；　010：$f_{PCLK}/8$；　011：$f_{PCLK}/16$；

100：$f_{PCLK}/32$；　101：$f_{PCLK}/64$；　110：$f_{PCLK}/128$；　111：$f_{PCLK}/256$。

位2：MSTR，主设备选择(Master selection)。当通信正在进行的时候，不能修改该位。

0：配置为从设备；　　　　　　　　　　1：配置为主设备。

位1：CPOL，时钟极性(Clock polarity)。当通信正在进行的时候，不能修改该位。

0：空闲状态时，SCK保持低电平；　　　　1：空闲状态时，SCK保持高电平。

位0：CPHA，时钟相位(Clock phase)。当通信正在进行的时候，不能修改该位。

0：数据采样从第一个时钟边沿开始；　　　1：数据采样从第二个时钟边沿开始。

2. SPI控制寄存器2(SPI_CR2)

偏移地址：0x04，复位值：0x0000。各位定义如下：

位号	15～8	7	6	5	4～3	2	1	0
定义	保留	TXEIE	RXNEIE	ERRIE	保留	SSOE	TXDMAEN	RXDMAEN
读写		rw	rw	rw		rw	rw	rw

位[15:8]：保留位，硬件强制为0。

位7：TXEIE，发送缓冲区空中断使能(Tx buffer empty interrupt enable)。

0：禁止TXE中断；　　　　1：允许TXE中断，当TXE标志置位时产生中断请求。

位6：RXNEIE，接收缓冲区非空中断使能(RX buffer not empty interrupt enable)。

0：禁止RXNE中断；　　　　1：允许RXNE中断，当RXNE标志置位时产生中断请求。

位5：ERRIR，错误中断使能(Error interrupt enable)。当产生错误(CRCERR、OVR、MODF)时，该位控制是否产生中断。

0：禁止错误中断；　　　　1：允许错误中断。

位[4:3]：保留位，硬件强制为0。

位2：SSOE，SS输出使能(SS output enable)。

0：禁止在主模式下SS输出，该设备可以工作在多主设备模式；

1：设备开启时，开启主模式下SS输出，该设备不能工作在多主设备模式。

位 1：TXDMAEN，发送缓冲区 DMA 使能(Tx buffer DMA enable)。当该位被设置时，TXE 标志一旦被置位就发出 DMA 请求。

0：禁止发送缓冲区 DMA；　1：启动发送缓冲区 DMA。

位 0：RXDMAEN，接收缓冲区 DMA 使能(Rx buffer DMA enable)。当该位被设置时，RXNE 标志一旦被置位就发出 DMA 请求。

0：禁止接收缓冲区 DMA；　1：启动接收缓冲区 DMA。

3. SPI 状态寄存器(SPI_SR)

偏移地址：0x08，复位值：0x0002。各位定义如下：

位号	15～8	7	6	5	4	3	2	1	0
定义	保留	BSY	OVR	MODF	CRCERR	UDR	CHSIDE	TXE	RXNE
读写		r	r	r	rc w0	r	r	r	r

位[15:8]：保留位，硬件强制为 0。

位 7：BSY，忙标志(Busy flag)。该位由硬件置位或者复位。

0：SPI 不忙；　1：SPI 正忙于通信，或者发送缓冲非空。

位 6：OVR，溢出标志(Overrun flag)。该位由硬件置位，由软件序列复位。

0：没有出现溢出错误；　1：出现溢出错误。

位 5：MODF，模式错误(Mode fault)。该位由硬件置位，由软件序列复位。

0：没有出现模式错误；　1：出现模式错误。

位 4：CRCERR，CRC 错误标志(CRC error flag)。该位由硬件置位，由软件写 0 而复位。

0：收到的 CRC 值和 SPI_RXCRCR 寄存器中的值匹配；

1：收到的 CRC 值和 SPI_RXCRCR 寄存器中的值不匹配。

位 3：UDR，下溢标志位(Underrun flag)。该标志位由硬件置 1，由一个软件序列清 0。该位在 SPI 模式下不使用。

0：未发生下溢；　1：发生下溢。

位 2：CHSIDE，声道(Channel side)。在 SPI 模式下不使用。在 PCM 模式下无意义。

0：需要传输或者接收左声道；1：需要传输或者接收右声道。

位 1：TXE，发送缓冲为空(Transmit buffer empty)。

0：发送缓冲非空；　1：发送缓冲为空。

位 0：RXNE，接收缓冲非空(Receive buffer not empty)。

0：接收缓冲为空；　1：接收缓冲非空。

4. SPI 数据寄存器(SPI_DR)

偏移地址：0x0C，复位值：0x0000。各位定义如下：

位号	15	14	13	12	11	10	9	8	7	6	5	4	3	2	1	0
定义	DR[15:0]															
读写	rw	rw	rw	rw	rw	rw	rw	rw	rw	rw	rw	rw	rw	rw	rw	rw

位[15:0]: DR[15:0],数据寄存器(Data register)。待发送或者已经收到的数据。

数据寄存器对应两个缓冲器: 一个用于写(发送缓冲); 另外一个用于读(接收缓冲)。写操作将数据写到发送缓冲器; 读操作将返回接收缓冲器里的数据。

根据 SPI_CR1 的 DFF 位选择数据帧格式,可以是 8 位或者 16 位数据。为保证正确的操作,需要在启用 SPI 之前就确定好数据帧格式。对于 8 位数据,缓冲器是 8 位的,发送和接收时只会用到 SPI_DR[7:0]。在接收时,SPI_DR[15:8]被强制为 0。对于 16 位数据,缓冲器是 16 位的,发送和接收时会用到整个数据寄存器,即 SPI_DR[15:0]。

5. SPI CRC 多项式寄存器(SPI_CRCPR)(I²S 模式下不使用)

偏移地址: 0x10,复位值: 0x0007。各位定义如下:

位号	15	14	13	12	11	10	9	8	7	6	5	4	3	2	1	0
定义	CRCPOLY[15:0]															
读写	rw	rw	rw	rw	rw	rw	rw	rw	rw	rw	rw	rw	rw	rw	rw	rw

位[15:0]: CRCPOLY[15:0],CRC 多项式寄存器(CRC polynomial register)。该寄存器包含了 CRC 计算时用到的多项式。其复位值为 0x0007,根据应用可以设置其他数值。

6. SPI 接收 CRC 寄存器(SPI_RXCRCR)(I²S 模式下不使用)

偏移地址: 0x14,复位值: 0x0000。各位定义如下:

位号	15	14	13	12	11	10	9	8	7	6	5	4	3	2	1	0
定义	RXCRC[15:0]															
读写	r	r	r	r	r	r	r	r	r	r	r	r	r	r	r	r

位[15:0]: RXCRC[15:0],接收 CRC 寄存器。在启用 CRC 计算时,RXCRC[15:0]中包含了依据收到的字节计算的 CRC 数值。当在 SPI_CR1 的 CRCEN 位写入 1 时,该寄存器被复位。CRC 计算使用 SPI_CRCPR 中的多项式。

当数据帧格式被设置为 8 位时,仅低 8 位参与计算,并且按照 CRC8 的方法进行; 当数据帧格式为 16 位时,寄存器中的所有 16 位都参与计算,并且按照 CRC16 的标准。

当 BSY 标志为 1 时,读该寄存器将可能读到不正确的数值。

7. SPI 发送 CRC 寄存器(SPI_TXCRCR)(在 I²S 模式下不使用)

偏移地址: 0x18,复位值: 0x0000。各位定义如下:

位号	15	14	13	12	11	10	9	8	7	6	5	4	3	2	1	0
定义	TXCRC[15:0]															
读写	r	r	r	r	r	r	r	r	r	r	r	r	r	r	r	r

位[15:0]: TXCRC[15:0],发送 CRC 寄存器。在启用 CRC 计算时,TXCRC[15:0]中包含了依据将要发送的字节计算的 CRC 数值。当在 SPI_CR1 中的 CRCEN 位写入 1 时,该寄存器被复位。CRC 计算使用 SPI_CRCPR 中的多项式。

当数据帧格式被设置为 8 位时,仅低 8 位参与计算,并且按照 CRC8 的方法进行; 当数据帧格式为16位时,寄存器中的所有16个位都参与计算,并且按照CRC16的标准。

当BSY标志为1时读该寄存器,将可能读到不正确的数值。

9.3.10 STM32的SPI接口固件库函数

1. 固件函数库所使用的SPI寄存器结构数据结构

SPI寄存器结构SPI_TypeDef在文件stm32f10x.h中定义如下:

```
typedef struct
{
    vu16 CR1;                       //SPI 控制寄存器 1
    u16 RESERVED0;
    vu16 CR2;                       //SPI 控制寄存器 2
    u16 RESERVED1;
    vu16 SR;                        //SPI 状态寄存器
    u16 RESERVED2;
    vu16 DR;                        //SPI 数据寄存器
    u16 RESERVED3;
    vu16 CRCPR;                     //SPI CRC 多项式寄存器
    u16 RESERVED4;
    vu16 RXCRCR;                    //SPI 接收 CRC 寄存器
    u16 RESERVED5;
    vu16 TXCRCR;                    //SPI 发送 CRC 寄存器
    u16 RESERVED6;
    vu16 I2SCFGR;
    u16 RESERVED7;
    vu16 I2SPR;
    u16 RESERVED8;
} SPI_TypeDef;
```

2个SPI外设在文件stm32f10x.h中声明:

```
...
#define PERIPH_BASE ((u32)0x40000000)
#define APB1PERIPH_BASE PERIPH_BASE
#define APB2PERIPH_BASE (PERIPH_BASE + 0x10000)
#define AHBPERIPH_BASE (PERIPH_BASE + 0x20000)
....
#define SPI1_BASE (APB2PERIPH_BASE + 0x3000)
#define SPI2_BASE (APB1PERIPH_BASE + 0x3800)
....
#define SPI1 ((SPI_TypeDef * ) SPI1_BASE)
#define SPI2 ((SPI_TypeDef * ) SPI2_BASE)
...
```

2. 常用的SPI接口固件库函数

1) 函数SPI_Init

函数原型:void SPI_Init(SPI_TypeDef * SPIx, SPI_InitTypeDef * SPI_InitStruct)

函数功能:根据SPI_InitStruct中指定的参数初始化外设SPIx寄存器。

输入参数 1：SPIx，x 可以是 1、2 或者 3，用来选择 SPI 外设。

输入参数 2：SPI_InitStruct，指向结构 SPI_InitTypeDef 的指针，包含了外设 SPI 的配置信息。

SPI_InitTypeDef 在文件 stm32f10x_spi.h 中定义：

```
typedef struct
{
    u16 SPI_Direction;
    u16 SPI_Mode;
    u16 SPI_DataSize;
    u16 SPI_CPOL;
    u16 SPI_CPHA;
    u16 SPI_NSS;
    u16 SPI_BaudRatePrescaler;
    u16 SPI_FirstBit;
    u16 SPI_CRCPolynomial;
} SPI_InitTypeDef;
```

(1) SPI_Dirention——用于设置 SPI 单向或者双向的数据模式。可以取如下值：

SPI_Direction_2Lines_FullDuplex——SPI 设置为双线双向全双工。

SPI_Direction_2Lines_RxOnly——SPI 设置为双线单向接收。

SPI_Direction_1Line_Rx——SPI 设置为单线双向接收。

SPI_Direction_1Line_Tx——SPI 设置为单线双向发送。

(2) SPI_Mode——用于设置 SPI 工作模式。可以取如下值：

SPI_Mode_Master——设置为主 SPI。

SPI_Mode_Slave——设置为从 SPI。

(3) SPI_DataSize——用于设置 SPI 的数据帧大小。可以取如下值：

SPI_DataSize_16b——SPI 发送接收 16 位帧结构。

SPI_DataSize_8b——SPI 发送接收 8 位帧结构。

(4) SPI_CPOL——用于选择串行时钟的稳态状态(空闲时状态)。可以取如下值：

SPI_CPOL_High——时钟空闲时为高电平。

SPI_CPOL_Low——时钟空闲时为低电平。

(5) SPI_CPHA——用于设置位捕获的时钟活动沿。可以取如下值：

SPI_CPHA_2Edge——数据捕获于第二个时钟沿。

SPI_CPHA_1Edge——数据捕获于第一个时钟沿。

(6) SPI_NSS——用于指定 NSS 信号由硬件(NSS 引脚)还是软件(使用 SSI 位)管理。可取如下值：

SPI_NSS_Hard——NSS 由外部引脚管理。

SPI_NSS_Soft——内部 NSS 信号由 SSI 位控制。

(7) SPI_BaudRatePrescaler——用来定义波特率预分频的值，这个值用以设置发送和接收的 SCK 时钟。通信时钟由主 SPI 的时钟分频而得，不需要设置从 SPI 的时钟。可以取如下值：

SPI_BaudRatePrescaler2——波特率预分频值为 2。

SPI_BaudRatePrescaler4——波特率预分频值为 4。

SPI_BaudRatePrescaler8——波特率预分频值为 8。

SPI_BaudRatePrescaler16——波特率预分频值为 16。

SPI_BaudRatePrescaler32——波特率预分频值为 32。

SPI_BaudRatePrescaler64——波特率预分频值为 64。

SPI_BaudRatePrescaler128——波特率预分频值为 128。

SPI_BaudRatePrescaler256——波特率预分频值为 256。

(8) SPI_FirstBit——用于指定数据传输从最高位还是最低位开始。可以取如下值:

SPI_FisrtBit_MSB——数据传输从最高位(MSB)开始。

SPI_FisrtBit_LSB——数据传输从最低位(LSB)开始。

(9) SPI_CRCPolynomial——用于定义 CRC 值计算的多项式。

例如,SPI1 接口的典型初始化代码如下:

```
SPI_InitTypeDef SPI_InitStructure;
SPI_InitStructure.SPI_Direction = SPI_Direction_2Lines_FullDuplex;
SPI_InitStructure.SPI_Mode = SPI_Mode_Master;
SPI_InitStructure.SPI_DatSize = SPI_DatSize_16b;
SPI_InitStructure.SPI_CPOL = SPI_CPOL_Low;
SPI_InitStructure.SPI_CPHA = SPI_CPHA_2Edge;
SPI_InitStructure.SPI_NSS = SPI_NSS_Soft;
SPI_InitStructure.SPI_BaudRatePrescaler =
SPI_BaudRatePrescaler_128;
SPI_InitStructure.SPI_FirstBit = SPI_FirstBit_MSB;
SPI_InitStructure.SPI_CRCPolynomial = 7;
SPI_Init(SPI1, &SPI_InitStructure);
```

2) 函数 SPI_Cmd

函数原型: void SPI_Cmd(SPI_TypeDef * SPIx, FunctionalState NewState)

函数功能: 使能或者除能 SPI 外设。

输入参数 1: SPIx,x 可以是 1、2 或者 3,用来选择 SPI 外设。

输入参数 2: NewState,外设 SPIx 的新状态,这个参数可以取 ENABLE 或者 DISABLE。

例如,使能 SPI1 的代码如下:

```
SPI_Cmd(SPI1, ENABLE);
```

3) 函数 SPI_I2S_ITConfig

函数原型: void SPI_I2S_ITConfig(SPI_TypeDef * SPIx, uint8_t SPI_I2S_IT, FunctionalState NewState)

函数功能: 使能或者除能指定的 SPI 中断。

输入参数 1: SPIx,x 可以是 1、2 或者 3,用来选择 SPI 外设。

输入参数 2: SPI_I2S_IT,待使能或者除能的 SPI 中断源,可以取下面的一个或者多个取值的组合作为该参数的值:

SPI_I2S_IT_TXE——发送缓存器空中断。

SPI_I2S_IT_RXNE——接收缓存器非空中断。

SPI_I2S_IT_ERR——错误中断。

输入参数 3：NewState，SPIx 中断的新状态，这个参数可以取 ENABLE 或者 DISABLE。

例如，使能 SPI1 的发送缓冲器空中断，可以使用下面的代码：

```
SPI_I2S_ITConfig (SPI1, SPI_I2S_IT_TXE, ENABLE);
```

4）函数 SPI_I2S_SendData

函数原型：void SPI_I2S_SendData(SPI_TypeDef * SPIx, uint16_t Data)

函数功能：通过外设 SPIx 发送一个数据。

输入参数 1：SPIx，x 可以是 1、2 或者 3，用来选择 SPI 外设。

输入参数 2：Data，待发送的数据。

例如，通过 SPI1 接口发送数据 0xa5，可以使用下面的代码：

```
SPI_I2S_SendData(SPI1, 0xA5);
```

5）函数 SPI_I2S_ReceiveData

函数原型：uint16_t SPI_I2S_ReceiveData(SPI_TypeDef * SPIx)

函数功能：返回 SPIx 最近接收到的数据。

输入参数：SPIx，x 可以是 1、2 或者 3，用来选择 SPI 外设。

返回值：接收到的字。

例如，从 SPI1 接口读取最近收到的数据，可以使用下面的代码：

```
u16 ReceivedData;
ReceivedData = SPI_I2S_ReceiveData(SPI1);
```

6）函数 SPI_NSSInternalSoftwareConfig

函数原型：void SPI_NSSInternalSoftwareConfig(SPI_TypeDef * SPIx, uint16_t SPI_NSSInternalSoft)

函数功能：为选定的 SPI 接口软件配置内部 NSS 引脚。

输入参数 1：SPIx，x 可以是 1、2 或者 3，用来选择 SPI 外设。

输入参数 2：SPI_NSSInternalSoft，SPI NSS 内部状态。可以取如下的值：

SPI_NSSInternalSoft_Set：内部设置 NSS 引脚。

SPI_NSSInternalSoft_Reset：内部复位 NSS 引脚。

例如，设置 SPI1 的 NSS 引脚，可以使用下面的代码：

```
SPI_NSSInternalSoftwareConfig(SPI1, SPI_NSSInternalSoft_Set);
```

7）函数 SPI_SSOutputCmd

函数原型：void SPI_SSOutputCmd(SPI_TypeDef * SPIx, FunctionalState NewState)

函数功能：使能或者除能指定 SPI 接口的 SS 输出。

输入参数 1：SPIx，x 可以是 1、2 或者 3，用来选择 SPI 外设。

输入参数 2：NewState，SPI 接口 SS 输出的新状态，可以取 ENABLE 或者 DISABLE。

例如，单主机模式下，使能 SPI1 的 SS 输出，可以使用下面的代码：

```
SPI_SSOutputCmd(SPI1, ENABLE);
```

8）函数 SPI_DataSizeConfig

函数原型：void SPI_DataSizeConfig(SPI_TypeDef * SPIx, uint16_t SPI_DataSize)

函数功能：设置指定的 SPI 数据大小。

输入参数 1：SPIx,x 可以是 1、2 或者 3,用来选择 SPI 外设。

输入参数 2：SPI_DataSize,用于设置 8 位或者 16 位数据帧结构。可以取如下的值：

SPI_DataSize_8b：设置数据为 8 位。

SPI_DataSize_16b：设置数据为 16 位。

例如,设置 SPI1 的数据帧结构为 8 位,可以使用下面的代码：

```
SPI_DataSizeConfig(SPI1, SPI_DataSize_8b);
```

9）函数 SPI_TransmitCRC

函数原型：void SPI_TransmitCRC(SPI_TypeDef * SPIx)

功能描述：传输指定 SPI 的 CRC。

输入参数：SPIx,x 可以是 1、2 或者 3,用来选择 SPI 外设。

例如,传输 SPI1 的 CRC,可以使用下面的代码：

```
SPI_TransmitCRC(SPI1);
```

10）函数 SPI_CalculateCRC

函数原型：void SPI_CalculateCRC(SPI_TypeDef * SPIx, FunctionalState NewState)

函数功能：使能或者除能指定 SPI 的传输字 CRC 值计算

输入参数 1：SPIx,x 可以是 1、2 或者 3,用来选择 SPI 外设。

输入参数 2：NewState,SPIx 传输字 CRC 值计算的新状态,可以取 ENABLE 或者 DISABLE。

例如,使能 SPI1 传输的数据字节 CRC 计算,可以使用下面的代码：

```
SPI_CalculateCRC(SPI1, ENABLE);
```

11）函数 SPI_GetCRC

函数原型：uint16_t SPI_GetCRC(SPI_TypeDef * SPIx, uint8_t SPI_CRC)

函数功能：返回指定 SPI 的 CRC 值。

输入参数 1：SPIx,x 可以是 1、2 或者 3,用来选择 SPI 外设。

输入参数 2：SPI_CRC,待读取的 CRC 寄存器。可以取下面的值：

SPI_CRC_Tx——选择发送 CRC 寄存器。

SPI_CRC_Rx——选择接收 CRC 寄存器。

例如,获取 SPI1 的发送 CRC 寄存器的值,可以使用下面的代码：

```
u16 CRCValue;
CRCValue = SPI_GetCRC(SPI1, SPI_CRC_Tx);
```

12）函数 SPI_GetCRCPolynomial

函数原型：uint16_t SPI_GetCRCPolynomial(SPI_TypeDef * SPIx)

函数功能：返回指定 SPI 的 CRC 多项式寄存器值。

输入参数：SPIx，x 可以是 1、2 或者 3，用来选择 SPI 外设。

返回值：CRC 多项式寄存器值。

例如，下面的代码返回 SPI1 的 CRC 多项式寄存器的值：

```
u16 CRCPolyValue;
CRCPolyValue = SPI_GetCRCPolynomial(SPI1);
```

13）函数 SPI_BiDirectionalLineConfig

函数原型：void SPI_BiDirectionalLineConfig(SPI_TypeDef * SPIx, uint16_t SPI_Direction)

函数功能：选择指定 SPI 在双向模式下的数据传输方向。

输入参数 1：SPIx，x 可以是 1、2 或者 3，用来选择 SPI 外设。

输入参数 2：SPI_Direction，指定 SPI 在双向模式下的数据传输方向，可以取下面的值：

SPI_Direction_Tx——选择 Tx 发送方向。

SPI_Direction_Rx——选择 Rx 接收方向。

例如，若设置 SPI1 的数据传输方向为双向模式下的只发送方式，可以使用下面的代码：

```
SPI_BiDirectionalLineConfig(SPI1, SPI_Direction_Tx);
```

14）函数 SPI_I2S_GetFlagStatus

函数原型：FlagStatus SPI_I2S_GetFlagStatus(SPI_TypeDef * SPIx, uint16_t SPI_I2S_FLAG)

函数功能：检查指定的 SPI 标志位设置与否。

输入参数 1：SPIx，x 可以是 1、2 或者 3，用来选择 SPI 外设。

输入参数 2：SPI_I2S_FLAG，待检查的 SPI 标志位。可以取下面的值：

SPI_I2S_FLAG_TXE——发送缓存器空标志位。

SPI_I2S_FLAG_RXNE——接收缓存器非空标志位。

SPI_I2S_FLAG_BSY——忙标志位。

SPI_I2S_FLAG_OVR——溢出标志位。

SPI_FLAG_MODF——模式错位标志位。

SPI_FLAG_CRCERR——CRC 错误标志位。

I2S_FLAG_UDR——向下溢出错误标志位。

I2S_FLAG_CHSIDE——声道标志位。

返回值：SPI_I2S_FLAG 的新状态(SET 或者 RESET)。

15）函数 SPI_I2S_ClearFlag

函数原型：void SPI_I2S_ClearFlag(SPI_TypeDef * SPIx, uint16_t SPI_I2S_FLAG)

函数功能：清除 SPIx 的待处理标志位。

输入参数 1：SPIx，x 可以是 1、2 或者 3，用来选择 SPI 外设。

输入参数 2：SPI_I2S_FLAG，待清除的 SPI 标志位，可取值请参阅函数 SPI_I2S_GetFlagStatus。

注意：标志位 BSY、TXE 和 RXNE 由硬件重置。

16）函数 SPI_I2S_GetITStatus

函数原型：ITStatus SPI_I2S_GetITStatus(SPI_TypeDef * SPIx, uint8_t SPI_I2S_IT)

函数功能：检查指定的 SPI 中断发生与否。

输入参数 1：SPIx，x 可以是 1、2 或者 3，用来选择 SPI 外设。

输入参数 2：SPI_I2S_IT，待检查的 SPI 中断源。可以取下面的值：

SPI_I2S_IT_TXE——发送缓存器空中断标志位。

SPI_I2S_IT_RXNE——接收缓存器非空中断标志位。

SPI_I2S_IT_OVR——溢出中断标志位。

SPI_IT_MODF——模式错误标志位。

SPI_IT_CRCERR——CRC 错误标志位。

I2S_IT_UDR——向下溢出错误标志位。

返回值：SPI_I2S_IT 的新状态(SET 或 RESET)。

例如，下面的代码测试 SPI1 是否发生了溢出中断：

```
ITStatus Status;
Status = SPI_I2S_GetITStatus (SPI1, SPI_I2S_IT_OVR);
```

17）函数 SPI_I2S_ClearITPendingBit

函数原型：void SPI_I2S_ClearITPendingBit(SPI_TypeDef * SPIx, uint8_t SPI_I2S_IT)

函数功能：清除 SPIx 的中断待处理位。

输入参数 1：SPIx，x 可以是 1、2 或者 3，用来选择 SPI 外设。

输入参数 2：SPI_I2S_IT，待清除的 SPI 中断源，可取值请参阅函数(16)。

例如，清除 SPI1 的 CRC 错误中断挂起位，可以使用下面代码：

```
SPI_I2S_ClearITPendingBit (SPI1, SPI_IT_CRCERR);
```

9.3.11　STM32 的 SPI 接口应用实例

下面通过实例介绍 SPI 接口的具体使用步骤。

【例 9-2】 使用 SPI1 连接 LCD12864 模块显示信息“欢迎使用 STM32”。

解：需要连接的 LCD12864 模块的引脚包括：CS、SID 和 CLK 为通信引脚，PSB 为串并联模式选择引脚，VSS 和 VDD 为电源引脚，LEDA 和 LEDK 为背光引脚；用到的 STM32F103VET6 的引脚为 VCC 和 GND、PA4(SPI1_NSS)、PA5(SPI1_SCK)和 PA7(SPI1_MOSI)引脚。将 LCD12864 的电源引脚和背光引脚分别接到电源 VCC 和 GND，LCD12864 的 PSB 引脚接到电源地选择串行通信模式，LCD12864 的 CS、SID 和 CLK 分别接到 SPI1 接口的引脚 PA4、PA7 和 PA5。电路连接示意图如图 9-28 所示。

SPI1 接口的初始化参数包括：工作模式为主 SPI，8 位数据帧，时钟空闲为高电平，数据捕获在第二个时钟沿，软件管理 NSS 信号，波特率预分频值为 256，数据传输从 MSB 位开始。调用 SPI_I2S_SendData 函数向 LCD12864 发送命令和数据，实现对 LCD12864 的

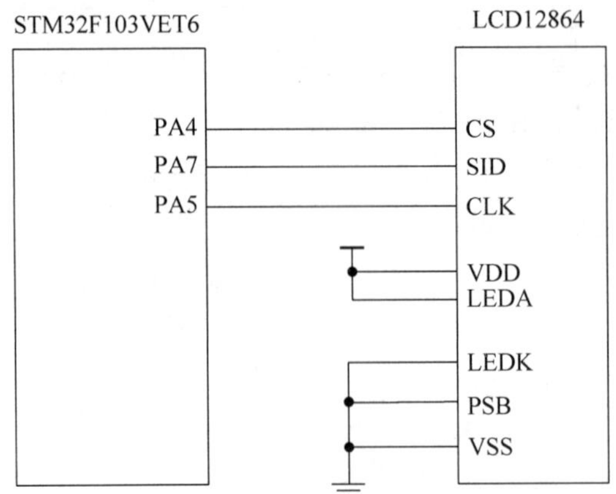

图 9-28　STM32F103VET6 的 SPI1 接口与 LCD12864 的电路连接示意图

控制。

使用固件库函数编写 SPI 接口应用程序，在创建工程出现 Manage Run-Time Environment 对话框时，选中 Device→Startup；选中 CMSIS→CORE。选中 StdPeriph Drivers 中的 GPIO、Framework、RCC 和 SPI。

程序使用查询方式，查询数据是否发送完。代码如下：

```
#include "stm32f10x.h"
#define LCD_CS GPIOA, GPIO_Pin_4
void GPIO_init(void);                              //相关 GPIO 初始化子函数
void SPI_init(void);                               //SPI 接口初始化函数
void SendByte(u8 Dbyte);                           //发送一个字节子函数
void WriteCommand(u8 Cbyte);                       //写命令子函数
void WriteData(u8 Dbyte);                          //写数据子函数
void ClearScreen(void);                            //清屏子函数
void DispStr(u8 row, u8 col, char * puts);         //显示字符串子函数
u8 TABLE[] =                                       //坐标地址
{
    0x80,0x81,0x82,0x83,0x84, 0x85, 0x86,0x87,
    0x90,0x91,0x92, 0x93, 0x94, 0x95,0x96,0x97,
    0x88,0x89,0x8a, 0x8b, 0x8c,0x8d,0x8e,0x8f,
    0x98, 0x99,0x9a,0x9b, 0x9c,0x9d,0x9e, 0x9f
};
int main(void)
{
    u32 delaytime;
    //使能 PA 口和 SPI1 的时钟
    RCC_APB2PeriphClockCmd(RCC_APB2Periph_GPIOA|RCC_APB2Periph_SPI1, ENABLE);
    GPIO_init();
    SPI_init();
    WriteCommand(0x30);
    WriteCommand(0x0C);
    WriteCommand(0x01);
    WriteCommand(0x06);
    WriteCommand(0x02);
```

```
    WriteCommand(0x80);
    ClearScreen();
    for(delaytime = 0;delaytime < 5000;delaytime++);      //适当延时
    DispStr(0, 0, "欢迎使用 STM32!");
    while(1);
}
void GPIO_init(void)                                      //相关 GPIO 初始化
{
    GPIO_InitTypeDef GPIO_InitStructure;
    //CLK
    GPIO_InitStructure.GPIO_Pin  =  GPIO_Pin_5;
    GPIO_InitStructure.GPIO_Mode  =  GPIO_Mode_AF_PP;     //复用推挽输出
    GPIO_InitStructure.GPIO_Speed  =  GPIO_Speed_50MHz;
    GPIO_Init(GPIOA, &GPIO_InitStructure);
    //SID
    GPIO_InitStructure.GPIO_Pin  =  GPIO_Pin_7;
    GPIO_InitStructure.GPIO_Mode  =  GPIO_Mode_AF_PP;     //复用推挽输出
    GPIO_InitStructure.GPIO_Speed  =  GPIO_Speed_50MHz;
    GPIO_Init(GPIOA, &GPIO_InitStructure);
    //CS
    GPIO_InitStructure.GPIO_Pin  =  GPIO_Pin_4;
    GPIO_InitStructure.GPIO_Mode  =  GPIO_Mode_Out_PP;    //推挽输出
    GPIO_InitStructure.GPIO_Speed  =  GPIO_Speed_50MHz;
    GPIO_Init(GPIOA, &GPIO_InitStructure);
}
void SPI_init(void)                                       //SPI 接口初始化函数
{
    SPI_InitTypeDef SPI_InitStructure;
    //设置 SPI 单向或者双向的数据模式:SPI 设置为双线双向全双工
    SPI_InitStructure.SPI_Direction = SPI_Direction_2Lines_FullDuplex;
    SPI_InitStructure.SPI_Mode = SPI_Mode_Master;         //设置 SPI 工作模式:主 SPI
    //设置 SPI 的数据大小:SPI 发送接收 8 位帧结构
    SPI_InitStructure.SPI_DataSize  =  SPI_DataSize_8b;
    //选择了串行时钟的稳态:时钟悬空高
    SPI_InitStructure.SPI_CPOL  =  SPI_CPOL_High ;
    SPI_InitStructure.SPI_CPHA  =  SPI_CPHA_2Edge;        //数据捕获于第二个时钟沿
    SPI_InitStructure.SPI_NSS  =  SPI_NSS_Soft;
    //NSS 信号由硬件(NSS 引脚)还是软件(使用 SSI 位)管理:内部 NSS 信号有 SSI 位控制
    SPI_InitStructure.SPI_BaudRatePrescaler  =  SPI_BaudRatePrescaler_256;
    //定义波特率预分频的值:波特率预分频值为 256
    SPI_InitStructure.SPI_FirstBit  =  SPI_FirstBit_MSB;  //数据传输从 MSB 位开始
    SPI_InitStructure.SPI_CRCPolynomial  =  7;            //CRC 值计算的多项式
    SPI_Init(SPI1, &SPI_InitStructure);
                              //根据 SPI_InitStruct 中指定的参数初始化外设 SPIx 寄存器
    SPI_Cmd(SPI1, ENABLE);                                //使能 SPI 外设
}
void SendByte(u8 Dbyte)                                   //发送一个字节子函数
{
    while (SPI_I2S_GetFlagStatus(SPI1, SPI_I2S_FLAG_TXE)  ==  RESET);
    SPI_I2S_SendData(SPI1, Dbyte);
}
```

```
void WriteCommand(u8 Cbyte)                                   //写命令子函数
{
    GPIO_SetBits(LCD_CS);
    SendByte(0xf8);
    SendByte(0xf0&Cbyte);
    SendByte(0xf0&Cbyte << 4);
    GPIO_ResetBits(LCD_CS);
}
void WriteData(u8 Dbyte)                                      //写数据子函数
{
    GPIO_SetBits(LCD_CS);
    SendByte(0xfa);
    SendByte(0xf0&Dbyte);
    SendByte(0xf0&Dbyte << 4);
    GPIO_ResetBits(LCD_CS);
}
void ClearScreen(void)
{
    WriteCommand(0x0C);
    WriteCommand(0x01);
}
void DispStr(u8 row, u8 col, char * puts)
{
    WriteCommand(0x30);
    WriteCommand(TABLE[8 * row + col]);
    while ( * puts != '\0')
    {
        if (col == 8)
        {
            col = 0;
            row++;
        }
        if (row == 4) row = 0;
        WriteCommand(TABLE[8 * row + col]);
        WriteData( * puts);
        puts++;
        WriteData( * puts);
        puts++;
        col++;
    }
}
```

9.4 习题

9-1 STM32F103VET6 的 USART 有哪些特点？

9-2 使用 STM32F103VET6 与计算机进行通信，编程实现计算机发送 GetID 作为命令，STM32F103VET6 收到命令后，返回 STM32 的 CPUID。

9-3 将例 9-2 的程序代码，修改为使用中断方式实现。

第 10 章 模拟量模块

CHAPTER 10

随着数字电子技术及计算机技术的普及与应用，数字信号的传输与处理日趋普遍。然而，自然形态下的物理量多以模拟量的形式存在，如温度、湿度、压力、流量、速度等，实际生产、生活和科学实验中还会遇到化学量、生物量（包括医学）等。从信号工程的角度来看，要进行信号的计算机处理，上述所有的物理量、化学量和生物量等都需要使用相应的传感器，将其转换成电信号（称之为模拟量），然后将模拟量转换为计算机能够识别处理的数字量，再进行信号的传输、处理、存储、显示和控制。同样，计算机控制外部设备时，如电动调节阀、调速系统等，需要将计算机输出的数字信号变换成外部设备能够接收的模拟信号。实现模拟量转换成数字量的器件称为模数转换器（Analog to Digital Converter，ADC），也称为 A/D 转换器；将数字量转换成模拟量的器件称为数模转换器（Digital to Analog Converter，DAC），也称为 D/A 转换器。以微控制器为核心，具有模拟量输入和输出的应用系统结构如图 10-1 所示。

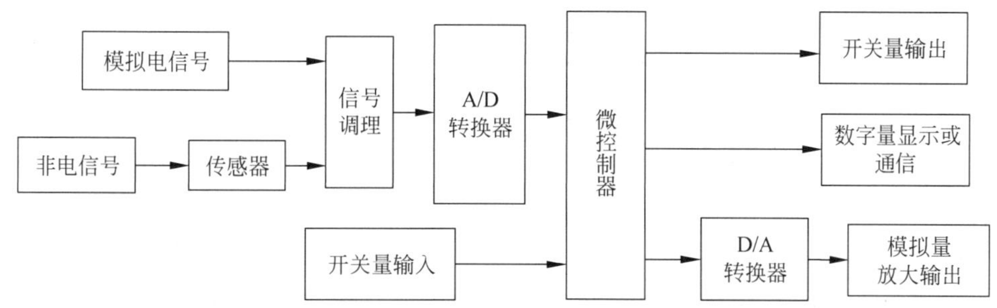

图 10-1　具有模拟量输入/输出的微控制器应用系统

应该注意传感器和变送器的区别。传感器是一种把非电量转变成电信号的器件，而检测仪表在模拟电子技术条件下，一般包括传感器、检测点取样设备及放大器（进行抗干扰处理及信号传输），当然还有电源及现场显示部分（可选择）。电信号一般分为连续量、离散量两种，实际上还可分成模拟量、开关量、脉冲量等，模拟信号一般采用 4～20mA DC 的标准信号传输。在数字化过程中，常常把传感器和微处理器及通信网络接口封装在一个器件（称为检测仪表）中，完成信息获取、处理、传输、存储等功能。在自动化仪表中经常把检测仪表称为变送器，如温度变送器、压力变送器等。

ADC 和 DAC 器件种类繁多，性能各异，使用方法也不尽相同。许多微控制器集成了 ADC，甚至集成了 DAC。本章首先介绍模数转换器的工作原理及性能指标；然后介绍

STM32F103VET6 集成的模数转换模块和数模转换模块的结构和使用方法。

10.1 模数转换器的工作原理及性能指标

10.1.1 模数转换器的工作原理

根据转换的工作原理不同，模数转换器可以分为计数比较式、逐次逼近式和双斜率积分式。计数比较式模数转换器结构简单，价格便宜，转换速度慢，较少采用。下面主要介绍逐次逼近式和双斜率积分式模数转换器的工作原理。

1. 逐次逼近式模数转换器的工作原理和特点

逐次逼近式模数转换器电路框图如图 10-2 所示。逐次逼近式模数转换器主要由逐次逼近寄存器 SAR、数字/电压转换器、比较器、时序及控制逻辑等部分组成。

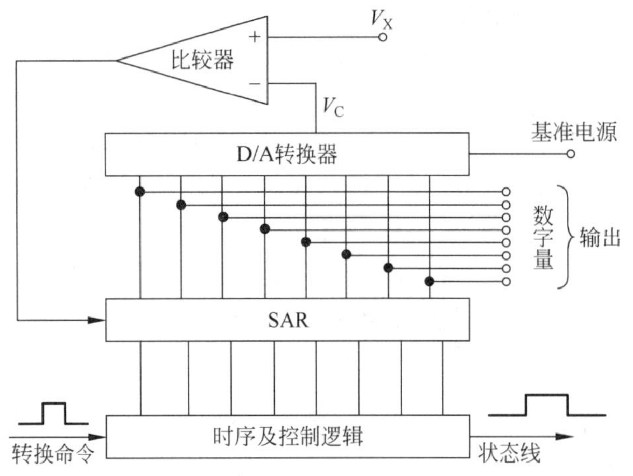

图 10-2 逐次逼近式模数转换器的工作原理

逐次逼近式模数转换器工作时，逐次把设定在 SAR 中的数字量所对应的 A/D 转换网络输出的电压，与要被转换的模拟电压进行比较，比较时从 SAR 中的最高位开始，逐位确定各数码位是 1 还是 0，其工作过程如下：

当模数转换器收到"转换命令"并清除 SAR 寄存器后，控制电路先设定 SAR 中的最高位为 1，其余位为 0，此预测数据被送至 D/A 转换器，转换成电压 V_C，然后将 V_C 与输入模拟电压 V_X 在高增益的比较器中进行比较，比较器的输出为逻辑 0 或逻辑 1。如果 $V_X \geqslant V_C$，则说明此位置 1 是对的，应予保留；如果 $V_X < V_C$，则说明此位置 1 不合适，应予清除。按该方法继续对次高位进行转换、比较和判断，决定次高位应取 1 还是取 0。重复上述过程，直至确定 SAR 最低位为止。该过程完成后，状态线改变状态，表示已完成一次完整的转换，SAR 中的内容就是与输入的模拟电压对应的二进制数字代码。

逐次逼近式模数转换器是采样速率低于 5Msps 的中高分辨率 ADC 应用的常见结构，SAR 式 ADC 的分辨率一般为 8～16 位，具有低功耗、小尺寸等特点。

2. 双积分式模数转换器的工作原理和特点

双积分式模数转换器转换方法的抗干扰能力比逐次逼近式模数转换器强。这个方法的基础是测量两个时间：一个是模拟输入电压向电容充电的固定时间；另一个是在已知参考电压下放电所需的时间。模拟输入电压与参考电压的比值就等于上述两个时间值之比。双积分模数转换器的组成框图如图 10-3 所示。

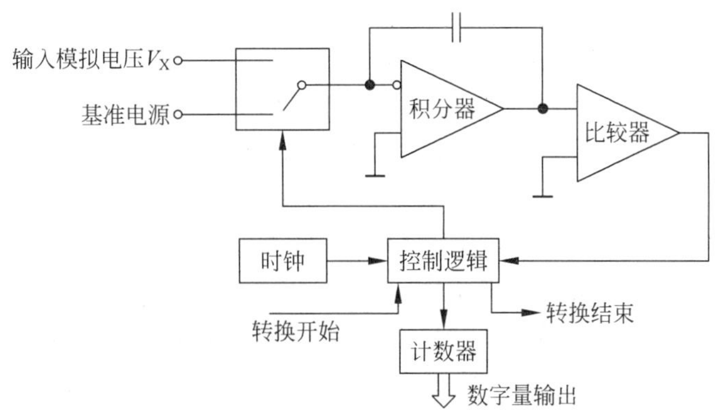

图 10-3 双积分式模数转换器的组成框图

双积分式模数转换器具有精度高、抗干扰能力强的特点，在实际工程中得到了使用。而由于逐次逼近式模数转换技术能很好地兼顾速度和精度，故在 16 位以下的模数转换器中逐次逼近式模数转换器使用得更多。

10.1.2 模数转换器的性能指标

A/D 转换器是实现微控制器数据采集的常用外围器件。A/D 转换器的品种繁多，性能各异，在设计数据采集系统时，首先碰到的问题就是如何选择合适的 A/D 转换器以满足系统设计的要求。选择 A/D 转换器需要综合考虑多项因素，如系统技术指标、成本、功耗、安装等。可以根据以下指标选择 A/D 转换器。

1. 分辨率

分辨率是 A/D 转换器能够分辨最小信号的能力，表示数字量变化一个相邻数码对应的输入模拟电压变化量。分辨率越高，转换时对输入模拟信号变化的反应就越灵敏。例如，8 位 A/D 转换器能够分辨出满刻度的 1/256，若满刻度输入电压为 5V，则 8 位 A/D 转换器能够分辨出输入电压变化的最小值为 19.531 25mV。

分辨率常用 A/D 转换器输出的二进制位数表示。一般把 8 位以下的 ADC 器件归为低分辨率 ADC 器件，9～12 位的 ADC 器件称为中分辨率 ADC 器件，13 位以上的 ADC 器件称为高分辨率 ADC 器件。10 位以下的 ADC 器件误差较大。因此，目前 ADC 器件的精度基本上都是 10 位或以上。由于模拟信号先经过测量装置，再经 A/D 转换器转换后才进行处理，因此，总的误差是由测量误差和量化误差共同构成的。A/D 转换器的精度应与测量装置的精度相匹配。也就是说，一方面要求量化误差在总误差中所占的比重要小，使它不显著地扩大测量误差；另一方面必须根据目前测量装置的精度水平，对 A/D 转换器的位数提出恰当的要求。常见的 A/D 转换器有 8 位、10 位、12 位、14 位和 16 位等。

2. 通道

有的单芯片内部含有多个 ADC 模块，可同时实现多路信号的转换；常见的多路 ADC 器件只有一个公共的 ADC 模块，由一个多路转换开关实现分时转换。

3. 基准电压

基准电压有内、外基准和单、双基准之分。

4. 转换速率

A/D 转换器从启动转换到转换结束，输出稳定的数字量，需要一定的转换时间，这个时间称为转换时间。转换时间的倒数就是每秒能完成的转换次数，称为转换速率。A/D 转换器的型号不同，转换时间不同。逐次逼近式单片 A/D 转换器转换时间的典型值为 1.0～200μs。

应根据输入信号的最高频率来确定 ADC 转换速度，保证转换器的转换速率要高于系统要求的采样频率。确定 A/D 转换器的转换速率时，应考虑系统的采样速率。例如，如果用转换时间为 100μs 的 A/D 转换器，则其转换速率为 10kHz。根据采样定理和实际需要，一个周期的波形需对 10 个点采样，那么这样的 A/D 转换器最高也只有处理频率为 1kHz 的模拟信号。对一般的单片机而言，在如此高的采样频率下，要在采样时间内完成 A/D 转换以外的工作，如读取数据、再启动、保存数据、循环计数等已经比较困难了。

5. 采样/保持器

采样/保持也称为跟踪/保持(Track/Hold 缩写 T/H)。原则上采集直流和变化非常缓慢的模拟信号时可不用采样保持器。对于其他模拟信号一般都要加采样保持器。如果信号频率不高，A/D 转换器的转换时间短，即使用高速 A/D 转换器时，也可不用采样/保持器。

6. 量程

量程即所能转换的电压范围，如 0～2.5V、0～5V 和 0～10V。

7. 满刻度误差

满刻度输出时对应的输入信号与理想输入信号值之差称为满刻度误差。

8. 线性度

实际转换器的转移函数与理想直线的最大偏移称为线性度。

9. 数字接口方式

根据转换的数据输出接口方式，A/D 转换器可以分为并行接口和串行接口两种方式。并行方式一般在转换后可直接输出，具有明显的转换速度优势，但芯片的数据引脚比较多，适用于转换速度要求较高的情况；串行方式所用芯片引脚少，封装小，但需要软件处理才能得到所需要的数据。在单片机 I/O 引脚不多的情况下，使用串行器件可以节省 I/O 资源。

数值编码通常是二进制，也有 BCD 码、双极性补码、偏移码等。

10. 模拟信号类型

通常 ADC 器件的模拟输入信号都是电压信号。同时根据信号是否过 0，还分成单极性(unipolar)信号和双极性(bipolar)信号。

11. 电源电压

电源电压有单电源、双电源和不同电压范围之分，早期的 A/D 转换器供电电源有+15V/-15V，如果选用单+5V 电源的芯片则可以使用单片机系统电源。

12. 功耗

一般 CMOS 工艺的芯片功耗较低，对于电池供电的手持系统对功耗要求比较高的场合一定要注意功耗指标。

13. 封装

常见的封装有双列直插封装(DIP)和表贴型(SO)封装。

10.2　STM32F103VET6 集成的 ADC 模块

STM32F103VET6 微控制器集成有 18 路 12 位高速逐次逼近型模数转换器(ADC),可测量 16 个外部和 2 个内部信号源。各通道的 A/D 转换可以单次、连续、扫描或间断模式执行。ADC 的结果可以左对齐或右对齐方式存储在 16 位数据寄存器中。

模拟看门狗特性允许应用程序检测输入电压是否超出用户定义的高/低阈值。

ADC 的输入时钟不得超过 14MHz,由 PCLK2 经分频产生。

10.2.1　STM32 的 ADC 概述

- 12 位分辨率。
- 转换结束、注入转换结束和发生模拟看门狗事件时产生中断。
- 单次和连续转换模式。
- 从通道 0 到通道 n 的自动扫描模式。
- 自校准功能。
- 带内嵌数据一致性的数据对齐。
- 采样间隔可以按通道分别编程。
- 规则转换和注入转换均有外部触发选项。
- 间断模式。
- 双重模式(带 2 个或以上 ADC 的器件)。
- ADC 转换时间:时钟为 56MHz 时为 1μs(时钟为 72MHz 为 1.17μs)。
- ADC 供电要求:2.4～3.6V。
- ADC 输入范围:$V_{REF-} \leqslant V_{IN} \leqslant V_{REF+}$。
- 规则通道转换期间有 DMA 请求产生。

10.2.2　STM32 的 ADC 模块结构

STM32 的 ADC 模块结构如图 10-4 所示。ADC3 只存在于大容量产品中。

ADC 相关引脚有:

模拟电源 V_{DDA}——等效于 V_{DD} 的模拟电源且 $2.4V \leqslant V_{DDA} \leqslant V_{DD}(3.6V)$。

模拟电源地 V_{SSA}——等效于 V_{SS} 的模拟电源地。

模拟参考正极 V_{REF+}——ADC 使用的高端/正极参考电压,$2.4V \leqslant V_{REF+} \leqslant V_{DDA}$。

模拟参考负极 V_{REF-}——ADC 使用的低端/负极参考电压,$V_{REF-} = V_{SSA}$。

模拟信号输入端 ADC_X_IN[15:0]:16 个模拟输入通道。

10.2.3　STM32 的 ADC 配置

1. ADC 开关控制

通过设置 ADC_CR2 寄存器的 ADON 位可给 ADC 上电。当第一次设置 ADON 位时,

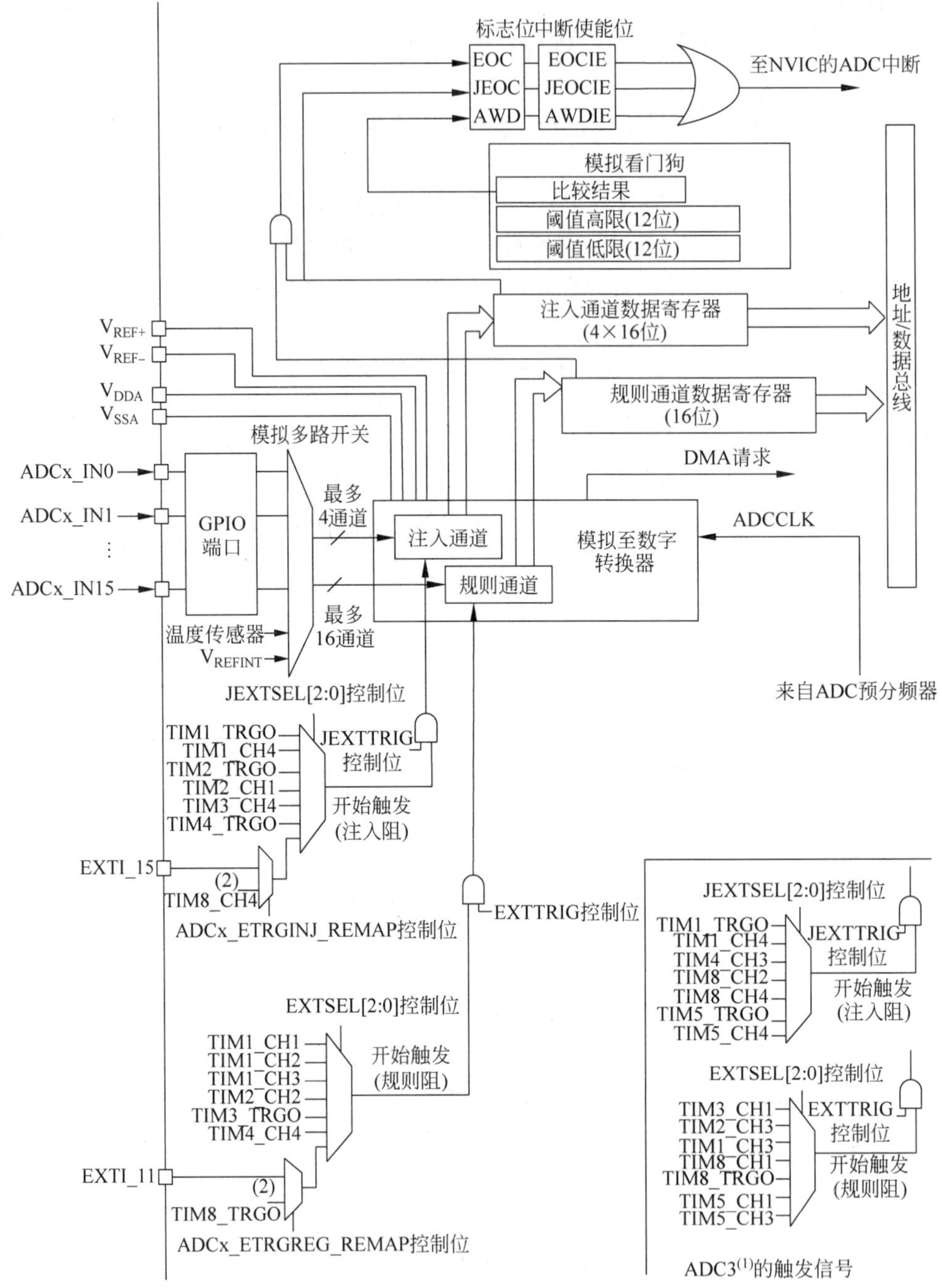

图 10-4 ADC 的结构

注：1. ADC3 的规则转换和注入转换触发与 ADC1 和 ADC2 的不同。

2. TIM8_CH4 和 TIM8_TRGO 及它们的重映射位只存在于大容量产品中。

它将 ADC 从断电状态下唤醒。ADC 上电延迟一段时间后(t_{STAB})，再次设置 ADON 位时开始进行转换。

通过清除 ADON 位可以停止转换，并将 ADC 置于断电模式。在这个模式中，ADC 耗

电仅几 μA。

2. ADC 时钟

由时钟控制器提供的 ADCCLK 时钟和 PCLK2(APB2 时钟)同步。RCC 控制器为 ADC 时钟提供一个专用的可编程预分频器,详见第 3 章中 STM32 的时钟介绍。

3. 通道选择

有 16 个通道。可以把转换通道组织成两组:规则组和注入组。

规则组:由多达 16 个转换通道组成。对一组指定的通道,按照指定的顺序逐个转换,转换结束后,再从头循环;这些指定的通道组就称为规则组。例如,可以按如下顺序完成转换:通道 3、通道 8、通道 2、通道 2、通道 0、通道 2、通道 2、通道 15。规则通道和它们的转换顺序在 ADC_SQRx 寄存器中选择。规则组中转换的总数应写入 ADC_SQR1 寄存器的 L[3:0]位中。

注入组:由多达 4 个转换通道组成。在实际应用中,有可能需要临时中断规则组的转换,对某些通道进行转换,这些需要中断规则组而进行转换的通道组,就称为注入通道组,简称注入组。注入通道和它们的转换顺序在 ADC_JSQR 寄存器中选择。注入组里的转换总数目应写入 ADC_JSQR 寄存器的 L[1:0]位中。

如果 ADC_SQRx 或 ADC_JSQR 寄存器在转换期间被更改,当前的转换被清除,一个新的启动脉冲将发送到 ADC 以转换新选择的组。

内部通道:温度传感器和 V_{REFINT}。

温度传感器和通道 ADC1_IN16 相连接,内部参照电压 V_{REFINT} 和 ADC1_IN17 相连接。可以按注入或规则通道对这两个内部通道进行转换。(温度传感器和 V_{REFINT} 只能出现在 ADC1 中。)

4. 单次转换模式

在单次转换模式下,ADC 只执行一次转换。该模式既可通过设置 ADC_CR2 寄存器的 ADON 位(只适用于规则通道)启动,也可通过外部触发启动(适用于规则通道或注入通道),这时 CONT 位为 0。

一旦选择通道的转换完成:

(1) 如果一个规则通道转换完成,则转换数据储存在 16 位 ADC_DR 寄存器中;EOC(转换结束)标志置位;如果设置了 EOCIE,则产生中断。

(2) 如果一个注入通道转换完成,则转换数据储存在 16 位的 ADC_DRJ1 寄存器中;JEOC(注入转换结束)标志置位;如果设置了 JEOCIE 位,则产生中断。

然后 ADC 停止。

5. 连续转换模式

在连续转换模式中,当前面 ADC 转换一结束马上就启动另一次转换。此模式可通过外部触发启动或通过设置 ADC_CR2 寄存器上的 ADON 位启动,此时 CONT 位是 1。

每次转换后:

(1) 如果一个规则通道转换完成,则转换数据存储在 16 位的 ADC_DR 寄存器中;EOC(转换结束)标志置位;如果设置了 EOCIE,则产生中断。

(2) 如果一个注入通道转换完成,则转换数据储存在 16 位的 ADC_DRJ1 寄存器中;JEOC(注入转换结束)标志置位;如果设置了 JEOCIE 位,则产生中断。

6. 时序图

ADC 转换时序图如图 10-5 所示,ADC 在开始精确转换前需要一个稳定时间 t_{STAB}。在开始 ADC 转换 14 个时钟周期后,EOC 标志被设置,16 位 ADC 数据寄存器包含转换的结果。

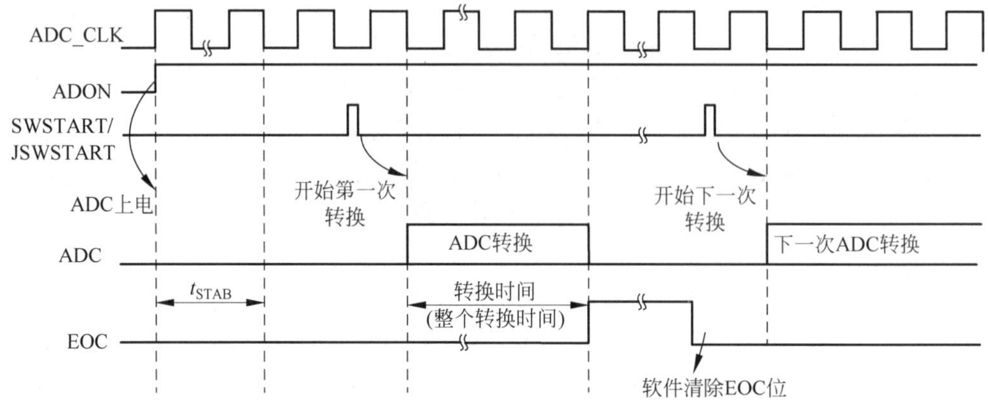

图 10-5 ADC 转换时序图

7. 模拟看门狗

如果被 ADC 转换的模拟电压低于低阈值或高于高阈值,模拟看门狗 AWD 的状态位将被置位,如图 10-6 所示。

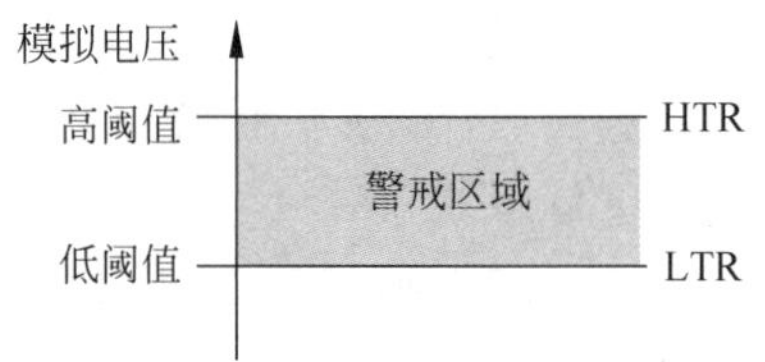

图 10-6 模拟看门狗警戒区

阈值位于 ADC_HTR 和 ADC_LTR 寄存器的最低 12 个有效位中。通过设置 ADC_CR1 寄存器的 AWDIE 位以允许产生相应中断。

阈值的数据对齐模式与 ADC_CR2 寄存器中的 ALIGN 位选择无关。比较是在对齐之前完成的。

通过配置 ADC_CR1 寄存器,模拟看门狗可以作用于一个或多个通道,如表 10-1 所示。

表 10-1 模拟看门狗通道选择

模拟看门狗警戒的通道	ADC_CR1 寄存器控制位		
	AWDSGL 位	AWDEN 位	JAWDEN 位
无	任意值	0	0
所有注入通道	0	0	1
所有规则通道	0	1	0
所有注入和规则通道	0	1	1
单一的(1)注入通道	1	0	1
单一的(1)规则通道	1	1	0
单一的(1)注入或规则通道	1	1	1

注:(1)由 AWDCH[4:0]位选择。

8. 扫描模式

此模式用来扫描一组模拟通道。扫描模式可通过设置 ADC_CR1 寄存器的 SCAN 位来选择。一旦这个位被设置，ADC就扫描所有被ADC_SQRX寄存器(对规则通道)或ADC_JSQR(对注入通道)选中的所有通道。在每个组的每个通道上执行单次转换。在每个转换结束时，同一组的下一个通道被自动转换。如果设置了CONT位，转换不会在选择组的最后一个通道停止，而是再次从选择组的第一个通道继续转换。在扫描模式下，必须设置DMA位，在每次EOC后，DMA控制器把规则组通道的转换数据传输到SRAM中。而注入通道转换的数据总是存储在ADC_JDRx寄存器中。

9. 注入通道管理

1) 触发注入

清除ADC_CR1寄存器的JAUTO位，并设置SCAN位，即可使用触发注入功能。过程如下：

(1) 利用外部触发或通过设置ADC_CR2寄存器的ADON位，启动一组规则通道的转换。

(2) 如果在规则通道转换期间产生一外部注入触发，当前转换被复位，注入通道序列被以单次扫描方式进行转换。

(3) 然后，恢复上次被中断的规则组通道转换。如果在注入转换期间产生一个规则事件，则注入转换不会被中断，但是规则序列将在注入序列结束后被执行。触发注入转换时序图如图10-7所示。

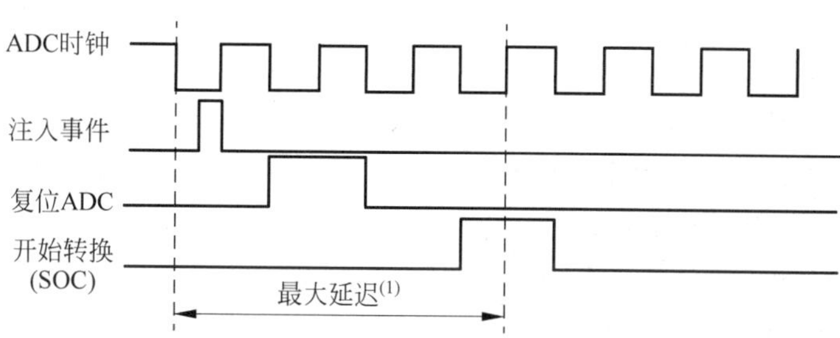

图10-7 触发注入转换时序图

当使用触发注入转换时，必须保证触发事件的间隔长于注入序列。例如，序列长度为28个ADC时钟周期(即2个具有1.5个时钟间隔采样时间的转换)，触发之间最小的间隔必须是29个ADC时钟周期。

2) 自动注入

如果设置了JAUTO位，在规则组通道之后，注入组通道被自动转换。这种方式可以用来转换在ADC_SQRx和ADC_JSQR寄存器中设置的多至20个转换序列。在该模式中，必须禁止注入通道的外部触发。

如果除JAUTO位外还设置了CONT位，规则通道至注入通道的转换序列被连续执行。

对于ADC时钟预分频系数为4～8时，当从规则转换切换到注入序列或从注入转换切换到规则序列时，会自动插入1个ADC时钟间隔；当ADC时钟预分频系数为2时，则有2个ADC时钟间隔的延迟。

不可能同时使用自动注入和间断模式。

10. 间断模式

1）规则组

此模式通过设置 ADC_CR1 寄存器上的 DISCEN 位激活，可以用来执行一个短序列的 n 次转换（$n \leqslant 8$），此转换是 ADC_SQRx 寄存器所选择的转换序列的一部分。数值 n 由 ADC_CR1 寄存器的 DISCNUM[2:0]位给出。

一个外部触发信号可以启动 ADC_SQRx 寄存器中描述的下一轮 n 次转换，直到此序列所有的转换完成为止。总的序列长度由 ADC_SQR1 寄存器的 L[3:0]定义。例如：

若 $n=3$，被转换的通道= 0、1、2、3、6、7、9、10，则

第一次触发：转换的序列为 0、1、2。

第二次触发：转换的序列为 3、6、7。

第三次触发：转换的序列为 9、10，并产生 EOC 事件。

第四次触发：转换的序列 0、1、2。

当以间断模式转换一个规则组时，转换序列结束后并不自动从头开始。当所有子组转换完成后，下一次触发启动第一个子组的转换。例如，在上面的例子中，第四次触发重新转换第一子组的通道 0、1 和 2。

2）注入组

此模式通过设置 ADC_CR1 寄存器的 JDISCEN 位激活。在一个外部触发事件后，该模式按通道顺序逐个转换 ADC_JSQR 寄存器中选择的序列。

一个外部触发信号可以启动 ADC_JSQR 寄存器选择的下一个通道序列的转换，直到序列中所有的转换完成为止。总的序列长度由 ADC_JSQR 寄存器的 JL[1:0]位定义。例如：

若 $n=1$，被转换的通道= 1、2、3，则

第一次触发：通道 1 被转换。

第二次触发：通道 2 被转换。

第三次触发：通道 3 被转换，并且产生 EOC 和 JEOC 事件。

第四次触发：通道 1 被转换。

注意：① 当完成所有注入通道转换，下个触发启动第一个注入通道的转换。在上述例子中，第四次触发重新转换第一个注入通道 1。

② 不能同时使用自动注入和间断模式。

③ 必须避免同时为规则和注入组设置间断模式。间断模式只能作用于一组转换。

10.2.4 STM32 的 ADC 应用特征

1. 校准

ADC 有一个内置自校准模式。校准可大幅度减小因内部电容器组的变化而造成的精度误差。在校准期间，在每个电容器上都会计算出一个误差修正码（数字值），这个码用于消除在随后的转换中每个电容器上产生的误差。

通过设置 ADC_CR2 寄存器的 CAL 位启动校准。一旦校准结束，CAL 位被硬件复位，可以开始正常转换。建议在每次上电后执行一次 ADC 校准。启动校准前，ADC 必须处于

关电状态(ADON=0)至少两个 ADC 时钟周期。校准阶段结束后,校准码储存在 ADC_DR 中。ADC 校准时序图如图 10-8 所示。

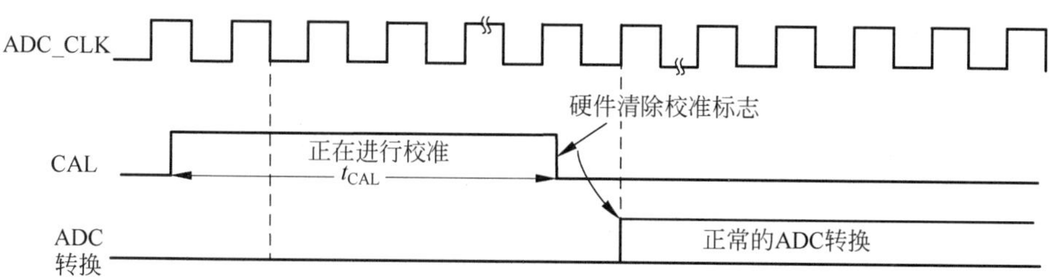

图 10-8　ADC 校准时序图

2. 数据对齐

ADC_CR2 寄存器中的 ALIGN 位选择转换后数据储存的对齐方式。数据可以左对齐或右对齐,如图 10-9 和图 10-10 所示。

注入组

SEXT	SEXT	SEXT	SEXT	*D*11	*D*10	*D*9	*D*8	*D*7	*D*6	*D*5	*D*4	*D*3	*D*2	*D*1	*D*0

规则组

0	0	0	0	*D*11	*D*10	*D*9	*D*8	*D*7	*D*6	*D*5	*D*4	*D*3	*D*2	*D*1	*D*0

图 10-9　数据右对齐

注入组

SEXT	*D*11	*D*10	*D*9	*D*8	*D*7	*D*6	*D*5	*D*4	*D*3	*D*2	*D*1	*D*0	0	0	0

规则组

*D*11	*D*10	*D*9	*D*8	*D*7	*D*6	*D*5	*D*4	*D*3	*D*2	*D*1	*D*0	0	0	0	0

图 10-10　数据左对齐

注入组通道转换的数据值已经减去了 ADC_JOFRx 寄存器中定义的偏移量,因此结果可以是一个负值。SEXT 位是扩展的符号值。

对于规则组通道,不需要减去偏移值,因此只有 12 个位有效。

3. 可编程的通道采样时间

ADC 使用若干个 ADC_CLK 周期对输入电压采样,采样周期数目可以通过 ADC_SMPR1 和 ADC_SMPR2 寄存器中的 SMP[2:0]位更改。每个通道可以分别用不同的时间采样。

总转换时间按式(10-1)计算:

$$T_{\text{CONV}} = \text{采样时间} + 12.5\ \text{个周期} \tag{10-1}$$

例如,当 ADCCLK=14MHz,采样时间为 1.5 周期时,$T_{\text{CONV}}=1.5+12.5=14$ 个周期$=1\mu\text{s}$。

4. 外部触发转换

转换可以由外部事件触发(例如定时器捕获、EXTI 线)。如果设置了 EXTTRIG 控制位,则外部事件就能够触发转换。EXTSEL[2:0]和 JEXTSEL2:0]控制位允许应用程序选择 8 个可能事件中的某一个，触发规则组和注入组的转换。ADC1 和 ADC2 用于规则通道的外部触发源如表 10-2 所示。ADC1 和 ADC2 用于注入通道的外部触发源如表 10-3 所示。ADC3 用于规则通道的外部触发源如表 10-4 所示。ADC3 用于注入通道的外部触发源如表 10-5 所示。

表 10-2　ADC1 和 ADC2 用于规则通道的外部触发源

触　发　源	类　　型	EXTSEL[2:0]
TIM1_CC1 事件	来自片上定时器的内部信号	000
TIM1_CC2 事件		001
TIM1_CC3 事件		010
TIM2_CC2 事件		011
TIM3_TRGO 事件		100
TIM4_CC4 事件		101
EXTI_11/TIM8_TRGO 事件(1)(2)	外部引脚/来自片上定时器的内部信号	110
SWSTART	软件控制位	111

注：(1) TIM8_TRGO 事件只存在于大容量产品。

(2) 对于规则通道，选中 EXTI_11 或 TIM8_TRGO 作为外部触发事件，可以分别通过设置 ADC1 和 ADC2 的 ADC1_ETRGREG_REMAP 位和 ADC2_ETRGREG_REMAP 位实现。

表 10-3　ADC1 和 ADC2 用于注入通道的外部触发源

触　发　源	连 接 类 型	EXTSEL[2:0]
TIM1_TRGO 事件	来自片上定时器的内部信号	000
TIM1_CC4 事件		001
TIM2_TRGO 事件		010
TIM2_CC1 事件		011
TIM3_CC4 事件		100
TIM4_TRGO 事件		101
EXTI_15/TIM8_CC4 事件(1)(2)	外部引脚/来自片上定时器的内部信号	110
JSWSTART	软件控制位	111

注：(1) TIM8_CC4 事件只存在于大容量产品。

(2) 对于注入通道，选中 EXTI_15 和 TIM8_CC4 作为外部触发事件，可以分别通过设置 ADC1 和 ADC2 的 ADC1_ETRGINJ_REMAP 位和 ADC2_ ETRGINJ_REMAP 位实现。

表 10-4　ADC3 用于规则通道的外部触发源

触　发　源	连 接 类 型	EXTSEL[2:0]
TIM3_CC1 事件	来自片上定时器的内部信号	000
TIM2_CC3 事件		001
TIM1_CC3 事件		010
TIM8_CC1 事件		011
TIM8_TRGO 事件		100
TIM5_CC1 事件		101
TIM5_CC3 事件		110
SWSTART	软件控制位	111

表 10-5 ADC3 用于注入通道的外部触发源

触发源	连接类型	EXTSEL[2:0]
TIM1_TRGO 事件	来自片上定时器的内部信号	000
TIM1_CC4 事件		001
TIM4_CC3 事件		010
TIM8_CC2 事件		011
TIM8_CC4 事件		100
TIM5_TRGO 事件		101
TIM5_CC4 事件		110
JSWSTART	软件控制位	111

当外部触发信号被选为 ADC 规则或注入转换时，只有上升沿可以启动转换。

软件触发事件可以通过对寄存器 ADC_CR2 的 SWSTART 或 JSWSTART 位置 1 产生。规则组的转换可以被注入触发打断。

5. DMA 请求

因为规则通道转换的值存储在一个相同的数据寄存器 ADC_DR 中，所以当转换多个规则通道时需要使用 DMA，这可以避免丢失已经存储在 ADC_DR 寄存器中的数据。

只有在规则通道的转换结束时才产生 DMA 请求，并将转换的数据从 ADC_DR 寄存器传输到用户指定的目的地址。

注：只有 ADC1 和 ADC3 拥有 DMA 功能。由 ADC2 转换的数据可以通过双 ADC 模式，利用 ADC1 的 DMA 功能传输。

6. 双 ADC 模式

在有 2 个或以上 ADC 模块的产品中，可以使用双 ADC 模式，双 ADC 框图如图 10-11 所示。

在双 ADC 模式下，根据 ADC1_CR1 寄存器中 DUALMOD[2:0]位所选的模式，转换的启动可以是 ADC1 主和 ADC2 从的交替触发或同步触发。

在双 ADC 模式下，当转换配置成由外部事件触发时，用户必须将其设置成仅触发主 ADC，从 ADC 设置成软件触发，这样可以防止意外触发从转换。但是，主和从 ADC 的外部触发必须同时被激活。

共有 6 种可能的模式：同步注入模式、同步规则模式、快速交叉模式、慢速交叉模式、交替触发模式和独立模式。

还可以组合使用上面的模式：

(1) 同步注入模式+同步规则模式；

(2) 同步规则模式+交替触发模式；

(3) 同步注入模式+交叉模式。

在双 ADC 模式下，为了在主数据寄存器上读取从转换数据，必须使能 DMA 位，即使不使用 DMA 传输规则通道数据。

下面介绍各种转换模式。

1) 同步注入模式

此模式转换一个注入通道组。外部触发来自 ADC1 的注入组多路开关(由 ADC1_CR2 寄存器的 JEXTSEL[2:0]选择)，它同时给 ADC2 提供同步触发。在 4 个通道上的同步注

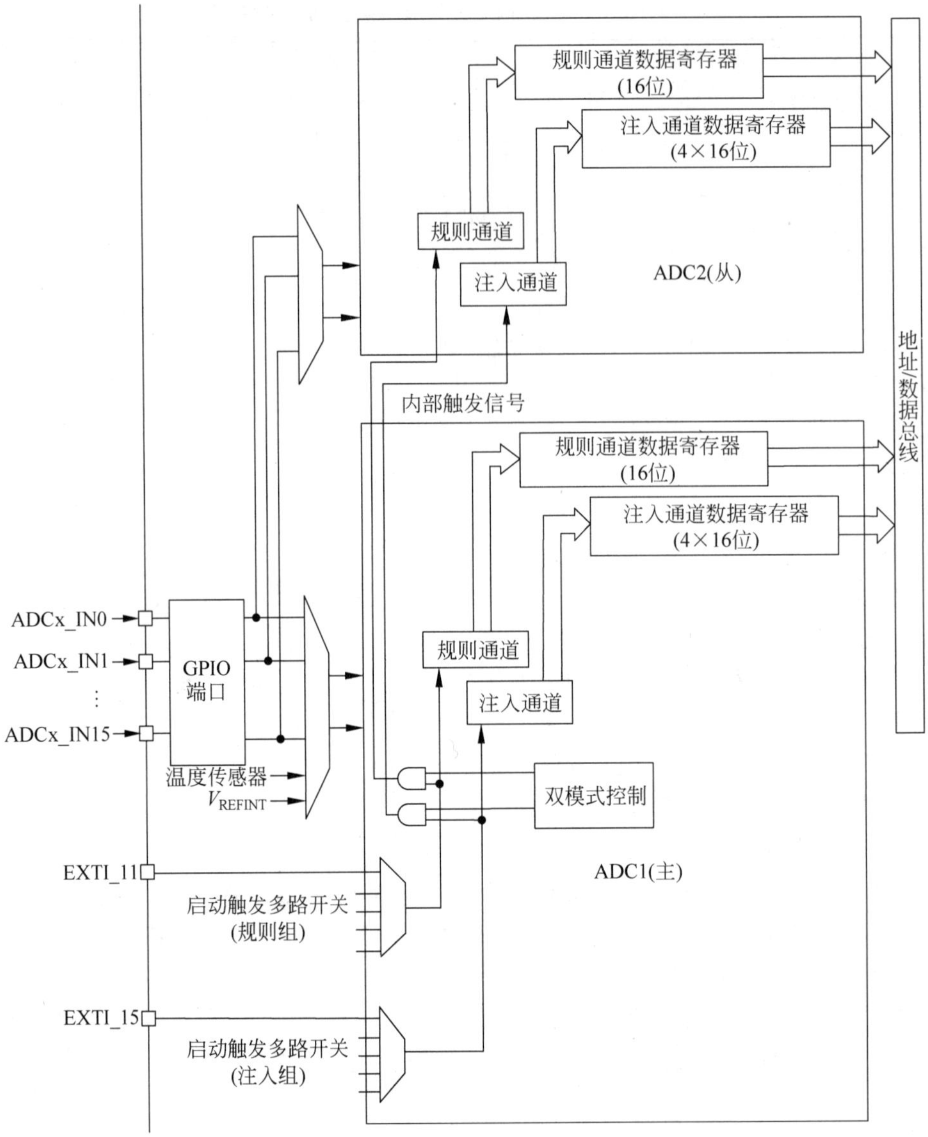

图 10-11　双 ADC 框图

入模式实例如图 10-12 所示。

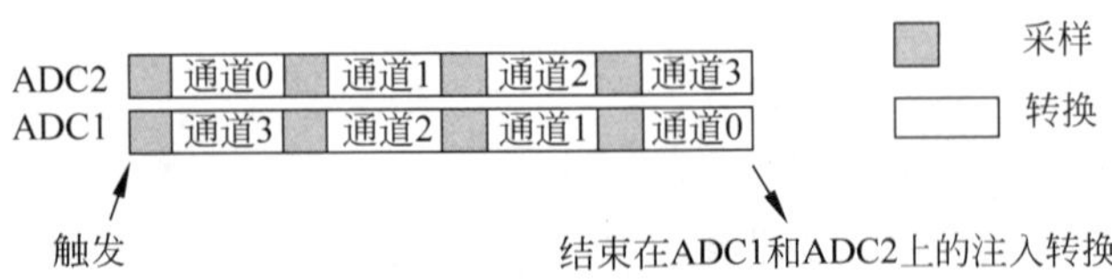

图 10-12　在 4 个通道上的同步注入模式

在 ADC1 或 ADC2 的转换结束时，转换的数据存储在每个 ADC 接口的 ADC_JDRx 寄存器中；当所有 ADC1/ADC2 注入通道都被转换时，产生 JEOC 中断(若任一 ADC 接口开放了中断)。

2）同步规则模式

此模式在规则通道组上执行。外部触发来自 ADC1 的规则组多路开关（由 ADC1_CR2 寄存器的 EXTSEL[2:0]选择），它同时给 ADC2 提供同步触发。在 16 个通道上的同步规则模式实例如图 10-13 所示。

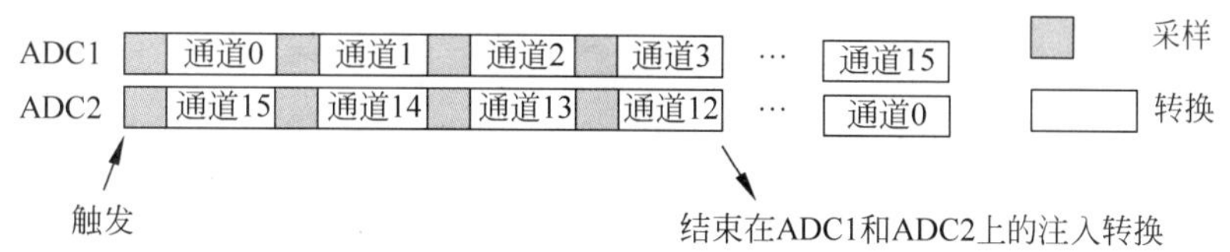

图 10-13 在 16 个通道上的同步规则模式

在 ADC1 或 ADC2 的转换结束时，产生一个 32 位 DMA 传输请求（如果设置了 DMA 位），32 位的 ADC1_DR 寄存器内容传输到 SRAM 中，它的高半个字包含 ADC2 的转换数据，低半个字包含 ADC1 的转换数据；当所有 ADC1/ADC2 规则通道都被转换完时，产生 EOC 中断（若任一 ADC 接口开放了中断）。

3）快速交叉模式

此模式只适用于规则通道组（通常为一个通道）。外部触发来自 ADC1 的规则通道多路开关。在 1 个通道上连续转换模式下的快速交叉模式实例如图 10-14 所示。

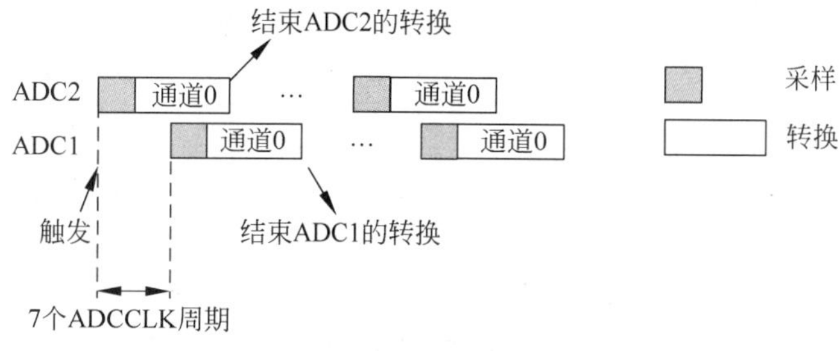

图 10-14 在 1 个通道上连续转换模式下的快速交叉模式

外部触发产生后，ADC2 立即启动并且 ADC1 在延迟 7 个 ADC 时钟周期后启动。如果同时设置了 ADC1 和 ADC2 的 CONT 位，所选的两个 ADC 规则通道将被连续地转换。

ADC1 产生一个 EOC 中断后（由 EOCIE 使能），产生一个 32 位的 DMA 传输请求（如果设置了 DMA 位），ADC1_DR 寄存器的 32 位数据被传输到 SRAM，ADC1_DR 的高半个字包含 ADC2 的转换数据，低半个字包含 ADC1 的转换数据。

4）慢速交叉模式

此模式只适用于规则通道组（只能为一个通道）。外部触发来自 ADC1 的规则通道多路开关。在一个通道上的慢速交叉模式实例如图 10-15 所示。

外部触发产生后，ADC2 立即启动并且 ADC1 在延迟 14 个 ADC 时钟周期后启动。在延迟第二次 14 个 ADC 周期后 ADC2 再次启动，如此循环。

ADC1 产生一个 EOC 中断后（由 EOCIE 使能），产生一个 32 位的 DMA 传输请求（如果设置了 DMA 位），ADC1_DR 寄存器的 32 位数据被传输到 SRAM，ADC1_DR 的高半个字包含 ADC2 的转换数据，低半个字包含 ADC1 的转换数据。

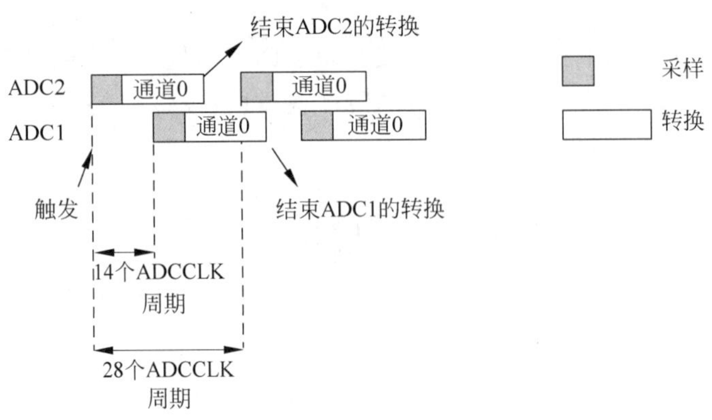

图 10-15 在一个通道上的慢速交叉模式

在 28 个 ADC 时钟周期后自动启动新的 ADC2 转换。

5）交替触发模式

此模式只适用于注入通道组。外部触发源来自 ADC1 的注入通道多路开关。每个 ADC1 的注入通道组交替触发模式实例如图 10-16 所示。

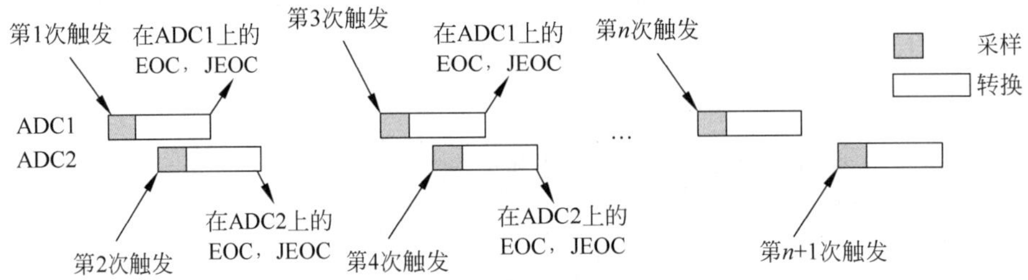

图 10-16 交替触发：每个 ADC1 的注入通道组

当第 1 次触发产生时，ADC1 上的所有注入组通道被转换；当第 2 次触发到达时，ADC2 上的所有注入组通道被转换；如此循环。

如果允许产生 JEOC 中断，在所有 ADC1 注入组通道转换后产生一个 JEOC 中断。

如果允许产生 JEOC 中断，在所有 ADC2 注入组通道转换后产生一个 JEOC 中断。

当所有注入组通道都转换完后，如果又有另一个外部触发，交替触发处理从转换 ADC1 注入组通道重新开始。

在间断模式下每个 ADC 上的 4 个注入通道交替触发模式实例如图 10-17 所示。

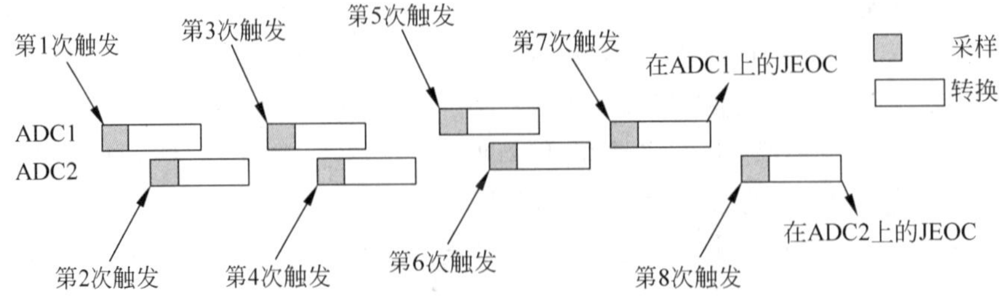

图 10-17 交替触发：在间断模式下每个 ADC 上的 4 个注入通道

如果 ADC1 和 ADC2 上同时使用了注入间断模式，当第 1 次触发产生时，ADC1 上的第一个注入通道被转换；当第 2 次触发到达时，ADC2 上的第 1 次注入通道被转换；如此循环。

如果允许产生 JEOC 中断，在所有 ADC1 注入组通道转换后产生一个 JEOC 中断。

如果允许产生 JEOC 中断，在所有 ADC2 注入组通道转换后产生一个 JEOC 中断。

当所有注入组通道都转换完后，如果又有另一个外部触发，则重新开始交替触发过程。

6）独立模式

此模式里，双 ADC 不同步工作，每个 ADC 接口独立工作。

7）混合的规则/注入同步模式

规则组同步转换可以被中断，以启动注入组的同步转换。

8）混合的同步规则＋交替触发模式

规则组同步转换可以被中断，以启动注入组交替触发转换。一个规则同步转换被交替触发所中断的实例如图 10-18 所示。

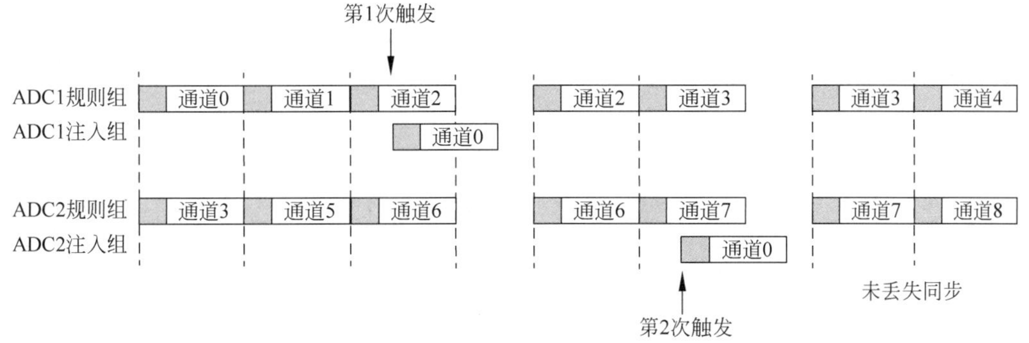

图 10-18　交替＋规则同步

注入交替转换在注入事件到达后立即启动。如果规则转换已经在运行，为了在注入转换后确保同步，所有的 ADC（主和从）的规则转换被停止，并在注入转换结束时同步恢复。

如果触发事件发生在一个中断了规则转换的注入转换期间，这个触发事件将被忽略。这种情况的操作实例如图 10-19 所示。其中，第 2 次触发被忽略。

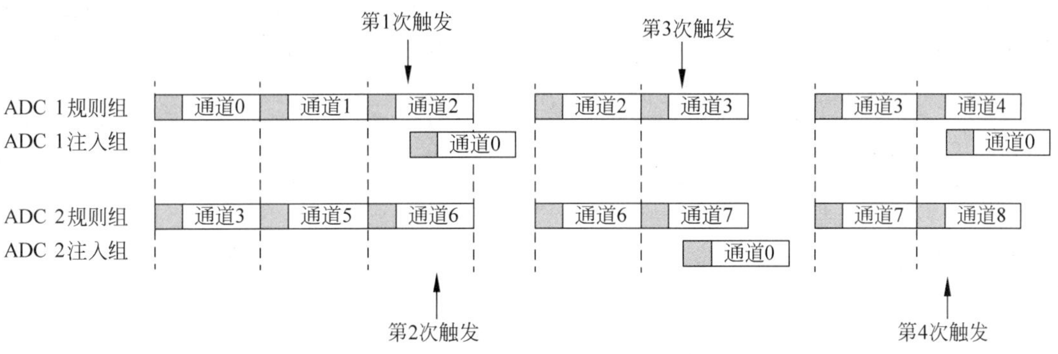

图 10-19　触发事件发生在注入转换期间

9）混合同步注入＋交叉模式

一个注入事件可以中断一个交叉转换。这种情况下，交叉转换被中断，注入转换被启动，在注入序列转换结束时，交叉转换被恢复。混合同步注入＋交叉模式的实例如图 10-20 所示。

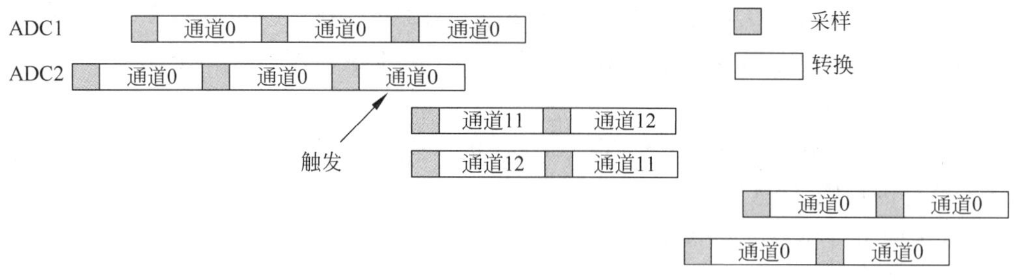

图 10-20　交叉的单通道转换被注入序列 CH11 和 CH12 中断

7. 温度传感器

温度传感器可以用来测量器件周围的温度（T_A）。

温度传感器在内部和 ADC1_IN16 输入通道相连接，此通道把传感器输出的电压转换成数字值。温度传感器模拟输入推荐采样时间是 17.1μs。

温度传感器的方框图如图 10-21 所示。

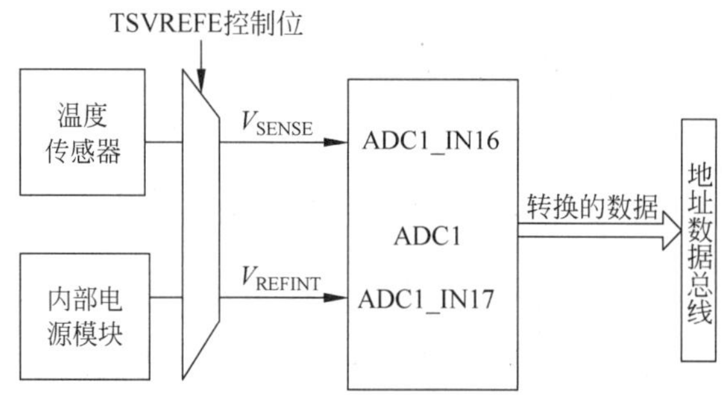

图 10-21　温度传感器和 VREFINT 通道框图

如果不使用温度传感器，那么可以将传感器置于关电模式。

温度传感器输出的电压随温度线性变化，由于生产过程的变化，不同芯片的温度变化曲线的偏移会有不同。内部温度传感器更适合于检测温度的变化，而不是测量绝对的温度。如果需要测量精确的温度，应该使用一个外置的温度传感器。

使用传感器读取温度的步骤如下：

（1）选择 ADC1_IN16 输入通道；

（2）选择采样时间为 17.1μs；

（3）设置 ADC 控制寄存器 2（ADC_CR2）的 TSVREFE 位，以唤醒关电模式下的温度传感器；

（4）设置 ADON 位启动 ADC 转换（或用外部触发）；

（5）读 ADC 数据寄存器中的数据结果 VSENSE；

（6）利用公式（10-2）得出温度。

$$温度(℃) = \{(V25 - VSENSE)/Avg\_Slope\} + 25 \qquad (10\text{-}2)$$

这里：

$V25$=VSENSE 在 25℃时的数值。

Avg_Slope=温度与 VSENSE 曲线的平均斜率(单位为 mV/℃或 μV/℃)

参考数据手册的电气特性获得 $V25$ 和 Avg_Slope 的实际值。

10.2.5　STM32 的 ADC 中断请求

规则和注入组转换结束时能产生中断，当模拟看门狗状态位被置位时也能产生中断。它们都有独立的中断使能位。

ADC_SR 寄存器中有两个标志：JSTRT(注入组通道转换的启动)和 STRT(规则组通道转换的启动)，但是它们没有相关联的中断。

ADC 中断请求如表 10-6 所示。

表 10-6　ADC 的中断请求

中断事件	事件标志	使能控制位
规则组转换结束	EOC	EOCIE
注入组转换结束	JEOC	JEOCIE
设置了模拟看门狗状态位	AWD	AWDIE

10.2.6　STM32 的 ADC 寄存器

ADC1 寄存器的起始地址是 0x4001 2400，ADC2 寄存器的起始地址是 0x4001 2800，ADC3 寄存器的起始地址是 0x4001 3C00。

1. 状态寄存器(ADC_SR)

地址偏移：0x00，复位值：0x0000 0000。各位定义如下：

位号	31～5	4	3	2	1	0
定义	保留	STRT	JSTRT	JEOC	EOC	AWD
读写		rc w0	rc w0	rc w0	rc w0	rc w0

位[31:5]：保留。

位 4：STRT，规则通道开始标志位(Regular channel Start flag)。该位由硬件在规则通道转换开始时设置，由软件清除。

0：规则通道转换未开始；　　　　1：规则通道转换已开始。

位 3：JSTRT，注入通道开始标志位(Injected channel start flag)。该位由硬件在注入通道组转换开始时设置，由软件清除。

0：注入通道组转换未开始；　　　　1：注入通道组转换已开始。

位 2：JEOC，注入通道转换结束标志位(Injected channel end of conversion)。该位由硬件在所有注入通道组转换结束时设置，由软件清除。

0：转换未完成；　　　　1：转换完成。

位 1：EOC，转换结束标志位(End of conversion)。该位由硬件在(规则或注入)通道组转换结束时设置，由软件清除或由读取 ADC_DR 时清除。

0：转换未完成； 1：转换完成。

位 0：AWD，模拟看门狗标志位(Analog watchdog flag)。该位由硬件在转换的电压值超出了 ADC_LTR 和 ADC_HTR 寄存器定义的范围时设标志置，由软件清除。

0：没有发生模拟看门狗事件； 1：发生模拟看门狗事件。

2. ADC 控制寄存器 1(ADC_CR1)

地址偏移：0x04，复位值：0x0000 0000。

位号	31～24	23	22	21:20	19:16	15:13
定义	保留	AWDEN	JAWDEN	保留	DUALMOD[3:0]	DISCNUM[2:0]
读写		rw	rw	rw	rw	rw

位号	12	11	10	9	8	7	6	5	4:0
定义	JDISCEN	DISCEN	JAUTO	AWDSGL	SCAN	JEOCIE	AWDIE	EOCIE	AWDCH[4:0]
读写	rw	rw	rw	rw	rw	rw	rw	rw	rw

位[31:24]：保留。必须保持为 0。

位 23：AWDEN，在规则通道上开启模拟看门狗(Analog watchdog enable on regular channels)。该位由软件设置和清除。

0：在规则通道上禁用模拟看门狗； 1：在规则通道上使用模拟看门狗。

位 22：JAWDEN，在注入通道上开启模拟看门狗(Analog watchdog enable on injected channels)。该位由软件设置和清除。

0：在注入通道上禁用模拟看门狗； 1：在注入通道上使用模拟看门狗。

位[21:20]：保留。必须保持为 0。

位[19:16]：DUALMOD[3:0]，双模式选择(Dual mode selection)。可以使用这些位选择操作模式。

0000：独立模式； 0001：混合的同步规则＋注入同步模式；
0010：混合的同步规则＋交替触发模式； 0011：混合同步注入＋快速交叉模式；
0100：混合同步注入＋慢速交叉模式； 0101：注入同步模式；
0110：规则同步模式； 0111：快速交叉模式；
1000：慢速交叉模式； 1001：交替触发模式。

位[15:13]：DISCNUM[2:0]，间断模式通道计数(Discontinuous mode channel count)。软件通过这些位定义在间断模式下，收到外部触发后转换规则通道的数目。

000：1 个通道； 001：2 个通道； 010：3 个通道； 011：4 个通道；
100：5 个通道； 101：6 个通道； 110：7 个通道； 111：8 个通道。

位 12：JDISCEN，在注入通道上的间断模式(Discontinuous mode on injected channels)。该位由软件设置和清除，用于开启或关闭注入通道组上的间断模式。

0：注入通道组上禁用间断模式； 1：注入通道组上使用间断模式。

位 11：DISCEN，在规则通道上的间断模式(Discontinuous mode on regular channels)。

该位由软件设置和清除，用于开启或关闭规则通道组上的间断模式。

0：规则通道组上禁用间断模式； 1：规则通道组上使用间断模式。

位10：JAUTO，自动启动注入通道组转换(Automatic Injected Group conversion)。该位由软件设置和清除，用于开启或关闭规则通道组转换结束后自动启动注入通道组转换。

0：关闭自动启动注入通道组转换； 1：开启自动启动注入通道组转换。

位9：AWDSGL，用于开启或关闭扫描模式中一个单一的通道是否使用看门狗(Enable the watchdog on a single channel in scan mode)。该位由软件设置和清除，用于开启或关闭由AWDCH[4:0]位指定的通道上的模拟看门狗功能。

0：在所有的通道上使用模拟看门狗； 1：在单一通道上使用模拟看门狗。

位8：SCAN，扫描模式(Scan mode)。该位由软件设置和清除，用于开启或关闭扫描模式。在扫描模式中，转换由ADC_SQRx或ADC_JSQRx寄存器选中的通道。

0：关闭扫描模式； 1：使用扫描模式。

如果分别设置了EOCIE或JEOCIE位，只在最后一个通道转换完毕后才会产生EOC或JEOC中断。

位7：JEOCIE，允许产生注入通道转换结束中断(Interrupt enable for injected channels)。该位由软件设置和清除，用于禁止或允许所有注入通道转换结束后产生中断。

0：禁止JEOC中断； 1：允许JEOC中断。当硬件设置JEOC位时产生中断。

位6：AWDIE，允许产生模拟看门狗中断(Analog watchdog interrupt enable)。该位由软件设置和清除，用于禁止或允许模拟看门狗产生中断。

0：禁止模拟看门狗中断； 1：允许模拟看门狗中断。

位5：EOCIE，允许产生EOC中断(Interrupt enable for EOC)。该位由软件设置和清除，用于禁止或允许转换结束后产生中断。

0：禁止EOC中断； 1：允许EOC中断。当硬件设置EOC位时产生中断。

位[4:0]：AWDCH[4:0]，模拟看门狗通道选择位(Analog watchdog channel select bits)。这些位由软件设置和清除，用于选择模拟看门狗保护的输入通道。

00000：ADC模拟输入通道0；

00001：ADC模拟输入通道1；

……

01111：ADC模拟输入通道15；

10000：ADC模拟输入通道16；

10001：ADC模拟输入通道17；

保留所有其他数值。

注：

ADC1的模拟输入通道16和通道17在芯片内部分别连到了温度传感器和VREFINT。

ADC2的模拟输入通道16和通道17在芯片内部连到了V_{ss}。

ADC3模拟输入通道9、14、15、16、17与V_{ss}相连。

3. ADC 控制寄存器 2(ADC_CR2)

地址偏移：0x08，复位值：0x0000 0000。

位号	31～24	23	22	21	20	19:17	16
定义	保留	TSVREFE	SWSTART	JSWSTART	EXTTRIG	EXTSEL[2:0]	保留
读写		rw	rw	rw	rw	rw	rw

位号	15	14～12	11	10～9	8	7:4	3	2	1	0
定义	JEXTTRIG	JEXTSEL[2:0]	ALIGN	保留	DMA	保留	RSTCAL	CAL	CONT	ADON
读写	rw	rw	rw	rw	rw	rw	rw	rw	rw	rw

位[31:24]：保留。必须保持为 0。

位 23：TSVREFE，温度传感器和 VREFINT 使能(Temperature sensor and VREFINT enable)。该位由软件设置和清除，用于开启或禁止温度传感器和 VREFINT 通道。在多于 1 个 ADC 的器件中，该位仅出现在 ADC1 中。

0：禁止温度传感器和 VREFINT；　　1：启用温度传感器和 VREFINT。

位 22：SWSTART，开始转换规则通道 (Start conversion of regular channels) 。由软件设置该位以启动转换，转换开始后硬件马上清除此位。如果在 EXTSEL[2:0]位中选择了 SWSTART 为触发事件，该位用于启动一组规则通道的转换。

0：复位状态；　　1：开始转换规则通道。

位 21：JSWSTART，开始转换注入通道(Start conversion of injected channels)。由软件设置该位以启动转换，软件可清除此位或在转换开始后硬件马上清除此位。如果在 JEXTSEL[2:0]位中选择了 JSWSTART 为触发事件，该位用于启动一组注入通道的转换。

0：复位状态；　　1：开始转换注入通道。

位 20：EXTTRIG，规则通道的外部触发转换模式(External trigger conversion mode for regular channels)。该位由软件设置和清除，用于开启或禁止可以启动规则通道组转换的外部触发事件。

0：不用外部事件启动转换；　1：使用外部事件启动转换。

位[19:17]：EXTSEL[2:0]，选择启动规则通道组转换的外部事件(External event select for regular group)。这些位用于选择启动规则通道组转换的外部事件。

ADC1 和 ADC2 的触发配置如下。

000：定时器 1 的 CC1 事件；　001：定时器 1 的 CC2 事件；

010：定时器 1 的 CC3 事件；　011：定时器 2 的 CC2 事件。

100：定时器 3 的 TRGO 事件；101：定时器 4 的 CC4 事件；

110：EXTI 线 11/TIM8_TRGO 事件，仅大容量产品具有 TIM8_TRGO 功能；

111：SWSTART。

ADC3 的触发配置如下：

000：定时器 3 的 CC1 事件；　001：定时器 2 的 CC3 事件；

010：定时器 1 的 CC3 事件；　011：定时器 8 的 CC1 事件；

100：定时器 8 的 TRGO 事件；101：定时器 5 的 CC4 事件；

110：定时器 5 的 CC3 事件；

111：SWSTART。

位 16：保留。必须保持为 0。

位 15：JEXTTRIG，注入通道的外部触发转换模式（External trigger conversion mode for injected channels）。该位由软件设置和清除，用于开启或禁止可以启动注入通道组转换的外部触发事件。

0：不用外部事件启动转换；　1：使用外部事件启动转换。

位[14:12]：JEXTSEL[2:0]，选择启动注入通道组转换的外部事件（External event select for injected group）。这些位用于选择启动注入通道组转换的外部事件。

ADC1 和 ADC2 的触发配置如下。

000：定时器 1 的 TRGO 事件；001：定时器 1 的 CC4 事件；

010：定时器 2 的 TRGO 事件；011：定时器 2 的 CC1 事件。

100：定时器 3 的 CC4 事件；　101：定时器 4 的 TRGO 事件；

110：EXTI 线 15/TIM8_CC4 事件（仅大容量产品具有 TIM8_CC4）；

111：JSWSTART。

ADC3 的触发配置如下：

000：定时器 1 的 TRGO 事件；001：定时器 1 的 CC4 事件；

010：定时器 4 的 CC3 事件；　011：定时器 8 的 CC2 事件；

100：定时器 8 的 CC4 事件；　101：定时器 5 的 TRGO 事件；

110：定时器 5 的 CC4 事件；　111：JSWSTART。

位 11：ALIGN，数据对齐（Data alignment）。该位由软件设置和清除。

0：右对齐；　1：左对齐。

位[10:9]：保留。必须保持为 0。

位 8：DMA，直接存储器访问模式（Direct memory access mode）。该位由软件设置和清除，详见 DMA 控制器章节。只有 ADC1 和 ADC3 能产生 DMA 请求。

0：不使用 DMA 模式；　1：使用 DMA 模式。

位[7:4]：保留。必须保持为 0。

位 3：RSTCAL，复位校准（Reset calibration）。该位由软件设置并由硬件清除。在校准寄存器被初始化后该位将被清除。如果正在进行转换时设置 RSTCAL，清除校准寄存器需要额外的周期。

0：校准寄存器已初始化；　1：初始化校准寄存器。

位 2：CAL，A/D 校准（A/D Calibration）。该位由软件设置以开始校准，在校准结束时由硬件清除。

0：校准完成；　1：开始校准。

位 1：CONT，连续转换（Continuous conversion）。该位由软件设置和清除。如果设置了此位，则转换将连续进行直到该位被清除。

0：单次转换模式；　1：连续转换模式。

位 0：ADON，开/关 A/D 转换器（A/D converter ON/OFF）。该位由软件设置和清除。当该位为 0 时，写入 1 将把 ADC 从断电状态下唤醒。当该位为 1 时，写入 1 将启动转换。应用程序需注意，在转换器上电至转换开始有一个延迟 t_{STAB}，参见图 10-5。

0：关闭 ADC 转换/校准，并进入断电模式；　1：开启 ADC 并启动转换。

如果在这个寄存器中与 ADON 一起还有其他位被改变，则转换不被触发。这是为了防止触发错误的转换。

4. ADC 采样时间寄存器 1(ADC_SMPR1)

地址偏移：0x0C，复位值：0x0000 0000。

位号	31～24	23～21	20～18	17～15
定义	保留	SMP17[2:0]	SMP16[2:0]	SMP15[2:0]
读写		rw	rw	rw

位号	14～12	11～9	8～6	5～3	2～0
定义	SMP14[2:0]	SMP13[2:0]	SMP12[2:1]	SMP11[2:0]	SMP10[2:0]
读写	rw	rw	rw	rw	rw

位[31:24]：保留。必须保持为 0。

位[23:0]：SMPx[2:0]，选择通道 x 的采样时间(Channel x Sample time selection)。这些位用于独立地选择每个通道的采样时间。在采样周期中通道选择位必须保持不变。

000：1.5 周期；　001：7.5 周期；　010：13.5 周期；　011：28.5 周期；

100：41.5 周期；　101：55.5 周期；　110：71.5 周期；　111：239.5 周期。

注：ADC1 的模拟输入通道 16 和通道 17 在芯片内部分别连到了温度传感器和 VREFINT。

ADC2 的模拟输入通道 16 和通道 17 在芯片内部连到了 V_{ss}。

ADC3 模拟输入通道 14、15、16、17 与 V_{ss} 相连。

5. ADC 采样时间寄存器 2(ADC_SMPR2)

地址偏移：0x10，复位值：0x0000 0000。

位号	31～30	29～27	26～24	23～21	20～18	17～15
定义	保留	SMP9[2:0]	SMP8[2:0]	SMP7[2:0]	SMP6[2:0]	SMP5[2:0]
读写		rw	rw	rw	rw	rw

位号	14～12	11～9	8～6	5～3	2～0
定义	SMP4[2:0]	SMP3[2:0]	SMP2[2:0]	SMP1[2:0]	SMP0[2:0]
读写	rw	rw	rw	rw	rw

位[31:30]：保留。必须保持为 0。

位[29:0]：SMPx[2:0]，选择通道 x 的采样时间(Channel x Sample time selection)。这些位用于独立地选择每个通道的采样时间。在采样周期中通道选择位必须保持不变。

000：1.5 周期；　001：7.5 周期；　010：13.5 周期；　011：28.5 周期；

100：41.5 周期；　101：55.5 周期；　110：71.5 周期；　111：239.5 周期。

注：ADC3 模拟输入通道 9 与 V_{ss} 相连。

6. ADC 注入通道数据偏移寄存器 x (ADC_JOFRx)(x=1～4)

地址偏移：0x14～0x20，复位值：0x0000 0000。

位号	31～12	11～0
定义	保留	JOFFSETx[11:0]
读写		rw

位[31:12]：保留。必须保持为0。

位[11:0]：JOFFSETx[11:0]，注入通道x的数据偏移(Data offset for injected channel x)。当转换注入通道时，这些位定义了用于从原始转换数据中减去的数值。转换的结果可以在ADC_JDRx寄存器中读出。

7. ADC看门狗高阈值寄存器(ADC_HTR)

地址偏移：0x24，复位值：0x0000 0000。

位号	31～12	11～0
定义	保留	HT[11:0]
读写		rw

位[31:12]：保留。必须保持为0。

位[11:0]：HT[11:0]，模拟看门狗高阈值(Analog watchdog high threshold)。这些位定义了模拟看门狗的阈值高限。

8. ADC看门狗低阈值寄存器(ADC_LTR)

地址偏移：0x28，复位值：0x0000 0000。

位号	31～12	11～0
定义	保留	LT[11:0]
读写		rw

位[31:12]：保留。必须保持为0。

位[11:0]：LT[11:0]，模拟看门狗低阈值(Analog watchdog low threshold)。这些位定义了模拟看门狗的阈值低限。

9. ADC规则序列寄存器1(ADC_SQR1)

地址偏移：0x2C，复位值：0x0000 0000。

位号	31～24	23～20	19～15
定义	保留	L[3:0]	SQ16[4:0]
读写		rw	rw
位号	14～10	9～5	4～0
定义	SQ15[4:0]	SQ14[4:0]	SQ13[4:0]
读写	rw	rw	rw

位[31:24]：保留。必须保持为0。

位[23:20]：L[3:0]，规则通道序列长度(Regular channel sequence length)。这些位由软件定义在规则通道转换序列中的通道数目。

0000：1 个转换；　　0001：2 个转换；　　……　　1111：16 个转换。

位[19:15]：SQ16[4:0]，规则序列中的第 16 个转换。这些位由软件定义转换序列中的第 16 个转换通道的编号(0～17)。

位[14:10]：SQ15[4:0]，规则序列中的第 15 个转换。

位[9:5]：SQ14[4:0]，规则序列中的第 14 个转换。

位[4:0]：SQ13[4:0]，规则序列中的第 13 个转换。

10. ADC 规则序列寄存器 2(ADC_SQR2)

地址偏移：0x30，复位值：0x0000 0000。

位号	31～30	29～25	24～20	19～15
定义	保留	SQ12[4:0]	SQ11[4:0]	SQ10[4:0]
读写		rw	rw	rw

位号	14～10	9～5	4～0
定义	SQ9[4:0]	SQ8[4:0]	SQ7[4:0]
读写	rw	rw	rw

位[31:30]：保留。必须保持为 0。

位[29:25]：SQ12[4:0]，规则序列中的第 12 个转换。这些位由软件定义转换序列中的第 12 个转换通道的编号(0～17)。

位[24:20]：SQ11[4:0]，规则序列中的第 11 个转换。

位[19:15]：SQ10[4:0]，规则序列中的第 10 个转换。

位[14:10]：SQ9[4:0]，规则序列中的第 9 个转换。

位[9:5]：SQ8[4:0]，规则序列中的第 8 个转换。

位[4:0]：SQ7[4:0]，规则序列中的第 7 个转换。

11. ADC 规则序列寄存器 3(ADC_SQR3)

地址偏移：0x34，复位值：0x0000 0000。

位号	31～30	29～25	24～20	19～15
定义	保留	SQ6[4:0]	SQ5[4:0]	SQ4[4:0]
读写		rw	rw	rw

位号	14～10	9～5	4～0
定义	SQ3[4:0]	SQ2[4:0]	SQ1[4:0]
读写	rw	rw	rw

位[31:30]：保留。必须保持为 0。

位[29:25]：SQ6[4:0]，规则序列中的第 6 个转换。这些位由软件定义转换序列中的第 6 个转换通道的编号(0～17)。

位[24:20]：SQ5[4:0]，规则序列中的第 5 个转换。

位[19:15]：SQ4[4:0]，规则序列中的第 4 个转换。

位[14:10]：SQ3[4:0]，规则序列中的第3个转换。

位[9:5]：SQ2[4:0]，规则序列中的第2个转换。

位[4:0]：SQ1[4:0]，规则序列中的第1个转换。

12. ADC注入序列寄存器(ADC_JSQR)

地址偏移：0x38，复位值：0x0000 0000。

位号	31～22	21～20	19～15
定义	保留	JL[3:0]	JSQ4[4:0]
读写		rw	rw
位号	14～10	9～5	4～0
定义	JSQ3[4:0]	JSQ2[4:0]	JSQ1[4:0]
读写	rw	rw	rw

位[31:22]：保留。必须保持为0。

位[21:20]：JL[1:0]，注入通道序列长度。这些位由软件定义在规则通道转换序列中的通道数目。

00：1个转换；　01：2个转换；　10：3个转换；　11：4个转换。

位[19:15]：JSQ4[4:0]，注入序列中的第4个转换。这些位由软件定义转换序列中的第4个转换通道的编号(0～17)。

不同于规则转换序列，如果JL[1:0]的长度小于4，则转换的序列顺序是从(4-JL)开始。例如：ADC_JSQR[21:0]＝10 00011 00011 00111 00010，意味着扫描转换将按下列通道顺序转换：7、3、3，而不是2、7、3。

位[14:10]：JSQ3[4:0]，注入序列中的第3个转换。

位[9:5]：JSQ2[4:0]，注入序列中的第2个转换。

位[4:0]：JSQ1[4:0]，注入序列中的第1个转换。

13. ADC注入数据寄存器x (ADC_JDRx) (x=1～4)

地址偏移：0x3C～0x48，复位值：0x0000 0000。

位号	31～16	15～0
定义	保留	JDATA[15:0]
读写		r

位[31:16]：保留。必须保持为0。

位[15:0]：JDATA[15:0]，注入转换的数据。这些位的读写属性为只读，包含了注入通道的转换结果。

14. ADC规则数据寄存器(ADC_DR)

位号	31～16	15～0
定义	ADC2DATA[15:0]	DATA[15:0]
读写	r	r

位[31:16]：ADC2DATA[15:0]，ADC2 转换的数据。

在 ADC1 中的双模式下，这些位包含了 ADC2 转换的规则通道数据。在 ADC2 和 ADC3 中不使用这些位。

位[15:0]：DATA[15:0]，规则转换的数据。这些位的读写属性为只读，包含了规则通道的转换结果。

10.2.7 STM32 的 ADC 固件库函数

1. ADC 寄存器结构

ADC 寄存器结构 ADC_TypeDef 在文件 stm32f10x.h 中定义如下：

```
typedef struct
{
    vu32 SR;                            //ADC 状态寄存器
    vu32 CR1;                           //ADC 控制寄存器 1
    vu32 CR2;                           //ADC 控制寄存器 2
    vu32 SMPR1;                         //ADC 采样时间寄存器 1
    vu32 SMPR2;                         //ADC 采样时间寄存器 2
    vu32 JOFR1;                         //ADC 注入通道偏移寄存器 1
    vu32 JOFR2;                         //ADC 注入通道偏移寄存器 2
    vu32 JOFR3;                         //ADC 注入通道偏移寄存器 3
    vu32 JOFR4;                         //ADC 注入通道偏移寄存器 4
    vu32 HTR;                           //ADC 看门狗高阈值寄存器
    vu32 LTR;                           //ADC 看门狗低阈值寄存器
    vu32 SQR1;                          //ADC 规则序列寄存器 1
    vu32 SQR2;                          //ADC 规则序列寄存器 2
    vu32 SQR3;                          //ADC 规则序列寄存器 3
    vu32 JSQR;                          //ADC 注入序列寄存器
    vu32 JDR1;                          //ADC 注入数据寄存器 1
    vu32 JDR2;                          //ADC 注入数据寄存器 2
    vu32 JDR3;                          //ADC 注入数据寄存器 3
    vu32 JDR4;                          //ADC 注入数据寄存器 4
    vu32 DR;                            //ADC 规则数据寄存器
} ADC_TypeDef;
```

2 个 ADC 外设在文件 stm32f10x.h 中声明：

```
...
#define PERIPH_BASE ((u32)0x40000000)
#define APB1PERIPH_BASE PERIPH_BASE
#define APB2PERIPH_BASE (PERIPH_BASE + 0x10000)
#define AHBPERIPH_BASE (PERIPH_BASE + 0x20000)
...
#define ADC1_BASE (APB2PERIPH_BASE + 0x2400)
#define ADC2_BASE (APB2PERIPH_BASE + 0x2800)
...
#define ADC1 ((ADC_TypeDef *) ADC1_BASE)
#define ADC2 ((ADC_TypeDef *) ADC2_BASE)
...
```

2. 常用的固件库函数

下面介绍常用的固件库函数，其他库函数请参阅《STM32 固件库手册》。

1）函数 ADC_Init

函数原型：void ADC_Init(ADC_TypeDef * ADCx,ADC_InitTypeDef * ADC_InitStruct)

函数功能：根据 ADC_InitStruct 中指定的参数初始化外设 ADCx 的寄存器。

输入参数 1：ADCx,x 可以是 1、2 或者 3,用来选择 ADC 外设 ADC1、ADC2 或 ADC3。

输入参数 2：ADC_InitStruct,指向结构 ADC_InitTypeDef 的指针,包含了指定 ADC 的配置信息。

ADC_InitTypeDef 在文件 stm32f10x_adc.h 中定义：

```
typedef struct
{
    u32 ADC_Mode;
    FunctionalState ADC_ScanConvMode;
    FunctionalState ADC_ContinuousConvMode;
    u32 ADC_ExternalTrigConv;
    u32 ADC_DataAlign;
    u8 ADC_NbrOfChannel;
} ADC_InitTypeDef
```

（1）ADC_Mode 用于设置 ADC 的工作模式,可取的值如表 10-7 所示。

表 10-7 函数 ADC_Mode 定义

ADC_Mode	描 述
ADC_Mode_Independent	ADC1 和 ADC2 工作在独立模式
ADC_Mode_RegInjecSimult	ADC1 和 ADC2 工作在同步规则和同步注入模式
ADC_Mode_RegSimult_AlterTrig	ADC1 和 ADC2 工作在同步规则模式和交替触发模式
ADC_Mode_InjecSimult_FastInterl	ADC1 和 ADC2 工作在同步规则模式和快速交替模式
ADC_Mode_InjecSimult_SlowInterl	ADC1 和 ADC2 工作在同步注入模式和慢速交替模式
ADC_Mode_InjecSimult	ADC1 和 ADC2 工作在同步注入模式
ADC_Mode_RegSimult	ADC1 和 ADC2 工作在同步规则模式
ADC_Mode_FastInterl	ADC1 和 ADC2 工作在快速交替模式
ADC_Mode_SlowInterl	ADC1 和 ADC2 工作在慢速交替模式
ADC_Mode_AlterTrig	ADC1 和 ADC2 工作在交替触发模式

（2）ADC_ScanConvMode 用于指定模数转换工作在扫描模式(多通道)还是单次(单通道)模式。可以设置为 ENABLE 或者 DISABLE。

（3）ADC_ContinuousConvMode 用于指定模数转换工作在连续还是单次模式。可以设置为 ENABLE 或者 DISABLE。

（4）ADC_ExternalTrigConv 用于指定使用外部触发来启动规则通道的模数转换的触发源,可以取的值如表 10-8 所示。

表 10-8 ADC_ExternalTrigConv 定义表

ADC_ExternalTrigConv	描 述
ADC_ExternalTrigConv_T1_CC1	选择定时器 1 的捕获比较 1 作为转换外部触发
ADC_ExternalTrigConv_T1_CC2	选择定时器 1 的捕获比较 2 作为转换外部触发
ADC_ExternalTrigConv_T1_CC3	选择定时器 1 的捕获比较 3 作为转换外部触发

续表

ADC_ExternalTrigConv	描　述
ADC_ExternalTrigConv_T2_CC2	选择定时器 2 的捕获比较 2 作为转换外部触发
ADC_ExternalTrigConv_T3_TRGO	选择定时器 3 的 TRGO 作为转换外部触发
ADC_ExternalTrigConv_T4_CC4	选择定时器 4 的捕获比较 4 作为转换外部触发
ADC_ExternalTrigConv_Ext_IT11_TIM8_TRGO	选择外部中断线 11 事件或定时器 8 的 TRGO 作为转换外部触发
ADC_ExternalTrigConv_None	转换由软件而不是外部触发启动
ADC_ExternalTrigConv_T3_CC1	选择定时器 3 的捕获比较 1 作为转换外部触发
ADC_ExternalTrigConv_T2_CC3	选择定时器 2 的捕获比较 3 作为转换外部触发
ADC_ExternalTrigConv_T8_CC1	选择定时器 8 的捕获比较 1 作为转换外部触发
ADC_ExternalTrigConv_T8_TRGO	选择定时器 8 的 TRGO 作为转换外部触发
ADC_ExternalTrigConv_T5_CC1	选择定时器 5 的捕获比较 1 作为转换外部触发
ADC_ExternalTrigConv_T5_CC3	选择定时器 5 的捕获比较 3 作为转换外部触发

(5) ADC_DataAlign 用于指定 ADC 数据是左对齐还是向右对齐，可取的值如表 10-9 所示。

表 10-9　ADC_DataAlign 定义表

ADC_DataAlign	描　述
ADC_DataAlign_Right	ADC 数据右对齐
ADC_DataAlign_Left	ADC 数据左对齐

(6) ADC_NbrOfChannel 用于指定进行规则转换的 ADC 通道数目，取值范围是1～16。

2) 函数 ADC_ITConfig

函数原型：void ADC_ITConfig(ADC_TypeDef * ADCx, u16 ADC_IT, FunctionalState NewState)

函数功能：使能或者除能指定的 ADC 中断。

输入参数 1：ADCx，x 可以是 1、2 或者 3，用来选择 ADC 外设 ADC1、ADC2 或 ADC3。

输入参数 2：ADC_IT，指定将要被使能或者除能的 ADC 中断源。可取值如下：

ADC_IT_EOC：转换结束中断。

ADC_IT_AWD：模拟看门狗中断。

ADC_IT_JEOC：注入组转换结束中断。

输入参数 3：NewState，指定 ADC 中断的使能状态，可以取 ENABLE 或者 DISABLE。

3) 函数 ADC_SoftwareStartConvCmd

函数原型：void ADC_SoftwareStartConvCmd(ADC_TypeDef * ADCx, FunctionalState NewState)

函数功能：使能或者除能指定 ADC 的软件转换启动功能。

输入参数 1：ADCx，x 可以是 1、2 或者 3，用来选择 ADC 外设 ADC1、ADC2 或 ADC3。

输入参数 2：NewState，指定 ADC 的软件转换启动新状态，可以取 ENABLE 或者 DISABLE。

4) 函数 ADC_RegularChannelConfig

函数原型：void ADC_RegularChannelConfig (ADC_TypeDef * ADCx, uint8_t ADC_Channel, uint8_t Rank, uint8_t ADC_SampleTime)

函数功能：设置指定 ADC 的规则组通道，设置它们的转化顺序和采样时间。

输入参数 1：ADCx，x 可以是 1、2 或者 3，用来选择 ADC 外设 ADC1、ADC2 或 ADC3。

输入参数 2：ADC_Channel，指定被设置的 ADC 通道。可取如下值：

ADC_Channel_0：选择通道 0。

ADC_Channel_1：选择通道 1。

ADC_Channel_2：选择通道 2。

ADC_Channel_3：选择通道 3。

ADC_Channel_4：选择通道 4。

ADC_Channel_5：选择通道 5。

ADC_Channel_6：选择通道 6。

ADC_Channel_7：选择通道 7。

ADC_Channel_8：选择通道 8。

ADC_Channel_9：选择通道 9。

ADC_Channel_10：选择通道 10。

ADC_Channel_11：选择通道 11。

ADC_Channel_12：选择通道 12。

ADC_Channel_13：选择通道 13。

ADC_Channel_14：选择通道 14。

ADC_Channel_15：选择通道 15。

ADC_Channel_16：选择通道 16。

ADC_Channel_17：选择通道 17。

输入参数 3：Rank，规则组采样顺序，取值范围为 1 到 16。

输入参数 4：ADC_SampleTime，指定 ADC 通道的采样时间。可取如下值：

ADC_SampleTime_1Cycles5：采样时间为 1.5 个周期。

ADC_SampleTime_7Cycles5：采样时间为 7.5 个周期。

ADC_SampleTime_13Cycles5：采样时间为 13.5 个周期。

ADC_SampleTime_28Cycles5：采样时间为 28.5 个周期。

ADC_SampleTime_41Cycles5：采样时间为 41.5 个周期。

ADC_SampleTime_55Cycles5：采样时间为 55.5 个周期。

ADC_SampleTime_71Cycles5：采样时间为 71.5 个周期。

ADC_SampleTime_239Cycles5：采样时间为 239.5 个周期。

5）函数 ADC_GetConversionValue

函数原型：u16 ADC_GetConversionValue(ADC_TypeDef * ADCx)

函数功能：返回最近一次 ADCx 规则组的转换结果。

输入参数 1：ADCx，x 可以是 1、2 或者 3，用来选择 ADC 外设 ADC1、ADC2 或 ADC3。

其他函数的介绍，请参考《STM32F10x StdPeriph Driver 3.5.0 手册》。

10.2.8　STM32 的 ADC 使用举例

在工程应用中，使用 ADC 模块的步骤如下：

(1) ADC 时钟使能,对应的 GPIO 时钟使能。

(2) GPIO 端口模式设置,引脚设置为 GPIO_Mode_AIN。

(3) 调用 RCC_ADCCLKConfig 设置 ADC 时钟分频因子。

(4) 调用 ADC_DeInit()函数复位 ADC 模块。

(5) 调用 ADC_Init( )函数进行 ADC 参数初始化,包括 ADC 模式、是否开启扫描模式、是否开启连续转换、数据对齐和转换通道数等。

(6) 调用 ADC_RegularChannelConfig()配置规则通道。

(7) 调用 ADC_CMD()使能 ADC。

(8) 调用 ADC_ResetCalibration()复位校准,调用 ADC_GetResetCalibrationStatus()函数检查复位校准寄存器状态,若为 1,则等待;否则,调用 ADC_StartCalibration()校准。调用 ADC_GetCalibrationStatus()函数检查校准状态,等待校准完成。

(9) 调用 ADC_SoftwareStartConvCmd()函数软件启动 ADC。

(10) 可以调用 ADC_GetFlagStatus( )函数检查 ADC_FLAG_EOC 标志等待转换结束,或者使用中断方式进行 ADC 的使用。

(11) 调用 ADC_GetConversionValue()读取 ADC 转换结果数据,处理转换结果数据。

【例 10-1】 利用 STM32 最小系统板实现 STM32F103VET6 ADC 通道 1 的 AD 采集功能。通过将通道 1 对应的 PA1 引脚连接到光敏电阻分压电路中采集电压变化。将结果写到板载 LED 进行结果显示。

解:在 STM32 最小系统板上已经设计了光敏电阻分压电路,如图 10-22 所示。注意:进行 ADC 实验之前,AD SWITCH 拨到 ON,REF+引脚接到 3.3V 引脚以提供参考电压。利用固件库函数,采用查询方式实现题目要求。在创建工程出现 Manage Run-Time Environment 对话框时,选中 Device→Startup;选中 CMSIS→CORE;选中 StdPeriph Drivers 中的 GPIO、Framework、RCC 和 ADC,代码如下:

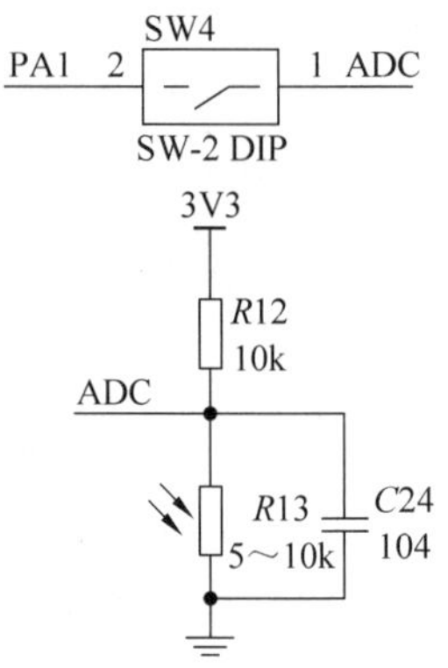

图 10-22 光敏电阻分压电路

```
#include "stm32f10x.h"
void NVIC_Config(void);
void delay(u32 cnt)
{
    while(cnt--);
}
int main(void)
{
    ADC_InitTypeDef ADC_InitStructure;
    GPIO_InitTypeDef GPIO_InitStructure;
    u16 dat;

    //使能 ADC 通道 1 时钟
    RCC_APB2PeriphClockCmd(RCC_APB2Periph_GPIOA|RCC_APB2Periph_ADC1, ENABLE);
    RCC_APB2PeriphClockCmd(RCC_APB2Periph_GPIOE, ENABLE);      //使能 LED 端口时钟
    //初始化 LED
    GPIO_InitStructure.GPIO_Pin = GPIO_Pin_All;
    GPIO_InitStructure.GPIO_Mode = GPIO_Mode_Out_PP;
    GPIO_InitStructure.GPIO_Speed = GPIO_Speed_50MHz;
```

```
    GPIO_Init(GPIOE, &GPIO_InitStructure);
    //初始化 ADC
    RCC_ADCCLKConfig(RCC_PCLK2_Div6);            //设置分频因子,72/6 = 12,最大不超过 14MHz

    GPIO_InitStructure.GPIO_Pin = GPIO_Pin_1;
    GPIO_InitStructure.GPIO_Mode = GPIO_Mode_AIN;
    GPIO_Init(GPIOA, &GPIO_InitStructure);                 //PA1 模拟输入模式
    ADC_DeInit(ADC1);                                      //复位 ADC1
    //AD 工作模式 独立模式
    ADC_InitStructure.ADC_Mode = ADC_Mode_Independent;     //单通道模式
    ADC_InitStructure.ADC_ScanConvMode = DISABLE;          //单次转换模式
    ADC_InitStructure.ADC_ContinuousConvMode = DISABLE;    //软件触发
    ADC_InitStructure.ADC_ExternalTrigConv = ADC_ExternalTrigConv_None;
    ADC_InitStructure.ADC_DataAlign = ADC_DataAlign_Right;     //数据右对齐
    ADC_InitStructure.ADC_NbrOfChannel = 1;                //顺序进行规则转换的 ADC 通道的数目
    ADC_Init(ADC1, &ADC_InitStructure);                    //初始化
    //ADC1,采样周期 239.5 周期
    ADC_RegularChannelConfig(ADC1, 1, 1, ADC_SampleTime_239Cycles5);
    ADC_Cmd(ADC1, ENABLE);                                 //使能 ADC1
    ADC_ResetCalibration(ADC1);                            //使能复位校准
    while(ADC_GetResetCalibrationStatus(ADC1));            //等待复位校准结束
    ADC_StartCalibration(ADC1);                            //开启 AD 校准
    while(ADC_GetCalibrationStatus(ADC1));                 //等待校准结束
    while (1)
    {
        ADC_SoftwareStartConvCmd(ADC1, ENABLE);            //启动 ADC 转换
        while (!ADC_GetFlagStatus(ADC1, ADC_FLAG_EOC));    //等待转换结束
        dat = ADC_GetConversionValue(ADC1);                //读取 ADC 转换结果
        GPIO_Write(GPIOE, dat);                            //将读取到的 AD 值显示到 LED 上
        delay(1000000);
    }
}
```

10.3　数模转换器的工作原理及性能指标

10.3.1　数模转换器的工作原理

1. 数模转换器的分类

数模转换器的种类很多,分类方法也不同:

根据译码网络结构的不同,D/A 转换器可以分为 T 形、倒 T 形、权电阻和权电流等类型。

根据模拟电子开关的种类不同,D/A 转换器可以分为 CMOS 型和双极型。双极型又分为电流开关型和 ECL 电流开关型。

在速度要求不高的情况下,可选用 CMOS 开关型 D/A 转换器;如对转换速度要求较高,则应选用双极型电流开关 D/A 转换器或转换速度更高的 ECL 电流开关型 D/A 转换器。

2. D/A 转换器的工作原理

根据分类不同,D/A 转换器的工作原理也不尽相同。下面只介绍权电阻型数模转换器的工作原理,其余类型数模转换器的工作原理请读者自行查阅资料学习。

权电阻 D/A 转换器就是将某一数字量的二进制代码各位按它的“权”的数值转换成相

应的电流，然后再把代表各位数值的电流加起来。一个 8 位的权电阻 D/A 转换器的原理框图如图 10-23 所示。

这是一个线性电阻网络，可以应用叠加原理分析网络的输出电压，即先逐个求出每个开关单独接通标准电压，而其余开关均接地时网络的输出电压分量，然后将所有接标准电压开关的输出分量相加，就可以得到总的输出电压。

$D_i=0$ 时，S_i 接地。

$D_i=1$ 时，S_i 接 $V_B(i=0,1,\cdots,7)$。

权电阻 D/A 转换器的简化电路如图 10-24 所示。

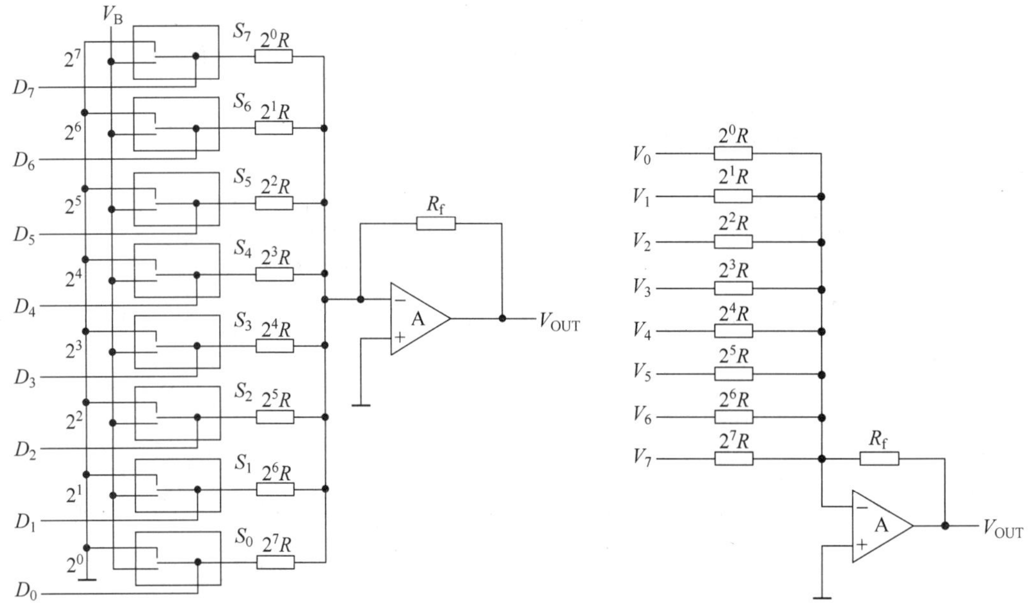

图 10-23　权电阻 D/A 转换器　　　　图 10-24　权电阻 D/A 转换器简化电路

在图 10-24 中，$V_0=a_7\cdot V_B$，$V_1=a_6\cdot V_B$，$V_2=a_5\cdot V_B$，$V_3=a_4\cdot V_B$，$V_4=a_3\cdot V_B$，$V_5=a_2\cdot V_B$，$V_6=a_1\cdot V_B$，$V_7=a_0\cdot V_B$。

$$V_{OUT}=-\left(\frac{R_f}{2^0R}\cdot V_0+\frac{R_f}{2^1R}\cdot V_1+\cdots+\frac{R_f}{2^7R}\cdot V_7\right) \tag{10-3}$$

当 $R=2R_f$ 时，代入式(10-3)得：

$$V_{OUT}=-\frac{V_B}{2^8}\cdot\sum_{i=0}^{7}a_i\cdot 2^i \tag{10-4}$$

其中，a_0，a_1，…，$a_7=0$ 或 1。由此得到：

$$V_{OUT}=-\frac{V_B}{2^8}\cdot D \tag{10-5}$$

10.3.2　数模转换器的性能指标

1. 分辨率

分辨率是 D/A 转换器对输入量变化敏感程度的描述，与输入数字量的位数有关。

2. 稳定时间

指 D/A 转换器中代码有满度值的变化时，其输出达到稳定(一般稳定到与±1/2 最低位值相当的模拟量范围内)所需的时间。一般为几十毫秒到几微秒。

3. 输出电平

不同型号的 D/A 转换器的输出电平相差较大，一般为 5～10V，也有一些高压输出型的为 24～30V。还有一些电流输出型，低的为 20mA，高的可达 3A。

4. 转换精度

转换精度是转换后所得的实际值对于理想值的接近程度。

5. 输入编码

如二进制、BCD 码、双极性时的符号数值码、补码、偏移二进制码等。必要时可在 D/A 转换前用计算机进行代码转换。

10.4 STM32F103VET6 集成的 DAC 模块

STM32F103VET6 微控制器集成的数字/模拟转换模块(DAC)是 12 位数字输入、电压输出的数字/模拟转换器。可以配置为 8 位或 12 位模式，也可以与 DMA 控制器配合使用。DAC 工作在 12 位模式时，数据可以设置成左对齐或右对齐。DAC 模块有 2 个输出通道，每个通道都有单独的转换器。在双 DAC 模式下，2 个通道可以独立地进行转换，也可以同时进行转换并同步地更新 2 个通道的输出。DAC 可以通过引脚输入参考电压 V_{REF+} 以获得更精确的转换结果。

10.4.1 STM32 的 DAC 主要特征

STM32 的 DAC 模块具有以下主要特征：

- 2 个 DAC 转换器，每个转换器对应 1 个输出通道。
- 8 位或者 12 位单调输出。
- 12 位模式下数据左对齐或者右对齐。
- 同步更新功能。
- 噪声波形生成。
- 三角波形生成。
- 双 DAC 通道同时或者分别转换。
- 每个通道都有 DMA 功能。
- 外部触发转换。
- 输入参考电压 V_{REF+}。

10.4.2 STM32 的 DAC 接口结构

DAC 的结构如图 10-25 所示。

DAC 相关引脚有模拟电源(V_{DDA})和模拟电源地(V_{SSA})，DAC 使用的模拟参考正极(V_{REF+})和 DAC 通道 x 的模拟信号输出端(DAC_OUTx)。

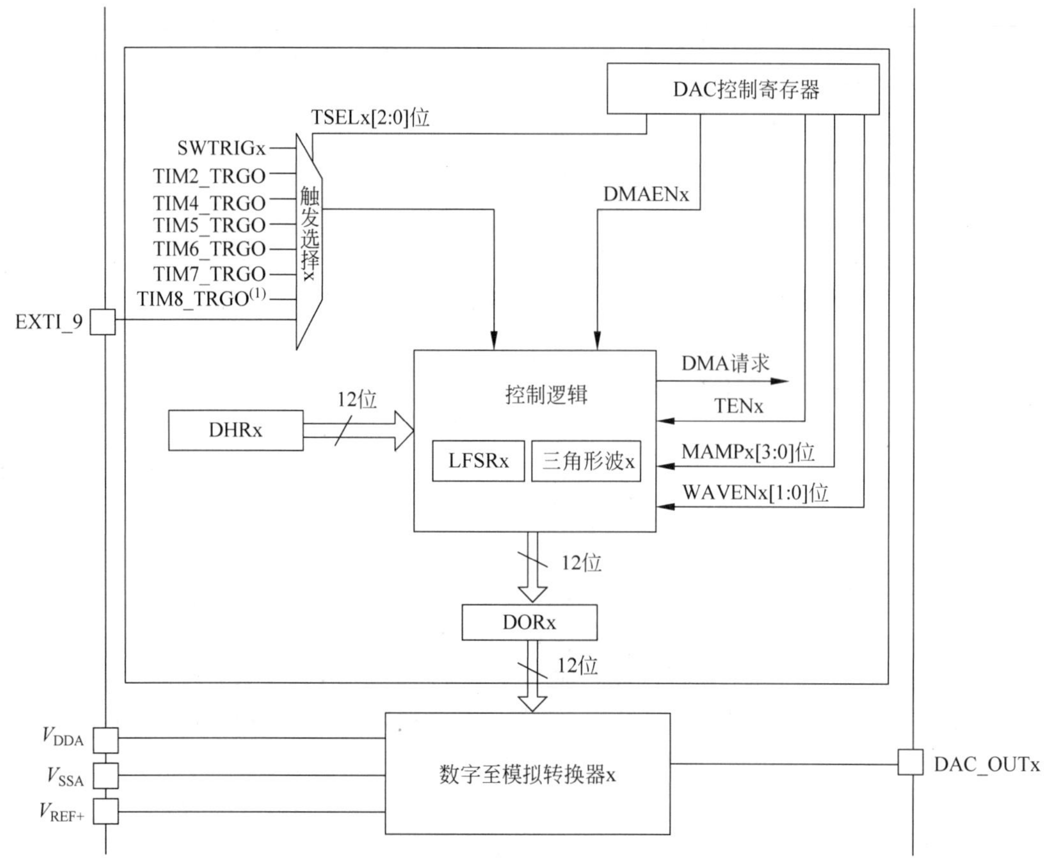

图 10-25　DAC 的结构

10.4.3　STM32 的 DAC 配置

1. 使能 DAC 通道

将 DAC_CR 寄存器的 ENx 位置 1 即可打开对 DAC 通道 x 的供电。经过一段启动时间 t_{WAKEUP}，DAC 通道 x 即被使能。ENx 位只会使能 DAC 通道 x 的模拟部分，即便该位被置 0，DAC 通道 x 的数字部分仍然工作。

2. 使能 DAC 输出缓存

DAC 集成了 2 个输出缓存，可以用来减少输出阻抗，无需外部运放即可直接驱动外部适当负载。每个 DAC 通道输出缓存可以通过设置 DAC_CR 寄存器的 BOFFx 位来使能或者关闭。

3. DAC 数据格式

根据选择的配置模式，数据按照下面所述情况写入指定的寄存器：

(1) 单 DAC 通道 x，有 3 种情况。

① 8 位数据右对齐：将数据写入寄存器 DAC_DHR8Rx[7:0]（实际是存入寄存器 DHRx[11:4]）。

② 12 位数据左对齐：将数据写入寄存器 DAC_DHR12Lx[15:4](实际是存入寄存器 DHRx[11:0])。

③ 12 位数据右对齐：将数据写入寄存器 DAC_DHR12Rx[11:0](实际是存入寄存器 DHRx[11:0])。

根据对 DAC_DHRyyyx 寄存器的操作，经过相应的移位后，写入的数据被转存到 DHRx 寄存器中(DHRx 是内部的数据保存寄存器 x)。随后，DHRx 寄存器的内容或者被自动地传送到 DORx 寄存器，或者通过软件触发或外部事件触发被传送到 DORx 寄存器。单 DAC 通道模式的数据寄存器数据保存格式如图 10-26 所示。

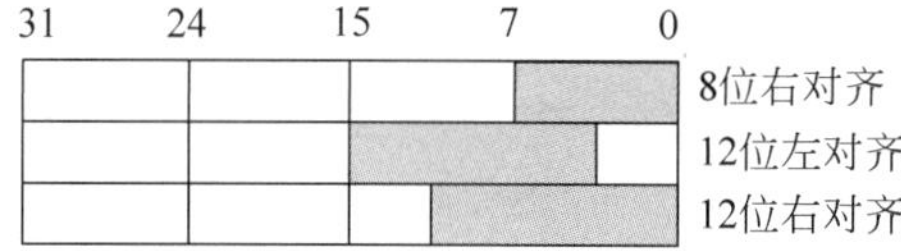

图 10-26　单 DAC 通道模式的数据寄存器数据保存格式

(2) 双 DAC 通道，有 3 种情况。

① 8 位数据右对齐：将 DAC 通道 1 数据写入寄存器 DAC_DHR8RD[7:0](实际是存入寄存器 DHR1[11:4])，将 DAC 通道 2 数据写入寄存器 DAC_DHR8RD[15:8](实际是存入寄存器 DHR2[11:4])。

② 12 位数据左对齐：将 DAC 通道 1 数据写入寄存器 DAC_DHR12LD[15:4](实际是存入寄存器 DHR1[11:0])，将 DAC 通道 2 数据写入寄存器 DAC_DHR12LD[31:20](实际是存入寄存器 DHR2[11:0])。

③ 12 位数据右对齐：将 DAC 通道 1 数据写入寄存器 DAC_DHR12RD[11:0](实际是存入寄存器 DHR1[11:0])，将 DAC 通道 2 数据写入寄存器 DAC_DHR12RD[27:16](实际是存入寄存器 DHR2[11:0])。

根据对 DAC_DHRyyyD 寄存器的操作，经过相应的移位后，写入的数据被转存到 DHR1 和 DHR2 寄存器中(DHR1 和 DHR2 是内部的数据保存寄存器 x)。随后，DHR1 和 DHR2 的内容或者自动地传送到 DORx 寄存器，或者通过软件触发或外部事件触发被传送到 DORx 寄存器。双 DAC 通道模式的数据寄存器数据存储格式如图 10-27 所示。

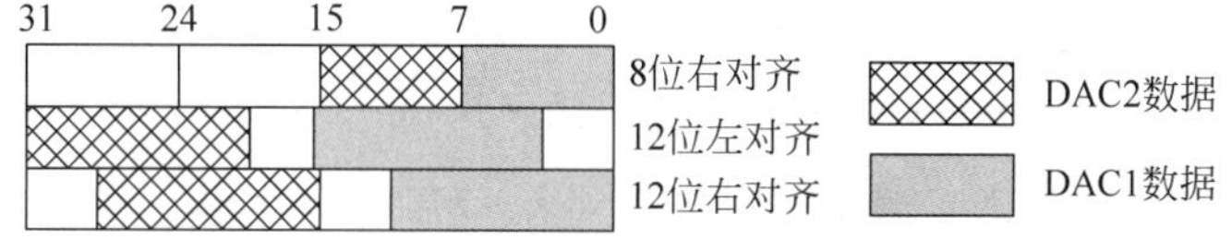

图 10-27　双 DAC 通道模式的数据寄存器数据保存格式

4. DAC 转换

不能直接对寄存器 DAC_DORx 写入数据，任何输出到 DAC 通道 x 的数据都必须写入 DAC_DHRx 寄存器(数据实际写入 DAC_DHR8Rx、DAC_DHR12Lx、DAC_DHR12Rx、DAC_DHR8RD、DAC_DHR12LD 或者 DAC_DHR12RD 寄存器)。

如果没有选中硬件触发(寄存器 DAC_CR 的 TENx 位清 0)，存入寄存器 DAC_DHRx 的数据会在一个 APB1 时钟周期后自动传至寄存器 DAC_DORx。如果选中硬件触发(寄存器 DAC_CR 的 TENx 位置 1)，数据传输在触发发生以后 3 个 APB1 时钟周期后完成。一旦数据从 DAC_DHRx 寄存器装入 DAC_DORx 寄存器，在经过时间 $t_{SETTLING}$ 之后，输出即有效。$t_{SETTLING}$ 的长短会因电源电压和模拟输出负载的不同有所变化。TEN=0 触发除能时转换的时间框图如图 10-28 所示。

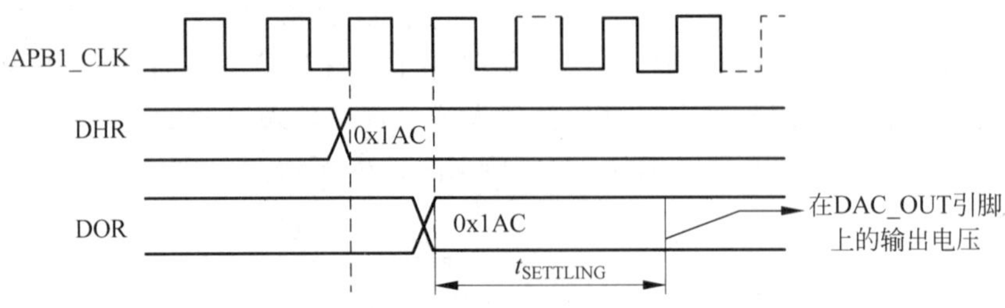

图 10-28 TEN=0 触发除能时转换的时间框图

5. DAC 输出电压

数字输入经过 DAC 被线性地转换为模拟电压输出，其范围为 0～V_{REF+}。任一 DAC 通道引脚上的输出电压满足下面的关系：

$$\text{DAC 输出} = V_{REF} \times (\text{DOR}/4096) \tag{10-6}$$

6. DAC 触发选择

如果 TENx 位被置 1，DAC 转换可以由某外部事件触发(定时器计数器、外部中断线)。配置控制位 TSELx[2:0]可以选择 8 个触发事件之一触发 DAC 转换，如表 10-10 所示。

表 10-10 外部触发

触发源	类型	TSELx[2:0]
定时器 6 TRGO 事件	来自片上定时器的内部信号	000
互联型产品的定时器 3 TRGO 事件 或大容量产品的定时器 8 TRGO 事件		001
定时器 7 TRGO 事件		010
定时器 5 TRGO 事件		011
定时器 2 TRGO 事件		100
定时器 4 TRGO 事件		101
EXTI 线路 9	外部引脚	110
SWTRIG(软件触发)	软件控制位	111

每次 DAC 接口侦测到来自选中的定时器 TRGO 输出或者外部中断线 9 的上升沿，最近存放在寄存器 DAC_DHRx 中的数据会被传送到寄存器 DAC_DORx 中。在 3 个 APB1 时钟周期后，寄存器 DAC_DORx 更新为新值。

如果选择软件触发，一旦 SWTRIG 位置 1，转换即开始。在数据从 DAC_DHRx 寄存器传送到 DAC_DORx 寄存器后，SWTRIG 位由硬件自动清零。

7. DMA 请求

任一 DAC 通道都具有 DMA 功能。2 个 DMA 通道可分别用于 2 个 DAC 通道的 DMA 请求。如果 DMAENx 位置 1，一旦有外部触发(而不是软件触发)发生，则产生一个 DMA 请求，然后 DAC_DHRx 寄存器的数据被传送到 DAC_DORx 寄存器。

在双 DAC 模式下，如果 2 个通道的 DMAENx 位都为 1，则会产生 2 个 DMA 请求。如果实际只需要一个 DMA 传输，则应只选择其中一个 DMAENx 位置 1。这样，程序可以在只使用一个 DMA 请求，一个 DMA 通道的情况下，处理工作在双 DAC 模式的 2 个 DAC 通道。

DAC 的 DMA 请求不会累计，因此如果第 2 个外部触发发生在响应第 1 个外部触发之前，则不能处理第 2 个 DMA 请求，也不会报告错误。

8. 噪声生成

可以利用线性反馈移位寄存器(Linear Feedback Shift Register，LFSR)产生幅度变化的伪噪声。设置 WAVE[1:0]位为 01 选择 DAC 噪声生成功能。寄存器 LFSR 的预装入值为 0xAAA。按照特定算法，在每次触发事件后 3 个 APB1 时钟周期之后更新该寄存器的值。DAC LFSR 寄存器算法如图 10-29 所示。

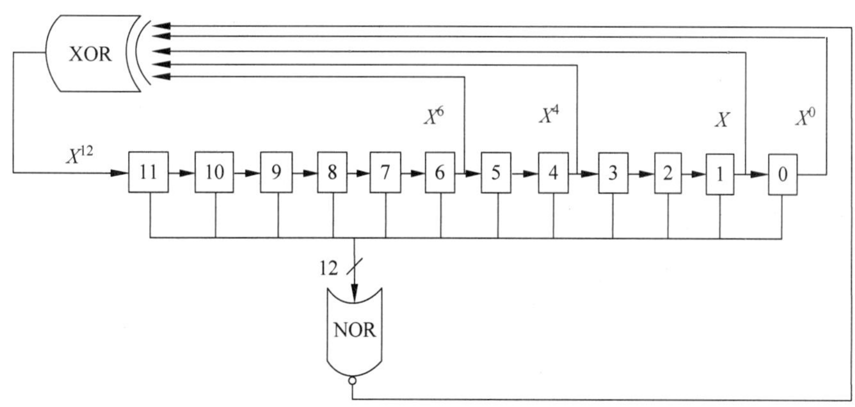

图 10-29 DAC LFSR 寄存器算法

设置 DAC_CR 寄存器的 MAMPx[3:0]位可以屏蔽部分或者全部 LFSR 的数据，这样得到的 LSFR 值与 DAC_DHRx 的数值相加，去掉溢出位之后被写入 DAC_DORx 寄存器。如果寄存器 LFSR 值为 0x0000，则会注入 1(防锁定机制)。将 WAVEx[1:0]位清零可以复位 LFSR 波形的生成算法。带 LFSR 波形生成的 DAC 转换如图 10-30 所示。

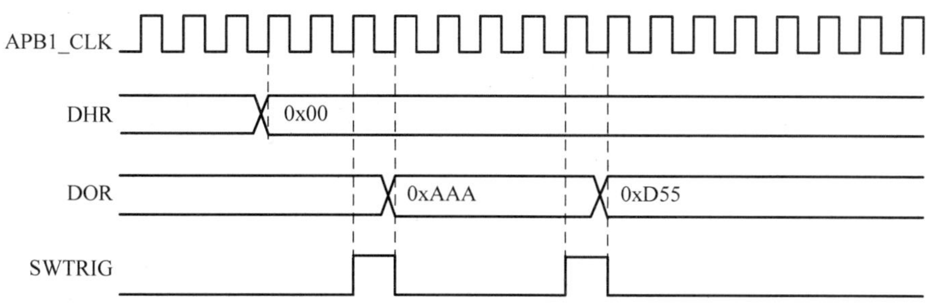

图 10-30 带 LFSR 波形生成的 DAC 转换(使能软件触发)

9. 三角波生成

可以在 DC 或者缓慢变化的信号上加上一个小幅度的三角波。设置 WAVEx[1:0]位为 10 选择 DAC 的三角波生成功能。设置 DAC_CR 寄存器的 MAMPx[3:0]位选择三角波的幅度。内部三角波计数器每次触发事件 3 个 APB1 时钟周期后累加 1。计数器的值与 DAC_DHRx 寄存器的数值相加并丢弃溢出位后写入 DAC_DORx 寄存器。当传入 DAC_

DORx 寄存器的数值小于 MAMP[3:0]位定义的最大幅度时,三角波计数器逐步累加。一旦达到设置的最大幅度,则计数器开始递减,达到 0 后再开始累加,周而复始。将 WAVEx[1:0]位置 00 可以复位三角波的生成。DAC 三角波生成如图 10-31 所示。

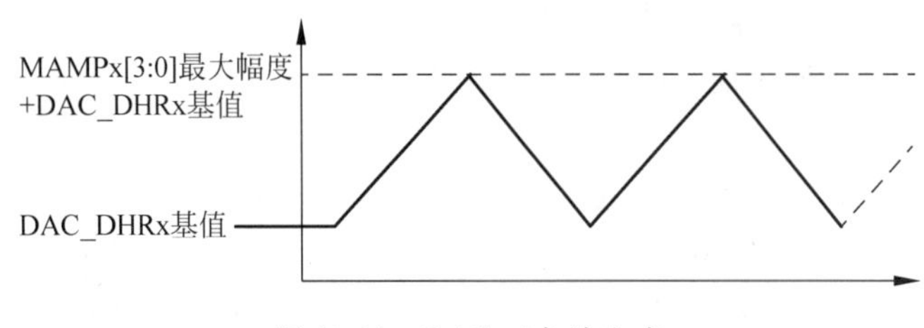

图 10-31 DAC 三角波生成

带三角波生成的 DAC 转换如图 10-32 所示。

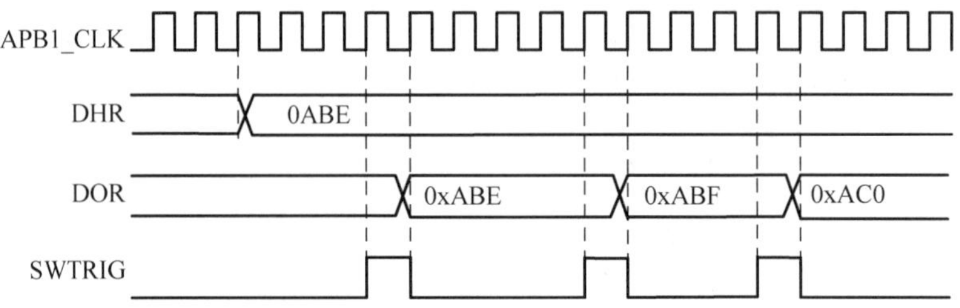

图 10-32 带三角波生成的 DAC 转换(使能软件触发)

10.4.4 STM32 的 DAC 寄存器

DAC 寄存器的起始地址是 0x4000 7400。

1. 控制寄存器(DAC_CR)

地址偏移:0x00,复位值:0x0000 0000。各位定义如下:

位号	31~29	28	27~24	23~22	21~19	18	17	16
定义	保留	DMAEN2	MAMP2[3:0]	WAVE2[2:0]	TSEL2[2:0]	TEN2	BOFF2	EN2
读写		rw	rw	rw	rw	rw	rw	rw
位号	15~13	12	11~8	7~6	5~3	2	1	0
定义	保留	DMAEN1	MAMP[13:0]	WAVE1[2:0]	TSEL1[2:0]	TEN1	BOFF1	EN1
读写		rw	rw	rw	rw	rw	rw	rw

位[31:29]:保留。

位 28:DMAEN2,DAC 通道 2 的 DMA 使能(DAC channel2 DMA enable),该位由软件设置和清除。

0:关闭 DAC 通道 2 的 DMA 模式; 1:使能 DAC 通道 2 的 DMA 模式。

位[27:24]:MAMP2[3:0],DAC 通道 2 屏蔽/幅值选择器(DAC channel2 mask/amplitude selector)。由软件设置这些位,用来在噪声生成模式下选择屏蔽位,在三角波生成模式下选择波形的幅值。

0000:不屏蔽 LSFR 位 0/三角波幅值等于 1;

0001:不屏蔽 LSFR 位[1:0]/三角波幅值等于 3;

0010：不屏蔽 LSFR 位[2:0]/三角波幅值等于 7；

0011：不屏蔽 LSFR 位[3:0]/三角波幅值等于 15；

0100：不屏蔽 LSFR 位[4:0]/三角波幅值等于 31；

0101：不屏蔽 LSFR 位[5:0]/三角波幅值等于 63；

0110：不屏蔽 LSFR 位[6:0]/三角波幅值等于 127；

0111：不屏蔽 LSFR 位[7:0]/三角波幅值等于 255；

1000：不屏蔽 LSFR 位[8:0]/三角波幅值等于 511；

1001：不屏蔽 LSFR 位[9:0]/三角波幅值等于 1023；

1010：不屏蔽 LSFR 位[10:0]/三角波幅值等于 2047；

≥1011：不屏蔽 LSFR 位[11:0]/三角波幅值等于 4095。

位[23:22]：WAVE2[1:0]，DAC 通道 2 噪声/三角波生成使能，该 2 位由软件设置和清除。只在 TEN2=1 时使用。

00：关闭波形发生器；　10：使能噪声波形发生器；　1x：使能三角波发生器。

位[21:19]：TSEL2[2:0]，DAC 通道 2 触发选择(DAC channel2 trigger selection)，该 3 位用于选择 DAC 通道 2 的外部触发事件。该 3 位只能在 TEN2 = 1(DAC 通道 2 触发使能)时设置。

000：TIM6 TRGO 事件；

001：对于互联型产品是 TIM3 TRGO 事件，对于大容量产品是 TIM8 TRGO 事件；

010：TIM7 TRGO 事件；　011：TIM5 TRGO 事件；　100：TIM2 TRGO 事件；

101：TIM4 TRGO 事件；　110：外部中断线 9；　111：软件触发。

位 18：TEN2，DAC 通道 2 触发使能(DAC channel2 trigger enable)，该位由软件设置和清除，用来使能/关闭 DAC 通道 2 的触发。

0：关闭 DAC 通道 2 触发，写入 DAC_DHRx 寄存器的数据在 1 个 APB1 时钟周期后传入 DAC_DOR2 寄存器；

1：使能 DAC 通道 2 触发，写入 DAC_DHRx 寄存器的数据在 3 个 APB1 时钟周期后传入 DAC_DOR2 寄存器。

位 17：BOFF2，关闭 DAC 通道 2 输出缓存(DAC channel2 output buffer disable)，该位由软件设置和清除，用来使能/关闭 DAC 通道 2 的输出缓存。

0：使能 DAC 通道 2 输出缓存；　1：关闭 DAC 通道 2 输出缓存。

位 16：EN2，DAC 通道 2 使能(DAC channel2 enable)，该位由软件设置和清除，用来使能/关闭 DAC 通道 2。

0：关闭 DAC 通道 2；　1：使能 DAC 通道 2。

位[15:13]：保留。

位 12：DMAEN1，DAC 通道 1 DMA 使能(DAC channel1 DMA enable)，该位由软件设置和清除。

0：关闭 DAC 通道 1 DMA 模式；　1：使能 DAC 通道 1 DMA 模式。

位[11:8]：MAMP1[3:0]，DAC 通道 1 屏蔽/幅值选择器(DAC channel1 mask/amplitude selector)，由软件设置这些位，用来在噪声生成模式下选择屏蔽位，在三角波生成模式下选择波形的幅值。

0000：不屏蔽 LSFR 位 0/三角波幅值等于 1；

0001：不屏蔽 LSFR 位[1:0]/三角波幅值等于 3；

0010：不屏蔽 LSFR 位[2:0]/三角波幅值等于 7；

0011：不屏蔽 LSFR 位[3:0]/三角波幅值等于 15；

0100：不屏蔽 LSFR 位[4:0]/三角波幅值等于 31；

0101：不屏蔽 LSFR 位[5:0]/三角波幅值等于 63；

0110：不屏蔽 LSFR 位[6:0]/三角波幅值等于 127；

0111：不屏蔽 LSFR 位[7:0]/三角波幅值等于 255；

1000：不屏蔽 LSFR 位[8:0]/三角波幅值等于 511；

1001：不屏蔽 LSFR 位[9:0]/三角波幅值等于 1023；

1010：不屏蔽 LSFR 位[10:0]/三角波幅值等于 2047；

≥1011：不屏蔽 LSFR 位[11:0]/三角波幅值等于 4095。

位[7:6]：WAVE1[1:0]，DAC 通道 1 噪声/三角波生成使能，这两位由软件设置和清除。只在 TEN1=1 时使用。

00：关闭波形生成；　10：使能噪声波形发生器；　1x：使能三角波发生器。

位[5:3]：TSEL1[2:0]，DAC 通道 1 触发选择(DAC channel1 trigger selection)，这些位用于选择 DAC 通道 1 的外部触发事件。这些位只能在 TEN1= 1(DAC 通道 1 触发使能)时设置。

000：TIM6 TRGO 事件；

001：对于互联型产品是 TIM3 TRGO 事件，对于大容量产品是 TIM8 TRGO 事件；

010：TIM7 TRGO 事件；　011：TIM5 TRGO 事件；　100：TIM2 TRGO 事件；

101：TIM4 TRGO 事件；　110：外部中断线 9；　111：软件触发。

位 2：TEN1，DAC 通道 1 触发使能(DAC channel1 trigger enable)，该位由软件设置和清除，用来使能/关闭 DAC 通道 1 的触发。

0：关闭 DAC 通道 1 触发，写入寄存器 DAC_DHRx 的数据在 1 个 APB1 时钟周期后传入寄存器 DAC_DOR1；

1：使能 DAC 通道 1 触发，写入寄存器 DAC_DHRx 的数据在 3 个 APB1 时钟周期后传入寄存器 DAC_DOR1。

位 1：BOFF1，关闭 DAC 通道 1 输出缓存(DAC channel1 output buffer disable)，该位由软件设置和清除，用来使能/关闭 DAC 通道 1 的输出缓存。

0：使能 DAC 通道 1 输出缓存；　1：关闭 DAC 通道 1 输出缓存。

位 0：EN1，DAC 通道 1 使能(DAC channel1 enable)，该位由软件设置和清除，用来使能/除能 DAC 通道 1。

0：关闭 DAC 通道 1；　1：使能 DAC 通道 1。

2. 软件触发寄存器(DAC_SWTRIGR)

地址偏移：0x04，复位值：0x0000 0000。各位定义如下：

位号	31～2	1	0
定义	保留	SWTRIG2	SWTRIG1
读写		w	w

位[31:2]：保留。

位 1：SWTRIG2，DAC 通道 2 软件触发（DAC channel2 software trigger），该位由软件设置和清除，用来使能/关闭软件触发。一旦寄存器 DAC_DHR2 的数据传入寄存器 DAC_DOR2（1 个 APB1 时钟周期后），该位由硬件清零。

0：关闭 DAC 通道 2 软件触发；　　1：使能 DAC 通道 2 软件触发。

位 0：SWTRIG1，DAC 通道 1 软件触发（DAC channel1 software trigger），该位由软件设置和清除，用来使能/关闭软件触发。一旦寄存器 DAC_DHR1 的数据传入寄存器 DAC_DOR1（1 个 APB1 时钟周期后），该位由硬件清零。

0：关闭 DAC 通道 1 软件触发；　　1：使能 DAC 通道 1 软件触发。

3. 通道 1 的 12 位右对齐数据保持寄存器（DAC_DHR12R1）

地址偏移：0x08，复位值：0x0000 0000。各位定义如下：

位号	31～12	11～0
定义	保留	DACC1DHR[11:0]
读写		rw

位[31:12]：保留。

位[11:0]：DACC1DHR[11:0]，DAC 通道 1 的 12 位右对齐数据（DAC channel1 12-bit right-aligned data），该位由软件写入，表示 DAC 通道 1 的 12 位数据。

4. 通道 1 的 12 位左对齐数据保持寄存器（DAC_DHR12L1）

地址偏移：0x0C，复位值：0x0000 0000。各位定义如下：

位号	31～16	15～4	3～0
定义	保留	DACC1DHR[11:0]	保留
读写		rw	

位[31:16]：保留。

位[15:4]：DACC1DHR[11:0]，DAC 通道 1 的 12 位左对齐数据（DAC channel1 12-bit left-aligned data），该位由软件写入，表示 DAC 通道 1 的 12 位数据。

位[3:0]：保留。

5. 通道 1 的 8 位右对齐数据保持寄存器（DAC_DHR8R1）

地址偏移：0x10，复位值：0x0000 0000。各位定义如下：

位号	31～8	7～0
定义	保留	DACC1DHR[7:0]
读写		rw

位[31:8]：保留。

位[7:0]：DACC1DHR[7:0]，DAC 通道 1 的 8 位右对齐数据（DAC channel1 8-bit right-aligned data），该位由软件写入，表示 DAC 通道 1 的 8 位数据。

6. 通道 2 的 12 位右对齐数据保持寄存器(DAC_DHR12R2)

地址偏移：0x14，复位值：0x0000 0000。各位定义如下：

位号	31～12	11～0
定义	保留	DACC2DHR[11:0]
读写		rw

位[31:12]：保留。

位[11:0]：DACC2DHR[11:0]，DAC 通道 2 的 12 位右对齐数据(DAC channel2 12-bit right-aligned data)，该位由软件写入，表示 DAC 通道 2 的 12 位数据。

7. 通道 2 的 12 位左对齐数据保持寄存器(DAC_DHR12L2)

地址偏移：0x18，复位值：0x0000 0000。各位定义如下：

位号	31～16	15～4	3～0
定义	保留	DACC2DHR[11:0]	保留
读写		rw	

位[31:16]：保留。

位[15:4]：DACC2DHR[11:0]，DAC 通道 2 的 12 位左对齐数据(DAC channel2 12-bit left-aligned data)，该位由软件写入，表示 DAC 通道 2 的 12 位数据。

位[3:0]：保留。

8. 通道 2 的 8 位右对齐数据保持寄存器(DAC_DHR8R2)

地址偏移：0x1C，复位值：0x0000 0000。各位定义如下：

位号	31～8	7～0
定义	保留	DACC2DHR[7:0]
读写		rw

位[31:8]：保留。

位[7:0]：DACC2DHR[7:0]，DAC 通道 2 的 8 位右对齐数据(DAC channel2 8-bit right-aligned data)，该位由软件写入，表示 DAC 通道 2 的 8 位数据。

9. 双 DAC 的 12 位右对齐数据保持寄存器(DAC_DHR12RD)

地址偏移：0x20，复位值：0x0000 0000。各位定义如下：

位号	31～28	27～16	15～12	11～0
定义	保留	DACC2DHR[11:0]	保留	DACC1DHR[11:0]
读写		rw		rw

位[31:28]：保留。

位[27:16]：DACC2DHR[11:0]，DAC 通道 2 的 12 位右对齐数据(DAC channel2 12-bit right-aligned data)，该位由软件写入，表示 DAC 通道 2 的 12 位数据。

位[15:12]：保留。

位[11:0]：DACC1DHR[11:0]，DAC 通道 1 的 12 位右对齐数据(DAC channel1 12-bit right-aligned data)，该位由软件写入，表示 DAC 通道 2 的 12 位数据。

10. 双 DAC 的 12 位左对齐数据保持寄存器(DAC_DHR12LD)

地址偏移：0x24，复位值：0x0000 0000。各位定义如下：

位号	31～20	19～16	15～4	4～0
定义	DACC2DHR[11:0]	保留	DACC1DHR[11:0]	保留
读写	rw		rw	

位[31:20]：DACC2DHR[11:0]，DAC 通道 2 的 12 位左对齐数据(DAC channel2 12-bit left-aligned data)，该位由软件写入，表示 DAC 通道 2 的 12 位数据。

位[19:16]：保留。

位[15:4]：DACC1DHR[11:0]，DAC 通道 1 的 12 位左对齐数据(DAC channel1 12-bit left-aligned data)，该位由软件写入，表示 DAC 通道 1 的 12 位数据。

位[3:0]：保留。

11. 双 DAC 的 8 位右对齐数据保持寄存器(DAC_DHR8RD)

地址偏移：0x28，复位值：0x0000 0000。各位定义如下：

位号	31～16	15～8	7～0
定义	保留	DACC2DHR[7:0]	DACC1DHR[7:0]
读写		rw	rw

位[31:16]：保留。

位[15:8]：DACC2DHR[7:0]，DAC 通道 2 的 8 位右对齐数据(DAC channel2 8-bit right-aligned data)，该位由软件写入，表示 DAC 通道 2 的 8 位数据。

位[7:0]：DACC1DHR[7:0]，DAC 通道 1 的 8 位右对齐数据(DAC channel1 8-bit right-aligned data)，该位由软件写入，表示 DAC 通道 1 的 8 位数据。

12. DAC 通道 1 数据输出寄存器(DAC_DOR1)

地址偏移：0x2C，复位值：0x0000 0000。各位定义如下：

位号	31～12	11～0
定义	保留	DACC1DOR[11:0]
读写		r

位[31:12]：保留。

位[11:0]：DACC1DOR[11:0]，DAC 通道 1 输出数据(DAC channel1 data output)，表示 DAC 通道 1 的输出数据。这些位只能读出。

13. DAC 通道 2 数据输出寄存器(DAC_DOR2)

地址偏移：0x30，复位值：0x0000 0000。各位定义如下：

位号	31～12	11～0
定义	保留	DACC2DOR[11:0]
读写		r

位[31:12]：保留。

位[11:0]：DACC2DOR[11:0]，DAC 通道 2 输出数据(DAC channel2 data output)，表示 DAC 通道 2 的输出数据。这些位只能读出。

10.4.5 STM32 的 DAC 固件库函数

1. DAC 寄存器结构

DAC 寄存器结构 DAC_TypeDef 在文件 stm32f10x.h 中定义如下：

```
typedef struct
{
  __IO uint32_t CR;                //DAC 控制寄存器
  __IO uint32_t SWTRIGR;           //DAC 软件触发寄存器
  __IO uint32_t DHR12R1;           //DAC 通道 1 的 12 位右对齐数据保持寄存器
  __IO uint32_t DHR12L1;           //DAC 通道 1 的 12 位左对齐数据保持寄存器
  __IO uint32_t DHR8R1;            //DAC 通道 1 的 8 位右对齐数据保持寄存器
  __IO uint32_t DHR12R2;           //DAC 通道 2 的 12 位右对齐数据保持寄存器
  __IO uint32_t DHR12L2;           //DAC 通道 2 的 12 位左对齐数据保持寄存器
  __IO uint32_t DHR8R2;            //DAC 通道 2 的 8 位右对齐数据保持寄存器
  __IO uint32_t DHR12RD;           //双 DAC 的 12 位右对齐数据保持寄存器
  __IO uint32_t DHR12LD;           //双 DAC 的 12 位左对齐数据保持寄存器
  __IO uint32_t DHR8RD;            //双 DAC 的 8 位右对齐数据保持寄存器
  __IO uint32_t DOR1;              //DAC 通道 1 数据输出寄存器
  __IO uint32_t DOR2;              //DAC 通道 2 数据输出寄存器
#if defined (STM32F10X_LD_VL) || defined (STM32F10X_MD_VL) || defined (STM32F10X_HD_VL)
  __IO uint32_t SR;                //DAC 状态寄存器
#endif
} DAC_TypeDef;
```

在文件 stm32f10x.h 中，一个 DAC 的外设声明示例如下：

```
...
#define PERIPH_BASE ((u32)0x40000000)
#define APB1PERIPH_BASE PERIPH_BASE
#define APB2PERIPH_BASE (PERIPH_BASE + 0x10000)
#define AHBPERIPH_BASE (PERIPH_BASE + 0x20000)
...
#define DAC_BASE (APB1PERIPH_BASE + 0x7400)
...
#define DAC ((DAC_TypeDef * ) DAC_BASE)
...
```

2. 常用的固件库函数

下面介绍常用的固件库函数，其他库函数请参阅《STM32 固件库手册》。

1) 函数 DAC_Init

函数原型：void DAC_Init(uint32_t DAC_Channel, DAC_InitTypeDef * DAC_InitStruct)

函数功能：根据 DAC_InitStruct 中指定的参数初始化外设 ADCx 的寄存器。

输入参数 1：DAC_Channel，用于指定 DAC 输出通道。可取以下值：

DAC_Channel_1——DAC 通道 1；DAC_Channel_2——DAC 通道 2。

输入参数 2：DAC_InitStruct，指向结构 DAC_InitTypeDef 的指针，包含了指定 DAC 的配置信息。

DAC_InitTypeDef 在文件 stm32f10x_dac.h 中定义：

```
typedef struct
{
    uint32_t DAC_Trigger;
    uint32_t DAC_WaveGeneration;
    uint32_t DAC_LFSRUnmask_TriangleAmplitude;
    uint32_t DAC_OutputBuffer;
} DAC_InitTypeDef;
```

(1) DAC_Trigger——用来设置是否使用触发功能，可以取如下值：

DAC_Trigger_None——无触发；

DAC_Trigger_T6_TRGO——定时器 6 触发；

DAC_Trigger_T8_TRGO——定时器 8 触发；

DAC_Trigger_T3_TRGO——定时器 3 触发；

DAC_Trigger_T7_TRGO——定时器 7 触发；

DAC_Trigger_T5_TRGO——定时器 5 触发；

DAC_Trigger_T15_TRGO——定时器 15 触发；

DAC_Trigger_T2_TRGO——定时器 2 触发；

DAC_Trigger_T4_TRGO——定时器 4 触发；

DAC_Trigger_Ext_IT9——外部中断线 9 触发；

DAC_Trigger_Software——软件触发。

(2) DAC_WaveGeneration——用来设置是否使用波形发生，可以取如下值：

DAC_WaveGeneration_None——无波形发生；

DAC_WaveGeneration_Noise——噪声波形发生；

DAC_WaveGeneration_Triangle——三角波波形发生。

(3) DAC_LFSRUnmask_TriangleAmplitude——用来设置屏蔽/幅值选择器，可以取如下值：

DAC_LFSRUnmask_Bit0——不屏蔽 LSFR 位 0；

DAC_LFSRUnmask_Bitsm_0——不屏蔽 LSFR 位[m:0]，m 可取 1,2,3,4,5,6,7,8,9,10,11；

DAC_TriangleAmplitude_n——三角波幅值等于 n，n 可取 1,3,7,15,31,63,127,255,511,1023,2047,4095。

(4) DAC_OutputBuffer——用来设置输出缓存控制位，可以取如下值：

DAC_OutputBuffer_Enable——使能 DAC 输出缓存；

DAC_OutputBuffer_Disable——关闭 DAC 输出缓存。

2) 函数 DAC_Cmd

函数原型：void DAC_Cmd (uint32_t DAC_Channel，FunctionalState NewState)

函数功能：使能或者关闭指定的 DAC 通道。

输入参数 1：DAC_Channel，指定 DAC 通道，可以取如下值：

DAC_Channel_1——DAC 通道 1；

DAC_Channel_2——DAC 通道 2。

输入参数 2：NewState，设置指定 DAC 通道的新状态，可以取 ENABLE(使能)或者 DISABLE(关闭)。

3) 函数 DAC_SetChannel1Data

函数原型：void DAC_SetChannel1Data(uint32_t DAC_Align，uint16_t Data)

函数功能：设置 DAC1 数据保持寄存器的值。

输入参数 1：DAC_Align，设置对齐方式，可以取如下值：

DAC_Align_8b_R——8 位数据右对齐；

DAC_Align_12b_L——12 位数据左对齐；

DAC_Align_12b_R——12 位数据右对齐。

输入参数 2：Data，装载到数据保持寄存器的值。

与 DAC_SetChannel1Data 函数对应的函数是 DAC_SetChannel2Data，用于设定 DAC2 数据保持寄存器的值。

4) 函数 DAC_GetDataOutputValue

函数原型：uint16_t DAC_GetDataOutputValue(uint32_t DAC_Channel)

函数功能：读出 DAC 的数值。

输入参数：DAC_Channel，DAC 输出通道，可以取如下值：

DAC_Channel_1——DAC 通道 1；

DAC_Channel_2——DAC 通道 2。

10.4.6 STM32 的 DAC 使用举例

在工程应用中，开启 DAC 转换的步骤如下：

(1) DAC 时钟使能，对应的 GPIO 时钟使能。

(2) GPIO 端口模式设置，引脚设置为 GPIO_Mode_AIN。

(3) 调用 DAC_Init()函数进行 DAC 参数初始化，包括是否使用触发功能，是否使用波形发生，设置屏蔽/幅值选择器，设置输出缓存控制位。

(4) 调用 DAC_Cmd( )使能 DAC。

(5) 调用 DAC_SetChannel1Data( )设置输出值，DAC 通道 1 输出电压会随着输出值的设置变化。

【例 10-2】 利用 STM32 最小系统板实现 STM32F103VET6 DAC 电压输出功能。通过将 DAC 通道 1 对应的 PA4 引脚连接到实验箱 LED 端口查看 LED 亮度变化，或直接用 ADC 模块采集回 STM32。

解：利用固件库函数实现题目要求。在创建工程出现 Manage Run-Time Environment 对话框时，选中 Device→Startup；选中 CMSIS→CORE。选中 StdPeriph Drivers 中的 GPIO、Framework、RCC 和 DAC，代码如下：

```
#include "stm32f10x.h"
void NVIC_Config(void);
void delay(u32 cnt)
{
    while(cnt--);
}
int main(void)
{
    u16 vol = 0;
    GPIO_InitTypeDef GPIO_InitStructure;
    DAC_InitTypeDef DAC_InitType;

    RCC_APB2PeriphClockCmd(RCC_APB2Periph_GPIOA, ENABLE );     //使能 PA 口时钟
    RCC_APB1PeriphClockCmd(RCC_APB1Periph_DAC, ENABLE );       //使能 DAC 通道时钟
    //端口配置
    GPIO_InitStructure.GPIO_Pin  =  GPIO_Pin_4;
    GPIO_InitStructure.GPIO_Mode  =  GPIO_Mode_AIN;             //模拟输入
    GPIO_InitStructure.GPIO_Speed  =  GPIO_Speed_50MHz;
    GPIO_Init(GPIOA, &GPIO_InitStructure);
    GPIO_SetBits(GPIOA,GPIO_Pin_4);

    DAC_InitType.DAC_Trigger = DAC_Trigger_None;                //不使用触发功能
    DAC_InitType.DAC_WaveGeneration = DAC_WaveGeneration_None; //不使用波形发生
    //屏蔽、幅值设置
    DAC_InitType.DAC_LFSRUnmask_TriangleAmplitude = DAC_LFSRUnmask_Bit0;
    DAC_InitType.DAC_OutputBuffer = DAC_OutputBuffer_Disable;  //输出缓存关闭
    DAC_Init(DAC_Channel_1,&DAC_InitType);                      //初始化 DAC 通道 1
    DAC_Cmd(DAC_Channel_1, ENABLE);                             //使能 DAC1
    DAC_SetChannel1Data(DAC_Align_12b_R, 0);                //12 位右对齐数据格式设置 DAC 值

    while(1)
    {
        vol += 100;
        if(vol > 4000)
        {
            vol = 0;
        }
        DAC_SetChannel1Data(DAC_Align_12b_R, vol);
        delay(1000000);
    }
}
```

10.5 习题

10-1 简述 STM32F103VET6 的 ADC 模块的特点。

10-2 注入通道和规则通道有什么本质区别?

10-3 编程实现使用 STM32F103VET6 的 ADC 通道 2 测量电源电压。

10-4 编程实现使用 STM32F103VET6 的 DAC 输出正弦波。

第 11 章 DMA 控制器

CHAPTER 11

DMA(Direct Memory Access,直接存储器存取)用来提供在外设和存储器之间或者存储器和存储器之间的高速数据传输,无须 CPU 干预,是所有现代计算机的重要特色。在 DMA 模式下,CPU 只需向 DMA 控制器下达指令,让 DMA 控制器来处理数据的传送,数据传送完毕再把信息反馈给 CPU,这样在很大程度上减轻了 CPU 资源占有率,可以大大节省系统资源。DMA 主要用于快速设备和主存储器成批交换数据的场合。在这种应用中,处理问题的出发点集中到两点:一是不能丢失快速设备提供出来的数据,二是进一步减少快速设备输入/输出操作过程中对 CPU 的打扰。这可以通过把这批数据的传输过程交由 DMA 来控制,让 DMA 代替 CPU 控制在快速设备与主存储器之间直接传输数据。当完成一批数据传输之后,快速设备还是要向 CPU 发一次中断请求,报告本次传输结束的同时,"请示"下一步的操作要求。

本章介绍 STM32F103VET6 的 DMA 模块的原理、结构及使用。

11.1 DMA 的结构和主要特征

STM32 的两个 DMA 控制器有 12 个通道(DMA1 有 7 个通道,DMA2 有 5 个通道),每个通道专门用来管理来自一个或多个外设对存储器访问的请求。还有一个仲裁器来协调各个 DMA 请求的优先权。DMA 的功能框图如图 11-1 所示。

STM32F103VET6 的 DMA 模块具有如下特征。

(1) 12 个独立的可配置的通道(请求):DMA1 有 7 个通道,DMA2 有 5 个通道。

(2) 每个通道都直接连接专用的硬件 DMA 请求,每个通道都支持软件触发。这些功能通过软件来配置。

(3) 在同一个 DMA 模块上,多个请求间的优先权可以通过软件编程设置(共有 4 级:很高、高、中等和低),优先权设置相等时由硬件决定(请求 1 优先于请求 2,以此类推)。

(4) 数据源和目标数据区的传输宽度(字节、半字、全字)是独立的,模拟打包和拆包的过程。源和目的地址必须按数据传输宽度对齐。

(5) 支持循环的缓冲器管理。

(6) 每个通道都有 3 个事件标志(DMA 半传输、DMA 传输完成和 DMA 传输出错),这 3 个事件标志通过逻辑"或"运算成为一个单独的中断请求。

(7) 存储器和存储器间的传输。

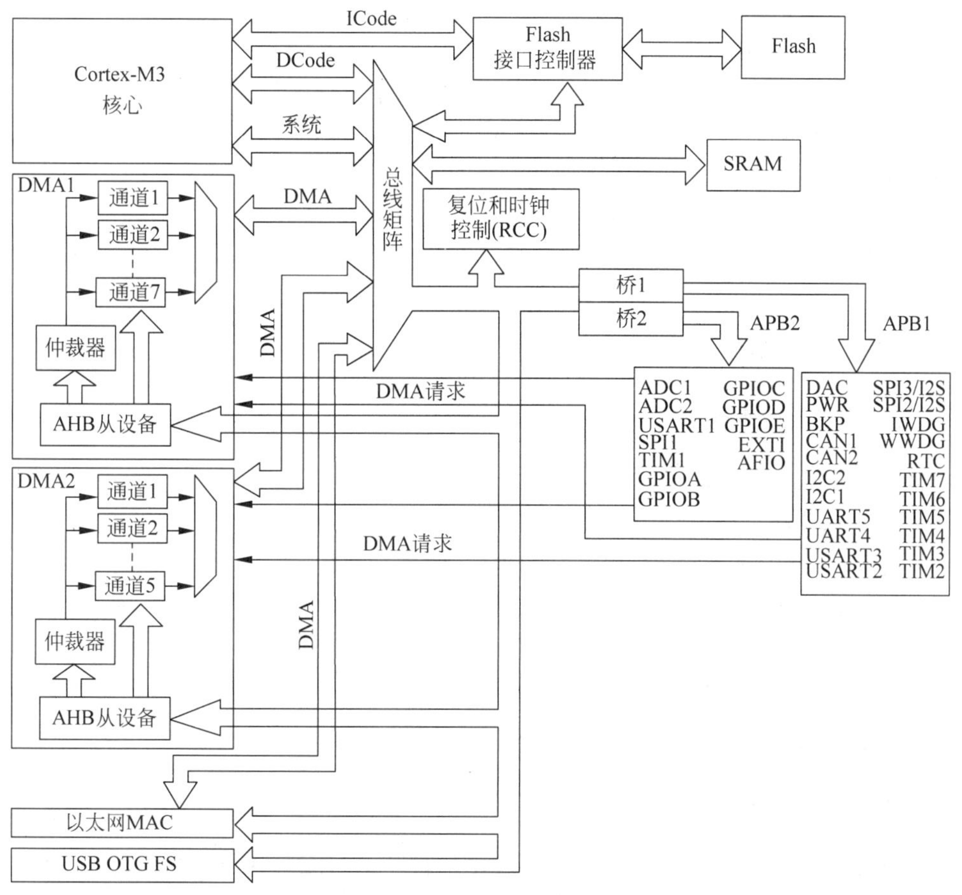

图 11-1 DMA 的功能框图

(8) 外设和存储器、存储器和外设、外设与外设之间的传输。

(9) 闪存、SRAM、APB1、APB2 和 AHB 外设均可作为访问的源和目标。

(10) 可编程的数据传输最大数目为 65 535。

11.2 DMA 的功能描述

DMA 控制器和 Cortex-M3 核心共享系统数据总线，执行直接存储器数据传输。当 CPU 和 DMA 同时访问相同的目标(RAM 或外设)时，DMA 请求会暂停 CPU 访问系统总线若干个周期，总线仲裁器执行循环调度，以保证 CPU 至少可以得到一半的系统总线(存储器或外设)使用时间。

11.2.1 DMA 处理

发生一个事件后，外设向 DMA 控制器发送一个请求信号。DMA 控制器根据通道的优先权处理请求。当 DMA 控制器开始访问发出请求的外设时，DMA 控制器立即发送给外设一个应答信号。当外设从 DMA 控制器得到应答信号时，立即释放请求。一旦外设释放了请求，DMA 控制器同时撤销应答信号。如果有更多的请求，外设可以在下一个周期启动请求。

总之,每次DMA传送由3个操作组成:

(1) 从外设数据寄存器或者从当前外设/存储器地址寄存器指示的存储器地址读取数据,第一次传输时的开始地址是DMA_CPARx或DMA_CMARx寄存器指定的外设基地址或存储器单元。

(2) 将读取的数据保存到外设数据寄存器或者当前外设/存储器地址寄存器指示的存储器地址,第一次传输时的开始地址是DMA_CPARx或DMA_CMARx寄存器指定的外设基地址或存储器单元。

(3) 执行一次DMA_CNDTRx寄存器的递减操作,该寄存器包含未完成的操作数目。

11.2.2 仲裁器

仲裁器根据通道请求的优先级启动外设/存储器的访问。

优先权管理分两个阶段。

(1) 软件:每个通道的优先权可以在DMA_CCRx寄存器中的PL[1:0]设置,有4个等级:最高优先级、高优先级、中等优先级、低优先级。

(2) 硬件:如果两个请求有相同的软件优先级,则较低编号的通道比较高编号的通道有较高的优先权。例如,通道2优先于通道4。

DMA1控制器的优先级高于DMA2控制器的优先级。

11.2.3 DMA通道

每个通道都可以在有固定地址的外设寄存器和存储器之间执行DMA传输。DMA传输的数据量是可编程的,最大为65 535。数据项数量寄存器包含要传输的数据项数量,在每次传输后递减。

1. 可编程的数据量

外设和存储器的传输数据量可以通过DMA_CCRx寄存器中的PSIZE和MSIZE位编程设置。

2. 指针增量

通过设置DMA_CCRx寄存器中的PINC和MINC位,外设和存储器的指针在每次传输后可以自动增量。当设置为增量模式时,下一个要传输的地址将是前一个地址加上增量值,增量值取决于所选的数据宽度,可为1、2或4。第一个传输的地址存放在DMA_CPARx/DMA_CMARx寄存器中。在传输过程中,这些寄存器保持它们初始的数值,软件不能改变和读出当前正在传输的地址(它在内部的当前外设/存储器地址寄存器中)。

当通道配置为非循环模式时,传输结束后(即传输计数变为0)将不再产生DMA操作。要开始新的DMA传输,需要在关闭DMA通道的情况下,在DMA_CNDTRx寄存器中重新写入传输数目。

在循环模式下,最后一次传输结束时,DMA_CNDTRx寄存器的内容会自动地被重新加载为其初始数值,内部的当前外设/存储器地址寄存器也被重新加载为DMA_CPARx/DMA_CMARx寄存器设定的初始基地址。

3. 通道配置过程

下面是配置 DMA 通道 x 的过程(x 代表通道号):

(1) 在 DMA_CPARx 寄存器中设置外设寄存器的地址。发生外设数据传输请求时,这个地址将是数据传输的源或目标。

(2) 在 DMA_CMARx 寄存器中设置数据存储器的地址。发生存储器数据传输请求时,传输的数据将从这个地址读出或写入这个地址。

(3) 在 DMA_CNDTRx 寄存器中设置要传输的数据量。在每个数据传输后,这个数值递减。

(4) 在 DMA_CCRx 寄存器的 PL[1:0]位中设置通道的优先级。

(5) 在 DMA_CCRx 寄存器中设置数据传输的方向、循环模式、外设和存储器的增量模式、外设和存储器的数据宽度、传输一半产生中断或传输完成产生中断。

(6) 设置 DMA_CCRx 寄存器的 ENABLE 位,启动该通道。

一旦启动了 DMA 通道,即可响应连到该通道上的外设的 DMA 请求。

当传输一半的数据后,半传输标志(HTIF)被置 1,如果设置了允许半传输中断位(HTIE),将产生中断请求。在数据传输结束后,传输完成标志(TCIF)被置 1,如果设置了允许传输完成中断位(TCIE),则将产生中断请求。

4. 循环模式

循环模式用于处理循环缓冲区和连续的数据传输(如 ADC 的扫描模式)。DMA_CCRx 寄存器中的 CIRC 位用于开启这一功能。当循环模式启动时,要被传输的数据数目会自动地被重新装载成配置通道时设置的初值,DMA 操作将会继续进行。

5. 存储器到存储器模式

DMA 通道的操作可以在没有外设请求的情况下进行,这种操作就是存储器到存储器模式。

如果设置了 DMA_CCRx 寄存器中的 MEM2MEM 位,在软件设置了 DMA_CCRx 寄存器中的 EN 位启动 DMA 通道时,DMA 传输将马上开始。当 DMA_CNDTRx 寄存器变为 0 时,DMA 传输结束。存储器到存储器模式不能与循环模式同时使用。

11.2.4 可编程的数据传输宽度、对齐方式和数据大小端

当 PSIZE 和 MSIZE 不相同时,DMA 模块按照表 11-1 的规则进行数据对齐。

表 11-1 可编程的数据传输宽度和大小端操作(当 PINC=MINC=1 时)

源端宽度	目标宽度	传输数目	源:地址/数据	传输操作	目标:地址/数据
8	8	4	0x0/B0	1:在 0x0 读 B0[7:0],在 0x0 写 B0[7:0]	0x0/B0
			0x1/B1	2:在 0x1 读 B1[7:0],在 0x1 写 B1[7:0]	0x1/B1
			0x2/B2	3:在 0x2 读 B2[7:0],在 0x2 写 B2[7:0]	0x2/B2
			0x3/B3	4:在 0x3 读 B3[7:0],在 0x3 写 B3[7:0]	0x3/B3

续表

源端宽度	目标宽度	传输数目	源：地址/数据	传输操作	目标：地址/数据
8	16	4	0x0/B0	1:在 0x0 读 B0[7:0],在 0x0 写 00B0[15:0]	0x0/00B0
			0x1/B1	2:在 0x1 读 B1[7:0],在 0x2 写 00B1[15:0]	0x2/00B1
			0x2/B2	3:在 0x2 读 B2[7:0],在 0x4 写 00B2[15:0]	0x4/00B2
			0x3/B3	4:在 0x3 读 B3[7:0],在 0x6 写 00B3[15:0]	0x6/00B3
8	32	4	0x0/B0	1:在 0x0 读 B0[7:0],在 0x0 写 000000B0[31:0]	0x0/000000B0
			0x1/B1	2:在 0x1 读 B1[7:0],在 0x4 写 000000B1[31:0]	0x4/000000B1
			0x2/B2	3:在 0x2 读 B2[7:0],在 0x8 写 000000B2[31:0]	0x8/000000B2
			0x3/B3	4:在 0x3 读 B3[7:0],在 0xC 写 000000B3[31:0]	0xC/000000B3
16	8	4	0x0/B1B0	1:在 0x0 读 B1B0[15:0],在 0x0 写 B0[7:0]	0x0/B0
			0x2/B3B2	2:在 0x2 读 B3B2[15:0],在 0x1 写 B2[7:0]	0x1/B2
			0x4/B5B4	3:在 0x4 读 B5B4[15:0],在 0x2 写 B4[7:0]	0x2/B4
			0x6/B7B6	4:在 0x6 读 B7B6[15:0],在 0x3 写 B6[7:0]	0x3/B6
16	16	4	0x0/B1B0	1:在 0x0 读 B1B0[15:0],在 0x0 写 B1B0[15:0]	0x0/B1B0
			0x2/B3B2	2:在 0x2 读 B3B2[15:0],在 0x2 写 B3B2[15:0]	0x2/B3B2
			0x4/B5B4	3:在 0x4 读 B5B4[15:0],在 0x4 写 B5B4[15:0]	0x4/B5B4
			0x6/B7B6	4:在 0x6 读 B7B6[15:0],在 0x6 写 B7B6[15:0]	0x6/B7B6
16	32	4	0x0/B1B0	1:在 0x0 读 B1B0[15:0],在 0x0 写 0000B1B0[31:0]	0x0/0000B1B0
			0x2/B3B2	2:在 0x2 读 B3B2[15:0],在 0x4 写 0000B3B2[31:0]	0x4/0000B3B2
			0x4/B5B4	3:在 0x4 读 B5B4[15:0],在 0x8 写 0000B5B4[31:0]	0x8/0000B5B4
			0x6/B7B6	4:在 0x6 读 B7B6[15:0],在 0xC 写 0000B7B6[31:0]	0xC/0000B7B6
32	8	4	0x0/B3B2B1B0	1:在 0x0 读 B3B2B1B0[31:0],在 0x0 写 B0[7:0]	0x0/B0
			0x4/B7B6B5B4	2:在 0x4 读 B7B6B5B4[31:0],在 0x1 写 B4[7:0]	0x1/B4
			0x8/BBBAB9B8	3:在 0x8 读 BBBAB9B8[31:0],在 0x2 写 B8[7:0]	0x2/B8
			0xC/BFBEBDBC	4:在 0xC 读 BFBEBDBC[31:0],在 0x3 写 BC[7:0]	0x3/BC
32	16	4	0x0/B3B2B1B0	1:在 0x0 读 B3B2B1B0[31:0],在 0x0 写 B1B0[15:0]	0x0/B1B0
			0x4/B7B6B5B4	2:在 0x4 读 B7B6B5B4[31:0],在 0x2 写 B5B4[15:0]	0x2/B5B4
			0x8/BBBAB9B8	3:在 0x8 读 BBBAB9B8[31:0],在 0x4 写 B9B8[15:0]	0x4/B9B8
			0xC/BFBEBDBC	4:在 0xC 读 BFBEBDBC[31:0],在 0x6 写 BDBC[15:0]	0x6/BDBC
32	32	4	0x0/B3B2B1B0	1:在 0x0 读 B3B2B1B0[31:0],在 0x0 读 B3B2B1B0[31:0]	0x0/B3B2B1B0
			0x4/B7B6B5B4	2:在 0x4 读 B7B6B5B4[31:0],在 0x4 读 B7B6B5B4[31:0]	0x4/B7B6B5B4
			0x8/BBBAB9B8	3:在 0x8 读 BBBAB9B8[31:0],在 0x8 读 BBBAB9B8[31:0]	0x8/BBBAB9B8
			0xC/BFBEBDBC	4:在 0xC 读 BFBEBDBC[31:0],在 0xC 读 BFBEBDBC[31:0]	0xC/BFBEBDBC

对不支持字节或半字写的 AHB 设备的操作

当 DMA 模块开始一个 AHB 的字节或半字写操作时，数据将在 HWDATA[31:0]总线中未使用的部分重复。因此，如果 DMA 以字节或半字写入不支持字节或半字写操作的 AHB 设备时（即 HSIZE 不适于该模块），不会发生错误，DMA 将按照下面两个例子的方法写入 32 位 HWDATA 数据：

- 当 HSIZE = 半字时，写入半字 0xABCD，DMA 将设置 HWDATA 总线为 0xABCDABCD。
- 当 HSIZE = 字节时，写入字节 0xAB，DMA 将设置 HWDATA 总线为 0xABABABAB。

假定 AHB/APB 桥是一个 AHB 的 32 位从设备，它不考虑 HSIZE 参数，将按照下述方式把任意 AHB 上的字节或半字按 32 位传送到 APB 上：

- AHB 上对地址 0x0（或 0x1、0x2 或 0x3）的写字节数据 0xB0 操作，将转换到 APB 上对地址 0x0 的写字数据 0xB0B0B0B0 操作。
- AHB 上对地址 0x0（或 0x2）的写半字数据 0xB1B0 操作，将转换到 APB 上对地址 0x0 的写字数据 0xB1B0B1B0 操作。

例如，如果要写入 APB 后备寄存器（与 32 位地址对齐的 16 位寄存器），需要配置存储器数据源宽度（MSIZE）为 16 位，外设目标数据宽度（PSIZE）为 32 位。

11.2.5 DMA 中断

每个 DMA 通道都可以在 DMA 传输过半、传输完成和传输错误时产生中断。为应用的灵活性考虑，通过设置寄存器的不同位来打开这些中断。相关的中断事件标志位及对应的使能控制位分别为：

“传输过半”的中断事件标志位是 HTIF，中断使能控制位是 HTIE；

“传输完成”的中断事件标志位是 TCIF，中断使能控制位是 TCIE；

“传输错误”的中断事件标志位是 TEIF，中断使能控制位是 TEIE。读写一个保留的地址区域，将会产生 DMA 传输错误。在 DMA 读写操作期间发生 DMA 传输错误时，硬件会自动清除发生错误的通道所对应的通道配置寄存器（DMA_CCRx）的 EN 位，该通道操作被停止。此时，在 DMA_IFR 寄存器中对应该通道的传输错误中断标志位（TEIF）将被置位，如果在 DMA_CCRx 寄存器中设置了传输错误中断允许位，则将产生中断。

11.2.6 DMA 请求映像

1. DMA1 控制器

从外设（TIMx[x=1、2、3、4]、ADC1、SPI1、SPI/I2S2、I2Cx[x=1、2]和 USARTx[x=1、2、3]）产生的 7 个请求，通过逻辑或输入到 DMA1 控制器，同时只能有一个请求有效。DMA1 请求映像如图 11-2 所示。

可以通过设置相应外设寄存器中的控制位，独立地开启或关闭外设的 DMA 请求。各个通道的 DMA1 请求如表 11-2 所示。

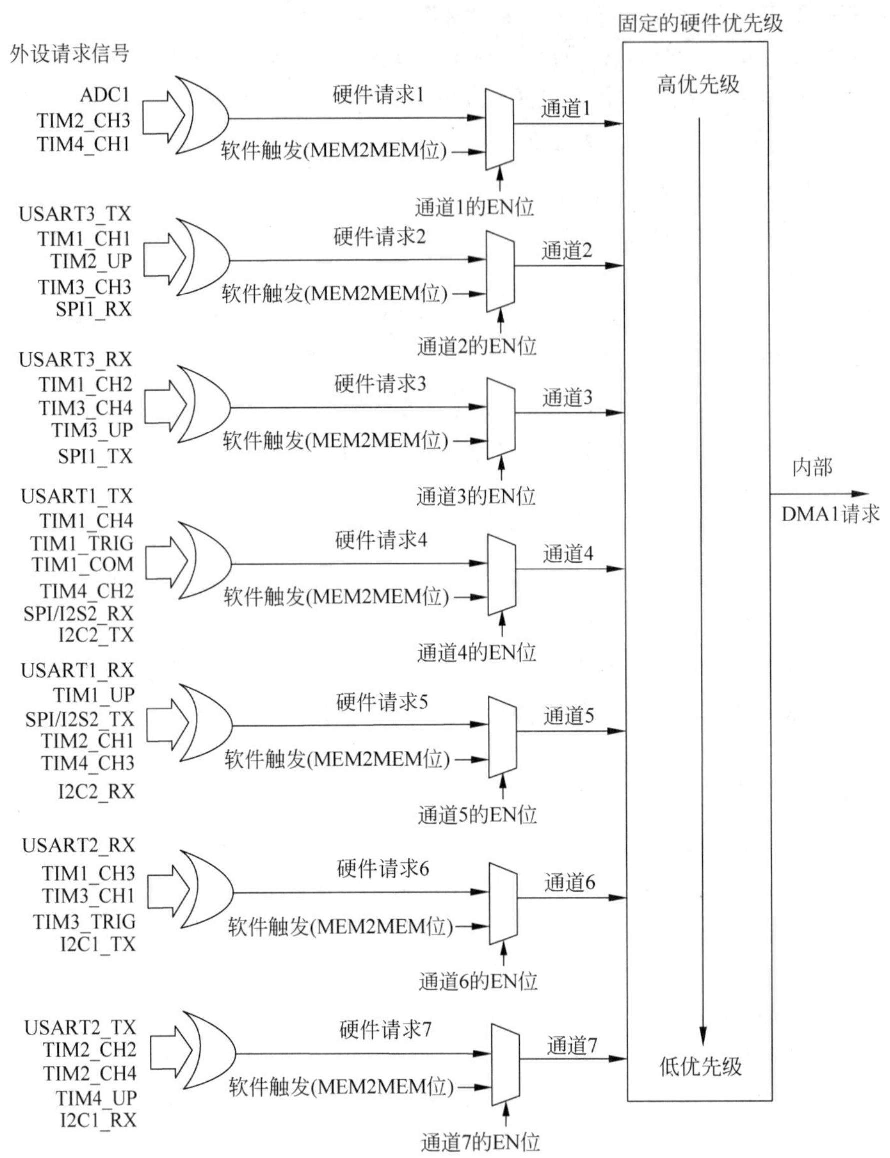

图 11-2 DMA1 请求映像

表 11-2 各个通道的 DMA1 请求

外设	通道 1	通道 2	通道 3	通道 4	通道 5	通道 6	通道 7
ADC1	ADC1						
SPI/I2S		SPI1_RX	SPI1_TX	SPI/I2S2_RX	SPI/I2S2_TX		
USART		USART3_TX	USART3_RX	USART1_TX	USART1_RX	USART2_RX	USART2_TX
I2C				I2C2_TX	I2C2_RX	I2C1_TX	I2C1_RX
TIM1		TIM1_CH1	TIM1_CH2	TIM1_CH4 TIM1_TRIG TIM1_COM	TIM1_UP	TIM1_CH3	

续表

外设	通道 1	通道 2	通道 3	通道 4	通道 5	通道 6	通道 7
TIM2	TIM2_CH3	TIM2_UP			TIM2_CH1		TIM2_CH2 TIM2_CH4
TIM3		TIM3_CH3	TIM3_CH4 TIM3_UP			TIM3_CH1 TIM3_TRIG	
TIM4	TIM4_CH1			TIM4_CH2	TIM4_CH3		TIM4_UP

2. DMA2 控制器

从外设(TIMx[5、6、7、8]、ADC3、SPI/I2S3、UART4、DAC 通道 1、2 和 SDIO)产生的 5 个请求,经逻辑或电路输入到 DMA2 控制器,同时只能有一个请求有效。DMA2 请求映像如图 11-3 所示。

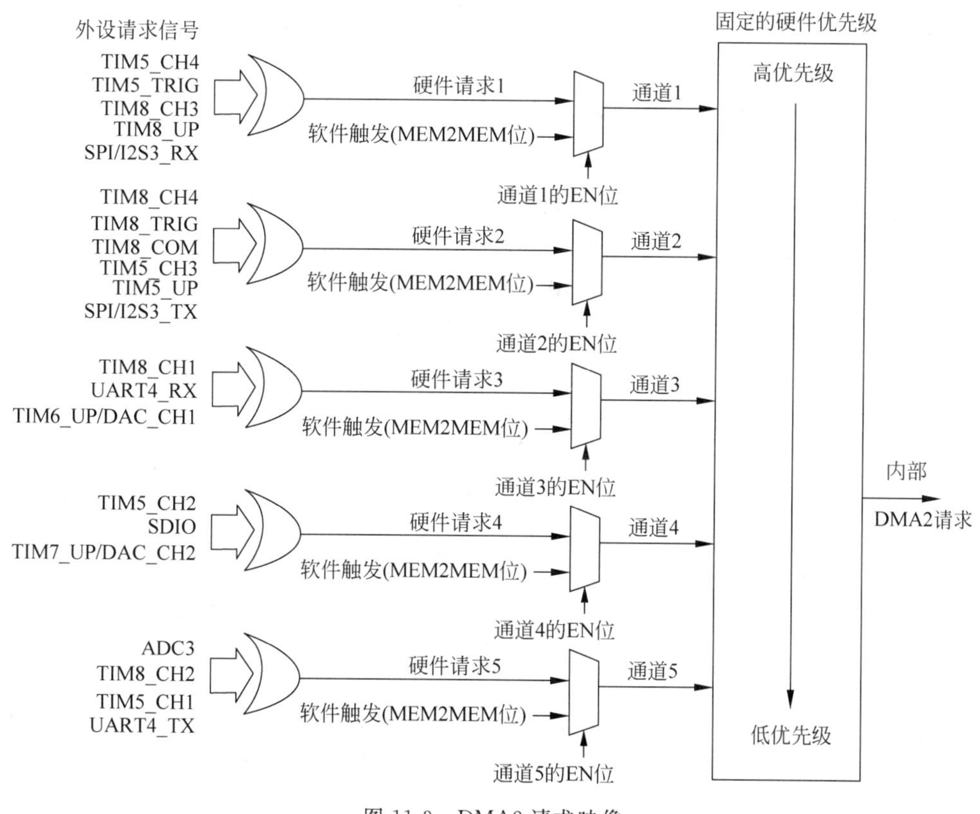

图 11-3 DMA2 请求映像

可以通过设置相应外设寄存器中的 DMA 控制位,独立地开启或关闭外设的 DMA 请求。各个通道的 DMA2 请求如表 11-3 所示。

表 11-3 各个通道的 DMA2 请求

外 设	通道 1	通道 2	通道 3	通道 4	通道 5
ADC3[(1)]					ADC3
SPI/I2S3	SPI/I2S3_RX	SPI/I2S3_TX			
UART4			UART4_RX		UART4_TX

续表

外　设	通道 1	通道 2	通道 3	通道 4	通道 5
SDIO[1]				SDIO	
TIM5	TIM5_CH4 TIM5_TRIG	TIM5_CH3 TIM5_UP		TIM5_CH2	TIM5_CH1
TIM6/DAC 通道 1			TIM6 _ UP/DAC 通道 1		
TIM7/DAC 通道 2				TIM7 _ UP/DAC 通道 2	
TIM8[1]	TIM8_CH3 TIM8_UP	TIM8_CH4 TIM8_TRIG TIM8_COM	TIM8_CH1		TIM8_CH2

注 1：ADC3、SDIO 和 TIM8 的 DMA 请求只在大容量的产品中存在。

11.3 DMA 的寄存器

在下面介绍的寄存器中，所有与通道 6 和通道 7 相关的位，对 DMA2 都不适用，因为 DMA2 只有 5 个通道。DMA1 的基地址为 0x4002 0000，DMA2 的基地址为 0x4002 0400。

1. DMA 中断状态寄存器(DMA_ISR)

偏移地址：0x00，复位值：0x0000 0000。各位定义如下：

位号	31～28				27	26	25	24	23	22	21	20	19	18	17	16
定义	保留				TEIF7	HTIF7	TCIF7	GIF7	TEIF6	HTIF6	TCIF6	GIF6	TEIF5	HTIF5	TCIF5	GIF5
读写					r	r	r	r	r	r	r	r	r	r	r	r
位号	15	14	13	12	11	10	9	8	7	6	5	4	3	2	1	0
定义	TEIF4	HTIF4	TCIF4	GIF4	TEIF3	HTIF3	TCIF3	GIF3	TEIF2	HTIF2	TCIF2	GIF2	TEIF1	HTIF1	TCIF1	GIF1
读写	r	r	r	r	r	r	r	r	r	r	r	r	r	r	r	r

位[31:28]：保留，始终读为 0。

位 27、23、19、15、11、7、3：TEIFx，通道 x 的传输错误标志(x=1～7)，由硬件设置这些位。在 DMA_IFCR 寄存器的相应位写入 1，可以清除这里对应的标志位。

0：通道 x 没有传输错误；　　1：通道 x 发生了传输错误。

位 26、22、18、14、10、6、2：HTIFx，通道 x 的半传输标志(x=1～7)，由硬件设置这些位。在 DMA_IFCR 寄存器的相应位写入 1，可以清除这里对应的标志位。

0：通道 x 没有半传输事件；　　1：通道 x 产生了半传输事件。

位 25、21、17、13、9、5、1：TCIFx，通道 x 的传输完成标志(x=1～7)，由硬件设置这些位。在 DMA_IFCR 寄存器的相应位写入 1，可以清除这里对应的标志位。

0：通道 x 没有传输完成事件；　　1：通道 x 产生了传输完成事件。

位 24、20、16、12、8、4、0：GIFx，通道 x 的全局中断标志(x=1～7)，由硬件设置这些位。在 DMA_IFCR 寄存器的相应位写入 1，可以清除这里对应的标志位。

0：通道 x 没有 TE、HT 或 TC 事件。　　1：通道 x 产生了 TE、HT 或 TC 事件。

2. DMA 中断标志清除寄存器(DMA_IFCR)

偏移地址：0x04，复位值：0x0000 0000。各位定义如下：

位号	31～28	27	26	25	24	23	22	21	20	19	18	17	16
定义	保留	CTEIF7	CHTIF7	CTCIF7	CGIF7	CTEIF6	CHTIF6	CTCIF6	CGIF6	CTEIF5	CHTIF5	CTCIF5	CGIF5
读写		w	w	w	w	w	w	w	w	w	w	w	w

位号	15	14	13	12	11	10	9	8	7	6	5	4	3	2	1	0
定义	CTEIF4	CHTIF4	CTCIF4	CGIF4	CTEIF3	CHTIF3	CTCIF3	CGIF3	CTEIF2	CHTIF2	CTCIF2	CGIF2	CTEIF1	CHTIF1	CTCIF1	CGIF1
读写	w	w	w	w	w	w	w	w	w	w	w	w	w	w	w	w

位[31:28]：保留，始终读为 0。

位 27、23、19、15、11、7、3：CTEIFx，清除通道 x 的传输错误标志(x=1～7)，这些位由软件设置和清除。

0：不起作用；　　1：清除 DMA_ISR 寄存器中的对应 TEIF 标志。

位 26、22、18、14、10、6、2：CHTIFx，清除通道 x 的半传输标志(x=1～7)，这些位由软件设置和清除。

0：不起作用；　　1：清除 DMA_ISR 寄存器中的对应 HTIF 标志。

位 25、21、17、13、9、5、1：CTCIFx，清除通道 x 的传输完成标志(x=1～7)，这些位由软件设置和清除。

0：不起作用；　　1：清除 DMA_ISR 寄存器中的对应 TCIF 标志。

位 24、20、16、12、8、4、0：CGIFx，清除通道 x 的全局中断标志(x=1～7)，这些位由软件设置和清除。

0：不起作用；

1：清除 DMA_ISR 寄存器中的对应的 GIF、TEIF、HTIF 和 TCIF 标志。

3. DMA 通道 x 配置寄存器(DMA_CCRx)(x=1～7)

偏移地址：0x08+20x(通道编号−1)，复位值：0x0000 0000。各位定义如下：

位号	31～15	14	13	12	11	10	9	8
定义	保留	MEM2MEM	PL[1:0]		MSIZE[1:0]		PSIZE[1:0]	
读写		rw	rw		rw		rw	

位号	7	6	5	4	3	2	1	0
定义	MINC	PINC	CIRC	DIR	TEIE	HTIE	TCIE	EN
读写	rw	rw	rw	rw	rw	rw	rw	rw

位[31:15]：保留，始终读为 0。

位 14：MEM2MEM，存储器到存储器模式(Memory to memory mode)，该位由软件设置和清除。

0：禁止存储器到存储器模式；　　1：使能存储器到存储器模式。

位[13:12]：PL[1:0]，通道优先级(Channel priority level)，这些位由软件设置和清除。

00：低；　01：中；　10：高；　11：最高。

位[11:10]：MSIZE[1:0]，存储器数据宽度(Memory size)，这些位由软件设置和清除。

00：8位；　01：16位；　10：32位；　11：保留。

位[9:8]：PSIZE[1:0]，外设数据宽度(Peripheral size)，这些位由软件设置和清除。

00：8位；　01：16位；　10：32位；　11：保留。

位7：MINC，存储器地址增量模式(Memory increment mode)，该位由软件设置和清除。

0：不执行存储器地址增量操作；　1：执行存储器地址增量操作。

位6：PINC，外设地址增量模式(Peripheral increment mode)，该位由软件设置和清除。

0：不执行外设地址增量操作；　1：执行外设地址增量操作。

位5：CIRC，循环模式(Circular mode)，该位由软件设置和清除。

0：不执行循环操作；　1：执行循环操作。

位4：DIR，数据传输方向(Data transfer direction)，该位由软件设置和清除。

0：从外设读；　1：从存储器读。

位3：TEIE，允许传输错误中断(Transfer error interrupt enable)，该位由软件设置和清除。

0：禁止TE中断；　1：允许TE中断。

位2：HTIE，允许半传输中断(Half transfer interrupt enable)，该位由软件设置和清除。

0：禁止HT中断；　1：允许HT中断。

位1：TCIE，允许传输完成中断(Transfer complete interrupt enable)，该位由软件设置和清除。

0：禁止TC中断；　1：允许TC中断。

位0：EN，通道开启(Channel enable)，该位由软件设置和清除。

0：通道不工作；　1：通道开启

4. DMA通道x传输数量寄存器(DMA_CNDTRx)(x=1～7)

偏移地址：0x0C+20x(通道编号−1)，复位值：0x0000 0000。各位定义如下：

位号	31～16	15	14	13	12	11	10	9	8	7	6	5	4	3	2	1	0
定义	保留	NDT[15:0]															
读写		rw	rw	rw	rw	rw	rw	rw	rw	rw	rw	rw	rw	rw	rw	rw	rw

位[31:16]：保留，始终读为0。

位[15:0]：NDT[15:0]，数据传输数量(Number of data to transfer)。数据传输数量为0至65535。这个寄存器只能在通道不工作(DMA_CCRx的EN=0)时写入。通道开启后该寄存器变为只读，指示剩余的待传输字节数目。寄存器内容在每次DMA传输后递减。

数据传输结束后，寄存器的内容变为0。如果该通道配置为自动重加载模式，寄存器的内容将被自动重新加载为之前配置时的数值。当寄存器的内容为0时，无论通道是否开启，都不会发生任何数据传输。

5. DMA 通道 x 外设地址寄存器(DMA_CPARx)(x=1～7)

偏移地址：0x10＋20x(通道编号－1)，复位值：0x0000 0000。各位定义如下：

位号	31～0
定义	PA[31:0]
读写	rw

当开启通道(DMA_CCRx 的 EN=1)时不能写该寄存器。

位[31:0]：PA[31:0]，外设地址(Peripheral address)。外设数据寄存器的基地址，作为数据传输的源或目标。

当 PSIZE=01(16 位)时，不使用 PA[0]位。操作自动地与半字地址对齐。

当 PSIZE=10(32 位)时，不使用 PA[1:0]位。操作自动地与字地址对齐。

6. DMA 通道 x 存储器地址寄存器(DMA_CMARx)(x=1～7)

偏移地址：0x14＋20x(通道编号－1)，复位值：0x0000 0000。各位定义如下：

位号	31～0
定义	MA[31:0]
读写	rw

当开启通道(DMA_CCRx 的 EN=1)时不能写该寄存器。

位[31:0]：MA[31:0]，存储器地址。存储器地址作为数据传输的源或目标。

当 MSIZE=01(16 位)时，不使用 MA[0]位。操作自动地与半字地址对齐。

当 MSIZE=10(32 位)时，不使用 MA[1:0]位。操作自动地与字地址对齐。

11.4　DMA 的固件库函数

DMA 控制器提供 7 个数据通道的访问。由于外设实现了存储器的映射，因此对来自或者发向外设的数据传输，也可以像内存之间的数据传输一样管理。

11.4.1　DMA 寄存器 C 语言结构定义

DMA 寄存器 DMA_Cannel_TypeDef 和 DMA_TypeDef 的结构，在文件 stm32f10x.h 中定义如下：

```
typedef struct
{
    vu32 CCR;                          //DMA 设置寄存器
    vu32 CNDTR;                        //DMA 待传输数据数目寄存器
    vu32 CPAR;                         //DMA 外设地址寄存器
    vu32 CMAR;                         //DMA 内存地址寄存器
} DMA_Channel_TypeDef;
typedef struct
{
```

```
    vu32 ISR;                          //为 DMA 中断状态寄存器
    vu32 IFCR;                         //为 DMA 中断标志位清除寄存器
} DMA_TypeDef;
```

DMA 及其 7 个通道也在文件 stm32f10x.map 中声明：

```
...
#define PERIPH_BASE ((u32)0x40000000)
#define APB1PERIPH_BASE PERIPH_BASE
#define APB2PERIPH_BASE (PERIPH_BASE + 0x10000)
#define AHBPERIPH_BASE (PERIPH_BASE + 0x20000)
...
#define DMA1_BASE (AHBPERIPH_BASE + 0x0000)
#define DMA1_Channel1_BASE (AHBPERIPH_BASE + 0x0008)
#define DMA1_Channel2_BASE (AHBPERIPH_BASE + 0x001C)
#define DMA1_Channel3_BASE (AHBPERIPH_BASE + 0x0030)
#define DMA1_Channel4_BASE (AHBPERIPH_BASE + 0x0044)
#define DMA1_Channel5_BASE (AHBPERIPH_BASE + 0x0058)
#define DMA1_Channel6_BASE (AHBPERIPH_BASE + 0x006C)
#define DMA1_Channel7_BASE (AHBPERIPH_BASE + 0x0080)
#define DMA2_BASE (AHBPERIPH_BASE + 0x0400)
#define DMA2_Channel1_BASE (AHBPERIPH + 0x0408)
#define DMA2_Channel2_BASE (AHBPERIPH + 0x041C)
#define DMA2_Channel3_BASE (AHBPERIPH + 0x0430)
#define DMA2_Channel4_BASE (AHBPERIPH + 0x0444)
#define DMA2_Channel5_BASE (AHBPERIPH + 0x0458)
...
#define DMA1 ((DMA_TypeDef *) DMA1_BASE)
#define DMA2 ((DMA_TypeDef *) DMA2_BASE)
#define DMA1_Channel1 ((DMA_Channel_TypeDef *) DMA1_Channel1_BASE)
#define DMA1_Channel2 ((DMA_Channel_TypeDef *) DMA1_Channel2_BASE)
#define DMA1_Channel3 ((DMA_Channel_TypeDef *) DMA1_Channel3_BASE)
#define DMA1_Channel4 ((DMA_Channel_TypeDef *) DMA1_Channel4_BASE)
#define DMA1_Channel5 ((DMA_Channel_TypeDef *) DMA1_Channel5_BASE)
#define DMA1_Channel6 ((DMA_Channel_TypeDef *) DMA1_Channel6_BASE)
#define DMA1_Channel7 ((DMA_Channel_TypeDef *) DMA1_Channel7_BASE)
#define DMA2_Channel1 ((DMA_Channel_TypeDef *) DMA2_Channel1_BASE)
#define DMA2_Channel2 ((DMA_Channel_TypeDef *) DMA2_Channel2_BASE)
#define DMA2_Channel3 ((DMA_Channel_TypeDef *) DMA2_Channel3_BASE)
#define DMA2_Channel4 ((DMA_Channel_TypeDef *) DMA2_Channel4_BASE)
#define DMA2_Channel5 ((DMA_Channel_TypeDef *) DMA2_Channel5_BASE)
```

11.4.2 DMA 库函数

1. 函数 DMA_DeInit

函数原型：void DMA_DeInit (DMA_Channel_TypeDef * DMAy_Channelx)

功能描述：将 DMAy 的通道 x 寄存器重设为默认值。

输入参数：DMAy_Channelx，y 可以是 1 或者 2，x 可以是 1，2，…，7，用来选择 DMAy 通道 x。

例如：

```
DMA_DeInit(DMA1_Channel2);              //初始化 DMA1 通道 2
```

2. 函数 DMA_Init

函数原型：void DMA_Init (DMA_Channel_TypeDef * DMAy_Channelx, DMA_InitTypeDef * DMA_InitStruct)

功能描述：根据 DMA_InitStruct 中指定的参数初始化 DMA 的通道 x 寄存器。

输入参数 1：DMAy_Channelx,y 可以是 1 或者 2,x 可以是 1,2,…,7,用来选择 DMAy 通道 x。

输入参数 2：DMA_InitStruct,指向结构 DMA_InitTypeDef 的指针,包含了 DMA 通道 x 的配置信息。

DMA_InitTypeDef 在文件 stm32f10x_dma. h 中定义：

```
typedef struct
{
    u32 DMA_PeripheralBaseAddr;
    u32 DMA_MemoryBaseAddr;
    u32 DMA_DIR;
    u32 DMA_BufferSize;
    u32 DMA_PeripheralInc;
    u32 DMA_MemoryInc;
    u32 DMA_PeripheralDataSize;
    u32 DMA_MemoryDataSize;
    u32 DMA_Mode;
    u32 DMA_Priority;
    u32 DMA_M2M;
} DMA_InitTypeDef;
```

DMA_PeripheralBaseAddr 用来定义 DMA 外设基地址；

DMA_MemoryBaseAddr 用来定义 DMA 存储器基地址；

DMA_DIR 规定了外设是作为数据传输的目的地还是来源,可取的值为：

DMA_DIR_PeripheralDST——外设作为数据传输的目的地；

DMA_DIR_PeripheralSRC——外设作为数据传输的来源。

DMA_BufferSize 用来定义指定 DMA 通道的 DMA 缓存大小,单位为数据单位。根据传输方向,数据单位等于结构中参数 DMA_PeripheralDataSize 或者参数 DMA_MemoryDataSize 的值。

DMA_PeripheralInc 用来设定外设地址寄存器递增与否,可取如下值：

DMA_PeripheralInc_Enable——外设地址寄存器递增；

DMA_PeripheralInc_Disable——外设地址寄存器不变。

DMA_MemoryInc 用来设定内存地址寄存器递增与否,可取如下值：

DMA_MemoryInc_Enable——内存地址寄存器递增；

DMA_MemoryInc_Disable——内存地址寄存器不变。

DMA_PeripheralDataSize 设定外设数据宽度,可取如下值：

DMA_PeripheralDataSize_Byte——数据宽度为 8 位；

DMA_PeripheralDataSize_HalfWord——数据宽度为 16 位；
DMA_PeripheralDataSize_Word——数据宽度为 32 位。
DMA_MemoryDataSize 设定存储器数据宽度，可取如下值：
DMA_MemoryDataSize_Byte——数据宽度为 8 位；
DMA_MemoryDataSize_HalfWord——数据宽度为 16 位；
DMA_MemoryDataSize_Word——数据宽度为 32 位。
DMA_Mode 设置了 DMA 的工作模式，可取如下值：
DMA_Mode_Circular——工作在循环缓存模式；
DMA_Mode_Normal——工作在正常缓存模式。

注意：当指定 DMA 通道数据传输配置为存储器到存储器时，不能使用循环缓存模式。

DMA_Priority 设定 DMA 通道 x 的软件优先级，可取如下值：
DMA_Priority_VeryHigh——DMA 通道 x 拥有非常高优先级；
DMA_Priority_High——DMA 通道 x 拥有高优先级；
DMA_Priority_Medium——DMA 通道 x 拥有中优先级；
DMA_Priority_Low——DMA 通道 x 拥有低优先级。
DMA_M2M 使能 DMA 通道的存储器到存储器传输，可取如下值：
DMA_M2M_Enable——DMA 通道 x 设置为存储器到存储器传输；
DMA_M2M_Disable——DMA 通道 x 没有设置为存储器到存储器传输。
一个典型的 DMA 初始化实例代码如下：

```
DMA_InitTypeDef DMA_InitStructure;
DMA_InitStructure.DMA_PeripheralBaseAddr = 0x40005400;
DMA_InitStructure.DMA_MemoryBaseAddr = 0x20000100;
DMA_InitStructure.DMA_DIR = DMA_DIR_PeripheralSRC;
DMA_InitStructure.DMA_BufferSize = 256;
DMA_InitStructure.DMA_PeripheralInc = DMA_PeripheralInc_Disable;
DMA_InitStructure.DMA_MemoryInc = DMA_MemoryInc_Enable;
DMA_InitStructure.DMA_PeripheralDataSize = DMA_PeripheralDataSize_HalfWord;
DMA_InitStructure.DMA_MemoryDataSize = DMA_MemoryDataSize_HalfWord;
DMA_InitStructure.DMA_Mode = DMA_Mode_Normal;
DMA_InitStructure.DMA_Priority = DMA_Priority_Medium;
DMA_InitStructure.DMA_M2M = DMA_M2M_Disable;
DMA_Init(DMA1_Channel1, &DMA_InitStructure);
```

3. 函数 DMA_StructInit

函数原型：void DMA_StructInit(DMA_InitTypeDef * DMA_InitStruct)
功能描述：把 DMA_InitStruct 中的每一个参数按默认值填入。
输入参数：DMA_InitStruct，指向待初始化的结构 DMA_InitTypeDef 的指针。
结构 DMA_InitStruct 的各个成员有如下的默认值：

```
DMA_PeripheralBaseAddr: 0
DMA_MemoryBaseAddr: 0
DMA_DIR: DMA_DIR_PeripheralSRC
```

```
DMA_BufferSize: 0
DMA_PeripheralInc: DMA_PeripheralInc_Disable
DMA_MemoryInc: DMA_MemoryInc_Disable
DMA_PeripheralDataSize: DMA_PeripheralDataSize_Byte
DMA_MemoryDataSize: DMA_MemoryDataSize_Byte
DMA_Mode: DMA_Mode_Normal
DMA_Priority: DMA_Priority_Low
DMA_M2M: DMA_M2M_Disable
```

例如：

```
DMA_InitTypeDef DMA_InitStructure;
DMA_StructInit(&DMA_InitStructure);      //初始化 DMA_InitTypeDef 结构
```

4. 函数 DMA_Cmd

函数原型：void DMA_Cmd (DMA_Channel_TypeDef * DMAy_Channelx, FunctionalState NewState)

功能描述：使能或者除能指定的通道 x。

输入参数 1：DMAy_Channelx，y 可以是 1 或者 2，x 可以是 1，2，…，7，用来选择 DMAy 通道 x。

输入参数 2：NewState，DMAy 通道 x 的新状态，这个参数可以取 ENABLE 或者 DISABLE。

例如：

```
DMA_Cmd(DMA1_Channel7, ENABLE);          //使能 DMA1 通道 7
```

5. 函数 DMA_ITConfig

函数原型：void DMA_ITConfig (DMA_Channel_TypeDef * DMAy_Channelx, uint32_t DMA_IT, FunctionalState NewState)

功能描述：使能或者除能指定的通道 x 中断。

输入参数 1：DMAy_Channelx，y 可以是 1 或者 2，x 可以是 1，2，…，7，用来选择 DMAy 通道 x。

输入参数 2：DMA_IT，待使能或者除能的 DMA 中断源，使用操作符"|"可以同时选中多个 DMA 中断源，可取值如下：

DMA_IT_TC——传输完成中断屏蔽；

DMA_IT_HT——传输过半中断屏蔽；

DMA_IT_TE——传输错误中断屏蔽。

输入参数 3：NewState，DMAy 通道 x 中断的新状态，可以取 ENABLE 或者 DISABLE。

例如：

```
DMA_ITConfig(DMA1_Channel5, DMA_IT_TC, ENABLE);      //使能 DMA1 通道 5 的传输完成中断
```

6. 函数 DMA_GetCurrDataCounter

函数原型：u16 DMA_GetCurrDataCounter (DMA_Channel_TypeDef * DMAy_

Channelx)

功能描述：返回当前 DMAy 通道 x 剩余的待传输数据数目。

输入参数：DMAy_Channelx，y 可以是 1 或者 2，x 可以是 1，2，…，7，用来选择 DMAy 通道 x。

返回值：当前 DMAy 通道 x 剩余的待传输数据数目。

例如：

```
u16 CurrDataCount;
CurrDataCount = DMA_GetCurrDataCounter(DMA1_Channel2);
//获得当前 DMA1 通道 2 剩余的待传输数据数目
```

7. 函数 DMA_GetFlagStatus

函数原型：FlagStatus DMA_GetFlagStatus (uint32_t DMAy_FLAG)

功能描述：检查指定的 DMAy 通道 x 标志位设置与否。

输入参数：DMAy_FLAG，y 可以是 1 或者 2，待检查的 DMA 标志位。

返回值：DMA_FLAG 的新状态(SET 或者 RESET)。

DMAy_FLAG 可以取值如下(y=1 或 2，下同)。

DMAy_FLAG_GL1：通道 1 全局标志位；

DMAy_FLAG_TC1：通道 1 传输完成标志位；

DMAy_FLAG_HT1：通道 1 传输过半标志位；

DMAy_FLAG_TE1：通道 1 传输错误标志位；

DMAy_FLAG_GL2：通道 2 全局标志位；

DMAy_FLAG_TC2：通道 2 传输完成标志位；

DMAy_FLAG_HT2：通道 2 传输过半标志位；

DMAy_FLAG_TE2：通道 2 传输错误标志位；

DMAy_FLAG_GL3：通道 3 全局标志位；

DMAy_FLAG_TC3：通道 3 传输完成标志位；

DMAy_FLAG_HT3：通道 3 传输过半标志位；

DMAy_FLAG_TE3：通道 3 传输错误标志位；

DMAy_FLAG_GL4：通道 4 全局标志位；

DMAy_FLAG_TC4：通道 4 传输完成标志位；

DMAy_FLAG_HT4：通道 4 传输过半标志位；

DMAy_FLAG_TE4：通道 4 传输错误标志位；

DMAy_FLAG_GL5：通道 5 全局标志位；

DMAy_FLAG_TC5：通道 5 传输完成标志位；

DMAy_FLAG_HT5：通道 5 传输过半标志位；

DMAy_FLAG_TE5：通道 5 传输错误标志位；

DMAy_FLAG_GL6：通道 6 全局标志位；

DMAy_FLAG_TC6：通道 6 传输完成标志位；

DMAy_FLAG_HT6：通道 6 传输过半标志位；

DMAy_FLAG_TE6：通道 6 传输错误标志位；

DMAy_FLAG_GL7：通道 7 全局标志位；

DMAy_FLAG_TC7：通道 7 传输完成标志位；

DMAy_FLAG_HT7：通道 7 传输过半标志位；

DMAy_FLAG_TE7：通道 7 传输错误标志位。

例如：

```
FlagStatus Status;
Status = DMA_GetFlagStatus(DMA1_FLAG_HT6);     //检查 DMA1 通道 6 的传输过半标志是否置位
```

8. 函数 DMA_ClearFlag

函数原型：void DMA_ClearFlag(u32 DMAy_FLAG)

功能描述：清除 DMAy 通道 x 待处理标志位。

输入参数：DMAy_FLAG，待清除的 DMA 标志位，使用操作符“|”可以同时选中多个 DMA 标志位。DMAy_FLAG 的允许取值范围与第 7 个函数中的取值范围相同。

例如：

```
DMA_ClearFlag(DMA_FLAG_TE3);                   //清除 DMA 通道 3 传输错误中断挂起位
```

9. 函数 DMA_GetITStatus

函数原型：ITStatus DMA_GetITStatus(u32 DMAy_IT)

功能描述：检查指定的 DMAy 通道 x 中断发生与否。

输入参数：DMAy_IT，待检查的 DMAy 中断源。

返回值：DMAy_IT 的新状态(SET 或者 RESET)。

DMAy_IT 的取值范围如下：

DMAy_IT_GL1——通道 1 全局中断；

DMAy_IT_TC1——通道 1 传输完成中断；

DMAy_IT_HT1——通道 1 传输过半中断；

DMAy_IT_TE1——通道 1 传输错误中断；

DMAy_IT_GL2——通道 2 全局中断；

DMAy_IT_TC2——通道 2 传输完成中断；

DMAy_IT_HT2——通道 2 传输过半中断；

DMAy_IT_TE2——通道 2 传输错误中断；

DMAy_IT_GL3——通道 3 全局中断；

DMAy_IT_TC3——通道 3 传输完成中断；

DMAy_IT_HT3——通道 3 传输过半中断；

DMAy_IT_TE3——通道 3 传输错误中断；

DMAy_IT_GL4——通道 4 全局中断；

DMAy_IT_TC4——通道 4 传输完成中断；

DMAy_IT_HT4——通道 4 传输过半中断；

DMAy_IT_TE4——通道 4 传输错误中断；

DMAy_IT_GL5——通道 5 全局中断；
DMAy_IT_TC5——通道 5 传输完成中断；
DMAy_IT_HT5——通道 5 传输过半中断；
DMAy_IT_TE5——通道 5 传输错误中断；
DMAy_IT_GL6——通道 6 全局中断；
DMAy_IT_TC6——通道 6 传输完成中断；
DMAy_IT_HT6——通道 6 传输过半中断；
DMAy_IT_TE6——通道 6 传输错误中断；
DMAy_IT_GL7——通道 7 全局中断；
DMAy_IT_TC7——通道 7 传输完成中断；
DMAy_IT_HT7——通道 7 传输过半中断；
DMAy_IT_TE7——通道 7 传输错误中断。

例如：

```
ITStatus Status;
Status = DMA_GetITStatus(DMA1_IT_TC7);          //检查 DMA1 通道 7 是否发生了传输完成中断
```

10. 函数 DMA_ClearITPendingBit

函数原型：void DMA_ClearITPendingBit(u32 DMAy_IT)

功能描述：清除 DMAy 通道 x 中断待处理标志位。

输入参数：DMAy_IT，待清除的 DMAy 中断待处理标志位，DMAy_IT 的允许取值范围与第 9 个函数中的相同。

例如：

```
DMA_ClearITPendingBit(DMA1_IT_GL5);             //清除 DMA1 通道 5 的全局中断挂起位
```

11.5 DMA 使用举例

DMA 的使用主要工作是 DMA 的初始化设置，包括以下几个步骤：

(1) 开启 DMA 时钟；
(2) 定义 DMA 通道外设基地址(DMA_InitStructure. DMA_PeripheralBaseAddr)；
(3) 定义 DMA 通道存储器地址(DMA_InitStructure. DMA_MemoryBaseAddr)；
(4) 指定源地址(方向)(DMA_InitStructure. DMA_DIR)；
(5) 定义 DMA 缓冲区大小(DMA_InitStructure. DMA_BufferSize)；
(6) 设置外设寄存器地址的变化特性(DMA_InitStructure. DMA_PeripheralInc)；
(7) 设置存储器地址的变化特性(DMA_InitStructure. DMA_MemoryInc)；
(8) 定义外设数据宽度(DMA_InitStructure. DMA_PeripheralDataSize)；
(9) 定义存储器数据宽度(DMA_InitStructure. DMA_MemoryDataSize)；
(10) 设置 DMA 的通道操作模式(DMA_InitStructure. DMA_Mode)；
(11) 设置 DMA 的通道优先级(DMA_InitStructure. DMA_Priority)；
(12) 设置是否允许 DMA 通道存储器到存储器传输(DMA_InitStructure. DMA_M2M)；

(13) 初始化 DMA 通道(DMA_Init 函数);

(14) 使能 DMA 通道(DMA_Cmd 函数);

(15) 中断配置(如果使用中断的话)(DMA_ITConfig 函数)。

【例 11-1】 利用 STM32 最小系统板的光敏电阻测量当前光照度,ADC 的转换采用 DMA 方式。

解:最小系统板的光敏电阻电路如图 3-12 所示。利用固件库函数实现题目要求。在创建工程出现 Manage Run-Time Environment 对话框时,选中 Device→Startup;选中 CMSIS→CORE。选中 StdPeriph Drivers 中的 GPIO、Framework、RCC、DMA、ADC 和 USART。为了便于演示,将检测到的数据使用串口 1 上传到计算机进行显示,在计算机上使用串口助手进行观察。新建 main.c 文件并加入到 Source Group 1 中,在 main.c 中输入如下代码:

```
#include "stm32f10x.h"
#include <stdio.h>

#define ADC1_DR_Address ((u32)0x4001244C)

//将 printf 函数进行重定向
#ifdef __GNUC__
  /* With GCC/RAISONANCE, small printf (option LD Linker -> Libraries -> Small printf set to
'Yes') calls __io_putchar() */
  #define PUTCHAR_PROTOTYPE int __io_putchar(int ch)
#else
  #define PUTCHAR_PROTOTYPE int fputc(int ch, FILE *f)
#endif /* __GNUC__ */

vu16 ADC_ConvertedValue;

void RCC_Config(void);
void GPIO_Config(void);
void USART_Config(void);
void DMA_Config(void);
void ADC_Config(void);
void Delay(vu32 nCount);
int main(void)
{
    RCC_Config();
    GPIO_Config();
    USART_Config();
    DMA_Config();
    ADC_Config();
    while(1)
    {
        Delay(0x8FFFF);
     printf("ADC = %X Volt = %d mv/r/n", ADC_ConvertedValue, ADC_ConvertedValue * 3300/
4096);
    }
}
```

```
void RCC_Config(void)                                              //时钟配置函数
{
    RCC_AHBPeriphClockCmd(RCC_AHBPeriph_DMA1, ENABLE);             //使能 DMA1 时钟
    RCC_APB2PeriphClockCmd(RCC_APB2Periph_ADC1 | RCC_APB2Periph_GPIOA, ENABLE);
                                                                   //使能 ADC1 和 GPIOA 时钟
    RCC_APB2PeriphClockCmd(RCC_APB2Periph_USART1, ENABLE);         //使能串口 1 时钟
}
void GPIO_Config(void)                                             //GPIO 配置函数
{
    GPIO_InitTypeDef GPIO_InitStructure;                           //定义 GPIO 初始化结构体
    //设置 Tx(PA9)为推拉输出模式
    GPIO_InitStructure.GPIO_Pin = GPIO_Pin_9;                      //选择 PIN9
    GPIO_InitStructure.GPIO_Speed = GPIO_Speed_50MHz;              //引脚频率 50MHz
    GPIO_InitStructure.GPIO_Mode = GPIO_Mode_AF_PP;                //引脚设置推拉输出
    GPIO_Init(GPIOA, &GPIO_InitStructure);                         //初始化 GPIOA
    //配置 USART1 Rx (PA10)为浮点输入模式
    GPIO_InitStructure.GPIO_Pin = GPIO_Pin_10;
    GPIO_InitStructure.GPIO_Mode = GPIO_Mode_IN_FLOATING;
    GPIO_Init(GPIOA, &GPIO_InitStructure);
    //配置 PA1 为模拟输入
    GPIO_InitStructure.GPIO_Pin = GPIO_Pin_1;
    GPIO_InitStructure.GPIO_Mode = GPIO_Mode_AIN;
    GPIO_Init(GPIOA, &GPIO_InitStructure);
}
void DMA_Config(void)                                              //DMA 配置函数
{
    DMA_InitTypeDef DMA_InitStructure;                             //定义 DMA 初始化结构体
    DMA_DeInit(DMA1_Channel1);                                     //复位 DMA 通道 1
    //定义 DMA 通道外设基地址 = ADC1_DR_Address
    DMA_InitStructure.DMA_PeripheralBaseAddr = ADC1_DR_Address;
    //定义 DMA 通道存储器地址
    DMA_InitStructure.DMA_MemoryBaseAddr = (u32)&ADC_ConvertedValue;
    DMA_InitStructure.DMA_DIR = DMA_DIR_PeripheralSRC;             //指定外设为源地址
    DMA_InitStructure.DMA_BufferSize = 1;                          //定义 DMA 缓冲区大小 1
    //当前外设寄存器地址不变
    DMA_InitStructure.DMA_PeripheralInc = DMA_PeripheralInc_Disable;
    //当前存储器地址不变
    DMA_InitStructure.DMA_MemoryInc = DMA_MemoryInc_Disable;
    DMA_InitStructure.DMA_PeripheralDataSize = DMA_PeripheralDataSize_HalfWord;
                                                                   //定义外设数据宽度 16 位
    //定义存储器数据宽度 16 位
    DMA_InitStructure.DMA_MemoryDataSize = DMA_MemoryDataSize_HalfWord;
    //DMA 通道操作模式为环形缓冲模式
    DMA_InitStructure.DMA_Mode = DMA_Mode_Circular;
    DMA_InitStructure.DMA_Priority = DMA_Priority_High;            //DMA 通道优先级高
    //禁止 DMA 通道存储器到存储器传输
    DMA_InitStructure.DMA_M2M = DMA_M2M_Disable;
    DMA_Init(DMA1_Channel1, &DMA_InitStructure);                   //初始化 DMA 通道 1
    DMA_Cmd(DMA1_Channel1, ENABLE);                                //使能 DMA 通道 1
}
//ADC 配置函数
```

```
void ADC_Config(void)
{
  ADC_InitTypeDef ADC_InitStructure;                          //定义 ADC 初始化结构体变量
  ADC_InitStructure.ADC_Mode = ADC_Mode_Independent;          //ADC 工作在独立模式
  ADC_InitStructure.ADC_ScanConvMode = ENABLE;                //使能扫描
  ADC_InitStructure.ADC_ContinuousConvMode = ENABLE;          //ADC 转换工作在连续模式
  //由软件控制转换
  ADC_InitStructure.ADC_ExternalTrigConv = ADC_ExternalTrigConv_None;
  ADC_InitStructure.ADC_DataAlign = ADC_DataAlign_Right;      //转换数据右对齐
  ADC_InitStructure.ADC_NbrOfChannel = 1;                     //转换通道为通道 1
  ADC_Init(ADC1, &ADC_InitStructure);                         //初始化 ADC
  ADC_RegularChannelConfig(ADC1,ADC_Channel_1,1,ADC_SampleTime_55Cycles5);
  //ADC1 选择通道 1,采样顺序为 1,采样时间 239.5 个周期
  ADC_DMACmd(ADC1, ENABLE);                                   //使能 ADC1 模块 DMA
  ADC_Cmd(ADC1, ENABLE);                                      //使能 ADC1
  ADC_ResetCalibration(ADC1);                                 //重置 ADC1 校准寄存器
  while(ADC_GetResetCalibrationStatus(ADC1));                 //等待 ADC1 校准重置完成
  ADC_StartCalibration(ADC1);                                 //开始 ADC1 校准
  while(ADC_GetCalibrationStatus(ADC1));                      //等待 ADC1 校准完成
  ADC_SoftwareStartConvCmd(ADC1, ENABLE);                     //使能 ADC1 软件开始转换
}
//USART 配置函数
void USART_Config(void)
{
    USART_InitTypeDef USART_InitStructure;                    //定义串口初始化结构体
    USART_InitStructure.USART_BaudRate = 9600;                //波特率 9600
    USART_InitStructure.USART_WordLength = USART_WordLength_8b;//8 位数据
    USART_InitStructure.USART_StopBits = USART_StopBits_1;    //1 个停止位
    USART_InitStructure.USART_Parity = USART_Parity_No ;      //无校验位
    //禁用 RTSCTS 硬件流控制
    USART_InitStructure.USART_HardwareFlowControl = USART_HardwareFlowControl_None;
    //使能发送接收
    USART_InitStructure.USART_Mode = USART_Mode_Rx | USART_Mode_Tx;
    USART_Init(USART1, &USART_InitStructure);                 //初始化串口 1
    USART_Cmd(USART1, ENABLE);                                //串口 1 使能
}
//延时函数
void Delay(vu32 nCount)
{
  for(; nCount != 0; nCount--);
}
//重定向 C 库 printf 函数
PUTCHAR_PROTOTYPE
{
    USART_SendData(USART1, (u8) ch);                          //发送一字节数据
    //等待发送完成
    while(USART_GetFlagStatus(USART1, USART_FLAG_TXE) == RESET);
    return ch;
}
```

11.6 习题

11-1 简述STM32F103VET6的DMA模块的特点。

11-2 DMA技术和中断技术有什么本质区别?

11-3 编程实现使用DMA串行通信方式,将STM32F103VET6的ADC通道2测量的电源电压通过串口1传送到计算机。

11-4 编程实现使用STM32F103VET6的DAC的DMA方式输出正弦波。

第 12 章 FSMC 控制器

CHAPTER 12

灵活静态存储器控制器(Flexible Static Memory Controller,FSMC)提供了一种类似于8086 的三总线接口方式(即地址总线、数据总线和控制总线)。本章介绍 STM32F103VET6 集成的 FSMC 的功能和结构、相关寄存器、固件库函数及应用实例。

12.1 FSMC 的功能和结构

12.1.1 FSMC 的功能描述

FSMC 模块能够与同步或异步存储器或者 16 位 PC 存储器卡接口连接,其主要作用是:

(1) 将 AHB 传输信号转换到适当的外部设备协议;

(2) 满足访问外部设备的时序要求。

所有的外部存储器共享控制器输出的地址、数据和控制信号,每个外部设备可以通过一个唯一的片选信号加以区分。FSMC 在任一时刻只访问一个外部设备。

FSMC 可以操作的器件包括:

- 具有静态存储器接口的器件,比如静态随机存储器(SRAM)、只读存储器(ROM)、NOR 闪存和伪静态随机存储器(Pseudo Static Random Access Memory,PSRAM)。
- 两个 NAND 闪存块,支持硬件 ECC 并可检测多达 8KB 数据。
- 16 位的 PC 卡兼容设备。

请读者自行查阅 NOR 闪存、NAND 闪存和 PSRAM 的相关概念和特点。

FSMC 具有下列主要功能:

(1) 支持对同步器件的成组访问模式,如 NOR 闪存和 PSRAM。

(2) 8 或 16 位数据总线。

(3) 每一个存储器块都有独立的片选控制,并且都可以独立配置。

(4) 时序可编程以支持各种不同的器件:

- 等待周期可编程(多达 15 个周期)。
- 总线恢复周期可编程(多达 15 个周期)。
- 输出使能和写使能延迟可编程(多达 15 个周期)。
- 独立的读写时序和协议,可支持宽范围的存储器和时序。

(5) PSRAM 和 SRAM 器件使用的写使能和字节选择输出。

(6) 将32位的AHB访问请求转换为对外部16位或8位器件连续的16位或8位访问。

(7) 具有2个字，每个字为32位宽的写入FIFO，用于存储数据，不能用于存储地址。允许在写入较慢存储器时释放AHB总线进行其他操作。在开始一次新的FSMC操作前，FIFO要先被清空。

通常在系统复位或上电时，应该设置好所有定义外部存储器类型和特性的FSMC寄存器，并保持它们的内容不变；当然，也可以在任何时候改变这些设置。

12.1.2 FSMC的结构

FSMC包含4个主要模块：

(1) AHB接口(包含FSMC配置寄存器)；

(2) NOR闪存和PSRAM控制器；

(3) NAND闪存和PC卡控制器；

(4) 外部设备接口。

FSMC的结构框图如图12-1所示。

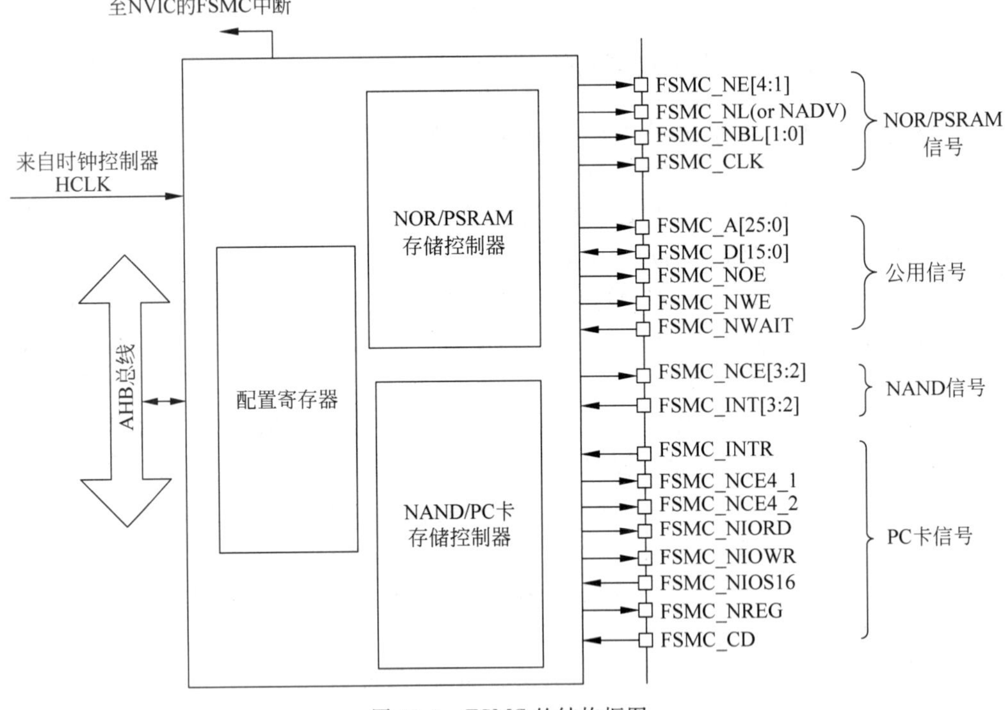

图12-1 FSMC的结构框图

12.2 AHB接口

AHB接口为内部CPU和其他总线控制设备访问外部静态存储器提供了通道，AHB操作被转换到外部设备的操作。当外部存储器的数据通道是16位或8位时，AHB上的32位数据会被分割成连续的16位或8位的操作。当执行32位对齐或非对齐访问时，片选信号保持为低电平，或者在连续访问时翻转。AHB时钟(HCLK)是FSMC的参考时钟。

请求 AHB 操作的数据宽度可以是 8 位、16 位或 32 位，而外部设备则是固定的数据宽度，此时需要保证实现数据传输的一致性。为此，FSMC 执行下述操作规则：

(1) 如果 AHB 操作的数据宽度与存储器数据宽度相同，则无数据传输一致性的问题。

(2) 如果 AHB 操作的数据宽度大于存储器的数据宽度，FSMC 将 AHB 操作分割成几个连续的较小数据宽度的存储器操作，以适应外部设备的数据宽度。

(3) 如果 AHB 操作的数据宽度小于存储器的数据宽度，则依据外部设备的类型，异步的数据传输有可能不一致。操作方法如下：

① 与具有字节选择功能的存储器(SRAM、ROM、PSRAM 等)进行异步传输时，FSMC 执行读写操作并通过它的字节通道 BL[1:0]访问正确的数据。

② 与不具有字节选择功能的存储器(NOR 和 16 位 NAND 等)进行异步传输时，即需要对 16 位宽度的闪存存储器进行字节访问时，显然不能对存储器进行字节模式访问，可以对存储器进行读操作(控制器读出完整的 16 位存储器数据，只使用需要的字节)，但是不允许进行写操作。在读操作期间，BL[1:0]设置为 0。

12.3 FSMC 外部设备地址映像

从 FSMC 的角度看，可以把外部存储器划分为固定大小为 256MB 的 4 个存储块，如图 12-2 所示。

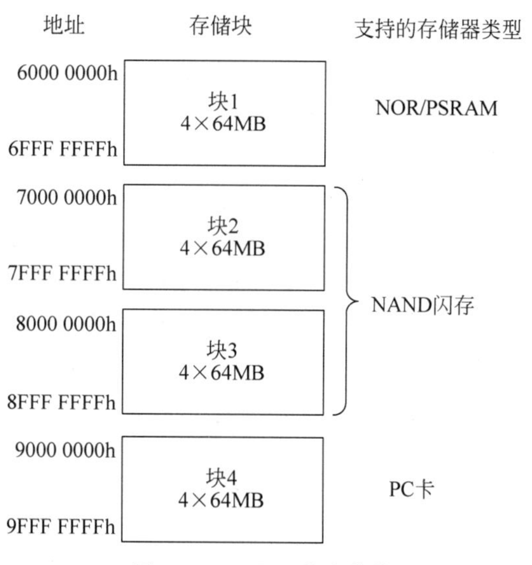

图 12-2 FSMC 的存储块

(1) 存储块 1 用于访问最多 4 个 NOR 闪存或 PSRAM 存储设备。这个存储区被划分为 4 个 NOR/PSRAM 区并有 4 个专用的片选信号。

(2) 存储块 2 和存储块 3 用于访问 NAND 闪存设备，每个存储块连接一个 NAND 闪存。

(3) 存储块 4 用于访问 PC 卡设备。

每一个存储块上的存储器类型由用户在配置寄存器中定义。

限于篇幅，本书仅介绍 NOR 和 PSRAM 访问的相关内容，NAND 闪存和 PC 卡设备的访问相关内容请参见产品手册。

1. NOR 和 PSRAM 地址映像

HADDR 是需要转换到外部存储器的内部 AHB 地址线。其中，HADDR[27:26]位用于选择存储块 1 的 4 个 NOR/PSRAM 块之一。

00：选择存储块 1 NOR/PSRAM 1；　　01：选择存储块 1 NOR/PSRAM 2；

10：选择存储块 1 NOR/PSRAM 3；　　11：选择存储块 1 NOR/PSRAM 4。

HADDR[25:0]包含外部存储器地址。HADDR 是字节地址，而存储器访问不都是按字节访问，因此接到存储器的地址线依存储器的数据宽度有所不同，如表 12-1 所示。

表 12-1　外部存储器地址

数据宽度	连到存储器的地址线	最大访问存储器空间(位)
8b	HADDR[25:0]与 FSMC_A[25:0]对应相连	64MB×8=512Mb
16b	HADDR[25:1]与 FSMC_A[24:0]对应相连，HADDR[0]未接	64MB/2×16=512Mb

对于 16 位宽度的外部存储器，FSMC 将在内部使用 HADDR[25:1]产生外部存储器的地址 FSMC_A[24:0]。不论外部存储器的宽度是多少(16 位或 8 位)，FSMC_A[0]始终应该连到外部存储器的地址线 A[0]。

2. NOR 闪存和 PSRAM 的非对齐访问支持

每个 NOR 闪存或 PSRAM 存储器块都可以配置成支持非对齐的数据访问。

在存储器侧，依据访问的方式是异步或同步，需要考虑两种情况。

(1) 异步模式：在这种情况下，只要每次访问都有准确的地址，完全支持非对齐的数据访问。

(2) 同步模式：在这种情况下，FSMC 只发出一次地址信号，然后成组的数据传输通过时钟 CLK 顺序进行。

某些 NOR 存储器支持线性的非对齐成组访问，固定数目的数据字可以从连续的以 N 为模的地址读取(典型的 N 为 8 或 16，可以通过 NOR 闪存的配置寄存器设置)。这种情况下，可以把存储器的非对齐访问模式设置为与 AHB 相同的模式。

如果存储器的非对齐访问模式不能设置为与 AHB 相同的模式，应该通过 FSMC 配置寄存器的相应位禁止非对齐访问，并把非对齐的访问请求分开成两个连续的访问操作。

12.4 NOR 闪存和 PSRAM 控制器

FSMC 可以产生适当的信号时序，驱动下述类型的存储器：

- 8 位、16 位或 32 位的异步 SRAM 和 ROM；
- 以异步模式或突发模式访问的 PSRAM(Cellular RAM)；
- 以异步模式或突发模式访问，或者以复用模式或非复用模式访问的 NOR 闪存。

FSMC 对每个存储块输出一个唯一的片选信号 NE[4:1]，所有其他信号(地址、数据和控制信号)则是共享的。

在同步方式中，FSMC 只在读/写操作期间向选中的外部设备产生时钟(CLK)，该时钟的频率是 HCLK 时钟的整除因子。每个存储块的大小固定为 64MB，每个存储块都有专门的寄存器控制。

可编程的存储器参数包括访问时序和等待周期管理(只针对突发模式下访问 PSRAM 和 NOR 闪存)。可编程的 NOR/PSRAM 访问参数如表 12-2 所示。

表 12-2　可编程的 NOR/PSRAM 访问参数

参　数	功　能	访问方式	单　位	最小	最大
地址建立时间	地址建立阶段的时间	异步	AHB 时钟周期(HCLK)	1	16
地址保持时间	地址保持阶段的时间	异步，复用 I/O	AHB 时钟周期(HCLK)	2	16
数据建立时间	数据建立阶段的时间	异步	AHB 时钟周期(HCLK)	2	256
总线恢复时间	总线恢复阶段的时间	异步或同步读/写	AHB 时钟周期(HCLK)	1	16
时钟分频因子	存储器访问的时钟周期(CLK)与 AHB 时钟周期的比例	同步	AHB 时钟周期(HCLK)	2	16
数据产生时间	突发模式下产生第一个数据所需的时钟数目	同步	存储器时钟周期(CLK)	2	17

12.4.1　外部存储器接口信号

以下描述中，具有前缀“N”的信号表示低有效信号。

1. NOR 闪存存储器接口

NOR 闪存存储器是按 16 位的半字寻址，最大容量达 64MB(26 条地址线)。

1) 非复用接口的 NOR 闪存接口

非复用信号的 NOR 闪存接口如表 12-3 所示。

表 12-3　非复用信号的 NOR 闪存接口

FSMC 信号名称	信号方向	功　能
CLK	输出	时钟(同步模式使用)
A[25:0]	输出	地址总线
D[15:0]	输入/输出	双向数据总线
NE[x]	输出	片选，x=1～4
NOE	输出	输出使能
NWE	输出	写使能
NL(=NADV)	输出	锁存使能(某些 NOR 闪存器件命名该信号为地址有效，NADV)
NWAIT	输入	NOR 闪存要求 FSMC 等待的信号

2) 复用信号的 NOR 闪存接口

复用信号的 NOR 闪存接口如表 12-4 所示。

表 12-4　复用信号的 NOR 闪存接口

FSMC 信号名称	信号方向	功　能
CLK	输出	时钟(同步突发模式使用)
A[25:16]	输出	地址总线
AD[15:0]	输入/输出	16 位复用的双向地址/数据总线
NE[x]	输出	片选，x=1～4
NOE	输出	输出使能
NWE	输出	写使能
NL(=NADV)	输出	锁存使能(某些 NOR 闪存器件命名该信号为地址有效，NADV)
NWAIT	输入	NOR 闪存要求 FSMC 等待的信号

2. PSRAM 存储器接口

PSRAM 存储器是按 16 位的半字寻址，最大容量达 64MB(26 条地址线)。

非复用信号的 PSRAM 接口如表 12-5 所示。

表 12-5 非复用信号的 PSRAM 接口

FSMC 信号名称	信号方向	功能
CLK	输出	时钟(同步模式使用)
A[25:0]	输出	地址总线
D[15:0]	输入/输出	双向数据总线
NE[x]	输出	片选，x=1～4[PSRAM 称其为 NCE(Cellular RAM 即 CRAM)]
NOE	输出	输出使能
NWE	输出	写使能
NL(=NADV)	输出	地址有效(存储器信号名称为 NADV)
NWAIT	输入	PSRAM 要求 FSMC 等待的信号
NBL[1]	输出	高字节使能(存储器信号名称为 NUB)
NBL[0]	输出	低字节使能(存储器信号名称为 NLB)

12.4.2 支持的存储器及其操作

支持的存储器、访问模式和操作方式如表 12-6 所示。

表 12-6 FSMC 支持的 NOR 闪存/PSRAM 存储器和操作方式

存储器	模式	读/写	AHB 数据宽度	存储器数据宽度	注释
NOR 闪存(总线复用和非总线复用)	异步	读	8	16	
	异步	读/写	16	16	
	异步	读/写	32	16	分成 2 次 FSMC 访问
	同步	读	16	16	
	同步	读	32	16	
PSRAM(总线复用和非总线复用)	异步	读	8	16	
	异步	写	8	16	使用字节信号 NBL[1:0]
	异步	读/写	16	16	
	异步	读/写	32	16	分成 2 次 FSMC 访问
	同步	读	16	16	
	同步	读	32	16	
	同步	写	8	16	使用字节信号 NBL[1:0]
	同步	写	16/32	16	
SRAM 和 ROM	异步	读	8/16/32	16	使用字节信号 NBL[1:0]
	异步	写	8/16/32	16	使用字节信号 NBL[1:0]

12.4.3 NOR 闪存和 PSRAM 控制器时序

操作时序的规则：

- 所有的控制器输出信号在内部时钟(HCLK)的上升沿变化；
- 在同步模式下，所有的输出信号在 HCLK 上升沿变化。

异步静态存储器(NOR 闪存和 PSRAM)的时序要求是：

- 所有信号由内部时钟 HCLK 保持同步，但该时钟不会输出到存储器；
- FSMC 始终在片选信号 NE 失效前对数据线采样，这样能够保证满足存储器的数据保持时序要求；
- 如果设置了扩展模式，可以在读和写时混合使用模式 A、B、C 和 D(例如，允许以模式 A 进行读，而以模式 B 进行写)。
- 如果禁用了扩展模式，选择 SRAM/PSRAM 存储器类型时，默认模式 1；选用 NOR 存储器类型时，默认模式 2。

1）模式 1——SRAM/PSRAM 操作

模式 1 读操作时序图如图 12-3 所示。

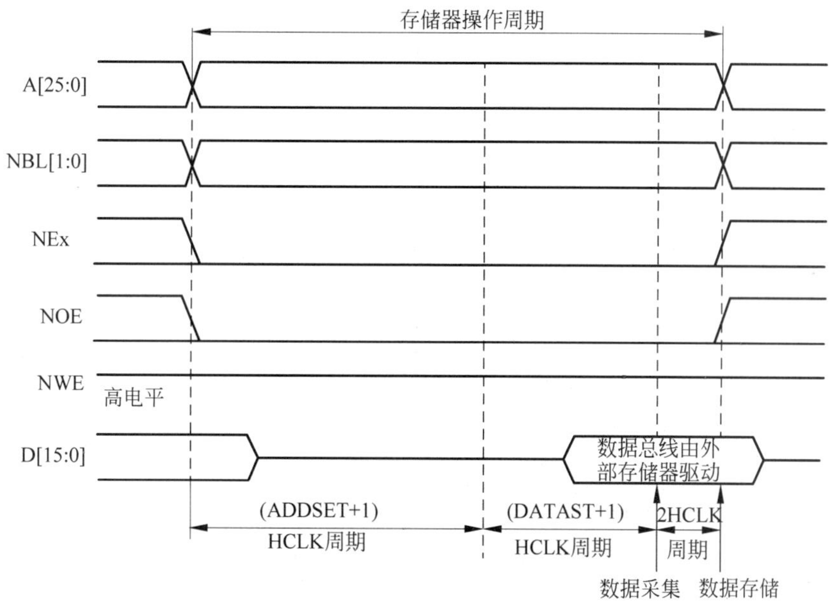

图 12-3 模式 1 读操作时序图

模式 1 写操作时序图如图 12-4 所示。

写操作的最后一个 HCLK 周期可以保证 NWE 上升沿后地址和数据的保持时间，因为存在这个 HCLK 周期，DATAST 的数值必须大于 0(DATAST > 0)。

模式 1 的 FSMC_BCRx 位域定义如表 12-7 所示。

模式 1 的 FSMC_BTRx 位域定义如表 12-8 所示。

2）模式 A——SRAM/PSRAM(CRAM) OE 翻转操作

模式 A 读操作的时序图如图 12-5 所示。

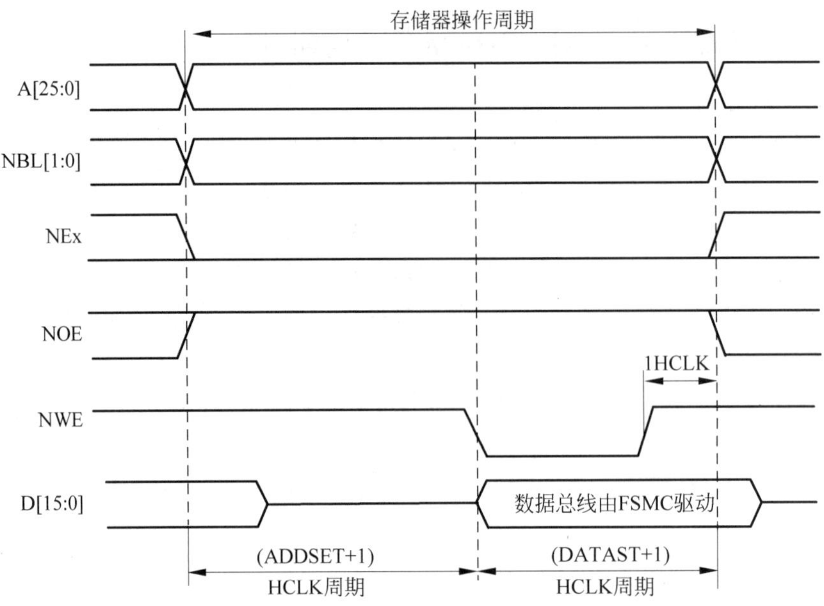

图 12-4　模式 1 写操作时序图

表 12-7　模式 1 的 FSMC_BCRx 位域定义

位　编　号	位　名　称	设置的数值
31～16		0x0000
15	ASYNCWAIT	如果存储器支持该特征，则设为 1；否则设为 0
14～10		0x0
9	WAITPOL	仅当位 15 为 1 时有意义
8	BURSTEN	0x0
7	保留	0x1
6	FACCEN	—
5～4	MWID	需要时设置
3～2	MTYP	需要时设置，不包含 10(NOR 闪存)
1	MUXEN	0x0
0	MBKEN	0x1

表 12-8　模式 1 的 FSMC_BTRx 位域定义

位编号	位名称	设置的数值
31～20		0x000
19～16	BUSTURN	NEx 从高到低的时间
15～8	DATAST	操作的第 2 个阶段的长度，写操作为(DATAST+1 个 HCLK 周期)，读操作为(DATAST+3 个 HCLK 周期)。这个域不能为 0，至少为 1
7～4		0x0
3～0	ADDSET	操作的第 1 个阶段的长度(ADDSET+1 个 HCLK 周期)

模式 A 写操作的时序与模式 1 写操作的时序相同，如图 12-4 所示。

模式 A 与模式 1 的区别是 NOE 的变化和相互独立的读写时序。

模式 A 的 FSMC_BCRx 位域定义如表 12-9 所示。

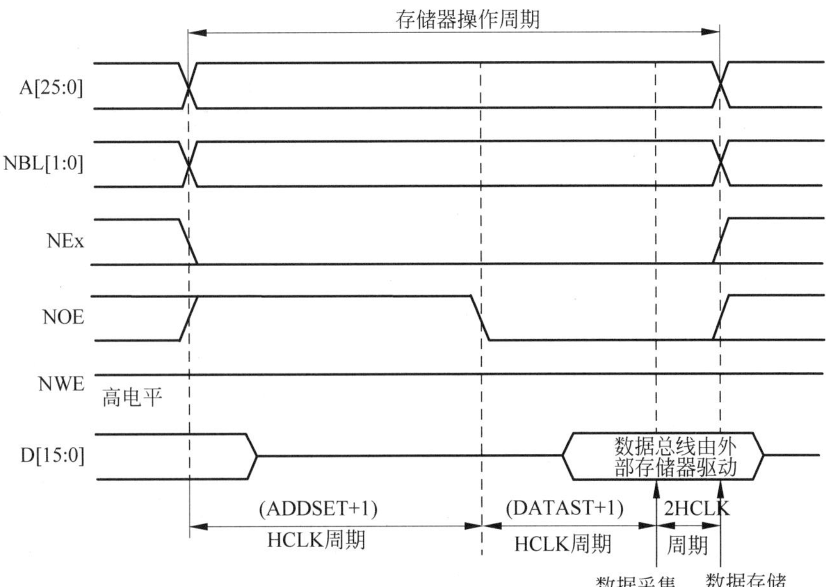

图 12-5　模式 A 读操作的时序图

表 12-9　模式 A 的 FSMC_BCRx 位域定义

位　编　号	位　名　称	设置的数值
31～16		0x0000
15	ASYNCWAIT	如果存储器支持该特征，则为 1；否则为 0
14	EXTMOD	0x1
13～10		0x0
9	WAITPOL	仅当位 15 为 1 时有意义
8	BURSTEN	0x0
7	保留	0x1
6	FACCEN	—
5～4	MWID	需要时设置
3～2	MTYP	需要时设置，不包含 10(NOR 闪存)
1	MUXEN	0x0
0	MBKEN	0x1

模式 A 的 FSMC_BTRx 位域定义如表 12-10 所示。

表 12-10　模式 A 的 FSMC_BTRx 位域定义

位　编　号	位　名　称	设置的数值
31～30	保留	0x0
29～28	ACCMOD	0x0
27～20		0x00
19～16	BUSTURN	NEx 从高到低的时间
15～8	DATAST	读操作的第 2 个阶段的长度(DATAST＋3 个 HCLK 周期)。这个域不能为 0(至少为 1)
7～4	ADDHLD	—
3～0	ADDSET	读操作的第 1 个阶段的长度(ADDSET＋1 个 HCLK 周期)

模式 A 的 FSMC_BWTRx 位域定义如表 12-11 所示。

表 12-11 模式 A 的 FSMC_BWTRx 位域定义

位 编 号	位 名 称	设置的数值
31～30	保留	0x0
29～28	ACCMOD	0x0
27～20		0x00
19～16	BUSTURN	NEx 从高到低的时间
15～8	DATAST	读操作的第 2 个阶段的长度，写操作为 DATAST ＋1 个 HCLK 周期，读操作为 DATAST ＋3 个 HCLK 周期。这个域不能为 0(至少为 1)
7～4	ADD	—
3～0	ADDSET	读操作的第 1 个阶段的长度(ADDSET＋1 个 HCLK 周期)

3）模式 2/B —— NOR 闪存操作时

模式 2/B 读操作时序图如图 12-6 所示。

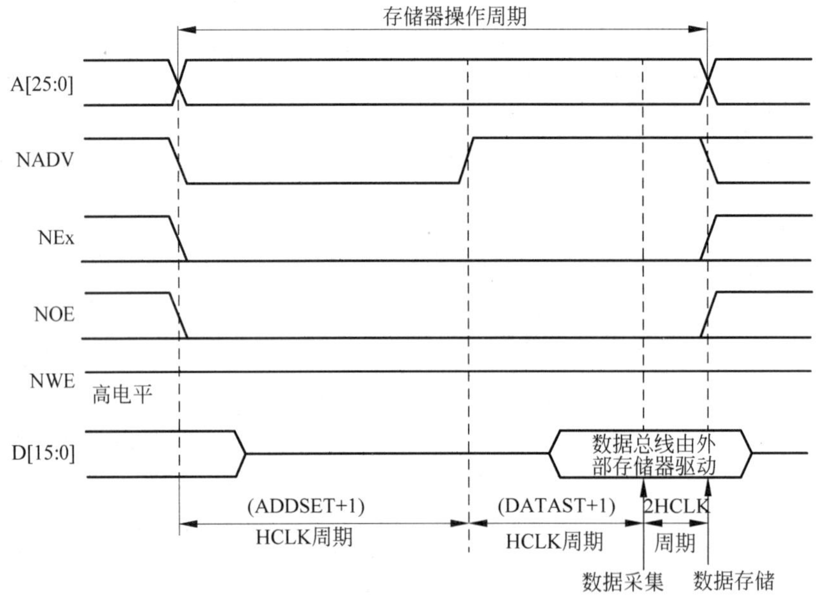

图 12-6 模式 2/B 读操作时序图

模式 2 写操作时序图如图 12-7 所示。

模式 B 写操作时序图如图 12-8 所示。

模式 2/B 与模式 1 相比较，不同的是 NADV 的变化，且在扩展模式下(模式 B)读写时序相互独立。

模式 2/B 的 FSMC_BCRx 位域定义如表 12-12 所示。

模式 2/B 的 FSMC_BTRx 位域定义如表 12-13 所示。

模式 2/B 的 FSMC_BWTRx 位域定义如表 12-14 所示。

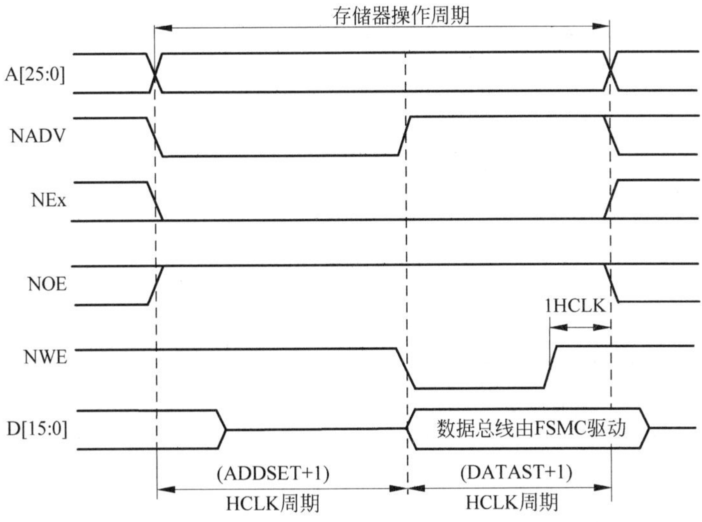

图 12-7　模式 2 写操作时序图

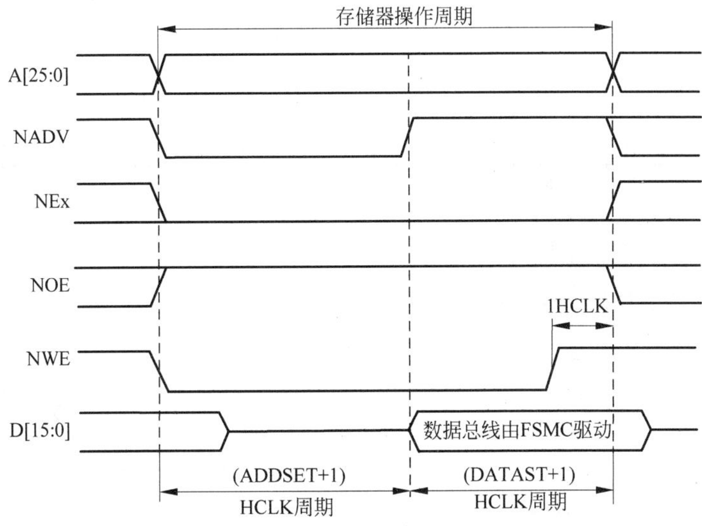

图 12-8　模式 B 写操作时序图

表 12-12　模式 2/B 的 FSMC_BCRx 位域定义

位 编 号	位 名 称	设置的数值
31～16		0x0000
15	ASYNCWAIT	如果存储器支持该特征，则为 1；否则为 0
14	EXTMOD	模式 B：0x1；模式 2：0x0
13～10		0x0
9	WAITPOL	仅当位 15 为 1 时有意义
8	BURSTEN	0x0
7	保留	0x1
6	FACCEN	0x1
5～4	MWID	需要时设置
3～2	MTYP	0x2(NOR 闪存)
1	MUXEN	0x0
0	MBKEN	0x1

表 12-13　模式 2/B 的 FSMC_BTRx 位域定义

位 编 号	位 名 称	设置的数值
31～30	保留	0x0
29～28	ACCMOD	0x1
27～20		0x000
19～16	BUSTURN	NEx 从高到低的时间
15～8	DATAST	读操作的第 2 个阶段的长度(DATAST+3 个 HCLK 周期)。这个域不能为 0(至少为 1)
7～4	ADDHLD	无关
3～0	ADDSET	读操作的第 1 个阶段的长度(ADDSET+1 个 HCLK 周期)

表 12-14　模式 2/B 的 FSMC_BWTRx 位域定义

位 编 号	位 名 称	设置的数值
31～30	保留	0x0
29～28	ACCMOD	0x1
27～20		0x00
19～16	BUSTURN	NEx 从高到低的时间
15～8	DATAST	写操作的第 2 个阶段的长度,写操作为 DATAST+1 个 HCLK 周期,读操作为 DATAST+3 个 HCLK 周期。这个域不能为 0(至少为 1)
7～4	ADDHLD	无关
3～0	ADDSET	写操作的第 1 个阶段的长度(ADDSET+1 个 HCLK 周期)

注：只有当设置了扩展模式时(模式 B),FSMC_BWTRx 才有效,否则该寄存器的内容不起作用。

4）模式 C——NOR 闪存-OE 翻转

模式 C 读操作时序图如图 12-9 所示。

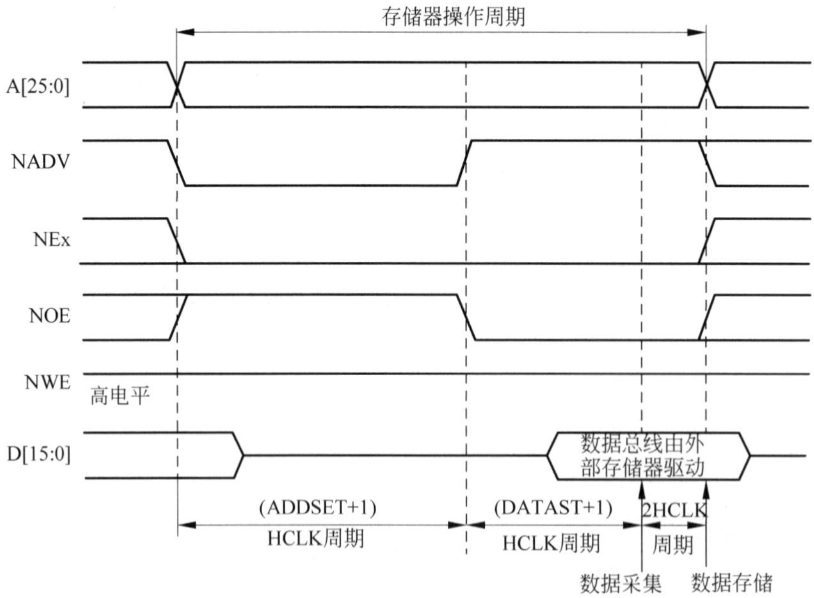

图 12-9　模式 C 读操作时序图

模式 C 写操作时序图如图 12-10 所示。

模式 C 与模式 1 不同的是,NOE 的翻转变化以及独立的读写时序。

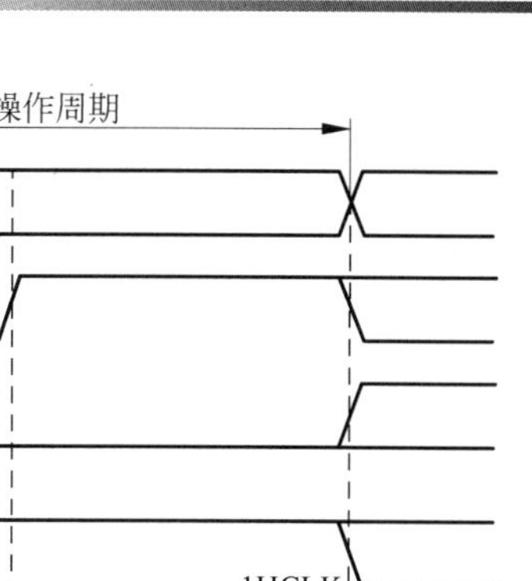

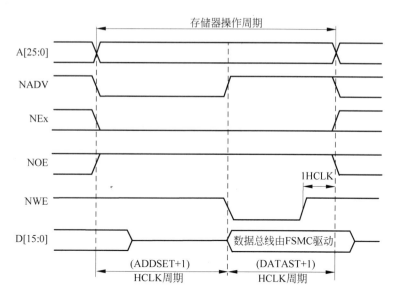

图 12-10 模式 C 写操作时序图

模式 C 的 FSMC_BCRx 位域定义如表 12-15 所示。

表 12-15 模式 C 的 FSMC_BCRx 位域定义

位编号	位名称	设置的数值
31～16		0x0000
15	ASYNCWAIT	如果存储器支持该特征，则为 1；否则为 0
14	EXTMOD	0x1
13～10		0x0
9	WAITPOL	仅当位 15 为 1 时有意义
8	BURSTEN	0x0
7	保留	0x1
6	FACCEN	0x1
5～4	MWID	需要时设置
3～2	MTYP	0x2(NOR 闪存)
1	MUXEN	0x0
0	MBKEN	0x1

模式 C 的 FSMC_BTRx 位域定义如表 12-16 所示。

表 12-16 模式 C 的 FSMC_BTRx 位域定义

位编号	位名称	设置的数值
31～30	保留	0x0
29～28	ACCMOD	0x2
27～20		0x00
19～16	BUSTURN	NEx 从高到低的时间
15～8	DATAST	读操作的第 2 个阶段的长度(DATAST+3 个 HCLK 周期)。这个域不能为 0(至少为 1)
7～4	ADDHLD	无关
3～0	ADDSET	读操作的第 1 个阶段的长度(ADDSET+1 个 HCLK 周期)

模式 C 的 FSMC_BWTRx 位域定义如表 12-17 所示。

表 12-17 模式 C 的 FSMC_BWTRx 位域定义

位编号	位名称	设置的数值
31～30	保留	0x0
29～28	ACCMOD	0x2
27～20		0x00
19～16	BUSTURN	NEx 从高到低的时间
15～8	DATAST	写操作的第 2 个阶段的长度，写操作时为 DATAST ＋1 个 HCLK 周期，读操作时为 DATAST ＋3 个 HCLK 周期。这个域不能为 0(至少为 1)
7～4	ADDHLD	0x0
3～0	ADDSET	写操作的第 1 个阶段的长度(ADDSET＋1 个 HCLK 周期)

5）模式 D ——带地址扩展的异步操作

模式 D 读操作时序图如图 12-11 所示。

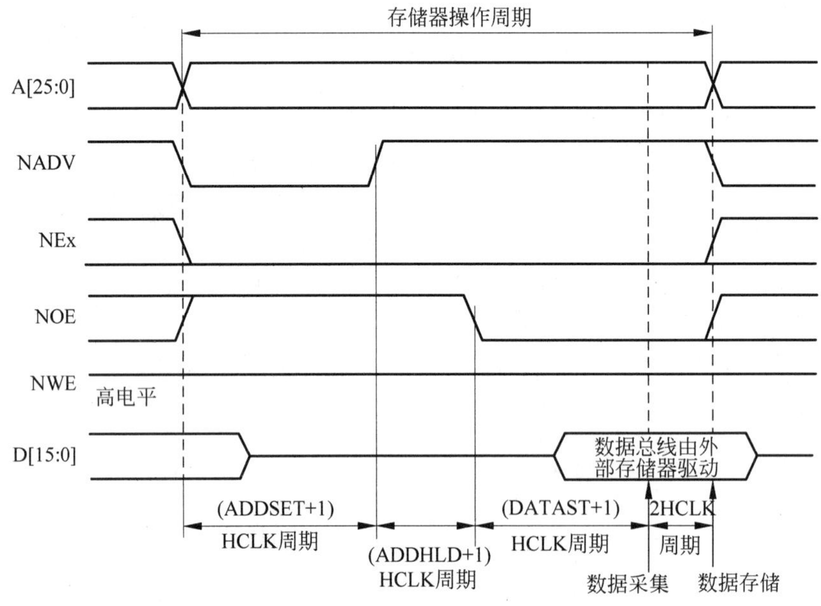

图 12-11 模式 D 读操作时序图

模式 D 写操作时序图如图 12-12 所示。

模式 D 与模式 1 不同的是 NOE 的翻转出现在 NADV 变化之后，并且具有独立的读写时序。

模式 D 的 FSMC_BCRx 位域定义如表 12-18 所示。

模式 D 的 FSMC_BTRx 位域定义如表 12-19 所示。模式 D 的 FSMC_BWTRx 位域定义如表 12-20 所示。

6）复用模式——地址/数据复用的 NOR 闪存异步操作

复用模式读操作时序图如图 12-13 所示。

其中，总线恢复延迟(BUSTURN＋1)与连续 2 次读操作之间在内部产生的延迟有部分重叠，因此 BUSTURN≤5 时将不影响输出时序。

复用模式写操作时序图如图 12-14 所示。

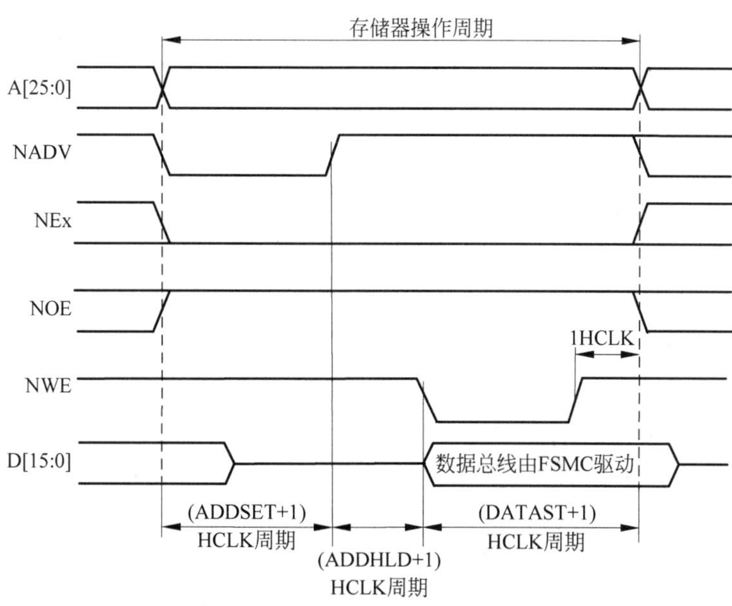

图 12-12 模式 D 写操作时序图

表 12-18 模式 D 的 FSMC_BCRx 位域定义

位 编 号	位 名 称	设置的数值
31～16		0x0000
15	ASYNCWAIT	如果存储器支持该特征，则为 1；否则为 0
14	EXTMOD	0x1
13～10		0x0
9	WAITPOL	仅当位 15 为 1 时有意义
8	BURSTEN	0x0
7	保留	0x1
6	FACCEN	根据存储器设置
5～4	MWID	需要时设置
3～2	MTYP	需要时设置
1	MUXEN	0x0
0	MBKEN	0x1

表 12-19 模式 D 的 FSMC_BTRx 位域定义

位 编 号	位 名 称	设置的数值
31～30		0x0
29～28	ACCMOD	0x3
27～20		0x00
19～16	BUSTURN	NEx 从高到低的时间
15～8	DATAST	读操作的第 2 个阶段的长度(DATAST+3 个 HCLK 周期)。这个域不能为 0(至少为 1)
7～4	ADDHLD	读操作的中间阶段的长度(ADDHLD+1 个 HCLK 周期)
3～0	ADDSET	读操作的第 1 个阶段的长度(ADDSET+1 个 HCLK 周期)

表 12-20 模式 D 的 FSMC_BWTRx 位域定义

位 编 号	位 名 称	设置的数值
31～30		0x0
29～28	ACCMOD	0x3
27～20		0x00
19～16	BUSTURN	NEx 从高到低的时间
15～8	DATAST	写操作的第 2 个阶段的长度(DATAST＋3 个 HCLK 周期)。这个域不能为 0(至少为 1)
7～4	ADDHLD	写操作的中间阶段的长度(ADDHLD＋1 个 HCLK 周期)
3～0	ADDSET	写操作的第 1 个阶段的长度(ADDSET＋1 个 HCLK 周期)

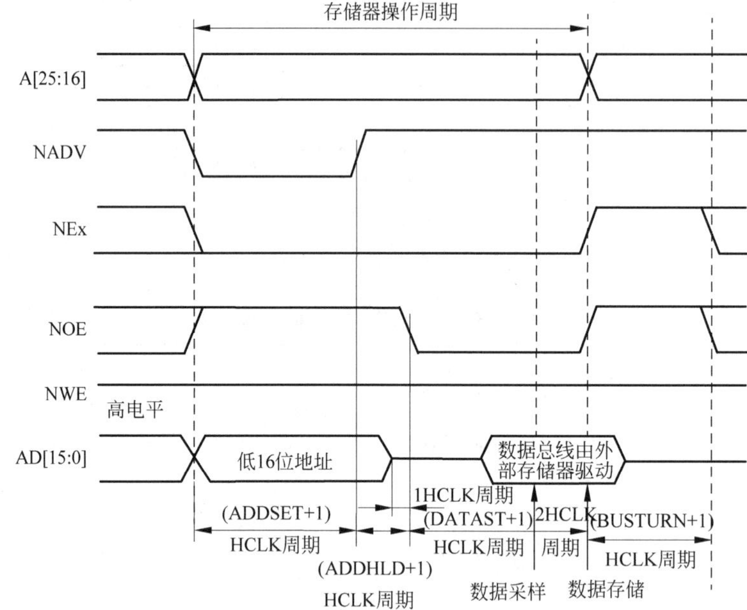

图 12-13 复用模式读操作时序图

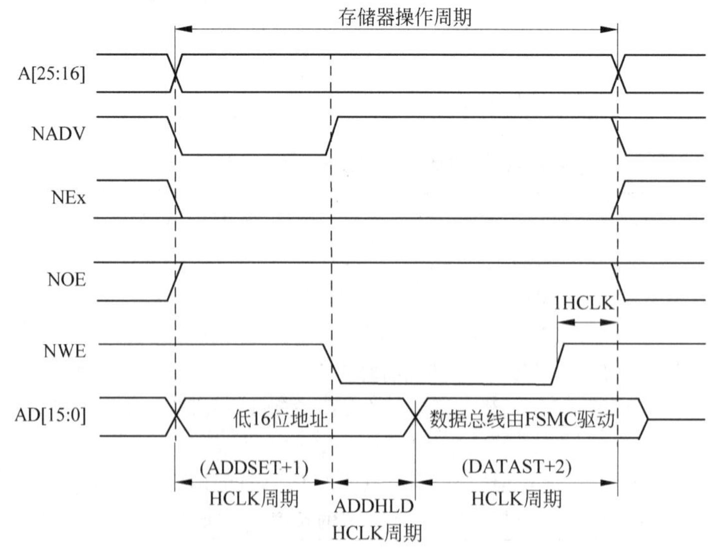

图 12-14 复用模式写操作时序图

复用模式与模式 D 不同的是地址的低 16 位出现在数据总线上。

复用模式的 FSMC_BCRx 位域定义如表 12-21 所示。

表 12-21 复用模式的 FSMC_BCRx 位域定义

位 编 号	位 名 称	设置的数值
31～16		0x0000
15	ASYNCWAIT	如果存储器支持该特征，则为 1；否则为 0
14	EXTMOD	0x0
13～10		0x0
9	WAITPOL	仅当位 15 为 1 时有意义
8	BURSTEN	0x0
7	保留	0x1
6	FACCEN	0x1
5～4	MWID	需要时设置
3～2	MTYP	0x2(NOR 闪存)
1	MUXEN	0x1
0	MBKEN	0x1

复用模式的 FSMC_BTRx 位域定义如表 12-22 所示。

表 12-22 复用模式的 FSMC_BTRx 位域定义

位 编 号	位 名 称	设置的数值
31～20		0x0
19～16	BUSTURN	操作的最后阶段的长度(BUSTURN+1 个 HCLK 周期)
15～8	DATAST	操作的第 2 个阶段的长度，读操作为(DATAST+3 个 HCLK 周期)，写操作为(DATAST+1 个 HCLK 周期)。这个域不能为 0(至少为 1)
7～4	ADDHLD	操作的中间阶段的长度(ADDHLD+1 个 HCLK 周期)。这个域不能为 0(至少为 1)
3～0	ADDSET	操作的第 1 个阶段的长度(ADDSET+1 个 HCLK 周期)

12.4.4 同步的成组读

根据参数 CLKDIV 的不同数值，存储器时钟 CLK 的周期是 HCLK 的整数倍。

NOR 闪存存储器有一个从 NADV 有效至 CLK 变高的最小时间限制，为了满足这个限制，在同步访问(NADV 有效之前)的第一个内部时钟周期中，FSMC 不会输出时钟到存储器。这样可以保证存储器时钟的上升沿产生于 NADV 低脉冲的中间。

1. 数据延时与 NOR 闪存的延时

数据延时是指在采样数据之前需等待的周期数目，DATLAT 数值必须与 NOR 闪存配置寄存器中定义的数值相符合。FSMC 不把 NADV 为低时的时钟周期包含在数据延时参数中。

有些 NOR 闪存把 NADV 为低时的时钟周期包含在数据延时参数中，因此 NOR 闪存延时与 FSMC 的 DATLAT 参数的关系可以是：

NOR 闪存延时＝DATLAT＋2，或者 NOR 闪存延时＝DATLAT＋3

有些新出的存储器会在数据保持阶段产生一个 NWAIT 信号，这种情况下可以设置 DATLAT 为其最小值。FSMC 会对 NWAIT 信号采样并等待足够长的时间，直到数据有效，在 FSMC 检测到存储器结束了保持阶段后，读取正确的数据。

另外一些存储器不在数据保持阶段输出 NWAIT 信号，这时 FSMC 和存储器端的数据保持时间必须设置正确的数值，否则将得不到正确的数据，或在存储器访问的初始阶段有数据丢失。

2. 单次成组传输

当选中的存储器块配置为同步成组模式，并且仅需要进行一次 AHB 单次成组传输时，如果 AHB 需要传输 16 位数据，则 FSMC 会执行一次长度为 1 的成组传输；如果 AHB 需要传输 32 位数据，则 FSMC 会分成 2 次每次 16 位传输，执行一次长度为 2 的成组传输，最后一个数据传输完毕时撤销片选信号。

显然，与异步读相比，从效率上讲这种传输方式不是最有效的。一次随机的异步访问需要重新配置存储器访问模式，这同样需要较长时间。

3. 等待管理

对于同步的 NOR 闪存成组访问，在预置的保持时间（DATLAT＋2 个 CLK 时钟周期）之后，需检测 NWAIT 信号。如果检测到 NWAIT 为有效电平时（当 WAITPOL＝0 时有效电平为低，WAITPOL＝1 时有效电平为高），FSMC 将插入等待周期直到 NWAIT 变为无效电平（当 WAITPOL＝0 时无效电平为高，WAITPOL＝1 时无效电平为低）。当 NWAIT 变为无效时，FSMC 认为数据已经有效（WAITCFG＝1），或数据将在下一个时钟边沿有效（WAITCFG＝0）。

在 NWAIT 信号控制的等待状态插入期间，控制器会连续向存储器发送时钟脉冲、保持片选信号和输出有效信号，同时忽略无效的数据信号。

在成组传输模式下，NOR 闪存的 NWAIT 信号有两种时序配置：

(1) 闪存存储器在等待状态之前的一个数据周期插入 NWAIT 信号（复位后的默认设置）；

(2) 闪存存储器在等待状态期间插入 NWAIT 信号。

通过配置 FSMC_BCRx 寄存器中的 WAITCFG 位，FSMC 在每个片选上都支持这两种 NOR 闪存的等待状态配置。

有等待状态插入时，NOR 和 PSRAM（CRAM）的同步总线复用读模式的时序图如图 12-15 所示。其中，BL 信号没有显示在图中，对于 NOR 闪存，BL 应该为高；对于 PSRAM（CRAM），BL 应该为低。

同步总线复用读模式的 FSMC_BCRx 位域定义如表 12-23 所示。

同步总线复用读模式的 FSMC_BTRx 位域定义如表 12-24 所示。

有等待状态插入时，PSRAM（CRAM）的同步总线复用写模式的时序图如图 12-16 所示。

存储器必须提前一个周期产生 NWAIT 信号，同时 WAITCFG 应配置为 0。字节选择 BL 输出没有显示在图中，当 NEx 为有效时它们为低。

同步总线复用写模式的 FSMC_BCRx 位域定义如表 12-25 所示。

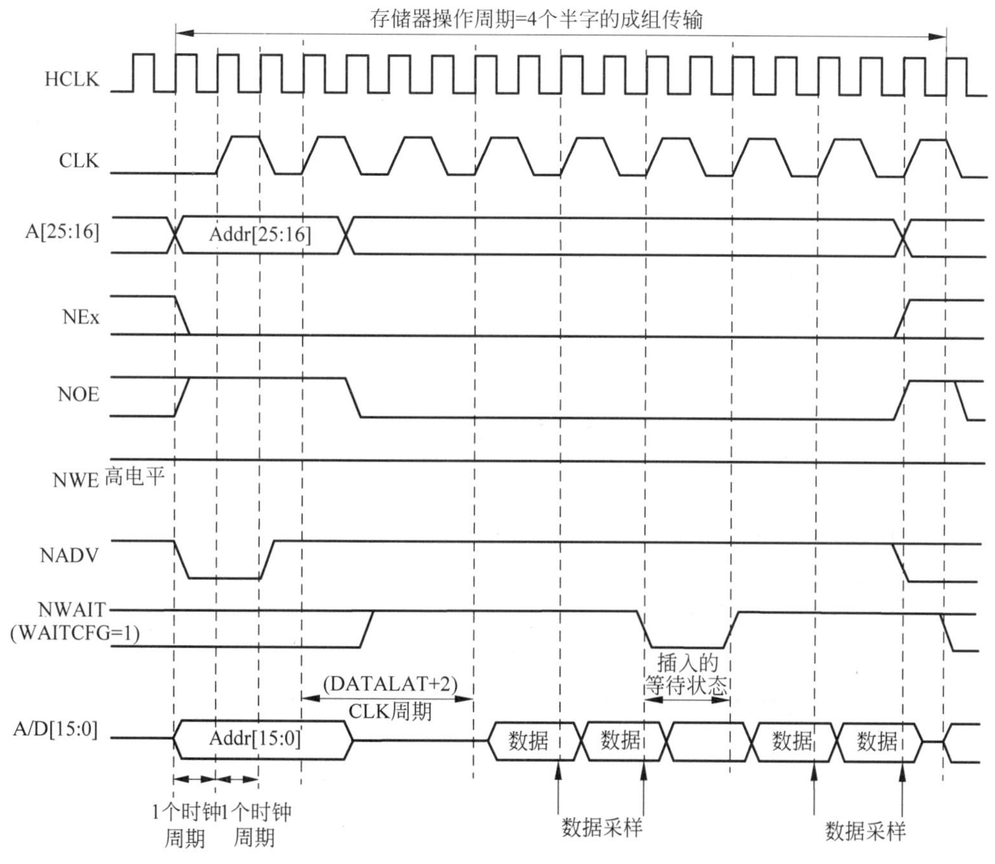

图 12-15 NOR 和 PSRAM(CRAM)的同步总线复用读模式的时序图

表 12-23 同步总线复用读模式的 FSMC_BCRx 位域定义

位 编 号	位 名 称	设置的数值
31～20		0x0000
19	CBURSTRW	对同步读模式不起作用
18～15		0x0
14	EXTMOD	0x0
13	WAITEN	该位为高时，不管存储器的等待数值是多少，FSMC 视数据保持阶段结束后的第一个数据有效
12	WREN	对同步读模式不起作用
11	WAITCFG	根据存储器特性设置
10	WRAPMOD	不起作用
9	WAITPOL	根据存储器特性设置
8	BURSTEN	0x1
7	FWPRLVL	设置此位防止存储器被意外写
6	FACCEN	根据存储器设置
5～4	MWID	根据需要设置
3～2	MTYP	0x1 或 0x2
1	MUXEN	根据需要设置
0	MBKEN	0x1

表 12-24 同步总线复用读模式的 FSMC_BTRx 位域定义

位 编 号	位 名 称	设置的数值
31～28		0x0
27～24	DATLAT	读取第一个数据之前等待的存储器周期数
23～20	CLKDIV	0x0——得到 CLK＝HCLK(不支持)；0x1——得到 CLK＝2×HCLK
19～16	BUSTURN	不起作用
15～8	DATAST	无关
7～4	ADDHLD	无关
3～0	ADDSET	无关

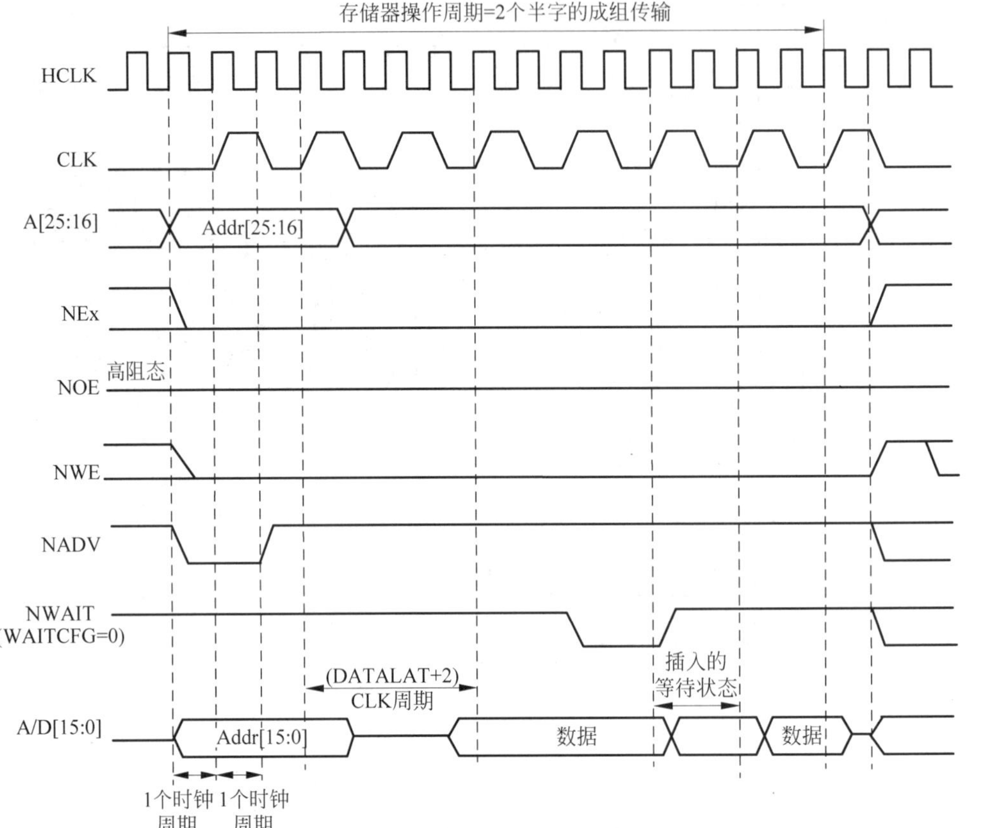

图 12-16 有等待状态插入时，PSRAM(CRAM)的同步总线复用写模式的时序图

表 12-25 同步总线复用写模式的 FSMC_BCRx 位域定义

位 编 号	位 名 称	设置的数值
31～20		0x0000
19	CBURSTRW	0x1
18～15		0x0
14	EXTMOD	0x0
13	WAITEN	当此位为高时，不管存储器的等待数值是多少，FSMC 视数据保持阶段结束后的第一个数据有效
12	WREN	0x1

续表

位 编 号	位 名 称	设置的数值
11	WAITCFG	0x0
10	WRAPMOD	0x0
9	WAITPOL	根据存储器特性设置
8	BURSTEN	对同步写模式不起作用
7	保留	0x1
6	FACCEN	根据存储器设置
5～4	MWID	根据需要设置
3～2	MTYP	0x1
1	MUXEN	根据需要设置
0	MBKEN	0x1

同步总线复用写模式的 FSMC_BTRx 位域定义如表 12-26 所示。

表 12-26 同步总线复用写模式的 FSMC_BTRx 位域定义

位 编 号	位 名 称	设置的数值
31～28	—	0x0
27～24	DATLAT	读取第一个数据之前等待的存储器周期数
23～20	CLKDIV	0x0——得到 CLK＝HCLK(不支持)；0x1——得到 CLK＝2×HCLK
19～16	BUSTURN	NEx 从高到低的时间
15～8	DATAST	无关
7～4	ADDHLD	无关
3～0	ADDSET	无关

12.5 NOR 闪存和 PSRAM 控制器寄存器

FSMC 由一组寄存器进行配置。为了能够正确使用 FSMC,下面详细描述 NOR 闪存和 PSRAM 控制器的寄存器。这些外设寄存器必须以字(32 位)的方式操作。

FSMC 寄存器的基地址是 0xA000 0000。

1. SRAM/NOR 闪存片选控制寄存器 1～4(FSMC_BCR1～4)

地址偏移：8×(x－1),x＝1～4,复位值：0x0000 30DX。

这个寄存器包含了每个存储器块的控制信息,可以用于 SRAM、ROM、异步或成组传输的 NOR 闪存存储器。各位定义如下：

位号	31～20	19	18～16
定义	保留	BURSTR	保留
读写		rw	

位号	15	14	13	12	11	10	9	8	7	6	5	4	3	2	1	0
定义	ASYNCWAIT	EXTMOD	WAITEN	WREN	WAITCFG	WRAPMOD	WAITPOL	BURSTEN	保留	FACCEN	MWID		MTYP		MUXEN	MBKEN
读写	rw	rw	rw	rw	rw	rw	rw	rw	rw	rw	rw	rw	rw	rw	rw	rw

位[31:20]：保留。

位 19：CBURSTRW,成组写使能位(Write burst enable)

对于 Cellular RAM，该位使能写操作的同步成组传输协议。

对于处于成组传输模式的闪存存储器，这一位允许/禁止通过 NWAIT 信号插入等待状态。读操作的同步成组传输协议使能位是 FSMC_BCRx 寄存器的 BURSTEN 位。

0：写操作始终处于异步模式。

1：写操作为同步模式。

位 15：ASYNCWAIT，异步传输过程中等待信号设置。该位用于设置 FSMC 在异步传输过程中是否使用 NWAIT 信号。

0：不使用 NWAIT 信号；　　　　1：使用 NWAIT 信号。

位 14：EXTMOD，扩展模式使能(Extended mode enable)，该位允许 FSMC 使用 FSMC_BWTR 寄存器，即允许读和写使用不同的时序。

0：不使用 FSMC_BWTR 寄存器，这是复位后的默认状态。

1：FSMC 使用 FSMC_BWTR 寄存器。

位 13：WAITEN，等待使能位(Wait enable bit)，当闪存存储器处于成组传输模式时，这一位允许/禁止通过 NWAIT 信号插入等待状态。

0：禁用 NWAIT 信号，在设置的闪存保持周期之后不会检测 NWAIT 信号插入等待状态。

1：使用 NWAIT 信号，在设置的闪存保持周期之后根据 NWAIT 信号插入等待状态，这是复位后的默认状态。

位 12：WREN，写使能位(Write enable bit)，该位指示 FSMC 是否允许对存储器的写操作。

0：禁止 FSMC 对存储器的写操作，否则产生一个 AHB 错误。

1：允许 FSMC 对存储器的写操作，这是复位后的默认状态。

位 11：WAITCFG，配置等待时序(Wait timing configuration)。

当闪存存储器处于成组传输模式时，NWAIT 信号指示从闪存存储器出来的数据是否有效或是否需要插入等待周期。该位决定存储器是在等待状态之前的一个时钟周期产生 NWAIT 信号，还是在等待状态期间产生 NWAIT 信号。

0：NWAIT 信号在等待状态前的一个数据周期有效，这是复位后的默认状态。

1：NWAIT 信号在等待状态期间有效(不适用于 Cellular RAM)。

位 10：WRAPMOD，支持非对齐的成组模式(Wrapped burst mode support)。

该位决定控制器是否支持把非对齐的 AHB 成组操作分割成两次线性操作；该位仅在存储器的成组模式下有效。

0：不允许直接的非对齐成组操作，这是复位后的默认状态。

1：允许直接的非对齐成组操作。

位 9：WAITPOL，等待信号极性(Wait signal polarity bit)，设置存储器产生的等待信号的极性；该位仅在存储器的成组模式下有效。

0：NWAIT 等待信号为低时有效，这是复位后的默认状态。

1：NWAIT 等待信号为高时有效。

位 8：BURSTEN，成组模式使能(Burst enable bit)，用于设置读操作期间是否允许同步访问。该位仅在存储器的同步成组模式下有效。

0：禁用成组访问模式，这是复位后的默认状态。读操作以异步模式执行。

1：使用成组访问模式。读操作以同步模式执行。

位 6：FACCEN，闪存访问使能(Flash access enable)，允许对 NOR 闪存存储器的访问操作。

0：禁止对 NOR 闪存存储器的访问操作。

1：允许对 NOR 闪存存储器的访问操作。

位[5:4]：MWID，存储器数据总线宽度(Memory databus width)，定义外部存储器总线的宽度，适用于所有类型的存储器。

00：8 位；

01：16 位(复位后的默认状态)；

10：保留，不能用；

11：保留，不能用；

位[3:2]：MTYP，存储器类型(Memory type)，定义外部存储器的类型：

00：SRAM、ROM(存储器块 2～4 复位后的默认值)；

01：PSRAM(Cellular RAM，CRAM)；

10：NOR 闪存(存储器块 1 复位后的默认值)；

11：保留。

位 1：MUXEN，地址/数据复用使能位(Address/data multiplexing enable bit)，当设置了该位后，地址的低 16 位和数据将共用数据总线，该位仅对 NOR 和 PSRM 存储器有效。

0：地址/数据不复用；

1：地址/数据复用数据总线，这是复位后的默认状态。

位 0：MBKEN，存储器块使能位(Memory bank enable bit)。

开启对应的存储器块。复位后存储器块 1 是开启的，其他所有存储器块为禁用。访问一个禁用的存储器块将在 AHB 总线上产生一个错误。

0：禁用对应的存储器块；　　1：启用对应的存储器块。

2. SRAM/NOR 闪存片选时序寄存器 1～4(FSMC_BTR1～4)

地址偏移：0x04+8*(x−1)，x=1～4；复位值：0x0FFF FFFF

这个寄存器包含了每个存储器块的控制信息，可以用于 SRAM、PSRAM 和 NOR 闪存存储器。如果 FSMC_BCRx 寄存器中设置了 EXTMOD 位，则有两个时序寄存器分别对应读(本寄存器)和写操作(FSMC_BWTRx 寄存器)。各位定义如下：

位号	31～30	29～28	27～24	23～20	19～16	15～8	7～4	3～0
定义	保留	ACCMOD	DATLAT	CLKDIV	BUSTURN	DATAST	ADDHLD	ADDSET
读写		rw	rw	rw	rw	rw	rw	rw

位[31:30]：保留。

位[29:28]：ACCMOD，访问模式(Access mode)，定义异步访问模式。这 2 位只在 FSMC_BCRx 寄存器的 EXTMOD 位为 1 时起作用。

00：访问模式 A；　01：访问模式 B；　10：访问模式 C；　11：访问模式 D。

位[27:24]：DATLAT，处于同步成组模式的 NOR 闪存，需要定义在读取第一个数据之前等待的存储器周期数目。这个时间参数不是以 HCLK 表示，而是以闪存时钟(CLK)表示。在访问异步 NOR 闪存、SRAM 或 ROM 时，这个参数不起作用。操作 PSRAM 时，这个参数必须为 0。

0000：等待 2 个 CLK 时钟周期；

……

1111：等待 17 个 CLK 时钟周期(这是复位后的默认数值)。

注：因为内部的刷新，PSRAM(CRAM)具有可变的保持延迟，因此这样的存储器会在数据保持期间输出 NWAIT 信号以延长数据的保持时间。使用 PSRAM(CRAM)时 DATLAT 域应置为 0，这样 FSMC 可以及时地退出自己的保持阶段并开始对存储器发出的 NWAIT 信号进行采样，然后在存储器准备好时开始读或写操作。这个操作方式还可以用于操作最新的能够输出 NWAIT 信号的同步闪存存储器，详细信息请参考相应的闪存存储器手册。

位[23:20]：CLKDIV，对 CLK 信号的时钟分频比(Clock divide ratio for CLK signal)，定义 CLK 时钟输出信号的周期，以 HCLK 周期数表示：

0000：保留；

0001：1 个 CLK 周期=2 个 HCLK 周期；

0010：1 个 CLK 周期=3 个 HCLK 周期；

……

1111：1 个 CLK 周期=16 个 HCLK 周期(这是复位后的默认数值)。

在访问异步 NOR 闪存、SRAM 或 ROM 时，这个参数不起作用。

位[19:16]：BUSTURN，总线恢复时间(Bus turnaround phase duration)。这些位用于定义一次写→读或读→写操作之后在总线上的延迟(仅适用于总线复用模式的 NOR 闪存操作)，一次读/写操作之后控制器需要在数据总线上为下次操作送出地址，这个延迟就是为了防止总线冲突。如果扩展的存储器系统不包含总线复用模式的存储器，或最慢的存储器可以在 6 个 HCLK 时钟周期内将数据总线恢复到高阻状态，可以设置这个参数为其最小值。

0000：总线恢复时间=1 个 HCLK 时钟周期；

……

1111：总线恢复时间=16 个 HCLK 时钟周期(这是复位后的默认数值)。

位[15:8]：DATAST，数据保持时间(Data-phase duration)。这些位定义数据的保持时间(参见相关的时序图)，适用于 SRAM、ROM 和异步总线复用模式的 NOR 闪存操作。

0000 0000：保留；

0000 0001：DATAST 保持时间=2 个 HCLK 时钟周期；

0000 0010：DATAST 保持时间=3 个 HCLK 时钟周期；

……

1111 1111：DATAST 保持时间=256 个 HCLK 时钟周期(这是复位后的默认数值)。

例如，模式 1、读操作、DATAST=1：数据保持时间=DATAST+3=4 个 HCLK 时钟周期。

位[7:4]：ADDHLD，地址保持时间(Address-hold phase duration)。这些位定义地址的保持时间(参见相关的时序图)，适用于 SRAM、ROM 和异步总线复用模式的 NOR 闪存操作。

0000：保留

0001：ADDHLD 保持时间＝2 个 HCLK 时钟周期；

……

1111：ADDHLD 保持时间＝16 个 HCLK 时钟周期(这是复位后的默认数值)。

注：在同步操作中，这个参数不起作用，地址保持时间始终是 1 个存储器时钟周期。

位[3:0]：ADDSET，地址建立时间(Address setup phase duration)。这些位定义地址的建立时间(参见相关的时序图)，适用于 SRAM、ROM 和异步总线复用模式的 NOR 闪存操作。

0000：ADDSET 建立时间＝1 个 HCLK 时钟周期；

……

1111：ADDSET 建立时间＝16 个 HCLK 时钟周期(这是复位后的默认数值)。

对于每一种存储器类型和访问方式的地址建立时间，请参考对应的时序图。

例如，模式 2、读操作、ADDSET＝1：地址建立时间＝ADDSET＋1＝2 个 HCLK 时钟周期。

注：在同步操作中，这个参数不起作用，地址建立时间始终是 1 个存储器时钟周期。

3. SRAM/NOR 闪存写时序寄存器 1～4(FSMC_BWTR1～4)

地址偏移：0x104＋8×(x－1)，x＝1～4。复位值：0x0FFF FFFF。

这个寄存器包含了每个存储器块的控制信息，可以用于 SRAM、PSRAM 和 NOR 闪存存储器。只有在 FSMC_BCRx 寄存器中设置了 EXTMOD 位，这个寄存器才对异步写操作起作用。

各位定义如下：

位号	31～30	29～28	27～20	19～16	15～8	7～4	3～0
定义	保留	ACCMOD	保留	BUSTURN	DATAST	ADDHLD	ADDSET
读写		rw		rw	rw	rw	rw

位[29:28]：ACCMOD，访问模式(Access mode)，定义异步访问模式。

这 2 位只在 FSMC_BCRx 寄存器的 EXTMOD 位为 1 时起作用。

00：访问模式 A；　　01：访问模式 B；　　10：访问模式 C；　　11：访问模式 D。

位[27:20]：保留。

位[19:16]：BUSTURN，含义与 FSMC_BTR1～4 中的 BUSTURN 相同。

位[15:8]：DATAST，数据保持时间(Data-phase duration)。

这些位定义数据的保持时间(参见 12.4.3 节中的时序图)，适用于 SRAM、PSRAM 和异步总线复用模式的 NOR 闪存操作。

0000 0000：保留；

0000 0001：DATAST 保持时间＝2 个 HCLK 时钟周期；

0000 0010：DATAST 保持时间＝3 个 HCLK 时钟周期；

……

1111 1111：DATAST 保持时间＝256 个 HCLK 时钟周期(这是复位后的默认数值)。

位[7:4]：ADDHLD，地址保持时间(Address-hold phase duration)。

这些位定义地址的保持时间(见图 12-12～图 12-15)，适用于异步总线复用模式的操作。

0000 0000：保留；

0001：ADDHLD 保持时间＝2 个 HCLK 时钟周期；

0010：ADDHLD 保持时间＝3 个 HCLK 时钟周期；

……

1111：ADDHLD 保持时间＝16 个 HCLK 时钟周期(这是复位后的默认数值)。

注：在同步 NOR 闪存操作中，这个参数不起作用，地址保持时间始终是 1 个存储器时钟周期。

位[3:0]：ADDSET，地址建立时间(Address setup phase duration)。

这些位以 HCLK 周期数定义地址的建立时间(参见 12.4.3 节中的时序图)，适用于异步总线复用模式的操作。

0000：ADDSET 建立时间＝1 个 HCLK 时钟周期；

……

1111：ADDSET 建立时间＝16 个 HCLK 时钟周期(这是复位后的默认数值)。

对于每一种存储器类型和访问方式的地址建立时间，请参考对应的时序图。

注：在同步 NOR 闪存操作中，这个参数不起作用，地址建立时间始终是 1 个闪存时钟周期。

12.6 FSMC 固件库函数

1. FSMC 初始化函数

根据前面 FSMC 的时序和寄存器的介绍，初始化 FSMC 主要是初始化 3 个寄存器 FSMC_BCRx、FSMC_BTRx 和 FSMC_BWTRx。固件库提供了 3 个 FSMC 初始化函数分别为：

```
FSMC_NORSRAMInit();
FSMC_NANDInit();
FSMC_PCCARDInit();
```

这 3 个函数分别用来初始化 4 种类型存储器，根据名字就很好判断对应关系。用来初始化 NOR 和 SRAM 使用同一个函数 FSMC_NORSRAMInit()。限于篇幅，本书仅介绍 NOR 和 SRAM 的相关内容。

函数定义：

```
void FSMC_NORSRAMInit(FSMC_NORSRAMInitTypeDef * FSMC_NORSRAMInitStruct);
```

这个函数只有一个入口参数，也就是 FSMC_NORSRAMInitTypeDef 类型指针变量，这个结构体的成员变量比较多，因为 FSMC 相关的配置项非常多。

```
typedef struct
{
```

```
    uint32_t FSMC_Bank;
    uint32_t FSMC_DataAddressMux;
    uint32_t FSMC_MemoryType;
    uint32_t FSMC_MemoryDataWidth;
    uint32_t FSMC_BurstAccessMode;
    uint32_t FSMC_AsynchronousWait;
    uint32_t FSMC_WaitSignalPolarity;
    uint32_t FSMC_WrapMode;
    uint32_t FSMC_WaitSignalActive;
    uint32_t FSMC_WriteOperation;
    uint32_t FSMC_WaitSignal;
    uint32_t FSMC_ExtendedMode;
    uint32_t FSMC_WriteBurst;
    FSMC_NORSRAMTimingInitTypeDef * FSMC_ReadWriteTimingStruct;
    FSMC_NORSRAMTimingInitTypeDef * FSMC_WriteTimingStruct;
}FSMC_NORSRAMInitTypeDef;
```

前面有13个基本类型(unit32_t)的成员变量,这13个参数用来配置片选控制寄存器FSMC_BCRx。最后面还有两个SMC_NORSRAMTimingInitTypeDef指针类型的成员变量,用来设置读时序和写时序的参数,也就是说,这两个参数用来配置寄存器FSMC_BTRx和FSMC_BWTRx。

其中,与模式A相关的配置参数有:

FSMC_Bank——用来设置使用到的存储块标号和区号。

对于NOR和SRAM存储器,可取的值有——FSMC_Bank1_NORSRAM1、FSMC_Bank1_NORSRAM2、FSMC_Bank1_NORSRAM3、FSMC_Bank1_NORSRAM4。

对于NAND存储器,可取的值有——FSMC_Bank2_NAND、FSMC_Bank3_NAND。

对于PC卡存储器,可取的值为——FSMC_Bank4_PCCARD。

例如,如果使用存储块1区号4,则选择值为FSMC_Bank1_NORSRAM4。

FSMC_MemoryType:用来设置存储器类型。例如,如果使用SRAM存储器,则取值为FSMC_MemoryType_SRAM;如果使用NOR存储器,则取值为FSMC_MemoryType_NOR。

FSMC_MemoryDataWidth:用来设置数据宽度,可选8位(取值为FSMC_MemoryDataWidth_8b)还是16位(取值为FSMC_MemoryDataWidth_16b)。

FSMC_WriteOperation:用来设置写使能。如果要向SRAM存储器或者液晶(TFT LCD)写数据,则要写使能,选择FSMC_WriteOperation_Enable。

FSMC_ExtendedMode:设置扩展模式使能位,即是否允许读写不同的时序,如果采取不同的读写时序,则设置值为FSMC_ExtendedMode_Enable。

除了上面的与模式A相关的参数外,其他几个参数的含义如下:

FSMC_DataAddressMux——用来设置地址/数据复用使能,若设置为使能,那么地址的低16位和数据将共用数据总线,仅对NOR和PSRAM有效,如果不复用,则可以设置为FSMC_DataAddressMux_Disable。

FSMC_BurstAccessMode、FSMC_AsynchronousWait、FSMC_WaitSignalPolarity、

FSMC_WaitSignalActive、FSMC_WrapMode、FSMC_WaitSignal、FSMC_WriteBurst 和 FSMC_WaitSignal 在成组模式同步模式才需要设置。

FSMC_ReadWriteTimingStruct 和 FSMC_WriteTimingStruct 用于设置读写时序的参数，它们都是 FSMC_NORSRAMTimingInitTypeDef 结构体指针类型，这两个参数在初始化的时候分别用来初始化片选控制寄存器 FSMC_BTRx 和写操作时序控制寄存器 FSMC_BWTRx。

FSMC_NORSRAMTimingInitTypeDef 类型的定义如下：

```
typedef struct
{
    uint32_t FSMC_AddressSetupTime;               //地址建立时间
    uint32_t FSMC_AddressHoldTime;                //地址保持时间
    uint32_t FSMC_DataSetupTime;                  //数据建立时间
    uint32_t FSMC_BusTurnAroundDuration;          //总线恢复时间
    uint32_t FSMC_CLKDivision;                    //时钟分频因子
    uint32_t FSMC_DataLatency;                    //数据产生时间
    uint32_t FSMC_AccessMode;                     //FSMC 控制器时序模式
}FSMC_NORSRAMTimingInitTypeDef;
```

这个结构体有 7 个参数用来设置 FSMC 读写时序。这些参数主要用于设置地址建立保持时间、数据建立时间等等配置。如果读写速度要求不一样，读写时序就不一样，参数 FSMC_DataSetupTime 的设置值就不同。

2. FSMC 使能函数

FSMC 对不同的存储器类型同样提供了不同的使能函数：

```
void FSMC_NORSRAMCmd(uint32_t FSMC_Bank, FunctionalState NewState);
void FSMC_NANDCmd(uint32_t FSMC_Bank, FunctionalState NewState);
void FSMC_PCCARDCmd(FunctionalState NewState);
```

根据函数名称可以很容易判断对应关系。

12.7 FSMC 使用举例

下面通过 ATK-2.8'TFT-LCD 的操作实例，说明 FSMC 模块的使用。

1. 模块简介

TFT-LCD 即薄膜晶体管液晶显示器，其英文全称为 Thin Film Transistor-Liquid Crystal Display。TFT-LCD 与无源 TN-LCD、STN-LCD 的简单矩阵不同，它在液晶显示屏的每一个像素上都设置有一个薄膜晶体管（TFT），可有效地克服非选通时的串扰，使显示液晶屏的静态特性与扫描线数无关，大大提高了图像质量。TFT-LCD 也被叫作真彩液晶显示器。

ATK-2.8'TFT-LCD-V2.0 是 ALIENTEK 推出的一款高性能 2.8 寸电容触摸屏模块，该模块具有如下特点：

- 高分辨率：320×240 像素，16 位真彩显示，颜色格式为 RGB565；

- 采用 ILI9341 驱动，该芯片直接自带 GRAM，无需外加驱动器；
- 速度快，理论上最高刷屏速度可达 197 帧/秒；
- 采用钢化玻璃电阻式触摸屏，坚固耐用，采用 XPT2046 触摸控制芯片；
- 板载背光电路，只需要 3.3V 或 5V 供电即可，无需外加高压；
- 接口简单（LCD 采用 16 位 Intel 8080 并口，触摸屏采用 SPI 接口），使用方便；
- 人性化设计，各接口都有丝印标注，使用起来一目了然。

2. 模块引脚说明

ATK-2.8'TFT-LCD 电容触摸屏模块通过 2×17 的排针（2.54mm 间距）同外部连接，引脚图如图 12-17 所示。

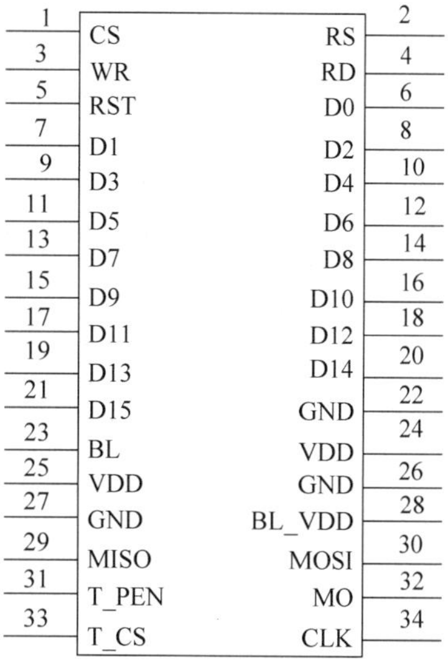

引脚	名称	名称	引脚
1	CS	RS	2
3	WR	RD	4
5	RST	D0	6
7	D1	D2	8
9	D3	D4	10
11	D5	D6	12
13	D7	D8	14
15	D9	D10	16
17	D11	D12	18
19	D13	D14	20
21	D15	GND	22
23	BL	VDD	24
25	VDD	GND	26
27	GND	BL_VDD	28
29	MISO	MOSI	30
31	T_PEN	MO	32
33	T_CS	CLK	34

图 12-17 模块引脚图

对应引脚功能描述如表 12-27 所示。

表 12-27 ATK-2.8'TFT-LCD 模块引脚说明

引脚编号	名　称	说　明
1	CS	LCD 片选信号（低电平有效）
2	RS	命令/数据控制信号（0，命令；1，数据）
3	WR	写使能信号（低电平有效）
4	RD	读使能信号（低电平有效）
5	RST	复位信号（低电平有效）
6～21	*D0～D15*	双向数据总线
22，26，27	GND	地线
23	BL_CTR	背光控制引脚（高电平点亮背光，低电平关闭）
24，25	VCC3.3	主电源供电引脚（3.3V）
28	VCC5	背光供电引脚（5V）
29	MISO	电阻触摸屏 SPI MISO 信号
30	MOSI	电阻触摸屏 SPI MOSI 信号
31	PEN	电阻触摸屏中断信号
32	BUSY	电阻触摸屏忙信号
33	CS	电阻触摸屏 SPI CS 信号
34	CLK	电阻触摸屏 SPI SCK 信号

从表 12-27 可以看出，LCD 控制器总共需要 21 个 I/O 口，背光控制需要 1 个 I/O 口，电容触摸屏需要 6 个 I/O 口，这样整个模块需要 28 个 I/O 口驱动。

3. LCD 接口时序

ATK-2.8'TFT-LCD 模块采用 16 位 8080 总线接口，总线读写时序如图 12-18 所示。图中各时间参数的含义如表 12-28 所示。

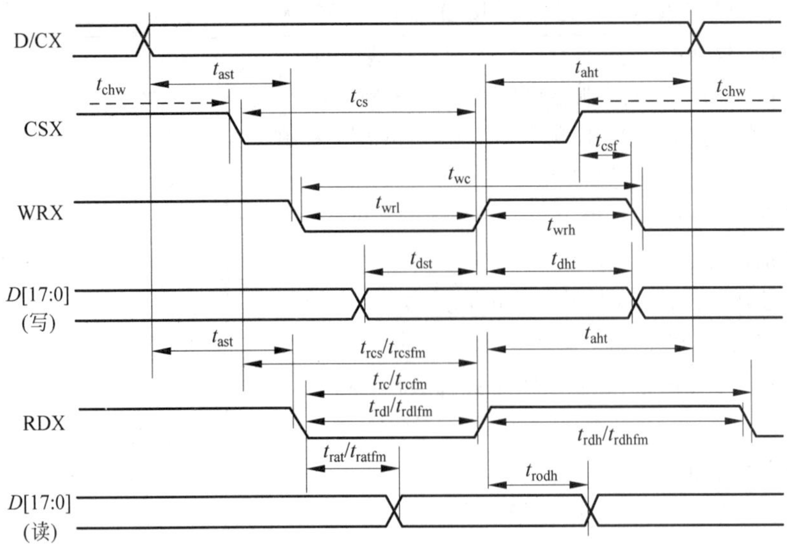

图 12-18 总线读写时序

表 12-28 16 位 8080 并口读写时间参数 单位：ns

信　号	符　号	参数说明	最小值	最大值
D/CX	t_{ast}	地址建立时间	0	—
	t_{aht}	地址保持时间(读/写)	0	—
CSX	t_{chw}	CSX 高电平脉冲宽度	0	—
	t_{cs}	片选信号建立时间(写)	15	—
	t_{rcs}	片选信号建立时间(读 ID)	45	—
	t_{rcsfm}	片选信号建立时间(读 FM)	355	—
	t_{csf}	片选等待时间(写/读)	10	—
WRX	t_{wc}	写周期	66	—
	t_{wrh}	写控制脉冲高电平时间	15	—
	t_{wrl}	写控制脉冲低电平时间	15	—
RDX(FM)	t_{rcfm}	读周期(FM)	450	—
	t_{rdhfm}	读控制高电平时间(FM)	90	—
	t_{rdlfm}	读控制低电平时间(FM)	355	—
RDX(ID)	t_{rc}	读周期(ID)	160	—
	t_{rdh}	读控制高电平时间	90	—
	t_{rdl}	读控制低电平时间	45	—
$D[17:0]$ $D[15:0]$ $D[8:0]$ $D[7:0]$	t_{dst}	写数据建立时间	10	—
	t_{dht}	写数据保持时间	10	—
	t_{rat}	读访问时间	—	40
	t_{ratfm}	读访问时间	—	340
	t_{rod}	读输出禁止时间	20	80

从表 12-28 可以看出，模块的写周期是非常快的，只需要 66ns 即可，理论上最大速度可以达到 1515 万像素每秒，即刷屏速度可以达到每秒钟 197 帧。模块的读取速度相对较慢：读 ID(RD(ID))周期是 160ns，读显存周期是 450ns[RD(FM)]。

LCD 详细的读写时序，请看 ILI9341 数据手册第 232 页 18.3 节。

4. LCD 驱动说明

1）信号连接

ATK-2.8'TFT-LCD 模块采用 16 位 8080 并口模式与微处理器或微控制器连接，LCD 驱动需要用到的信号线如下：

CS——LCD 片选信号。

WR——向 LCD 写入数据。

RD——从 LCD 读取数据。

D[15:0]——16 位双向数据线。

RST——硬复位 LCD。

RS——命令/数据标志(0，读写命令；1，读写数据)。

除了以上信号，一般还需要用到 RST 和 BL_CTR，其中，RST 是液晶的硬复位脚，低电平有效，用于复位 ILI9341 芯片，实现液晶复位，在每次初始化之前，建议先执行硬复位。BL_CTR 是背光控制引脚，高电平有效，BL_CTR 自带了 100kΩ 下拉电阻，必须接高电平，背光才会亮。另外，可以用 PWM 控制 BL_CTR 脚，从而控制背光的亮度。

ILI9341 液晶控制器自带显存，其显存总大小为 172 800B(240×320×18/8)，即 18 位模式(26 万色)下的显存量。在 16 位模式下，ILI9341 采用 RGB565 格式存储颜色数据，此时 ILI9341 的 18 位数据线与 MCU 的 16 位数据线以及 LCD GRAM 的对应关系如图 12-19 所示。

D9341 总线	*D*17	*D*16	*D*15	*D*14	*D*13	*D*12	*D*11	*D*10	*D*9	*D*8	*D*7	*D*6	*D*5	*D*4	*D*3	*D*2	*D*1	*D*0
MCU 数据(16 位)	*D*15	*D*14	*D*13	*D*12	*D*11	NC	*D*10	*D*9	*D*8	*D*7	*D*6	*D*5	*D*4	*D*3	*D*2	*D*1	*D*0	NC
LCD GRAM(16 位)	*R*[4]	*R*[3]	*R*[2]	*R*[1]	*R*[0]	NC	*G*[5]	*G*[4]	*G*[3]	*G*[2]	*G*[1]	*G*[0]	*B*[4]	*B*[3]	*B*[2]	*B*[1]	*B*[0]	NC

图 12-19　16 位数据与显存对应关系图

从图 12-19 中可以看出，ILI9341 在 16 位模式下，数据线有用的是 *D*17～*D*13 和 *D*11～*D*1，*D*0 和 *D*12 没有用到，实际上在 LCD 模块中，ILI9341 的 D0 和 D12 压根就没有引出来，这样，ILI9341 的 *D*17～*D*13 和 *D*11～*D*1 对应 MCU 的 *D*15～*D*0。

MCU 的 16 位数据，最低 5 位代表蓝色，中间 6 位为绿色，最高 5 位为红色。数值越大，表示该颜色越深。另外，ILI9341 所有的指令都是 8 位的(高 8 位无效)，且参数除了读写 GRAM 的时候是 16 位，其他操作参数都是 8 位的。

2）操作命令

ILI9341 的命令很多，限于篇幅，这里仅介绍 ILI9341 的几个重要命令，全部命令的介绍请参见 ILI9341 的数据手册。

(1) 读 ID 指令(0XD3)。

用于读取 LCD 控制器的 ID，该指令的参数如表 12-29 所示。

表 12-29 读 ID 指令 0XD3 的参数描述

顺序	控制			各位描述									HEX
	RS	RD	WR	D15～D8	D7	D6	D5	D4	D3	D2	D1	D0	
指令	0	1	↑	XX	1	1	0	1	0	0	1	1	D3H
参数 1	1	↑	1	XX	X	X	X	X	X	X	X	X	X
参数 2	1	↑	1	XX	0	0	0	0	0	0	0	0	00H
参数 3	1	↑	1	XX	1	0	0	1	0	0	1	1	93H
参数 4	1	↑	1	XX	0	1	0	0	0	0	0	1	41H

从表 12-29 可以看出，0XD3 指令后面跟了 4 个参数，最后 2 个参数，读出来是 0X93 和 0X41，刚好是控制器 ILI9341 的数字部分。通过该指令，可判别 LCD 驱动器的型号，可以根据控制器的型号去执行对应驱动 IC 的初始化代码，从而使得程序代码支持不同驱动 IC 的 LCD。

(2) 存储访问控制指令(0X36)。

该指令用于控制 ILI9341 存储器的读写方向。简单地说，就是在连续写 GRAM 的时候，控制 GRAM 指针的增长方向，从而控制显示方式(读 GRAM 也是一样)。该指令的参数如表 12-30 所示。

表 12-30 存储访问控制指令 0X36 的参数描述

顺序	控制			各位描述									HEX
	RS	RD	WR	D15～D8	D7	D6	D5	D4	D3	D2	D1	D0	
指令	0	1	↑	XX	0	0	1	1	0	1	1	0	36H
参数	1	1	↑	XX	MY	MX	MV	ML	BGR	MH	0	0	0

从表 12-30 可以看出，0X36 指令后面紧跟一个参数，这里主要关注 MY、MX、MV 这 3 个位，通过这 3 个位的设置，可以控制整个 ILI9341 的全部扫描方向，如表 12-31 所示。

表 12-31 MY、MX、MV 设置与 LCD 扫描方向关系表

控制位			效果 LCD 扫描方向(GRAM 自增方式)
MY	MX	MV	
0	0	0	从左到右，从上到下
1	0	0	从左到右，从下到上
0	1	0	从右到左，从上到下
1	1	0	从右到左，从下到上
0	0	1	从上到下，从左到右
0	1	1	从上到下，从右到左
1	0	1	从下到上，从左到右
1	1	1	从下到上，从右到左

在利用 ILI9341 显示内容的时候有很大的灵活性。比如显示 BMP 图片时，BMP 的译码数据从图片的左下角开始，慢慢显示到右上角。如果设置 LCD 扫描方向为从左到右，从

下到上，那么只需要设置一次坐标，然后不停地向 LCD 填充颜色数据即可，这样可以大大提高显示速度。

(3) 列地址设置指令(0X2A)。

在默认扫描方式(从左到右、从上到下)时，该指令用于设置横坐标(x 坐标)。该指令的参数如表 12-32 所示。

表 12-32 列地址设置指令 0X2A 的参数描述

顺序	控制			各位描述									HEX
	RS	RD	WR	*D*15～*D*8	*D*7	*D*6	*D*5	*D*4	*D*3	*D*2	*D*1	*D*0	
指令	0	1	↑	XX	0	0	1	0	1	0	1	0	2AH
参数 1	1	1	↑	XX	SC15	SC14	SC13	SC12	SC11	SC10	SC9	SC8	SC
参数 2	1	1	↑	XX	SC7	SC6	SC5	SC4	SC3	SC2	SC1	SC0	
参数 3	1	1	↑	XX	EC15	EC14	EC13	EC12	EC11	EC10	EC9	EC8	EC
参数 4	1	1	↑	XX	EC7	EC6	EC5	EC4	EC3	EC2	EC1	EC0	

在默认扫描方式时，该指令用于设置 x 坐标。指令带有 4 个参数，实际上是 2 个坐标值 SC 和 EC，即列地址的起始值和结束值，SC 必须小于等于 EC，且 0≤SC/EC≤239。一般在设置 x 坐标的时候，只需要带 2 个参数即可，也就是设置 SC 即可，因为如果 EC 没有变化，只需要设置一次即可(在初始化 ILI9341 的时候设置)，从而提高速度。

(4) 页地址设置指令(0X2B)。

与 0X2A 指令类似，在默认扫描方式(从左到右、从上到下)时，该指令用于设置纵坐标(y 坐标)。该指令的参数如表 12-33 所示。

表 12-33 页地址设置指令 0X2B 的参数描述

顺序	控制			各位描述									HEX
	RS	RD	WR	*D*15～*D*8	*D*7	*D*6	*D*5	*D*4	*D*3	*D*2	*D*1	*D*0	
指令	0	1	↑	XX	0	0	1	0	1	0	1	0	2BH
参数 1	1	1	↑	XX	SP15	SP14	SP13	SP12	SP11	SP10	SP9	SP8	SP
参数 2	1	1	↑	XX	SP7	SP6	SP5	SP4	SP3	SP2	SP1	SP0	
参数 3	1	1	↑	XX	EP15	EP14	EP13	EP12	EP11	EP10	EP9	EP8	EP
参数 4	1	1	↑	XX	EP7	EP6	EP5	EP4	EP3	EP2	EP1	EP0	

在默认扫描方式时，该指令用于设置 y 坐标。指令带有 4 个参数，实际上是 2 个坐标值 SP 和 EP，即页地址的起始值和结束值，SP 必须小于等于 EP，且 0≤SP/EP≤319。一般在设置 y 坐标的时候，只需要带 2 个参数即可，也就是设置 SP 即可，因为如果 EP 没有变化，则只需要设置一次即可(在初始化 ILI9341 的时候设置)，从而提高速度。

(5) 写 GRAM 指令(0X2C)。

该指令是写 GRAM 指令，在发送该指令之后，便可以往 LCD 的 GRAM 中写入颜色数据了，该指令支持连续写。指令的参数描述如表 12-34 所示。

表 12-34　写 GRAM 指令 0X2C 的参数描述

<table>
<tr><th rowspan="2">顺序</th><th colspan="3">控　制</th><th colspan="9">各 位 描 述</th><th rowspan="2">HEX</th></tr>
<tr><th>RS</th><th>RD</th><th>WR</th><th>D15～D8</th><th>D7</th><th>D6</th><th>D5</th><th>D4</th><th>D3</th><th>D2</th><th>D1</th><th>D0</th></tr>
<tr><td>指令</td><td>0</td><td>1</td><td>↑</td><td>XX</td><td>0</td><td>0</td><td>1</td><td>0</td><td>1</td><td>1</td><td>0</td><td>0</td><td>2CH</td></tr>
<tr><td>参数 1</td><td>1</td><td>1</td><td>↑</td><td colspan="9">D1[15:0]</td><td>XX</td></tr>
<tr><td>……</td><td>1</td><td>1</td><td>↑</td><td colspan="9">D2[15:0]</td><td>XX</td></tr>
<tr><td>参数 n</td><td>1</td><td>1</td><td>↑</td><td colspan="9">Dn[15:0]</td><td>XX</td></tr>
</table>

由表 12-34 可知，在收到指令 0X2C 之后，数据有效位宽变为 16 位，可以连续写入 LCD GRAM 值，而 GRAM 的地址将根据 MY/MX/MV 设置的扫描方向进行自增。例如，假设设置的是从左到右、从上到下的扫描方式，那么设置好起始坐标（通过 SC、SP 设置）后，每写入一个颜色值，GRAM 地址将会自动自增 1(SC++)，如果碰到 EC，则回到 SC，同时 SP++，一直到坐标(EC,EP)结束，其间无须再次设置坐标，从而大大提高写入速度。

(6) 读 GRAM 指令(0X2E)。

该指令用于读取 ILI9341 的显存(GRAM)。该指令的参数描述如表 12-35 所示。

表 12-35　读 GRAM 指令 0X2E 的参数描述

<table>
<tr><th rowspan="2">顺序</th><th colspan="3">控　制</th><th colspan="12">各 位 描 述</th><th rowspan="2">HEX</th></tr>
<tr><th>RS</th><th>RD</th><th>WR</th><th>D15～D11</th><th>D10</th><th>D9</th><th>D8</th><th>D7</th><th>D6</th><th>D5</th><th>D4</th><th>D3</th><th>D2</th><th>D1</th><th>D0</th></tr>
<tr><td>指令</td><td>0</td><td>1</td><td>↑</td><td colspan="4">XX</td><td>0</td><td>0</td><td>1</td><td>0</td><td>1</td><td>1</td><td>1</td><td>0</td><td>2EH</td></tr>
<tr><td>参数 1</td><td>1</td><td>↑</td><td>1</td><td colspan="12">XX</td><td>dummy</td></tr>
<tr><td>参数 2</td><td>1</td><td>↑</td><td>1</td><td>R1[4:0]</td><td colspan="3">XX</td><td colspan="6">G1[5:0]</td><td colspan="2">XX</td><td>R1G1</td></tr>
<tr><td>参数 3</td><td>1</td><td>↑</td><td>1</td><td>B1[4:0]</td><td colspan="3">XX</td><td colspan="5">R2[4:0]</td><td colspan="3">XX</td><td>B1R2</td></tr>
<tr><td>参数 4</td><td>1</td><td>↑</td><td>1</td><td colspan="2">G2[5:0]</td><td colspan="2">XX</td><td colspan="5">B2[4:0]</td><td colspan="3">XX</td><td>G2B2</td></tr>
<tr><td>参数 5</td><td>1</td><td>↑</td><td>1</td><td>R3[4:0]</td><td colspan="3">XX</td><td colspan="6">G3[5:0]</td><td colspan="2">XX</td><td>R3G3</td></tr>
<tr><td>…</td><td>…</td><td>…</td><td>…</td><td colspan="12">…</td><td></td></tr>
<tr><td>参数 N</td><td>1</td><td>↑</td><td>1</td><td colspan="12">按以上规律输出</td><td></td></tr>
</table>

该指令用于读取 GRAM。ILI9341 收到该指令后，第一次输出的是 dummy 数据，也就是无效的数据；第二次开始，读取到的才是有效的 GRAM 数据[从坐标(SC，SP)开始]，输出规律为：每个颜色分量占 8 个位，一次输出 2 个颜色分量。比如，第一次输出是 *R*1*G*1，随后的规律为 *B*1*R*2、*G*2*B*2、*R*3*G*3、*B*3*R*4、*G*4*B*4、*R*5*G*5，以此类推。如果只读取一个点的颜色值，那么只需要接收到参数 3 即可，如果要连续读取(利用 GRAM 地址自增的特性，方法同上)，那么就按照上述规律接收颜色数据。

通过上述常用的指令，即可控制 ILI9341 显示所要显示的内容。

一般 TFT-LCD 模块的使用流程如图 12-20 所示。

在图 12-20 中，硬复位和初始化序列，只需要执行一次即可。画点流程为：设置坐标→写 GRAM 指令→写入颜色数据，然后在 LCD 上面就可以看到对应的点，显示写入的颜色了。读点流程为：设置坐标→读 GRAM 指令→读取颜色数据，这样就可以获取到对应点的颜色数据。

使用 FSMC 驱动 TFT-LCD，包括以下几个步骤：

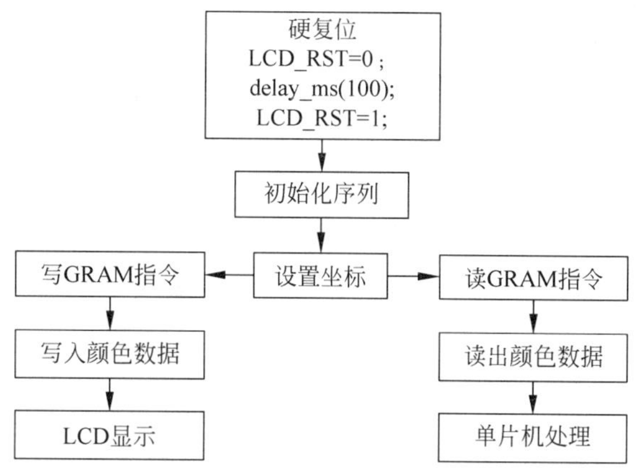

图 12-20 TFT-LCD 使用流程

(1) 初始化 FSMC;

① 设置使用到的存储块和区号;

② 设置存储器类型;

③ 设置数据宽度;

④ 设置写使能;

⑤ 设置扩展模式使能位;

⑥ 设置数据/地址复用使能;

⑦ 设置读时序;

⑧ 设置写时序;

⑨ 其他设置;

⑩ 初始化 FSMC;

⑪ 使能存储块和区块。

(2) 初始化 TFT-LCD(包括电源控制、伽马设置、背光控制等,具体设置请参考 LCD 技术手册);

(3) 填充指定坐标的像素,实现图形字符的显示。

【例 12-1】 使用 STM32F103VET6 的 FSMC 模块操作 ATK-2.8'TFT-LCD 模块。

解:使用 STM32F103VET6 的 FSMC 模块操作 TFT-LCD 时,FSMC 是把 TFT-LCD 当成 SRAM 设备来用的,其操作时序和 SRAM 的控制完全类似,唯一不同的就是 TFT-LCD 有命令/数据控制信号(即 RS 信号),但是没有地址信号。由于 FSMC 没有 RS 信号,TFT-LCD 没有地址信号,所以将 TFT-LCD 的 RS 信号接到 FSMC 的 $A16$ 端,操作地址的 $A16$ 位为 1 时 RS 为 1,操作地址的 $A16$ 位为 0 时 RS 为 0,通过这个方法可区分读写命令还是数据。STM32F103 FSMC 与 TFT-LCD 接线图如图 12-21 所示。

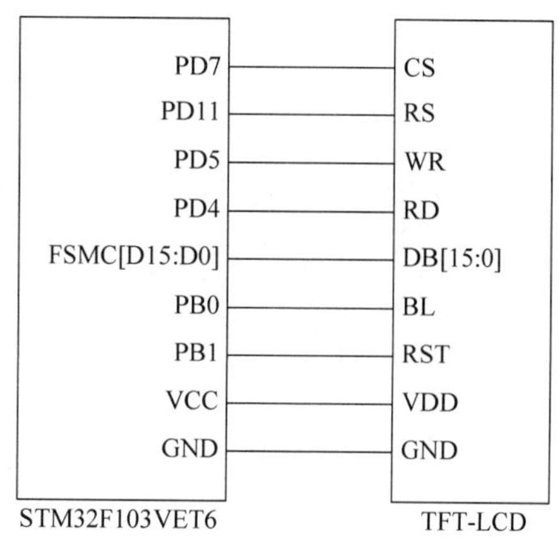

图 12-21 STM32F103 FSMC 与 TFT-LCD 接线图

其他的接线顺序可为 CS 接 PD7,RS 接 PD11,WR 接 PD5,RD 接 PD4,DB[15:0]接 FSMC[D15:D0],BL 接 PB0,RST 接 PB1。连接对应引脚及含义如表 12-36 所示。

表 12-36 TFT-LCD 信号线

TFT-LCD 信号线	含 义	连接 STM32F103 引脚
CS	片选信号	PD7
RS	命令/数据标志 0:命令;1:数据	PD11
WR	写入数据	PD5
RD	读取数据	PD4
RST	硬复位	PB1
BL	背光控制	PB0
DB[15:0]	16 位数据线	FSMC[D15:D0]

利用固件库函数实现题目要求。在创建工程出现 Manage Run-Time Environment 对话框时,选中 Device→Startup;选中 CMSIS→CORE。选中 StdPeriph Drivers 中的 GPIO、Framework、RCC 和 FSMC。通过向指定坐标的像素点填充颜色实现图形和字符的显示。部分代码如下(完整的程序代码请从 http://course.sdu.edu.cn/arm.html 网站上下载):

```
#include "delay.h"
#include "stm32f10x.h"
#define LCD_LED PBout(0)                        //LCD 背光
//使用 NOR/SRAM 的 Bank1.sector1,A16 作为数据命令区分线
#define LCD_BASE ((u32)(0x60000000)|0x0001FFFE)
#define LCD ((LCD_TypeDef * ) LCD_BASE)
//颜色
#define BLACK 0x0000
#define BLUE 0x001F
#define WHITE 0xFFFF
#define RED 0xF800
//LCD 参数
typedef struct
{
    u16 width;                                  //LCD 宽度
    u16 height;                                 //LCD 高度
    u16 id;                                     //LCD ID
    u8 dir;                                     //横屏还是竖屏控制: 0,竖屏; 1,横屏
    u16 wramcmd;                                //开始写 gram 指令
    u16 setxcmd;                                //设置 x 坐标指令
    u16 setycmd;                                //设置 y 坐标指令
}_lcd_dev;

_lcd_dev lcddev;
//LCD 地址结构体
typedef struct
{
    vu16 LCD_REG;
    vu16 LCD_RAM;
```

```
} LCD_TypeDef;

//12 * 12 ASCII 字符集点阵
const unsigned char asc2_1206[95][12] = {
{0x00,0x00,0x00,0x00,0x00,0x00,0x00,0x00,0x00,0x00,0x00,0x00},/* " ",0 */
{0x00,0x00,0x00,0x00,0x3F,0x40,0x00,0x00,0x00,0x00,0x00,0x00},/* "!",1 */
{0x00,0x00,0x30,0x00,0x40,0x00,0x30,0x00,0x40,0x00,0x00,0x00},/* """,2 */
{0x09,0x00,0x0B,0xC0,0x3D,0x00,0x0B,0xC0,0x3D,0x00,0x09,0x00},/* "#",3 */
{0x18,0xC0,0x24,0x40,0x7F,0xE0,0x22,0x40,0x31,0x80,0x00,0x00},/* "$",4 */
{0x18,0x00,0x24,0xC0,0x1B,0x00,0x0D,0x80,0x32,0x40,0x01,0x80},/* "%",5 */
{0x03,0x80,0x1C,0x40,0x27,0x40,0x1C,0x80,0x07,0x40,0x00,0x40},/* "&",6 */
{0x10,0x00,0x60,0x00,0x00,0x00,0x00,0x00,0x00,0x00,0x00,0x00},/* "'",7 */
{0x00,0x00,0x00,0x00,0x00,0x00,0x1F,0x80,0x20,0x40,0x40,0x20},/* "(",8 */
{0x00,0x00,0x40,0x20,0x20,0x40,0x1F,0x80,0x00,0x00,0x00,0x00},/* ")",9 */
{0x09,0x00,0x06,0x00,0x1F,0x80,0x06,0x00,0x09,0x00,0x00,0x00},/* "*",10 */
{0x04,0x00,0x04,0x00,0x3F,0x80,0x04,0x00,0x04,0x00,0x00,0x00},/* "+",11 */
{0x00,0x10,0x00,0x60,0x00,0x00,0x00,0x00,0x00,0x00,0x00,0x00},/* ",",12 */
{0x04,0x00,0x04,0x00,0x04,0x00,0x04,0x00,0x04,0x00,0x00,0x00},/* "-",13 */
{0x00,0x00,0x00,0x40,0x00,0x00,0x00,0x00,0x00,0x00,0x00,0x00},/* ".",14 */
{0x00,0x20,0x01,0xC0,0x06,0x00,0x38,0x00,0x40,0x00,0x00,0x00},/* "/",15 */
{0x1F,0x80,0x20,0x40,0x20,0x40,0x20,0x40,0x1F,0x80,0x00,0x00},/* "0",16 */
{0x00,0x00,0x10,0x40,0x3F,0xC0,0x00,0x40,0x00,0x00,0x00,0x00},/* "1",17 */
{0x18,0xC0,0x21,0x40,0x22,0x40,0x24,0x40,0x18,0x40,0x00,0x00},/* "2",18 */
{0x10,0x80,0x20,0x40,0x24,0x40,0x24,0x40,0x1B,0x80,0x00,0x00},/* "3",19 */
{0x02,0x00,0x0D,0x00,0x11,0x00,0x3F,0xC0,0x01,0x40,0x00,0x00},/* "4",20 */
{0x3C,0x80,0x24,0x40,0x24,0x40,0x24,0x40,0x23,0x80,0x00,0x00},/* "5",21 */
{0x1F,0x80,0x24,0x40,0x24,0x40,0x34,0x40,0x03,0x80,0x00,0x00},/* "6",22 */
{0x30,0x00,0x20,0x00,0x27,0xC0,0x38,0x00,0x20,0x00,0x00,0x00},/* "7",23 */
{0x1B,0x80,0x24,0x40,0x24,0x40,0x24,0x40,0x1B,0x80,0x00,0x00},/* "8",24 */
{0x1C,0x00,0x22,0xC0,0x22,0x40,0x22,0x40,0x1F,0x80,0x00,0x00},/* "9",25 */
{0x00,0x00,0x00,0x00,0x08,0x40,0x00,0x00,0x00,0x00,0x00,0x00},/* ":",26 */
{0x00,0x00,0x00,0x00,0x04,0x60,0x00,0x00,0x00,0x00,0x00,0x00},/* ";",27 */
{0x00,0x00,0x04,0x00,0x0A,0x00,0x11,0x00,0x20,0x80,0x40,0x40},/* "<",28 */
{0x09,0x00,0x09,0x00,0x09,0x00,0x09,0x00,0x09,0x00,0x00,0x00},/* "=",29 */
{0x00,0x00,0x40,0x40,0x20,0x80,0x11,0x00,0x0A,0x00,0x04,0x00},/* ">",30 */
{0x18,0x00,0x20,0x00,0x23,0x40,0x24,0x00,0x18,0x00,0x00,0x00},/* "?",31 */
{0x1F,0x80,0x20,0x40,0x27,0x40,0x29,0x40,0x1F,0x40,0x00,0x00},/* "@",32 */
{0x00,0x40,0x07,0xC0,0x39,0x00,0x0F,0x00,0x01,0xC0,0x00,0x40},/* "A",33 */
{0x20,0x40,0x3F,0xC0,0x24,0x40,0x24,0x40,0x1B,0x80,0x00,0x00},/* "B",34 */
{0x1F,0x80,0x20,0x40,0x20,0x40,0x20,0x40,0x30,0x80,0x00,0x00},/* "C",35 */
{0x20,0x40,0x3F,0xC0,0x20,0x40,0x20,0x40,0x1F,0x80,0x00,0x00},/* "D",36 */
{0x20,0x40,0x3F,0xC0,0x24,0x40,0x2E,0x40,0x30,0xC0,0x00,0x00},/* "E",37 */
{0x20,0x40,0x3F,0xC0,0x24,0x40,0x2E,0x00,0x30,0x00,0x00,0x00},/* "F",38 */
{0x0F,0x00,0x10,0x80,0x20,0x40,0x22,0x40,0x33,0x80,0x02,0x00},/* "G",39 */
{0x20,0x40,0x3F,0xC0,0x04,0x00,0x04,0x00,0x3F,0xC0,0x20,0x40},/* "H",40 */
{0x20,0x40,0x20,0x40,0x3F,0xC0,0x20,0x40,0x20,0x40,0x00,0x00},/* "I",41 */
{0x00,0x60,0x20,0x20,0x20,0x20,0x3F,0xC0,0x20,0x00,0x20,0x00},/* "J",42 */
{0x20,0x40,0x3F,0xC0,0x24,0x40,0x0B,0x00,0x30,0xC0,0x20,0x40},/* "K",43 */
{0x20,0x40,0x3F,0xC0,0x20,0x40,0x00,0x40,0x00,0x40,0x00,0xC0},/* "L",44 */
{0x3F,0xC0,0x3C,0x00,0x03,0xC0,0x3C,0x00,0x3F,0xC0,0x00,0x00},/* "M",45 */
{0x20,0x40,0x3F,0xC0,0x0C,0x40,0x23,0x00,0x3F,0xC0,0x20,0x00},/* "N",46 */
```

```
{0x1F,0x80,0x20,0x40,0x20,0x40,0x20,0x40,0x1F,0x80,0x00,0x00},/*"O",47*/
{0x20,0x40,0x3F,0xC0,0x24,0x40,0x24,0x00,0x18,0x00,0x00,0x00},/*"P",48*/
{0x1F,0x80,0x21,0x40,0x21,0x40,0x20,0xE0,0x1F,0xA0,0x00,0x00},/*"Q",49*/
{0x20,0x40,0x3F,0xC0,0x24,0x40,0x26,0x00,0x19,0xC0,0x00,0x40},/*"R",50*/
{0x18,0xC0,0x24,0x40,0x24,0x40,0x22,0x40,0x31,0x80,0x00,0x00},/*"S",51*/
{0x30,0x00,0x20,0x40,0x3F,0xC0,0x20,0x40,0x30,0x00,0x00,0x00},/*"T",52*/
{0x20,0x00,0x3F,0x80,0x00,0x40,0x00,0x40,0x3F,0x80,0x20,0x00},/*"U",53*/
{0x20,0x00,0x3E,0x00,0x01,0xC0,0x07,0x00,0x38,0x00,0x20,0x00},/*"V",54*/
{0x38,0x00,0x07,0xC0,0x3C,0x00,0x07,0xC0,0x38,0x00,0x00,0x00},/*"W",55*/
{0x20,0x40,0x39,0xC0,0x06,0x00,0x39,0xC0,0x20,0x40,0x00,0x00},/*"X",56*/
{0x20,0x00,0x38,0x40,0x07,0xC0,0x38,0x40,0x20,0x00,0x00,0x00},/*"Y",57*/
{0x30,0x40,0x21,0xC0,0x26,0x40,0x38,0x40,0x20,0xC0,0x00,0x00},/*"Z",58*/
{0x00,0x00,0x00,0x00,0x7F,0xE0,0x40,0x20,0x40,0x20,0x00,0x00},/*"[",59*/
{0x00,0x00,0x70,0x00,0x0C,0x00,0x03,0x80,0x00,0x40,0x00,0x00},/*"\",60*/
{0x00,0x00,0x40,0x20,0x40,0x20,0x7F,0xE0,0x00,0x00,0x00,0x00},/*"]",61*/
{0x00,0x00,0x20,0x00,0x40,0x00,0x20,0x00,0x00,0x00,0x00,0x00},/*"^",62*/
{0x00,0x10,0x00,0x10,0x00,0x10,0x00,0x10,0x00,0x10,0x00,0x10},/*"_",63*/
{0x00,0x00,0x00,0x00,0x40,0x00,0x00,0x00,0x00,0x00,0x00,0x00},/*"`",64*/
{0x00,0x00,0x02,0x80,0x05,0x40,0x05,0x40,0x03,0xC0,0x00,0x40},/*"a",65*/
{0x20,0x00,0x3F,0xC0,0x04,0x40,0x04,0x40,0x03,0x80,0x00,0x00},/*"b",66*/
{0x00,0x00,0x03,0x80,0x04,0x40,0x04,0x40,0x06,0x40,0x00,0x00},/*"c",67*/
{0x00,0x00,0x03,0x80,0x04,0x40,0x24,0x40,0x3F,0xC0,0x00,0x40},/*"d",68*/
{0x00,0x00,0x03,0x80,0x05,0x40,0x05,0x40,0x03,0x40,0x00,0x00},/*"e",69*/
{0x00,0x00,0x04,0x40,0x1F,0xC0,0x24,0x40,0x24,0x40,0x20,0x00},/*"f",70*/
{0x00,0x00,0x02,0xE0,0x05,0x50,0x05,0x50,0x06,0x50,0x04,0x20},/*"g",71*/
{0x20,0x40,0x3F,0xC0,0x04,0x40,0x04,0x00,0x03,0xC0,0x00,0x40},/*"h",72*/
{0x00,0x00,0x04,0x40,0x27,0xC0,0x00,0x40,0x00,0x00,0x00,0x00},/*"i",73*/
{0x00,0x10,0x00,0x10,0x04,0x10,0x27,0xE0,0x00,0x00,0x00,0x00},/*"j",74*/
{0x20,0x40,0x3F,0xC0,0x01,0x40,0x07,0x00,0x04,0xC0,0x04,0x40},/*"k",75*/
{0x20,0x40,0x20,0x40,0x3F,0xC0,0x00,0x40,0x00,0x40,0x00,0x00},/*"l",76*/
{0x07,0xC0,0x04,0x00,0x07,0xC0,0x04,0x00,0x03,0xC0,0x00,0x00},/*"m",77*/
{0x04,0x40,0x07,0xC0,0x04,0x40,0x04,0x00,0x03,0xC0,0x00,0x40},/*"n",78*/
{0x00,0x00,0x03,0x80,0x04,0x40,0x04,0x40,0x03,0x80,0x00,0x00},/*"o",79*/
{0x04,0x10,0x07,0xF0,0x04,0x50,0x04,0x40,0x03,0x80,0x00,0x00},/*"p",80*/
{0x00,0x00,0x03,0x80,0x04,0x40,0x04,0x50,0x07,0xF0,0x00,0x10},/*"q",81*/
{0x04,0x40,0x07,0xC0,0x02,0x40,0x04,0x00,0x04,0x00,0x00,0x00},/*"r",82*/
{0x00,0x00,0x06,0x40,0x05,0x40,0x05,0x40,0x04,0xC0,0x00,0x00},/*"s",83*/
{0x00,0x00,0x04,0x00,0x1F,0x80,0x04,0x40,0x00,0x40,0x00,0x00},/*"t",84*/
{0x04,0x00,0x07,0x80,0x00,0x40,0x04,0x40,0x07,0xC0,0x00,0x40},/*"u",85*/
{0x04,0x00,0x07,0x00,0x04,0xC0,0x01,0x80,0x06,0x00,0x04,0x00},/*"v",86*/
{0x06,0x00,0x01,0xC0,0x07,0x00,0x01,0xC0,0x06,0x00,0x00,0x00},/*"w",87*/
{0x04,0x40,0x06,0xC0,0x01,0x00,0x06,0xC0,0x04,0x40,0x00,0x00},/*"x",88*/
{0x04,0x10,0x07,0x10,0x04,0xE0,0x01,0x80,0x06,0x00,0x04,0x00},/*"y",89*/
{0x00,0x00,0x04,0x40,0x05,0xC0,0x06,0x40,0x04,0x40,0x00,0x00},/*"z",90*/
{0x00,0x00,0x00,0x00,0x04,0x00,0x7B,0xE0,0x40,0x20,0x00,0x00},/*"{",91*/
{0x00,0x00,0x00,0x00,0x00,0x00,0xFF,0xF0,0x00,0x00,0x00,0x00},/*"|",92*/
{0x00,0x00,0x40,0x20,0x7B,0xE0,0x04,0x00,0x00,0x00,0x00,0x00},/*"}",93*/
{0x40,0x00,0x80,0x00,0x40,0x00,0x20,0x00,0x20,0x00,0x40,0x00},/*"～",94*/
};

void LCD_Init(void);                                    //初始化
```

```
void LCD_Clear(u16 Color);                                              //清屏
void LCD_SetCursor(u16 Xpos, u16 Ypos);                                 //设置光标
void LCD_DrawPoint(u16 x,u16 y,u16 color);                              //画点
void LCD_ShowChar(u16 x,u16 y,u8 num,u8 size,u8 mode);                  //显示一个字符
void LCD_ShowString(u16 x,u16 y,u16 width,u16 height,u8 size,u8 * p);  //显示一个字符串
void LCD_WriteReg(u16 LCD_Reg, u16 LCD_RegValue);                       //写寄存器
u16 LCD_ReadReg(u16 LCD_Reg);                                           //读寄存器
void LCD_WriteRAM_Prepare(void);                                        //开始写 GRAM
void LCD_WriteRAM(u16 RGB_Code);                                        //写 GRAM
void LCD_Scan_Dir();                                                    //设置屏扫描方向
void LCD_Display_Dir(u8 dir);                                           //设置屏幕显示方向
int main(void)
 {
    Delay_Init();
    NVIC_PriorityGroupConfig(NVIC_PriorityGroup_2);
    LCD_Init();
    LCD_Clear(WHITE);
    delay_ms(1000);
    while(1)
    {
      LCD_ShowString(70,120,120,24,12,"STM32 TFT-LCD TEST");
    }
}

//写寄存器函数
//regval:寄存器值
void LCD_WR_REG(u16 regval)
{
    LCD->LCD_REG = regval;
}

//写 LCD 数据
//data:要写入的值
void LCD_WR_DATA(u16 data)
{
    LCD->LCD_RAM = data;
}

//读 LCD 数据
//返回值:读到的值
u16 LCD_RD_DATA(void)
{
    vu16 ram;
    ram = LCD->LCD_RAM;
    return ram;
}

//写寄存器
//LCD_Reg:寄存器地址
//LCD_RegValue:要写入的数据
void LCD_WriteReg(u16 LCD_Reg,u16 LCD_RegValue)
```

```
{
    LCD->LCD_REG = LCD_Reg;
    LCD->LCD_RAM = LCD_RegValue;
}

//读寄存器
//LCD_Reg:寄存器地址
//返回值:读到的数据
u16 LCD_ReadReg(u16 LCD_Reg)
{
    LCD_WR_REG(LCD_Reg);
    delay_us(5);
    return LCD_RD_DATA();
}

//开始写 GRAM
void LCD_WriteRAM_Prepare(void)
{
    LCD->LCD_REG = lcddev.wramcmd;
}

//LCD 写 GRAM
//RGB_Code:颜色值
void LCD_WriteRAM(u16 RGB_Code)
{
    LCD->LCD_RAM = RGB_Code;
}

//设置光标位置
//Xpos:横坐标
//Ypos:纵坐标
void LCD_SetCursor(u16 Xpos, u16 Ypos)
{
    LCD_WR_REG(lcddev.setxcmd);
    LCD_WR_DATA(Xpos>>8);LCD_WR_DATA(Xpos&0XFF);
    LCD_WR_REG(lcddev.setycmd);
    LCD_WR_DATA(Ypos>>8);LCD_WR_DATA(Ypos&0XFF);
}

//设置 LCD 的自动扫描方向
void LCD_Scan_Dir(void)
{
    u16 regval = 0;
    u16 dirreg = 0;
    u16 temp;
    regval| = (0<<7)|(0<<6)|(0<<5);
    dirreg = 0X36;
    regval| = 0X08;
    LCD_WriteReg(dirreg,regval);
    if(regval&0X20)
    {
```

```
        if(lcddev.width < lcddev.height)                                    //交换 X,Y
        {
            temp = lcddev.width;
            lcddev.width = lcddev.height;
            lcddev.height = temp;
        }
    }else
    {
        if(lcddev.width > lcddev.height)                                    //交换 X,Y
        {
            temp = lcddev.width;
            lcddev.width = lcddev.height;
            lcddev.height = temp;
        }
    }
    LCD_WR_REG(lcddev.setxcmd);
    LCD_WR_DATA(0);LCD_WR_DATA(0);
    LCD_WR_DATA((lcddev.width - 1)>> 8);LCD_WR_DATA((lcddev.width - 1)&0XFF);
    LCD_WR_REG(lcddev.setycmd);
    LCD_WR_DATA(0);LCD_WR_DATA(0);
    LCD_WR_DATA((lcddev.height - 1)>> 8);LCD_WR_DATA((lcddev.height - 1)&0XFF);
}

//画点
//x,y:坐标
//color:颜色
void LCD_DrawPoint(u16 x,u16 y,u16 color)
{
    LCD_SetCursor(x,y);                                                     //设置光标位置
    LCD_WriteRAM_Prepare();                                                 //开始写入 GRAM
    LCD -> LCD_RAM = color;
}

//设置 LCD 显示方向
//dir:0,竖屏; 1,横屏
void LCD_Display_Dir(u8 dir)
{
    if(dir == 0)
    {
        lcddev.dir = 0;
        lcddev.width = 240;
        lcddev.height = 320;
        lcddev.wramcmd = 0X2C;
        lcddev.setxcmd = 0X2A;
        lcddev.setycmd = 0X2B;
    }
    else
    {
        lcddev.dir = 1;
        lcddev.width = 320;
        lcddev.height = 240;
```

```
        lcddev.wramcmd = 0X2C;
        lcddev.setxcmd = 0X2A;
        lcddev.setycmd = 0X2B;
    }
    LCD_Scan_Dir();
}

//初始化 LCD
void LCD_Init(void)
{
    GPIO_InitTypeDef GPIO_InitStructure;
    FSMC_NORSRAMInitTypeDef FSMC_NORSRAMInitStructure;
    FSMC_NORSRAMTimingInitTypeDef readWriteTiming;
    FSMC_NORSRAMTimingInitTypeDef writeTiming;

    RCC_AHBPeriphClockCmd(RCC_AHBPeriph_FSMC,ENABLE);                  //使能 FSMC 时钟
    RCC_APB2PeriphClockCmd(RCC_APB2Periph_GPIOB|RCC_APB2Periph_GPIOD|RCC_APB2Periph_
GPIOE,ENABLE);                                   //使能 PORTB,D,E,G 以及 AFIO 复用功能时钟

    GPIO_InitStructure.GPIO_Pin = GPIO_Pin_0;                   //背光控制
    GPIO_InitStructure.GPIO_Mode = GPIO_Mode_Out_PP;
    GPIO_InitStructure.GPIO_Speed = GPIO_Speed_50MHz;
    GPIO_Init(GPIOB, &GPIO_InitStructure);

    GPIO_InitStructure.GPIO_Pin = GPIO_Pin_1;                   //硬复位
    GPIO_InitStructure.GPIO_Mode = GPIO_Mode_Out_PP;
    GPIO_InitStructure.GPIO_Speed = GPIO_Speed_50MHz;
    GPIO_Init(GPIOB, &GPIO_InitStructure);
    GPIO_ResetBits(GPIOB,GPIO_Pin_1);

    GPIO_InitStructure.GPIO_Pin =
    GPIO_Pin_0|GPIO_Pin_1|GPIO_Pin_4|GPIO_Pin_5|GPIO_Pin_7|GPIO_Pin_8|
    GPIO_Pin_9|GPIO_Pin_10|GPIO_Pin_11|GPIO_Pin_14|GPIO_Pin_15;
    GPIO_InitStructure.GPIO_Mode = GPIO_Mode_AF_PP;             //复用推挽输出
    GPIO_InitStructure.GPIO_Speed = GPIO_Speed_50MHz;
    GPIO_Init(GPIOD, &GPIO_InitStructure);

    GPIO_InitStructure.GPIO_Pin =
    GPIO_Pin_7|GPIO_Pin_8|GPIO_Pin_9|GPIO_Pin_10|GPIO_Pin_11|GPIO_Pin_12|
    GPIO_Pin_13|GPIO_Pin_14|GPIO_Pin_15;                        //PORTE 复用推挽输出
    GPIO_InitStructure.GPIO_Mode = GPIO_Mode_AF_PP;
    GPIO_InitStructure.GPIO_Speed = GPIO_Speed_50MHz;
    GPIO_Init(GPIOE, &GPIO_InitStructure);
    readWriteTiming.FSMC_AddressSetupTime = 0x01;
                                      //地址建立时间(ADDSET)为 2 个 HCLK 1/36M = 27ns
    readWriteTiming.FSMC_AddressHoldTime = 0x00;                //地址保持时间,模式 A 未用到
    readWriteTiming.FSMC_DataSetupTime = 0x0f;                  //数据保存时间为 16 个 HCLK
    readWriteTiming.FSMC_BusTurnAroundDuration = 0x00;
    readWriteTiming.FSMC_CLKDivision = 0x00;
    readWriteTiming.FSMC_DataLatency = 0x00;
    readWriteTiming.FSMC_AccessMode = FSMC_AccessMode_A;        //模式 A
```

```
writeTiming.FSMC_AddressSetupTime = 0x00;                  //地址建立时间为 1 个 HCLK
writeTiming.FSMC_AddressHoldTime = 0x00;                   //地址保持时间
writeTiming.FSMC_DataSetupTime = 0x03;                     //数据保存时间为 4 个 HCLK
writeTiming.FSMC_BusTurnAroundDuration = 0x00;
writeTiming.FSMC_CLKDivision = 0x00;
writeTiming.FSMC_DataLatency = 0x00;
writeTiming.FSMC_AccessMode = FSMC_AccessMode_A;           //模式 A

FSMC_NORSRAMInitStructure.FSMC_Bank = FSMC_Bank1_NORSRAM1;  //使用 NE1
FSMC_NORSRAMInitStructure.FSMC_DataAddressMux = FSMC_DataAddressMux_Disable;
                                                           //不复用数据地址
FSMC_NORSRAMInitStructure.FSMC_MemoryType = FSMC_MemoryType_SRAM;     //SRAM
FSMC_NORSRAMInitStructure.FSMC_MemoryDataWidth = FSMC_MemoryDataWidth_16b;
                                                           //存储器数据宽度为 16bit
FSMC_NORSRAMInitStructure.FSMC_BurstAccessMode = FSMC_BurstAccessMode_Disable;
FSMC_NORSRAMInitStructure.FSMC_WaitSignalPolarity = FSMC_WaitSignalPolarity_Low;
FSMC_NORSRAMInitStructure.FSMC_AsynchronousWait = FSMC_AsynchronousWait_Disable;
FSMC_NORSRAMInitStructure.FSMC_WrapMode = FSMC_WrapMode_Disable;
FSMC_NORSRAMInitStructure.FSMC_WaitSignalActive = FSMC_WaitSignalActive_BeforeWaitState;
FSMC_NORSRAMInitStructure.FSMC_WriteOperation = FSMC_WriteOperation_Enable;
                                                           //存储器写使能
FSMC_NORSRAMInitStructure.FSMC_WaitSignal = FSMC_WaitSignal_Disable;
FSMC_NORSRAMInitStructure.FSMC_ExtendedMode = FSMC_ExtendedMode_Enable;
                                                           //读写使用不同的时序
FSMC_NORSRAMInitStructure.FSMC_WriteBurst = FSMC_WriteBurst_Disable;
FSMC_NORSRAMInitStructure.FSMC_ReadWriteTimingStruct = &readWriteTiming;  //读写时序
FSMC_NORSRAMInitStructure.FSMC_WriteTimingStruct = &writeTiming;          //写时序

FSMC_NORSRAMInit(&FSMC_NORSRAMInitStructure);              //初始化 FSMC 配置

FSMC_NORSRAMCmd(FSMC_Bank1_NORSRAM1, ENABLE);               //使能 BANK1
delay_ms(100);
GPIO_SetBits(GPIOB,GPIO_Pin_1);
delay_ms(50);
lcddev.id = LCD_ReadReg(0x0000);                           //读 ID
LCD_WR_REG(0XD3);
lcddev.id = LCD_RD_DATA();                                 //dummy read
lcddev.id = LCD_RD_DATA();                                 //读到 0X00
lcddev.id = LCD_RD_DATA();                                 //读取 93
lcddev.id <<= 8;
lcddev.id |= LCD_RD_DATA();                                //读取 41
if(lcddev.id == 0X9341)                                    //9341 初始化
{
    LCD_WR_REG(0xCF);
    LCD_WR_DATA(0x00);
    LCD_WR_DATA(0xC1);
    LCD_WR_DATA(0X30);
    LCD_WR_REG(0xED);
    LCD_WR_DATA(0x64);
    LCD_WR_DATA(0x03);
```

```
LCD_WR_DATA(0X12);
LCD_WR_DATA(0X81);
LCD_WR_REG(0xE8);
LCD_WR_DATA(0x85);
LCD_WR_DATA(0x10);
LCD_WR_DATA(0x7A);
LCD_WR_REG(0xCB);
LCD_WR_DATA(0x39);
LCD_WR_DATA(0x2C);
LCD_WR_DATA(0x00);
LCD_WR_DATA(0x34);
LCD_WR_DATA(0x02);
LCD_WR_REG(0xF7);
LCD_WR_DATA(0x20);
LCD_WR_REG(0xEA);
LCD_WR_DATA(0x00);
LCD_WR_DATA(0x00);
LCD_WR_REG(0xC0);                                    //Power control
LCD_WR_DATA(0x1B);                                   //VRH[5:0]
LCD_WR_REG(0xC1);                                    //Power control
LCD_WR_DATA(0x01);                                   //SAP[2:0];BT[3:0]
LCD_WR_REG(0xC5);                                    //VCM control
LCD_WR_DATA(0x30);                                   //3F
LCD_WR_DATA(0x30);                                   //3C
LCD_WR_REG(0xC7);                                    //VCM control2
LCD_WR_DATA(0XB7);
LCD_WR_REG(0x36);                                    //Memory Access Control
LCD_WR_DATA(0x48);
LCD_WR_REG(0x3A);
LCD_WR_DATA(0x55);
LCD_WR_REG(0xB1);
LCD_WR_DATA(0x00);
LCD_WR_DATA(0x1A);
LCD_WR_REG(0xB6);                                    //Display Function Control
LCD_WR_DATA(0x0A);
LCD_WR_DATA(0xA2);
LCD_WR_REG(0xF2);                                    //3Gamma Function Disable
LCD_WR_DATA(0x00);
LCD_WR_REG(0x26);                                    //Gamma curve selected
LCD_WR_DATA(0x01);
LCD_WR_REG(0xE0);                                    //Set Gamma
LCD_WR_DATA(0x0F);
LCD_WR_DATA(0x2A);
LCD_WR_DATA(0x28);
LCD_WR_DATA(0x08);
LCD_WR_DATA(0x0E);
LCD_WR_DATA(0x08);
LCD_WR_DATA(0x54);
LCD_WR_DATA(0XA9);
LCD_WR_DATA(0x43);
LCD_WR_DATA(0x0A);
```

```
        LCD_WR_DATA(0x0F);
        LCD_WR_DATA(0x00);
        LCD_WR_DATA(0x00);
        LCD_WR_DATA(0x00);
        LCD_WR_DATA(0x00);
        LCD_WR_REG(0XE1);                            //Set Gamma
        LCD_WR_DATA(0x00);
        LCD_WR_DATA(0x15);
        LCD_WR_DATA(0x17);
        LCD_WR_DATA(0x07);
        LCD_WR_DATA(0x11);
        LCD_WR_DATA(0x06);
        LCD_WR_DATA(0x2B);
        LCD_WR_DATA(0x56);
        LCD_WR_DATA(0x3C);
        LCD_WR_DATA(0x05);
        LCD_WR_DATA(0x10);
        LCD_WR_DATA(0x0F);
        LCD_WR_DATA(0x3F);
        LCD_WR_DATA(0x3F);
        LCD_WR_DATA(0x0F);
        LCD_WR_REG(0x2B);
        LCD_WR_DATA(0x00);
        LCD_WR_DATA(0x00);
        LCD_WR_DATA(0x01);
        LCD_WR_DATA(0x3f);
        LCD_WR_REG(0x2A);
        LCD_WR_DATA(0x00);
        LCD_WR_DATA(0x00);
        LCD_WR_DATA(0x00);
        LCD_WR_DATA(0xef);
        LCD_WR_REG(0x11);                            //Exit Sleep
        delay_ms(120);
        LCD_WR_REG(0x29);                            //display on
    }
    LCD_Display_Dir(0);                              //默认为竖屏
    LCD_LED = 1;                                     //点亮背光
    LCD_Clear(WHITE);
}

//清屏函数
//color:要清屏的填充色
void LCD_Clear(u16 color)
{
    u32 index = 0;
    u32 totalpoint = lcddev.width;
    totalpoint * = lcddev.height;                    //得到总点数
    LCD_SetCursor(0x00,0x0000);                      //设置光标位置
    LCD_WriteRAM_Prepare();                          //开始写入 GRAM
    for(index = 0;index < totalpoint;index++)
    {
```

```
            LCD->LCD_RAM = color;
        }
    }

    //在指定位置显示一个字符
    //x,y:起始坐标
    //num:要显示的字符:" "--->"~"
    //size:字体大小 12/16/24
    //mode:叠加方式(1)还是非叠加方式(0)
    void LCD_ShowChar(u16 x,u16 y,u8 num,u8 size,u8 mode)
    {
        u8 temp,t1,t;
        u16 y0 = y;
        u8 csize = (size/8 + ((size % 8)?1:0)) * (size/2);
                                        //得到字体一个字符对应点阵集所占的字节数
        num = num - ' ';
                //得到偏移后的值(ASCII 字库是从空格开始取模,所以 - ' '就是对应字符的字库)
        for(t = 0;t < csize;t++)
        {
            if(size == 12)temp = asc2_1206[num][t]; //调用 1206 字体
            else return; //没有的字库
            for(t1 = 0;t1 < 8;t1++)
            {
                if(temp&0x80)    LCD_DrawPoint(x,y,BLACK);
                else if(mode == 0)LCD_DrawPoint(x,y,BLUE);
                temp <<= 1;
                y++;
                if(y >= lcddev.height)return;        //超区域了
                if((y - y0) == size)
                {
                    y = y0;
                    x++;
                    if(x >= lcddev.width)return;     //超区域了
                    break;
                }
            }
        }
    }

    //显示字符串
    //x,y:起点坐标
    //width,height:区域大小
    //size:字体大小
    //*p:字符串起始地址
    void LCD_ShowString(u16 x,u16 y,u16 width,u16 height,u8 size,u8 *p)
    {
        u8 x0 = x;
        width += x;
        height += y;
        while((*p <= '~')&&(*p >= ' '))              //判断是不是非法字符!
        {
```

```
        if(x>=width){x=x0;y+=size;}
        if(y>=height)break;                    //退出
        LCD_ShowChar(x,y,*p,size,0);
        x+=size/2;
        p++;
    }
}
```

12.8 习题

12-1 简述 STM32F103VET6 的 FSMC 模块的特点。

12-2 查阅相关资料，简述如何使用 STM32F103ZET6 扩展片外 RAM，RAM 型号选为 IS62WV51216，画出电路原理图并编写相关初始化程序和读写程序。

附录 A ASCII 码表

APPENDIX A

ASCII值	十六进制	控制字符	ASCII值	十六进制	控制字符	ASCII值	十六进制	控制字符	ASCII值	十六进制	控制字符
0	0	NUL	32	20	(space)	64	40	@	96	60	'
1	1	SOH	33	21	!	65	41	A	97	61	a
2	2	STX	34	22	"	66	42	B	98	62	b
3	3	ETX	35	23	#	67	43	C	99	63	c
4	4	EOT	36	24	$	68	44	D	100	64	d
5	5	END	37	25	%	69	45	E	101	65	e
6	6	ACK	38	26	&	70	46	F	102	66	f
7	7	BEL	39	27	'	71	47	G	103	67	g
8	8	BS	40	28	(	72	48	H	104	68	h
9	9	HT	41	29	)	73	49	I	105	69	i
10	0A	LF	42	2A	*	74	4A	J	106	6A	j
11	0B	VT	43	2B	+	75	4B	K	107	6B	k
12	0C	FF	44	2C	,	76	4C	L	108	6C	l
13	0D	CR	45	2D	—	77	4D	M	109	6D	m
14	0E	SO	46	2E	.	78	4E	N	110	6E	n
15	0F	SI	47	2F	/	79	4F	O	111	6F	o
16	10	DLE	48	30	0	80	50	P	112	70	p
17	11	DC1	49	31	1	81	51	Q	113	71	q
18	12	DC2	50	32	2	82	52	R	114	72	r
19	13	DC3	51	33	3	83	53	S	115	73	s
20	14	DC4	52	34	4	84	54	T	116	74	t
21	15	NAK	53	35	5	85	55	U	117	75	u
22	16	SYN	54	36	6	86	56	V	118	76	v
23	17	ETB	55	37	7	87	57	W	119	77	w
24	18	CAN	56	38	8	88	58	X	120	78	x
25	19	EM	57	39	9	89	59	Y	121	79	y
26	1A	SUB	58	3A	:	90	5A	Z	122	7A	z
27	1B	ESC	59	3B	;	91	5B	[	123	7B	{
28	1C	FS	60	3C	<	92	5C	\	124	7C	|
29	1D	GS	61	3D	=	93	5D	]	125	7D	}
30	1E	RS	62	3E	>	94	5E	^	126	7E	~
31	1F	US	63	3F	?	95	5F	_	127	7F	DEL

附录 B 逻辑符号对照表

APPENDIX B

名　称	国标符号	曾用符号	国外流行符号
与门	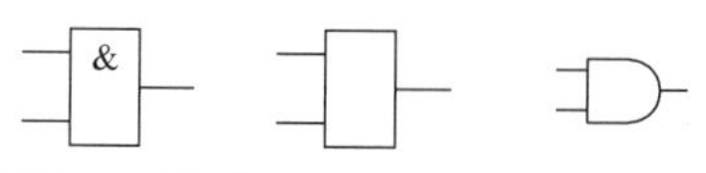		
或门	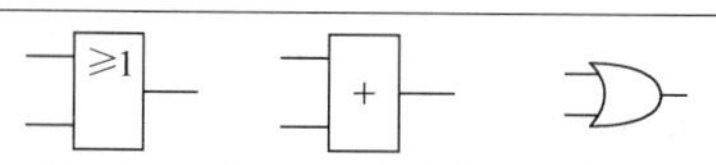		
非门	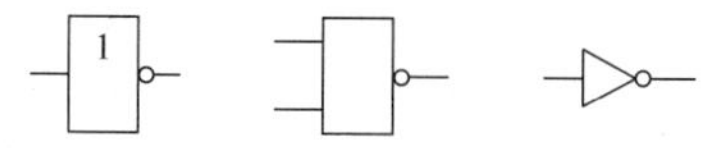		
与非门	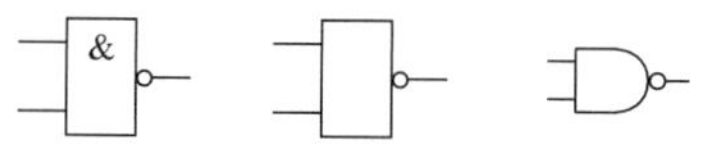		
或非门	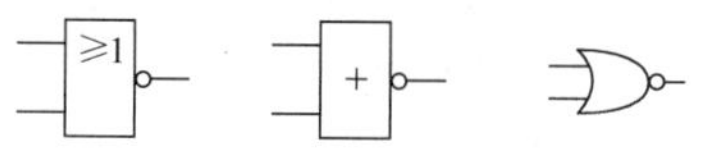		
与或非门	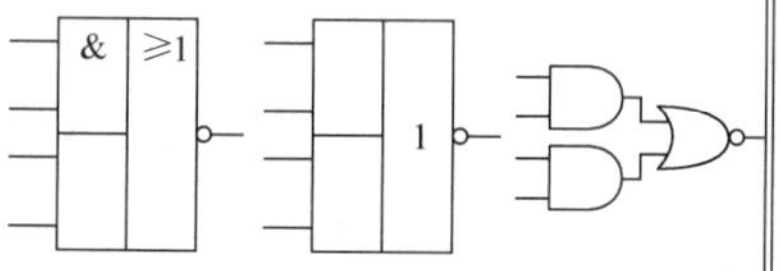		
异或门	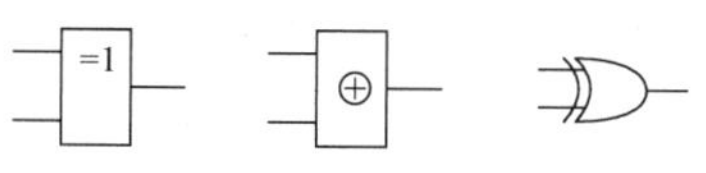		
同或门	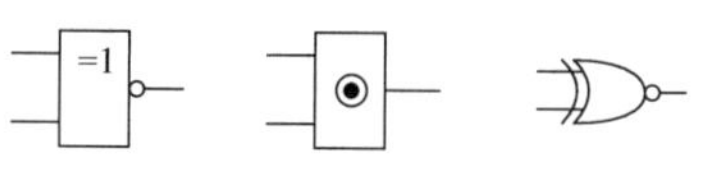		
集电极开路的与门	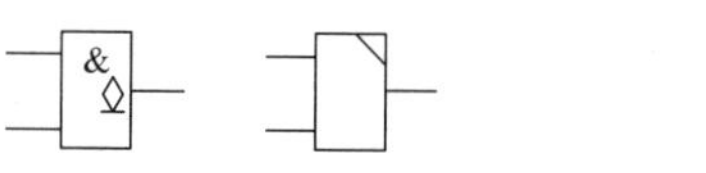		
三态输出的非门	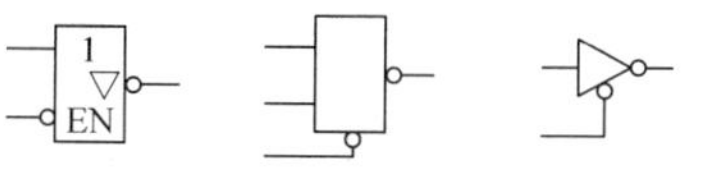		
传输门	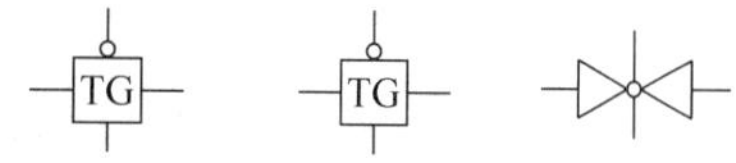		
双向模拟开关	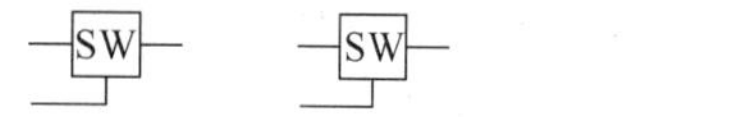		
半加器	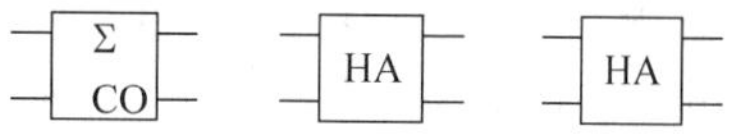		
全加器	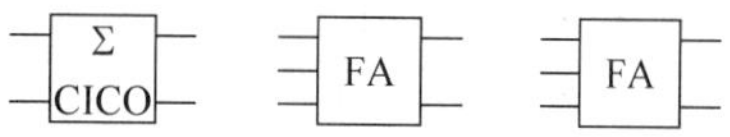		
基本 RS 触发器	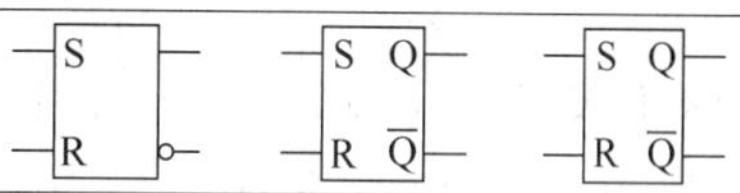		
同步 RS 触发器	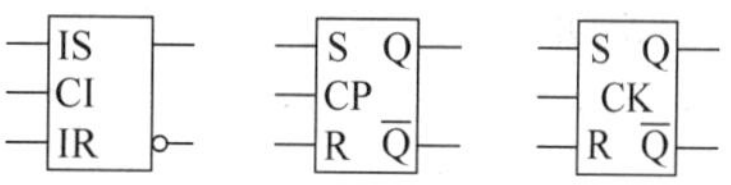		
边沿(上升沿)D 触发器	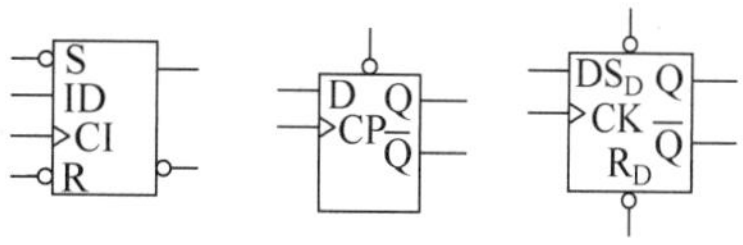		
边沿(下降沿)JK 触发器	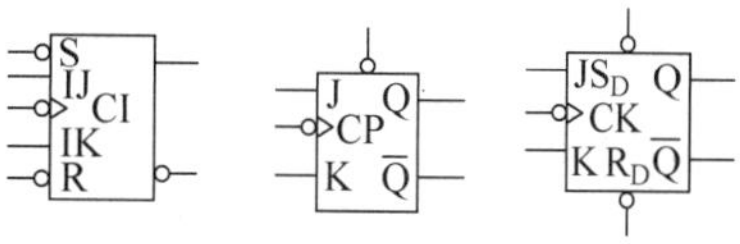		
脉冲触发(主从)JK 触发器	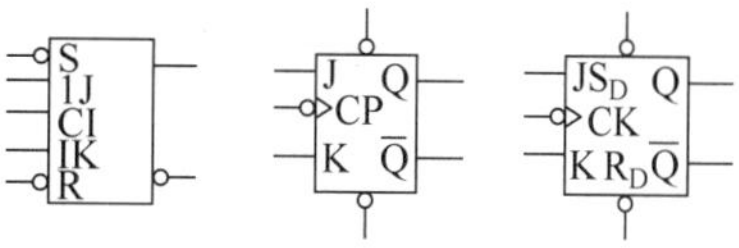		
带施密特触发特性的与门	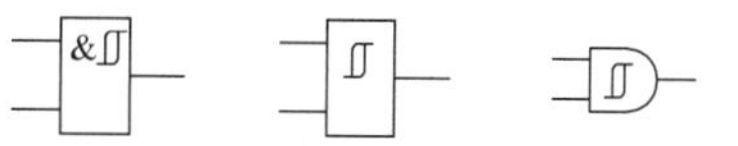		

附录C 使用MDK开发调试汇编语言程序

APPENDIX C

C.1 MDK 简介

Keil MDK-ARM是Keil软件公司(现已被ARM公司收购)出品的支持ARM微控制器的一款集成开发环境(Integrated Development Environment,IDE)。MDK-ARM包含了工业标准的Keil C编译器、宏汇编器、调试器、实时内核等组件。具有业行领先的ARM C/C++编译工具链,Keil MDK-ARM支持的器件包含Cortex-M、Cortex-R、ARM7、ARM9、Cortex-A8系列等多达几千种器件,包含世界上各大品牌的芯片,比如,ST、Atmel、Freescale、NXP、TI等众多大公司微控制器芯片。

可以到官网下载Keil MDK-ARM,下载地址是https://www.keil.com/download/product/。安装最新版本时,需要对应自己芯片型号,下载相应的器件支持包。也可以事先把器件支持包下载到本地硬盘中,安装MDK后,再安装器件支持包。器件支持包的下载地址是http://www.keil.com/dd2/Pack/。

MDK的安装比较简单,基本过程如下:

(1) 双击安装包,进入安装向导界面,如图C-1所示。单击Next按钮,出现许可协议窗口,如图C-2所示。

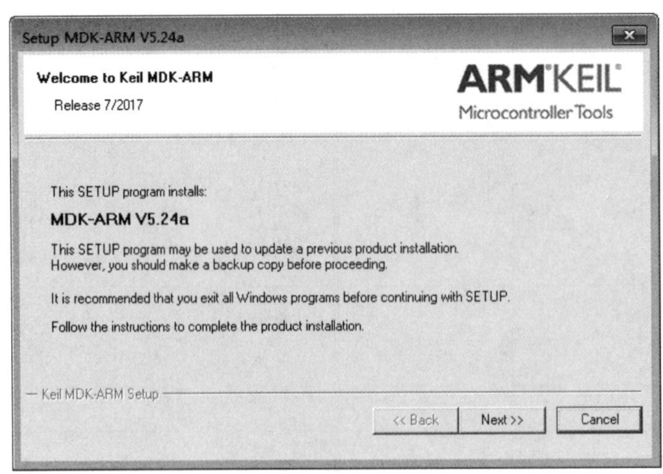

图C-1 双击MDK安装包后的欢迎界面

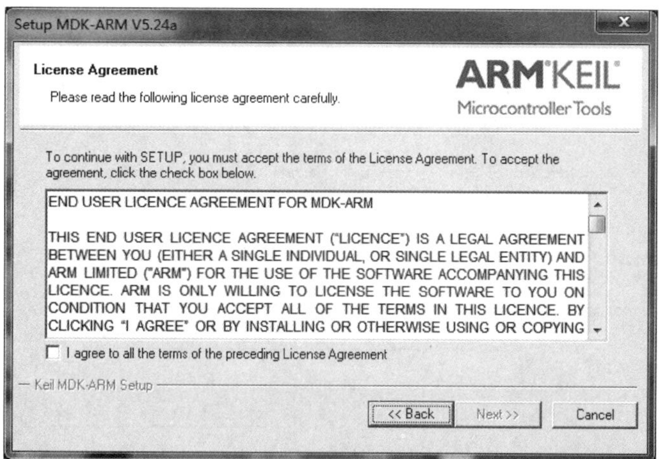

图 C-2 许可协议窗口

(2) 单击选中协议许可窗口中的 I agree to all the terms of the preceding License Agreement,然后单击 Next 按钮,出现安装文件夹选择窗口,如图 C-3 所示。

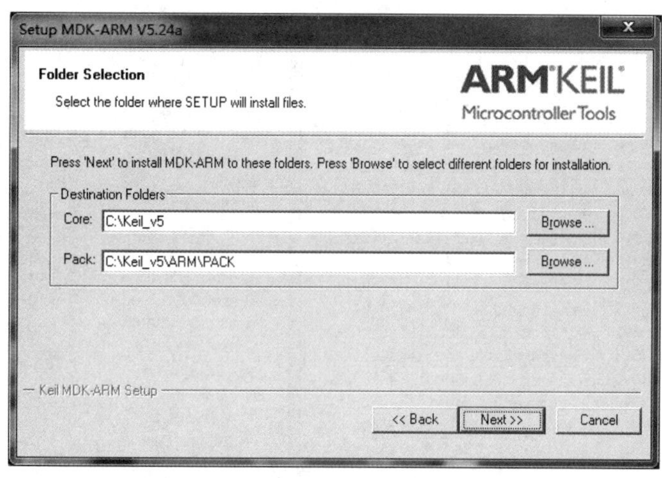

图 C-3 安装文件夹选择窗口

(3) 可以使用默认的文件夹,也可以分别单击核心程序(Core)编辑框和支持包(Pack)编辑框右边的 Browse 按钮选择安装位置。单击图 C-3 中的 Next 按钮,弹出用户信息填写窗口,如图 C-4 所示。

(4) 填写用户信息后,单击 Next 按钮,开始安装程序。安装过程中,会提示安装 ULINK 驱动中的 KEIL-Tools ARM 通用串行总线控制器,选择"安装"即可,直到安装完成。如果处于网络连接状态,则会出现支持包安装提示窗口,单击其中的 OK 按钮。出现如图 C-5 所示的支持包选择窗口。

从左边的 Devices 区域中,依次找到并单击以下提示内容前面的"+"号:STMicroelectronics→STM32F1 Series,找到 STM32F103 并单击,整个窗口的右半部分中的 Pack 一栏的 Device Specific 就会发生相应的变化。单击对应的"Keil::STM32F1xx_

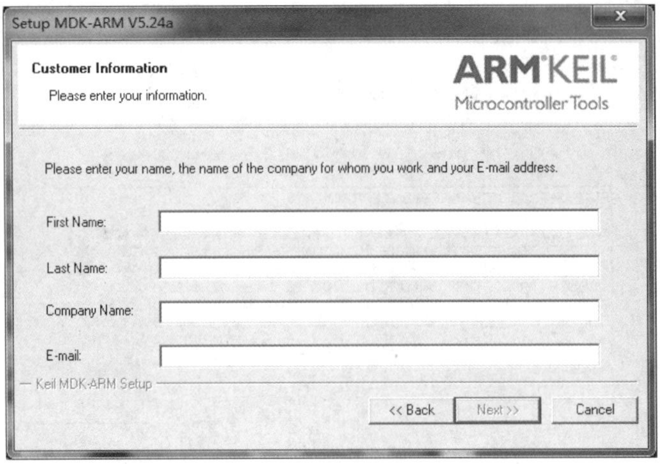

图 C-4　填写用户信息窗口

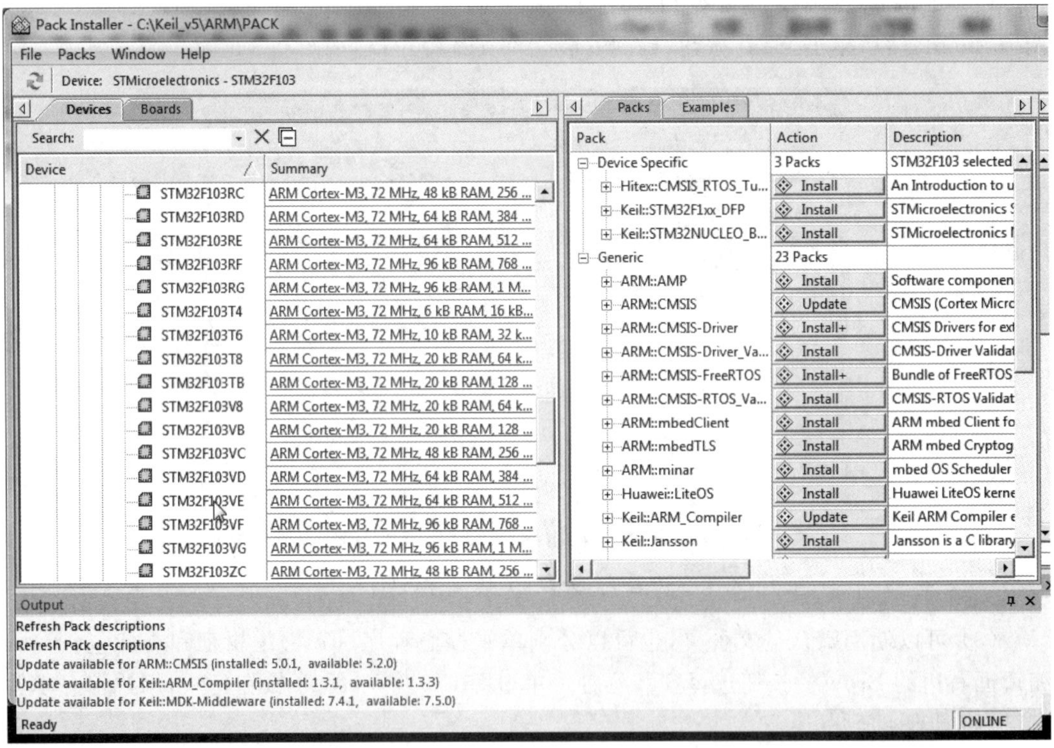

图 C-5　支持包选择窗口

DFP"右边的 Install 按钮，则可以安装对应器件的支持包。其他型号芯片的支持包安装方法与此类似。同时，建议单击"ARM::CMSIS"右边的 Update 按钮，对 ARM Cortex™ 微控制器软件接口标准(Cortex Microcontroller Software Interface Standard，CMSIS)进行升级。安装完成后，相应的按钮将不能再次单击。

如果没有处于联网状态，事先已经下载准备好了所需要的支持包，则可以从图 C-5 的 File 菜单选择 Import 菜单项，选择相应的支持包导入。

整个 MDK 软件安装完成后，会在桌面上创建“Keil μVision5”图标，双击它，就可以启动 MDK。

C.2 使用 MDK 调试汇编语言程序

本节通过实例介绍使用 MDK 集成开发环境进行程序调试和验证的过程。

【例 C-1】 使用汇编语言计算 2018+365=?

解：本例中，先将 2018 存入 R0，再将 365 存入 R1，然后调用 ADD 指令，运算结果保存在 R0 中。按照下面的过程进行程序设计和调试。

1. 启动 MDK 并创建一个项目

启动 MDK 后，从 Project 菜单中选择 New μVision Project 菜单项，打开 Create New Project 对话框，如图 C-6 所示。

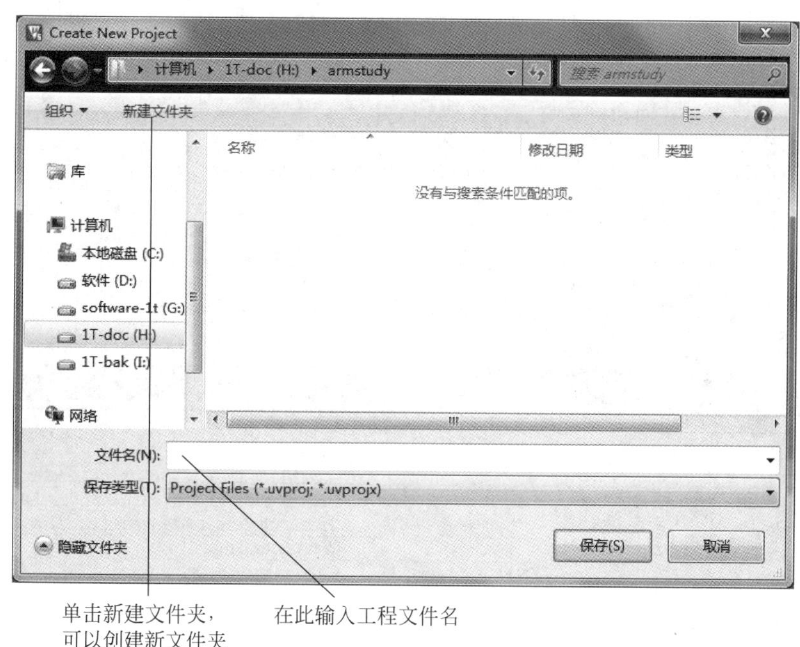

图 C-6 Create New Project 对话框

首先选择工程的保存位置。建议为每个工程项目建一个单独的文件夹。在弹出的对话框中单击“新建文件夹”，新建一个文件夹并命名(如 armstudy)，然后双击选择该子文件夹，再以同样的方式，在 armstydy 文件夹中新建 ex4-1 文件夹并进入 ex4-1 文件夹。在“文件名”编辑框中输入工程项目的名称，如 ex4-1，单击“保存”按钮，将创建一个文件名为 ex4-1.uvproj 的项目文件。此时，将弹出“Select Device for Target‘Target 1’”对话框，提示为项目选择一个 ARM 器件(或 ARM 芯片)，如图 C-7 所示。

在图 C-7 的对话框中的左侧列表框中显示出各个半导体厂家。首先找到芯片的生产厂家，然后单击前面的“+”号，则显示出 Keil 所支持的该厂家的芯片信号列表，依次单击条目前面的"+"号,直到找到所对应的 ARM 芯片型号 STM32F103VE,单击选中相应的型号。单击 OK 按钮,弹出 Manage Run-Time Environment 对话框,提示用户选择程序运行所需的支持库,如图 C-8 所示。使用汇编语言进行程序设计时,可以不做选择,直接单击 OK 按钮,进入主界面。创建工程后,MDK 会在工程文件夹中创建 DebugConfig、Listings、Objects 文件夹,便于文件管理。其中生成的目标文件在 Objects 文件夹中。

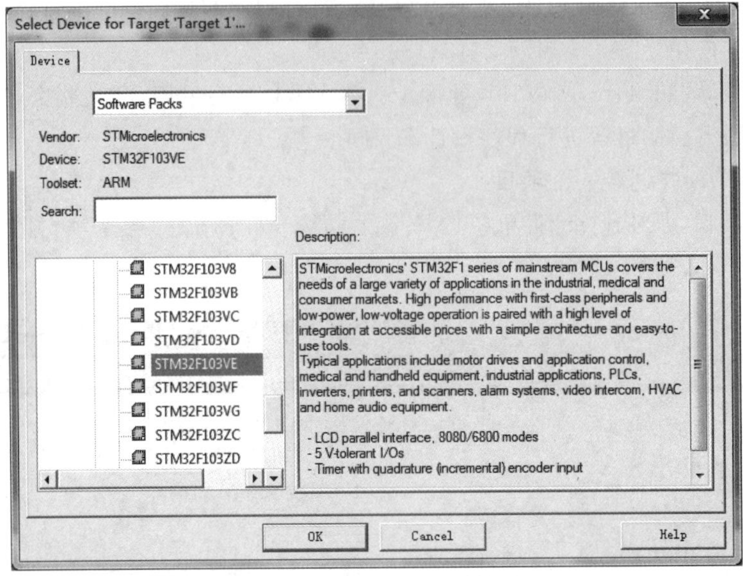

图 C-7 "Select Device for Target'Target 1'"对话框

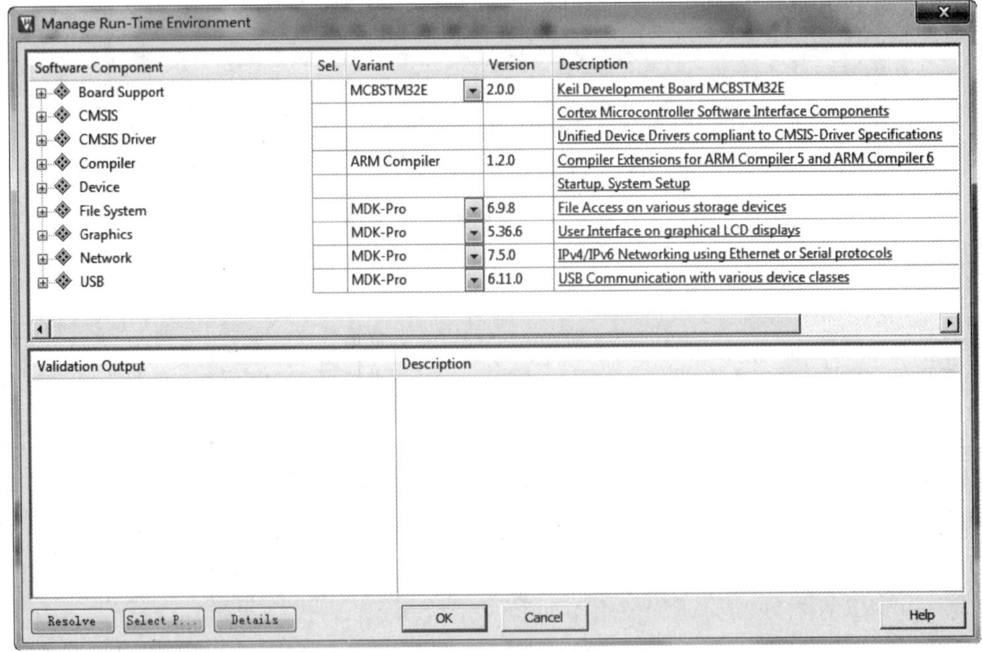

图 C-8 Manage Run-Time Environment 对话框

2. 新建一个源文件并把它加入到项目中

从 File 菜单中选择 New 菜单项,新建一个源文件,或者单击工具栏中的 New File 按钮 ,将打开一个空的编辑窗口,用户可在其中输入程序源代码。为了能够高亮显示汇编语言语法字符,可以先保存文件。从 File 菜单中选择 Save As 菜单项,将文件保存为想要的名字。如果使用汇编语言编写程序,则文件的后缀名应该是.asm 或者.s(注意,后缀名不能省略!),如 ex4-1.asm,如图 C-9 所示。输入文件名后,单击“保存”按钮。

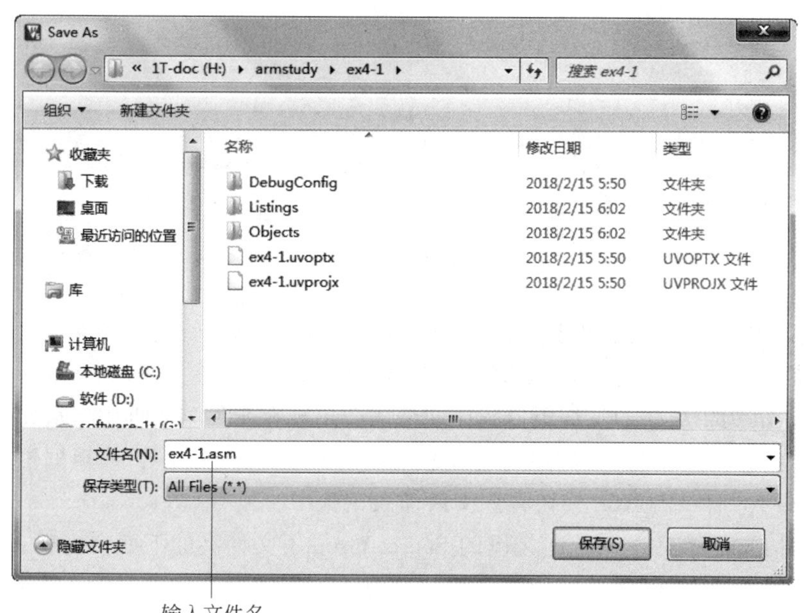

图 C-9 将编辑的源程序保存成文件

在程序代码编辑窗口中输入以下代码:

```
STACK_TOP EQU 0x20002000                ;堆栈指针初始值,常数
    AREA RESET,CODE,READONLY            ;AREA 不能顶格写
    DCD STACK_TOP                       ;设置栈顶(MSP 的)
    DCD START                           ;复位向量
    ENTRY                               ;不能顶格写,指示程序从这里开始执行
START                                   ;必须顶格写,主程序开始
    MOV R0,#2018                        ;将立即数 2018 赋值给 R0
    MOV R1,#365                         ;将立即数 365 赋值给 R1
    ADD R0,R1                           ;R0 += R1
DEADLOOP
    B   DEADLOOP                        ;工作完成后,进入无穷循环
    END                                 ;标记文件结束
```

输入上述内容并保存成 ex4-1.asm 的源程序代码文件以后,可以把它加入到项目中。Keil 提供了几种手段让用户把源文件加入到项目中。例如,在 Project 视图(也称为工程管理器)中,单击 Target 1 前面的“+”号展开下一层的 Source Group1 文件夹,在 Source Group1 文件夹上右击,弹出快捷菜单,如图 C-10 所示。从弹出的快捷菜单中单击“Add Existing Files to Group ‘Source Group 1’”菜单项,弹出“Add Files to Group ‘Source

Group 1'"对话框，如图 C-11 所示。也可以双击 Source Group1 文件夹，同样会弹出图 C-11 的对话框。

加入文件到源程序组

Options for Group 'Source Group 1'... Alt+F7
Add New Item to Group 'Source Group 1'...
Add Existing Files to Group 'Source Group 1'...
Remove Group 'Source Group 1' and its Files
Rebuild all target files
Build Target F7
Manage Project Items...
Show Include File Dependencies

图 C-10 加入源程序文件到项目中

图 C-11 "Add Files to Group 'Source Group 1'"对话框

在该对话框中，默认的文件类型是"C Source file（＊.c)"。若使用汇编语言进行设计，则需要从"文件类型"下拉框中选择选择"Asm Source file(＊.s＊；＊.src；＊.a＊)"文件类型，这样以.asm 为扩展名的汇编语言程序文件才会出现在文件列表框中。从文件列表框中选择要加入的文件并双击即可添加到工程中；也可以直接在"文件名"编辑框中直接输入或单击选中文件，然后单击 Add 按钮将该文件加入工程中。

添加文件后，主界面的 Project 视图的 Source Group1 文件夹的下面会出现 ex4-1.asm 文件，对话框不会自动关闭，而是继续等待添加其他文件。初学者往往以为没有添加成功，再次双击该文件，此时不会有其他反应，因为 ex4-1.asm 已经添加到工程中。添加完毕，单击图 C-11 对话框中的 Close 按钮关闭对话框。双击 Project 视图中的文件可打开并进行修改。Project 视图中的 target 1 和 Source Group 1 的名称都可以修改。修改方法是单击工具栏中的 Manage Project Items 按钮，打开 Manage Project Items 对话框，如图 C-12 所示。在要修改的相应条目上双击，即可进行修改，修改完成后，单击 OK 按钮关闭对话框。也可以直接双击 Project 视图中的相应条目（例如 Target 1)进行修改。利用图 C-12，也可以新建分组，一般项目可以分为 User（包含所有的用户代码程序文件)、Lib（包含支持库文件)、CMSIS(Cortex Microcontroller Software Interface Standard)（是 ARM Cortex™ 微控制器软件接口标准，是 Cortex-M 处理器系列的与供应商无关的硬件抽象层）等。单击图 C-12 中的 Add Files 按钮，可以将文件加入到相应的分组。

3. 设置工具选项

可以通过工具条图标、菜单或在 Project Workspace 窗口的 Target 1 的右键快捷菜单命令打开 Options for Target 对话框。单击 Output 标签页，选中其中的 Create HEX File 选项，如图 C-13 所示。

这样每次编译用户程序没有错误时，都会生成（或重新生成）可以下载到 ARM 芯片中的十六进制代码文件（即后缀名为 HEX 的文件，读者可以使用记事本打开该文件查看其中的内容）。

单击打开 Linker 标签页，选中其中的 Use Memory Layout from Target Dialog 选项，

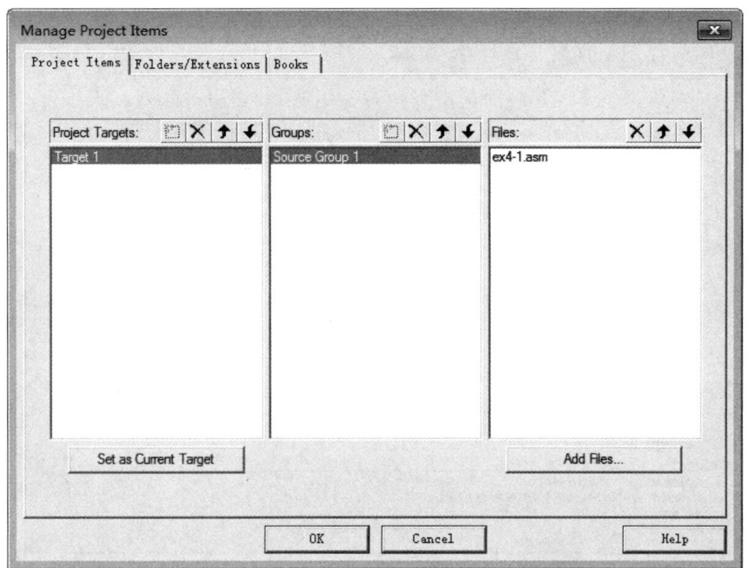

图 C-12 Manage Project Items 对话框

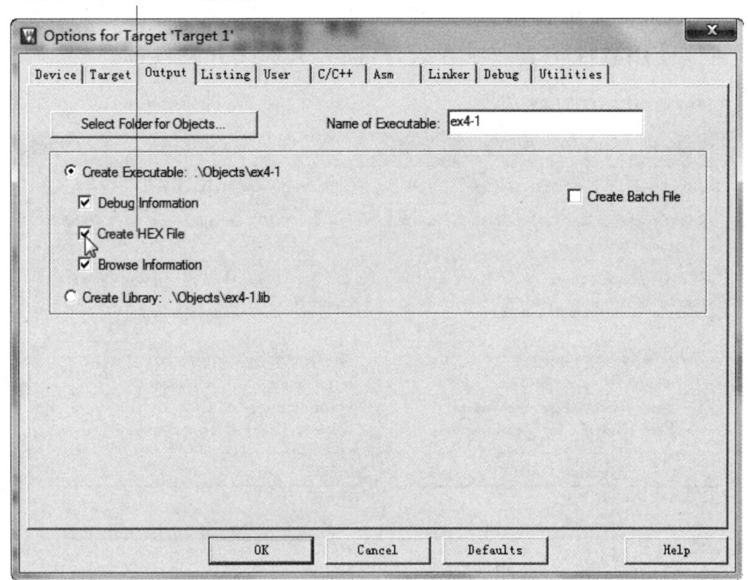

图 C-13 “Options for Target 'Target 1'”对话框的 Output 标签页

使用目标对话框(也就是 Target 标签页)中的内存布局,如图 C-14 所示。

单击打开 Debug 标签页,选中其中的 Use Simulator 选项,使用软件模拟仿真调试方式,如图 C-15 所示。软件仿真调试可以避免下载到 ARM 芯片后再检查软件中的逻辑问题,并且可以在软件仿真调试时查看很多硬件相关的寄存器,通过查看寄存器的内容是否发生相应变化,知道所编写的代码是不是真正起作用。不用下载到 ARM 芯片中仿真的另外一个好处是,延长了 STM32 芯片的 Flash 寿命。当然,软件仿真调试不是万能的,有些功能

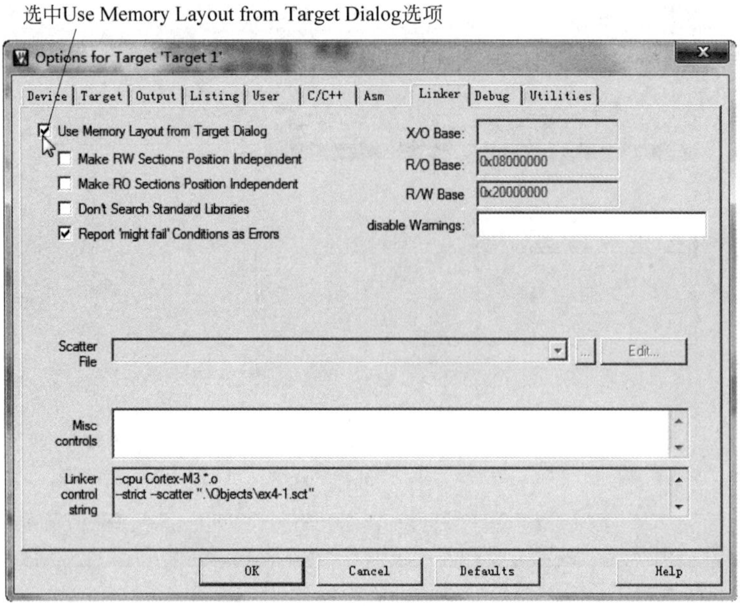

选中Use Memory Layout from Target Dialog选项

图 C-14 “Options for Target 'Target 1'”对话框的 Linker 标签页

还需要将程序下载到芯片中进行调试(该过程称为在线调试)。如果只是调试程序中的语法和逻辑功能,则可以使用软件仿真调试方式,从而大大提高开发效率。

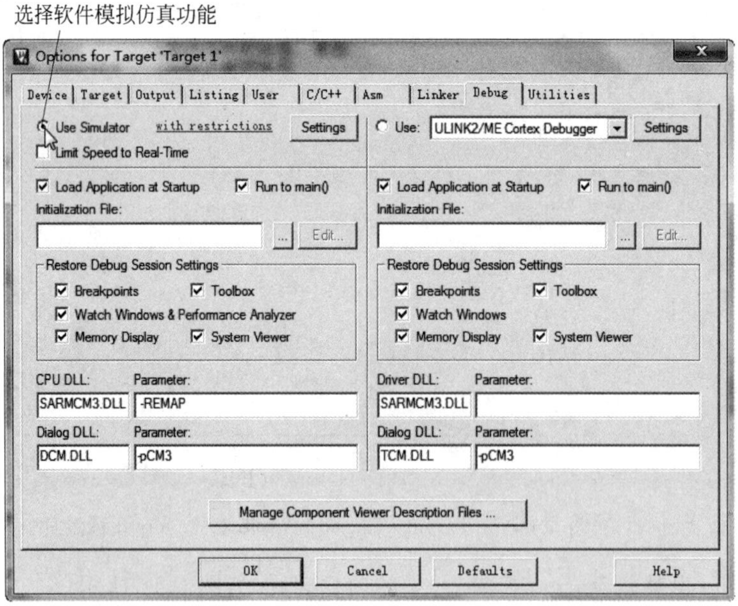

选择软件模拟仿真功能

图 C-15 “Options for Target 'Target 1'”对话框的 Debug 标签页

单击 OK 按钮关闭 Options for Target 对话框。

4. 编译项目并生成可以下载到程序存储器的 HEX 文件

单击工具条上的 Build 目标的图标对用户源程序进行编译,如果没有语法错误,则可以生成 HEX 文件(如果按照图 C-13 设置)。如果程序中有语法错误或警告,Keil 将在窗口下方的 Build Output 视图中显示错误或者告警信息,如图 C-16 所示。

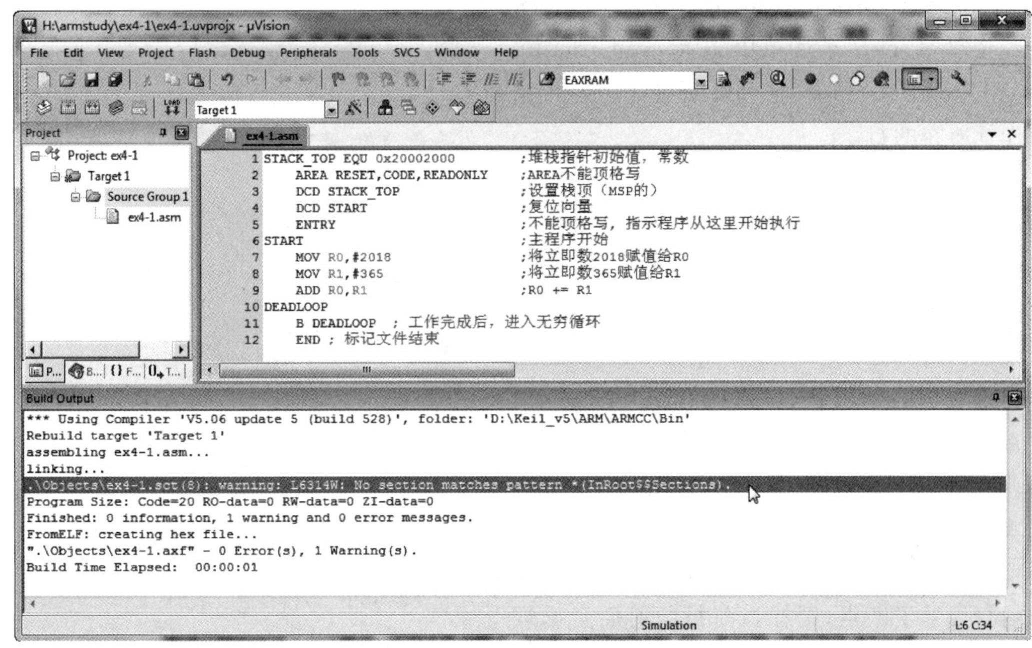

图 C-16　编译出现警告信息

编译过程中出现了一个警告,警告内容说没有与 *(InRoot $ $ Sections)匹配的段,实际上这个段就是编译器在编译期给 C 语言中的 main 函数定义的一个别名,因为没有写 C 语言文件(.C 文件)更没有写 main 函数所以编译器自然就不能匹配到 main 函数了,这个问题属于编译器的原因造成的,即编译器在编译程序的时候需要有 main 函数,否则将会报出警告。可以忽略该警告。也可以在图 C-14 中的 Misc controls 编辑框中输入"--diag_suppress L6314",确定后,则再次编译时,不会再出现上述警告信息。

5. 模拟调试用户程序

从 Debug 菜单中选择 Start/Stop debug session 菜单项(对应的快捷键是 Ctrl+F5),或者从工具条中单击 Start/Stop debug session 按钮,开始或停止调试过程。在调试过程中,可以进行如下操作:

(1) 连续运行、单步运行、单步跳过运行程序。

Debug 菜单中的 Run(F5)、Step(F11)、Step Over(F10)分别可以连续运行、单步运行和单步跳过运行用户程序。括号中的内容是该功能的快捷键,它们在调试工具栏上的图标分别是、和。也就是说,除了使用菜单和快捷键以外,也可以单击工具栏上对应的图标执行相应的调试功能。其中,单步跳过运行程序的含义是:当单步运行程序到某个子程序的调用时,跳过该子程序,继续运行下面的程序。在这种情况下,所跳过的子程序仍然执行(但不是单步执行)。单步运行和单步跳过运行程序对于程序调试非常有用。通过使用单步运行程序,用户可以检查程序的运行状态是否随着程序的执行而发生正确的变化,从而可以判断程序设计是否正确。程序的运行状态包括程序中所用到的寄存器、存储器的值或者 I/O 口的状态等。

（2）运行到光标所在行。

单击工具条上的 Run to Cursor line 图标 *{}，或者从 Debug 菜单中选择 Run to Cursor line（Ctrl＋F10）菜单项，可以使得程序运行到当前光标所在的行。

（3）设置断点。

调试程序时，有时希望程序运行到某个地方（称为断点）时能够暂时停下来，给用户查看当前程序运行状态的机会，从而可以判断程序是否按照预期的目标运行。

设置断点的方法是，进入调试环境后，在要设置断点的行上右击，弹出如图 C-17 所示的菜单。在菜单中，选择 Insert/Remove Breakpoint 菜单项，则可以在当前行插入或删除断点。从菜单项中可以看到，F9 是其对应的快捷键。只要在当前行设置了断点，则在当前行的前面会出现一个红色的圆点，如图 C-18 所示。也可以在相应代码行的最前面有阴影的地方单击，进行断点的设置和删除。连续运行程序后，执行到断点位置时，程序会暂停运行。此时，用户可以查看程序运行的状态。

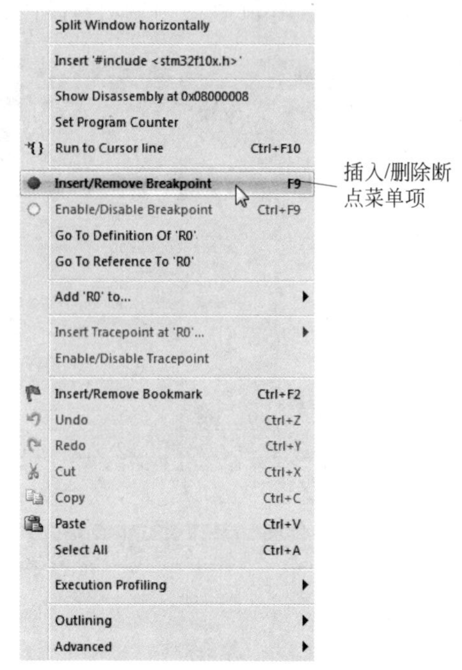

图 C-17　设置断点的菜单项

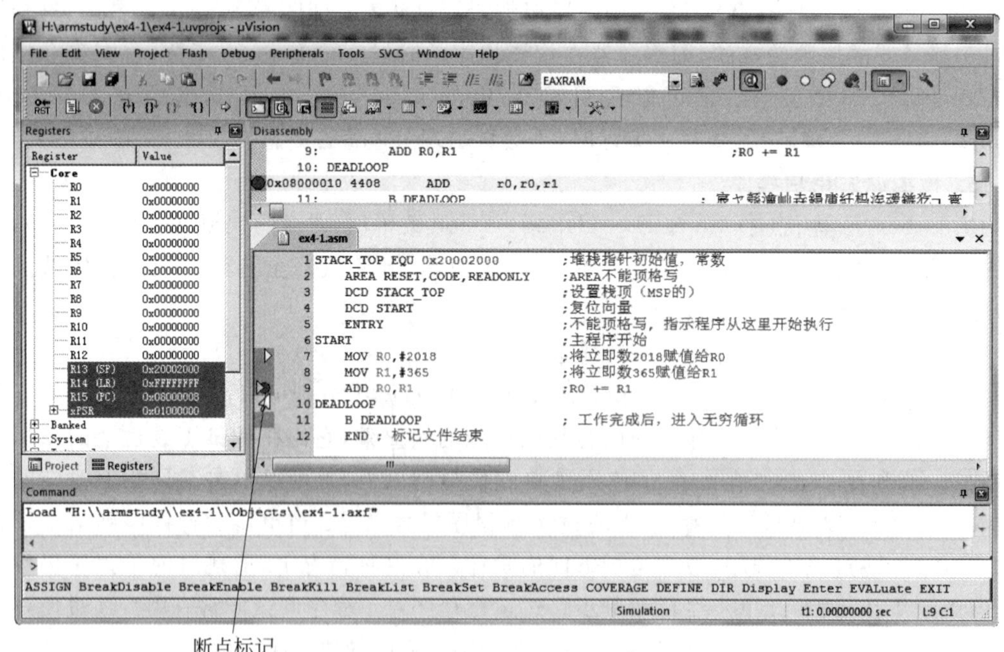

图 C-18　设置断点后的代码视图

(4) 存储器查看。

要查看存储器的内容,从 View 菜单中找到 Memory Window 菜单项,从第二级菜单中会看到 Memory 1～Memory 4 这 4 个子菜单项。单击选择 Memory 1,则在调试窗口的底部出现如图 C-19 所示的视图。

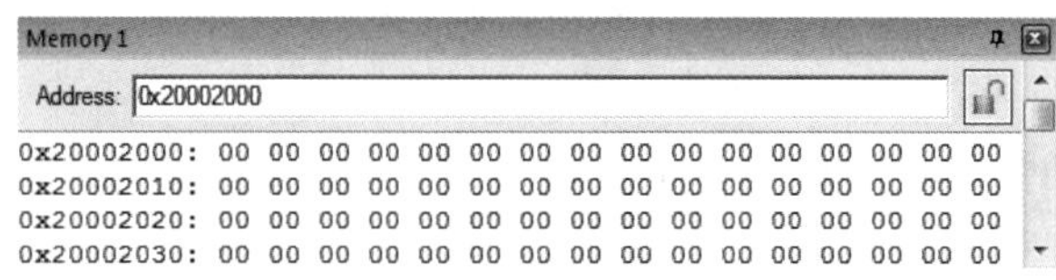

图 C-19　存储器查看视图

默认情况下,视图中不显示任何内容。如果要查看地址为 0x20002000 的内容,可以在 Address 编辑框中输入 0x20002000 并按回车键,就会显示自 0x20002000 开始的存储器的内容。要改变某个单元的内容,可在该单元上右击,然后选择 Modify Memory 菜单项,并在弹出的对话框中输入数值即可(输入十进制时,不带后缀;输入十六进制时,需带 H 后缀或 0x 前缀,如 26H)。可连续输入多个单元的内容,各个数值之间使用逗号分隔。

(5) 查看变量。

从 View 菜单中选择 Watch 菜单项,出现 Watch 1 和 Watch 2 两个子菜单项。可以选择其中的任何一个进行变量或寄存器的显示,出现如图 C-20 所示的视图。在 Name 栏中输入要查看的变量,例如 R0,然后按回车键,会显示该变量的值(Value)和类型(Type)。按单步执行后,可以发现 R0 的值由 0 变成了 0x000007E2。可以用十进制方式显示,方法是在变量上右击,从弹出的菜单中取消选中 Hexadecimal Display 选项即可。此处的 R0 也就是寄存器 R0,在整个窗口左边的 Register 视图中也可以看到 R0 发生了变化。

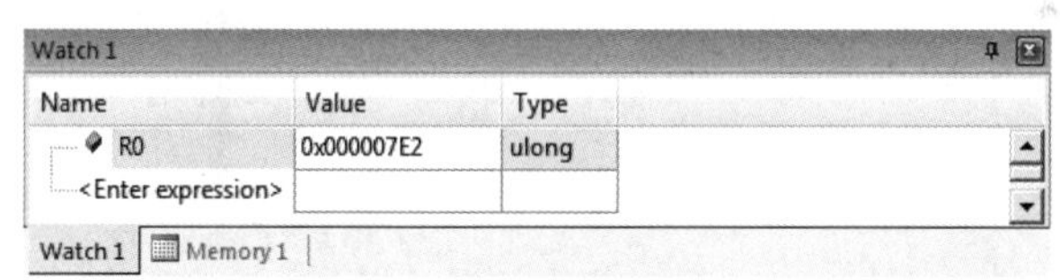

图 C-20　Watch 视图

(6) 查看外围。

从 Peripherals 菜单中选择不同的菜单项,可以查看 ARM 微控制器某些外设资源的状态。不同的 ARM 微控制器,在 Peripherals 菜单中会出现不同的与所选微控制器相关的外设资源菜单项。读者可以在后续的外设介绍中,自行查看。

以上介绍了使用软件模拟仿真的方式调试汇编语言程序,使用仿真器仿真程序的方法与此类似,只需要在图 4-14 的仿真设置中,选中右半部分的 Use 选项,并选择仿真器类型即可(J-Link 和 ULink2 使用的较多)。连接硬件仿真时,单击调试按钮,首先将编译形成的目标文件下载到芯片中,然后进入仿真调试界面。也可以直接单击工具栏中的 Download 按钮,直接将目标代码下载到芯片中。

为了使用方便,MDK 开发环境还提供了其他的设置选项或者快捷键,如:

(1) 单击工具栏中的 Configuration 按钮,将弹出 Configuration 对话框,在其中可以设置编码方式、字体颜色、快捷键、代码自动完成等。

（2）MDK 的 Tab 键支持块操作，可以选中一块代码，然后按 Tab 键，则所选中的代码块将右移固定的几个位，也可以使用 Shift＋Tab 组合键，将选中的代码块左移几个固定的位。

（3）快速定位函数/变量定义的地方。把光标放到要定位的函数或者变量上面，单击鼠标右键，从弹出的菜单中选择“Go to Definition of ‘XXX’”，其中 XXX 是函数或变量名称，就可以快速跳到 XXX 函数或变量的定义处。

（4）块注释/取消块注释。选中一个程序代码块，单击工具栏中的 Comment Selection 按钮 ，可以将选中的程序代码块注释掉；单击工具栏中的 Uncomment Selection 按钮 ，则可以将注释的程序代码块取消注释。

（5）其他的编辑技巧，如查找/替换等，与一般的编辑软件类似，请读者自行实验。

参 考 文 献

[1] 姚文祥. ARM Cortex-M3 权威指南[M]. 宋岩,译. 北京：北京航空航天大学出版社，2009.

[2] Yiu J. The Definitive Guide to the ARM Cortex-M3[M]. Newnes, Elsevier, 2007.

[3] 陈桂友. 单片微型计算机原理及接口技术[M]. 北京：高等教育出版社，2012.

[4] STMicroelectronics. Reference manual of STM32F101xx, STM32F102xx, STM32F103xx, STM32F105xx and STM32F107xx advanced ARM-based 32-bit MCUs, 2010.

[5] STMicroelectronics. The high-density STM32F103xx datasheet, 2011.

[6] STMicroelectronics. STM32F10xxx Cortex-M3 programming manual, 2010.

[7] STMicroelectronics. STM32F10x Standard Peripherals Library Manual, 2011.

[8] STMicroelectronics. STM32F10x_StdPeriph_Driver 固件库手册 3.5.0.

[9] 陈志旺，等. STM32 嵌入式微控制器快速上手[M]. 2 版. 北京：电子工业出版社，2014.

图书资源支持

感谢您一直以来对清华版图书的支持和爱护。为了配合本书的使用，本书提供配套的资源，有需求的读者请扫描下方的“书圈”微信公众号二维码，在图书专区下载，也可以拨打电话或发送电子邮件咨询。

如果您在使用本书的过程中遇到了什么问题，或者有相关图书出版计划，也请您发邮件告诉我们，以便我们更好地为您服务。